U0133341

"十二五"国家重点图书规划项目　　第 6 卷

国际可持续发展百科全书　　　　主任　倪维斗

可持续性的度量、指标和研究方法

Measurements, Indicators, and Research Methods for Sustainability

【美】伊恩·斯佩勒博格 等 主编

周伟丽 孙承兴 王文华 迟莉娜 张 波 译

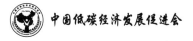

上海交通大学出版社
SHANGHAI JIAO TONG UNIVERSITY PRESS

中国低碳经济发展促进会

内容提要

本书是"国际可持续发展百科全书"第6卷。本书以简单易懂的方式概要地展示世界范围内的可持续性的概念、研究和度量可持续性的指标和方法。首先介绍了"知识产权"、"社区和利益相关者的投入"等有关可持续性的理论和概念。其次，介绍了"全球植物保护战略"、"全球报告倡议"以及"绿色建筑评估体系"等度量可持续性的全球项目及其可能对可持续研究产生的巨大影响和变化。再次，本书介绍了许多度量可持续性的指标。最后，"地理信息系统"、"长期生态研究"、"社会网络分析"和"计算机建模"等词条展示了研究可持续可选择的工具，"专题小组"、"公民科学"和"跨学科研究"等词条则展示了研究中可以采用获取不同人群意见和帮助这样相对简单的方法。这些概念、指标、方法，使可持续性研究成为内容丰富、有序，而且可操作、可测度的具体工作。

上海市版权局著作权合同登记章图字：09-2013-911

图书在版编目（CIP）数据

可持续性的度量、指标和研究方法 /（美）伊恩·斯佩勒博格等主编；周伟丽等译. —上海：上海交通大学出版社，2017

（国际可持续发展百科全书；6）

ISBN 978-7-313-14129-3

Ⅰ.①可… Ⅱ.①伊… ②周… Ⅲ.①可持续性发展—研究方法 Ⅳ.①X22-3

中国版本图书馆CIP数据核字（2017）第165283号

可持续性的度量、指标和研究方法

主　　编：[美]伊恩·斯佩勒博格 等		译　　者：周伟丽 等	
出版发行：上海交通大学出版社		地　　址：上海市番禺路951号	
邮政编码：200030		电　　话：021-64071208	
出 版 人：谈　毅			
印　　制：苏州市越洋印刷有限公司		经　　销：全国新华书店	
开　　本：787mm×1092mm　1/16		印　　张：33	
字　　数：653千字			
版　　次：2017年9月第1版		印　　次：2017年9月第1次印刷	
书　　号：ISBN 978-7-313-14129-3/X			
定　　价：428.00元			

版权所有　侵权必究

告读者：如发现本书有印装质量问题请与印刷厂质量科联系

联系电话：0512-68180638

国际可持续发展百科全书
编译委员会

顾 问

郭树言

主 任

倪维斗

委 员（按姓氏笔画顺序）

王文华　朱婳玥　刘春江　孙承兴

李　鹏　张天光　张　靓　周伟民

周伟丽　周　培　赵　旭　董启伟

支持单位

中国长江三峡集团公司

中国中煤能源集团有限公司

神华集团有限责任公司

英文版编委会

总主编
伊恩·斯佩勒博格（Ian Spellerberg）   林肯大学

主编
丹尼尔·S. 弗格尔（Daniel S. Fogel）   维克森林大学

撒拉·E. 弗雷德里克（Sarah E. Fredericks）   北得克萨斯大学

莉莎·M. 巴特勒·哈林顿（Lisa M. Butler Harrington）   堪萨斯州立大学

副主编
马利亚·普洛托（Maria Proto）   萨勒诺大学

帕特里夏·伍特斯（Patricia Wouters）   邓迪大学

咨询委员会
雷·C. 安德森（Ray C. Anderson）   英特飞公司

莱斯特·R. 布朗（Lester R. Brown）   地球政策研究所

约翰·埃尔金顿（John Elkington）   可持续性战略咨询公司

艾里克·弗雷福格尔（Eric Freyfogle）   伊利诺伊大学香槟分校

路易斯·戈麦斯－埃切韦里（Luis Gomez-Echeverri）   联合国开发计划署

布伦特·哈达德（Brent Haddad）   加州大学圣克鲁兹分校

丹尼尔·M. 卡门（Daniel M. Kammen）   加州大学伯克利分校

阿肖克·寇斯勒（Ashok Khosla）   世界自然保护联盟

陆恭蕙（Christine Loh）   香港思汇政策研究所

谢丽尔·奥克斯（Cheryl Oakes）   杜克大学

序 言

　　随着世界人口膨胀、资源能源短缺、生态环境恶化、社会矛盾加剧，可持续发展已逐步成为整个人类的共识。我国在全球化浪潮下，虽然经济快速发展、城市化水平迅速提高，但可持续问题尤为突出。党中央、国务院高度重视可持续发展，并提升至绿色发展和生态文明建设的高度，更首度把生态文明建设写入党的十八大报告，列入国家五年规划——十三五规划。

　　如何进行生态文明建设，实现美丽中国？除了根据本国国情制定战略战术外，审视西方发达国家走过的道路，汲取他们的经验教训，应对中国面临的新挑战，也是中国政府、科技界、公众等都需要认真思考的问题。因而，介绍其他国家可持续发展经验、自然资源利用历史、污染防控技术和政策、公众参与方式等具有重要的现实意义。

　　"国际可持续发展百科全书"是美国宝库山出版社（Berkshire Publishing Group LLC）出版的，由来自耶鲁大学、哈佛大学、波士顿大学、普林斯顿大学、多伦多大学、斯坦福大学、康奈尔大学、悉尼大学、世界可持续发展工商理事会、国际环境法中心、地球政策研究所、加拿大皇家天文学会、联合国开发计划署和世界自然保护联盟等众多国际顶尖思想家联合编撰，为"如何重建我们的地球"提供了权威性的知识体系。该系列丛书共6卷，分别讲述了可持续发展的精神；可持续发展的商业性；可持续发展的法律和政治；自然资源和可持续发展；生态管理和可持续发展；可持续性发展的度量、指标和研究方法等六方面的内容。从宗教哲学、法律政策、社会科学和资源管理学等跨学科的角度阐述了可持续发展的道德和价值所在、法律政策保障所需以及社会所面临的商业挑战，并且列举了可持续研究的度量、指标和研究方法，提出了一些解决环境问题的方法。总而言之，这套书以新颖的角度为我们阐述了21世纪环境保护所带来的挑战，是连接学术研究和解决当今环境问题实践的桥梁。

　　这套书的引进正值党的十八大召开，党中央和国务院首度把"生态文明建设"写入工作报告重点推进，上海交通大学出版社敏锐地抓住这一时机，瞄准这套具有国际前瞻性的"国际可持续发展百科全书"。作为在能源与环境领域从事数十年研究的科研工作者，我十分欣赏上海交通大学出版社的眼光和社会担当，欣然接受他们的邀请担任这套丛书的编译委员会主任，并积极促成中国低碳经济发展促进会参与推进这套书的翻译出版工作。中国低碳经济发展促进会一直以来致力于推进国家可持续发展与应对气候变化等方面工作，在全国人大财政经济委员会原副主任委员、中国低碳经济发展促进会主席郭树言同志领导下，联合全国700多家企业单位，成功打造了"中国低碳之路高层论坛"、"中国低碳院士行"等多个交流平台，并以创办《低碳经济杂志》等刊物、创建低碳经济科技示范基地等多种形式为积极探索中国环境保护的新道路、推动生态文明建设贡献绵薄之力。我相信有"促进会"的参与，可以把国际上践行的可持续理论方法和经验教训，更好地介绍给全国的决策者、研究者和执行者，以及公众。

　　本系列丛书的翻译者大多来自著名高校、科研院所的教师或者翻译专家，他们都有很高的学术造诣、丰富的翻译经验，熟悉本领域的国内外发展，能准确把握全局，保证了丛书的翻译质量，对丛书的顺利出版发挥了不可替代的作用，我在此对他们表示衷心的感谢。

　　这套丛书由上海交通大学出版社和中国低碳经济发展促进会两单位共同组织人员编译，在中国长江三峡集团公司、中国中煤能源集团公司、神华集团有限责任公司的协助下，在专家学者的大力支持下，历时三年，现在终于要面世了。我希望，该书的出版，能为相关决策者和参与者提供新的思路和看待问题新的角度；该书的出版，能真正有益于高等学校，不论是综合性大学的文科、理科、工科还是研究院所的研究工作者和技术开发人员都是一部很好的教学参考资料，将对从事可持续发展的人才培养起很大的作用；该书的出版，能为刚刚进入该领域的研究者提供一部快速和全面了解西方自然资源开发史的很好的入门书籍；该书的出版，能使可持续发展的观念更加深入人心、引发全民思考，也只有全民的努力才可能把可持续发展真正付诸实施。

（中国工程院院士　清华大学教授）

译者序

  可持续发展概念自20世纪80年代提出，至今已有三十余年。可持续发展理论日益完善，并受到世界各国、各组织、各行业及企业的高度重视，在各个层面和领域的相关实践也越来越多。但如果需要对某一国家，或者某一领域或行业的可持续发展水平进行评价，或者对其可持续发展进行规划时，我们会无一例外地遇到如何度量他们的发展水平，应该选取哪些指标或指数进行度量，又应该选取什么样的方法进行评价，甚至这样的评价应该由什么样的机构和组织来评价等一系列问题。如果全球对于可持续发展的度量、指标/指数及研究方法无法统一，那么我们也就不可能对可持续发展进行准确的描述，更无法进行时间上和空间上的比较，也难以对可持续发展提出更高的目标，甚至不可能真正践行可持续发展。

  事实上，在过去的三十多年里，众多学者或组织根据自身的研究或发展需要，从不同角度提出了各种各样的度量方法，建立了大量用以度量的指标体系，为可持续发展理论的丰富与完善做出了重要贡献。这些方法和指标不仅数量众多，而且体系错综复杂，适用领域或范围不一，从而加大了使用者的挑选和识别难度，阻碍了可持续发展理论的应用。本卷正是为了解决此问题，原编纂者们不是立足于某一地区、某一国家、某一领域，而是站在全球、全人类的角度来筛选真正能够衡量人类社会可持续发展的方法和指标。这些方法和指标具有更广泛的应用背景，能更有效地从宏观上科学描述可持续发展的程度或状态。

  当前中国正大力推进生态文明建设和可持续发展，但是可持续发展的抽象性使得研究的本身流于形式、混乱。本卷中精选的各种度量方法、指标和研究方法，将对我国可持续研究规范化、细化、量化大有裨益。

  本卷详细介绍了可持续性的概念、研究和度量可持续性的指标和方法，共78个专业词条，涵盖了以下几方面的内容：首先，可持续性研究的概念和理论，如"可持续发展科学"、

"风险评估"、"公民科学"、"三重底线"等概念的解释；其次，度量可持续性的全球项目，如"全球报告倡议"、"绿色国内生产总值"、"国民幸福指数"、"减少因森林砍伐和森林退化而引起的排放"等，这些可持续性项目可能产生全球性的影响；第三，度量可持续性的各种指标，如"碳足迹"、"生命周期评价"、"生物指标"、"渔业指标"等；最后，研究可持续发展可用的工具，如"计算机建模"、"长期生态研究"、"社会网络分析"、"遥感"、"区域规划"等。这些概念、指标、方法，使可持续性研究不再只是模糊的抽象概念，而是可测度、可量化、可操作、可控制的具体事物。

　　本书翻译工作由周伟丽、王文华、孙承兴、迟莉娜、张波共同完成，王文华主要翻译理论与概念部分，有关环境影响和可持续性研究实施（如度量可持续性的全球项目）方面的内容主要由孙承兴完成，迟莉娜与张波共同翻译了度量可持续性的各种指标，最后可持续研究的方法、结果展示的手段以及常用的研究工具部分由周伟丽翻译。全书统稿、整理、修改、最终校对等工作主要由周伟丽完成。

　　感谢审稿人付出的大量而又细致的工作，不妥或错漏之处，敬请广大同仁、读者批评指正。

　　谨以此书，献给为环保事业做出细微但不可或缺的贡献的人们！

前　言

度量可有多种方式，我们有时用仪表来测量，例如，大多数人都熟悉汽车中的仪表是测量速度的，用温度计测量温度也已有很长的历史了，这些仪表提供的信息有助于我们掌控自己的安全和健康。现在已经有很多种仪表，其中一些与可持续性紧密相关。例如，现在世界上有一些仪表具有特殊的显示和思考功能，它们度量着当前世界的人口以及其他先于人眼捕捉到的增长的数字（见www.worldometers.info/）。在本卷完成的2011年，世界人口已经超过70亿。

度量及可持续性

可能我们中的有些人会问："为什么要度量？动机是什么？"这个动机有时是约定一个报酬或者一个值，以衡量发生了什么或者我们在哪儿。例如，古希腊思想家埃拉托色尼（Eratosthenes）首先精确地计算了地球的圆周，提出了经度和纬度体系以测定一个人在星球表面的位置。以前在海上，航海家们多依靠纬度来判断自己的位置，他们只靠看

星星来判断自己正在海洋的东面或者西面。直到17世纪发明了在海上测量经度的准确方法，才解决了航海的一大难题。装载着珍宝的船从遥远的大陆行驶到海上，迷失了方向，因为船长无法测定船的南北位置。什么导致了测量经度的发明？实质是一些政府对发明者提供的奖励、地位和财富。

度量我们周边所发生事物的另一个动机，是对我们的生存已经超出了大自然负载极限的忧虑。我们正在制造着一个连续的、不可持续的和不公平的自然和环境就是一个有力的证据。因此，我们需要制定政策和管理我们所有的信息，正如老话所云："你不能管理你没有度量的东西。"这话与可持续性特别有关，例如衡量鱼群的大小、海洋酸化的程度、对碳足迹的贡献，都可以帮助我们监测我们身处的环境状况。

测量看起来很直接、很真实，但是存在着很多挑战。其一是对什么是最好测量的评定和认可。记住可持续性主题最好用单一指标

（像造林的树的数量或者填埋场处理废物的量），或者最好用综合指标（环境和社会影响或者国民幸福指数或者能效）。如何衡量整体可持续性以及跟踪可持续性进程（或者没有推进）也是挑战，正如环境正在不断变化，经济也在变化。例如，由于洪水或者海啸（这两种灾害在21世纪都发生了）使供应链中断，X绿色公司决定从世界某个区域海运零件，那么会发生什么？这个决定将如何影响X绿色公司的全球环境足迹？因此还有许多未知的问题要引起关注。如果自助洗衣机越来越普遍，人们不再购买自己的洗衣机，情况又会如何？这又引出了关于不需要洗涤的纳米材料话题的争议（或者确实不再需要洗衣机了），那么，衡量此议题可持续性的复杂性会以指数形式增长。仅仅这几个简单的例子，已经显示了经济和生态相互关联的本质。

第二个挑战是决定度量的频次。某些情况一次性度量即可，但是更多的是需要在全程隔一段时间进行度量以帮助分析趋势。这也称为监测。这不仅是一个决定度量频次的问题，还必须决定监测的时间段，在该时间段内可以（或不能）检测到该趋势。由于所选时间阶段不同，可能存在所分析的趋势不真实的风险。在全球温度趋势的争论中就有这样的例子，研究人员根据所选择的时间段，研究结果有的显示全球温度降低，而有的显示升高。

度量的依据和影响似乎是最难的挑战，因为并不总是能很容易地将所观测的影响与可能的依据联系起来，这个困境也在有关气候变化原因的核心争论中出现。这种变化和趋势是随机事件吗？大气中二氧化碳水平升高与全球温度升高之间是否真的相关？这些问题已经成为全球科学家和科学组织关注的问题。人类活动和工业活动导致大气中二氧化碳水平升高已成共识，二氧化碳和其他气体的积累正在影响全球温度和气候变化这一观点也得到了承认。

为了可持续性的缘故，过去从没有像现在这样需要最好的科学和最优秀的科学家提供基于环境管理和政策的信息。这不是说只有好的科学就可以了，决策者通常不是科学家，而是外行人士，政策制定也不是基于科学而是基于道德。为了管理我们的资源且规范环境行为，我们需要度量，但是由于缺乏数据（以及收集数据的不确定性和复杂性），科学和政策之间往往没有直接联系，通常是为测量而测量，为监测而监测。确实，有些人会说过去最大的挑战是缺乏测量数据作为应对变化或者影响政策工具的评价机制，但是比测量的需求更紧急的需求是搞清楚测量能不能满足需求。应该了解我们日常的生活影响着我们星球的可持续性，因此，衡量我们对环境的影响是采取行动的第一步。本卷将提供必要的框架作为工具，使研究者和科学家可以用这些工具来度量我们对地球影响的研究。

在实际中我们如何处理度量自然和环境的复杂性？经验表明，被度量的事情的多样性可能令人难以应对。地球的生态系统及其管理方式如此多样复杂（本书第5卷的标题"生态系统管理和可持续发展"就概括了此意），致使我们经常需要凭借非常非常复杂的方法来确定所发生的情况。例如，已经广泛应用模型（包括技术和科学）来帮助了解我们周边所发生的变化；经验还教会我们，由于这种复杂性，有时利用指标更容易。

指标

严格地说，指标包括指标和指数，这两个词被广泛用于可持续性研究，用的效果很好。一个指标是指某些事情的存在，或缺失，或其状况。例如，肥胖是一个不健康生活方式的指标，该指标通过观察指示着一种不健康的生活方式，该观察既不肯定也不否定不健康的饮食是其原因。指数（index）是指一个度量或计算方法（Indices是该词的复数，大多数人认为其区别于indexes，我们列在书后面按字母顺序的索引为indexes）。例如：我们用体重指数来确定我们身高与体重比是否健康。另一个例子是在废物管理中，考察到填埋场的物流可以作为一个不可持续社会的指标，这个管理指数为每个居民产生废物的量，用于比较各个城市对废物管理的水平。指标和指数在实施可持续性方面起到了重要的作用，但是仍然需要对指标的选择和应用或者指数的计算进行斟酌，这就是为什么无论是经济、文化、社会还是环境，相关的研究都非常重要的原因。

对可持续性的研究

研究是探索真相，是提出正确的问题，是有关方法学、收集数据并对结果进行分析、解释、应用和展示；研究是尝试从各种见解中客观地发现事实，因此，研究可能是复杂的。当然这一切复杂研究的缺点是，往往所有人员（特别是科学家）一旦陷入他们的工作中，可能就忽视了他们最初所要测量的事物的重要性。研究是交流，研究者必须考虑如何能够使普通

人理解他们的观点。在研究者面对的所有挑战中，与外行人的交流可能是最难的，但在提高公众可持续性意识时却是最重要的。

长期规划

本卷另一个有意思的研究挑战包括研究结果在短期和长期应用时能够产生的意义。尽管难以预测可能的长期影响，重要的是尝试评价可能对环境、社会、文化或者经济产生这样的影响。例如，如果政府在太阳能或者风能领域进行投资，紧接着要问的问题是：在10年或者20年内在创造就业、工业产出以及普通消费者行为方式方面很可能发生什么？如果一位邻居投票否决一个新的高尔夫项目以利于自然保护，或者决定恢复长期闲置的铁路，那么这些决定对地区实际的不动产价值有什么影响？回顾20世纪中叶，谁能预测农药和杀虫剂的大规模使用对自然产生了灾难性的后果？这个问题促使一位有胆识的美国记者雷切尔·卡森（Rachel Carson）在20世纪60年代早期向缺乏长期思考的模式展开挑战。显然，对政府、国际组织甚至当地社区制定政策、预测描述出短期和长期影响非常重要。

研究和决定

因为我们需要做最好的研究以得到最好的结果，对数据进行最好的解释，以便判断气候是否发生了变化，公共/私人交通是否有影响，以及是否需要建立海洋或自然保护。因此，人们需要真实的科学和科学家。而人们也需要相信那些科学家，这些科学家告诉他们：他们的大轿车正在帮助融化遥远的冰盖，或者

他们的用电正在燃尽我们的煤炭资源，人们也经常需要在倡导他们做什么事之前，从科学家处了解为什么这些事是这样的。但是相对"为什么天空看起来是蓝色的？"这样经典的"简单"问题，这个世界非常复杂，并且描述这些事常常很困难。因此，交流和信任在将研究运用到真实世界时格外重要。

你将在本书中发现什么

本卷将以一种透彻且易懂的方式概要地展示世界范围内的可持续性。一些词条介绍像"定性与定量研究"或者"强弱可持续性辩论"这样的基本概念。其他的词条描述如何用指标来定义气候变化、土壤保护、农业和矿山。研究者将通过宣传指标度量数据来分析解释这些模型和结果，以强调开发能够被专家和公众了解的方法的重要性。研究者也将检验监测过程，它本身就是因与国家或国际政策、法律、规定和条例密切相关而受到高度关注。本卷分为六部分，与这个世界上大多数事情一样，许多词条适用于多个分类。

概念和理论

探究度量题目词条的概念和理论，像"知识产权"、"系统思维"、"$I = P \times A \times T$方程"（环境影响将具体指明与人口、财富和技术相关联的内容）、"定性与定量研究"以及"社区和利益相关者的投入"这些词条有助于检验我们研究和测量指标的路径，即：一般而言，我们是否正走在正确的路上？将发达国家的生活标准用于（快速上升的）发展中国家时会怎样？通过研究他山之石我们能在课堂上、实验室或者现场学习到什么？"老百姓"及其社

区对其环境资源分配有何影响？训练研究者掌握定量（研究"多少"）和定性（研究"如何和为什么"）研究方法为什么重要？拨开迷雾，提出正确的问题是第一步。

影响和实施

度量可持续性的全球项目对可持续性研究可能产生巨大的影响和变化。像"减少因森林砍伐和森林退化而引起的排放"、"全球植物保护战略"、"全球报告倡议"以及"绿色建筑评估体系"这些词条提供了世界范围努力的范例。这些项目尽管不总是，但经常是联合国发起的，是对世界各国人民能够携手解决问题的一个激励。像"风险评价"这样的词条展示了业界和政府（甚至个人）得以预测各个行动计划对环境造成的或正或负影响的途径。

指标

一些指标的存在与缺失能够展示一幅来源于不同社会、经济和环境圈影响的"大画卷"，例如：渔业（淡水和海洋）、空气污染、人口、环境公平以及各种绿色税收政策的有关影响。可能难以相信，但是一些指标可用于衡量过去的环境事件，这样的主题包括树的年轮研究（树木年代学），它使我们能够回顾过去并且了解有关千百年前气候条件和变化的信息。像科学家基于大量不同生物指标（例如种群丰度和分布）的人类占有净产出这样的指数，已用于测定水生态系统的健康程度。这类研究的词条"生命周期评价"、"物流分析"和"供应链分析"属于工业生态学这样比较新的领域。

展示结果的方法

监测结果可以用许多不同的方式显示，方法的选择是交流的一部分，很大程度上依赖于公众。我们急需且必须有良好的"交流"。这类词条涵盖了像"广告"、"生态标签"、"能效的测定"和"有机和消费者标签"等词条。一个需要交流全部事实和数字意义的案例始于2009年的气候门丑闻，英国东大不列颠大学的几位气候科学家（最后证明他们的行动无罪）在自己圈内发送信件时，讨论如何将他们的数据（这些数据明白无误地表明世界气候正在变暖）更好地为公众所了解。信的内容迅速被披露，有人认为科学家对气候变化夸大其词，而事实上他们只是想将此极端复杂的话题以更好的方式使决策者和普通公众更容易理解。这个不幸的插曲使公众对气候科学的信任度倒退了许多年，希望我们能够从我们的错误中得到教训。

研究方法和测量工具

我们具备了研究这些重要课题的工具了吗？像"地理信息系统"、"长期生态研究"、"社会网络分析"和"计算机建模"这类词条向我们展示了令人向往的、可供选择的研究工具。尽管上述方法基于技术学，但是像"专题小组"、"公民科学"和"跨学科研究"这些词条，展示了科学家能够在研究过程中用获取不同人群意见和帮助这样相对简单的方法，使研究正确地进行。

未来的规划

度量世界人口对自然和环境的影响必须基于最好的科学以及最有影响力的科学家的研究，这是研究成功的基础。必须在所有的教育水平上变化，以达到可持续性；必须在行为上变化，不再不公平、不可持续地利用自然和环境。我们必须拥抱来自监测、指标和研究所带来启发灵感的创新，以学习在自然的限制内生活，那就是全部的可持续性。在你们已经读完此引言的时间内（大约12或13分钟），世界人口已经增加了大约3 000人，那就是一项要考虑的度量。

编辑：伊恩·斯佩勒博格（Ian SPELLERBERG）

丹尼尔·S. 弗格尔（Daniel S. FOGEL）

撒拉·E. 弗雷德里克（Sarah E. FREDERICKS）

莉莎·M. 巴特勒·哈林顿

（Lisa M. Butler HARRINGTON）

致　谢

宝库山出版社感谢下列人员的多方帮助和建议，当然，本书应该感谢的人还有很多，但是下列人员应该受到我们特别的感谢：

吉姆·卡尔（Jim Karr）—— 华盛顿大学

马西斯·威克纳格尔（Mathis Wackernagel）——全球足迹网络

朱丽叶·纽曼（Julie Newman）—— 耶鲁大学

罗伯特·梅尔基奥·菲格罗亚（Robert Melchior Figueroa）—— 北得克萨斯大学

尼尔·坎汀（Neal Cantin）—— 澳大利亚海洋科学研究所

蒂莫·考佛罗娃（Timo Koivurova）——拉普兰大学

艾米丽·比奥登（Emilie Beaudon）——北极大学

约翰·底特莫（John Dettmers）—— 大湖渔业委员会

卫斯琳·阿什通（Weslynne Ashton）——伊利诺伊技术研究所

目 录

Advertising

广　告

广告一词被等同于营销，但更准确地说，广告属于营销中的推广。广告的重要性体现在可持续性的三个层面，每个层面对应不同的消费规模并有各自的研究和度量的问题。在微观层面，广告是为了推广产品和服务，以实现可持续性。这些产品和服务的推广一般通过政府和非营利机构的社会营销活动实现，并鼓励所有消费者做出可持续的行为。在中间层面，广告与环境或绿色广告的发展相关，即用别出心裁的广告活动来引起那些关注诸如环境或社会公正等可持续性课题的消费者的兴趣，并激发他们的需求。在宏观层面，广告被视为主导着当代资本主义的消费者文化的标志。这种文化被很多人视为是发展消费可持续模式的障碍，由此，它也成了广告和文化抵制运动的攻击目标。人们对于广告和可持续性之间关系的不同理解引发了更多的思考，广告是否是一个中立的工具抑或是与转瞬即逝的用户至上主义紧密相连的某种东西？

广告与可持续性之间的关系，在每一种不同的领域都必须用各种各样的研究方法和指数来测量。不同层面上研究方法的新发现，使用不同方法的核心领域，都可能被整合起来，这些也可能被忽略。

促进可持续性的广告

用广告来鼓励可持续性，是社会营销和商业营销的一个方面。从可持续性的层面来说，社会营销使用商业营销的方法，以此来影响目标受众的自发行为，从而鼓励他们为可持续性抑或为他们组成的社会做出贡献。此种方法是教育和可持续性之间的媒介，它强调信息意识和生产意识以及管理方法（该方法也具有社会营销的属性）。社会营销不同于社会责任营销的地方在于，前者使用广告来达到引发可持续性行为的目的，同时它也把研究的重心放在行为变化的内容本身；而后者推广的是已被认为具有可持续性的有形或无形的产品，同时它的研究侧重在产品的实际可持续性或消费者对于可持续性的认知。这些广告行为的目标受众不一定是对于可持续性行为或产品趋之若鹜的消费者（Hall 2012）。

　　鼓励大众采取可持续性行为的社会营销活动的一个例子是劝说人们节约用水，由于气候变化造成干旱、人口增长和供应的变化波动，面对这些问题时，对于水的不断上升的需求变得尤为突出。这些针对广大受众的广告可能会强调价格和成本优势，而非对于环境的益处。评价这些广告是否成功的最简单方法是看当局努力去保护的资源的消费变化。对2001年以色列节约用水的广告的研究发现，76%的受访者都表示在观看了该广告后他们愿意节约用水，这将平均节约耗水量的15%。但是，仅仅评测资源在短期内的使用情况是无法说明基础行为改变程度的。有关促进长期行为的广告难度指数显示，仅有38%的受访者表示会在广告播完后继续节约用水（Heiman 2002）。这一发现揭示了研究者必须追踪一段时期的消费行为，以便确定鼓励人们养成新的消费习惯的具体因素。鉴于如此长时间监控的花费过于昂贵，所以只有少数机构或公司愿意这样做。在接下来的注释中，相比长期的行为纠正，构思独特的广告活动更能带给研究人员丰硕的研究成果。

绿色广告

　　环境广告，也称为绿色广告，经常等同于鼓励可持续性的广告。这说明人们对于可持续性的理解比较狭隘，忽略了公平和社会正义，这类主题通常体现在促进公平贸易和人权的广告中。

　　与20世纪六七十年代的绿色营销一同起步的绿色广告，明显受制于同样的研究问题和讨论。美国的营销学教授乔治·津克汗（George Zinkhan）和列斯·卡尔森（Les Carlson）把广告定义为"能激发那些关注周遭环境的消费者需求的推广信息"（Zinkhan & Carlson 1995，1），基于这种狭隘定义的研究把更多的注意力放在了不同信息的相对吸引力上，而忽略了它们对于可持续性实际发挥的作用。市场研究员撒哈布拉特·巴纳吉（Subhabrata Banerjee）和同事们给绿色广告下了一个定义，任何广告都必须满足以下标准中的一项（Banerjee，Gulas & Iyer 1995）：

　　● 明确或含蓄地表达产品或服务与生态物理环境之间的关系；

　　● 以正常或突出宣传产品或服务的方式来推广一种绿色生活方式；

　　● 展现一种对环境负责的企业形象。

　　这种非常宽泛的定义引发了广告信息、行为以及对于可持续性作用三者关系的讨论。

　　这些方法都抛弃定义的区别，企图利用广告研究来确认包括产品交易、资源消耗、产品认知等在内的消费者行为的变化程度，所有这一切都会依据特定广告信息和媒体而调整。简而言之，这是研究者对于消费者在接触广告前、接触中和接触后的三个观察阶段。这种研究是否侧重于产品本身或生活方式的推广，这一点暂且不论，第一个阶段的目标是对于消费者行为和消费方式产生一个宏观的理解。人们倾向于商业绿色广告，这种研究将检测产品的购买与认知，同时也检测与企业品牌的关系。此类对于广告活动的准备的背景研究通常是由分组座谈会所做的面谈或问卷调查所完成的。

　　第二个阶段侧重于广告体验或者整个活动的体验。这一阶段通常包含了事前测试或广告效果测试，它包括了受众关注点的分析、广告与特定品牌的关联、购买动机和交流沟通(比如口碑推广的正差幅的相似度)。尽管有关品牌关联、交流沟通、动机的研究是通过问卷或分组座谈会来实现的,但是消费者对于广告关注度的评测越来越多地由注意力追踪(常使用诸如电脑鼠标的定位设备)和眼球追踪(使用测量与视觉相关的眼球位置和移动的设备)来完成。这种广告的事前测试可以在其正式发布前进行,然后依据测试结果来修改广告,以达到强化消费者关注度并使得广告更好地打动消费者的目的。

第三个阶段是后期测试,由更长期的跟踪研究组成,目的是检测消费者是否能回忆起广告和由广告引起的行为变化,这些变化包括曾经表明过的态度和喜好、消费和购买方式、品牌关联度。多数广告的跟踪调查都要求受访者回答与广告识别以及自发或后天的品牌或产品意识有关的问题。事后测试可作为某项活动的特殊研究的一部分,或者作为持续座谈或人口研究的一部分。

绿色广告的主要争议点在于,曾经宣传过的产品或服务的广告效果的可持续性程度以及为了达到获得销量或提升产品和公司形象目的的广告对于消费者的蓄意欺骗程度。那些宣传与产品的环境和可持续性相关的广告诉求可被分为6类,每一类都有其自己的研究内容:

- 产品要求表明对于环境有益或可持续的产品属性,该产品通常也根据可接受的标准进行量化研究来评估,虽然这些可能因国家而异,例如对"有机"等术语的使用。
- 流程要求涉及企业的内部技术、生产技术和产品寿命周期研究,抑或产生环境或可

持续收益的废弃处置方法。这些要求通常由量化系统分析来评估。

- 形象定位将一个组织与可持续性或环保的事业相联系,以此来从消费者或公众的支持中获益。形象定位也通常采用诸如消费者调查或符号学分析的方法来研究,尽管它可能受到内容分析的支配。
- 从其产品或服务看,环境事实所涉及的陈述,本质上讲只是面上的就事论事,而非对环境或其条件的体系性提法。它也许会受到定性定量研究的左右。
- 从其产品或服务看,社会事实所涉及的陈述,本质上讲只是面上的就事论事,而非对社会经济学影响、公平、社会、社区或与产品(或服务)相关的条件的体系性提法。比起环境因素,社会因素更加难以评估,这是因为被牵扯的认知、利益、价值程度等加剧了它的复杂性。
- 综合要求似乎有着多种方面和规模,即它是产品要求、工艺要求、形象定位、环境或社会因素的混合。
- 对于综合要求的检验通常需要同时采用定性定量研究方法的综合分析。

产品要求已经成为驳斥绿色和可持续广告的焦点,这都是因为许多司法管辖区的弱化或缺乏针对可持续性的独立广告索赔的治理。例如,英国政府的环境食品与农村事务部只提供绿色索赔的指导,尽管他们的确建议大家要提出清晰、准确、中肯并可验证之类的索赔。且不论这些针对环保产品的索赔请求是否可度量,产品的构成要件中也可能存在着不确定性。就拿瓶装水的案例来讲,产品可能既非水也非容器(Pearce 2010)。

消费者文化和文化抵制

广告和可持续性第三个主要关系是广告在消费者文化中所扮演的角色。从关键的消费文化视角来看，用户至上主义的驱动力通常在于资本主义制度中的跨国公司起作用，它拼凑起了消费者文化（Klein 2005）。广告信息通过排斥不同观点的大众传媒业来使得用户至上主义合法化（Rumbo 2002），这其中也包括如气候变化在内的可持续性的课题。从这个角度看，企业和市场对于沟通过程有着更有利的控制和更清晰的认识，这样就造就了不可逆的沟通进程，这个进程中的公民权责已经沦落到了仅仅安于成为消费群众中的一员的地步了。

作为回应，人们发起了反体制运动以谋求发展更多的广告和消费的民主和可持续形式，这种形式也常被称为文化困境（Carducci 2006）。斯文·伍德赛斯（Sven Woodside）在他的阿姆斯特丹大学的硕士论文中给文化困境做了全面的定义："人们有选择性地用创造性的非暴力方式来反抗我们熟知的世界的创新手法，这样做的目的既非出于干涉也非为了可选择性地获取交叉信息。"（Woodside 2001, 9）

消费者文化和广告之间关系的鉴定性研究的确使用了商业性广告的研究方法，但是人们对于它的理解局限于赞同政治层面研究的方法和理论的框架之内（Binay 2005）。考虑到在不可持续消费的推广中广告所扮演的角色，广告研究不是中性工具，需要在利益、能力、价值的环境内加以理解。所以，对于广告政治层面的研究与文化困境，将通常包括公共政策分析和社会学研究，所有这一切都比传统商业广告研究的心理强化更加深入。

未来的贡献

未来的捐助广告将成为当代消费文化中的一部分，由此成为那些赞同消费可持续形式的人们的主要焦点，同时广告也成为一种工具，去推广可持续的产品和行为。关于广告本身和广告对于可持续性影响的中性研究的讨论将在未来继续。关于环境和可持续性广告的自愿性标准不足以确保产品要求的合法性，因此，他们的影响、广告、企业和媒体利益的威力是如此不足，政策制定者制定广告、绿色产品要求和品牌推广的规范的热情也微乎其微。

C. 迈克尔·哈尔（C. Michael HALL）
坎特伯雷大学

参见：可持续性度量面临的挑战；公民科学；能源标签；专题小组；有机和消费者标签；大学指标。

拓展阅读

Banerjee, Subhabrata; Gulas, Charles S.; & Iyer, Easwar. (1995). Shades of green: A multidimensional analysis of environmental advertising. *Journal of Advertising*, 24 (2), 21-31.

Binay, Ayse. (2005). Investigating the anti-consumerism movement in North America: The case of Adbusters. (Doctoral dissertation). Austin: University of Texas at Austin.

Carducci, Vince. (2006). Culture jamming: A sociological perspective. *Journal of Consumer Culture*, 6, 116–138.

Goodrich, Kendall. (2010). What's up? Exploring upper and lower visual field advertising effects. *Journal of Advertising Research*, 50 (1), 91–106.

Hall, C. Michael. (2012). *Tourism and social marketing*. London: Routledge.

Heiman, Amir. (2002). Th e use of advertising to encourage water conservation: Theory and empirical evidence. *Journal of Contemporary Water Research and Education*, 121, 79–86.

Jorgensen, Bradley; Graymore, Michelle; O'Toole, Kevin. (2009). Household water use behavior: An integrated model. *Journal of Environmental Management*, 91 (1), 227–236.

Klein, Naomi. (2005). *No logo: No space, no choice, no jobs*. London: Harper Perennial.

Pearce, Fred. (2010, March 23). Green advertising rules are made to be broken: A UK government checklist of claims for advertisers will fail to stop cynical greenwash without a legally enforceable framework. *The Guardian*. Retrieved November 11, 2011, from http://www.guardian.co.uk/environment/2010/mar/23/green-claims.

Pieters, Rik,; Wedel, Michel. (2004). Attention capture and transfer by elements of advertisements. *Journal of Marketing*, 68 (2), 36–50.

Rumbo, Joseph D. (2002). Consumer resistance in a world of advertising clutter: The case of Adbusters. *Psychology and Marketing*, 19 (2), 127–148.

Woodside, Sven. (2001). Every joke is a tiny revolution: Culture jamming and the role of humour. (Master's thesis). Amsterdam, The Netherlands: University of Amsterdam, Media Studies.

Zinkhan, George M.; Carlson, Les. (1995). Green advertising and the reluctant consumer. *Journal of Advertising*, 24 (2), 1–4.

Agenda 21

21 世纪议程

联合国的21世纪议程打算为可持续发展建立指标,在广泛的咨询过程中,政府、研究机构和组织机构发展、检验且修订了这些指标,最终版本旨在建立具有千年发展目标的和谐指标。该套指标包括八个可持续指标项目,不仅用于国家提交联合国的可持续发展报告,也用于促进其他指标项目。

21世纪议程是有关可持续发展的联合国计划。1992年在巴西里约热内卢召开的联合国环境和发展大会(the UN Conference on Environment and Development, UNCED)上制定了该计划。21世纪议程对联合国成员组织、主要的结构以及政府来说,是一个关于人类对环境影响的全面规划。超过178个成员国的政府批准了里约环发宣言以及森林可持续管理的原则宣言。

21世纪议程共有40章,其中第40章呼唤改进可持续性问题的信息基础,以使政府和组织能够基于此进行决策。这个任务包括更好的数据(收集、分析、选择、评估和可利用性)以及指标的开发和应用,也就是说指标的度量标准也在发展,使其有助于评估国家和组织向可持续发展的方向进步。然而,该文件并未对国家、国际机构和非政府组织所需开发指标的类型和质量进行阐述。

起源

在其第一次会期,可持续发展委员会(the Commission for Sustainable Development, CSD)倡导指标的开发和研究,为国家和组织测量可持续发展进程提供基础,可持续发展委员会规定各国政府要综合这些指标,写入提交给可持续发展委员会的报告中。为响应这个要求,政府和非政府组织开始在所有的层次上发展可持续发展的指标。其中许多人进行了早期工作,在短期内提出了大量可用的指标和方法。

超过30个联合国机构,像世界银行的布雷顿森林机构,其他的像经济合作发展组织(the Organization for Economic Co-operation and Development, OECD)和欧盟这样的多国和国际机构，以及非政府组织代表进行了合作。环境问题合作委员会（the Scientific Committee on Problems of the Environment, SCOPE）也有自己的可持续发展指标（SDI）系列。这些组织将各自的工作融合，进行分析规划，形成了一个项目。可持续发展委员会第三次会议（CSD3）在1995年接受了指标体系的初版，且实施了一个五年的项目，该项目包括下列几个步骤：就构建可持续发展的核心指标体系达成共识；发展相关的方法学；对该工作的政策展开讨论和广泛的宣传、检验以及指标评估和修订。

该项目目的确定将指标作为工具，以指导走向可持续发展的决策、信息改进和数据收集以及能够对各国的可持续发展进程进行分析。基于这个决定和一个实施计划，该项目开发了指标方法学部分，可持续发展部分（DSD）和统计部分都在联合国经济和社会事务部门之内，两者进行了联合规划，以讨论可持续发展指标的第一方阵。接着，该规划变更为聚焦一个广泛的共识——构建包括几个联合国系统和其他国际组织的政府间以及非政府机构和相关的研究机构。可持续发展部分在1996年召开了第四次会议，即CSD 4，并出版了著名的蓝皮书。利用包括了指标和方法学部分的蓝皮书，可持续发展部分得到了一个显著的突破。其他联合国环境与发展会议跟进的指标项目不太成功，例如历时15年的《生物多样性公约》的签约者仍然未就该公约的指标系列达成一致。

质量规范

联合国于1995年在可持续发展指标项目中对可持续发展指标制定了质量规范，以向各国政府提供可持续发展指标为目标，使他们能够依此指标进行可持续发展的决策。该项目提出一般可持续发展指标应是"最大可能代表国际共识"，即科学委员会应该广泛地传播可持续发展指标，可持续发展指标应是有意义的、覆盖了可持续发展的重要方面，应该"可理解、简单、明了，不含糊"并且可定量。最后，指标应该是"数量有限，要保持开放并能适应未来发展"的（UN 1995）。然而，包括134个指标和125个相应方法的文件没有严格地达到最后的规范，因此，对政府和组织交给可持续发展委员会报告的指标中用了3个附加条件：指标必须是"主要在国家尺度或者范围内"；"在国家政府能力的范围内可达到，符合逻辑、时间、技术和其他限制"；广泛地涵盖了21世纪议程和可持续发展所有方面的、全面的行动计划（UN 1995）。这些聪明的措施使政府和组织能提出可持续的指标并且使国际委员会接受这些指标。可持续发展委员会要求这些指标应该是"依赖于易于获取的数据或者在合理性价比下即可获取的数据、已知质量标准且每隔一定时间更新应用的数据"，可持续发展委员会的要求对于提出最新的指标和监视体系（UN 1995）起到了阻碍作用。规范导致人们注重对环境产生历史影响的指标，这些指标或许在过去特定的时间在政治上具有可适性，并且指导了数据收集来监视环境问题。但不幸的是，这样一个程序并不能对未来潜在的威胁或者至少当最初的征兆出现时预先起到作用。

所有这些推荐的指标既不能适应于所有的时间，也不能在所有的状况下同等重要。然而，好的指标体系应该总是在没有忽视特殊因素的推荐指标中打破平衡，因为这些需求反映在整套的指标中，所以，指标体系的发展不仅需要对各个指标、还需要对整个体系的质量用心关注，这样结合不同指标的优缺点，能够产生一个平衡和有意义的体系。

结构

21世纪议程中有40章涉及可持续发展的环境、社会和经济要素，构建了1996年可持续发展委员会指标，这些指标在议程中逐章展开。一般文件从开始就会确定其性质，但是21世纪议程没有明确地对此做出定义，也没有相应文件作为依据，各国不能执行可持续性。每章指标的分类是基于经济合作发展组织提出的驱动力—状况—响应（DSR）指标的概念（见图1）。然而，经济合作发展组织体系聚焦于环境的压力，忽视了社会经济原因，在大多数情况中，体系都没有联系到使环境退化的驱动力。该体系假定了一个因果关系链（驱动力造成了状况进而刺激了响应）。为了适应广义21世纪议程的监视过程，联合国修订了概念，将研究项目及随后的指标体系通过将经济和社会因素整合为框架而不同于经济合作发展组织的结构。因此，需要将"压力"部分扩展为更广义的"驱动力"。由于联合国放弃了从压力至应对这种因果关系的打算，指标体系不再强调因果关系，所提出的指标仅仅偶尔认同驱动力造成了一种特定的状况，而政策是对这种状况的应对。由于研究者通过列出原因、危害或者影响以及可行的对策，几乎能叙述每个可持续的问题。因此，驱动力—状况—响应体系提供了一个有用的叙述框架。然而，该体系更多的是理念，缺乏分析及其决策的能力。

图1显示了人类活动（驱动力）和他们加之于自然的压力之间的关系。所得到的效果是由环境状态的响应或动作得到的。

21世纪议程的40章包括可持续发展的环境、社会和经济方面。它构建了1996年的可持续发展委员会指标，后者遵循议程并按章

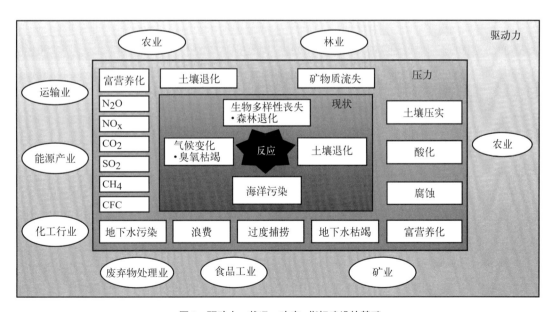

图1 驱动力—状况—响应：指标建设的基础

节报告议程。一个体制因素是固有的，但21世纪议程没有明确定义它，没有适当的机构国家就无法持续地对其进行管理。根据驱动力—状况—响应概念，对经济合作发展组织所提出的指标，在每章中建立了指标的分类（见图1）。然而，经济合作发展组织系统专注于环境压力，忽视了社会经济原因。在大多数情况下，该系统漏掉了与环境退化的驱动力的链接。该系统假定了一个因果关系链（驱动力引起状况变化，从而激起响应）。为了在广泛意义上适合21世纪议程的监测进展，联合国修改了概念：随后，通过整合经济和将社会问题纳入框架，工作方案和指标体系超越了经济合作发展组织的结构，致使其突破"压力"的范畴扩展为更一般的"驱动力"成为需要，由于联合国放弃了从驱动力到响应这样的反映因果关系的打算，指标体系因此没有涉及因果关系，只有被提议的指标顺带地指明了导致一个特定的状况的驱动力和应对这种状况的政策。驱动力—状况—响应系统提供了一个有用的描述框架，因为研究人员可以通过列出的原因、损害或影响以及可能的对策描述几乎每一个可持续性的问题。然而，由于其本身的定义，该系统缺乏分析，因此也就缺乏指导政策的能力。

修订

接下来重要的一步是测试了可持续发展委员会的可持续发展指标，这是全球南北方的22个国家于1997年开始的一个训练，可持续发展委员会在1999年底发布了其中一个试点国家的报告，该报告简要描述了有关方法学中可能的改进，高度关注了许多问题，如缺乏因

果关系、强调（环境、经济、社会和企业）四维之间存在的联系事实上不足，细节和连贯性不够引起的被限于D、S和R这三类等问题——至少驱动力和压力能够被区分开来以支持决策。评论家们指出134个指标不足以描绘可持续发展的全景，但是对政策的沟通又过高，将少量核心指标加上一定数量预期性的指标或许会有帮助。

可持续发展部分根据这些建议，于2000年修订了指标系列，将可持续发展指标系列减少到58个核心指标，嵌入至一个主题/次主题框架。该系列代替了驱动力—状况—响应分类和逐章的结构，但是可持续发展部分仍然延续了可持续发展的四维结构。他们从现存的系列中摘取了大部分指标，对部分进行了修订，并且添加了其他一些经过可持续发展委员会专家组就可持续发展指标和测试结果讨论和建议的指标，可持续发展部分于2001年向联合国可持续发展委员会第9次会议提交了这些指标，对重要的质疑进行了回复，联合国发布了这些指标作为蓝皮书、联合国可持续发展指标概要和方法学手册第2版的内容。正像2001年在约翰内斯堡举行的世界可持续发展高端会议一样，2003年的可持续发展委员会第11次会议和2005年的13次会议敦促各国将未来可持续发展指标的工作建立在本国特殊的条件和优先解决的问题上。可持续发展委员会第13次会议呼吁国际社会支持发展中国家的努力。

联合国的可持续发展部门由于两个原因在2005年决定再次对可持续发展委员会指标进行回顾检查，一个原因是自前一个的指标系列发布以来，各国和组织对可持续发展指标的研究和实践显著加强，因此，需要强调在各国

和国际范围内对可持续发展,包括千年发展目标(MDG)的测量过程;千年发展目标由8个目标构成,包括了从消除贫穷到确保环境的可持续性。回顾检查过程使可持续发展委员会的可持续发展指标和千年发展目标的指标匹配,并加入了一些像1992年里约峰会上《生物多样性公约》所采用的部门指标。联合国经济和社会事务部不赞成对指标系列进行重要的修订,认为应该加强对先前可持续发展指标系列的检验。接着,该部门对一个18个月时间内相对少量的样本进行了复审。

经修订的可持续发展委员会指标系列不但保持了第2版的基本结构,而且还包含了很大的重要变更,最重要的变更是可持续发展委员会放弃了四维可持续性作为组织原则并剔除了系列中公共团体的指标。这些公共团体指标与可持续发展的社会形势相关,像在原21世纪议程文件(UNCED 1992)中所描述的"加强主要团体的作用"、"决策信息"或者"整合决策中的环境和发展"状态指标。这种不合宜的去除引起了政策的讨论,所谈判的公共团体问题像扩展至可持续发展的话题——仅"国际法定的工具和机制"仍然在该议程中,并且在1992年联合国环境与发展大会会议20年后即2012年里约热内卢联合国环发大会上讨论。

新的可持续发展委员会指标包含一个有50个核心指标的系列,作为96个可持续发展指标的一部分。可持续发展委员会保留了基本框架,但是改编了一些主题和次主题;例如,引入了一个关于贫穷的新主题;更新老的并且引入新的指标、加上调谐的方法以及扩展的定义改善了可持续发展委员会的可持续发展指标和千年发展目标指标的一致性。

影响

许多国家,特别是在发展中国家,当他们开发出可持续发展的国家指标系列时,往往会在其提交可持续发展委员会的年度报告中使用自己创造的可持续发展委员会指标作为起点。对于可持续能力较弱的国家,联合国的统计资料提供了加强数据收集和数字化基础设施的支持,以使其能够建立向联合国提交指标的能力。

尽管至今尚无人对可持续发展委员会的可持续发展指标项目的影响力进行过细致的分析,但从评价国家报告中还是形成了大量的普适结论,一直以来可持续发展委员会的焦点都在指标及其国家适应性上面,对发展国家层面指标的参与过程提供了一个有益且适时的论坛。除了上述的直接影响,可持续发展委员会在指标上所开展的工作还有一个不直接的重要影响,这就是大多数国家已经开始利用灵活的合适的主题/次主题框架,形成了当前可持续发展国家指标的优势框架。

背景

还有其他的参与者进行了与可持续发展委员会指标体系平行的可持续发展指标工作，成立于1997年的全球报告初步行动（GRI）发布了具体体现为社会责任报告的行业可持续性指标系列，目前的G3版本（2011年3月更新为G3.1；G4将于2013年发布）详细说明了每个参加者提供的核心资料以及一系列包括公众部分的附加的特殊指标。联合国秘书长建议联合国全球宪章的成员国将全球报告初步行动指标用于他们的报告，全球宪章是联合国的一个合作组织（该组织有6 263个企业和2 781个非企业参与者已经就10个有关可持续核心原则以及报告其在可持续发展方面的进步签字）。2011年7月，全球报告初步行动已经驱逐了2 400个公司，因其未正确地告知利益相关者报告的进展情况和点名批评政策。

与可持续发展委员会指标同步，联合国经济社会事务部开始了一个程序，以开发一些能够监测消费和生产方式的变化的指标，该程序能够弥补UNSDI系列，使其对富裕国家的发展比现在的系列更加灵敏。尽管就此话题进行了国际讨论并且世界可持续发展高层（里约+10）2002年在约翰内斯堡签署了一个发展可持续消费行动的计划，紧接着又签订了一个可持续生产和消费十年计划即Marrakech进程，2011年可持续发展委员会第19次会议还是没有采纳这个行动计划。

展望

基于21世纪议程，很难预测未来的联合国指标，这将在很大程度上取决于2012年7月联合国里约+20环发大会上世界领导者所做的决定。决定越具创新性、越雄心勃勃，包括对可持续发展指标监测系统的要求就越高。目前正努力提高国际报告义务化的效率，并使不同报告体系中覆盖相似主题的指标标准化。可持续发展委员会的可持续发展指标的结构向政府、企业和组织提供没有削弱其核心价值并具有可被接受的、足够的灵活性，有几个因素还能够加强，该系列能够正确地应对里约+20高层的关键问题：绿色经济。第二个联合国环境与发展大会的问题，即可持续发展的机构/制度，能够再综合到可持续发展委员会的可持续发展指标中，使可持续发展委员会的可持续发展指标能更特别地强调可持续消费。通过这些或其他手段，提高指标系列与评价富裕国家执行可持续性的关联度，将在全球范围内长久被关注。

乔基姆H.斯潘根贝格（Joachim H. SPANGENBERG）
德国亥姆霍兹环境研究中心

参见： 发展指标；环境绩效指数（EPI）；真实发展指数（GPI）；全球环境展望（GEO）报告；人类发展指数（HDI）；千年发展目标；可持续生活分析（SLA）。

拓展阅读

Bossel, Hartmut. (1999). *Indicators for sustainable development: Theory, method, applications. A report to the Balaton Group.* Winnipeg, Canada: International Institute for Sustainable Development (IISD).

Global Reporting Initiative (GRI). (2006). Reporting framework: G3 online. Retrieved August 9, 2011, from http://www.globalreporting .org/ReportingFramework/G3Online/.

Global Reporting Initiative (GRI). (2011). Reporting framework: G3.1 guidelines. Retrieved August 9, 2011, from http://www.globalreporting.org/ReportingFramework/G31Guidelines/.

Hák, Tomš; Moldan, Bedřich; Dahl, Arthur Lyon. (Eds.). (2007). *Scientific Committee on Problems of the Environment (SCOPE) Series: Vol. 67. Sustainability indicators: A scientific assessment.* Washington, DC: Island Press.

International Institute for Sustainable Development (IISD). (2010). Compendium: A global directory to indicator initiatives. Retrieved August 8, 2011, from http://www.iisd.org/measure/compendium/.

Moldan, Bedřich; Billharz, Suzanne. (Eds.). (1997). *Scientific Committee on Problems of the Environment (SCOPE) Series: Vol. 58. Sustainability indicators: A report on the project on indicators of sustainable development.* Chichester, UK: John Wiley & Sons.

Spangenberg, Joachim H. (2009). Sustainable development indicators: Towards integrated systems as a tool for managing and monitoring a complex transition. *International Journal of Global Environmental Issues,* 9 (4), 318-337.

United Nations (UN). (1993). *Agenda 21: Earth summit. The United Nations programme of action from Rio.* New York: United Nations.

United Nations (UN). (1995). Report of the Secretary-General, Commission on Sustainable Development, 3rd session 1995, Item 3(b) of the provisional agenda, Chapter 40: Information for decision-making and Earthwatch, E/CN.17/1995, Work Program on Indicators of Sustainable Development, UN /E/ CN.17/1995/18. New York: United Nations.

United Nations Department of Economic and Social Affairs(UNDESA). (1998). *Measuring changes in consumption and production patterns: A set of indicators* (ST/ESA/264). New York: United Nations.

United Nations Department of Economic and Social Affairs(UNDESA). (2007). Indicators of sustainable development: Guidelines and methodologies (3rd ed.). Retrieved January 17, 2012, from http://www.un.org/ esa/sustdev/natlinfo/indicators/guidelines.pdf.

United Nations Department of Economic and Social Affairs, Division for Sustainable Development (UNDESA-DSD). (1996). Indicators of sustainable development: Framework and methodologies. Retrieved January 17, 2012, from http://www.un.org/esa/sustdev/natlinfo/indicators/indisd/english/english.htm.

United Nation Sustainable Development. (1992). United Nations Conference on Environment & Development, Riode Janeiro, Brazil, 3 to 14 June 1992: Agenda 21. Retrieved January 20, 2012, from http://www.un.org/ esa/sustdev/documents/agenda21/english/Agenda21.pdf.

Air Pollution Indicators and Monitoring

空气污染指标及其监测

空气污染因为影响着人类健康和生态环境的可持续发展而广为人知,科学家和政策制定者们已经提出一些指标衡量和报道大气的受污染水平,尽管广泛使用着这些指标,但是它们并没有标准化,并且不同的指标也衡量着不同的污染组成成分。

人为的空气污染(被人称为污染)始于人类祖先的第一次生火,甚至古希腊和古罗马时期就已意识到了这个问题。早在1661年,英国作家约翰·伊芙琳写了一本关于伦敦空气质量的小册子,题为 "Fumifugium",上面写道伦敦的居民呼吸的只有浓烟和杂质……会损害肺部并使整个身体异常。工业革命导致了空气的进一步污染和广泛的扩散,自1950年以来,为减少污染的排放制订了一系列的法律,但是与此同时,机动车数量的增加又给空气带来了新的污染物。现在世界范围内,室外空气污染每年可以引起130万人的死亡(WHO 2011a)。

公众对所得到的污染浓度以及健康效应信息经常感到困惑。为了帮助公众明白这些信息,一些机构已经规范了空气质量因子,以提供一个通用的平台比较和评估不同污染物的作用。但是,空气质量检测需要复杂的网络和高度维护的设备,与此同时,生物指示物—有机体在空气监测中的使用呈现增长态势,这些有机体可以对不同水平或者不同累积程度的污染物有着不同反应。生物监测的使用是对现存空气污染监测网络的补充。

背景

空气污染是指大气的天然特征被物理因子、化学因子和生物因子改变的现象。美国环境保护署(Environmental Protection Agency, EPA)将大气污染定义为:"在室外大气中,一种或几种污染物的存在量、存在的特性和时段足以或者倾向于对人类的身体健康、动植物的生命产生危害,并且无故妨碍人类生活的幸福、财产或业务的开展的现象。"(US Department of Commerce 1978)空气污染取决于很多因素,包括气候、政治、经济以及工业发展，可以从地方到全球的很多层面来考虑，比如在欧洲大陆层面，斯堪的纳维亚的酸雨被认为是由英国和欧洲西部的污染造成的，而温室气体的释放是一个全球性的问题。

城市与乡村环境中大气污染物的组成成分和相对水平显著不同，这源于不同的自然源（像火山、沙尘暴、森林火灾和花粉等）和人为活动（例如工业生产、机动车排放、发电发热设备以及燃烧等）。这些活动所产生的污染物都影响着大气质量。在一些发展中国家，人们在家使用生物燃料不仅仅污染了室外的环境，还对室内的环境也造成了一定的危害，同时也导致了发展中国家每年200万人的死亡（WHO 2011a）。

工业革命、科技进步以及机动车辆使用的增长都对空气质量的恶化贡献很大。与此同时，空气污染对人类健康和环境的影响也开始被系统地同步记录在案了。科学家们已经确定了一系列的环境空气污染物及其排放源，但有关其浓度和对人体健康和生态系统影响的数据仅对几个有限的空气污染物适用。

空气污染物可以气溶胶（微小的液体和固体颗粒）、颗粒物（尺寸大点的固体颗粒）和气体的形式存在，它们可以直接进入空气（像硫、氮和碳的氧化物；有机化合物；颗粒物和金属氧化物这样的主要污染物），或在大气中通过化学反应而生成（在光能影响下形成的二次污染物：光化学氧化剂）。除了6个标准污染物［一氧化碳（CO）、二氧化氮（NO_2），臭氧（O_3），铅（Pb），颗粒物（PM）和二氧化硫（SO_2）］，美国环境保护署还确定了大量的空气污染物，已知这些污染物会导致或者可能有理由相信它们会对人类健康或环境产生不利

影响。最初有187种特定污染物和化学基团被认定为有害空气污染物（HAPs），并且该目录表一直被修改，如甲基乙基酮、乙二醇单丁基醚、己内酰胺分别在2005年、2004年和1996年去除（US EPA 2007）。

由于改善了排放控制技术以及严格的立法，发达国家环境空气污染物的浓度水平大幅度下降，但在大量的低收入和中等收入国家，空气污染仍是一个严重的环境健康问题，尤其是在超大城市（人口超过一千万）。世界卫生组织（the World Health Organization, WHO）估计，世界上四分之一的人口暴露在不健康的空气污染物浓度中，并且室外空气污染在世界范围内每年造成130万左右的人死亡（WHO 2011a）。

在空气污染物中，细颗粒物最受关注，因其与肺癌和心肺相关的多种急慢性疾病有着一定的联系（因为颗粒物非常的小，它可以很容易地被吸入）。根据世界卫生组织的报告，细颗粒物造成了全球9%的肺癌死亡，5%的与心肺疾病有关的死亡和大约1%的呼吸道感染死亡（WHO 2011b）。为了保护人类健康和生态系统，一系列国家和国际的环境空气质量法规和标准已经出台。在对污染物对人体健康影响的科学证据进行了详细的审查后，确定了各种污染物的浓度阈值。

为了确保达到所制定的国家或国际环境空气质量标准，需要在不同位置的固定监测站进行各种空气污染物的连续监测。但是，公众们通常并不知道空气污染与健康之间的联系，也并没有真正理解现有的空气质量信息。因此空气质量指数已经发展成为一个工具，用来告知公众与空气质量或污染物浓度有关的潜在健康问题。

空气质量指数

空气质量指数（AQI）的等级一般是根据数值范围，并且由不同的政府和机构计算，报告参考了健康风险的空气质量。空气质量指数越高，该地区人群的健康风险也更高。为了计算空气质量指数，国家层面的监测站网络连续监测各种污染物在空气中的浓度，并将这些浓度转换成一个指标。给出的数值参照一个健康风险范围或空气污染的水平，并且每个范围通常指定一个颜色代码来表述。各种空气污染物浓度对空气质量指数所产生的功能和比率，不同国家之间差异很大（Plaia & Ruggieri 2011）。

1976年，美国环保署基于一氧化碳、二氧化硫、直径为 10 μm 的颗粒物（PM10）、臭氧和二氧化氮指标提出了第一个空气质量指数，称为污染物标准指数（PSI）。1999年，空气质量指数（USEPA 2009&2011）取代了污染物标准指数，扩展指标包括PM2.5（颗粒物直径为 2.5 μm）和PM10。尽管空气质量指数有一些局限性（例如对非美国区域有限的适用性以及没有考虑到多种污染物的累积效应等），但空气质量指数仍被广泛使用。然而许多国家还继续使用污染物标准指数，因为他们没有监测PM2.5（Cheng et al. 2007）。

环保署计算空气质量指数是由美国清洁空气法案监管的5种空气污染物得出来的。对这5种污染物进行24小时的浓度检测，并用不同颜色标记报告6个参考等级。空气质量指数值为100时对应着正常的国家空气质量标准，值为50表示空气质量良好，对公众健康几乎没有潜在影响，而空气质量指数超过300的值代表有害的空气质量（见表1）。

表1 美国环保署空气质量指数

健康相关的空气质量指数级别	数 值	意 义
优	0—50	空气质量比较满意,空气污染很少且没有风险
中等	51—100	空气质量可以接受,然而部分污染物对小部分对空气污染比较敏感的人存在一定的健康隐患
对特殊群体有危害	101—150	对敏感人群可能有一定的健康影响,对一般公众没有什么影响
不健康	151—200	对每个人都有可能健康隐患,但是对敏感人群可能产生更严重的健康影响
非常不健康	201—300	健康警示的紧急状况,所有人群都有健康风险
危险	301—500	健康提醒:每个人都可能经历更严重的健康影响

一些美国机构开发的一个网站为公众了解国家空气质量信息提供了方便（AIR Now）。该网站提供了超过300个美国城市每天空气质量指数的预测以及实时空气质量指数,它同时还提供了与更为详细的州和地方空气质量信息的链接。

在欧洲，用于报告空气质量的方法和系统差异很大。最近欧盟（European Union, EU）的CITEAIR项目为不同国家的报告空气质量提供了细节（vander Elshout & Léger 2007）。

英国有自己的指数。在其2012年版本中，对一氧化碳的要求下降了，加入了PM2.5指标，并且对PM10、二氧化氮和臭氧都提出了更严格的要求（Department for Environment Food and Rural Affairs 2011）。现在称为每日空气质量指数，以4个空气污染等级（低、中、高或非常高）和10点指数报告空气污染水平。空气质量指数是指路基于短期内的健康影响（见表2和表3）。

表2　英国每日空气质量指数表

区段	指标	臭氧 8小时均值 $\mu g \cdot m^{-3}$	二氧化氮 1小时均值 $\mu g \cdot m^{-3}$	二氧化硫 15分钟均值 $\mu g \cdot m^{-3}$	PM2.5 24小时均值 $\mu g \cdot m^{-3}$	PM10 24小时均值 $\mu g \cdot m^{-3}$
低						
	1	0—33	0—66	0—88	0—11	0—16
	2	34—65	67—133	89—176	12—23	17—33
	3	66—99	134—199	177—265	24—34	34—49
中等						
	4	100—120	200—267	266—354	35—41	50—58
	5	121—140	268—334	355—442	42—46	59—66
	6	141—159	335—399	443—531	47—52	67—74
高						
	7	160—187	400—467	532—708	53—58	73—83
	8	188—313	468—534	709—886	59—64	84—91
	9	214—239	535—599	887—1 063	65—69	92—99
很高						
	10	≥240	≥600	≥1 064	≥70	≥100

源自：COMEAP（2011）.

• 空气污染物的浓度是微克（百万分之一克）每立方米空气或$mg \cdot m^{-3}$。
不同的国家指数变化很大，但英国指数列出了随着健康风险的增加逐步下降的空气质量。

现在，空气质量指数在被广泛应用。然而在指标组成和等级划分上尚未达成共识。例如，表4显示了法国使用的指数范围是从1至10，而澳大利亚是从0到200，都有6个等级。所有的空气质量指数有一个共同的目标，即在短期内减少空气污染对健康造成的不良影响。一些国家的信息显示除了监管，还倾向于对健康影响的其他提示，例如表3中的指数常伴有健康建议，这些建议对不同人群各不相同。对某些指数的建议随污染物而变化，而在其他指数却是对非高危人群和高危人群分别建议。如果没有一致的方法，难以进行空气质量指数值的比较，并且指数用处也有限。

表3 与英国空气质量指数相关的健康指导

空气污染程度	数 值	对高危人群和一般人群健康的建议	
		高 危 人 群	一 般 人 群
低	1—3	可以享受户外活动	可以享受户外活动
中等	4—6	有肺部问题的成人或是儿童(包括有心脏问题的成人)应当减少户外剧烈的体力活动	可以享受户外活动
高	7—9	有肺部问题的成人或是儿童(包括有心脏问题的成人),特别是已经有了这种症状的人,应当减少户外剧烈的体力消耗。哮喘病人可能会发现,他们需要更经常地使用他们的药物吸入器。年纪大的人也应减少体力消耗	任何人如果遇到不适,例如眼痛、咳嗽或喉咙痛,都应考虑减少活动,尤其是户外
很高	10	肺部有问题的成人和儿童,心脏有问题的成人、老人都不要进行剧烈的体力活动。哮喘病人可能需要更经常的使用药物吸入器	减少体力消耗,尤其是在户外,特别是已经有了感冒或者喉咙痛症状的人们

表4 不同国家和地区的空气质量指数

国 家	预定值	分 级	包含的污染物
澳大利亚	200	6	$CO, NO_2, O_3, PM10, SO_2$
比利时	10	10	$NO_2, O_3, PM10, SO_2$
加拿大	100	10	$CO, NO_2, O_3, PM10, SO_2$
欧盟	100	5	$CO, NO_2, O_3, PM10, SO_2$
法国	10	6	$NO_2, O_3, PM10, SO_2$
德国	100	6	$CO, NO_2, O_3, PM10, SO_2$
爱尔兰	100	5	$NO_2, O_3, PM10, SO_2$
英国	10	4	$NO_2, O_3, PM2.5, PM10, SO_2$
美国	500	6	$CO, NO_2, O_3, PM2.5, PM10, SO_2$

一些创新的方法也已被用于告知公众有关空气污染的信息,包括气球(巴黎),照片杂志(北京),数字展示(马德里),实时披露(首尔)和激光(赫尔辛基)。这些也将会继续发展,并且毫无疑问,未来每个人将能够根据他们日常工作和生活方式的知识使用这些有关个人披露的信息。

伊恩·科尔贝克(Ian COLBECK)
查希尔·艾哈默德·纳夕拉(Zaheer Ahmad NASIR)
埃塞克斯大学

参见：生物指标——物种；碳足迹；环境绩效指数（EPI）；外部评估；土地利用和覆盖率变化；海洋酸化—测量；减少因森林砍伐和森林退化引起的排放（REDD）；遵纪守法；船运和货运指标；作为环境指标的树轮。

拓展阅读

AIRNow. Homepage. Retrieved January 5, 2012, from http://airnow.gov/.

Cheng, Wan-Li; et al. (2007) Comparison of the revised air quality index with the PSI and AQI indices. *Science of the Total Environment*, 382, 191−198.

Committee on the Medical Effects of Air Pollutants (COMEAP). (2011). Review of the UK Air Quality Index. Retrieved January 5, 2012, from http://www.comeap.org.uk/images/stories/Documents/Reports/comeap review of the uk air quality index.pdf.

Department for Environment Food and Rural Affairs (Defra). (2011). Notification of changes to the Air Quality Index. Retrieved February 8, 2012, from http://uk-air.defra.gov.uk/news?view = 158.

Plaia, Antonella; Ruggieri, Mariantonietta. (2011). Air quality indices: A review. *Reviews in Environmental Science and Biotechnology*, 10 (2), 165−179.

United States Department of Commerce. (1978). Air pollution regulations in state implementation plans: Tennessee (PB−290 291). Retrieved February 8, 2012, from http://www.ntis.gov/search/product. aspx?ABBR=PB290291.

United States Environmental Protection Agency (EPA). (2007). Modifications to the 112(b)1 hazardous air pollutants. Retrieved February 8, 2012, from http://www.epa.gov/ttn/atw/pollutants/atwsmod.html.

United States Environmental Protection Agency (EPA). (2009). Air Quality Index: A guide to air quality and your health. Retrieved January 5, 2012, from http://www.epa.gov/air now/aqi_brochure_08−09.pdf.

United States Environmental Protection Agency (EPA). (2011). Air Quality Index (AQI): A guide to air quality and your health. Retrieved January 5, 2012, from http://cfpub.epa.gov/airnow/index.cfm?action = aqibasics.aqi.

van den Elshout, Sef; Léger, Karine. (2007). Comparing urban air quality across borders. Retrieved January 5, 2012, from http://www.airqualitynow.eu/download/CITEAIR-Comparing_Urban_Air_Quality_across_Borders. pdf.

World Health Organization (WHO). (2011a). Air quality and health. Retrieved January 5, 2012, from http://www.who.int/mediacentre/factsheets/fs313/en/index.html.

World Health Organization (WHO). (2011b). Global Health Observatory (GHO). Mortality and burden of disease from outdoor air pollution. Retrieved January 5, 2012, from http://www.who.int/gho/phe/outdoor_ air_pollution/burden/en/index.html.

B

Biological Indicators — Ecosystems

生物指标——生态系统

　　追求环境可持续性的过程中,研究人员寻找能提出生态变化预警的指标,尤其是那些可能导致破坏生态系统连锁反应的生态变化。目前人们已经确定了一些关于基因和物种水平的指标,但更具挑战性的是那些能够识别特定脆弱生态系统的指标,监测这种生态系统的稳定性可以反映环境压力,譬如全球气候变化的预测。

　　有些生态系统比其他系统对变化更敏感,与识别个别物种的常见做法相似,它们可以提供早期迹象的负面影响(如外来物种入侵、污染或气候变化的影响),特别敏感的生态系统也可以被识别。指标生态系统不是个别物种,也不是社区水平的影响,而是能量转移过程的变化和一个生态系统内的营养物质循环。生态系统脆弱性、恢复力和抗扰动能力,都是可以用来识别早期指标生态系统的因素,它们所受的负面影响先于别的因素。可以用来定义一个潜在的指标生态系统的标准是:对初级生产过程,或能量向上到高营养水平的转移

过程,或返回土壤营养物质的分解过程很敏感(容易被扰动)。有时快速失稳会对生态系统的稳定和服务产生巨大影响,某一水平的食物链变化受营养物质的连锁影响会导致大范围的链条中断,甚至物种灭绝,就是具体的例子。识别指标生态系统是一个比识别指标物种更大的挑战,因此,也是一种更为稀缺的事业。

　　与识别指标生态系统意义相同,此类信息的一个来源就是识别哪些生态系统比其他系统更脆弱(不稳定)、更容易受到人为干扰(Nilsson & Grelsson 1995)。生态系统一旦被扰动,其恢复过程会非常缓慢,所以一般认为生态系统不是很有弹性。这样的例子包括高山或高纬度冻土环境,这种环境生长季节短,若遇到自然扰动(如火灾或山体滑坡)或密集的人为影响(如从人类足迹到采矿活动),就很难再恢复过来。由于低温,这些生态系统中的植物生长和分解都严重受限。较大的物种数量变化,加上物种丰度和物种组合,可以反映生态系统脆弱性。这些都是高山、冻土地带生态系统和其

他脆弱系统（比如沙漠、降水和长期干旱会严重限制生长季节）的共同特征。在全球规模的生态系统上，气候变化参数［如升高的大气二氧化碳（CO_2）］能强烈地影响植物生产力，导致气候变暖，进而可能导致地球生态系统内大量的能量流和营养物质循环发生变化。

今天，一个重要的（如果不是关键性的）挑战是对最脆弱的生态系统的识别，就像煤矿中的金丝雀，这种信息将提供早期预警，使人意识到全球气候变化正在或即将对生态系统产生影响。已经预测的气候变化包括大气变暖、大气中的CO_2升高所导致的更高频率、更高强度的干旱、洪水、飓风、海平面上升和其他极端形式的连续事件。很难说哪种生态系统最容易受到这些条件的破坏，很可能许多生态系统都同样脆弱，虽然应对的压力因素不同，但有可能它们是同时起作用的。不管怎样，某些生态系统可能是由于它们对于气候变化和人为干扰的特定压力因素的脆弱性而被识别。这个识别也必须用特定生态系统反馈效应的重要性来调整，因为反馈效应可能会导致消极的或积极的加速度，并可能导向生态系统稳定程度的一个倾覆点。例如，热带雨林生态系统中巨大的植物生物量会造就一个吸收大气CO_2的巨型容器，破坏这个巨大的CO_2吸收容器会导致大气中的CO_2进一步上升，严重影响全球碳平衡。此外，由于这些森林中的物种占全球物种的百分比很高，所以对这个生态系统的扰动，如过度捕捞或刀耕火种的农业实践，也可能危及全球生物多样性。从这个意义上说，热带雨林可以被视为全球生态系统潜在变化的关键生态系统指标。

人类对于列出和识别脆弱生态系统的尝试包括不列颠哥伦比亚省的称为敏感生态系统库存（SEI）的环境部项目，其目的是罕见、脆弱的陆地生态系统残存物种的生存管理。该政府机构的观点是，这些特别敏感的生态系统对于栖息地和物种多样性都非常重要，它们的消失可能引发连锁反应，甚至可能对其他较稳定、较强壮的生态系统造成毁灭性的影响。除了关注陆地生态系统，人们还曾组织尝试过识别特别脆弱的海洋生态系统，这些系统也可以用作早期指标生态系统（Roberts et al. 2010）。敏感生态系统库存以及在世界各地的其他项目现在的目标是观察物种数量或整个生态系统（如珊瑚礁）的损失，高纬度地区海冰的损失及其所造成的暴露土地的土壤呼吸作用的增强可能对全球碳平衡、大气二氧化碳和气候变化产生巨大影响。事实上，在评价生态系统作为有害影响的早期指标的有效性时，空间尺度必定是一个重要考虑因素。

识别指标生态系统的主要挑战仍然在于我们对它们的相对弱点、韧性、抗扰动的估计。即使是要将生态系统脆弱性的最明显的例子进行排序都是相当困难的（如果不是不可能的话），且排序的尝试往往主要以提供给人类的生态系统服务价值为基础。研究人员寻求识别指标物种时就面临着种种困难，而当他们寻求成功地识别指标生态系统时，要面临更多的困难，因为与一个物种相比，生态系统的复杂程度令人震惊。无论如何，正如不同的网站上长长的文章列表所验证的，敏感生态系统的数量每天都在持续增长（e!Science News n.d.）。

威廉・K. 史密斯（William K. SMITH）

维克森林大学

参见：生物指标——基因；生物指标——物种；生态系统健康指标；政府间生物多样性和生态系统服务科学政策平台（IPBES）；长期生态研究（LTER）；新生态范式（NEP）量表。

拓展阅读

e! Science News. Science news articles about "sensitive ecosystems." Retrieved February 6, 2012, from http://esciencenews.com/dictionary/sensitive.ecosystems.

Gunderson, Lance H.; Holling, C. S. (2002). *Panarchy: Understanding transformations in human and natural systems*. Washington, DC: Island Press.

Nilsson, Christer; Grelsson, Gunnel. (1995). The fragility of ecosystems: A review. *Journal of Applied Ecology*, 32 (4), 677–692.

Roberts, C.; Smith, C.; Tillin, H.; Tyler-Walters, H. (2010). Review of existing approaches to evaluate marine habitat vulnerability to commercial fishing activities (Report SC080016/R3). Rotherham, UK: Environmental Agency.

生物指标——基因

　　基因多样性是物种及生态系统多样性的基础，它包括所有基因特征的多样性及它们差异的程度。实际上多样性是种群、物种、生态系统适应环境变化的能力。国际前沿学者已将生物多样性指标应用于环保及可持续发展方针的制定，但在该领域仍需更多的研究工作。

　　生物多样性即地球生命的多样性，从基因到物种甚至是生态系统都可以进行测量，并在不同的复杂程度进行描述。生物多样性的概念代表着一种非互补型分层式的方式，包括从较低级开始构成较高层次的所有信息。基因多样性，或者说基因特征的多样性，构筑了更高层次多样性的基础。基因多样性通过自然选择，对孕育生物进化的过程起着决定性作用。而且，基因多样性直接影响着物种多样性及生态系统的功能和运行。美国研究者理查德·兰考（Richard Lankau）和沙龙·斯特劳斯（Sharon Strauss）在2007年已经表明，保护生物多样性，需要保护支撑基因多样性的过程，反之亦然。

生物多样性的层次

　　测量基因多样性的基本单位是基因。基因是脱氧核糖核酸DNA大分子的片段，其独立于非编码DNA部分。在较高级的生物体（动物、植物及真菌）中，DNA主要以染色体的形式存储于细胞核中。大多数有性繁殖生物都是二倍体，这意味着每一个生命体都含有两个染色体集，一个源于母本，一个源于父本。两种染色体在数量、形状及基因的排布上都是相同的。在每一个染色体上，基因以线性序列的形式进行排列，每一个基因都有一个唯一的位置。这些位置称之为位点，在两个染色体上处于相同位点位置的基因称为等位基因。每个基因通常有两个等位基因，一个来自于母本，一个来自于父本。如果两个等位基因是相同的，则该基因是纯合的；否则，该基因称为杂合的。那些仅有一个等位基因的基因称为单态的基因，具有多个等位基因的基因称为多

图1 生物多样性的嵌套特征及其构成

来源：作者.

生物多样性可以从不同的层次来衡量，从基因到物种和生态系统。由于该系统的层次特性，高层次的信息包括较低层次的所有信息。

态的基因。

一个生物体所具有的基因的总和称为基因型。生物体的每个细胞具有完全一样的基因信息，但不存在两个独立的生物个体具有完全一样的基因库（非有性繁殖的克隆体及单卵性双胞胎除外）。

生物体或物种的不同特征（如植物花瓣的形状或鸟喙的形状）源于这些生命体中基因的不同组合。所有形态特征的总和称为表型，表型是传统自然分类及形态学相似种群命名的基础。

现代分子系统发生技术使得我们可以在DNA水平上对基因信息进行直接分析，有关系统发生的假设可用于有机体的分类。到目前为止，大多数的新分类影响到种群甚至物种层次，仅仅很少案例充分地揭示了分子信息的基因多样性与物种名字有联系。

物种是生物多样性的基本单元。迄今为止，物种多样性是生物多样性最明显的指标。例如，生物多样性可通过某一特定区域出现物种的数量（物种丰富性）或通过物种均匀性（即物种丰度的变化）进行简单的估算，还可与珍稀性和互补性这样定性的内容合并，形成一个扩展的指标。可是，就什么是物种的概念，存在一些不同且部分矛盾的说法。最通用的定义认为物种是由能通过品种杂交而繁殖的单个生物构成，这就是著名的生物物种的概念（Mayr 1942）。然而，个体、种群、品种等在物种内的基因可能不同。相反，基于形态相似性及差异性描述形态物种这一概念对我们十分方便，因为它帮助我们更好地对地球上的多样性进行分类。基因多样性常常被定义为物种内的多样性，然而，描述物种X与物种Y基因型如何不同的基因信息也可以作为更高层次（群落、地区、系统）生物多样性的指标。

系统多样性描述不同物种群落的多样性及它们的相互关系，它是生物多样性最抽象的层面，不仅包含物种多样性，也包含基因多样性。

基因指标与生物多样性

南非保护生物学家比琳达·赖尔斯（Belinda Reyers）（2010）认识到生物多样性的多面性并回顾了迄今所形成的生物多样性指标种类。引用了千年生态系统评估及剑桥大学保护生物学教授安德鲁·巴姆弗德（Andrew Balmfold）和其同事的研究成果，赖尔斯列举了多样性的3个方面：多样性、数量、条件（以上3个条件都是可测的）。在多样性中，种类就像是物种、基因丰富性及特色这样的指标。定量指标指的是物种或生态系统的范围、分布及丰度和种群大小的度量，条件指标包括反映对物种和生态系统或者群落的分散性和聚集性所构成威胁的状态。

作为多样性的指标，多样性的不同部分或层面在其应用中不必相互排斥，例如基因多样性的度量可以弥补物种多样性指标，使物种之间基因特点的维数增加，可以作为一个定性的附录。

基因多样性的主要指标

科学家们讨论基因信息的原位及异位存取，分别指的是"存储于"生活在其自然环境物种及保护在其自然环境以外物种体内的基因信息（即种子库、种质资源库、自然历史藏品、植物园和动物园）。同样，指标有时特指原位或异位基因多样性。

特别需要注意的基因指标包括等位基因的丰富性，其一个种群内描述了每个位点（一个基因的位置）所含等位基因（相同基因的不同形式）的数量。该指标存在几处修改，或指的是数量、频率、均匀性，或指两个不同等位基因点上的平均比例（杂合度）。在实验室中等位基因状态的改变可以利用分子标记来测量（Hughes et al. 2008）。

基因变化或基因变化系数是一种定量描述受遗传影响的群落内，生物体之间表型性状连续变化的指标（Hughes et al. 2008），有

助于描述或由于基因驱动或由于环境驱动的某一特征的变化。基因驱动变化的识别需要通过实验获得的基因组的详细信息（同样的基因型在不同的环境培育，反之亦然）。

有关遗传距离的指标描述了两个种群之间基因型的不同，通用的固定指数范围从0（相同物种）到1（不同物种）。该指标比较了随机选择的亚种群的等位基因与整个种群等位基因的差异（Hughes et al. 2008）。

在所有进展的研究工作中，《生物多样性公约》（CBD）的生物多样性指标合作伙伴项目（BIP）确定了一系列的潜在指标。基因多样性中的两个趋势已经明确提出，其一是异位作物收集。反映该趋势的指标将对我们如何能够更好地管理作物基因的多样性提供评价。生物多样性指标合作伙伴项目的成员们目前正在发展一个更全面的指标，以对在世界范围内（无论是在种子库和种质资源库还是在田野，即正在生长的植物）搜集的物种，如何以其所包含物种的数量、进入搜集的新物种的数量以及进行该搜集物种国家的数量，来体现出收集的丰度。由生物多样性指标合作伙伴项目明确的第二个方向为陆地家养动物的基因多样性。生物多样性指标合作伙伴项目的成员们正在研究一种能够涵盖家养动物群落所有状态（例如"风险"）的指标，该指标基于超过30多个鸟类和哺乳动物物种，涵盖了8 000多种哺乳动物，包含了有关品种种群数量及结构的

信息。该指标将能对基因多样性进行近似估计,因为它不能解释品种内和品种间多样性的程度。

基因不同性的概念已经应用于多个基因多样性指标的研究,从生物学到经济学的多个学科不同领域的著作中都可以发现。例如,系统进化多样性根据物种的进化历史描述物种之间的关系。在进化过程中,不同种群的基因隔离可能导致物种形成的结果,尽管在隔离的时刻基因相同,然而在随后的时间里,原物种可能独立地进化成新物种。因此,物种所共享的相同基因特征的数量和不同特征的数量提供了系统进化不同性的信息,可以通过系统进化树的枝干的不同长度形象地表现出这个特点。在进化历史中,物种进化得越早,它所携带的唯一特征就越多,而且对系统进化多样性的贡献也越大。换句话说,进化形成唯一物种的灭绝对进化史所带来的损失,比进化初期物种灭绝的损失要大,尽管它们的基因很大程度上和其他许多物种相同(Mace、Gittelman、Purvis 2003)。很多生物多样性指标和方法都是基于这些概念发展起来的,其中一些可以追溯到 20 世纪 90 年代早期(例如 Gaith 1992;Vane-Wright、Humphries & Williams 1991;Weitzman 1992)。

其他研究已经运用了通过 DNA 杂交过程获得的基因不同性信息,检测特定群体中每对物种(或相同物种的个体)的 DNA。杂交 DNA 和两个原物种之一的 DNA 之间重要化学元素位置的不同,为基因差异性的检测提供了方法。基于相似 DNA 信息,另一种方法已经应用于检测物种基因多样性的遗失,以评价当某一(或更多)物种脱离特定环境时基因多样性的遗失量(Gerber 2011)。形象地说,该方法试图模拟系统进化树枝干的长度,如果某一物种脱离该环境,枝干则被截断。

用于基因不同性研究的另一种技术是 DNA 基因编码——用一个标志基因的某一段的 DNA 片段来鉴别物种。一般来说,基因突变按一固定的比率出现,因此,两个个体或物种之间被分析的 DNA 片段越相似,它们在生物学分类的关系越相近。对于 DNA 编码,非编码片段也是有用的,因为该片段的基因突变不会影响基因特征(Moritz & Cicero 2004)。

保护和可持续性的应用

20 世纪,特别是在美国科学家沃森(James D. Watson)和克里克(Francis Crick)于 1953 年创立了 DNA 分子结构识别以后,大部分基因指标和基因同步发展。尽管基因多样性指标在生物多样性保护和可持续的应用中还处于初始阶段,但这是一个有待发展的非常重要的领域。种群、物种和生态系统的基因多样性对其恢复力及适应能力至关重要。种群的基因多样性越大,在适应像气候变化、病菌、害虫等环境改变中存储于基因编码区的选择性就越多,则该个体生存和繁殖的能力就越强。如果种群的数量低于一个临界的水平,则剩余基因型的多样性可能不足以维持其生态适应性,处于所说的基因瓶颈。即使随后种群的数量有所增加,它的基因多样性也会长期处于枯竭状态。许多濒临灭绝的物种正在经历这种命运(如印度豹、大熊猫和犀牛)。

上述由生物多样性指标合作伙伴项目团队所确定的指标对政策制定者来说很简单,可以直接应用,可是如上述所讨论的那样,这些指标只能对实际的基因多样性进行粗略的估计。其他的指标更接近基因多样性的进展,但不是那么容易明了,这使得它们对政策工作的吸引力不够。

挑战

迄今,基因多样性指标在可持续和环保政策的制定上起到的作用还很小。原因是多方面的,包括从简化沟通和数据可用性与适用性的透明度都是保护的目标。

2011年,生物多样性指标合作伙伴项目开发的指标将会应用于政策的制定,但是他们仅涵盖了像基因丰富性等基因多样性的限定内容,没有涵盖基因变化的内容(用系统发生树分枝长度表达概念)。迄今,他们仅将基因库和家养物种联系起来,忽略了不受控和野生生物多样性及其对生态系统运行的作用,原因之一可能是涉及基因变化的指标(和可持续发展有更直接的关系)复杂,而且需要一些对大部分物种来说还未得到的数据和知识。重要的是开发可应用于决策的基因多样性指标,以充分促进资源的保护和可持续利用。例如,现今世界上商业种植的咖啡豆基因非常相似,阿拉伯的野生咖啡(通过自然过程已进化成多个地方品种)包含更多的基因多样性且具有更容易适应未来冲击(例如病虫害、气候变化)的潜力,它主要集中在埃塞俄比亚的阿弗罗蒙泰(Ethiopian Afromontane)雨林,该雨林也即将消失。为了支持该稀有咖啡基因库的拥有者(对它给予一定的经济补偿),将基因多样性和可持续发展联系起来的指标或许可以见效。

另一需要关注的领域是处理所有权问题的政治过程,该所有权涉及由基因多样性带来利益的使用和共享,这就是2010年《生物多样性公约》采纳的协议的主题,其名称为"基因资源的评估及基因资源利用产生利益的平等共享",常常称之为评估和利益共享的名古屋议定书(CBD 2010)。

足够的基因多样性度量和指标的应用,对生物多样性的保护和可持续性利用重要政策的执行是必要条件。忽略该方面的基因水平,可能会否认通过长期自然选择过程所带来的数以百万计生命体进化记忆的自身价值。基因多样性的任何遗失是不能回复的,一个物种灭绝了就永远不能再恢复。因此,考虑生物多样性基因水平的应用是多样化的,首先,它保证种群、物种、生态系统面对环境条件的改变具有最高的适应能力,因此能促进生态系统商品和服务的持续的供给;其次,基因多样性为庄稼和牲畜的繁殖和培育、制药产业及其他许多潜在应用提供重要信息。总而言之,基因多样性提高了生态系统的恢复力,因此为人类面对未来未知的挑战提供无价的保障。

现状与展望

研究最深入的基因多样性指标主要涉及家养种群(牲畜和庄稼),有关可持续发展问题的群落和生态系统层面的足够的指标仍然匮乏。即使基因多样性的相关性众所周知,但基因多样性在实现生物多样性的保护行动计划和可持续发展应用的考虑中,工作明显很少(Laikre et al. 2010)。为了实现《生物多样性公约》和其他国际先驱人士提出的政治目标,急需在提高理解力和方法及工具发展方面投入更多的研究力量,这些方法和工具将使得基因多样性在生物多样性的所有层面上进行适当的测量、检测和保护。

尼古拉斯・格博（Nicolas GERBER）

简・亨宁・索默（Jan Henning SOMMER）

波恩大学

参见：生物指标——生态系统；生物指标——物种；生态系统健康指标；全球植物保护战略；生物完整性指数（IBI）；政府间生物多样性和生态系统服务科学政策平台（IPBES）；长期生态研究（LTER）；物种条码。

拓展阅读

Balmford, Andrew; et al. (2008). The economics of biodiversity and ecosystems: Scoping the science. Cambridge, UK: European Commission.

Barros, Edmundo. (2007). Soil biota, ecosystem services and land productivity. *Ecological Economics*, 64 (2), 269–285.

Convention on Biological Diversity (CBD). COP 8, decision VIII/15: Framework for monitoring implementation of the achievement of the 2010 target and integration of targets into the thematic programmes of work. Retrieved August 30, 2011, from http://www.cbd.int/decision/cop/?id 5 11029.

Convention on Biological Diversity. (2010). Access to genetic resources and the fair and equitable sharing of benefits arising from their utilization. Retrieved December 17, 2011, from http://www.cbd.int/iyb/doc/prints/factsheets/iyb-cbd-factsheet-abs-en.pdf.

Costanza, Robert; et al. (1997). The value of the world's ecosystem services and natural capital. *Nature*, 387, 253–260.

Crozier, Ross H. (1992). Genetic diversity and the agony of choice. *Biological Conservation*, 61 (1), 11–15.

Faith, Daniel P. (1992). Conservation evaluation and phylogenetic diversity. *Biological Conservation*, 61(1), 1–10.

Falconer, Douglas S.; Mackay, Trudy F. C. (1996). *Introduction to quantitative genetics*(4th ed.). Essex, UK: Longman Group Ltd.

Forest, Felix; et al. (2007). Preserving the evolutionary potential of floras in biodiversity hotspots. *Nature*, 445, 757–760.

Gaston, Kevin J. (2009). Biodiversity. In William J. Sutherland (Ed.), *Conservation science and action*. Oxford, UK: Blackwell. doi: 10.1002/9781444313499.ch1.

Gerber, Nicholas. (2011). Biodiversity measures based on species-level dissimilarities: A methodology for assessment. *Ecological Economics*, 70 (12), 2275–2281.

Haig, Susan M. (1998). Molecular contributions to conservation. *Ecology*, 79, 413–425.

Hartl, Daniel. L.; Clark, Andrew G. (1997). *Principles of population genetics*. Sunderland, MA: Sinauer.

Hughes, A. Randall; Inouye, Brian D.; Johnson, Mark T. J.; Underwood, Nora; Vellend, Mark. (2008). Ecological consequences of genetic diversity. *Ecology Letters*, 11, 609–623. doi: 10.1111/j.1461–0248.2008.01179.x

Krajewski, Carey. (1994). Phylogenetic measures of biodiversity: A comparison and critique. *Biological Conservation*, 69, 33–39.

Kumar, Pushpam. (Ed.). (2010). *The economics of ecosystems and biodiversity: Ecological and economic foundations*. London: Earthscan.

Laikre, Linda. (2010). Genetic diversity is overlooked in international conservation policy implementation. *Conservation Genetics*, 11, 349–354.

Laikre, Linda; et al. (2010). Neglect of genetic diversity in implementation of the Convention on Biological Diversity. *Conservation Biology*, 24 (1), 86–88.

Lankau, Richard A.; Strauss, Sharon Y. (2007). Mutual feedbacks maintain both genetic and species diversity in a plant community. *Science*, 317 (5844), 1561–1563.

Linder, H. Peter. (2005). Evolution of diversity: The cape flora. *Trends in plant science*, 10 (11), 536–541.

Lynch, Michael; Walsh, Bruce. (1998). *Genetics and analysis of quantitative traits*. Sunderland, MA: Sinauer Associates.

Mace, Georgina M.; Gittleman, John L.; Purvis, Andy. (2003). Preserving the tree of life. *Science*, 300, 1707–1709.

Magurran, Anne E. (2004). *Measuring biological diversity*. Hoboken, NJ: Wiley-Blackwell Publishing.

Mayr, Ernst. (1942). *Systematics and the origin of species from the viewpoint of a zoologist*. New York: Columbia University Press.

Millennium Ecosystem Assessment (MA). (2005). *Ecosystems and human well-being: Biodiversity synthesis*. Washington, DC: World Resources Institute.

Moritz, Craig; Cicero, Carla. (2004). DNA barcoding: Promise and pitfalls. *Public Library of Science Biology*, 2 (10), 1529–1531.

Noss, Reed F. (1990). Indicators for monitoring biodiversity: A hierarchical approach. *Conservation Biology*, 4 (4), 355–364.

Reyers, Belinda. (2010). Measuring biophysical quantities and the use of indicators. In Pushpam Kumar (Ed.). *The economics of ecosystems and biodiversity: Ecological and economic foundations*. London: Earthscan, 113–148.

Understanding Evolution. (2008). Tough conservat ion choices ? Ask evolution. Retrieved October 25, 2011, from http://evolution.berkeley.edu/evolibrary/news/081201_phylogeneticconservation.

Vane-Wright, R. I.; Humphries, C. J.; Williams, P. H. (1991). What to protect? Systematics and the agony of choice. *Biological Conservation*, 55 (3), 235–254.

Walpole, Matt; et al. (2009). Tracking progress toward the 2010 biodiversity target and beyond. *Science*, 325(5947), 1503–1504.

Weitzman, Martin. L. (1992). On diversity. *The Quarterly Journal of Economics*, 107 (2), 363–406.

生物指标——物种

对物种丰度整体水平的评估往往耗时耗财,且可能消耗保护行动的有限资源。生物学家已经发现少量物种可作为所有物种的指标,而其他物种似乎和该地区物种的全部目录无关,该研究已有效地应用于鉴别、确认及物种丰度生物学指标的利用。

完全统计出所有的物种所需的工作量庞大,可能需要几十年的时间。在丰富多彩的热带区域,即使对一个很小区域物种的完整调查,可能也是一个巨大的工程。保护管理者需要物种空间分布的详细信息,以便有限的保护资源可有效地得到利用;管理者们需要评价管理工作对整个物种甚至目标种群效果的信息。因此,生物学家们已经定义并估算了某一研究点位或区域,一组物种的存在(即潜在的物种指标)和该点位所有物种数量的关系。如果潜在的指标组比较小而且容易估算,那么通过降低所研究区域物种采集、鉴定和记录的时间及资金需求,关注于目标物种的分布及数量,可大大简化生物多样性的评估。

指标物种研究的发展

在科学杂志上有关指标物种应用的首例还要追溯到20世纪40年代,早期主要应用于和环境条件有关的物种,例如营养的可利用性、污染化学品的存在或者空气或水的质量(Ellenberg 2009, 1963年首次出版)。后来,美国生物学家皮特·B.兰德雷斯(Peter B. Landres)及其同事在对偶然利用脊椎动物作为指标的评论中,提出了指标物种的定义,该定义得到了科学研究的普遍认可:"指标物种是这样一类有机体,其特性(例如存在或灭绝、种群密度、分散性、繁殖能力)可用一个指数来表征麻烦、昂贵,难以衡量其他目标物种或环境条件"(Landres、Verner、Thomas 1988,317)。20世纪末及21世纪初期,人类对生物多样性评估中应用物种指标的兴趣有所增长。

应用指标物种替代物种丰度水平(即一个特定区域内物种的数量)的早期研究起源于20世纪90年代初期。这些研究成功地确定了主要的研究主题,这些主题继续影响着研究的进行，并利用物种丰度指标作为保护工具。美国亚利桑那州州立大学生态学家大卫·L.皮尔森（David L. Pearson）和意大利昆虫学家法比奥·卡索拉（Fabio Cassola）进行了首批得到业界认可的一项应用指标物种估计其他类群的研究（命名上相关的物种，比如：鸟类、蝴蝶）。他们发现方圆275—350 km范围的点位内，虎甲虫（甲虫类：虎甲科）的数量和鸟类物种的相关性（r，一个描述两个变量相关性的参数，值从21到1）在北美、澳大利亚、印度变化显著（r分别为0.375、0.531、0.726，Pearson & Cassola 1992，386）。这些正相关性有助于保护方案的制定和降低估算其他种类物种丰度水平所要求的工作量。皮尔森和卡索拉进一步指出虎甲虫具有识别其他物种的特性，它或许对其他类群可作为潜在丰度指标研究的候选者。这些特性包括：① 稳定的分类（即被学者广泛接受的命名）；② 生态学上容易理解；③ 容易观察和处理；④ 广泛的地理分布和大范围种群可用的栖息地；⑤ 小范围栖息地内的每个物种可识别；⑥ 与脊椎动物或非脊椎动物群落高度相关的物种丰度模式；⑦ 该群落内有潜在经济重要性的物种。无论提出哪组物种作为潜在的指标群，这些特性指标都需令人满意。

其他两个创新研究给出了影响物种丰度指标进一步发展的重要看法。首先，1992年由美国研究者兰道尔·T.吕蒂（Randall T. Ryti）提出利用几类生物作为自然保护系统中选择范围的基础。吕蒂利用加利福尼亚圣地亚哥县峡谷的鸟类、哺乳动物和植物的目录，以及加利福尼亚湾小岛上的这些物种，加上爬行动物的目录，选择了几个潜在的保留地点位。他对选择保留地点位所使用的简单程

序确保了每个物种至少在一个点位中必须有代表性，而且在此意义上这些点位是"互补"的。吕蒂发现必须有最小的点位数，以表示所研究的生物分类单元之间变化物种系列的完整。例如，仅仅占整个峡谷区面积3.2%的两个峡谷就可以代表所有鸟类的物种，而占整个峡谷区66%的10个峡谷才可以代表所有植被物种（Ryti 1992，406）。而且，用一个群落选择保留地点位时，代表其他生物类中其他物种的比例，在生物类之间的变化很大。例如，代表所有29种鸟类时所必需的加利福尼亚湾的3个海岛，仅代表了73.5%的植物物种，涵盖了61%的爬行动物物种（Ryti 1992，407）。这些结果表明：在对一个生物分类单元的物种保护而进行的基于点位互补性选择保留地时，对一个生物分类单元的物种保护的程度，对其他生物分类单元中物种所起的保护伞作用可能变化。利用潜在指标物种群选择保护的互补点位，仍是一个值得研究的课题。

文献记录中第二个有关物种丰度指标的早期经典研究涉及物种丰度热点（即具有异常多物种的点位）的识别，这些点位应该予以优先保护。在1993年的《自然》杂志上，英国种群生物学家约翰·R.浦伦德加斯特（John R. Prendergast）和他的同事讨论了对某一种类数量上物种丰富的点位，对其他种类是否也是数量上物种丰富的。这些作者也对稀有物种是否倾向于出现在物种丰度高的区域很感兴趣，鸟类、蝴蝶及蜻蜓被选作代表，常被提议为指示物的广泛研究的类群；苔类植物被选为缺乏保护关注的类群；水生花类植物（被子植物）被选作水生栖息地质量的指标。列出了整个英国每个方圆10 km的单元格内的物种清单。根据

某类群的物种丰度,该类群的热点单元格应占所有单元格的5%,蒲伦德加斯特(Prendergast)和他的同事发现,对许多对生物类群而言,在热点单元格内是正相关的,但是最大重叠值也仅有34%(对于蜻蜓和蝴蝶,Prendergast 1993,见表2)。对于所有的5个类群,没有一个单元格是热点;对于4个类群,2 761个单元格中仅有2个单元格是热点点位。作者也发现,大约17%的稀有物种(在15个或者更少的单元格中出现)在热点单元格内未发现。然而,作者注意到,在人类保护的所有鸟类热点点位(116个)中,其他4个群落的物种也能得到保护。有关该方面的后继研究也强调了具有高物种丰度不同生物种类的点位同时出现在同一地区的程度较高。对于物种丰度生物指标研究的不断累积促进了相关概念的发展,这些概念在保护工作、利用指标物种方法进行保护评估的焦点——多样化以及物种丰度生物指标有效性的综述等方面有很多应用。

　　总而言之,尽管所研究生物类群之间的相关性会发生变化,不同类群的空间丰度也呈现空间性共变。依据生态系统现有的信息,重要物种群落的慎重选择对于识别实用指标的关系很有必要。现在我们应该审视一下,物种丰度生物指标的识别是如何沿着早期的重要研究发展的。

指标策略

　　已经确定利用不同的策略进行物种丰度指标的测定,第一个策略是全球生物多样性趋势指标的发展,寻找一个生物类群集以描述物种丰度的全球趋势,该类群集被选择的原因是人类对其有兴趣,及其具有可用的数据以支持在种群层面上进行趋势评估。第二个指标开发的策略是评估在相同或可能不同的生物分类中,相同物种群(指标)和不同物种群之间的替代关系(采纳了一个拉丁词汇:*indicandum*)。这些替代方法包括:根据物种丰度在一系列交叉点位的分布,寻分类群之间强烈的相关性;识别物种丰度与乡土物种分布的相关关系,乡土物种为仅在相对有限的区域内发现的物种;测量最高类群(通常为属或类)的数目与这些类中物种数目之间的关系;详细说明预测统计模型,利用点位的特殊数据对该模型在一些物种存在或过量以及更大类群中所有物种丰度进行训练。这些方法不同于他们所用的数据形式和提供的信息。

全球指标和趋势

　　量化物种丰度的一条途径是关注以多个物种数量为特征的目前全球评估的趋势。类群的选择依据保护主义人士对生物分类单元的兴趣和数据的可获性。这些指数之一——地球生命力指数,始于世界自然基金会的一个项目,该项目的目标是将种群趋势的知识传递给大众。该指数总结了1 411种物种中超过4 218个群落的数量趋势(Collen et al. 2008,320)。这一时间系列的数据表明大部分脊椎动物群都经历了数量很大的衰减。

　　濒危物种红色目录或红色目录指数(RLI)为另一个全球性指数,它使用了国际自然保护联盟有关物种灭绝程度的数据。根据英国保护生物学家斯图尔特·布查特(Stuart Butchart)及其共同作者所述,该指数的主要优点是容易被全球大众理解,通过计算所关注生物分类群中几乎所有众所周知的濒危物种而得到了指数（Butchart 2006）。最后，全球野生鸟类指数（WBI，生物多样性指标合作组织的一个项目）汇编了有关禽类的群落数据。这些群落数据可以用多种方式细分，也可以用于分析了解特殊地区、栖息地鸟类群落的趋势及鸟类的生态特征。例如英国生物学家理查德·格雷格里（Richard Gregory）及其共同作者分析了欧洲树林鸟类的群落趋势，发现他们为负值：普通森林鸟类为−13%，特殊森林物种为−18%（详见 Gregory 2007, 86）。总的来说，这些全球指标为保护和决策者提供了有关物种状态趋势的重要总结信息。

一致性及互补性方法

通过利用来自一系列点位已知的物种目录，以及源自这些目录所能得到的物种丰度值，最初有两种方法促进了指标关系的发展。第一个方法，也称一致性方法，识别所提出的一组指标物种中物种丰度的值与相同位点上其他一组或多组物种的物种丰度值之间的关系。例如瑞士生物学家皮特·皮尔曼（Peter Pearman）和达里乌斯·威伯（Darius Weber）考查了鸟类、蝴蝶和管类植物物种组分的数据，这些数据来自瑞士生物多样性监测项目（BDM）中的134个单元格，每个单元格为 1 km²。蝴蝶和植物的物种丰度值近似地各自解释物种丰度值变化的32%。蝴蝶和植物物种丰度之间的一致性具有统计学意义，但一致性

不是特别强；而鸟类的丰度与其他两类物种丰度之间的相关性很弱（Pearman & Weber 2007, 115）。也有相反的案例，瑞典生物学家卡罗琳娜·卫斯比（Karolina Vessby）及其共同作者考查了31个半自然草原位点中的甲虫、蜜蜂、植物、鸟类种群的物种丰度，他们发现这些类群之间的一致性水平较低，而且他们不赞成任一分类单元的物种丰度可用作其他生物分类群的多样性指标（Vessby et al. 2002）。

采用多个生物分类群的物种丰度的第二种发展指标关联的方法，是利用一个分类单元作为一组潜在的指标（或称为保护伞）并应用互补算法来选择点位，以在所选点位中有效地包括指标群中的全部物种（Ryti 1992），这样就可以估算其他类的物种在该点位的数量。甚至当所研究类群的物种丰度值在这些点位中不具有较高的一致性时，该方法也潜在地允许较大比例的非指标物种被研究网络涵盖。例如希腊保护生物学家瓦西里卡·伊卡蒂（Vassilik Ikati）和他的同事利用互补位点选择和一致性方法，研究了鸟类、木本植物、兰科植物、爬行类和两栖类及直翅类（蝗虫和蟋蟀）的指标特性。他们的结果表明：互补性方法对于指标关联的发展可能是一种有力的方法，而且即使当物种丰度的样本在生物分类群中不具一致性时，它也能起作用

（Kati et al. 2004）。

美国保护生态学家亚当·列万多斯基（Adam Lewandowski）和他的同事确定了互补性和一致性方法的相对有效性，他们评论了发表在同行认可文献中的345个有关物种丰度的替代实验。与其之前的其他人一样（Rodrigues & Brooks 2007），这些作者发现，使用互补性方法比一致性方法更能发现这些研究中的紧密的替代关系（Lewandowski, Noss & Parsons 2010）。互补性方法因其不依赖类群中物种丰度点对点的共变，所以更加有力。然而，起作用的是被所选点位"涵盖"的非指标类的所有物种。因此，互补性方法可能是一种利用指标群确定自然保留地或对位点管理优先的有效方式。

检查特有种和更高的分类单元

开发指标的物种丰度的一种方法是检查特有现象的物种丰度和水平之间的关系（小范围）物种数量。在这种方法中，在一个分类单元内，人们将特有物种的数量与跨地区的一个或多个类群物种丰度进行比较。关注特有种是值得注意的，因为有小范围的物种通常被认为是高保护价值。巴西生态学家拉斐尔·洛约拉和他的同事发现，他们在特有物种的总数的基础上来选择优先级生态区的时候，选定地区的脊椎动物的总数比用来选择地区的所有脊椎动物或者任何单个类别脊椎动物的物种丰度还要高（Loyola, Kubota & Lewinsohn 2007, 391）。然而，有研究发现，在一个分类单元限制范围内的物种丰度（流行）不一定与其他类群的特有现象或物种丰度高度相关。对于这个大家期望很高的方法，必须进行进一步

的研究以确定其有效性，它的适用范围在为分析和保护而定义的单元的最佳规模。

鉴于该领域保护研究的复杂性和高成本，如果能用更高类群单元（比如：基因、种族、阶）的不同物种指标取代烦琐的物种识别，那就有很大优势。该方法将物种的分离和分配转为属或科的水平，从而简化了信息搜集的工作，而不需要更高级别的物种识别。生物种族和类的数目与某些研究（例如Loyola, Kubota, Lewinsohn 2007）的物种数目成共变关系。类似的，瑞士生物学家皮特·杜里（Peter Duelli）和他的同事致力于开发农田生物多样性指标（Duelli 1997, Duelli & Obrist 2003）。另外，波兰生物学家格热戈日-米库新斯基（Grzegorz Mikusinski）和他的同事曾报道：在波兰森林的鸟类物种构成的图谱库中，森林鸟类物种变异总数的53%到78%与啄木鸟物种的数目有关（Mikusinski, Gromadzki, Chylarecki 2001, 211）。鉴于应用需求，78%这个数字可以视为是显著相关（当然最好再谨慎些）。澳大利亚生物学家约翰·胡珀（John Hooper）和他的同事发现，在热带太平洋和澳大利亚附近，属这个水平的丰度并非热带海洋海绵物种丰度的良好指标（Hooper, Kennedy & Quinn 2002）。在某种程度上，这种关系可能依赖于分类学家分割或结合物种科属的程度。最后，由于快速识别很多昆虫甚至昆虫物种的复杂性，欧洲昆虫物种丰度快速评估依赖于这种代表性方法（Duelli 1997）。此方法在该领域得到了相当高的认可和应用。

基于模型的方法

关于物种指标的许多研究对类群中物种

丰度是如何共变的进行了检测，一些研究已经成功地构建了指标和物种丰度之间关系的详细统计模型。使用物种构成数据和所选的环境变量，人们可以用统计方法描述物种丰度点对点波动、某物种的存在性及环境变量之间的关系。如果选择的点内的所有变量都是可测研究点且具有代表性区域特征，一般可通过随机选点的程序来实现，这些统计模型可预测采样点和其他点的物种丰度水平。采样点及比较预测数据可用于验证和优化原始模型。

性能、可靠性及比例

由于生物指标研究的不断累积，用于物种丰度的有效单一形式的解决方案还没出现。指标必须可识别，通过指标群内的物种丰度可以对更大群落甚至全群落的物种丰度水平进行估算。因此，关注指标物种群是估算生物多样性模式的潜在有效方法。因为该方法迅速、低廉，而且它可用于确定需优先保护的点。用指标来研究相比其他研究粗糙一些，但尽管其他研究更有前景，却仍需更多进一步的研究。我们现在的理解表明：在更多的案例中，验证性的研究仍需进行，而且要优先于任何特定指标或类群的应用工程的实施。

指标研究的规模在确定潜在有用指标关系的识别发挥重要的作用。更多区域的指标关系表明，类群之间物种丰度可能具有更大的相关性。这

是因为较大区域的研究更可能包含高经度高纬度的地区，简单来说就是更大环境区域，这样就可能包含那些范围大但物种丰度低的区域。这些低物种丰度地区可以依据物种丰度值来加强类群之间的保护，但是这种假设往往得不到支持。亚利桑那州立大学的生物学家大卫·皮尔森和斯蒂文·卡罗尔（Steven Carroll）使用了一种空间模型来检测蝴蝶的物种丰度值，它是北美地区网格单元的鸟类丰度值的预测指标。他们使用了或大或小的（分别是137.3 km²、275 km²）网格单元（Person & Carroll 1999, 1081），而将网格分成4个更小的区域时他们发现，虽然网格变化了，但并不影响模型预测的准确性。当使用来自固定数目的较大面积的网格单元时，研究者就改变从中获取数据的网格数目以确定网格单元的数目。较多但不是太全面的小网格单元所获得的效果是相同的。这表明：相比数目较少、面积较大的网格，使用较小面积的网格研究预测性能费用会更低廉。

总结

当用于互补性分析时，指标组提供了一种用于确定优先保护与存储选择的方法。相似的，它可能用于鉴别区域或生态区域，在这些区域类或种族级的丰度可为类群或种族本身提供可靠的指标。像全球生物多样性信息机构提供（GBIF，57个国家和47个机构构成的组织）的有关物种现状的大量数据信

息，可以使那些需要大量数据的基于模型的方法的应用变得更简单。对于物种丰度生物指标的未来发展，美国生物学家乔瑞·法夫里奥（Jorie Favreau）和他的同事建议，开发有关指标最好考虑以下几点：① 开发指标有效性的测试方法；② 聚焦包含丰富信息的地区；③ 考虑空间作用和研究的规模；④ 发展基于假设的研究；⑤ 发展监测指标物种和非指标物种（Favreau et al. 2006）。最后，使用像种群特征的趋势和濒临灭绝的程度等因素监测全球物种状态的指标，将像不断累积的数据一样更具价值，而且还需要进一步的分析。物种丰度状态的这些指标不依赖相关关系的波动而波动，它们以无偏方式概述全球和地区趋势的准确程度，是未来研究的另一个课题。

皮特·B.皮尔曼（Peter B. PEARMAN）
尼古拉斯·E.齐默尔曼（Niklaus E. ZIMMERMANN）
瑞士联邦研究所（WSL）

参见：生物指标——生态系统；生物指标——基因；对可持续性测量的挑战；淡水渔业指标；海洋渔业指标；全球植物保护战略；生物完整性指数（IBI）；政府间生物多样性和生态系统服务科学政策平台（IPBES）；物种条码。

拓展阅读

Butchart, Stuart H. M.; Akcakaya, H. Resit; Kennedy, Elizabeth; Hilton-Taylor, Craig. (2006). Biodiversity indicators based on trends in conservation status: Strengths of the IUCN Red List Index. *Conservation Biology*, 20 (2), 579–581.

Caro, Tim. (2010). *Conservation by proxy: Indicator, umbrella, keystone, flagship, and other surrogate species.* Washington, DC: Island Press.

Collen, Ben, et al. (2008). Monitoring change in vertebrate abundance: The living planet index. *Conservation Biology*, 23 (2), 317–327.

Duelli, Peter. (1997). Biodiversity evaluation in agricultural landscapes: An approach at two different scales. *Agriculture Ecosystems & Environment*, 62 (2–3), 81–91.

Duelli, Peter; Obrist, Martin K. (2003). Biodiversity indicators: The choice of values and measures. *Agricultural Ecosystems & Environment*, 98 (1–3), 87–98.

Ellenberg, Heinz H. (2009). *Vegetation ecology of Central Europe* (Gordon K. Strutt, Trans.; 4th ed.). Cambridge, UK: Cambridge University Press.

Favreau, Jorie M., et al. (2006). Recommendations for assessing the effectiveness of surrogate species approaches. *Biodiversity and Conservation*, 15 (12), 3949–3969.

Fleishman, Erica; Th omson, James R.; MacNally, Ralph; Murphy, Dennis D.; Fay, John P. (2005). Using indicator species to predict species richness of multiple taxonomic groups. *Conservation Biology*, 19 (4),

1125–1137.

Gregory, Richard D.; et al. (2007). Population trends of widespread woodland birds in Europe. *Ibis*, 149 (Suppl. 2), 78–97.

Hooper, John N. A.; Kennedy, John A.; Quinn, R. J. (2002). Biodiversity "hotspots", patterns of richness and endemism, and taxonomic affinities of tropical Australian sponges (Porifera). *Biodiversity and Conservation*, 11 (5), 851–885.

Kati, Vassiliki; et al. (2004). Testing the value of six taxonomic groups as biodiversity indicators at a local scale. *Conservation Biology*, 18 (3), 667–675.

Landres, Peter B.; Verner, Jared; Thomas, Jack Ward. (1988). Ecological uses of vertebrate indicator species: A critique. *Conservation Biology*, 2 (4), 316–328.

Lewandowski, Adam S.; Noss, Reed F.; Parsons, David R. (2010). The effectiveness of surrogate taxa for the representation of biodiversity. *Conservation Biology*, 25 (5), 1367–1377.

Loyola, Rafael D.; Kubota, Umberto; Lewinsohn, Thomas M. (2007). Endemic vertebrates are the most effective surrogates for identifying conservation priorities among Brazilian ecoregions. *Diversity and Distributions*, 13 (4), 389–396.

Mikusiński, Grzegorz; Gromadzki, Maciej; Chylarecki, Przemysław. (2001). Woodpeckers as indicators of forest bird diversity. *Conservation Biology*, 15 (1), 208–217.

Paoletti, Maurizio G. (1999). *Invertebrate biodiversity as bioindicators of sustainable landscapes: Practical use of invertebrates to assess sustainable land use*. Amsterdam: Elsevier.

Pearman, Peter B., Weber, Darius. (2007). Common species determine richness patterns in biodiversity indicator taxa. *Biological Conservation*, 138 (1–2), 109–119.

Pearson, David L.; Carroll, Steven S. (1999). The influence of spatial scale on cross-taxon congruence patterns and prediction accuracy of species richness. *Journal of Biogeography*, 26 (5), 1079–1090.

Pearson, David L.; Cassola, Fabio. (1992). World-wide species richness patterns of tiger beetles (Coleoptera: Cicindelidae): Indicator for biodiversity and conservation studies. *Conservation Biology*, 6 (3), 376–391.

Prendergast, John R.; Quinn, Rachel M.; Lawton, John H.; Eversham, Brian C.; Gibbons, D. W. (1993). Rare species, the coincidence of diversity hotspots and conservation strategies. *Nature*, 365 (6444), 335–337.

Rodrigues, Ana S. L.; Brooks, Thomas M. (2007). Shortcuts for biodiversity conservation planning: The effectiveness of surrogates. *Annual Review of Ecology, Evolution, and Systematics*, 38, 713–737.

Ryti, Randall T. (1992). Effect of the focal taxon on the selection of nature reserves. *Ecological Applications*, 2 (4), 404–410.

Vessby, Karolina; Söderström, Bo; Glimskär, Anders; Svensson, Birgitta. (2002). Species-richness correlations of six different taxa in Swedish seminatural grasslands. *Conservation Biology*, 16, 430–439.

Building Rating Systems, Green

绿色建筑评估体系

用评估体系来证明建筑的环境可持续发展性对绿色建筑环境有重大的贡献。绿色建筑的价值不仅体现在对环境的益处，也可以降低操作费用、升高租赁和资本价值，甚至借助租客来提高生产率。

全世界40%的能耗和大于三分之一的温室气体释放均来源于建筑。据政府间气候变化专门委员会（the Intergovernmental Panel on Climate Change, IPCC）在2007年发布的一份报告称，2004年建筑所释放的温室气体量为86亿吨，而这个数据在2030年还有可能会翻倍（Levine et al. 2007）。这意味着建筑行业有很大的机会通过绿色建筑这种方式，从实质上减少世界范围内的碳排放，缓和气候变化。联合国环境规划署（the UN Enviroment Programme, UNEP）也提出"没有其他任何领域有如此巨大的减排潜力"（UNEP 2007a, 3）。

有证据可以表明，在建筑领域营造积极的环境效应和市场变革的最重要的机理之一，就是启用绿色建筑评估体系。在已确定绿色建筑评估体系的市场中，该体系从直接和间接的方面都影响了建筑环境绩效的增加。在一些市场中，绿色建筑评估体系的广泛采用同样也被认为是绿色建筑价值增加的体现。

自从1990年第一个绿色建筑评估体系——英国建筑研究所环境评估方法（BREEAM）采用至今，关注整个建设过程的不同环节——从设计到施工到完工的众多建筑评价方法也渐渐开发出来。世界范围内私营的、公共的和非营利组织也都提出并执行了一些国际性的评估系统。世界绿色建筑委员会（the World Green Building Council, World GBC）并未签署或促成任何评估体系，而是与80个已组建或正在组建的绿色建筑委员会共同努力，开发各市场相关机理，推动绿色建筑实践的适应性。

评估体系及其策略

绿色建筑评估体系（也称为评估方法）是为量化和保证建筑的环境绩效而设计。环境绩效是指一系列的标准的执行效果如何，其中包括能源及水资源使用、与邻里社区融合、对选址地的生态促进、环境友好材料的使用、投入使用后对减少交通运输和建筑内外污染物的效果。

大多数评估方法对于绿色建筑的认定遵循一个类似的模式。将建筑物的范围向外延伸至可达到环境绩效评价的标准范围，针对建筑的功能和位置来选取最适合的评估方法（建筑并不需要达到所有的标准）。建筑每达到一个标准，就可以累积相应的分数（不同评估系统的分数不同），当一栋建筑达到了某评估系统的临界分值，该建筑即被认定为绿色建筑。

大多数评估体系都设有不同的分级系统，用以确认绿色建筑的等级。例如美国绿色建筑理事会（the US Green Building Council, UCGBC）领先能源与环境设计（LEED）认证系统的认证级别，包括认证、银级认证、金级认证及白金级认证，相当于英国建筑研究所环境评估方法的良好、优良、优秀及杰出认证。澳大利亚、新西兰及南非所应用的绿色之星分级系统，用星级来评价建筑物达到的等级（例如六星中达到四星），阿布扎比的珍珠建筑评估体系则使用珍珠来进行评价（例如五颗珍珠中达到三颗）。

这些评估体系都有相同的策略，即用不同的方式来评价建筑达到的级别并进行认证。一些评估体系是由与项目有关的专家来进行审核，另外也有体系是雇佣独立第三方来进行评价，其他的体系则可能进行自我评估。专家审核和第三方评价的方式，要求评估方出具系统的文件证明项目在一定的期限内均能达到评估体系中的标准。相对于自我评估，这两种评估方式更具有可信度。一栋号称绿色的建筑只有通过第三方证明其达到了环境绿色建筑评估体系要求的环境绩效后，才能证明它是一栋绿色建筑。

评估体系的目的是对一栋建筑生命周期中的特定阶段进行评价，比如设计阶段、建造或者翻新阶段以及运营阶段。一个评估体系可以评价其中任意或者全部阶段。用来评估设计阶段的工具、建筑的规格说明书以及建筑所有人或者设计团队做出的承诺都是在建造阶段各种评价实施的策略。拥有这个阶段的认证后，该建筑就被允许作为绿色建筑推入市场，介绍给潜在的客户。绝大部分的评价体系主要还是针对建筑建设或者重要的翻修完成后的评估。拥有这个阶段的认证就不只是简单的设计或者允诺一栋建筑是绿色建筑，而是一栋有绿色建筑特征并切实实施了绿色策略的建筑。

自从2005年起，不断推行中的关于建筑运营的环境绩效有了来自政府和行业的国际性推动。对一栋建筑在运营阶段的认证时，不论该建筑是不是按照设计进行使用，其实际的环境影响必须与其正在进行的使用方式有关。这种方法同样也适用于老旧的、现存的建筑，例如能源与环境设计认证中现存的建筑评价方法和维护评价系统。

在建设的各个阶段，即使在不同的阶段指示方式可能会有一定的偏差，影响都要尽可能的进行标准量化。例如在设计阶段，项目设计中承诺的建筑垃圾回收或再利用的文件和其他一些文件就可以进行评估；建筑阶段的评估则要着眼于实际的建筑垃圾回收或再利用量；最后，建筑运行期间的评估则要衡量在实际运行期间有多少垃圾被回收并在建筑物内循环使用。

评估体系可以通过设置绩效基准，在给定的市场内推出一个标准——建筑必须是环境友好的，从而改变建筑行业。然后在此基础上，通过识别和奖励环境先导者来建立评估体系，使消费者对绿色建筑的好处的认识提高，刺激绿色竞争。

评级工具的开发

绿色建筑评估体系包含强制或自愿的评估内容。强制性工具往往只关注一个或两个领域（如能源、水或浪费），通常由政府作为监管机制使用。自愿的工具，往往应用于更广泛的范围，通常由一些在建筑行业内作为非营利机构的独立组织开发和管理，如绿色建筑委员会。

绿色建筑评估体系如何发展主要取决于它是一个由政府建立的强制性计划，还是一个由独立组织建立的自愿性体系。政府倾向于亲自建立这个工具，虽然可能会在最终版本发布前公布并征求公众意见或在一个试点进行周期性测试。自愿体系通常也采用相同的评论、测试和检查，但他们通常都是通过开发一个代表行业、政府和环境利益的协作流程来发展自身。

评级工具的目标是超越现有的建筑规范，在行业范围内建立一个新的实践标准。在所有提出的标准中，评级工具在给定的市场中必须有实践性，并且有一系列的履行要求。其中的一些标准在一定的鼓励下就很容易被接受，而另外一些为了实现项目向更好的结果发展则具有一定的挑战性。

评级系统通常是为具体的地点或地区而创建的，每个地点或地区都有不同的环境优先权。这些差异被反射在方案和绩效指标的类型以及每个方案对整体的贡献上。例如，一个饮用水短缺的国家可能高度奖励为减少饮用水消耗做出突出贡献的建筑。相对的，一个高降雨量国家（因此不会有饮用水短缺）的评级工具可能并不会重视减少饮用水消耗，然而这个高降雨量的国家可能有大面积的脆弱生态系统，会奖励那些使大量降雨的生态影响最小化的项目。

评估体系必须随着时间的推移而发展，为了保持领先于市场，它们也必须寻求改变。一些广泛使用的商业项目如能源与环境设计认证评级系统，通常每三年修订一次。

绿色建筑评级工具用于世界各地的许多国家，包括发达经济体和发展中经济体。其中最具影响性和采用最广泛的体系往往是那些很容易被业内人士广泛理解的、包含行业内已使用文件的、适应给定市场性能要求的评级工具。

美国是最大的绿色建筑认证市场，其中应用最广泛之一的评估体系就是由美国绿色建筑理事会监管的能源与环境设计认证项目。仅2011年，就有超过28 000个项目为绿色认证在能源与环境设计认证注册，并且有超过7 000个项目已通过该评估和认证项目；凭借114个在美国外面的项目和其代表的27%的能源与环境设计认证登记建筑面积（USGBC 2010），能源与环境设计认证体系正成为国际上最广泛采用的评估体系。

在新加坡，评估建筑的绿色标记项目由新加坡建设局（Building and Construction Authority,

BCA）于2005年启动，是新加坡政府的绿色建筑总体规划图。新加坡政府希望到2030年时，80%存在的建筑可以达到该标准的认可。

自从2000年以来，每年10%的增长率让印度的建筑行业认识到必须要专注于标准的可持续性。印度绿色建筑委员会采用能源与环境设计认证体系的同时也适用本国的IGBC评估工具。截至2010年，印度全国范围内有超过700个注册项目（超过40 000 000 m²的建筑面积）和112个已认证项目。

绿色认证成本

尽管证据表明认证建筑只涉及一个很小的成本溢价，但人们往往误认为经过认证的绿色建筑的建筑成本远高于同类的没有绿色证书建筑。例如，虽然2007年的一项世界可持续发展工商理事会的调查有证据显示典型的建筑成本溢价少于2%，但是该调查发布的数据却是17%。

2008年11月发表的一篇关于绿色建筑的国际性综合研究分析了10个国家的150种绿色建筑，结果表明，相对于传统建筑，绿色建筑成本溢价的范围在0—4%，并且其中以0—1%居多（Kats et al. 2008）。

造成这种误解的核心原因是绿色建筑评估工具设定的高标准性能，要求新的方式设计、建设和运行建筑。与任何创新相同，最初这些新方法和材料有时会产生更高的额外成本。随着实践和方法越来越普遍，价格也会相应降低。

一栋建筑与其他建筑相比，任何一笔与绿色认证相关的费用也会记录为满足评估体系标准的成本花费，即使其他建筑也是作为绿色建筑设计的。为了对一个项目进行评估，必须提交大量文件，通常包括建筑的具体参数、建筑图纸、法律文件副本、建筑各系统的核查结果。虽然其中的许多文件已经是设计和建造的一部分，它们还是被再次提交给认证机构，从而再次增加了绿色建筑认证的成本。一个评估工具能否成功的关键是它能否在自己的市场中找到严格的工具和实现达标的花费与评估方法之间的平衡。

环境和经济利益

绿色建筑通过节水和回收排放以及减少废物来体现环境效益。一项研究表明，与普通建筑相比，绿色建筑减少了26%的能源消耗，并减少了33%的温室气体排放。（Fowler & Rauch 2008）。

根据美国绿色建筑理事会的报告，绿色建筑可以减少24%—50%的能源消耗，减少温室气体排放量为33%—39%，用水量减少40%，固体废物减少70%（USGBC 2011）。

现有绿色建筑的运行揭示了一个固定的模式——更高的租金收益和资本价值，住户的高生产率以及降低了的运营成本。这些因素通过投资成本产生积极的金融资本回报率。

一项通过对美国1 300栋A级绿色认证(或该建筑在该类市场有最高认证)的办公楼(通过能源之星且/或通过能源与环境设计认证项目认证)的研究表明,能源与环境设计认证的认证建筑有着比非能源与环境设计认证的高出4.1%的租率。这项研究还表明与非能源与环境设计认证项目相比,能源与环境设计认证项目的出租价格每平方米平均高出122美元,出售价格则高出每平方米1 900美元(Miller, Spivey & Florence 2008)。

住户生产率是绿色建筑频繁引用的好处之一。虽然收益难以测量,但是研究数据却是在持续增长的。一个显著的例子就是第一个在绿色星级评估体系中获得六星的澳大利亚建筑,墨尔本的市府2号楼(CH2)。这栋建筑表明,住户的生产率可通过绿色建筑的设计及高质量的、健康的、舒适的以及功能性强的室内环境来增强。一篇入住率调查发现,自从员工搬进这栋绿色办公建筑,生产率的增长惊人地达到了10%(Paevere & Brown 2008)。另一项研究则显示,保守估计市府2号楼生产率每增加1%,会使储蓄每年增加超过350 000澳元(Lawther, Robinson & Low 2005)。

世界范围内绿色建筑评估体系的使用都在增加。为了使这个趋势持续,这些体系必须适应市场并通过市场来调整体系。

老建筑:改造

评级系统最广泛的使用是认证新建筑,但新建筑只占所有建筑物的2%。这样,最大的机会就是提高现有建筑群的认证率。

既有建筑绿色改造的一个著名的例子就是通过能源与环境设计认证操作和维护认证

的纽约标志性建筑、102层的帝国大厦,这项花费1.2亿美元的翻新工程始于2006年,其中就包括一系列强调能源利用效率的耗资132万美元的绿色功能设计。这些功能预计能减少38%的能耗,从而在未来15年可减少10.5万吨碳排放,每年可节约440万美元(Empire State Building 2009)。

未来趋势

大多数评估系统是为评估独立建筑而编写的,但它们的整体目的是为了关注整个社区或区域。像2011年初,能源与环境设计认证系统推出一个社区设计(ND)评级系统,绿色之星正在开发的一个社区评估工具,以及英国建筑研究所环境评估方法现有的社区评估系统。就其本质而言,这样的系统可以使改造规模远大于一个独立建筑,拥有更广泛的环境影响以及行业影响。

评级系统的主要焦点一直是建筑物对环境的影响。虽然这些评估工具考虑了室内环境对住户的影响,其对于环境影响的关注说明了他们为什么被称为"绿色"建筑评级工具而不是"可持续"评级工具。真正的可持续发展被普遍视为平衡经济、社会和环境之间的利益。随着评估体系在全球范围、特别是在发展中国家的持续采用,它们必定要为相关市场制定相应的社会和经济标准。其中的挑战则将是确定可量化、可核查的社会经济指标,确定与相同级别的环境指标同样严格的社会经济指标。

随着绿色建筑评估体系的使用,世界范围内许多市场的建筑性能增强,政府对此的反应则是增加满足法规和标准的建筑。从2011年1

月起，美国加利福尼亚州的建筑必须符合新加利福尼亚州绿色建筑标准代码（CALGreen），这大大提高了大范围建筑的法律要求。同样，2010年5月国际代码委员会联合美国建筑师学会和ASTM国际（前身是美国材料试验协会）发布了国际绿色建筑标准公共1.0版，旨在为绿色建筑创立一个具有一致性的评估标准，使其能够为政府和其他组织所使用。

　　建筑行业对全球三分之一的碳排放有责任，对全球碳减排政策和策略有明显的潜在作用。评估体系要求建筑物碳储的蓄量化建立该体系能够对碳减排做出贡献。这个可验证的蓝图可以使业主和政府通过建筑来展示他们的碳减排目标和努力。

简·亨利（Jane HENLEY）
米歇尔·马兰卡（Michelle MALANCA）
世界绿色建筑委员会

参见：21世纪议程；业务报告方法；碳足迹；可持续性度量面临的挑战；成本—效益分析；设计质量指标（DQI）；发展指标；生命周期评价（LCA）；生命周期成本（LCC）；生命周期管理（LCM）；区域规划；遵纪守法；三重底线。

拓展阅读

California Building Standards Commission (BSC). (2010). *2010 California green building standards code (CALGreen): California Code of Regulations*, Title 24, Part 11. Sacramento: California Building Standards Commission.

Eichholtz, Piet; Kok, Nils. (2009). *Doing well by doing good? An analysis of the financial performance of green office buildings in the USA*. London: Royal Institute of Chartered Surveyors.

Empire State Building. (2009). Case study: Cost-effective greenhouse gas reduction via whole-building retrofits: Process, outcome, and what is needed next. Retrieved January 10, 2012, from http://www.esbnyc.com/documents/sustainability/ESBOverviewDeck.pdf.

Empire State Building. (2012). Sustainability & energy efficiency. Retrieved January 10, 2012, from http://www.esbnyc.com/sustainability_energy_effi ciency.asp.

Enkvist, Per-Anders; Nauclér, Tomas; Rosander, Jerker. (2007). A cost curve for greenhouse gas reduction. *The McKinsey Quarterly*, 1, 34–45.

Fowler, Kim M., Rauch, Emily M. (2008). *Assessing green building performance: A post occupancy evaluation of 12 GSA Buildings*. Washington, DC: US General Services Administration.

Kats, Greg, et al. (2008). Greening buildings and communities: Costs and benefits. Retrieved January 10, 2012, from http://www.goodenergies.com/news/-pdfs/Web%20site%20Presentation.pdf.

Lawther, Peter; Robinson, Jon; Low, Sowfun. (2005). The business case for sustainable design: The city of Melbourne CH2 project. *Australian Journal of Construction Economics and Building*, 5 (2), 58–70.

Levine, M.; et al. (2007). *Climate change 2007: Mitigation. Contribution of Working Group III to the Fourth Assessment Report of the Intergovernmental Panel on Climate Change*. Cambridge, UK: Cambridge University Press.

Miller, Norm; Spivey, Jay; Florence, Andy. (2008). Does green pay off？Retrieved January 10, 2012, from http://www.costar.com/josre/pdfs/CoStar-JOSRE-Green-Study.pdf.

Miller, Norm G.; Pogue, David; Gough, Quiana D.; Davis, Susan M. (2009). Green buildings and productivity. *Journal of Sustainable Real Estate*, 1 (1), 65−89.

Paevere, Phillip, Brown, Stephen. (2008). *Indoor environment quality and occupant productivity in the CH2 Building: Post-occupancy summary*. Canberra, Australia: The Commonwealth Scientific and Industrial Research Organisation (CSIRO).

United Nations Environment Programme (UNEP). (2007a). *Assessment of policy instruments for reducing greenhouse gas emissions from buildings*. Paris: United Nations Environment Programme.

United Nations Environment Programme (UNEP). (2007b). *Buildings and climate change: Status, challenges and opportunities*. Paris: United Nations Environment Programme.

United States Green Building Council (USGBC). (2010). Presentations. About LEED. Retrieved January 10, 2012, from http://www.usgbc.org/DisplayPage.aspx?CMSPageID = 1720.

United States Green Building Council (USGBC). (2011). Presentations. Building impacts: Why build green? Retrieved January 10, 2012, from http://www.usgbc.org/DisplayPage.aspx?CMSPageID = 1720.

Building Research Establishment Environmental Assessment Method (BREEAM). (2011). FAQs. What is BREEAM? Retrieved January 10, 2012, from http://www.breeam.org/page.jsp?id = 27#1.

World Business Council for Sustainable Development (WBCSD). (2007). Energy efficiency in buildings: Business realities and opportunities. Retrieved January 27, 2011, from http://www.eukn.org/E_library/ Urban_Environment/Environmental_Sustainability/Environmental_Sustainability/Energy_Efficiency_in_ Buildings_business_realities_and_opportunities.

World Green Building Council (WBCSD). (2010). Tackling global climate change, meeting local priorities. Retrieved January 10, 2012, from http://www.worldgbc.org/images/stories/worldgbc_report2010.pdf.

Yudelson, Jerry. (2007). *Green building incentives that work: A look at how local governments are incentivizing green development*. Retrieved January 10, 2012, from http://www.naiop.org/foundation/greenincentives.pdf.

Business Reporting Methods

业务报告方法

全世界的组织和企业都越来越多地报告他们的环境、社交和管理提案以及财务状况。由于可持续报告越来越普遍，所以出台了一系列非财务报告的标准，如全球报告倡议、责任能力、哥本哈根宪章等。希望能提高将来国际标准之间的和谐度。

企业与组织可持续的概念根植于可持续发展的广义概念上，可持续发展最初的定义始于1987年以布伦兰特夫人为首的世界环境与发展委员会（the World Commission on Environment and Development, WCED）报告，题为《我们共同的未来》，在这里，可持续发展被定义为"是指既满足当代人的需求，又不损害后代人满足其需求的能力"。将可持续纳入企业，就要求企业的行为方式有实质性的改变。根据国际会计师联合会（the International Federation of Accountant, IFAC）报告，要做到可持续就要求企业仔细考虑其对地球和人类的环境影响和社会影响。国际会计师联合会工商业界专业会计师（Professional Accountant

in Business, PAIB）委员会所制定的《可持续框架》强调了企业必须致力于将可持续作为他们企业模式不可分割的一部分，并针对怎样将可持续领袖注入管理圈，从策略决定到向利益相关者汇报业绩，提出了一系列指导。

对于一个企业，可持续发展可以视为一个改变的过程，在这个过程中，资源利用、投资导向、技术定位和社会革新始终要与现在和将来的需求协调相融。要实现可持续，政府、各类组织、委员会就要有强大的政治意愿，总的来说，它要求各党派综合考虑经济决策给人类生存的自然环境、经济发展、社会条件带来的后果。

对于企业来说，可持续的一个补充概念是共同社会责任感。这个概念能够帮助他们明白可持续的思想怎样融入企业决策、怎样在一个资源的基础上融入他们与利益相关者的互动。有些企业喜欢用"企业公民"或者"企业责任"这个词，因为它涵盖的范围更广，包括道德的、经济的、环境的、社会的影响和问题。

世界可持续发展工商委员会（the World

Business Council for Sustainable Development, WBCSD）为所有对向可持续发展问题投资感兴趣并且愿意共享知识、经验甚至最佳实践方法的组织提供了一个平台。他们的三大支柱模式即经济增长、生态平衡和社会进步，对了解可持续提供了有用的借鉴：长期的环境、社会和经济实力是与公司利益相关者利益最大化密不可分的。

报告与责任

投资者、监管部门和公众都越来越多地要求公开公司的可持续状况，尽管有些组织现在能积极地报告他们为防止国际贸易与国际产品带来的"外部效应"而提出的议案，但许多研究表明这一工作仍有很大的提升空间（Kolk 2003）。

自20世纪80年代企业尤其是能源密集型企业和排污企业开始发布关于自己的活动所带来的环境影响的信息，意图"洗绿"他们公司注重环保的形象（"洗绿"是指他们宣称自己的公司或产品为"绿色环保"，但实际上他们在公司或产品的环境足迹上面全无实际行动，甚至没有最基本的改进），是企业针对环境责任压力的最初反应。经年以后，环境责任扩展成为社会和道德问题。在21世纪头10年一些大型的、高知名度的经济丑闻带来的余波中，要求透明度的呼声也越来越高。

随着企业社会责任的成长，全世界有许多公司的非财务报告逐渐增多，如向利益相关者汇报他们有关社会和环境问题方面的业绩。公司审计并汇报社会业绩的推动力一般有以下几方面：

● 设备/经济原因：社会和环境问题对公司的经济效益带来威胁；

● 政治原因：大型跨国公司被视为日渐强大的社会研究机构；

● 利益相关者集体要求：企业社会责任报告有助于公司与利益相关者之间的沟通；

● 道德原因/外部压力：公司面对来自政府、投资者、顾客和竞争对手的越来越大的压力，要求他们达到道德标准。

由于可持续报告越来越普遍，可以用的格式和社会—环境问责工具也越来越多。许多组织、公司和投资者很快就意识到他们需要将绩效评估和文件编制像财务报告一样进行标准化。目前他们在部分公司各部门的商业运作立法提案中实现了标准化，如公共环境报告倡议（the Public Environmental Reporting Initiative, PERI）、欧洲化工委员会（the European Chemical Industry Council, CEFIC）的责任关怀计划。一些全球性组织也提出这样的提案书，如联合国环境计划（the UN Environmental Program, UNEP）是为了减少贫困，帮助达到千年发展目标。

全球报告倡议（Global Reporting Initiative, GRI）、责任能力1000（Account Ability 1000）、哥本哈根宪章（Copenhagen Charter）已经发布的一些广泛应用的报告框架，可以分为过程标准框架和报告标准框架。过程标准框架的焦点集中于文件编辑方法、每个步骤；而报告标准框架主要注重文件的格式与内容。在过程标准报告框架里面，最值得注意的莫过于责任能力1000和哥本哈根宪章所提出的那些报告框架。

责任能力

责任能力1000是一个国际非营利组织，它为企业提供企业责任和可持续发展工具，促进责任能力革新。它鼓励商业道德行为，倡导非营利社会，改进度量和报告的标准。

责任能力1000的目标是帮助企业确定目标、根据目标衡量其进程、审计汇报其绩效并建立反馈机制。其工作的核心是责任能力1000基于包容性、成熟度和响应度原则所制定的一系列标准。所谓包容性是指公众在对他们有影响的决定上应该有话语权，成熟度是指决策者应有辨认和清楚了解重要问题的能力，响应度则是指企业行为应公开透明。责任能力1000提供了三套标准，即原则标准、担保（报告可持续问题）标准和利益相关者参与标准。

利益相关者参与框架为利益相关者的高质量参与的设计和实施提供了一个渐进式的程序。主要包括：

（1）确定利益相关者。

（2）实质性争论点的初期确定。

（3）确定并明确参与策略、参与目标和参与范围。

（4）制定参与计划和实施日程表。

（5）确定参与工作的方法。

（6）建立框架并增强其能力。

（7）以增进理解、学习和提高的方式与利益相关者沟通。

（8）激活、吸收、沟通学习。

（9）效益衡算。

（10）评估、重新策划、再定义。

哥本哈根宪章

哥本哈根宪章启动于1999年，是一个促进与利益相关者对话的管理指南，它使可持续报告变得可能而且可靠。这个指南分为三个部分：第一部分注重公司和重要利益相关者的价值创造以及根据内部和外部评估所做的利益相关者报告的影响，如果这一程序完全融入企业的管理和运作，其价值就会体现出来。第二部分包括利益相关者对话和报告原则，并就如何管理最重要的工艺要素，包括夯实基础、植入流程、结果讨论，提出有用的建议。第三部分着重于三个重要的信用因素：财会原则、相关信息和最终核实。

哥本哈根宪章框架有8个步骤：

（1）领导制定公司远景目标、策略和价值标准。

（2）确定重要利益相关者、关键的成功因素以及价值标准。

（3）与利益相关者对话。

（4）确定关键效益指标，调整管理信息体系。

（5）根据公司价值调整效益和满意度。

（6）改进的目标、预算和行动计划。

（7）准备工作、核实查证、发布报告。

（8）就效益、价值和改进目标与利益相关者商议。

全球报告倡议

说到报告标准，全球报告倡议的模式是应用最为广泛的框架，全球报告倡议是许多大型会计事务所、非政府组织、公司和高等院校共同努力的结果，它寻求建立一个世界通用的公司社会报告框架。成千上万来自几十个国家的专家们，正式或非正式地，参与了全球报告倡议的工作组、治理团体，或者使用了全球报告倡议报告指南，从全球报告倡议的报告中获取了信息，向报告框架的发展做出了贡献。

全球报告倡议的梦想就是经济、环境、社会效益应该和财务报告一样普遍，和企业成功一样重要。它的使命就是通过不懈改进全球报告倡议的可持续报告框架，为可持续信息的透明、可靠交换创造条件。全球报告倡议工作的基础就是《可持续报告指南》，其第3版即G3指南（2006年出版）。

企业可以用《指南》列出的原则和指标衡量、汇报他们的经济、环境和社会效益。《指南》分两部分，第一部分有关报告原则和大纲，包括确定报告内容（重要性、利益相关者包容性、可持续背景以及完整性）的原则、确定报告质量（平衡性、可比性、准确性、时效性、可靠性和清晰度）的原则以及设定报告界限的原则。第二部分涉及标准公开，由方案轮廓、管理方法和效益指标组成。为回应一些特殊企业和经济部门对专业指南和普遍使用核心准则的要求，全球报告倡议也公布了许多部门附录，包括金属采矿、电器设施、汽车、服装鞋帽、食品、建筑、房地产、金融服务等。

展望

透明度和责任制是不同领域的企业相互竞争的基石。可持续报告论证一个企业在管理可持续问题、记录企业的可持续影响以及提高可持续成绩的管理措施等方面的透明度和可信度。可持续报告是一个向利益相关者做出解释、建立信任的机会，有助于提高企业声誉、提升企业价值、减

少不确定性。一个有系统的汇报体系也可以成为企业向人们展示自己透明度和责任感的关键推动力。

有呼声要求企业在他们的公司可持续报告中应该既包括传统企业的财务信息，也包括非财务（碳排放、水污染、能耗、废物排放、人员培训、职业健康安全、产品安全等）信息。挑战他们在企业水平上实现综合报告，在公众层面上获得更广泛的认可。

然而，为了将来的发展，可持续报告的倡导者需要对国际标准取得一致意见，在更广泛的范围内取得认可。除了那些在国际上获得认可的主要框架如责任能力、哥本哈根宪章和全球报告倡议以外，许多国际组织、研究机构也开发出很多特殊的工具，适用于特定经济部门或注重某些特殊问题。但我们可以看到，达成国际共识并非遥不可及。

在2010年5月举行的阿姆斯特丹第三届可持续与透明度大会上，全球报告倡议宣布其目标为：到2020年出台一个世界公认的标准供全球使用，所有企业都要将财务报告与环境、社会、管理（ESG）整合在一起。全球报告倡议和联合国全球契约——一个在人权、劳动力、环境和反贪污等领域内将自身的运作与十个广泛接受的原则调整一致的商业战略措施提案——将共同致力于创建一个报告框架，使得财务分析和其他利益相关者在面临环

境、社会、管理等问题时能够更好地分析确认风险与机会。

　　参见：21世纪议程；社区与利益相关投入；生态足迹核算；生态影响评估（EcIA）；外部评估；战略可持续发展框架（FSSD）；全球报告倡议（GRI）；国际标准化组织（ISO）；有机和消费者标签；遵纪守法；三重底线。

马里奥·特斯塔（Mario TESTA）
萨勒诺大学

拓展阅读

Account Ability. (2011). Homepage. Retrieved September 10, 2010, from http://www.accountability.org/home.aspx.

Commission of the European Community. (2001, July 18). Green paper: Promoting a European framework on corporate social responsibility (COM [2001] 366 final). Brussels, Belgium: Commission of the European Community.

The Copenhagen Charter. (1999). *A management guide to stakeholder reporting*. Copenhagen, Denmark: Ernst & Young, KPMG, Pricewaterhouse Coopers, House of Mandag Morgen.

Crane, Andy; Matten, Dirk; Spence, Laura J. (Eds.). (2008). *Corporate social responsibility: Readings and cases in a global context*. London: Routledge.

Eccles, Robert G., Krzus, Michael P. (2010). *One report: Integrated reporting for a sustainable strategy*. Hoboken, NJ: John Wiley & Sons, Inc.

Global Reporting Initiative (GRI). (2011). Homepage. Retrieved January 20, 2011, from http://www.globalreporting.org/Home.

Hinna, Luciano. (2005). *Come gestire la Responsabilità Sociale d'impresa* [How to manage corporate social responsibility]. Milan: Il Sole 24 Ore.

International Federation of Accountants (IFAC). (n.d.). IFAC sustainability framework. Retrieved October 1, 2010, from http://web.ifac.org/sustainability-framework/splash.

Kolk, A. (2003). Trends in sustainability reporting by the Fortune Global 250. *Business Strategy and the Environment*, 12 (5), 279–291.

Testa, Mario. (2007). *La responsabilità sociale d'impresa: Aspetti strategici, modelli di analisi e strumenti operative* [Corporate social responsibility: Strategic aspects, analytical models and operational means]. Turin, Italy: G. Giappichelli Editore.

World Business Council for Sustainable Development (WBCSD). (2011). WBCSD's 10 messages by which to operate. Retrieved September 10, 2010, from http://www.wbcsd.org.

World Commission on Environment and Development. (1987). *Our common future*. New York: Oxford University Press.

Carbon Footprint

碳足迹

碳足迹是指由开车、发电、产品加工等日常行为所导致的排放到大气中的温室气体的量。碳足迹方法仍然在不断改进,这个指数对于检测人类活动,鼓励从个人到全社会各种层面的可持续性行为意义非凡。

碳足迹是对于全球大气的温室气体整体性影响的评估。评测碳足迹有益于个人、城市、国家、产品或流程、组织,最终也有益于全人类。温室气体在大气环境中的排放是全球气候变化的主要原因。政策制定者需要一种途径去评测由人类导致的温室气体排放,这样才能评价在向着气候稳定目标道路上的进程,1997年的京都议定书提出了具体目标,碳足迹的概念正是服务于这些目标的。

碳足迹是温室气体足迹的缩写,这是因为许多温室气体都是含有碳元素的,其中包括了二氧化碳、甲烷、氢氟烃和全氟化碳。对比分析显示,排放的温室气体转化成了等量的二氧化碳(CO_2e),这些气体都有着导致造成全球变暖的潜力。

足迹这个表达来源于生态足迹这个词,生态足迹是用来评估维持人类活动所需的自然资源数量的。若我们的生态足迹大于可用资源量,那么我们的行为是不可持续的。同样的前提适用于碳足迹,在不改变全球气候系统的前提下,如果温室气体排放量超过环境可承受的限度,那么我们的行为也是不可持续的,这其中的技术挑战在于我们如何知道怎样的排放量是环境可以吸收,又不会引发灾难性的气候变化,同时什么当量的碳足迹是不可持续的。从这一点出发,我们应该简单认为:越少越好。

度量的注意事项

温室气体排放的度量不能直接通过污染检测器而只能由人类活动得出。人们已经在改进标准协定来估算国家间的温室气体排放,从而使得这些国家可以得出相应的参照数据。这些协定包括了京都议定书中所列明的六种主要气体、一个将温室气体转化成二氧化碳的标准流程以及一份应包括在评估体系中的经济部门和资源开发活动的清单。这些协定是建立在对于人类活动和这些活动所排放的温室气体的估算基础上的，这样一来就过分简化了现实情况的评测。

要测量诸如开摩托车的碳足迹，人们需要测量车辆行驶的总里程（这依据客车、小型货车、大货车等汽车类型），开动这些车辆所排放的温室气体总量（根据汽车类型），然后将这些数据叠加（将所有类型车辆的数据叠加）来得到开车所造成的温室气体排放量的估值。车辆行驶里程和排放量的估值都不很精确。这种不够精确的排放量混合估值可由对人类活动的计算所获得，包括不同类型的燃料燃烧，工业生产流程和产品的使用和农业、废弃物的处置。随着科学知识的进步，协定必须不断更新，主要的测量标准也要重新设定，因为受限于现有数据，这些估算的准确度还有待提高。

一种考察办法是测算由土地使用性质的变化而产生的排放，比如森林转变成农业用地或城市用地。温室气体可以被海洋和地面上的植物所吸收。那些无法被海洋或植被所吸收的部分就形成了大气环境。由于所有的植被都可以吸收排放出的温室气体，所以一个国家的排放量可被调低，但如果诸如对于森林的滥砍滥伐的行为降低了植被吸收温室气体的能力，则此数值也将上调。

许多足迹完整包含了土地使用性质转变的排放量，对于足迹的报告可包含也可不包含土地使用性质转变。关于土地使用性质转变而产生的排放量的数据倾向于只提供关于像大洲一样大块地理区域的数据，其有赖于经常性数据采集，当他们分摊到更小的地理区域时隐含着潜在的不确定性。这些现有数据表明像巴西和印度尼西亚这类拥有广阔森林的赤道国家的排放量是构成土地使用性质转变所造成的排放的温室气体的主要部分。作为对比，像中国和美国这样的城市化国家，随着农耕的荒弃，大量土地上长出了密集的植被，他们的植被吸收温室气体的能力近年来也大幅增加。土地使用性质转变所造成的温室气体排放为人们打开了一扇通过重新造林来降低碳足迹的大门。

另外一个衡量指数包括了温室气体的直接排放。国际协定关注评测温室气体的排放，这种评测采用了基于生产的核算。考虑到随处可得的活动数据，这种方法简单可行。在国家内部发生的碳排放引发了一个新课题，这个课题与其他地方的服务和生产商品的消耗相关。许多全球工业活动已经转移到发展中国家，这些工业品的主要消费者却依然在发达国家。这样一来，废物的丢弃也转移到了发展中国家。那些发达国家的产品消费和废物处置所产生的间接温室气体排放,可能比他们国境内的温室气体的直接排放更惊人。

由于这个原因,许多学者都建议使用以消费为基础的统计方法,这种方法将把高消费区域的以生产为基础的碳足迹上调,而下调高生产区域的碳足迹。以消费为基础的碳足迹的计算需要对环境投入和产出的分析,或者对产品的生命周期、生产追踪、消费和跨越空间和时间的废弃处置的分析,这都需要大范围的数据。人们用生命周期的方法改进了组织和产品的碳足迹计算方法,之所以采用此种方法,主要是因为受到验证商业活动可持续性需求的推动。

这一方法对于国家和小区域非常精确,对于避免某一个生产环节和消费环节的温室气体排放量的重复统计尤其有效,典型的例子就是发电的过程。过渡性方法是将诸如开车和室内供暖等活动所产生的消耗与局部碳足迹联系起来。

这种以生产为基础和以消耗为基础的计算方法的选择对于政策有着某种启示。将温室气体统计分派到排放地,这含蓄地明确了生产者需要担负起减少温室气体排放的责任,基于谁污染谁付费的原则,不再看重消费需求。这需要全球最大的碳排放国家,如中国、美国、欧洲、俄罗斯、印度等国家都重视起降低碳排放的问题。考虑到这些生产活动的空间分布,这些责任需要落实到那些在保持经济发展的同时不能承受减排所带来的损失的国家,如中国和印度。考虑到责任分担原则,政策制定者询问像美国和欧盟等富足地区是否应该挑起温室气体减排的重担,因为这些地区曾经有过巨大的排放量。

城市地区有着大量的生产活动和消费行为,对这些地区进行碳足迹测量又引发了相似的问题。缺乏对城市这个词的标准定义,缺乏人类活动和排放率的地方数据,使得城市碳足迹的测算越发复杂。2011年,人们重点建设大城市或小区域的城市,这些城市的数据也比较容易获取。方法论的区别使得城市间大时间跨度的碳足迹难以比较。

对于全球选定的城市的消费性碳足迹的评测,现在已经取得了突破。2010年人类发布了针对美国的公共领域组织的碳足迹的协定,其也遵循了相似的方法(WRI & LMI 2010)。根据温室气体协定,人们期望这些组织报告在他们管辖范围内的活动所产生的排放以及其他地区活动的排放,而非仅仅是像购买电力那样去消费这些区域的资源。这些组织必须有包括其他排放在内的方针来增进人民对足迹的理解,诸如废弃物处置、跨国运输等。

评估和影响

从国家层面来说,那些和生产有关的碳足迹信息是最容易获得的。碳足迹可以用三种方式来表达(见表1)。用一个国家一年内所有的温室气体排放量来表达碳足迹,这种表达方式非常宽泛。第二种方法是用人均每年的温室气体排放量来表达碳足迹,用这种方式来表达时,国家人口不同,这个数值也不同,高人口国家会产生更大的碳足迹。第三种方法是以一个国家每年每单位经济产量所产生的温室气体排放(也叫排放强度)来表示该国的碳排放。国家的经济发展状况不同,该数值也不同。尽管发达国家的富足程度使得他们有能力去利用低碳技术降低碳足迹，但是他们还是有着更高的碳足迹。

表1的5个地区中，中国的碳足迹数值最高，2005年全球排放的温室气体中，有20%是中国排放的。中国排放量的巨大规模和高速增长使它的碳足迹对于全世界来说都是缺乏可持续性的。但是如果以人均来看，中国的排放量平摊到约13亿人的头上之后，结果碳足迹比诸如美国之类的国家都低。使用人均评测方式对比碳足迹是最常见的方法，从中我们不难发现，比起俄罗斯联邦、欧盟、中国或印度的居民，美国人过着一种更加缺乏可持续性的生活。作为另一种选择，当使用排放强度这个指标时，从表1的数据中可发现，美国的碳足迹比印度、中国或俄罗斯联邦的碳足迹更具有可持续性，但是比起欧盟来还差一些。尽管在一段时间后所有这三种碳足迹评测方法得出的数值都会下降，这让人们看到了希望，但是与气候的可持续性最为密切相关的还是温室气体的总排放量。

碳足迹的三种不同表达方式告诉我们，碳足迹取决于人口、富裕度和现有技术的复杂交互。从全球来看，发达国家民众要求不断提高生活水平的压力和快速增长的人口，将会使得碳足迹所带来的压力加大。我们必须着力降低排放强度，以实现稳定气候的目标。转向包括可再生能源和核能在内的低碳和无碳的能源技术，可以使各国在降低碳足迹的同时发展经济。这些转变也许代价巨大，对于像中国这样利用诸如煤炭之类廉价的碳集中的现有燃料的国家，可能会引发国家间的讨论。此外，若缺乏同时出台的其他消费限制措施，技术进步可能仅仅会使得燃料的消费总量和碳排放量上升。高收入国家和城市的富足推动着消费和消费主导着的生产，降低消费对于这些地区尤其重要。

未来的方向

评测碳足迹的方法受限于现有数据，也依赖于那些能体现实际情况的假设。在人们评测更小地理区域的活动以调整那些反映消费行为而非生产行为的碳足迹时，相较于改良二氧化碳排放的评测方法，改良温室气体排放的评测方法更为紧迫。这些方法的差异使得

表1 2005年几个地区的温室气体排放

	温室气体总排放量 （百万吨CO_2）	人均温室气体排放量 （吨CO_2）	排放强度 （吨CO_2/美元GDP）
中　国	7 232.8	5.5	1 361.0
美　国	6 914.2	23.4	559.2
欧　盟	5 034.1	10.3	382.5
俄联邦	1 954.6	13.7	1 151.2
印　度	1 859.0	1.7	760.3

来源：世界资源研究所（2011）.

注：值越高，越不可持续。土地使用方式改变和林业引起的排放量不计算在内。

人们难以比较不同时间和空间的碳足迹。

即使没有这些改良，碳足迹的概念也有助于决策者观察一段时间里的行为变化，检验特定地区的温室气体减排策略是否有效。碳足迹的概念也具有经济价值，在推行减排战略时估算还剩多少温室气体量可供排放，这个可排放量与信用捆绑在一起，可以在市场上交易。个人或企业所评测的自身碳足迹，可以推广可持续的意识并促使人们去实践它，这是减少温室气体排放的强大驱动力。由于上述原因，对于国家、城市、公司和组织、产品、流程以及个人来说，碳足迹依然是最为流行的气候可持续性的指标。

安德里亚·萨金斯基（Andrea SARZYNSKI）
特拉华大学

参见：空气污染指标及其监测；计算机建模；生态足迹核算；能源标识；净初级生产力的人类占用（HANPP）；$I=P×A×T$方程；减少因森林砍伐和森林退化引起的排放（REDD）；海运和货运指标；作为环境指标的树轮。

拓展阅读

Bader, Nikolas; Bleischwitz, Raimund. (2009). Measuring urban greenhouse gas emissions: The challenge of comparability. *Surveys and Perspectives Integrating Environment and Society*, 2(3), 1–15.

Blake, Alcott. (2005). Jevons' paradox. *Ecological Economics*, 54(1), 9–21.

Brown, Marilyn A.; Southworth, Frank; Sarzynski, Andrea. (2008). *Shrinking the carbon footprint of metropolitan America*. Washington, DC: The Brookings Institution.

Carbon Trust. (2010). Carbon footprinting: The next step to reducing your emissions. Retrieved November 14, 2011, from http://www.carbontrust.co.uk/Publications/pages/publicationdetail.aspx?id = CTV043.

Dodman, David. (2009). Blaming cities for climate change? An analysis of urban greenhouse gas emissions inventories. *Environment & Urbanization*, 21 (1), 185–201.

Hoffert, Martin I.; et al. (1998). Energy implications of future stabilization of atmospheric CO_2 content. *Nature*, 395, 881–884.

Houghton, Richard. (n.d.). Data note: Emissions (and sinks) of carbon from land-use change. Retrieved November 14, 2011, from http://cait.wri.org/downloads/ DN-LUCF.pdf.

Intergovernmental Panel on Climate Change (IPCC). (2006). 2006 IPCC guidelines for national greenhouse gas inventories. Hayama, Japan: IPCC.

Kaya, Yoichi. (1989). *Impact of carbon dioxide emission control on GNP growth: Interpretation of proposed scenarios*. Hayama, Japan: IPCC.

Kennedy, Christopher A.; Ramaswami, Anu; Carney, Sebastian; Dhakal, Shobhakar. (2009, June 28–30). Greenhouse gas emission baselines for global cities and metropolitan regions (paper, Proceedings of the 5th

Urban Research Symposium). Marseilles, France.

Lenzen, Manfred; Murray, Joy; Sack, Fabian; Wiedmann, Thomas. (2007). Shared producer and consumer responsibility: Theory and practice. *Ecological Economics*, 61, 27−42.

Levinson, Arik. (2010). Offshoring pollution: Is the United States increasingly importing polluting goods? *Review of Environmental Economics and Policy*, 4(1), 63−83.

Marcotullio, Peter J.; Sarzynski, Andrea; Albrecht, Jochen; Schulz, Niels; Garcia, Jake. (2012). Assessing urban GHG emissions in European medium and large cities: Methodological issues. In Pierre Laconte (Ed.), *Assessing sustainable urban environments in Europe : Criteria and practices*. Lyon, France: Centre for the Study of Urban Planning, Transport and Public Facilities.

Satterthwaite, David. (2008). Cities' contribution to global warming: Notes on the allocation of greenhouse gas emissions. *Environment & Urbanization*, 20 (2), 539−549.

Wackernagel, Mathis, Rees, William F. (1996). *Our ecological footprint: Reducing human impact on the Earth*. Gabriola Island, Canada: New Society Publishers.

Wiedmann, Th omas; Minx, Jan. (2008). A defi nition of "carbon footprint." In Carolyn C. Pertsova (Ed.), *Ecological economics research trends*. Hauppauge, NY: Nova Science Publishers.

World Resources Institute (WRI). (2011). Climate Analysis Indicators Tool (CAIT) version 8.0. Retrieved November 14, 2011, from http://cait.wri.org/.

World Resources Institute (WRI); Logistics Management Institute (LMI). (2010). The Greenhouse Gas Protocol for the US public sector. Retrieved November 28, 2011, from http://www.ghgprotocol.org/files/ghgp/us-public-sector-protocol_final_oct13.pdf.

Challenges to Measuring Sustainability

可持续性度量面临的挑战

自20世纪90年代以来,指数——对向目标或者远离目标移动的测量——在可持续性领域中激增,尽管如此,指数发展带来了下列的挑战:如何定义可持续性;如何平衡矛盾的需求(即技术的严谨性与可接受性的矛盾);如何体现伦理价值;以及如何将指数与政策相连。因此,向可持续进程的评价可能很困难,但是如果我们拒绝对这个进程进行监视,像气候变化这样现存不可持续的问题将不会消失。

可持续性度量和指标的重要性在可持续性的学术和决策领域持续增长,这些指数使人们能够明确地表达他们对可持续的观点,测定可持续正在达到的程度,以及从理念上清楚地交流相关信息。的确,决策者和普通公众同样期望利用指标评价政策的效力,以分配资金并决定未来的行动。但是,尽管可持续指数流行且激增,其创立和应用也伴随着一系列挑战,这些挑战包括:定义什么是可持续性;平衡类似全面与简单同时存在要求的不安;测定如

何将伦理价值整合进入指数板块;以及将指数与政策结合起来。这样细查每个挑战及解决的通用方法将显示出所用指标的局限性。

细查这些挑战之前,搞清这些专用名词将很有帮助。当人们尝试测量一个系统或者行动的可持续性,一个系统已经达到的可持续进程的程度或者政策对达到可持续的贡献,就可以利用可持续指数这个工具,该工具可将一个复杂体系的数据汇编成一个比较容易理解的产品。尽管专用名词指数和指标在文章中有时合并使用,但是,利用指标去表示数据的一个特殊测量或者价值、利用指数来反映众多指标的汇编,有助于区别这两个名词。例如,期末成绩的等级是由多个指标(即各门课程成绩的等级)构成的一个学业成绩的指数。学期等级像每个指数一样,总计一系列复杂的数据以便获得知识并帮助决策。

定义可持续性

典型的可持续性反映了同时保护生态系

统和人类社会的能力，在可持续发展定义中，经常强调诸如"既满足当代人的需求，又没有危及后代人的需求"（WCED 1987, 8）。某些定义聚焦于有关农业、建筑或者能源这些可持续的特殊方面，例如，可持续能源扩展至"将精细能源产品服务于所有人的公平利用与为后代保护地球之间的动态平衡"（Tester et al. 2005, 8）。无论是通用的还是特殊的定义，可能随着多方面的变化而不同，这些方面包括时空、人类社会的负担与生态系统的休养以及技术和伦理标准的平衡。在倡导多样性的氛围中很难达成共识。的确，指数仍在增长，而可持续性的理论挑战仍然存在，因此，度量值得关注。

平衡多级

由于可将指数简化为数字以了解复杂体系并指导决策，因此许多技术专家主张发展和利用可持续指数顺理成章。为了最大程度利用指数指导环境决策，必须比较简单且便宜地为决策者计算和测量并且容易地了解指数，因此，不应当忽视这些指数，即使偶尔误解这些指数也不应该，决策者应该科学地听到这些指数，只有这样，这些指数才有意义且经得起推敲，在选择政策时充分地注意区别它们细微的差别。创立一个达到这些需求的指数涉及了至少在三个技术极点之间微妙的妥协，这三个极点包括综合性与易于管理、技术要求与可接受性、理想与真实的数据。

综合性与易于管理

自从要求将指标与复杂动态系统联系的巨大信息进行简化，就应该对一些聚焦于该系

统最重要成分的指数进行争论。例如，一个被频繁使用的通用指标（人类对气候变化的贡献）是大气中二氧化碳的浓度，由于该数据的增长来自于人类活动，那么可以假定其将增大对气候变化的影响。虽然仍然可以控制，这样简单的指标也具有局限性。判断一下哪个指标对系统的影响最大并据此以这一个指标代表一个复杂的现象，可能是非常有挑战性的。度量这一个以推测得到的简单的数据点（在这种情况中是二氧化碳的平均大气浓度）可能需要大量的测量数据、新的理论发展以及数据收集的国际合作才能确定。而且，对一个系统若仅聚焦于一个成分，也将使对其他因素及其影响或者与之相关的关注下降，例如，二氧化碳不是唯一的温室气体，甲烷和氧化氮对全球变暖也有显著的贡献。其他的因素也可能抑制或者加强温室效应，忽视了这些可能，会曲解气候变化。利用单一主题的指标也能转移对其他环境主题的注意力，例如单独地聚焦于气候变化能够转移对像核废料这样一些其他环境主题的注意力。

为了防止指标过分单纯引起的一些问题，另一些指数发展起米，这些指数旨在创建一个对人一环境体系进行全面评价的指标目录。这样的目录可能理想化了，因为目录或许会增加以涵盖该体系所有重要的元素，该想法确实在联合国58个可持续发展核心指标之后。综合性对了解和运用这些指标可能仍然是一个障碍，充足的资料能够容易地获得用户，否则用户需要费力地回想每个指标意味着什么及其在所有指标中相对的重要性和在可持续发展蓝图中的权重。将多样的指标集合到单一的一个指数是一种可行的解决方案，但

该方案也应对着本身的挑战,例如:具有不同单位的指标应该如何集合到一起?是否在指数中给予所有的指标以同样的权重,或者一些在技术上或道德上更重要?各指标之间是否存在相关性?是否存在着过分强调指数中有关可持续性的某一个方面而将其作为指数整体的现象?另外,要收集所有的数据以计算某个包含多个指标的指数,可能是既费时间又费钱的;而且很难在数年后得到一个明确的对可持续性有利或有损的结论。

技术的严谨性与可接受性

　　一个指数要有意义又可执行,必须在对技术的严格要求和普通公众的可接受度之间寻找平衡。理想的状况是:应用某个指数的人应该详细地了解该指数的方方面面,包括从数据收集到计算及其目前应用的结果。这样一个广泛的了解可有助于减少所用指标不切题的风险,还有助于保证指数的全面性。如果人们了解了如何编译一个指数,他们将能够评价是否还有重要的指标没有包括。为了达到理想的状况,用于收集和分析数据的方法以及用于构建指数的方法必须是"清楚的、明晰的且标准化的"(Gallopin 1997, 25)。而且,基于指数的数据原则上必须具有可视性并且是现存数据库的一部分。然而,大多数决策者和普通老百姓不想花费时间去详细了解指数的全部内容,他们想要一个清楚的摘要叙述或者所讨论系统发展的概况,以决定他们如何行动。另一方面,技术专家们想确保他们指数构建的严谨性,经得起技术评判。

　　为了保持技术严谨性与可接受性之间的平衡,许多指数以一种等级体系的方式构建并且对各个等级进行了详细的解释。首先收集数据并通过数学方程形成次级指数,然后再进一步综合这些次级指数至一个或几个高一级的指数。高一级的指数,也就是最后的指数,可以数字或者图表的形式显示出来,以使决策者对所讨论的系统状况得到一个清楚简明的摘要,将许多技术细节蕴藏在适于专家研究的低级指数库中。例如,将每个都来自大量数据点的20个次级指数,综合至人类健康和生态健康两个指数,二者在罗伯特·普里斯科特·艾伦(Robert Prescott-Allen)的著作《国家健康》(2001)中以图表的形式展现。为满足专家确信指数所具的技术含量,数据收集的细节、次级指数的计算以及对次级各个指标的综合过程通常在一个长报告中仔细描述,而向百姓和决策者披露的报告通常是报告的摘要。最终,指数附有一个很简要的解释说明,这样能够应对专家和其他群体的要求。然而,这种摘要方式的局限性是决策者可能不理解或者无法认定指数。

　　使用国民生产总值(Gross National Product, GNP)作为全体人群的健康幸福指标替代经济指标的做法很普遍,然而经常讨论将其扩充至一个指数(Daly & Cobb 1994)。虽然高国民生产总值可能与物质生活水平高有关,但是国民生产总值无法计算经济资源在人口中的分配,所以高国民生产总值或许仅仅惠顾一部分社会群体。而且,国民生产总值没有显示资源的价值,也没有包含清除污染的经济活动。虽然许多人发现生态系统的崩溃对其生活质量具有负面的影响,但是自然资源的消耗以及不断增长的污染却是以对国民生产总值的正面贡献来计算。

最终，当国民生产总值是一个货币指标时，国民生产总值就不能代表着好的生活质量，因为好的生活质量不能像表征家庭生活那样直接货币化。尽管有这些局限性，但是国民生产总值仍然经常被利用作为生活质量的总指标，特别是对非专家群体理解指标的专属应用性时需要高度关注。

理想数据与实际数据

在指数发展中，数据的可用性也是一个考虑因素。我们很难期望数据库严格地符合我们希望度量的那样，必须要与那些已经可用的优势数据或者经济上政治上可以得到的数据去平衡。尽管最期望得到与主题相关的那些数据，但是很难不受预算、技术和政治等诸方面的限制。例如，某人或许想监测污染对健康的直接影响，但是如果直接影响健康的数据不可用，那他就需要对超过阈值空气污染的天数进行整理。在这样的情况下，指数研究者必须或者决定利用先前的数据来取代，或者主张收集新数据。

用现成的数据库可能产生偏差，因为现成的数据或许不包括被指数用户认为重要的系统要素。例如，即使普遍认为社会健康数据能够作为监测可持续性的一个关键因素，

但目前的可持续数据包括的经济数据还是多于环境数据，环境数据多于社会的健康数据（Burger, Daub & Scherrer 2010; Pearsall 2010）。而且，工业国家的数据更多，这样，指数对经济欠发达国家就存在着潜在的偏见。

如果认为将存现的数据用于指数时就可以很容易地改善自然与人类对立的态度，或者使人们认为对生态系统好就是对人类好，那么这样的想法都过于简单化了。为防止此类偏向的发生，指数建造者需要对所用现存数据库进行评价，并且发现其在构建、陈述和用于指数时的局限性以及克服的方法。

由于指数建造者的目标是在理想数据与实际数据之间、技术规范与可接受性之间以及复杂综合性与易管理之间取得平衡，所以他们史关注于定量的数据和技术解决方案。确实，许多指标的拥护者认为：可信、可接受和适当的指数所产生的效果必须体现在对公众的可持续发展的教育上。这些拥护者大多认为：信息的缺乏是有效决策的最大障碍（Hezri & Hasan 2004, 288; Inhaber 1976, 4, 162–163）。在了解情况有助于有效决策的同时，资讯既不是影响决策的唯一因素，也不能保证一定会制定好的决策。

已有的价值取向总是在影响着指数和政策的构建和应用。

价值的作用

确实,价值是被各个团体认为非常重要的理念以及自然和社会条件,价值与可持续指数的发展和应用至少在五个方面交叉:① 基于指数的可持续性定义;② 发展指数的决定;③ 指数的创建过程;④ 创立时的特殊决定;⑤ 创立后的应用方式。由于价值在指数形成中的作用经常被忽视,所以应该在指数中考虑反映价值的重要作用。

可持续有很多定义,然而所有定义基本上由可持续的技术方面(什么能被持续)和可持续性的标准化方面(人们希望什么持续)组成。例如,《我们共同的未来》这篇联合国可持续发展报告和21世纪议程这个国际可持续策略文件,凸显了代际和代内的公平,正如二者强调可持续发展应该既要满足现在每个人的需求(代内公平),又要满足后代的需求(代际公平),可以发现在全世界的宗教和哲学伦理体系中也对代内和代际公平公正的关注。其他对可持续讨论的公共话题包括责任心(即人类对世界的所作所为以及人类能对改变自己行动的作为负责)和高瞻远瞩(即对未来行动和不作为后果的关心)。但是,可持续性没有平等地具体体现所有这些价值,责任心和高瞻远瞩所形成的指数比公平性更加意味深长。

另外,决定利用可定量的指标来衡量和监测可持续进程,标志着社会具有定量价值并可作为一般社会指标应用。我们期待着评估其效果的手段,这一效果通常是用货币获利或损失来衡量而不是以长期的社会效果进行评价的。如此,利用指数的重要性在于其具有可定量、可货币化以及经常和短期使用的价值。

价值在指数创立所用的方法中也起作用,是专家自己创建指数还是通过包括将被指数应用所困惑的外行人代表的参与过程来构建? 学者坚持认为公众参与有助于确立指数目标、门槛水平(例如,社区能够接受多少污染)以及指标影响政策的途径,打算以这样的参与确保指数能够度量包括公众在内的所有人重视的内容。

例如,许多可持续研究聚焦于污染的直接影响或对土地、空气或水体的环境破坏,极少同时关注多种化学品引起的对人体的效应(Fredericks 2011, 65),更鲜有研究注意到环境破坏所产生的复杂心理和社会后果,虽然这些冲击可能对个人和社区更重要。例如,渔业和消费本地鱼对当地家庭来说不仅可便宜地得到必需的蛋白质,而且对当地的文化传统也很重要,因为这是许多原住美国人和亚裔美国人的饮食习惯。生活在当地的原住民祖先们的食鱼习惯与现在的原住美国人和亚裔美国人的食鱼爱好一样，鱼为当地家庭提供了食物。对这种文化传统的重要性及其保护所带来的社区居民的心理健康进行定量并不容易，而这些重要性也不能以在可持续评价的公共数据库中可查到的当地水路中存在的重金属和PCBs这样过分简单的定量数据来体现。

由于污染鱼不能吃（或其他的环境破坏），一些分析者尝试通过询问居民为了得到干净的鱼他们想付出什么或者他们能够接受花多少钱。由于许多目标总是将已经不要钱以及在居民脑中认为不应该要钱的事物进行货币化，致使许多老百姓对他们所接受的环境污染的期望货币值很高或者离谱，而对为洁净水和鱼付出的期望值很少。所以这样的研究遭到批评。它导致一些经济学家认为，老百姓对价值确定是无理性的、不可信的。另一些人将这些结果看作是生态系统价值的指标以及定量且货币化所有事物的局限性。

由于人们意识到定量或货币化价值以及仅着眼于环境和经济数据的局限性，所以正在强调将社区嵌入到可持续指标中。这可以通过调查和访谈来了解社区成员对他们的生活质量的看法。用这些方法收集的数据可以编入年鉴，以记录什么对当地人来说是非常重要的，他们的目标是否随时间而改变，以及他们实现自己的目标的能力是如何随时间而变化的。

美国环境哲学家佐治亚技术研究所的布赖恩·诺顿提出了另一种方式同时监测可持续发展的环境、社会和经济的理想方法。他认为，利益相关者之间的对话可以显示一些指标，这些指标可以监测被不同界别认可的多样的可持续发展价值。他描述了佐治亚州亚特兰大市的一个潜在的可持续发展指标，在这里，人们赋予高大的树木以显著的文化价值，然而，此地许多树木被砍，以让位于郊区的扩张。毫无疑问，树木也在当地的生态系统起着至关重要的作用，因为它们为动物提供栖息地，净化空气，控制径流，降低局部温度。诺顿认为，通过卫星影像监测树木覆盖率可以看出亚特兰大需要优先保护的文化和生态系统被保护的程度（Norton 2005, 391—392），因此，树木覆盖率这一项指标在可持续性的规范和技术方面均可反映。

除了构建指数的人，价值观也影响了指数的技术细节。例如，许多指标分成可持续发展的经济和社会层面，这意味着经济实力除了能够带给社会价值，本身亦有价值。价值观也影响指数使用的方式。毕竟，如果一个指标不衡量人们认为是很重要的事物，那它只能摆在架子上。而且，也可以经常使用被社区认为监测有价值东西（福祉）的指数（国民生产总值），即使该指数并不一定与价值相关。文化价值和伦理取向可以从他们开始发展的每一个阶段来影响指标的使用。

从政策制定中分离

将指数从政策制定过程中分离时，挑战也会出现。虽然许多指标的创立是用于监控人类社会和环境之间的联系以改善决策的，但是它们可能与用户脑中的想象不一样。一般指数创立者并不一定能确保政策制定者知道或了解指数，进而同意指数的假设。相反，他们往往期待政策制定者和公众将其可持续发展的愿景作为客观真理，即使这涉及"哪些更重要"这样的规范性判断。事实上，国家幸福指数的创立者、最复杂的可持续发展指标的开发者之一罗伯特·普雷斯科特·艾伦建议，只有在其指数的结果被检验以后才可用于制定政策（Prescott-Allen 2001, 289）。

政策制定者和相关指数之间的这种常见的分离令人困扰，因为许多指标是为了影响政策，通过提升知识含量而设计的（Yale Center for Environmental Law and Policy 2010, 6; Fraser et al. 2006, 115）。然而，如果指标不是应政策制定者期待的需求而建立，那么这些指标很可能不是社会优先关注的可持续性，依赖的数据往往是或完全不可用，或金钱和政治原因暂时禁止收集，或所产生的指标难以使用。学者对政策和指标同步发展的呼声越来越高，旨在使指数能够真正帮助政策的形成和评估（Hezri & Dovers 2006; Holden 2011, 319）。

同样，指数开发人员越来越认识到利益相关者、学术专家和政策制定者之间的合作对指数形成的重要性，当地认识和价值观对人类–生态系统的关系以及人们参与有关影响他们生活决策的愿望具有特殊的重要性。这样的合作在创建本地指数时应特别强调。

社区成员参与构建的那些地方发展指数面临着另一个问题：这些指数很特殊，与政府用来评估一个国家的整体状态和制定国家或国际政策所用的指数无关。例如，在英国布里斯托尔生活质量指标的研究案例中，研究者莎拉麦克马洪将指标分为5级：① 在整个欧洲使用的指标；② 国家指标；③ 由利益相关者制定的指标；④ 城市指标；⑤ 对社会群体的特别指标。虽然她指出指标的一

些常见的成分呈现多层次，例如，国家、利益相关者和地方的指标中都包括表明社区发展的低犯罪率指标，但均未综合至高阶指标，除非这些变量已经是指标的一部分（McMahon 2002, 177）。例如，无家可归家庭的数量，道路交通事故，公共场所狗排泄物存在的记录，当地河流的生物质量以及当地自然保护区的存在，这些指标尽管未列入更高的政治层面上，但它们都是布里斯托尔人所认定的衡量生活质量的重要指标。

这种数据的不一致，部分原因可能是由于跨尺度和数据类型的集合信息方法学的挑战，如何将任何社区的数据对照国家指标来定义权重？某些社区可以作为代表性的案例吗？如何集合不同单元（物种丧失，毒素浓度）或不同类型（定量，叙事）的数据？为了避免这些挑战并达到可量化及数字化的预期，多项指标的开发者将专注于本地或者国家范围。

在缺乏综合而简化了指数发展过程的同时，指数的应用至少具有两个重要的含义。首先，由于忽视社区的基础指标，大型或国家指数可能会错过与人有关的诸多必要元素。第二，由于忽视了对可持续发展的社区体验的评估，即使代内公平是众多可持续发展定义的假设条件，国家指数的开发者仍会错过监控国家范围内因地域，民族，阶层，种族地位所引起的种族利益或负担分配不公的机会。不可否认，一些国家或社区的优先指标是基于权衡包括建立上述所讨论的任一指标的必要性确定的，然而，地方级和国家级指标系统的脱离妨碍了关于可持续发展的新政策的发展，而该发展需要一些对这些指标的实施和评价进行综合的指数。

展望

在综述了衡量可持续性的挑战，即定义可持续性，平衡指数的多极性，认识价值如何影响指数并使得指标与政策决策者相关之后，这些挑战似乎还是如此之大，以至于没有人能够试图评估可持续性的进展。然而，诸如气候变化这样的不可持续的生存问题，却不会因为我们不去监测而消失。此外，似乎不太可能对实现目标进程中的优先级进行量化，例如可持续性将随时会减弱。看起来只是因为有限制而不理会监测可持续发展的好处是不明智的。相反，最好的方法是谨慎地使用指标，记住其局限性并尽可能努力克服，以更好地明确可持续发展的目标，并评估其距目标远近的进展。

撒拉·E.弗雷德里克（Sarah E. FREDERICKS）
北得克萨斯大学

参见：生物指标（若干词条）；业务报告方法；社区与利益相关者的投入；发展指标；环境绩效指数（EPI）；真实发展指数（GPI）；全球环境展望（GEO）报告；绿色国内生产总值；国民幸福指数；国际标准化组织（ISO）；定量和定性的比较研究；可持续性科学；系统思考。

拓展阅读

Azar, Christian; Holmberg, John; Lindgren, Kristian.(1996). Methodological and ideological options: Socio-ecological indicators for sustainability. *Ecological Economics*, 18, 89–112.

Bell, Simon; Morse, Stephen. (1999). *Sustainability indicators: Measuring the immeasurable?* London: EarthScan Publications.

Burger, Paul; Daub, Claus-Heinrich; Scherrer, Yvonne M.(2010). Creating values for sustainable development. *International Journal of Sustainable Development & World Ecology*, 17 (1), 1–3.

Corburn, Jason. (2005). *Street science: Community knowledge and environmental health justice*. Cambridge, MA: MIT Press.

Daly, Herman E.; Cobb, John B., Jr. (1994). *For the common good: Redirecting the economy toward community, the environment, and a sustainable future*. Boston: Beacon Press.

Davidsdottir, Brynhildur; Basoli, Dan; Fredericks, Sarah E. (2007). Measuring sustainable energy development: The development of a (Eds.), *Frontiers in environmental valuation and policy*. 303–330.

Cheltenham, UK: Edward Elgar. Failing, Lee; Gregory, Robin. (2003). Ten common mistakes in designing biodiversity indicators for forest policy. *Journal of Environmental Management*, 68, 121–132.

Fraser, Evan D. G.; Dougill, Andrew J.; Mabee, Warren E.; Reed, Mark; McAlpine, Patrick. (2006). Bottom up and top down: Analysis of participatory processes for sustainability indicator identification as a pathway to community empowerment and sustainable environmental management. *Journal of Environmental Management*, 78 (2), 113–127.

Fredericks, Sarah E. (2011). Monitoring environmental justice. *Environmental Justice*, 4 (1), 63–69.

Gahin, Randa; Paterson, Chris. (2001). Community indicators: Past, present, and future. *National Civic Review*, 90 (4), 347.

Gallopin, Gilberto Carlos. (1997). Indicators and their use: Information for decision-making, Part One: Introduction. In Robyn Matravers, Bedrich Moldan & Suzanne Billharz (Eds.). *Sustainability indicators: A report on the project on indicators of sustainable development*. New York: John Wiley & Sons. 13–27

Harner, John; Warner, Kee; Pierce, John; Huber, Tom. (2002). Urban environmental justice indices. *Professional Geographer*, 54 (3), 318–331.

Hezri, Adnan A.; Dovers, Stephen R. (2006). Sustainability indicators, policy and governance: Issues for ecological economics. *Ecological Economics*, 60 (1), 86–99.

Hezri, Adnan A.; Hasan, M. Nordin. (2004). Management framework for sustainable development indicators in the state of Selangor, Malaysia. *Ecological Indicators*, 4, 287–304.

Holden, Meg. (2011). Public participation and local sustainability: Questioning a common agenda in urban governance. *International Journal of Urban and Regional Research*, 35 (2), 312–329.

Inhaber, Herbert. (1976). *Environmental indices*. New York: John Wiley & Sons.

Intergovernmental Panel on Climate Change (IPCC). (2007). *Climate change 2007: The physical science basis: Summary report for policy makers*. Paris: Intergovernmental Panel on Climate Change.

Johansson, Per-Olov. (1999). Theory of economic valuation of environmental goods and services. In Jeroen C. J. M. van den Bergh (Ed.), *Handbook of environmental and resource economics*. 747–754.

Northampton, MA: Edward Elgar. Kriström, Bengt; Common, Mick S. (1999). Valuation and ethics in environmental economics. In Jeroen C. J. M. van den Bergh (Ed.), *Handbook of environmental and resource economics*. 809–823.

Northampton, MA: Edward Elgar. Levett, Roger. (1998). Sustainability indicators—Integrating quality of life and environmental protection. *Journal of the Royal Statistical Society Series A* (Statistics in Society), 161 (3), 291–302.

López-Ridaura, Santiago; Masera, Omar; Astier, Marta (2002). Evaluating the sustainability of complex socio-environmental systems. The MESMIS framework. *Ecological Indicators*, 2 (1/2), 135–148.

McMahon, Sarah K. (2002). The development of quality of life indicators — a case study from the city of Bristol, UK. *Ecological Indicators*, 2 (1/2), 177–185.

Moldan, Bedrich. (1997). Box 2D: Values, services and goods of the geobiosphere. In Robyn Matravers, Bedrich Moldan & Suzanne Billharz (Eds.), *Sustainability indicators: A report on the project on indicators of sustainable development*. New York: John Wiley & Sons. 99–101.

Norton, Bryan G. (2005). *Sustainability: A philosophy of adaptive ecosystem management*. Chicago: University of Chicago Press.

Obst, Carl. (2000). Report of the September 1999 OECD Expert Workshop on the Measurement of Sustainable Development. In Organisation for Economic Co-Operation and Development (Ed.), *Frameworks to measure sustainable development: An OECD expert workshop*. Paris: OECD. 7–17.

Ott, Wayne R. (1978). *Environmental indices: Theory and practice*. Ann Arbor, MI: Ann Arbor Science Publishers Inc.

Pearsall, Hamill. (2010). From brown to green? Assessing social vulnerability to environmental gentrification in New York City. *Environment and Planning C-Government and Policy*, 28 (5), 872–886.

Prescott-Allen, Robert. (2001). *The wellbeing of nations: A country-bycountry index of quality of life and the environment*. Washington, DC: Island Press.

Taviv, Rina; Brent, Alan C.; Fortuin, Henri (2009). An environmental impact tool to assess national energy scenarios. *Proceedings of World Academy of Science: Engineering & Technology*, 39, 612–617.

Tester, Jefferson W.; Drake, Elisabeth M.; Driscoll, Michael J.; Golay, Michael W.; Peters, William A. (2005). *Sustainable energy: Choosing among energy options*. Cambridge, MA: MIT Press.

United Nations. (2001). *Indicators of sustainable development: Guidelines and methodologies*. New York: United Nations.

van den Bergh, Jeroen C. J. M.; Verbruggen, Harmen. (1999). Spatial sustainability, trade and indicators: An evaluation of the "ecological footprint." *Ecological Economics*, 29, 61–72.

Vatn, Arild. (2005). Rationality, institutions and environmental policy. *Ecological Economics*, 55, 203–217.

World Commission on Environment and Development (WCED). (1987). *Our common future: Report of the World Commission on Environment and Development*. New York: Oxford University Press.

Yale Center for Environmental Law and Policy; Center for International Earth Science Information Network. (2010). 2010 Environmental Performance Index. Retrieved November 17, 2011, from http://epi.yale.edu.

Citizen Science

公民科学

公民科学的理念是关注于科学与公众之间的关系,并谈论和辩论该关系。它凸显了关于科学,公众需要了解什么以及科学界怎样能够从与公众的接触中受益的问题。利用那些正在进行的辩论可为科学研究提供新的途径,并在应对当今社会所面临的风险、环境和可持续发展的紧迫挑战中提供健全的社交方式。

科学与公众之间的关系是当代生活的重要特征。科学可以在构建理解世界、创新技术、发展经济以及改善健康和社会福利的过程中发挥重要作用,科学也是造成风险、健康和环境越来越多问题的核心。因此,科学既是应对这些挑战的一条途径,也是这些挑战的潜在来源。公民参与科学是使我们了解我们的周围世界并建立应对目前挑战的战略,以至在走向未来的途径中,都是越来越重要的组成部分。然而,如何形成并理解科学与公民之间的关系,直截了当的答案很少,因此这往往是激烈辩论的主题。我们给予"公民科学"不同的

含义,根源在于我们如何定义科学在社会中的作用以及我们如何理解公众参与科学的价值。科学与公民关系的政治核心是有关科学专家的权威性、对科学界更广泛的信任、公众知识的价值以及未来的繁荣、可持续发展和幸福健康社会的辩论。

科学,进步,公众理解

提到历史上有关科学与公众关系的社会理解,大多会联想到18世纪兴起的启蒙运动。"科学"一词本身来自14世纪,当时这个词泛指知识或理论。然而,在启蒙运动时期的哲学家弗朗西斯·培根和笛卡尔的著作中,将科学作为世界上理性的和独立存在的真理(不受主观偏见影响)的一种方式,形成了今天人们所熟悉的科学概念。这种对知识理解的新途径以显著不同于东方社会所存在的理论方式脱颖而出,东方理论谈论自然和社会的权威能力与对神的顶礼膜拜有关。自启蒙运动以来,科学以对理性知识在促进社会进步和使人类

从无知中解放出来保持乐观为特点，并成为处理当时社会中物质和社会问题的知识源泉。由于科学交叉的领域如此广泛，包括了经济、卫生、社会福利、政府和政治，人们试图运用科学的合理性以获取更多进步发展并促进社会的进步发展。近代历史表明，科学和公共利益有着密切的关系。

科学和社会进步的这个联盟具有向公民普及科学知识和技术变革的社会责任。建立广泛的公民知识和科学传播的尝试一直是这种责任的一个突出表现。发展普及公民知识和科学交流的努力已经是这种责任的一个明确的表现。没有必要每个人都成为科学家，通过参与科学和提高公众的科学素养，个人和社会可以持续获益。有知识的工人和具创新能力的研究人员能够支持创新和产业。在应对正在讨论的健康和环境的风险方面，公众可更好地理解并得到有关政府政策的解释。最后，将必要的智力工具给予公众，做出个人的选择和决定，在个人的日常生活中增加越来越多的科学和技术成分。

伦敦的皇家学会这个世界上最古老最杰出的科学机构在标题为"公众理解科学"的报告中提出了这些争论（Royal Society 1985）。这份报告就该国全面参与并充分利用以新知识和新技术为特征的现代世界的能力，表达

了深刻的怀疑。为应对这种状况，英国皇家学会重复了公共教育的道德和社会价值的观点，而英国在整个20世纪一直在重复该观点。例如，1959年小说家C.P.斯诺（C. P. Snow）（1998）在剑桥大学一个有影响力的讲座中就教育体系的改革提出了慷慨激昂的论点。他呼吁政府和教育工作者在他认为作为被经典占主导地位的培训体系的所有层次上注重讲授科学。斯诺认为这样的措施对确保英国的国际地位和国家立场，特别是在关系到它的冷战对手时是必要的。

在斯诺演讲的30年前，学者和科学家们同样参与了活动，以促进公众理解科学，以此来打破社会阶层的固化。受到公众欢迎的科普文章作者兰斯洛特·赫格本（Lancelot Hogben），发现公民参与自然科学非常有必要，因为，正如他写道："科学发现影响到每个人的日常生活。因此，公民的科学必须是记录过去并盘点未来人类成就的科学"（Hogben 1938, i）。他将他的写作视为使全社会参加一个有益于所有人的"真正有建设性的社会工程"。

所有这些传播科学知识的努力分享了这样一个根本的观点，即公众理解科学是一个共同的道德问题。这是科学家、教育工作者和其他社会精英的责任，即分享他们的知识，提高普通外行人的理解水平。还可以期望公众摆脱愚昧并从事这类科学的专业技术，将科学知

识充分融合到他们的日常生活之中。无论是知识分子传授知识的失败还是公民接受知识的失败,都被视为损害集体利益、阻碍社会进步发展的行为。

迈向新途径

上述公众对科学理解的观点,可能已经淹没在为数众多的有关社会公众与科学关系的常识之中,它却吸引了非常重要的关注。研究科学、技术和社会的学者开始重构公众与科学关系的基础,将其作为应对来自广泛批评并逐步建立科学与社会联盟蓝图的一部分。

这些批评的核心是针对在科学和公众的相互关系中形成了一定的不平等地位的共识。那些拥有了解世界特权的人,被视为掌权者、权威,而缺乏这种理性知识的公众处于一个较低的位置。在关于科学在创造新技术作用的著作中,社会学家凯斯·格林特(Keith Grint)和史蒂夫·沃尔加(Steve Woolgar)观察到,这种分层的结构导致了其与社会价值观的进步和民主政治相矛盾。"如果民主政治需要由大致平等的公民来决策,那么'技术在多数人的智慧之外'的假设必然刺穿了在技术号角中的民主政治"(Grint & Woolgar 1997, 61)。正是在这个意义上,培养公众理解科学的努力已经成为被批判为科学公民权的赤字模型。由于已经认定部分公众缺乏知性与理性,从而在对社会未来的对话中排除公众的声音也就很容易地变成了合理正当的事。

公共刊物中关于科学与公众的互动方式的案例高度关注现存的这种不平等关系。美国社会学家多萝西·内尔金(Dorothy Nelkin)指出,科学新闻基本上一直不加批判地报道科学活动,而不是将有关科学的所有信息,例如不确定性和科学上的分歧,公平地传达给公众。而科学新闻则试图通过编造英雄故事,宣布新发现并对科学的优点夸大其词来推动科学进步。她认为这是一种饮鸩止渴的关系,为了换取更大的新闻报道覆盖面,利用流行故事从媒体销售中获益,记者能够出卖科学。这已经远远背离了科学新闻工作者应保持中立姿态、为了大众的利益而传达纯科学的价值观的原则,对于内尔金来说,科学交流就应该非常清楚地讲述科学本身,这可能意味着会使民众也远离其他一些不那么英雄主义的观点(Nelkin 1995)。

对公众与科学关系分层的方法已引起批评,特别是有关对新技术和风险的争论。当带着新技术进入市场和普通公民的生活时,往往预示着以某种方式进行的革命性的社会实践。然而,这并非罕见,新技术的到来也会受到公众的监督,因此要关注其潜在的负面影响问题。例如,在20世纪90年代,农业生物技术被标榜为对生产力革命的一条途径,将改善社会生产能力,以满足社会日益增长的对营养的需求。然而,与此同时,有关这些新技术负面影响的问题被提出,问题来自不同的领域,包括转基因作物对人类健康和国家生物多样性的潜在影响。在许多情况下,当这样的批评出现时,来自科学界和以科学为基础的政府和行业最初的反应是告知公众,不要被错误的和非理性的理念所蒙蔽。下一个行动往往是找出适当的信息来提供给公众,使其对新技术的风险和好处做出理性明智的决定。很多时候,只需简单地提供正确的信息,令市民更容易接受如生物技术这样的新技术。换句话说,不仅需要将有关的科学和技术教育人们，而且还需要接受发展和进步的技术——科学模型。

从不同的角度，就可以看到公众对科学和技术的关注更多的是有关科学在社会中的应用而不是知识的缺乏。换句话说，公众有充分的理由提出有关科学的问题，并且这些问题表明，公众对于科学在他们的日常生活影响的关注度在升高，呈现出既明智又理性的态度。例如，对健康、环境和可持续发展领域风险的担忧，成为当今政治讨论中越来越重要的组成部分。正如有影响力的德国社会学家乌尔里赫·贝克（Ulrich Beck）所指出的，需要解释这些风险，包括接受科学也会产生危害的理念及其不确定性。例如，伴随着科学发明的进展，使现在挑战我们社会可持续发展的环境问题繁多。在另一方面，对科学的许多批评都在质疑科学知识的自主性，即知识不应受主观的影响，必须有利于所有人。然而，现在科学知识产生与经济发展和商业利益密不可分，科学家和科研机构已经对政府和公共政策产生了相当大的影响。科学已经远离其中立的地位，在社会中具有相当大的影响力。在这个意义上说，公众对科学了解的当务之急是，少一些对社会中道德问题的说明，而多一些来自权威的、能够应对公众挑战的说明，使科学具有社会影响力。阿兰·欧文（Alan Irwin）和布莱恩·威尼（Brian Wynne）在其被广泛引用的著作《误解科学了吗？》（1996），旗帜鲜明地表明，被社会误解的不是那些公众所了解的科学，而是那些科学曲解"公众和其自身"的方式。

一种新的公众参与模式

公民对科学了解不足的批判，导致了科学和公众之间更均衡参与的呼声的兴起。人们已经试图从科学家到公众自上而下的模式转向促进相互了解的对话。首先，参与科学被认为是公众在有关科学以及基于决策科学的辩论中发声的一种方式。第二，这种参与可允许公众思考和运用科学知识，参与创造一种更社会化的稳固方式。

公众特别积极地参与科学以及富有成效的实验常常发生在对环境的风险决策中。环境政策制定者现在可能会发现，在考虑一个决策或政策的发展方向的时候，他们自己也以各种方式参与了公众讨论。譬如征求公众对政策的态度，参加共识研讨会（在这种会议上政策制定者必须与科学界和公众合作协商），或就某个政策领域与代表广泛意见的利益相关者工作组协商。

这些活动与很多环保法规的历史经验背道而驰。正如哈佛大学教授谢拉（Sheila）

（1990）对美国科学咨询委员会的一个里程碑式的研究指出：在贯穿大半个20世纪的政策发展进程中，参与决策转交给了科学顾问团。她认为这是美国政府技术官僚的结果，也就是说，被现实所控制。而这个过程往往是出于需要改进公共政策的效率和有效性的动机，其后果是，技术官僚脱离了社会，没有对专家做出的政策决定进行政治辩论。因此，参与环境决策的途径是公开决策的一条可能途径。

什么样的价值观可能会更符合环境法律，公众又能在这些决策中做出什么贡献？首先，可以将公众看作知识渊博的演员。这并不是说他们具有专业的科学技术知识或与某种专门知识（例如，社会科学或伦理的专业知识）相关的东西。但是，在决策中公众可以对相关话题提供有用的参考信息。例如，对于使用化学农药和除草剂的法规，农民具有对这些化学品应用方式的经验知识，这可影响到其正确应用的条件，以及如何使用该化学品的使用规范（Irwin 1995, 112–113）。其次，公众参与对政策制定过程也许能带来更大程度的社会责任。例如，在英国由凯文·琼斯（Kevin Jones）和阿兰·欧文（Alan Irwin）进行的将外行人士纳入科学咨询机构的研究中，发现委员会成员将非科学家的作用评价为科学应用的"公证人"，或作为一种确保政策建议不艰涩难懂的方式。第三，公众参与被看作是一种重构政策的途径，以远离技术集中可能出现的风险，或管理上可能产生的对底层社会、道德和政治选择的危害。环境政策很少基于绝对真理，而是基于在非常复杂和不确定的环境中潜在的风险和潜在的利益之间的平衡。允许一个具有不确定环境后果的行动（例如，转基因），需要权衡经济发展和社会繁荣之间潜在的风险，即其利益尚不确定。由技术官僚至法制管理的方式被经济利益所驱动，并且倾向于支持经济利益超过预防风险。有时将公众参与想象为重新平衡各种辩论的一种方式。

很难评估公众参与实验是否就是一个明确的杜绝公民参与不足的途径。批评者认为，这种参与并没有从根本上改变机构和政府普及科学知识的途径。更糟糕的是，一些评论家认为，目前的参与活动通过保持排他性的政策体系及其社会合法性的光环，实际上已经进一步加深了公民科学素养的缺乏。例如写了大量科学公民权和参与意识作品的英国–丹麦社会学家阿兰·欧文指出，一个更加公平的特征是政策体系融合了公众的新旧思维（Irwin 2006）。他阐述科学公民权的模式是与现行政策实践中的不断变化有关的，欧文试图鼓励科学家、政府和公众继续参与即使是不完美的实验，以创造进一步改革的可能性。

展望

公民科学仍然是应对复杂、困难和多重社会挑战的一个必要且重要的途径。虽然基于知识的独立性，过去一直将这些关系与科学的特权性捆绑在一起，但是今天更加平衡和有意义的参与机会正在出现。扩大公民权的前景根植于承认科学的局限性以及公众的力量。这些开放意味着未来将取决于公众和科学家们正在进行的相互融合的承诺，以及构建全社会科学知识的共识。

凯文·艾德森·琼斯（Kevin Edson JONES）

阿尔伯塔大学

参见：可持续性度量面临的挑战；社区和利益相关者的投入；环境公平指标；专题小组；生物多样性和生态系统服务的政府间科学政策平台（IPBES）；新生态范式（NEP）量表；参与式行动研究；定性与定量研究；区域规划；风险评估；可持续性科学；系统思考。

拓展阅读

Beck, Ulrich. (1992). *Risk society: Towards a new modernity*. London: Sage. Beck, Ulrich.(1998). Politics of risk society. In Jane Franklin (Ed.), The politics of risk society. Cambridge, UK: Polity Press. 9–22.

Giddens, Anthony. (1990). *The consequences of modernity*. Cambridge, UK: Polity Press.

Grint, Keith; Woolgar, Steve. (1997). *The machine at work: Technology, work and organization*. Cambridge, UK: Polity Press.

Haldane, John Burdon Sanderson. (1941). *Science in everyday life*. London, Penguin.

Hogben, Lancelot. (1938). *Science for the citizen*. Woking, UK: Unwin Brothers.

Irwin, Alan. (1995). *Citizen science: A study of people, expertise and sustainable development*. London: Routledge.

Irwin, Alan. (2001). Constructing the scientific citizen: Science and democracy in the biosciences. *Public Understanding of Science*, 10 (1), 1–18.

Irwin, Alan. (2006). The politics of talk: Coming to terms with the "new" scientific governance. *Social Studies of Science*, 36 (2), 299–320.

Irwin, Alan; Wynne, Brian. (Eds.). (1996). *Misunderstanding science? The public reconstruction of science and technology*. Cambri University Press.

Jasanoff, Sheila. (1990). *The fifth branch: Science advisers as policy makers*. Cambridge, MA: Harvard University Press.

Jones, Kevin E. (2004). BSE and the Phillips' Report: A cautionary tale about the uptake of "risk." In Nico Stehr (Ed.), *The governance of knowledge*. New Brunswick, NJ: Transaction Books. 161–186

Jones, Kevin E.; Irwin, Alan. (2010). Creating space for engagement? Lay membership in contemporary risk governance. In Bridget M. Hutter (Ed.), *Anticipating risks and organising risk regulation*. Cambridge, UK: Cambridge University Press. 185–207.

Lezaun, Javier; Soneryd, Linda. (2007). Consulting citizens: Technologies of elicitation and the mobility of publics. *Public Understanding of Science*, 16 (3), 279–297.

Mulkay, Michael. (1976). Norms and ideology in science. *Social Science Information*, 15 (4–5), 637–656.

Nelkin, Dorothy. (1995). *Selling science: How the press covers science and technology* (Rev. ed.). New York: W. H. Freeman & Company.

Nowotny, Helga; Scott, Peter; Gibbons, Michael. (2001). *Re-thinking science: Knowledge and the public in an age of uncertainty*. Cambridge, UK: Polity Press.

Rothstein, Henry. (2007). Talking shop or talking turkey? Institutionalizing consumer representation in risk regulation. *Science, Technology and Human Values*, 32 (5), 582−607.

Rowe, Gene; Frewer, Lynn J. (2000). Public participation methods: A framework for evaluation. *Science, Technology and Human Values*, 25 (1), 3−29.

Royal Society. (1985). *The public understanding of science*. London: Royal Society.

Snow, Charles Percy. (1998). *The two cultures*. Cambridge, UK: Cambridge University Press.

Stirling, Andy. (2008). Opening up and closing down: Power, participation, and pluralism in the social appraisal of technology. *Science,Technology and Human Values*, 33 (2), 262−294.

Turner, Stephen. (2008). The social study of science before Kuhn. In Edward J. Hacket, Olga Amsterdamska, Michael Lynch; Judy Wajcman (Eds.), *The handbook of science and technology studies* (3rd ed., pp 33−62). Cambridge, MA: MIT Press. 33−62

Williams, Raymond. (1976). *Keywords: A vocabulary of culture and society*. New York: Oxford University Press.

Wynne, Brian. (1992). Public understanding of science research: New horizons or hall of mirrors? *Public Understanding of Science*,1 (1), 37−43.

Wynne, Brian. (1996). Misunderstood misunderstandings: Social identities and public uptake of science. In Alan Irwin & Brian Wynne (Eds.), *Misunderstanding science? The public reconstruction of science and technology*. Cambridge, UK: Cambridge University Press. 19−46

Wynne, Brian.(2001).Creating public alienation: Expert cultures of risk and ethics on GMOs. *Science as Culture*, 10 (4), 445−481.

Wynne, Brian. (2006). Public engagement as a means of restoring public trust in science: Hitting the notes, but missing the music? *Community Genetics*, 9 (3), 211−220.

Community and Stakeholder Input

社区和利益相关者的投入

为了使各国政府可持续地管理其环境的未来，他们需要不同知识的整合。涉及项目管理的社区已经认识到各类知识的价值，即可使各种信息、意见和经验被纳入到计划中，由此提高了长期项目成功的概率。为此，各国政府在制定政策和决策中，越来越多地寻求将社区的参与纳入其中。

有效地管理生态系统需要努力将信息集成，以深入了解社会与生态之间的关系。因此，仅靠具有一定深度知识的少数人进行有效和全面的管理决策几乎是不可能的。相反，为了收集所需要的各种信息，环境管理必须包括社会不同层次的个人和组织这样一个复杂的混合体，这种混合体通常被称为"社区"（此处定义为任何规模的、在一个特定地方居住、具有共同的文化和历史背景成员的社会团体）或"利益相关者"（此处定义为不直接实施一个项目，但受其影响或会影响该项目的人群）。

许多资料来源显示：一种涉及社区投入的可持续发展路径能够获取更深入和更有质量的信息并将其纳入环境管理计划。这反过来又增加了社会生态系统的可持续性，使其能够更好地、迅速有效地响应各种变化和压力。

可持续性发展最初的成功很可能出现在从政府向地方领导放权的地方，如此，地方领导可做出有意义的决定（Brechin et al. 2003）。参与和授权社区可以在环保项目中培育更大意义上的所有权确实大有裨益，特别是在当地社区成员使用或管理的重要居留地或场所。社区参与也能使可持续发展的项目获得更大的政治和财政支持（Weston et al. 2003）。在社区实施各种项目会使当地社区成员甚至国家为之自豪，因为他们已经一起努力对所在地进行了保护和修复工作（Giddings & Shaw 2000；Lane & McDonald 2005；Shi et al. 2005）。而且，由于提高了有关当地环境和物种的认知并扩展了相关技能，社区的加入带来了更好的社区凝聚力和归属感，提高了参与者的自尊（Giddings & Shaw 2000; Evely et al. 2010; Evely et al. 2011）。

历史

在政策层面上，当地社区参与到环境管理中已有很长时间，远在人们意识到之前。产生于1987年后有关可持续发展的政府政策（以及在某些情况下的法律）呼吁受影响的社区更多地参与其中。1992年联合国环境和发展会议强调了社区参与环境可持续性举措的重要性，并强调需要将决策分权，以便找到地方层面上解决环境问题的方案。其结果是，179个国家接受了里约宣言及其相关的行动计划，即21世纪议程，从而在全球范围内的环境决策中增加了社区参与。

社区参与环境管理的定义包含了很多的概念：贡献、影响、共享或重新分配权力以及通过参与获得资源的控制、收益、知识和技能（Narayan-Parker 1996）。在这个共享的基础概念内，社区参与可以有两种相反的形式：自上而下的程序或自下而上的举措，区别在于拥有程序全面的控制者，即政府或执行机构或社区本身。

自上而下的模式具有明显的哲学和实践的历史，早于自下而上的模式，并围绕利用外部提供专业领先的计划、实施和评估发展程序来构建。社区发展程序采用自上而下的模式，通常关注于对发展过程所提供的专业领导和具体的支持服务。

文献中的自上而下的社区参与认为，顶部（例如政府）邀请当地居民参与项目（Scoones & Thompson 1994; Rocheleau 1994），一般情况下有三个原因。第一，利用当地社区参与改善项目执行过程中的本地支持及其成果，提高项目成效（Beierle 2002; Richards, Blackstock & Carter 2004）。第二，授权，即将参与作为社区的一项基本权利（Pretty 1995）。第三，利用当地由社区掌握的不为人知的资源。

采用自下而上的模式。在此模式中，社区领导并发展项目的过程，将社会发展理论教给实施者。在这里，参与社区广泛的讨论，提高学习的机会，并赋予学习知识的权力，是必需的前提，优先于实现社会发展的明确和内涵的目标。

利益相关者的起源

被认为是可以接受的以社区参与的方式已经随着时间改变。在20世纪60年代后期，参与的重点是提高意识；到70年代则将当地观念结合数据收集和规划变得非常重要。80年代开发了一系列技术，以更好且更平等地将当地的信息纳入决策。到了20世纪90年代，社区参与已经成为可持续发展议程（Reed 2008）接受的内容。

对过去途径的评价已经使当前的社区参与最佳实践和途径形成了更大的共识。然而，是采用自顶向下或自底向上的途径已随着世界背景的不同而发生了变化。在发达国家，通过公众商议（更多的是自上而下的方法）逐渐普及社区参与，而在发展中国家，更多提倡以行动为导向，在特定的地点进行自下而上的方式（Lawrence 2006）。目前看来，在发达国家，社区投入的方式正在向发展中国家学习其所用的参与方法和途径（Dougill et al. 2006；Stringer et al. 2006）。

辩论

国际上越来越多地寻求社区参与并将其纳入从地方到政府层面的环境决策过程（例如，Stringer et al. 2006）。参与自然资源管理可以与知识体系（例如当地的生态和科学知识）联系在一起，在各种场合传播与此相关的知识，使当地人民以其可接受的速度发展，提高人力资本，并提高满足资源管理目标的可能性（Chambers 2002；McAllister 1999；Ludwig，Mangel & Haddad 2001；Folke, Colding & Berkes 2003）。许多参与并获利的利益相关者声称：必须要推动其广泛纳入国家和国际的政策。与此同时，从业者、利益相关者和广大公众中的理想破灭者也在增长，他们对这些说法都没有实现而感到失望。

利益相关者参与并没有达到预先的众多要求，这引起了越来越多的关注。利益相关者的参与并不发生在一个权力真空的地带：赋予以前被边缘化群体权利可能会产生令现

有的权力结构意外的、潜在的负面相互作用（Kothari 2001）。社区参与可以强化现有的基本人权，群体的活力可能会阻碍少数观点的表达（Nelson & Wright 1995），产生"非正常性共识"（Cooke 2001，19）。社区成员被越来越多地要求参与未经设计和执行不善的过程，这些参与过程的回报很少，影响决策的能力很低（Burton et al. 2004；Wondolleck & Yaffee 2000），因此可能会出现商议疲劳症。其结果是我们可能会看到参与水平的下降，因为人们质疑参与过程的实效性。同样，他们可能会质疑，包括对社区发展的实效性，因为许多利益相关者不具备足够的专业知识，无法参与实质性的技术讨论。虽然社区参与可以提高环境决策的质量，但决策的质量在很大程度上取决于其产生过程的质量。

长期前景

人在培育或者危害可持续发展方面的作用重大，因为人类有能力从自身和他人的经验中吸取教训（Evely et al. 2011；Fazey et al. 2007；Reed et al. 2010）。因此，历时长久的环境可持续发展管理策略是能够适应其不确定性和变化性的。将本地知识和科学知识结合可能会使当地社区简单准确地监视并管理环境的变化，这样的建议在文献中越来越多。

通过了解生态系统的动态以及综合社会学和生态学科学家、地方社区和有关群体的知识，并将其纳入管理战略，可以提升管理决策的持久性。保持灵活和开放的知识整合和学习策略，可将个人参与和项目二者作为一个整体，发展其适应能力（即灵活处理新情况的能力）。甚至面对很大的不确定性和有限信息

时，通过将每个人的、多元的知识结合起来，也可以改善管理（Gunderson & Holling 2002；Kates et al. 2001）。这是因为这种多样性系统中，生态、社会和经济之间存在着复杂的空间和时间（Kates et al. 2001）的联系，需要更深入的了解，而如果从单一学科的角度进行项目管理，则管理不可能持久。

学习可以成为一个参与过程的结果（Blackstock, Kelly & Horsey 2007）。具有反复和互动特征的参与被认为是具有非常不同世界观的参与者之间最有潜力的学习方式（Reed 2008；Evely et al. 2011）。通过建立共同基础和信任，学员可以从别人的观点中得到启发，从而把消极的关系变为积极因素（Stringer 2006）。这样的学习可以培养一个人的适应能力以及创造意识（例如对复杂的社会生态系统和问题的理解），这是管理复杂的社会生态系统所需的基本特质（Evely et al. 2011）。

影响发展缓慢的基本变量（如经验、记忆以及社会和生态系统的多样性），以便更好地应对变化（Gunderson & Holling 2002；Holling 1978；Lee 1993）。学习是通过社区参与将知识整合的主要成果之一（Evely et al. 2011）。有人认为，那些参与社会生态系统管理的人们应该学习，由此他们的适应能力可能会增加，这是他们参与的结果（Fazey et al. 2007；Folke et al. 2005）。参与者与他人一起参与管理决策越多，我们越有可能看到他们对环境管理概念的根本变化这是一个复杂的过程，具体表现为他们对管理这样的系统的自信心，以及他们能理解和尊重他人的观点。通过接受这种特别的参与方式，可能会成为改变态度、行为以及最终根本理念的一种手段，比其他的方式更有效。

安娜·克莱尔·伊夫里（Anna Clair EVELY）
圣安德鲁大学

暗示

对涉及个体的多样性，采用灵活的方法比刚性的方法可以更好地适应可持续发展的长期性，因为，通过更加注重学习、管理可以

参见：可持续性度量面临的挑战；公民科学；专题小组；新生态范式（NEP）量表；参与式行动研究；定性和定量研究；社会网络分析（SNA）；系统思考。

拓展阅读

Beierle, Thomas C. (2002). The quality of stakeholder-based decisions. *Risk Analysis*, 22 (4), 739–749.

Berkes, Fikret; Colding, Johan; Folke, Carl (Eds.). (2003). *Navigating social-ecological systems: Building resilience for complexity and change*. Cambridge, UK: Cambridge University Press.

Blackstock, K. L.; Kelly, G. J.; Horsey, B. L. (2007). Developing and applying a framework to evaluate participatory research for sustainability. *Ecological Economics*, 60, 726–742.

Brechin, Steven R.; Wilshusen, Peter R.; Fortwangler, Crystal L.; West, Patrick C. (Eds.). (2003). *Contested nature: Promoting international biodiversity with social justice in the twenty-first century*. Albany: State University of New York Press.

Burton, Paul; et al. (2004). *What works in community involvement in area-based initiatives? A systematic review of the literature*. London: University of Bristol and University of Glasgow.

Chambers, Robert. (2002). *Participatory workshops: A sourcebook of 21 sets of ideas and activities*. London: Earthscan Publications.

Cooke, Bill. (2001). The social psychological limits of participation? In Bill Cooke & Uma Kothari (Eds.), *Participation: The new tyranny?* London: Zed Books. 102−121

Dougill, Andrew J.; et al. (2006). Learning from doing participatory rural research: Lessons from the Peak District National Park. *Journal of Agricultural Economics*, 57, 259−275.

Evely, Anna C.; et al.(2010). Defining and evaluating the impact of cross-disciplinary conservation research. *Environmental Conservation*, 37, 442−450.

Evely, Anna C.; Pinard, Michelle; Reed, Mark S.; Fazey,Ioan. (2011). High levels of participation in conservation projects enhance learning. *Conservation Letters*, 4 (2), 116−126.

Fazey, Ioan; Fazey, John A.; Fazey, Della M. A. (2005). Learning more effectively from experience. *Ecology and Society*, 10 (2), Article 4. Retrieved June 27, 2011, from http://www.ecologyandsociety.org/vol10/iss2/art4/.

Fazey, Ioan; et al. (2007). Adaptive capacity and learning to learn as leverage for social-ecological resilience. *Frontiers in Ecology and Environment*, 5, 375−380.

Folke, Carl; Colding, Johan; Berkes, Fikret. (2003). Synthesis: Building resilience and adaptive capacity in social-ecological systems. In Fikret Berkes, Johan Colding & Carl Folke (Eds.), *Navigating social-ecological systems: Building resilience for complexity and change*. Cambridge, UK: Cambridge University Press. 352−387.

Folke, Carl; Hahn, Thomas; Olsson, Per; Norberg, Jon. (2005). Adaptive governance of social-ecological systems. *Annual Review of Environmental Resources*, 30, 441−473.

Forester, John. (1999). *The deliberative practitioner: Encouraging participatory planning processes*. London: MIT Press.

Giddings, Bob; Shaw, Keith. (2000). Community regeneration projects in Britain. Retrieved November 13, 2011, from http://www.sustainable-cities.org.uk/db_docs/comregen.pdf.

Gittell, Marilyn. (1980). *Limits of citizen participation: The decline of community organizations*. Beverly Hills, CA: Sage Publications.

Gunderson, Lance H.; Holling, C. S. (Eds.). (2002). *Panarchy: Understanding transformations in human and natural system*.Washington, DC: Island Press.

Holling, C. S. (Ed.). (1978). Adaptive environmental assessment and management. New York: John Wiley.

Ingram, Julie. (2008) Agronomist-farmer knowledge encounters: an analysis of knowledge exchange in the context of best management practices in England. *Agriculture and Human Values*, 25 (3), 405–418.

Kates, Robert W.; et al. (2001). Environment and development—Sustainability science. *Science*, 292, 641–642.

Kothari, Uma. (2001). Power, knowledge and social control in participatory development. In Bill Cooke & Uma Kothari (Eds.), *Participation: The new tyranny?* London: Zed Books. 139–152.

Lane, Marcus B.; McDonald, Geoff. (2005). Community based environmental planning: Operational dilemmas, planning principles and possible remedies. *Environmental Planning and Management*, 48, 709–731.

Lawrence, Anna. (2006). No personal motive? Volunteers, biodiversity, and the false dichotomies of participation. *Ethics, Place and Environment*, 9, 279–298.

Lee, Kai N. (1993). *Compass and gyroscope: Integrating science and politics for the environment*. Washington, DC: Island Press.

Ludwig, Donald; Mangel, Marc; Haddad, Brent. (2001). Ecology,conservation, and public policy. *Annual Review of Ecology and Systematics*, 32, 481–517.

McAllister, Karen. (1999). *Understanding participation: Monitoring and evaluating process, outputs and outcomes*. Ottawa, Canada: International Development Research Centre.

Narayan-Parker, Deepa. (1996). *Toward participatory research*.Washington, DC: World Bank.

Nelson, Nici; Wright, Susan. (1995). *Power and participatory development: Theory and practice*. London: Intermediate Technology Publications.

Pretty, Jules N. (1995). Participatory learning for sustainable agriculture. *World Development*, 23, 1247–1263.

Raskin, Paul; et al. (2002). *Great transition: The promise and lure of the times ahead* (Report of the Global Scenario Group, SEI PoleStar Series Report No. 10). Boston: Stockholm Environment Institute.

Raymond, Christopher M.; et al. (2010). Integrating local and scientific knowledge for environmental management. *Journal of Environmental Management*, 91 (8), 1766–1777.

Reed, Mark S.; Dougill, Andrew J. (2002). Participatory selection process for indicators of rangeland condition in the Kalahari. *Geographical Journal*, 168, 224–234.

Reed, Mark S.; Dougill, Andrew J.; Taylor M. J. (2007). Integrating local and scientific knowledge for adaptation to land degradation: Kalahari rangeland management options. *Land Degradation & Development*, 18, 249–268.

Reed, Mark. S. (2008). Stakeholder participation for environmental management: A literature review. *Biological Conservation*, 141 (10), 2417–2431.

Reed, Mark S.; et al. (2010). What is social learning? *Ecology and Society*, 15 (4), Response 1. Retrieved June 27, 2011, from http://www.ecologyandsociety.org/vol15/iss4/resp1/.

Richards, Caspian; Blackstock, Kirsty L.; Carter, Claudia E.(2004). *Practical approaches to participation* (SERG Policy Brief 1). Aberdeen, UK: Macauley Land Use Research Institute.

Rocheleau, Dianne E. (1994). Participatory research and the race to save the planet: Questions, critique, and lessons from the field. *Agriculture and Human Values*, 11, 4–25.

Scoones, Ian; Thompson, John. (Eds.). (1994). *Beyond farmer first: Rural people's knowledge, agricultural research and extension practice*. London: Intermediate Technology Publications, Ltd.

Shi, Hua; Singh, Ashibindu; Kant, Shashi; Zhu, Zhilliang; Waller,Eric. (2005). Integrating habitat status, human population pressure and protection status into biodiversity conservation priority setting.*Conservation Biology*, 19, 1273–1285.

Stringer, Lindsay C.; et al. (2006). Unpacking "participation" in the adaptive management of socio-ecological systems: A critical review. *Ecology and Society*, 11 (2), Article 39. Retrieved June 27, 2011, from http://www.ecologyandsociety.org/vol11/iss2/art39/.

Stringer, Lindsay C.; Reed, Mark S. (2007). Land degradation assessment in southern Africa: Integrating local and scientific knowledge bases. *Land Degradation & Development*, 18, 99–116.

Weston, Michael; Fendley, Michael; Jewell, Robyn; Satchell, Mary; Tzaros, Chris. (2003). Volunteers in bird conservation: Insights from the Australian Threatened Bird Network. *Ecological Management and Restoration*, 4, 205–211.

Wondolleck, Julia M.; Yaffee, Steven L. (2000). *Making collaboration work: Lessons from innovation in natural resource management*. Washington, DC: Island Press.

Computer Modeling

计算机建模

联合人类和生态系统的计算机仿真模型，从许多不同的角度为评估生态系统的服务、可持续性以及人类和社会福祉提供了一个全面有效的途径。有几个建模平台关注可持续性领域，通过平衡人类资源利用与生态系统保护，这些电脑模型可以提供预测解决方案，辅助可持续管理。

计算机仿真模型结合人类和生态系统的指标和测算，为研究人员提供必要的工具来评估可持续性的问题。几种预测模型可持续地管理人类资源利用与生态系统功能保护之间的平衡。这些模型结合先进的空间技术（与实际地理信息交互的计算机程序），提供一个比他们的前身更为现实的关于生态系统功能和可持续发展实践的观点。

功能

通过识别变量或外部因素对区域生态的影响，模型帮助生态学家理解复杂的问题，如森林砍伐或气候变化，研究人员可以研究

某一时间和空间内各种变量的相互作用和关系，模型帮助捕获变量间的关系、探索现有和未来情况的模式。模型只是实际系统的表征，人们构建模型是为了帮助研究人员更好地理解这些系统。比利时哲学家罗伯特·弗兰克（2002）要求模型具有以下特点或执行以下功能：

- 提供一个简化现实的表征；
- 被公认能够代表这一实际状况中的重要事项；
- 可度量；
- 成为研究的对象（根据科学方法）；
- 是概念性的；
- 可以测量和计算；
- 可以对现实进行解释；
- 是现实的虚构表征；
- 代表真实系统。

计算机模型曾被定义为真实世界的简化。根据台湾地区生态学家迟欣（Hsin Chi），"过于简单化的模型不会代表真正的生态系

统"（Chi 2000, 164）。因为目前为了获得可持续解决方案而构建的模型变得越来越复杂，生态学家、经济学家、生物保护学家以及许多其他经济、社会和景观学科必须合作。模型已经在协助提供生态问题决策方面发挥了重要作用，随着21世纪的展开，它还将发挥更重要的作用（Chi 2000）。关键是要确保这些复杂的模型能够充分描述人类和环境之间的整体联系。任何以可持续性为目标的模型都必须专注于经济、社会和环境之间的联系（即生态系统功能）。

2000年以来一组用于处理可持续性问题的综合模型的使用出现了戏剧性的增加。这些模型是空间动态的，换句话说，它们专注于研究复杂空间动态模式，评估人与景观在空间和时间上的相互作用。通过对各种未来场景的测试，这些模型也被用来评估可持续性和评估辅助决策的权衡取舍。正如英国地理学家艾瑞克·史温吉道（Erik Swyngedouw）所指出的："随着周围的可持续性问题得到越来越多的关注，尤其是在气候变化的背景下，可持续模型也变得越来越重要，他可以帮助我们了解人类是如何影响和应对环境的"（Swyngedouw 2004, 41）。

虽然并不是所有的生态问题都需要集成人类——场

景交互，但那些属于可持续发展领域的复杂问题，如火灾动力学或流域管理，很可能是高度综合的（即需要各种各样的学科的介入）、复杂的（即一些变量难以测量）和非线性的（即系统行为是动态的、不能轻易预测的）。这个场景在人类决策如何随着时间的推移影响景观的问题上尤其真实，生态学领域认为景观是动态的——随空间和时间变化而变化——而人类是影响场景改变的代表（Fox et al. 2003）。全球范围内的资助机构以及许多生态研究群体需要用模型来考察这样复杂的、可持续性的综合问题（如火灾管理和修复，人类与野外的交互）。

新的建模技术能够显著改善决策。它们可以应用到复杂的、综合的问题以获得可持续的解决方案。这些模型将新方法、新技术和时空处理技术结合到可持续性的问题里面。新技术包括使用空间主体代表（人类、汽车、船只等）、遥感（使用飞机或卫星收集信息）、地理信息系统（用于收集关于地球事件的信息）、神经网络（基于生物模型的统计建模工具）、贝叶斯置信网络（实验之前赋概率值的统计方法）和许多其他人。

具体来说，地理信息系统（GIS）捕获、存储、操作、分析、管理并提交所有类型的地理参考数据。这些系统加上前面提到的大量技术，提高了我们理解人类和自然之间的同步交互系统的能力，如弹性系统（即生态系统破坏后反弹的能力）。耦合这些技术为研究决策群提供了一套更加有力的工具来考察可持续性的问题。

基于空间主体的建模方法

空间主体建模是一种建模方法，它将诸如人类或汽车等物表征为一组主体代表，规则是允许他们在空间和时间上与景观（在 GIS 表征）互相作用。这个主体可以是人类或其他实体如汽车、船、飞机和其他移动对象。他们表示为精灵，动态地在屏幕或栅格像元上移动，他们可以应对某些条件改变颜色。大多数个体展现空间行为、移动性、空间学习和适应性。基于空间主体建立的模型可以解决复杂的空间动态问题，如理解游客在保护区里的行为、运输系统和消防管理。

虽然许多研究侧重于空间主体模拟（Gimblett 2002; Parker et al. 2003），但有两种方法占主流：与土地利用和覆盖变化（Land-Use and Land-Cover Change, LUCC）有关的主体基础模型和与地理信息系统有关的主体基础模型（Agent-Based Models, ABM）。收集人类或家庭数据的方法通常与这两种方法有关。这两种方法都来源于行为规律（就是那些确定他们如何行为、如何与景观和其他主体交互的规律）。

这些规律可以在多个尺度上实施，如在全球范围内（应对风暴事件）或只在当地范围内（确定沿着小径的哪个方向移动）。那些主体代表会根据他们所处的情况移动、互相作用并改变他们的行为。例如，如果某些主体在一

个特定位置上遇到很多其他主体，他们可能改变他们的行为，离开原来的位置去找一个不那么拥挤的地方。他们的共同目标是开发一个允许管理者和规划者制定决策的准确模拟。他们提供机会在许多不同的空间和时间尺度上模拟和测算各种各样的场景，使该模型成为辅助决策的灵活而又强大的工具。但是，这些建模方法在研究人员开发主体的类型方面有所不同。例如，主体可以是自主的，他们在 GIS 所代表的景观上以吃豆人（Pac-Man）（一种游戏）的方式移动、反应、改变方向或寻找新的位置，也可以是固定的，栅格像元不移动，而只是改变颜色以应对不断变化的环境。例如，一个像元的颜色可能会从绿色变为红色，表明它是休息；如果空间位置空出来，它可能会变成白色，表明它已经改变了自己的行为。此外，这些模型使用 GIS 数据结构表示在栅格或像素内捕获的景观的特点，来模拟整个区域，形成一个连续的表面或一个大单元。另一个常用的数据结构是一组节点和一个线性元素的拓扑（互联）网络。这些线性元素可能是道路、河流或轨迹，而沿着网络的节点可以代表如营地、座位区域、瞭望台、停车场或空间等元素。这两种类型的模型都使用这些数据结构和主体代表模拟生态系统和人类动力学。这种综合方法可以同时研究生态系统和人类动力学系统，并探索土地可持续管理的解决方案的机会。

土地利用和覆盖变化模型

土地利用和覆盖变化模型现在已经成了关于全球变化的广泛辩论的争议中心，这辩论起源于对人类活动导致的环境影响和气候

变化的担忧。世界干旱地区常见的沙漠化、土地退化问题就是人类影响环境的一个很好的例子。

由于人类滥用耕地，土壤恶化和植物覆盖已经严重影响了土地覆盖率，气候变化则通过持续干旱和干燥条件更显著地加剧了这个问题。土地利用和管理实践推动土地覆盖率的变化，这些实践对于环境既是机会，也是社会、经济和政治错综复杂的过程。在热带生态系统土地覆盖率发生大范围或中等范围变化（如森林砍伐）地区工作的研究人员，因为其在全球生物—地理化学循环的突出作用，迄今为止已经受到了大量的关注。所谓生物–地理化学循环，是某一化学元素在生态系统内移动的路径或环路，它是土地利用和覆盖率变化科学的一个"大问题"（Skole et al. 1994）。这些模型已经成功地用于增进我们对土地利用和覆盖科学的理解。

即便是设定在当地的一个小范围内，人类—环境系统固有的复杂性和真实世界的多样性也仍在挑战人类—环境交互建模及覆盖率变化的结果。结合空间主体模型与GIS集成和时间序列遥感的LUCC模型，随后用于模拟土地利用和覆盖率变化，以评估土地退化或可能的再生情况（这里遥感是指利用卫星远程收集来的重复数据，可以比较并发现研究单元随着时间的推移发生的变化）。植被随时间变化就是使用时间序列数据测量变量的一个很好的例子。

代表单个土地所有人、家庭或嵌入在某个环境管理机构的空间主体，可以帮助评估土地利用发生了何种变化。研究人员可以检查几十年来农民从他们的土地上清理植被的情况，例如测量水径流增大所导致的附近河流沉积增加。遥感数据和栅格GIS数据集（代表景观的各种特性如植被、地形、水文等的一组像素或单元）提供的空间信息允许研究人员质疑景观为什么发生变化、如何变化，以此来评价该空间位置或其附近发生了什么事。制定特定场地的长期计划和监控策略这些信息能起到巨大的辅助作用（Gimblett 2005）。

LUCC模型的方法的优点是研究人员可以获取人类利用土地、覆盖率变化和退化的数据，可以细化到单个家庭决策的水平，也可以扩大到社会经济背景决策的水平。这种检查可持续性的方法有一些成功的案例。例如，为了预防巴西亚马孙河流域森林采伐，研究人员运用计算机模拟进行了考察（Lim et al. 2002; Deadman et al. 2004），他们将生物物理因素（如砍伐区的气候和地形）融入空间主体建模，来模拟覆盖率的变化。在研究可持续的土地所有制、减少森林砍伐和改善当地的生活方式等方面，这种方法被证明是非常有价值的。

美国人类学家J.斯蒂芬·兰欣（J. Stephen

Lansing 1996）研究了巴厘岛农民传统生活方式的变化。数千年来他们一直种植水稻，为了推广一种使用化肥和农药以增加水稻产量的新方法，政府下令让巴厘岛的农民放弃传统灌溉。但是，一个短暂的增产之后，作物大幅减少，终因水资源短缺和寄生虫侵扰宣告失败。兰欣建立并实施了一个空间主体模型，使用历史降雨数据比较新旧系统，他的结论是传统的灌溉计划比政府的政策更有效，因此，政府允许巴厘岛的稻农重新使用为他们服务了一千多年的系统。这个结果很好地证明了，一个结合人类学数据集成的方法可以为生态和农业问题提供一个更全面的、可持续的解决方法。

ABM-GIS 线性网络的链接

研究人员使空间主体模型与使用拓扑数据结构的地理信息系统（线性网络和节点相连）直接相连，已经成功地研究了复杂系统。主要通过研究主体代表来实现，如以野生动物物种为代表研究种群动态、以车辆为代表评估城市化进程、以人为代表来评估人类的运动和行为（Itami & Zanon 2003; Gimblett 2002; Batty, Desyllas & Duxbury 2003）。这些模拟将代表现象的建模主体（即动物、人类、汽车等）与景观特点（如公路、小径和其他线性网络如人体运动模式等）联系起来。

空间显式模型采用在网络中各自移动的自主个体。美国数学家斯坦·富兰克林（Stan Franklin）将空间显式模型的主体代表定义为"坐落在部分环境中的一个系统，这部分环境能够随着时间的推移感知环境，并作用于其上，自由发展，将来会影响它所感知的"（Franklin & Graessner 1996）。

空间显式模型的主体代表具有以下属性：
- 它们在"地理"空间生存。
- 它们的运动遵守物理学和生理学的原则。
- 它们依位置、速度或意图作用于对象或其他主体代表。
- 它们通过空间运动和定位实现其目标。
- 它们有规律，包括事件的起因，或主体代表内部偶然发生的事件、网络的变化，或全球事件的变化。

许多此类模拟使用研究人员现场收集的行为领域数据来生成个体代表，这些数据来自各种渠道，如交通和轨迹计数器、全球定位系统、射频技术（标记一个对象并通过无线电频率跟踪它）、日记、人的观察和当地的利益相关者的知识，研究人员使用他们从模型所获得的知识来构建全球及当地规律的框架，模仿人类决策过程（Gimblett & Skov-Petersen 2008）。

用这种类型的现场数据模拟现有的基线条件，使这一模型在该区域内能够模仿人们的使用模式。研究人员将数据输入模型，使其可视并可以测量和评估线性网络和节点上人的使用和交互情况，再由一个数据库捕获这些动态的相互作用，然后研究人员使用时间序列的统计方法（评估时间和空间数据的具体统计分析程序，如衡量空间相关关系、测算某个地理空间内几次观测之间的依赖程度）来评估数据。

这一模拟为决策者提供了一个机会，去探索人类随着时间的推移在不同场景中行为方式的可能变化。它也提供机理来识别过度拥挤的点、循环系统中的瓶颈、使用高峰期、不同人用户组之间的冲突和许多其他社会、生态指标。研究人员可以获得统计上具有代表性的、能够捕捉旅行模式的时空变异性现场数据样品，然后他们可以开发模拟，进行长期的、高度可靠的预测。

自1990年以来，规划者使用空间主体建模指导可持续发展决策和行动。澳大利亚环境规划师罗伯特·伊塔米（Robert Itami 2008）为墨尔本的复杂交通问题提供了一个优雅的解决方案。他结合本地用户（利益相关者）的输入数据与空间主体模拟，为耶那河和马里比农河繁忙的多用途城市水道建立了一个船舶交通管理计划。该计划预测了2013年和2018年间将要增加的河流交通，它在维护安全的同时，保证了高品质娱乐的需要，也将环境和社会的影响降至最低。

可持续性模型的应用

利用模型的研究人员将空间主体模拟与社会科学方法论和利益相关者结合在一起，继而开发出一个强有力的方式来洞察人们对于体验到的大自然、观察野生动物或者只是简单地沿着小道散步的质量的不同看法、船舶交通密度对他们的体验的影响和可持续管理方向的引导。利益相关者研讨会的结果为建模提炼有用的信息、为传统的社会科学方法论提供支持，并向管理者提供战略和战术指导。通过提供一个强大的基于用户的方法（理解一个区域内有多少人合适，不会造成冲突或不可逆

的影响），规划者可以增加对情景规划的理解，获得其组成成分的相互反映和相互作用。这些应用程序为可持续的管理策略的制定提供了一个透明的方法。由于利益相关者的参与，该模型更具协作性的本质，也一定会开发出更全面和可持续的土地管理方法。这些应用程序将建模与模拟融合至当地行动来解决复杂的社会/生态经济问题，帮助制定决策、提出可持续的解决方案。

展望

为了理解生态系统的功能和应对人为变化的弹性，计算机模型将继续在未来扮演重要角色。探索人类和自然系统耦合、采用管理土地使用决策的规则和代表景观变化的生态模型，通过与利益相关方合作，最终将导致更明智的决策。替代场景的建模并实施终将建立一个更全面的、可持续的土地管理方式。

兰迪·吉姆伯雷特（Randy GIMBLETT）
亚利桑那大学

参见：可持续性度量面临的挑战；社区与利益相关者的投入；成本－效益分析；生态影响评估（EcIA）；环境效益指数（EPI）；战略可持续发展框架（FSSD）；地理信息系统（GIS）；土地利用和覆盖率的变化；增长的极限；区域规划；遥感；社会网络分析（SNA）；可持续性科学。

拓展阅读

Batty, Michael; Desyllas, Jake; Duxbury, Elspeth. (2003). The discrete dynamics of small-scale spatial events: Agent-based models of mobility in carnivals and street parades. *International Journal of Geographic*

Information Systems, 17 (7), 673–698.

Breshears, David; Lopez-Hoff man, Laura; Graumlich, Lisa. (2011). When ecosystem services crash: Preparing for big, fast, patchy climate change. AMBIO, 40 (3), 256–263.

Chi, Hsin. (2000). Computer simulation models for sustainability. *International Journal of Sustainability in Higher Education*, 1 (2), 154–167.

Deadman, Peter; Robinson, Derek; Moran, Emilio; Brondizio, Eduardo. (2004). Colonist household decision-making and landuse change in the Amazon Rainforest: An agent-based simulation. *Environment and Planning B*, 31 (5), 693–709.

Fox, Jefferson; Rindfuss, Ronald; Walsh, Steven; Mishra, Vinod. (Eds.). (2003). *People and the environment: Approaches for linking household and community surveys to remote sensing and GIS*. Boston: Kluwer Academic Publishers.

Franck, Robert. (Ed.). (2002). *The exploratory power of models*. Berlin: Springer.

Franklin, Stan; Graessner, Art. (1996). Is it an agent, or just a program? A taxonomy for autonomous agents. In Jörg P. Müller, Michael J. Wooldridge & Nicholas R. Jennings (Eds.), *Intelligent agents 3: Agent theories, architectures, and languages: ECAI'96 workshop (ATAL), Budapest, Hungary, August 12–13, 1996, proceedings*. New York: Springer-Verlag.

Gimblett, Randy. (2005). Human-landscape interactions in spatially complex settings: Where are we and where are we going? In Andre Zerger & Robert M. Argent (Eds.), *MODSIM 2005 international congress on modelling and simulation*. Canberra, Australia: Modelling and Simulation Society of Australia and New Zealand. 11–20.

Gimblett, Randy. (Ed.). (2002). *Integrating geographic information systems and agent-based modeling techniques for simulating social and ecological processes*. New York: Oxford University Press.

Gimblett, Randy; Skov-Petersen, Hans. (Eds.). (2008). *Monitoring, simulation and management of visitor landscapes*. Retrieved December 13, 2011, from http://www.uapress.arizona.edu/onlinebks/Monitoring_Visitor_Landscapes.pdf.

International Union for Conservation of Nature (IUCN). (2006, January 29–31). *The future of sustainability: Re-thinking environment and development in the twenty-first century* (Report of the IUCN Renowned Thinkers Meeting). Retrieved January 23, 2012, from http://cmsdata.iucn.org/downloads/iucn_future_of_sustanability.pdf.

Itami, Robert M. (2008). Level of sustainable activity: Moving visitor simulation from description to management for an urban waterway in Australia. In Randy Gimblett & Hans Skov-Petersen (Eds.), *Monitoring, simulation and management of visitor landscapes*. Tucson: University of Arizona Press. 331–347.

Itami, Robert M.; Zanon, Dino. (2003). *Visitor management model for Port Campbell National Park and Bay of Islands Coastal Reserve: Phase 2 simulation*. Victoria, Australia: GeoDimensions Pty Ltd.

Lansing, J. Stephen. (1996). Simulation modelling of Balinese irrigation. In Jonathan B. Mabry (Ed.), *Canals and communities: Smallscale irrigation systems*. Tucson: University of Arizona Press. 139–156.

Lim, Kevin; Deadman, Peter; Moran, Emilio; Brondízio, Eduardo; McCracken, Steve. (2002). Agent-based simulations of household decision making and land use change near Altamira, Brazil. In Randy Gimblett (Ed.), *Integrating geographic information systems and agent-based modelling: Techniques for simulating social and ecological processes*. New York: Oxford University Press. 277–310.

Liu, Jianguo; et al. (2007). Complexity of coupled human and natural systems. *Science*, 317 (5844), 1513–1516.

Parker, Dawn; Manson, Steven; Janssen, Marco; Hoff mann, Matt; Deadman, Peter. (2003). Multi-agent systems for the simulation of land-use and land-cover change: A review. *Annals of the Association of American Geographers*, 93 (2), 314–337.

Skole, David; Chomentowski, Walter; Salas, William; Nobre, Antonio. (1994). Physical and human dimensions of deforestation in Amazonia. *Bioscience*, 44, 314–322.

Scott, Christopher A.; et al. (2010). Assessing resilience of arid region riparian corridors: Ecohydrology and decisionmaking in United States-Mexico transboundary watersheds (paper, Global Land Project — Open Science Meeting). Arizona State University, Tempe.

Swyngedouw, Erik. (2004). *Social power and the urbanization of water: Flows of power*. Oxford, UK: Oxford University Press.

Cost-Benefit Analysis

成本—效益分析

成本—效益分析通常要求用经济术语将政策的利弊量化，因此日益成为全球监管分析的核心组件。成本—效益分析可以提高透明度并辅助决策。但它不解决环保产品在人、地点和时间上应该如何分布的问题，它依赖于有意义的定量，在不确定的情况下没有什么指导意义。

成本—效益分析（CBA）有时也被称为收益—成本分析，是一个决策工具，对所计划的行动进行优缺点比较。这种比较可以比较随意，因为它往往是在日常生活中的，也可以比较正式，因为它已经成为大多数公共政策中应用的程序。使用正式的、量化的成本—效益分析来为公共政策决策提供信息是美国监管问题方法的标志。近年来，这种方法已经大举进军欧洲、加拿大和澳大利亚的监管决策。

方法概述

对所提出的政策进行优缺点比较的方法有许多，层次不同，定量的类型也不同。这些方法包括成本—效益分析、健康危险分析、风险分析和投资社会回报分析。一些学者也认为，成本—效益分析的一种形式在司法决策中发挥着重要作用。例如民事不法行为是用来确定被告是否玩忽职守的一个普遍方法，就应用了成本—效益分析：要确定尚未执行的预防措施的负担是否会大于危害的可能性乘以它的损失。

然而在公共政策领域，成本—效益分析有个具体的含义，指的是一种高度正式和量化的分析，其中政策提议的所有收益和成本均表示为货币值。

公共政策成本—效益分析通常执行多步分析法，按照以下顺序进行：

（1）识别潜在的政策变化。

（2）详细说明所有与该政策有关的成本和收益。

（3）确定这些成本和收益的货币价值。

（4）根据发生时间的远近折算未来的成本和收益，调整资金的时间价值。

（5）计算最终的净收益或净成本，表示为现在价值。

成本—效益分析的产品，代表净成本或净收益的最终数据，可以被用来提供信息、以便决定这一政策变化是否令人满意。

成本—效益分析的目标

成本—效益分析的倡导者通常说到它的实用性，它可以在稀缺资源分配的各种选项中成为一种决策方法。成本—效益分析过程有几个特点可以协助完成这一过程。

首先，成本—效益分析将各种政策的影响降低至单一的货币指标。如果政策的所有影响都以货币形式表现，就很容易看出其收益是否大于成本。此外，通过以货币量化所有的成本和收益，然后将未来成本和收益折算为现值，就可以以今天的通用货币概念看到某项提议的净影响。这使得多个政策建议的比较变得很简单，不管是互相比较还是现状比较。

这个量化过程的第二个益处就是可以提高透明度，成本—效益分析要求每种类型的成本和每种类型的收益在货币化之前都明确标识。这就迫使决策者在两件事上必须透明：每个决定中重要的是什么，与其他商品相比它的价值如何。透明度可以提高责任感，减少错误的机会，增加公共和外部参与决策过程的机会。因为更强的监管，透明度也可以提高决策的质量。

成本—效益分析的应用

量化的成本—效益分析于1981年成为美国监管的主要工具，当时里根总统颁布了一项行政命令，要求所有联邦机构在进行任何重大行动之前都要执行量化成本—效益分析。早期应用过程中，成本—效益分析往往决定最后的政策选择：如果一个机构不能证明所提出的政策的收益大于其成本，该机构就会被禁止颁布该政策。

随后的美国总统继续要求机构进行成本—效益分析，但其作用越来越倾向于咨询性。在美国总统巴拉克·奥巴马(Barack Obama)的命令下，在主要的联邦行动上代理机构仍然需要执行成本—效益分析，但它们还要考虑其他决策因素，包括"平等、人类尊严、公平和分配的影响"(White House 2011)。此外，机构要接受指导以确保利益与成本"相当"(而不是超过成本)。

尽管成本—效益分析通常被视为美国的监管政策的试金石，它在美国以外的国家的应用也与日俱增。1999年，加拿大开始要求联邦机构在通过法规之前执行成本—效益分析，澳大利亚紧随其后。欧盟渴望建立一个长期预警原则的壁垒，现在要求超过2 500万欧元的环境基础设施项目执行成本—效益分析，其他项目超过5 000万欧元必须要有成本—效益分析。

争议和挑战

尽管作为政策制定指南，成本—效益分析在世界各地的应用都在增加，但是由于一系列原因，量化的成本—效益分析仍存在争议。

量化的困难

也许在政策环境中使用成本—效益分析

的主要障碍就是量化本身。成本—效益分析可以与输入的数据一样准确，其不准确性却可以从许多方面蠕变而来。

第一是货币化的过程本身。成本—效益分析要求所有对决策的影响都以货币形式表示，但许多政策有着非货币形式的影响，包括对人类健康和环境的重要影响。想要用货币表达这些益处，决策者先要通过开放市场确定人民愿意支付这些益处。

要做到这一点，他们用两种证据。首先看看消费者和劳动力市场人们的消费行为。这样的研究很清楚地显示了在哪些地方政策干预会影响那些可以直接用金钱购买的事物的恶化，如船码头或标志。更具争议的是，这些类型的研究也用于评价死亡率和健康风险，最常见的是通过确定有多少人在风险条件下工作能得到报酬。

第二种证据来自附随价值（CV）评估研究，它依赖于研究中引用的参数。附随价值评估研究虽然不是专有的，却普遍用于评估市场不交易的东西，如防止物种灭绝或防止空气质量恶化。

因为种种原因，这些技术的准确性受到批评。一直都存在的一种担忧是，他们可能对某些类型的产品会有系统性的偏见，比方说那些环保商品或灾难性风险，很难在公开市场用价值衡量。另一个潜在的不准确性源于我们无法预知未来。

成本—效益分析可以将已知的概率纳入计算，但是它没有调整不确定性的功能，因为这里无法使用概率。对成本—效益分析精度的这些担忧特别让人头痛，因为成本—效益分析的功能就是量化决策的影响，即使成本—

效益分析的许多组成部分是建立在多个有争议的假设基础之上，仍会造成"这种方法很准确"的假象。

商品化

另一个反对使用成本—效益分析的呼声是它将人类各种各样的东西都商品化了。根据这种观点，以美元表达一个人的生命，或一个物种的存在价值的计算方法根本就是不完整的，甚至可能是有害的，它可能会让那些有潜在价值的东西都变得廉价。支持此观点的人们更倾向于接受那些以金钱以外的指标来度量的、不那么正式的权衡与分析。

分配

反对成本—效益分析的第三个理由是其对分配不公不敏感。通常执行公共政策成本—效益分析是基于Kaldor-Hicks方法来处理社会福利。在这个观点之下，当金钱收益超过其损失的时候，应该有政策干预，因为只要成功者补偿失败者，每个人就都可能更富裕。这种方法对初始的分配不公平和没有补偿激励的事实都不敏感，实际上成功者很少补偿失败者。一个简单的Kaldor-Hicks分析不能按照种族、阶级、位置、时间或位置区分，因此不能识别这些变量中存在着的不平等。结果，单独使用成本—效益分析作为监管的指导原则可能导致创建"热点"，即一部分人口最终不成比例地担负着部分总风险。为了支持这个观点，环境正义的拥护者经常指出，如废料坑的选址、不良的使用等，常常不成比例地靠近低收入和社会地位低的地区。这分配问题也出现在"代际公平"的背景下，它所关注的是，这一代人可能以成本—效益分析为基础制定实施某些政策，然而这些政策会不成比例地损害子孙后代。

评估时间跨度上的收益

成本—效益分析的最后一个挑战是确定如何处理在时间跨度上分散开来的成本和收益。使用资金为衡量指标的成本—效益分析是一种广泛被接受的方法，它是将未来的货币单位折算为现在的价值，选择折现率是基于经济市场中经济投资机会的某种计量方法。适当的折现率选择甚至对于经济学家也仍是个倍受争议的问题，折算的巨大影响使问题进一步复杂化：通过复利的力量，折现率的选择可以很容易地淹没成本—效益分析中所有的其他投入。这些问题还是让决策者倍感纠结。

成本—效益分析的未来

虽然可以大幅提高决策的透明度，成本—效益分析作为决策框架在解决许多最困难的现代环境问题方面提供的指导却很有限，比方说，危害和效益在人群中、在时间跨度上应该如何分布，监管体系应该如何处理科学不确定性和灾难性的风险等。尽管存在这些挑战，成本—效益分析的使用仍然继续增长，并逐渐量化。

亚登·罗威尔（Arden ROWELL）
伊利诺伊大学法学院

参见：社区与利益相关者的投入；计算机建模；生态影响评估（EcIA）；外部评估；物质流分析（MFA）；遵纪守法；风险评估；战略环境评估（SEA）；三重底线。

拓展阅读

Ackerman, Frank; Heinzerling, Lisa. (2004). *Priceless: On knowing the price of everything and the value of nothing*. New York: The New Press.

Baum, Seth D. (2011). Value typology in cost-benefit analysis. *Environmental Values*.

Boardman, Anthony E.; Greenberg, David H.; Vining, Aidan R.; Weimer, David L. (2001). *Cost-benefit analysis: Concepts and practice*. Upper Saddle River, NJ: Prentice Hall.

Clowney, Stephen. (2007). Environmental ethics and cost-benefit analysis. *Fordham Environmental Law Review, 18*, 105–150.

Driesen, David M. (2006). Is cost-benefit analysis neutral? *University of Colorado Law Review*, 77, 335–405.

Farber, Daniel. (2009). Review essay: Rethinking the role of costbenefit analysis. *University of Chicago Law Review*, 76, 1355.

Government of Canada. (2007). *Cabinet directive on streamlining regulation*. Retrieved January 6, 2011, from http://www.tbs-sct.gc.ca/ri-qr/directive/directive-eng.pdf.

Hahn, Robert W.; Dudley, Patrick M. (2005). *How well does the government do cost-benefit analysis?*

Washington, DC: AEIBrookings Joint Center for Regulatory Studies.

Hammond, Richard J. (1966). Convention and limitation in benefit cost analysis. *Natural Resources Journal*, 6, 195–222.

Kysar, Douglas A. (2010). *Regulating from nowhere*. New Haven, CT: Yale University Press.

Office of Regulation Review (ORR). (1998). *A guide to regulation* (2nd). Retrieved January 5, 2011, from http://www.pc.gov.au/__data/assets/pdf_fi le/0006/66876/reguide2.pdf.

Posner, Eric A.; Adler, Matthew D. (2006). *New foundations of costbenefit analysis*. Cambridge, MA: Harvard University Press.

Posner, Richard A. (2004). *Catastrophe: Risk and response*. New York: Oxford University Press.

Revesz, Richard L.; Livermore, Michael A. (2008). *Retaking rationality: How cost-benefit analysis can better protect the environment and our health*. New York: Oxford University Press.

Rowell, Arden (2010). The cost of time: Haphazard discounting and the undervaluation of regulatory benefits. *Notre Dame Law Review*, 85, 1505–1542.

Sunstein, Cass R. (2005). Cost-benefit analysis and the environment. *Ethics*, 115 (2), 351–385.

Sunstein, Cass R.; Rowell, Arden. (2007). On discounting regulatory benefits: Risk, money, and intergenerational equity. *University of Chicago Law Review*, 74, 171–208.

United States Environmental Protection Agency (EPA). (2000). *Guidelines for preparing economic analyses*. Washington DC: EPA.

The White House, President Barack Obama. (2011). Executive order: Improving regulation and regulatory review. Retrieved February 18, 2011, from http://www.whitehouse.gov/the-press-office /2011/01/18/ improving-regulation-and-regulatoryreview-executive-order.

Wiener, Jonathan B. (2008). Benefit-cost analysis in the United States and Europe. Retrieved December 1, 2010, from http://evans.washington.edu/fi les/bca_center/Weiner.pdf.

Design Quality Indicator, DQI

设计质量指标

用一系列标准来评估建筑设计的设计质量指标起源于英国，自从该指标于2003年首次提出以来，已被应用于美国（近期）与英国的上千个项目上。尽管它是作为一种评测可持续性的工具而被人们特地设计出来的，但是它使用方便，用途广泛，在与各种利益相关方讨论可持续性话题时都非常有用。

设计质量指标（DQI）是用来评估一系列标准的网络评测工具，这些标准定义了诸如建筑特征、使用性能、通道、城市一体化等建筑设计质量。它最先起源于英国，作为一种预先分段装配工具来评估所完成的建筑设计，但后来人们把它用在了新建项目和翻新项目的整个起草、设计、施工阶段。它是一种简单易用的工具，只要有富有经验的引导者的指导和支持，无论是专业人士还是门外汉都能使用。尽管它宣称没有侧重在可持续性上，设计质量指标所涵盖的广泛议题使得它非常适于作为框架来使用，在这个框架里，可持续性话题可被坦率评估和讨论，并创造出更多的可持续建筑。

作为设计质量指标基础的问卷调查分成了三大类：影响、建筑质量、功能性。这些表述与公元1世纪罗马作家维特鲁威的名言相仿："utilitas, firmitas, venustas"（商品、坚固、快乐）。设计质量指标把三大类分成了10个小类。他们是① 特征与创新（视觉冲击和氛围）；② 形式和材料（颜色、成分和材质）；③ 内部环境（灯光、空气质量、声学效果）；④ 城市与社会一体化（与社区的融合度）；⑤ 性能（运营、维护和耐用度）；⑥ 工程设计（机械系统）；⑦ 施工（施工方法、再循环能力的设计、室温调节）；⑧ 使用（满足用户需要）；⑨ 通道（停车和通风）；⑩ 空间（尺寸和布局）。每个这样的次级类别中都包含了6—15个措辞简洁的评价表述（例如，"可以改变用途的布局"或"运行安静的工程系统"）。设计质量指标之所以用途广泛，是因为每一陈述的动词时态都在发生变化，从设计前的"应当"，设计中的"将要"，到交付使用后的"是"。

项目的利益相关方需要给这些陈述打分（这一过程将在本文后面介绍），供应方（建筑师、承包商、工程师)和需求方(委托人、用户和公众)的代表受到邀请，加入到这个评分过程中来。在工程建设的5个阶段(概述、设计、预先分段装配、建设、使用)都有这样的打分过程。这使得设计团队和建筑用户能发现建筑设计中的优缺点，监控相关的设计是否符合他们的需求。例如，有这样的一个描述："交通空间运行良好"，它可以在这个设计发展阶段都激发利益相关者的反馈，从而对建筑布局做必要的修改。专家级设计质量指标引导者的经验也被运用到在建筑设计和施工阶段的五个关键阶段的一系列研讨之中，这些活动的焦点都在于设计质量指标工具的成果。

设计质量指标的发展

为了响应英国建筑工业改进对于性能和设计质量的监控方法的呼吁，设计质量指标在1999年就已经发展起来，并于2003年正式发布。一个名为建筑工业理事会的全工业团体，在诸如建筑与建筑环境委员会的英国政府部门或其他团体的支持下，负责这一发展进程。最重要的一点，由帝国理工学院的专家学者和一批主要的建筑和工程从业者所组成的核心团体认为，这一工具内容有着智慧的发展。它被人们描述成"思维工具"、一种制造高品质建筑的方法。这种高品质建筑不依赖于专家们的意见(这种意见通常是闭门造车的产物)，它是依靠公开、透明、简单、灵活、多用途工具的产物(Gann, Salter & Whyte 2003)。

这种方法有着巨大的优点，截止到2005年，超过700个项目(以及超过300个个体参与者)使用了设计质量指标。此外，一种设计质量指标的变种——学校设计质量指标也被

设计出来，以应对英国政府的学校建设项目。设计质量指标在2005年进行了修订，将其运用领域扩展到了整个概述与设计过程，也就是说，利益相关方必须密切关注关键的设计阶段的预先分段装配。帝国理工学院负责对这个2005年版本进行全面审查，从个体得分的数字数据的统计分析得出结论是，设计质量指标的内容和程序是非常稳健的。

设计质量指标是如何计量可持续性的

设计质量指标的目标是通过影响、建筑质量和功能性这三大类别来全面评估新建筑的设计和施工，以及现有建筑的翻新。以上说的三大类别也等于外观、性能和建筑的易用性。

更详细地解释这个评分过程即是：在概述阶段每个用户选择三个水平中的一种(基本、附加值、卓越)来给评估表述打分，在整个施工阶段的五次机会中，这些值被转化成用户的评分，从而得出设计质量指标分值。在每次重复过程中，受访者都给每一个评估陈述打分，这种打分运用了从"非常反对"到"非常同意"的六个级次。然后这些权重因子被运用到10个大类中的每一类，例如在"影响"这个部分，用户被要求将总共20分分配到4个类别(特征和创新、形式和材料、内部环境、城市和社会一体化)中去。他们可以将这20分平均分配，也可以把20分的大部分投到一个类别上。当所有用户都完成了打分，再由一种运算法则来解释这些主观看法，从而产生清晰展示每一种陈述和级次类别的总分图表和柱状图。

设计这一指标的初衷不是用来表达可持续性发展的，但它却包含了许多与环境、经济和社会目标直接相关的标准，这些标准包括：

- 将二氧化碳排放降到最低限度的设计。
- 通过建筑设计来将制冷需求降到最低。
- 建筑物能推动社会和经济的再生。
- 考虑到骑车人需求的建筑物。
- 便于拆除可循环再利用的建筑设计。
- 将未来的气候变化考虑在内的建筑设计。

尽管在91项标准的表述中只有20%与可持续性明显相关，但是许多其他表述与可持续性有着间接和有意义的关联，尤其像福祉和室内舒适，这些和可持续性的社会维度有关的表述都涉及人类健康。此外，每个个体用户都能把权重放到特定的陈述类别上，这样就可以给予那些更密切相关可持续性的标准类别以权重。因为这些权重是建立在一个个用户的基础上的，所以不保证其一致性，在这方面，设计质量指标可能用途过于广泛，以至于没有被明确划分成可持续性指标。尽管如此，案例研究显示，通过强调关于材料和能源利用的可持续性考量的重要性，设计质量指标可以帮助项目团队向着诸如英国建筑研究所环境评估方法这种的环境评估方向去工作。

应用和收益

设计质量指标是用一群利益相关者和项目团队成员参与的评测建筑设计质量的工具，最早起源于英国市场。2006年，设计质量指标被引入美国市场，并于2008年发布了在线版本。它在其他国家的使用范围尚不太清楚。那就是说，它已被英国用来评估诸如警察局、办公大楼、学院和大学建筑、图书馆和其他民用及私人建筑项目的建设和翻新的设计质量。设计质量指标网站（www.dqi.org.uk）包括了一系列的英国案例研究，这些研究描述了该工具是如何被应用的，人们是如何从它的发展中得到收益的。所有这些都有助于促进建筑项目可持续目标的讨论公开和富有建设性，这也使得设计质量指标能够吸引到众多的建筑客户并适用于各种项目类型。

设计质量指标面临的挑战

批评人士争辩说，人们仍旧难于测量和评估设计质量，有人把设计质量指标称为"乐趣探测器"，它试着去量化主观反应，而非对于设计质量做强硬仲裁。其他人也质疑设计质量指标是否应该尝试包括主观方面（例如"建筑提升精神境界"）和诸如"这里配备了清晰的消防方案"之类的客观技术方面。后者可通过是否符合建筑规则来检查（Markus 2003，400）。因为设计质量指标的迭代接近法和交互式本质而受到人们赞扬，但是有些人争辩说，并非所有的利益相关者都善于清晰表达出他们的需求、价值和观点，尤其当他们面对这九十一个问题，每个问题对应六个级次的反馈时（Dewulf & van Meel 2004, 249）。此外，人们呼吁对于设计质量指标数据采取全面独立的统计学检验，现在有着上千个项目需要确认诸如年龄、性别歧视等输出因子的影响（Markus 2003, 402）。人们的另一个关注点是对于这些结果的准确解读，研讨会引导者必须非常勤勉和敏感，来对设计质量指标的成果进行分析，将其传递给集合起来的利益相关者。例如，若引导者未能对于不协调的分数提出质疑，解读中的错误将对随后的设计决策产生巨大影响。

虽然有着这些方法论的批评，批评者们承认设计质量指标是为"凌乱，压力巨大的现场工程情况"而设计的，它在数据上的广泛应用为人们提供了一种强大的指示,指明了它对于设计和建筑界的效用和价值(Prasad 2004, 550)。

现状和前景

设计质量指标无疑是一个有效和强大的评测工具,用以评测建筑项目中的设计质量,在以后的很长一段时间内,它将继续发挥价值。人们精心设计了设计质量指标,但是它也受到了巨大挑战。人们对它不断进行改进,以提升它对于建筑设计和建筑界的价值。设计质量指标侧重于定性的关注,这满足了包括和公正代表建筑设计的无形因素的基本需求,而这些无形因素通常都难以量化。它也意味着仅评测建筑设计的那些易于量化的方面,这样就过度强调了那些可能无足轻重的细节。

设计质量指标最近被引入了美国市场,这指明了它国际应用的积极前景。即,作为一个可持续性建筑设计评测工具,设计质量指标仅仅拥有有限的价值,它缺乏深度,缺乏充足数量的可持续性指标。但是,它的确向建设团队提供了公平而可理解的方法来与建筑租赁人和用户讨论可持续性。用这种方法,它最初要成为"思维工具"的目标对于那些寻求发展更加可持续的建筑项目的人来说,产生了重大的价值。

杰奎琳·格拉斯(Jacqueline GLASS)
拉夫堡大学

参见:绿色建筑评级系统;社区和利益相关者的投入;生命周期管理(LCM);区域规划;可持续性科学;三重底线。

拓展阅读

BREEAM. (2010). Homepage. Retrieved August 27, 2010, from http://www.breeam.org/.

Design Quality Indicator. (2010). Homepage. Retrieved August 26, 2010, from http://www.dqi.org.uk/website/default.aspa.

Dewulf, Geert; van Meel, Juriaan. (2004). Sense and nonsense of measuring design quality. *Building Research & Information*, 32 (3), 247–250.

Gann, David; Salter, Ammon; Whyte, Jennifer. (2003). The Design Quality Indicator as a tool for thinking. *Building Research & Information*, 31 (5), 318–333.

Markus, Thomas. (2003). Lessons from the Design Quality Indicator. *Building Research & Information*, 31 (5), 399–405.

Prasad, Sunand. (2004). Clarifying intentions: The Design Quality Indicator. *Building Research & Information*, 32 (6), 548–551.

Whyte, Jennifer; Gann, David. (2003a). Design quality: Its measurement and management in the built environment. *Building Research & Information*, 31 (5), 314–317.

Whyte, Jennifer; Gann, David. (2003b). Design quality indicators: Work in progress. *Building Research & Information*, 31 (5), 387–398.

Development Indicators

发展指标

指标是总结复杂数据的变量。它们被非专家广泛应用于衡量国际发展的进步。发展指标的例子包括千年发展目标及人类发展指标中的相关指标。每种指标都有其优点和局限性,其中最重要的局限性是它们是由人选定的,有人的偏见。

我们现在讨论的国际发展,或者说人类发展的基本概念,出现在第二次世界大战之后。美国总统哈里·杜鲁门(Harry Truman)在1949年的就职演说(即四点演讲)中提出封装现代化发展议程。在初次介绍中,与之最为相关的是第四点,他用很多文字阐述了用来衡量发展的指标:第四点内容如下:

> 我们必须着手一个大胆的新项目使我们从科技发展和工业进步中获益,并实现不发达地区的改善和发展。世界上超过一半的人生活在痛苦的条件下。他们的食物短缺,遭受疾病侵害,他们的经济生活处在原始状态,停滞不前。贫困不仅对他们是一个障碍和威胁,也是对较

繁荣的地区的障碍和威胁。在整个历史长河中,人类第一次拥有知识和技能来减轻这些人的痛苦。

杜鲁门提出的四个障碍——食物供应不足、疾病、经济周期、贫困——都可以被描述或判定为指标。指标被定义为相关信息的总结或简化,使利益可见、可视化、可量化、可测量,使相关信息变量可以交流讨论(Gallopín 1996, 108)。

指标是总结复杂性事件的一种手段,我们每天都无意中使用它们。它们通常被认为是数值,就像一支运动团队在联赛积分榜上的排名是通过比赛与对手竞争得来的,通过它能证明这支队伍有多好。但是也有非数值指标或者说定性指标,例如,你可以通过看你周围的迹象(指标),涂鸦、街上的垃圾以及板房和商店来确定你是不是在一个糟糕的地方。

关于发展指标话题的讨论必须要有一个更广泛的讨论,也就是发展这个术语的意义是什么。毕竟指标只能反映改变发展的视角,并不能驾驭它们(Morse 2004)。发展指标提

供的综述要复杂得多，即使我们持续关注食品供应、贫穷，它们也已经令人不安地将过去和现在联系在一起。不幸的是，尽管有杜鲁门的善意的演讲，这些人类发展的阻碍并没有消失。联合国千年发展目标（Millennium Development Goals, MDGs）与杜鲁门演讲的主题一致，旨在消除极端贫困、改善孕产妇健康、停止疾病的传播以及普及初等教育，其中每个目标都有3—9个指标进行衡量。这些联合国千年发展目标的摘要及其指标见表1。

表1 千年发展目标和相关指标

目 标	指 标
消除极端贫困和饥饿	人均购买力低于每日1美元的人口比例 贫富差距比例（发生率 × 贫困深度） 贫穷地区消费占国家消费的份额 5岁以下儿童体重不足的患病率 低于最低水平的膳食能量消耗人口的比例 人均GDP增长率 就业人口比例 雇佣人每日报酬低于1美元（PPP）的比例 自主营业和家庭作坊就业者占和总就业人的比例
实现普及初等教育	初等教育净入学率 初等教育的毕业率 15—24岁的识字率
促进性别平等和妇女地位提升	初级、中等和高等教育中女孩与男孩的比例 非农部门中女性的就业比例 女性在国家议会席位的比例
降低儿童死亡率	婴儿死亡率 五岁以下儿童的死亡率 一岁的儿童接种麻疹疫苗的比例
改善产妇保健	孕产妇死亡率 由技术熟练的卫生工作者接生的分娩率 未成年女性分娩率 产前保健覆盖率（至少一次） 对计划生育未满足的需求 避孕普及率
抗击艾滋病毒/艾滋病、疟疾和其他疾病	艾滋病毒在15至24岁人口中的流行率 在高危性行为中为始终使用避孕套 15至24岁人口中有全面、正确的艾滋病毒/艾滋病的知识的人的比例 10至14岁孤儿学校与非孤儿学校出勤率之比 获得先进的抗逆转录病毒药物人口与艾滋病毒感染人口的比例 疟疾发病率和死亡率相关 5岁以下儿童睡在蚊帐内的比例，5岁以下儿童在发烧时用适当的抗疟药物治疗的比例与结核病有关发病率、患病率和死亡率 肺结核病例通过直接观察治疗发现和治愈的比例

资料来源：联合国千年发展目标（无日期）.

联合国千年发展目标及其指标的目的就是让决策者和其他负责实现目标的人监控进展。

每个指标都有其自己的一组假设和数据需求。例如贫富差距比(the Poverty Gap Ratio, PGR)是生活在贫困线以下的人口比例乘以他们的平均"贫困水平"。确定贫富差距比的关键假设是贫困线的设定。为了简单起见，也为了允许国际比较，贫困线通常认为是一个绝对的数字，如每天1美元或2美元。但这也会因国家不同甚至一个国家的地区不同而不同，取决于住宿、食物和衣服等关键的生活必需品的成本。当然贫困线也可由于通货膨胀并随着时间的推移发生改变，换句话说，在不同地区1美元的"购买力"是不一样的，这就产生了不同的贫困线评估。

贫困线的选择如何影响贫富差距比的如表2所示。表中有20个人的理论人口每天收入从0.5美元到4.0美元不等。表中也显示两组贫困线：一组每天2美元，另一组每天1美元。每天2美元的高贫困线导致一半的人口(即10人)被列为贫困，而每天1美元的低贫困线使处于贫困线下的人口数量下降到5人(人口的四分之一)。每天2美元的贫困线也使平

均贫困水平与每天1美元相比有所加深(分别为每天0.34美元、每天0.8美元)。将处在贫困线下的人口比例分别与平均贫困水相乘，得到贫富差距比，2美元0.085、1美元0.4。在人口的收入相同的情况下，这些贫富差距比的值差异却非常大：一个是另外一个的47倍。这一切都会改变贫困线下的生活境况。还必须指出的是，表2中的数据是基于对20个可获得其收入情况的独立个体的分析得到的。譬如说，这些数据可能是通过纳税申报表(质量好的数据)得到的，但在许多国家这样的数据收集并不能覆盖所有人，有时候就不得不用一些很粗糙的估算(低质量数据)来填补这些空白。

贫富差距比和不同假设能导致巨大差异的例子，可以帮助理解人们对联合国千年发展目标及其各个指标使用性的争论。例如，为什么评估识字率和艾滋病毒流行率的年龄范围仅为15—24岁？为什么联合国千年发展目标限制疾病的列表内选择疟疾、艾滋病毒、结核病？为什么不包括像霍乱、伤寒、麻疹等这些疾病？由于只能用个人想法和意见来做决定。这些目标和指标只提供基本原理，还存在不可避免的分歧，这一点稍后将再讨论。

表2　贫富差距比的理论说明

人员编号	收入/天（美元）	平均贫困水平	
		贫困线设置为1美元/天	贫困线设置为2美元/天
1	4.0		
2	3.6		
3	3.5		
4	3.1		
5	3.0		
6	3.0		

(续表)

人员编号	收入/天(美元)	平均贫困水平	
		贫困线设置为1美元/天	贫困线设置为2美元/天
7	2.8		
8	2.2		
9	2.1		
10	2.1		
11	1.9		0.1
12	1.9		0.1
13	1.9		0.1
14	1.8		0.2
15	1.2		0.8
16	0.8	0.2	1.2
17	0.7	0.3	1.3
18	0.7	0.3	1.3
19	0.6	0.4	1.4
20	0.5	0.5	1.5
低于贫困线的人数		5	10
低于贫困线的人口比例		0.25	0.5
平均贫困水平		0.34	0.8
贫富差距比		0.085	0.4

来源: 作者.

注: 表中数据的理论人口为20人, 每天收入介于0.5美元(最小值)到每天4.0美元(最大值), 两个理论贫困线为每天2美元和每天1美元。用贫困线来确定处于贫困的人口比例及贫困水平。将处在贫困线下的人口比例分别与平均贫困水相乘, 得到贫富差距比, 2美元0.085、1美元0.4。

发展的展望: 经济与人

发展指标具有悠久的历史。国际复兴开发银行(现在称为世界银行)的报告和国际货币基金组织(International Monetary Fund, IMF)发布了许多经济发展指标, 例如世界银行在1978年发布的第一份《世界发展报告》。在报告的最后, 18个系列表格按照人均收入对国家进行了排名。其中4个表格专注于供给和需求, 7个介绍"增长、贸易的结构和方向、国际收支、资本流动、债务和援助"(世界银行1978, 73)。18个表格中有12个包含经济指标, 其中就包括典型的经济性能的指标——国内生产总值(Gross Domestic Product, GDP)。

在国内生产总值这个概念使用之前, 经济政策的制定是基于股票价格指数, 铁路货运数据和类似的信息片段。罗斯福政府时期, 试图靠这些"经济指标"使国家摆脱大萧条, 但只比塔罗牌有用一点。因此, 商务部要求国家经济研究局的西门·库兹耐茨（Simon Kuznets）研究出一组国民经济账户。到1940年代初，国民生产总值数据也计入了对战争的贡献。

澳大利亚的经济学家科林·克拉克（Colin Clark）发现，国民经济核算可以实现国与国之间的比较。1940年，他创建了第一个这类的比较表，通过购买力对人均收入进行人工调整后，对各个国家进行比较（Clark 1940）。表3总结了人工调整后按照人均收入对国家和地区进行的排名。在某些情况下，这些数据是基于整个地区而不是整个国家，比如"非洲其他地区"和"美国其他地区"。

世界银行喜欢利用经济发展指标不足为奇，但并非所有的发展都是经济的。到了20世纪80年代，一些专家已经开始质疑发展这一术语以及为什么它的定义中经济措施总是占据主导地位。例如，诺贝尔经济学奖获得者、经济学家阿马蒂亚·森（Amartya Sen）就曾明确提出发展"能力"具有很高的价值，他将其定义为：为了让人们过上长寿和健康的生活而开放给他们可用的选项和选择。如果能力较低，那么他们适应压力和改善自身条件的选择就会更少。但能力不仅仅是接触金融资源、强调经济发展，它还包括访问社会网络和实物资产（如土地）以及技能和教育。从1990年开始，联合国开发计划署（United Nations Development Programme, UNDP）每年发表的人类发展报告（HDR）就是这种反思的结果之一。第一份人类发展报告就提出了联合国开发计划署的关于人类发展的看法，以及它如何不同于经济发展：

表3 国家收入排名

人均年平均收入 *	国家/地区
1 300—1 400	美国，加拿大
1 200—1 300	新西兰
1 100—1 200	
1 000—1 100	英国，瑞士，阿根廷
900—1 000	澳大利亚
800—900	荷兰
700—800	爱尔兰
600—700	法国，丹麦，瑞典，德国，比利时，乌拉圭
500—600	挪威，奥地利，西班牙，智利
400—500	捷克斯洛伐克，南斯拉夫，冰岛，巴西
300—400	希腊，芬兰，匈牙利，波兰，拉脱维亚，意大利，爱沙尼亚，苏联，葡萄牙，"美国其他地区"，日本，巴勒斯坦，菲律宾，阿尔及利亚，埃及，夏威夷，关岛
200—300	保加利亚，罗马尼亚，立陶宛，阿尔巴尼亚，土耳其，叙利亚，塞浦路斯，南非，摩洛哥，突尼斯
低于200	中国，英属印度，荷兰西印度群岛，"亚洲其他地区"，"非洲其他地区"，"大洋洲其他地区"

来源：Clark.

* 引用于1925—1934年期间。数据已根据购买力不同进行人工调整（Clark 1940, 54）。

人是一个国家的真正财富。发展的最基本目标是为人们创造有利环境，是人们享受长寿、健康和富有创造性的生活。这似乎是一个简单的真理，但当直接关系到大宗商品和金融财富的累积时它经常被忘记（UNDP，1990，9）。

联合国开发计划署认为，为了对抗国内生产总值的主导地位，有必要创建一个新的标题性指标——人类发展指数（HDI）。表4中列举了联合国开发计划署关于人类发展愿景的3个重要的组成。由于这3个组成都有自己的指标，所以人类发展指数是一个复合指标。

表4 人类发展指数（HDI）的3个组成

目 标	指 标
改善卫生保健和生活条件	从出生起的预期寿命（年）
改善教育	成人（15岁以上）识字率（%） 毛入学率（小学、中学和高等教育）
提高收入	人均国民生产总值（美元）

来源：作者.

利用这3种指标计算出人类发展指数的方法并不需要在这里讨论，但该过程的一部分要求将数值按一定比例缩放（或标准化）至0和1之间，并且假定这个值越高（接近1）越好。这个标准化值就是平均人类发展指数。这3个组成的重要性相同（Booysen 2002）。

联合国开发计划署试图从收入（以人均国内生产总值来衡量）入手来论证人类发展的收益递减以确保高收入不会支配人类发展指数。结果是，一旦国家或地区相关的指标有大的变化，人均国内生产总值都会进行调整。

在第一份人类发展报告（1990）中，这个调整只是对人均国内生产总值取对数，但在1991年和1998年之间的报告中就用到了更为复杂的阿特金森公式。这两种调整方式使人均国内生产总值对人类发展指数产生不同的影响，这也可以反映出人类发展指数的创造者希望的人均国内生产总值对人类发展指数的影响方式。一旦人均国内生产总值达到了预定值，就必须通过阿特金森公式将其调整至平衡状态。再基于对数调整，人均国内生产总值就能持续增长（尽管变缓）并且永远不会停滞。自1999年以来，联合国开发计划署又启用对数方式来调整人均国内生产总值，因为阿特金森公式对中等收入国家来说太严厉。为了使政策影响达到最大，联合国开发计划署选择效仿世界银行利用人类发展指数对国家进行排名。这个排名中有一些"名称和耻辱"的含义包含在内，这也就鼓励了国家领导和政治家与他国进行比较。

在表5中列出了表3中克拉克不同分类的平均人类发展指数值。粗略的浏览一下表5就能发现，即使是相隔70年的数据（克拉克的数据来源于1925—1934年，而人类发展指数数据来源于2007年，发表在2009年的人类发展报告），测试的也是发展的不同（但具有相关性）方面，但排名却是一致的。图1更清楚地展现了这种关系。表5中的人类发展指数值在图中与克拉克的人均收入值准确对应。这条线说明统计方式与统计结果有非常明显的关系。

虽然人类发展指数是人类发展报告的首要指标，也是引起最多关注的指标，联合国开发计划署计划创建一些其他指标来强调关于人类发展的其他重要方面，比如性别发展指数（GDI），性别权利测度（GEM），人类贫困指数

表5　收入和人类发展指数国家排名

人均年平均收入*	国家/地区	2000年人类发展指数**（整个国家/地区平均）
1 300—1 400	美国,加拿大	0.962
1 200—1 300	新西兰	0.950
1 100—1 200		
1 000—1 100	英国,瑞士,阿根廷	0.924
900—1 000	澳大利亚	0.970
800—900	荷兰	0.964
700—800	爱尔兰	0.965
600—700	法国,丹麦,瑞典,德国,比利时,乌拉圭	0.941
500—600	挪威,奥地利,西班牙,智利	0.940
400—500	捷克斯洛伐克,南斯拉夫,冰岛,巴西	0.877
300—400	希腊,芬兰,匈牙利,波兰,拉脱维亚,意大利,爱沙尼亚,苏联,葡萄牙,"美国其他地区",日本,巴勒斯坦,菲律宾,阿尔及利亚,埃及,夏威夷,关岛	0.848
200—300	保加利亚,罗马尼亚,立陶宛,阿尔巴尼亚,土耳其,叙利亚,塞浦路斯,南非,摩洛哥,突尼斯	0.793
低于200	中国,英属印度,荷兰西印度群岛,"亚洲其他地区","非洲其他地区","大洋洲其他地区"	0.664

来源: Clark（1940）; 联合国开发计划署（1990和2009）.

＊引用于1925—1934年期间。数据已根据购买力不同进行人工调整（Clark 1940,54）。

＊＊人类发展指数2009年发表在《人类发展报告》中（联合国开发计划署 2009）。

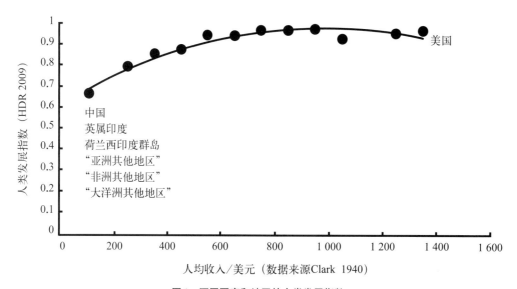

图1　不同国家和地区的人类发展指数

（HPI）和技术成就指数（TAI）。联合国开发计划署为每种他们认为重要的条件都设立了指标，因此这些指标将会体现实际，而不是被实际操控。

挑战：指标的前途

这篇指标短暂的发展史呈现了各种不同风格的指标的制定和使用，包括了像国内生产总值这样的单一指标（但广泛使用）到联合国千年发展目标的指标和人类发展指数综合指标这样的成套指标。在各种情况下指标都必须生产高质量数据，否则，不论这个指标的存在如何合理或是结构如何完整，都有可能误导别人。

认识到每个指标都有重要价值是非常重要的。指标也非常容易被误认为是一些典型的数值，或是一些复杂的算法。他们认为指标具有技术性、机械性和客观性，不存在任何的偏见。但是选择使用哪些指标（比如联合国千年发展目标指标），它们是如何构建的（比如用贫富差距比和人均收入来调整人类发展指数）以及它们是如何提出和解释的，都是由人来决定的。不论如何的合理化，这些决定也只是明智的意见，也就是说，任何人都可以选择不同的联合国千年发展目标指标或是创建一个不同的人类发展指数，阐述它的原理并利用它描绘出一幅关于人类发展的不同景象。当然，在实践中指标的出现通常是一个协商的过程，并且由一群有知识、有权威并持有所需资源的专家们讨论得出的。

最后但并非最不重要的关键问题是如何使用指标和指数，由谁来使用。在某些情况下，这个相对简单，例如许多国家和政府在制定经济政策时使用国内生产总值。在其他一些情况下，如果基础理论不明确，国家和国际机构会使用联合国千年发展目标指标来展示成绩并力图争取目标。每一个联合国千年发展目标都有与之相联系的许多指标，因此，当其中一些指标已经达成而其他指标并未达成的情况出现时，该机构就会出现混乱。而人类发展指数的使用更加困难，该指数并未定义的目标是：这个指数的指向是过程，而不是结果。人类发展指数应该在多大程度上影响政策是一个有争议的问题，并且令人惊讶的是关于社区的研究很少引起注意。

发展指标都是将复杂的信息转化为数字的有用的工具。这些指标的监控对人们来说很有意义，因为它们提供了一种描绘进步的方式，它们也给非专家们提供了一种推销自己关于发展蓝图的方法。虽然这些发展指标非常受欢迎，但它们还是需要小心处理。

我们必须谨记，所有的指标都是人选择

的，即使是经验丰富的专家也会受到偏见和他
人的影响。

斯蒂芬·莫尔斯（Stephen MORSE）

萨里大学

参见：21世纪议程；环境效益指数（EPI）；
战略可持续发展框架（FSSD）；真实进步指标
（GPI）；全球环境展望（GEO）报告；国民幸福指
数；人类发展指数（HDI）；千年发展目标；人口指
标；可持续生活分析（SLA）。

拓展阅读

Booysen, Frederik. (2002). An overview and evaluation of composite indices of development. *Social Indicators Research*, 59 (2), 115–151.

Clark, Colin. (1940). *The conditions of economic progress*. London: Macmillan.

Gallopín, Gilberto C. (1996). Environmental and sustainability indicators and the concept of situational indicators: A systems approach. *Environmental Modeling and Assessment*, 1 (3), 101–117.

Morse, Stephen. (2004). *Indices and indicators in development: An unhealthy obsession with numbers*. London: Earthscan.

Sachs, Jeffrey D.; McArthur, J. W. (2005). The millennium project: A plan for meeting the millennium development goals. *The Lancet*, 365 (9456), 347–353.

Sidan Šek, Aleksander. (2007). Sustainable development and happiness in nations. *Energy*, 32 (6), 891–897.

Truman, Harry S. (1949). Truman's inaugural address. Retrieved November 12, 2011, from http://www.trumanlibrary.org/whistlestop/50yr_archive/inagural20jan1949.htm.

United Nations Development Programme (UNDP). (1990). *Human development report: Concept and measurement of human development*. Retrieved February 8, 2011, from http://hdr.undp.org/en/reports/global/hdr1990/.

United Nations Development Programme (UNDP). (2009). *Human development report: Overcoming barriers: Human mobility and development*. Retrieved February 8, 2011, from http://hdr.undp.org/en/reports/global/hdr2009/.

United Nations Millennium Development Goals (UN MDG). Homepage. Retrieved January 16, 2012, from www.un.org/millenniumgoals.

World Bank. (1978). *World development report*. Retrieved February 8, 2011, fromhttp://econ.worldbank.org/external/default/main?pagePK = 64165259&theSitePK = 469072&piPK = 64165421&menuPK = 64166322&entityID = 000178830_98101903334595.

Ecolabels

生态标签

生态标签是向消费者传递产品从生产到废弃的环境特征信息的标志。生态标签可以涵盖影响环境或单一个体的全部属性，这些属性诸如有机产品和能效等。如果众多消费者能轻松可靠地识别出那些对生态环境无害的产品，并愿意为此支付更高的价格，人们可能就会理解价格溢价是如何起作用的，但是，它也不总是一个直接的过程。

人们特地设计了生态标签，这个受人信赖的标志通知消费者商品在它整个生命周期中对环境的影响和属性，这个周期包括生产阶段、消费阶段、废弃阶段。生态标签也可以被应用于诸如旅游住宿之类的服务业。它们有助于使得消费模式更加具有可持续性。这个过程都可以在三个阶段中找到。

首先，我们需要知晓和理解我们需要改变哪些可持续日常行为；第二，我们需要有强大的意志去改变习惯；第三，我们必须能够真正做出这些改变。生态标签通过减少消费者和销售者间的信息不对称来产生帮助。这种不对称的产生是由于消费者无法直接轻松地识别出商品的环境属性，而生产者则仅仅大力宣传产品对于环境有益的方面。为了降低这种不对称，生态标签需要帮助生产者和消费者进行充分、可信、有效的沟通。

生态标签有着三重目标（Galarraga 2002）：

一是通过提供可信的、可验证的信息来使得消费者对于产品做出知情选择，以此来支持对环境更为有益的消费模式；

二是提高企业、政府或其他机构提供的产品或服务的环境标准；

三是使得有标产品比无标产品更具竞争优势。

这些标签本身分为三种类别（OECD 1997）。

一类标签将特定商品和同级别其他商品的环境特征进行对比，用一个特殊标志来标明该商品级别最高。这些标签通常由基于独立专家评测的第三方颁发，可自愿使用这些标签。尽管所有的环境标签都经常被称作生态标签，但是一类标签是唯一被官方承认的此类标签。著名的例子如蓝色天使（德国）、北欧天鹅（北欧国家）、欧盟生态标签（欧盟）、NF环境标志（法国）。

二类标签是生产者所做的关于产品环境属性的单方说明，例如，"不含CFC成分"，"有机"或"碳中和"。相关文献表明，二类标签不需要第三方认证，但在现在，大部分贴有这类标志的产品都确实依赖于某种支持他们声明的权威机构。大多数国家都加大了立法力度来规范这类的标签，防止欺诈。

三类标签用预先调整的指数来提供产品的量化信息。这些标签同样基于独立的第三

方认证。它们被人们称作"自我环境声明"，由国际标准组织的ISO14025进行规范。

一类和二类标签被人们笼统称为"生态标签"或"环境标签"。其他的标签类型涵盖了额外的环境属性，例如公平贸易标签。

以下的表1，列出了现在的生态标志倡议。但是这个列表没有列出所有的标志，它只是显示了最具相关性的标签的典型例子。人们可以在生态标签指数网站（www.ecolabelindex.com/ecolabels）找到完整列表，它涵盖了211个国家中的25个工业领域的378个生态标签。

表1　世界各地生态标识举例

国家或地区	计 划 项 目	开 始 时 间	类　　型
澳大利亚	环境选择	1991	因企业反对1993年废弃
加拿大	环境选择	1988	政府发起
中国	绿色标签	不详	
欧盟（EU）：			
奥地利	亨德华沙印章	1991	政府发起
法国	NF-环境	1992	政府发起
德国	蓝色天使	1978	政府发起
荷兰	生态标签	1992	政府发起
挪威	优良环境选择	1991	私人发起
斯堪的纳维亚	北欧天鹅	1991	政府发起
瑞典	优良环境选择	1988	私人发起
其他国家	EU生态标签	1992	大多国家计划服从EU领导
印度	生态标志	1991	政府发起
日本	生态标志	1989	政府发起
新西兰	环境选择	1992	政府发起
新加坡	绿色标签	1992	政府发起
韩国	生态标志	1992	政府发起
中国台湾	环境印章	NA	
美国	绿色标签	1989	私人发起
	SCS证书	1989	私人发起

资料来源：Morris（1997）.

在同一个市场上充斥着许多相互矛盾的标签会使消费者迷惑，所以用不同行政权的聚集程度来设立清晰的标准，就对标签组织尤为重要了。推广对环境有益的商品推动了私有商品和公有商品的交易（消费者通过购买私人商品而获得了高效的产品，同时也通过降低对于环境的影响，产生了经济学家称为公共商品的利益，这个利益归属于全社会）。

标签能够改变消费习惯，也能改变商品和服务的生产方式。生态标签能与具有相似目的的政策工具共存，这些工具包括环境税、补贴、生态认证、强制性标准，在某些案例中生态标签也被用来支持这些工具。例如，促进某种对环境有益的产品的补贴计划可能基于该商品是否有这个标签。

尽管生态标签的想法看似简单，但是，仍然有许多关系到标签政策影响的担忧，主要是① 使用这些标签会产生怎样的市场影响？随之会产生怎样的环境影响？② 它们对于国际贸易又会产生怎样的影响？

无数的研究证明了在理论和定量意义上的市场或者环境影响的存在（Delmas & Grant 2010; Crespi & Marette 2005; Galarraga & Markandya 2004）。主要的问题是标准设定的客观性、特定群体（如同两个商品不可能准确容易的对比）中商品间的区别、缺少标签需求的信息，愿意为这些认证过的属性付钱、标签项目是如何被评估以确保商品标签仍然能体现对环境最有益的属性（其他对比商品的属性可能不断改善）的，标签是否会在消费者中引起困惑。

关于这些话题并没有清晰的共识，尽管人们一致认为当进行标签项目时，销售有一定程度的提升，但是标签项目没有产生明显的市场影响（OECD 1997; 关于这些问题更详细的讨论请参考 Galarraga 2002）。全球生态标签监控器（2010）提供了一份对于该项目的深度评测，这个评测以全世界范围内340个标签项目的问卷调查为基础。其主要的发现证实了这些项目需要提高透明度和易懂程度，同时，这也说明了人们需要评测和监控这些项目的影响。

关于标签对于国际贸易的影响，发达国家越来越关注① 这些标志所代表的环境标准在原产国可能不是最重要的特征；② 这些标签可能被误用作某种贸易壁垒；③ 由于生产者必须按照要求生产出更贵的产品，这些标志也许对于竞争会产生重大影响（全面了解国际关注点请参考 Zarrilli, Jha & Vossenaar 1997）。

环境属性的需求

越来越多的证据表明，对于那些对于环境有益的产品或那些具备符合消费者偏好的属性的产品，消费者是愿意购买的。这一信息对于那些设计给人深刻印象的标签的项目非常关键。主要挑战之一是缩小消费者声称愿意购买与他们实际去市场上购买之间的鸿沟，我们也把这称为意图与行动之沟。因此，许多研究（例如 Galarraga & Markandya 2004）侧重于消费者实际购买而非消费者宣称要购买的问题。

表2列举了标签的需求信息。

表2 标签的需求信息

国　家	信　息	研　究
加拿大	64%的受访者愿意多付10%的费用购买有生态标签的产品	Zarrilli, Jha & Vossenaar（1997）引用
欧洲	消费者愿意多花5%—15%的费用购买可持续的木质制品	Varangis, Braga & Takeuchi（1993）
欧洲	37%的消费者愿意多花10%的费用购买品质相当但是按照公平贸易准则生产的香蕉	COM（1999）
欧洲	已经购买公平贸易商品的消费者中有70%会多花10%的费用购买公平贸易香蕉	COM（1999）
德国	75%的人愿意多花钱购买环境友好商品	Robins & Roberts（1997）
德国	50%的人愿意多花钱购买环境友好商品	Robins & Roberts（1997）
德国	如果有清楚的标识，50%的人准备购买	Robins & Roberts（1997）
德国	80%的人认识并理解蓝色天使标签	Robins & Roberts（1997）
德国	德国对五个主要的家用电器进行了A类能源标签属性与选购的相关性调查。他们的结论是，社会经济特征对设备能源类别的选择几乎没有影响。区域电力价格和住宅特征却有着显著影响	Mills & Schleich（2010）
荷兰	有标签的鲜花一般贵30%	Zarrilli, Jha & Vossenaar（1997）
新加坡	绿色标签商品一般贵5%	Jha, Vossenaar & Zarrilli（1993）
西班牙	市场上带有节能标签的洗碗机比一般洗碗机的最终价格大约贵15.6%。这个比例约为80欧元	Galarraga, González- Eguino & Markandya（2010）
西班牙	巴斯克自治区社区（西班牙）冰箱市场上带有最高能效标签（A+）的冰箱最终价格比普通冰箱高8.9%，即约60欧元，此类冰箱在整个使用期内可节约能源三分之一	Galarraga, Heres Del Valle & González-Eguino（2011）
英国	1 000个成年人中有67%不再使用（购买）对环境有害的产品	Smith（1990）
英国	25%—50%的英国人原意多花25%的钱购买（可靠的）有利于环境的商品	Peattie（1995）
英国	33%的受访公众愿意多花平均13%的费用购买可持续木材产品	Zarrilli, Jha & Vossenaar（1997）
英国	"绿色"特征的存在将平均增加咖啡价格的11.26%	Galarraga & Markandya（2004）
美国	82%的消费者准备多花5%购买"绿色"产品	Levin（1990）
美国	5%—7%的人愿意购买环境健康食物	van Ravenswaay & Hoehn（1991）
美国	34%的受访者愿意多花6%—10%购买可持续木材	Winterhalter & Cassens（1993）
美国	96%的消费者在购买中宣告使用（至少是偶尔使用）环境标准	Peattie（1995）
美国	75%的受访者愿意多花1%—5%购买可持续木材	Zarrilli, Jha & Vossenaar（1997）
美国	60%的消费者愿意多花10%购买"绿色"商品	Morris（1997）

资料来源：Galarraga（2002）与作者．

标签案例和影响

这一部分展示了许多既富有启发性又有趣的标签倡议：能效标签、欧盟生态标签、有机标签和其他食品标签。这些例子之所以被收录进来是为了让读者对于最主流的标签的应用有一个全面的视角。尤其是能效标签，我们选择它，是因为它对于气候政策的制定有着越来越大的影响，欧盟生态标签是著名的一类标签。最后，我们选择食品标签是因为人们越来越关注诸如"有机"或其他直接或间接标志与健康有关的属性。

能效标签

生态标签的使用推广了节能产品，这是最近才出现的现象。公共和私人运作的项目共同推动了这个现象的产生。研究者发现，总体来说，比起私人执行的项目（Banerjee & Salomon 2003），政府项目要更加成功。成功的关键因素是政府的支持和信用、预算、公开和协作、标签清晰度、有针对性的产品分类、立法委任权和激励。

通过采访消费者和制造商来研究著名的美国能效和可持续性标签项目（绿色标志、科学认证系统、能源指南、能源之星、绿e），其结果支持这些观点（Banerjee & Salomon 2003）。这个项目的重要特征是为了使产品标签适用于产品的分类，它有着一套设定标准的方法。我们需要考虑的问题包括确保在全国范围内能产生显著的节能效果；运用能效改进的产品性能能够保持现有水平甚至有所提高；回收期适当；企业能取得实际的能效改善，这些能效改善并非受限于因为个人原因而实际使用的技术。可以测量和检验消耗及性能；消费者能把贴有标签的产品和没有标签的产品区别开来。心中记住这一切，那么我们就能得到一个优化的潜在产品目录，行业和其他利益相关方就可以开始照着工作了。

当人们设计任何一个标签时，通常需要在精确度（抑或全面性）和可读性间进行权衡。标签越完整越难以使人读懂。所以，人们需要在信息和可读性间找到一个最佳平衡点。尤其对于能效标签来说，人们需要考虑到这一个附加效应，即节约能效是否会导致对能源需求的上升，从而引发回弹效应，使得它的优势荡然无存。没有现有结论来回应这个问题，因为它依赖于标签所针对的消费者和各种项目的细节和消费者类型（例如Howarth, Haddad & Paton 2000）。

欧盟有着强制性设备能耗标签，它依据电器效率（人们也会附加上新的分类，比如A+和A++，来说明在这些设备的生产过程中显著的效率改进）把设备用字母A到G来表示，这样一来，消费者就能做出相应的知情选择了。许多作者发现了这样一个趋势，消费者住宅特点（比如面积、建造年份或是否是独立式住宅）良好的，"A"标签设备的销售呈现上升趋势。有时候地区电价也是造成这一现象的原因。而与此同时，社会经济学特征对于这种决策的影响已经越来越小了（Mills & Schleich 2010）。

其他研究也观察了这些自愿性标签，这涉及设计的简洁性、环境标准选择、评测流程的完整性、利益相关群体的支持、人们对于它的接受或批评（例如，参考McWhinney et al. 2005；Saidur, Masjuki & Mahlia 2005）。再次说明，这个结果并非决定性的。

欧盟生态标签

欧盟生态标签始于1992年的自愿性项目，为的是推广对于环境有益的产品和服务。欧盟生态标签涵盖了众多种类的产品，而且这个范围还将继续扩大。这些团体包括了清洁产品、设备、纸制品、纺织品、家用产品、园艺产品、润滑剂以及诸如旅游住宿之类的服务。欧盟生态标签产品可在欧盟和欧洲经济区国家（挪威、冰岛、列支敦士登）销售。欧盟生态标签项目由欧盟委员会（2009年11月25日）的第66/2010号规章管理。欧盟标签是欧盟于2008年7月16日采纳的可持续消费和生产及可持续产业政策的行动计划的一部分。

欧盟标签表明了有多少类别的产品和服务能被包括在生态标签倡议之内。它涵盖了12大类的24种小类：清洁（五类）、服装（两类）、自己动手做（一类）、电子设备（三类）、楼面覆盖（三类）、家具（一类）、园艺（一类）、家用电器（两类）、润滑剂（一类）、其他家用项目（一类）、纸制品（两类）、服务（两类）。

欧盟标签标准基于产品在其整个生命周期中的环境性能，要评估这一点需要考虑到其对于以下因素的影响：气候变化、本质和生物多样性、能源消耗和资源、废弃物和有害物质的下一代、污染以及排放。

超过上万家企业已经于2010年初获得了欧盟生态标签，其中意大利（331）和法国（203）囊括了大部分生态标签。旅游住宿服务占了这些证书中的37%。

有机和食品标签

许多标签都包含在这个类别中，比如针对金枪鱼的"对海豚无害"标签；针对食品的"有机"标签，这些标签应用在水果、红酒、蔬菜、咖啡、茶叶和其他产品上；针对鱼类的生态标签。

许多研究者对比了加利福尼亚州（Delmas & Grant 2010）与科罗拉多州（Loureiro 2003）的红酒标签。所有这些都表明生态标签本身不足以产生足够的动力去推动消费者支付溢价，除非它们与产品的优异品质相结合。不幸的是，并非所有贴着标签的产品都有着优异的内在品质。事实上，在红酒的例子中，标明红酒产地（比如，波尔多、拉里奥哈或加利福尼亚）的标签通常更有效，但是，这种标签却不能被视作是生态标签。

对于有机产品，与健康相关的标签被证实更有效，例如巴塔哥尼亚有机棉花制造的运动服的例子（Casadesus-Masanell et al. 2009），由于消费者感知到了相关利益，他们支付了巨大的溢价。但是，需要注意的是，大体上至少要有两种有机产品的认证："有机"本身和"生物动力学"。后者意味着产品的生长过程中不仅没有使用杀虫剂、激素或添加剂，以避免对环境产生影响，而且也设法维护了自给自足的健康生态系统。其他研究发现通过公平交易而生产的咖啡和有机咖啡会产生大约11%的溢价（Galarraga & Markandya 2004）。

其他贴有标签的食品可在许多国家（比如荷兰、德国、美国）买到，尽管消费者通过这些标签总是无法清晰了解每样产品对于生物和环境的影响，主要是因为它难于去追踪生产者对于项目规定的遵守程度，公众也无法知晓这些情况。因此，消费者对于标签授权部门的信任度是人们讨论项目有效性时的重要议题。

针对捕鱼业的生态标签的使用从2000年开始就不断上涨。这些标签清晰地表明了捕捞鱼类的过程、时间和地点,以证明其对于捕鱼活动的可持续性。可持续性捕鱼应当向人们提供关于预防过度捕捞、资源损耗和生态系统保护的担保。

生态标签的未来

生态标签呈现越来越多的上升趋势,涵盖了一个或众多的产品特征,虽然这看起来不错,但是人们还是需要传统的生态标签来评估产品或服务的整体环境属性。这对于已经树立起良好声誉和信任度的标签项目尤其现实,它向人们提供了大量的相关信息,与此同时,也设法让这些信息数量不要过多。对于诸如生物或自然等的令人混淆的术语的规范和控制非常重要,只有那些被证实能以量化方式来加强环境保护的标签保持在有限的数量上,未来才有希望。这将使得标签间产生竞争来减少混淆,促使最合适的标签留存下来。

考虑到在国家和地方层面拥护气候变化政策的需要,标签清晰指示产品和服务的能效属性、碳足迹和其他相关特征不仅合适,而且必须。侧重于单一(或小部分)属性的做法也有助于生态标签减少其所面临的问题。其他诸如标签对于国际贸易、福利、竞争的影响,会继续成为有待深度讨论的话题,因为,人们还未就这些话题达成明确的一致意见。

伊邦·格拉拉加(Ibon GALARRAGA)
路易斯·玛利亚·阿巴迪(Luis María ABADIE)
巴斯克气候变化中心(BC3)

参见:广告;成本收益分析;能源标识;国际标准组织(ISO);生命周期评价(LCA);生命周期成本(LCC);生命周期管理(LCM);物质流分析(MFA);有机和消费者标签;供应链分析。

拓展阅读

Abadie, Luis María; Chamorro, Jose M. (2010). Toward sustainability through investments in energy efficiency. In W. H. Lee & V. G. Cho (Eds.), *Handbook of sustainable energy*. New York: Nova Science Publishers. 735–774.

Banerjee, Abhijit; Solomon, Barry D. (2003). Eco-labeling for energy effi ciency and sustainability: A meta-evaluation of U.S. programs. *Energy Policy*, 31 (2), 109–123.

Blue Angel. (2011). Homepage. Retrieved March 24, 2011, from http://www.blauer-engel.de/en/blauer_engel/index.php.

Casadesus-Masanell, Ramon; Crooke, Michael; Reinhardt, Forest; Vasishth, Vishal. (2009). Households' willingness to pay for "green" goods: Evidence from Patagonia's introduction of organic cotton sportswear. *Journal of Economics & Management Strategy*, 18 (1), 203–233.

Commission of the European Communities (COM). (1999). Communication from the Commission to the

Council on "fair trade." Brussels, Belgium: Commission of the European Communities.

Crespi, John M.; Marette, Stéphan. (2005). Eco-labeling economics: Is public involvement necessary? In Signe Krarup & Clifford S. Russell (Eds.), *Environment, information and consumer behavior.* Northampton, MA: Edward Elgar. 93–110.

Delmas, Magali A.; Grant, Laura E. (2010). Ecolabeling strategies and price premium: The wine industry puzzle. Retrieved February 21, 2011, from http://bas.sagepub.com/content/early/2010/03/04/0007650310362254. abstract.

Ecolabel Index. (2011). All ecolabels. Retrieved February 19, 2011, from http://www.ecolabelindex.com/ ecolabels/.

Energy Star. (2011). Homepage. Retrieved February 19, 2011, from http://www.energystar.com/.

European Commission. (2011a). Energy efficiency: Energy labelling of domestic appliances. Retrieved February 19, 2011, from http://ec.europa.eu/energy/efficiency/labelling/labelling_en.htm.

Galarraga Gallastegui, Ibon. (2002), The use of eco-labels: A review of the literature. *European Environment*, 12 (6), 316–331.

Galarraga, Ibon; Markandya, Anil. (2004). Economic techniques to estimate the demand for sustainable products: A case study for fair trade and organic coffee in the United Kingdom. *Economía Agrariay Recursos Naturales*, 4 (7), 109–134.

Galarraga, Ibon; González-Eguino, Mikel; Markandya, Anil. (2010). Evaluating the role of energy efficiency labels: The case of dish washers (BC3 Working Paper Series 2010–06.) Bilbao, Spain: Basque Centre for Climate Change (BC3).

Galarraga, Ibon; Heres Del Valle, David; González-Eguino, Mikel. (2011). Price premium for high-efficiency refrigerators and calculation of price-elasticities for close-substitutes: Combining hedonic pricing and demand systems (BC3 Working Paper Series.) Bilbao, Spain: Basque Centre for Climate Change (BC3).

Global Ecolabel Monitor. (2010). Towards transparency. Retrieved February 19, 2011, from http://www. ecolabelindex.com/downloads/Global_Ecolabel_Monitor2010.pdf.

Gudmundsson, Eyjolfur; Wessells, Cathy Roheim. (2000). Ecolabeling seafood for sustainable production: Implications for fisheries management. *Marine Resource Economics*, 15, 97–113.

Howarth, Richard B.; Haddad, Brent M.; Paton, R. Bruce. (2000). The economics of energy efficiency: Insights from voluntary participation programs. *Energy Policy*, 28 (6), 477–486.

Jha, Veena; Vossenaar, René; Zarrilli, Simonetta. (1993). Eco-labelling and international trade (United Nations Conference on Trade and Development Discussion, UN Document 70). Geneva: UNCTAD.

Levin, Gary. (1990). Consumers turning green: JWT survey. *Advertising Age*, 61, 74.

Loureiro, Maria L. (2003). Rethinking new wines: Implications of local and environmentally friendly labels.

Food Policy, 28 (5–6), 547–560.

McWhinney, Marla; et al. (2005). ENERGY STAR product specification development framework: Using data and analysis to make program decisions. *Energy Policy*, 33 (12), 1613–1625.

Mills, Bradford; Schleich, Joachim. (2010). What's driving energy efficient appliance label awareness and purchase propensity? *Energy Policy*, 38 (2), 814–825.

Morris, Julian. (1997). *Green goods? Consumers, product labels and the environment* (IEA Studies on the Environment No. 8). London: Institute of Economic Affairs (IEA).

Organization for Economic Co-operation and Development (OECD). (1997). Eco-labelling: Act ual effects of selected programmes. Paris: OECD.

Peattie, Ken. (1995). *Environmental marketing management: Meeting the green challenge*. London: Pitman Publishing.

Potts, Tavis; Haward, Marcus. (2007). International trade, ecolabelling, and sustainable fisheries — recent issues, concepts and practices. *Environment, Development and Sustainability*, 9 (1), 91–106.

Robins, Nick; Roberts, Sarah. (Eds.). (1997). *Unlocking trade opportunities: Changing consumption and production patterns*. London: International Institute for Environment and Development (IIED).

Saidur, Rahman; Masjuki, H. H.; Mahlia, T. M. Indra. (2005). Labeling design effort for household refrigerator-freezers in Malaysia. *Energy Policy*, 33 (5), 611–618.

Smith, Greg. (1990). How green is my valley. *Marketing and Research Today*, 18 (2), 76–82.

Truffer, Bernhard; Markard, Jochen; Wüstenhagen, Rolf. (2001). Eco-labeling of electricity-strategies and tradeoffs in the definition of environmental standards. *Energy Policy*, 29 (11), 885–897.

van Ravenswaay, Eileen O.; Hoehn, John P. (1991). Consumer willingness to pay for reducing pesticides residues in food: Results of a nationwide survey. East Lansing: Department of Agricultural Economics, Michigan State University.

Varangis, Panos N.; Braga, Carlos Primo Alberto; Takeuchi, Kenji. (1993). Tropical timber trade policies: What impact will eco-labelling have? *Wirtschaftspolitische Blatter*, 3 (4), 338–351.

Winterhalter, Dawn; Cassens, Daniel L. (1993). *United States hardwood forests: Consumer perception and willingness to pay*. West Lafayette, IN: Purdue University.

Zarrilli, Simonetta; Jha, Veena; Vossenaar, René. (Eds.). (1997). *Eco-labelling and international trade*. London: Macmillan Press.

Ecological Footprint Accounting

生态足迹核算

生态足迹核算测量了人类对于自然资源的需求,使得人们可以比较生物容量或自然对于资源的更新能力。如果足迹大于现有的生物容量,则结果为逆差。这个逆差可以通过生态过冲(高于再生量的提取)或生态容量的净输入来得到补偿。但是,生态过冲也会导致生态资源耗尽。

生态足迹出现于1990年至1994年间,它是马西斯·威克纳格尔(Mathis Wackernagel)和威廉·瑞斯(William Rees)教授合作的论文标题,后者是前者在不列颠哥伦比亚大学的论文导师。知道了可持续性发展所面临的主要挑战之后,对于资源和行星制约下的能源的消费,威克纳格尔和瑞斯想要把生态的限制翻译成可测量的基于观测的概念,这样它就可以克服当时全球政策都在讨论的可持续性发展的相对定义。他们提出这个系统的初衷是使得研究者和分析人员可以评测、管理、监控全球生物物理学资源的限制因素。

我们身边充满了行星的限制如何被推向

极致(经常超过)的证据:当我们捕鱼量超过了水体能再生的限度,渔业最终将崩溃。当我们砍伐森林的速度超过森林再生时,我们使森林提前退化。当我们的运输模式和生产模式所排放的二氧化碳超过生态圈可以吸收的限度时,我们增加了全球变暖的可能性。可再生资源的过度使用被称为"生态过冲"。很简单,足迹是一个核算体系,在其中,地球有限的承载能力的理论发出了一个含蓄而又洪亮的警告:"我们如果没有根据自然的预算来活动(例如过冲),我们最终将导致生态崩溃,经济破产。"

足迹核算系统旨在回答可持续研究者所面临的一些基本问题,如:多大的行星再生能力才可以支持特定人类的活动?答案可以与诸如食物或石油以及由此产生的废物流等许多材料和能量相对比,这些物质流经从个体到当地,从全球到国家的整个生态系统。其后的问题是:人们需要多大的再生能力才可以使用流行技术向所有人提供这些人口所需求的生态服务,其中包括了它所消耗的资源和吸收它们废弃物的需求。

在足迹核算的分类账中记录着支出和收入条目，这也相应地来给行星所产生（吸收的废物）的生物资源和我们产生的废弃物的实际总量打分。当我们对比分类账的两端时，另一个问题便产生了——地球或特定区域具有多大的再生能力（或说得简单点，生物容量）？在生态制约不断上涨的时代，我们需要通过使用公开、透明、科学的流程，可复制的一致性方法来评估和管理人类经济和人类对于生物容量的需求。足迹核算系统的工具就具有这种潜质。

说，理解这种人类需求和生物容量之间的关系是经济的中心议题，因为，它有助于农民了解他们农场的规模。他们的农场是否超过了 5 000 500 公顷或 5 公顷（1 公顷=10 000 m²），对于农民是否有那样的机会至关重要。同样的农民逻辑也可以被应用到任何地区或人口上。在不知道目前有多少再生能力，不了解生态制约是如何影响特定区域的前提下，有人会问，怎样使可持续性变得可操作甚至触手可及？足迹核算系统旨在提出这些对于实现可持续发展至关重要的问题。

生态足迹核算

2003 年马西斯·威克纳格尔和苏珊·伯恩斯（Susan Burns）创建了全球足迹网络，并把它当作足迹方法论的国内和全球管理员。（这个组织起初依靠威廉·瑞斯作为科学和政策顾问。）2010 年的全球足迹网络的国家性和全球性核算显示，在有数据记录的最近年份，2007 这一年人类不断过冲着再生资源，消耗了当年生态圈可提供资源的约50%。

全球足迹网络所执行的全国足迹核算最细致，它使用了追溯到 1961 年的每个国家每年的 6 000 个数据点。这些压倒性的数据点来自诸如粮农组织（the Food and Agriculture Organization, FAQ）或联合国贸易统计数据库（COMTRADE）之类的联合国官方统计或诸如国际能源机构（the International Energy Agency, IEA）之类的主要政府间机构。许多数据源自诸如关于气候变化的政府间平台的报告之类的联合国或联合国之外的特殊文献。

如果行星的局限性真的非常重要，如果它能提高全世界对于可持续性的关注，有人会

计算生态足迹

地球表面空间是生命的共同平台，其对于生命获得雨水和阳光等的投入至关重要。足迹核算系统的潜在前提是为人类争夺空间的活动所需要的生态服务。因此，生态足迹被作为必需的生态开采面积（例如，空间）来计算，以维持使用具体数量资源的人口。

这个计算是通过转化这个公式来得到其各自的农业产量的。因此，农业产量可以被描述为：

$$产率 = \frac{每年总产量}{所占面积}$$

用代数方法，得到如下：

$$所占面积 = \frac{每年总产量}{产率}$$

但是，表达每公顷的面积结果也具有迷惑性，因为纳米比亚的典型公顷产量要少于法国的同等公顷产量。用足迹核算的办法，每公顷依据它各自的生物容量进行调整。这些调整后的公顷被称为全球公顷，它们是足迹和生物容量的标准测量单位。本质上来说，这些全

球公顷代表着世界平均的生物容积。这意味着与两个实际公顷的土地相当的全球公顷数可能差别很大，一个土地肥沃、空气湿润、气候宜人地区的高产玉米地中一公顷可能抵得上五个以上的全球公顷，而一个干草地上的一公顷只相当于五分之一的全球公顷的生物生产力。"价值一个全球公顷的面积"意味着这个单元必须能代表同样的能力去生产同样数量的生物再生，它是整个生态服务的代理。它是一个近似值，因为在足迹核算中使用的全球公顷并非完全一致，也不提供一致的服务。

全球生态足迹

全球自然资源和物质消费的发布不均匀。许多国家产生了超过他们生物容量允许的足迹。比如，根据2007年的全球足迹网络核算数据，10个国家产生的足迹占到当年足迹总数的一半左右，美国和中国就分别使用

了地球生物容量的21%和24%（Ewing et al. 2010, 18）。通过净导入生物容量、耗尽他们自身的生物资产或使用全球共同资产，国家和地区都产生了生物容量赤字。前面的两种行为都需要付出代价，后面行为的例子如在全球水域捕鱼或向全球大气排放二氧化碳，且无须支付费用，然而它也会耗尽资源。产生更大生物容量赤字的国家战略（或者是他们战略的意外后果）对于全球是不可复制的，因此，其对于国家自身的福祉更具危险。

另一方面，许多国家固有的生物容量比其他国家更大。世界生物容量的一半在8个国家的境内。第一位是巴西，按照降序排列，依次是中国、美国、俄罗斯联邦、印度、加拿大、澳大利亚和印度尼西亚（Ewing et al. 2010, 18）。

但是人类的需求过冲了，超过了可以被自然再生的极限。从全球来看，我们过着一种"超出自然手段"的生活（见图1）。

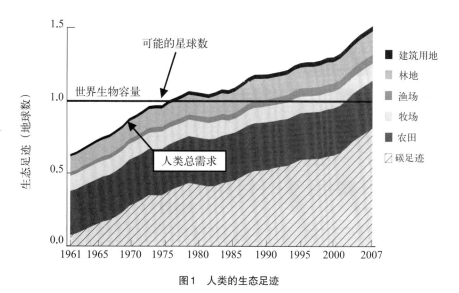

图1　人类的生态足迹

来源：Brad Ewing et al.（2010, 18）.

本曲线图显示人类需求与地球生物容量之比以及1961年—2007年间人类需求的组成及其变化。人类需求可以超过自然界再生的能力，使其资源耗尽，废水填满沟槽，从而过着"超出自然手段"的生活。

图1阐明了足迹核算系统,人类直到20世纪十八十年代才开始降低星球生物容量的基数。在那之前(可以用追溯到1961年的全球步法的数据来测量),人类仅仅消耗生态利益。图1追踪了从1961年到2007年的6个大类:碳足迹、森林、耕地、渔场、牧地、建筑用地。

批评、评价与反馈

对于足迹的批评可以分为三大领域:对于研究问题的有用性的怀疑;不充分的文献和当前结果的质量;对于其方法的挑战。在一些例子中这些批评相互重合。

很多资源都旨在挑战足迹核算对于政策制定的可行性。比如,2007年英国的环境食品和农村事务部(Pepartment for Environment, Food, and Rural Affair, DEFRA)报告了"最近的生态足迹方法实际运用发展综述"(Risk & Policy Analysts Ltd. 2007),建议英国政府不要采纳足迹作为可持续性指标。报告总结的基本原因如下:由于缺乏收集数据的一致方法(例如输入输出流程和生命周期评测流程)和特定数据,这种国家的评测方法不可靠;足迹假设花费反映消耗;足迹提高公众意识以及可以成为改变行为的工具的论点缺少实验性证据。然而,那些足迹核算系统的拥护者指出,英国未采用任何方法来告诉他们大致需要多少的行星再生能力来支持这个国家,国家现在这样的能力水平如何?

全球足迹网络宣称环境食品和农村事务部的报告是一个对于足迹方法缺乏力度而又有偏见的评价,对于那个报告,政府部门的顾问们没有加入到足迹社区来验证他们的偏见;网络进一步宣称,政府部门无意邀请足迹社区参与到报告的创作中来。咨询公司的顾问们仅仅在一个一小时的电话会议中咨询了足迹专家的看法后,这群顾问们随后(2007)所做的研究也引用了这篇报告。报告草案中没有任何一条条款被全球足迹网络检查过是否属实。相反,欧盟的评测(European Commission—DG Environment 2008)更加全面地检验了足迹专家的假设,得到了对于足迹利用和科学严密性更为有意义和公正的评价。

假定足迹研究问题是有效、相关的,核算系统本身有潜质成为可持续发展的宝贵工具,一些人问足迹方法所产生的结果是否足以信赖?它对于政策制定是否足够准确?这个问题最早见于2006年欧盟统计局的报告中——"生态足迹和生物容量:世界在有限时间段再生资源和吸收废物的能力"。该报告指出,足迹概念是"一个提升意识的优秀工具",但是"目前的应用太多种多样,又高度透明"以至于难以被决策者采纳[Schaefer et al. (Eurostat) 2006, 4]。在承认这些结果的准确度和细节需要进一步加强后,国际足迹网络坚持说这些结果足够充分证明人类需求和自然的再生能力间的比例失当。同时,关于测试这种评价的有效性和透明度方面,全球足迹网络及其合作伙伴鼓励各国政府来检验这种评价,无论其检验方式是否独立,也无论是否需要来自全球足迹网络的技术支援,已经有这样的10个复核已经完成,并可在互联网上找到(请参见拓展阅读的"国家和地区综述举例")。例如,法国可持续发展统计办公室复核了这个方法,发现其可以再现1%—3%的法国足迹和生物容量随时间变化的趋势(Commissariat Général 2009, May)。

如果足迹核算系统的基础被人们采纳，那么，对于该方法的批评就变得有意义了。全球足迹网络目前的发展侧重于这些区域的发展。为了确保足迹核算方法根据新的科学信息而改进，这些科学信息包括了从地球物理进程中所获得的更精准理解的知识和数据，全球足迹网络通过国民核算复核委员会对于这些方法不断进行内部检验和科学圈内的复核。这个委员会由网络的合作组织所派遣的代表组成，负责提出改进国家足迹账目的核心方法的建议，也负责考虑来自外部专家学者和评论员所提出的改善建议。根据委员会章程，所有对于计算方法的改变，在实施前都欢迎公众来评论，也鼓励外部团体直接向全球足迹网络提交建议函，以供委员会考虑。一个补充性的委员会在各个层面监督足迹核算标准的发展（Global Footprint Network 2012a）。

有些批评者质疑目前足迹评测的准确度，尤其是他们夸大或低估了实际的过冲。目前结果可能导致低估过冲，因为这些账目是特别设计的，无论这些数据是否不够确凿，也无论问题是否没有足够的文件来充分证明，账目都是要做出对人类需求的保守估计。基本上，账户的目的是告诉各个国家的政策制定者他们面临着特殊的风险，或者在这个资源约束的世界他们国家有着一些可能的机遇。因此，这

些账户需要努力向着可靠、证据充分、易得到这个方向发展。所以，如上所述，仔细检查全球足迹网络（2012c）所公布的结果对于政府至关重要。

最后，拥护者们发现足迹评测成了国家措施组合中的一种，后者包括了国内生产总值账户、失业统计、债务数字。如果政府不承担起全部的财政或技术责任来执行这些措施，全球足迹网络就得用来自基金会、个人、政府机构、数据证书的捐助来向大家提供它的结果。有了这些支持，全球足迹网络也开始通过以下途径来提高账户文件的可靠度和精确度，包括：活动、资源、研究因素。

贸易

目前的方法使用了估算出来的对于全部贸易商品的世界平均足迹强度，而这忽略了服务贸易。通过利用全球多地输入输出的模型，国家足迹账户能够更加全面和连续地追踪商品和服务贸易中的能源和资源流动。

当量因素

当量因素是足迹分析的核心，因为它们提供了一致性加总的基础。它对于把一公顷换算成它们各自的全球公顷值非常关键。目前的当量因素是建立在全球各种生态群落的平均农业适宜性的基础上。人们建议对于当

量因素进行修正,这种修正将包括更多、更有深度的评测地理特征,评测跨国家跨时间的生态系统的生产能力的区别,这些因素都务必分开考虑。

渔业

人们目前正在修订渔场足迹,目的是要把可持续领域的估算更清晰地融合进去,这种融合很可能在一些特殊层面,以得到更多的地理细节和物种数据。渔场尤其复杂,由于可捕捞的鱼类数量庞大,海洋食物网既复杂又规模巨大,没有任何一个全球数据集可以用来精确评估全球渔场中的供需关系。在这期间,全球足迹网络仍会使用来自不列颠哥伦比亚大学的"我们身边的海洋"项目的数据,它是全球渔场数据集里最先进的,直到联合国机构能够提供更先进的数据为止。

碳

为了具体说明生物圈具有对排放的二氧化碳的吸收能力,需要进一步精确碳的数据。可能需要的改进包括如下几点:

为碳摄取定义一种生物容量的明确方法,比如超过这个容量(用全球公顷来表示)会导致环境中二氧化碳浓度的上升。

用多种生物群落来核算碳摄取,包括缩小我们对于海洋碳封存的测量来紧紧围绕生物固定。

更加明确的包含近期矿物燃料的科学量化,这些矿物燃料都是由生物碳循环来驱动的。这样可以更精准地测量人类经济和生物圈的流动。

环境—经济核算体系兼容性

联合国统计机关受到许多国家统计办公室的支持,正在推动环境—经济核算体系(SEEA)的进程,努力使全球的环境信息标准化,使它与经济决策的关系更为紧密。这个主导的团体正在考虑以综合环境与经济核算文件卷三中的生态足迹作为重点,这一卷将涵盖它的应用。同时,国家足迹账目也与新兴的综合环境与经济核算标准相调和,它将反过来改进政策的关联性,改善国家足迹账目的国际利用状况,足迹分析也可以更轻松地融入经济决策中去。这种标准化的关键特征是确保种类的兼容性,尤其是在把国家足迹分配到消费行为中去的时候。

灵敏度分析和质量保证

国家足迹账目对于输入和假设的灵敏度定量分析可以帮助人们在未来对于源数据和计算方法进行更好地改进。

目前对于国家足迹账目的计算能力的升级能改善数据完整性和错误校验,也强化了全球足迹网络的治理结构,推动了委员会积极选择有关方法的改进,融入学术界来解决方法论问题。

意识形态问题

文献中经常出现的其他问题和评论,反映了那些没有被实际结果或研究课题所涵盖的方面。比如,Stiglitz委员会(2007)的报告和凡·登·伯格(van den Bergh)和韦布吕让(Verbruggen)(2007)在《生态经济学》的文章中宣称,足迹核算使得标准假设未能考虑到地球上人类和环境的多样性,足迹核算是反对贸易的。事实上，贸易通过分配需求回应了最终消费这些产品和服务的国家。这个核算反映了进出口流，但对于贸易的好处、缺点或公平性没有做评价。研究指出，这种生态失衡的贸易风险与那些财政失衡的贸易所面临的风险相似，人们对此有着共同的认识。因此，足迹的支持者主张这个批评没有依据，足迹账目仅仅是贸易流的描述，而非药方。

足迹的拥护者提出了这样的批评，足迹核算数据通过断定以下内容把二氧化碳排放和资源再生融合到了一起：足迹包含了性质自相矛盾的需求，碳封存不与人类对于生物圈的其他利用相矛盾，由此造成了大气中的二氧化碳的积累。比如，由于主要的岩石圈资源、矿物燃料受到生物圈吸收废物的有限能力的制约而被束缚住，这种废物的典型代表是来自矿物燃料燃烧所产生的二氧化碳排放。

足迹的前景

人类的共同梦想和必要目标是可持续发展，人们对其做出了普遍的口头承诺，全世界的人们在谈论政策时都会提到这个目标。然而，很少有单位或国家检测他们对于这个目标的决定、战略或政策的执行情况。因此，全球足迹网络和它遍布全球的70个合作组织都旨在促使各个层次的商业领袖和政府加入到追踪他们生物容量的需求和资源科学利用度的行动上来。

例如，为了推进人类发展，项目是否能够帮助项目合作伙伴持续发展才是项目成功与否的衡量标准。例如，许多分析师还相信千年发展计划，没有必要的自然资源，这个计划也无法实现，目前的成就也将被侵蚀掉。联合国发展计划正开始承认这种困境。联合国环境规划署的绿色经济项目正是由这种认识所推动，世界商务可持续发展委员会的2050年愿景也是这样说的。所有三项都基于全球足迹网络的人类发展指数—生态足迹框架，这是一种在资源限制的背景下追踪人类发展成果的测量方法。

另外，可持续经济学如果不能把人类带回到让地球能够重生的轨道上就无法成功。所以，世界自然基金会，世界最大、最具影响力的保护组织，使用生态足迹来推广一个地球的理念，并且已经成为这方面的先锋。事实上，把人类足迹降低到少于一个地球的水平已经成为他们两大主要目标中的一个。

马西斯·威克纳格尔（Mathis WACKERNAGEL）

全球足迹网络

参见：21世纪议程；业务报告方法；碳足迹；发展指标；淡水渔业指标；海洋渔业指标；真正发展指数（GPI）；全球环境展望（GEO）报告；全球报告倡议（GRI）；$I=P \times A \times T$方程；增长的极限；国家环境核算；三重底线。

拓展阅读

Chambers, Nicky; Simmons, Craig; Wackernagel, M. (2000). *Sharing nature's interest: Ecological Footprints as an indicator for sustainability*. London: EarthScan.

Ewing, Brad; Moore, David; Goldfi nger, Steven; Oursler, Anna; Reed, Anders; Wackebagel, Mathis. (2010). *The Ecological Footprint Analysis 2010*. Oakland, CA: Global Footwork Network. Retrieved February 22, 2012, from http://www.footprintnetwork.org/images/uploads/Ecological_Footprint_Atlas_2010.pdf.

Fiala, N. (2008). Measuring sustainability: Why the ecological footprint is bad economics and bad environmental science. *Ecological Economics*, 67, 519−525.

GIZ; Bayrischer Wald; Global Footprint Network. (2009). A big foot on a small planet? Accounting with the Ecological Footprint; succeeding in a world with growing resource constraints. Retrieved February 19, 2012, from. http://www.conservation-development.net/index.php?L = 2&ds = 313.

Global Footprint Network. (2012a). Application standards 2009. Retrieved February 16, 2012, from http://www.footprintnetwork.org/en/index.php/GFN/page/application_standards/.

Global Footprint Network. (2012b). Data and results [2010 Datatables; Calculation methodology; 2008 National Footprint accounts guidebool]. Retrieved February 16, 2012, from http://www.footpr intnetwork.org/images/uploads/Ecological_Footprint_Atlas_2010.pdf.

Global Footprint Network. (2012c). National reviews. Retrieved February 22, 2012, from www.footprintnetwork.org/reviews.

Grazi, F.; van den Bergh, Jeroen; Rietveld, P. (2007). Spatial welfare economics versus ecological footprint: Modeling agglomeration, externalities and trade. *Environmental and Resource Economics*, 38, 135−153.

Kitzes, J; et al. (2009). A research agenda for improving national Ecological Footprint accounts. *Ecological Economics*, 68 (7), 1991−2007. Retrieved February 16, 2012, from http://www.justinkitzes.com/pubs/Kitzes2009_EcoEco_Agenda.pdf.

Kitzes, Justin; Peller. A.; Goldfinger, Steven; Wackernagel, Mathis. (2007). Current methods for calculating national Ecological Footprint accounts. *Science for Environment & Sustainable Society* (Research Center for Sustainability and Environment, Shiga University), 4 (1).

Lenzen, M.; Murray, S.A. (2003). The Ecological Footprint — Issues and trends [ISA Research Paper 01−03]. Sydney: University of Sydney.

Moran, Daniel D. Moran; Wackernagel, Mathis; Kitzes, Justin A.; Goldfinger, Steven H.; Boutaud, Aurélien. (2008). Measuring sustainable development — Nation by nation. *Ecological Economics*, 64 (3), 470−474.

Rees, William E.; Wackernagel, Mathis. (1994). Ecological Footprints and appropriated carrying capacity: Measuring the natural capital requirements of the human economy. In AnnMari Jansson, Carl Folke, Monica Hammer, and Robert Costanza (Eds.), *Investing in natural capital*. Washington DC: Island Press.

Stake, Jeff rey E. How to protect from ranking-mania: The ranking game. Retrieved February 22, 2012, from http://monoborg.law.indiana.edu/LawRank/rankingmania.shtml.

van den Bergh, Jeroen C. J. M.; Verbruggen, Harmen. (1999). Spatial sustainability, trade and indicators: An evaluation of the "ecological footprint." *Ecological Economics*, 29, 61–72.

van Vuuren, D. P.; Bouwman, L. F. (2005). Exploring past and future changes in the ecological footprint for world regions. *Ecological Economics*, 52, 43–62.

Venetoulis, J.; Talberth, J. (2008). Refining the ecological footprint. *Environment, Development, and Sustainability*, 10, 441–469.

Wackernagel, Mathis; Beyers, Bert. (2010). Die Welt neu vermessen [Ecological Footprint]. Hamburg, Germany: Europäische Verlagsanstalt.

Wackernagel, Mathis; Moran, Dan; Goldfinger, Steven. (2006). Ecological Footprint accounting: Comparing Earth's biological capacity with an economy's resource demand. In Marco Keiner (Ed.) *The future of sustainability*. Berlin: Springer Verlag.

Wiedmann, Thomas; Barrett, John A. (2010). Review of the Ecological Footprint indicator — Perceptions and methods. Sustainability, 2, 1645–1693.

WWF International [World Wildlife Federation], Global Footprint Network, & Zoological Society of London. (2010). *Living planet report*. Gland Switzerland: WWF International.

国家与地区综述（举例）

Commissariat Général Developpement Durable [Ministry of Sustainable Development] (2009, May). Une expertise de l'empreinte écologique [An expert assessment of the Ecological Footprint, No. 4, in French]. Retrieved February 22, 2012, from http://www.developpementdurable.gouv.fr/IMG/pdf/etudes_documents.pdf.

European Commission — DG Environment (2008). Potential of the Ecological Footprint for monitoring environmental impact from natural resource use. Retrieved February 22, 2012, from http://ec.europa.eu/environment/natres/studies.htm.

Federal Environment Agency [Germany/UMWETBUDESAMT]. Scientifi c assessment and evaluation of the indicator "Ecological Footprint." Research report 363 01 135. Retrieved February 18, 2012, from http://www.umweltdaten.de/publikationen/fpdf-l/3489.pdf.

Risk & Policy Analysts Ltd. (2007). A review of recent developments in the use of ecological footprinting methodologies: A report to the Department for Environment, Food and Rural Aff airs. London: DEFRA. Retrieved February 15, 2012, from http://www.rpaltd.co.uk/documents/J558Footprinting2Aug07.pdf.

Schaefer, Florian; Luksch, Ute; Steinbanch, Nancy; Cabeça. Julio; & Hanauer, Jörg [Eurostat]. (2006). Ecological Footprint and biocapacity: The world's ability to regenerate resources and absorb waste in a limited time period. Luxembourg: European Communities. Retrieved February 21, 2012, from http://epp.eurostat.ec.europa.eu/cache/ITY_OFFPUB/KS-AU-06-001/EN/KS-AU-06-001-EN.PDF.

Stigitz Commission. (2007). Report by the Commission on the Measurement of Economic Performance and Social Progress. Issues paper 25/07/08. Retrieved February 22, 2012, from http://www.stiglitz-sen-fitoussi.fr/documents/rapport_anglais.pdf.

Ecological Impact Assessment, EcIA

生态影响评估

生态影响评估是在规划和实施发展时,用于预测对生物多样性和生态系统可能的破坏,并确定需要避免或降低这种损害的措施。可以应用于平衡社会、经济和环境的很多问题,影响评估的部分方法,如环境影响评价;也可以应用于更广泛的土地利用规划或独立应用。

生态影响评估(EcIA)是用来识别、预测和评估新开发项目的生态后果,可以以一个地区的个别项目形式,也可以以更大规模计划的形式进行。它借鉴了生态科学的方法,确定对环境的生命部分将如何会受拟议中活动的影响,然后应用比较主观的方法来解释所预测生态变化的意义。其结果被用来确定应采取的行动,以避免不良影响或恢复任何损坏(简称减缓)(1996 Treweek)。要做到这一点还需要在实施一个开发项目或规划的那些人、生态影响评估从业者和负责规管环境或对所提出的开发建议是否应该继续进行决策的那些人之间进行互动。

生态影响评估可作为一次独立的活动或作为土地利用规划报告中影响评估部分(Wathern 1999)。在许多国家,要向土地利用规划者提供影响评价的资料,以使其能够从环境的角度决定是否应该开发,以及如果决定开发,那么在什么条件下开发。对欲单独实施的项目(如新的道路、水电、矿山项目)而言,称其为环境影响评价(EIA);当用于政策、计划或发展计划(单独的一个新的运输政策、一个区域交通规划或道路发展计划)时,称其为战略环境评估(SEA)。生态方面的评估仅仅是需要在影响评估提出的一整套包括诸多环境方面中的一个,但越来越重要,因为生态系统和生物多样性(在所有方面生命的丰富程度)的速率在全球都呈下降趋势。进行生态影响评估的法律规定因国家而异,因为这样做的方式和所用的方法不同,但大多数环境影响评价和战略环境评估体系至少包括一些要求,以解决生态影响。开展生态影响评估作为影响评估的一部分提供了一个重要契机,以确保生物多样性和生态系统作为要素而纳入发展决策中。

虽然不一定按此顺序，但生态影响评估一般包括以下步骤：

- 对未拟议发展的目标环境的生态维度（分布、结构、功能）进行编目和了解。这可以被称为生态基线评估，并应包括对如果不开发，随时间可能发生的变化的考虑。

- 识别可能发生作为发展结果的社会、经济和环境的变化，并将此定义为一个"生态影响的区域"。

这应包括任何变化：或由于所拟议发展的存在可能导致的变化，或可以建立清晰的因果关系的变化，即使这些变化可能出现在一些距离之外。

- 预测这些变化的生态响应，并决定它们是否在基线变化的范围内。

- 考虑已确定变化的生态后果，例如，是否有正面临灭绝的物种将遭受不可逆转的下降，或湿地生态系统将失去其供水而消失？

- 考虑已经确定的生态影响是否会对任何人产生明显的影响。因为生物多样性衰退，人们是否将失去获得基本的生态系统服务或将影响其幸福感？对评价的显著性建立合适的标准是更具挑战性的任务之一。

- 确定措施，以避免或解决明显的影响（简称减缓），评估有无原位缓解的生态结果。根据用于评价显著性的给定标准，考虑是否会达到一个可以接受的结果。

- 沟通的结果，或作为一个独立的报告，或作为更广泛的环境报告表或者环境影响报告书的一部分。随后应该是重要的监控和审计步骤，以确立影响是否如预期、缓解措施是否奏效、实际的可持续结果是否实现。

在此背景下，可持续发展的成果是能够预计受影响的生态系统将保持一个健康可行的状态，并且可以预期生物多样性的幸存。

起源与发展

环评首先于1969年在美国实施，已成为全球120多个国家规划体系中许多情况下不可或缺的程序，以及在非常正式场合的表达，即在规划过程中要对当地开发活动的生态后果进行考虑。环评从成立之初生态因素就是其考虑的特色，但直到20世纪80年代，生态影响评估并没有成为一个特定的学科。1984年，加拿大环保主义者戈登·比恩兰茨（Gordon Beanlands）和皮特·杜因克（Peter Duinker）的一篇主题文章由于具有特定的社会政治动机，提出了将生态应用于影响评价方面固有的科学挑战。这促进了加强对生态影响评估科学依据研究的努力，体现在乔·吹韦克（Jo Treweek 1996）和海伦·拜融（Helen Byron 2000）的文章中。

1992在里约热内卢举行的联合国环境与发展年会（也称为地球峰会或里约峰会），产生了《生物多样性公约》（CBD）。这强化了考虑开发对生物多样性的影响的需要，并导致了将生态影响评估的重点转向更明确地考虑对生物多样性和生态系统的影响。这也促使对生物多样性的规划考虑更新更多的战略方针，更加强调对能降低生态破坏程度的办法的认知（Brownlie et al. 2005；Byron & Treweek 2005b）。

《千年生态系统评估》于2000年出版，由于在支撑生态系统服务（即人们从生态系统得到的好处）中所起的基础性作用，该书进一步强调在战略规划和决策中必须包括生物多样性。生态系统直接支持着许多生计，为数以百万计的人提供必要的商品和服务，但他们也正在以前所未有的速度被人类活动破坏。这种退化的后果和费用一般不计入发展规划，因为大部分的服务（例如，清洁的水，可收获的作物，燃料木材供应）被认为是公共物品。从现场的事实和专业眼光来看，没有与之相关的市场价值意味着它们通常被定低价或根本不定价。生态系统和生物多样性经济学（TEEB）进行了国际公认的研究，进一步强调了生物多样性丧失和生态系统退化的成本不断增加，还需要科学、经济学和政策的紧密结合。生态影响评估的实践还没有应对这一挑战。

应用及影响

现在生态影响评价是一门成熟的学科，在许多发达国家和发展中国家通常或单独或与环境影响评价和战略环境评估相结合，用于预测和评估新发展的生态成果（Byron & Treweek 2005A & 2005B）。但是，对环境影响评价报告中环境声明（ESS）的许多评审已经发现生态投入的质量特别差。评审者（例如，参见以下文献，European Commission 1996；Mandelik，Dayan & Feitelson 2005；Treweek 1996; Treweek & Thompson 1997，等）已经发

现影响预测不佳并缺乏科学的严谨性，虽然随着时间的推移已观察到一些改进。提出的理由都是国家之间技术和体制不同。在欧洲，由于缺乏实施缓解的措施或监控其有效性的法律，导致"纸上承诺"但实践中不履行。在许多发展中国家，生态影响评估的质量由于缺乏可以用来解释影响的可靠信息受到影响，但更严重的问题是，对生态系统实现可持续后果所需的开发许可，缺乏对其影响生态影响评估的范围所需的监管能力和执行条件。

在许多情况下，生态影响评估往往只专注于保护区和物种（Byron 2000），并未能充分考虑到不同层次的生物多样性（生物区、景观、生态系统、生境、群落、物种、种群、个体和基因）、结构关系（例如，连接性、空间联动、分片）和被认为对生物多样性的全面测量至关重要的功能关系（例如，干扰过程、养分循环速率、能量流率、水文过程）（Noss 1990），未受保护的场所或栖息地、不受保护或包括在全球受威胁物种目录中的品种。

在采用生态影响评估作为一种工具稳步增长的同时，仍然存在许多缺点。特别是，尽管对其必要性的认识日益增长，生态影响评估很少有效地考虑对生态系统服务和生态破坏成本代价的影响。

国际协议

环境影响评价和战略环境评估两者都被联合国《生物多样性公约》认可,作为重要的工具以识别、避免、减少和减轻对生物多样性的不利影响(CBD 1998,2000,2002,2003 & 2006)。其他与生物多样性有关的公约,如迁徙物种公约(CMS)和拉姆萨尔湿地公约也承认影响评估的重要作用(Prichard 2005)。

1992年《生物多样性公约》要求缔约方在其规划开发时,考虑生物多样性,并将环境影响评价和战略环境评估作为实现这一做法的重要工具。这反映在《生物多样性公约》的第14条(CBD 1998),其中具体涉及影响评价,并指出如果体系中尚无环境影响评价和战略环境评估,公约各缔约国应引入其规划体系中,还指出他们应该确保生物多样性和生态系统得到充分考虑。实际上,《生物多样性公约》第14条设计了一个"生物多样性包容性"影响评估的要求。《生物多样性公约》和国际影响评价协会已签署了指南,对如何在实践中达到要求建立了基本规则(CBD 2006)。其他根据14条如何将生物多样性整合至环境影响评价指南,已经由美国环境质量委员会(1993)、加拿大环境评估局(1996)和世界银行(1997)签署。

这些协议对生物多样性和生态系统的国家政策建立了基础,并提供了使它们成为政策主流的理由。在此背景下,建立了国家法律和法规,要求将要开展生态影响评估。这些法律法规一般都相当广泛且包括基本过程。换句话说,法律可以要求进行影响评估并且包括生态考虑,但没有法律要求披露可持续发展的结果,或者证明可持续发展应该如何达到。这仍然是如何应用生态影响评估的一个关键缺点。

监测与反馈

生态学家曾多次强调,需要同时监视那些被预测的影响是否真的发生,以及提出的缓解减少生态影响至可接受水平的措施是否有效。如果没有这个信息,通过生态影响评估的实践来提高科学知识和科学理解的机会和预测能力总是有限的。环境影响评价和生态影响评估有效性的审查已经表明,缺乏监管和持续性是改进的一个主要障碍,并且至少20年内进行适应性管理。那么我们要问,为什么严格的监督仍然罕见。监督缺失可能是由于缺少环境影响评价立法来开展监测,或是由于缺少监管的能力和资源。尽管在法律和政策被审查、更新时有明显的改进机会,却很难弄明白为什么法律规定尚未有改变。

未来趋势

虽然生态影响评估已广泛使用,但是由于生态系统固有的复杂性、基本科学知识的缺乏以及资源的有限,仍然限制着预测确定潜在生态影响的能力(Mangel et al. 1996)。

缺乏监测和随访导致难以对生物多样性和生态系统实际进行的可持续情况,建立有效的现场应用。然而,无可辩驳的证据表明,由于基本生态系统服务损失(粮食作物授粉、固碳、水循环等),全球生物多样性和生态系统在持续衰退,增加了对人类福祉的风险。预计这些风险将因气候变化而加剧,如果要避免不可逆的损伤,生态影响评估必须更有效地考虑这些因素。然而,除非在法律上对此有更强的要求,实践中的改变可能会很少。

如果生态影响评估对阻止生态系统退化起到立竿见影的效果,那么生态影响评价将有一个从流程驱动到以结果为导向的方法改变。这反映在人们越来越认识到有必要通过对生态系统服务的影响,考虑生态变化对人的影响(Slootweg et al. 2010)。越来越多的国际金融贷款机构正在这个领域展示其引领作用,并对生物多样性和生态系统服务的贷款,正在实施"无净损失"结果交付的条件。同样,一些国际企业和公司正在对此问题创造强大的企业形象,并相应地修改其生态影响评估程序。在一些国家,现已将需要对生物多样性和生态系统服务提供"无净损失"后果,嵌入至国家政策和法律中,促使更加重视发展后对生物多样性和生态系统继续存在不利影响情况下的生态补偿(包括生物多样性)。在国际协定中要求对生物多样性可持续后果的应对政策,再加上需要披露该结果的法律,能够将生态影响评估从仅仅辨识生态风险的工具转变为可以确保这些风险得到有效管理的工具。

乔·吹韦克(Jo TREWEEK)
英国环境咨询公司(吹韦克)

参见:成本—效益分析;发展指标;生态系统健康指标;生态足迹核算;外部评估;土地利用和覆盖率的变化;长期生态研究(LTER);遵纪守法;风险评估;战略环境评估(SEA)。

拓展阅读

Beanlands, Gordon E.; Duinker, Peter N. (1984). An ecological framework for environmental impact assessment. *Journal of Environmental Management*, 18, 267–277.

Brownlie, Susie; et al. (2005). Systematic conservation planning in the cape fl oristic region and succulent karoo, South Africa: Enabling sound spatial planning and improved environmental assessment. *Journal of Environmental Assessment and Planning*, 7 (2), 20.

Byron, Helen. (2000). *Biodiversity and environmental impact assessment: A good practice guide for road schemes*. Sandy, UK: The RSPB, WWF-UK, English Nature and the Wildlife Trusts.

Byron, Helen; Treweek, Jo. (Eds.). (2005a). Special issue on biodiversity and impact assessment. *Impact Assessment and Project Appraisal*, 23 (1).

Byron, Helen; Treweek, Jo. (Eds.). (2005b). Special issue on strategic environmental assessment and biodiversity. *Journal of Environmental Assessment Planning and Management*, 7(2).

Canadian Environmental Assessment Agency (CEAA). (1996). *A guide on biodiversity and environmental assessment*. Ottawa: Minister of Supply and Services, Canada.

Convention on Biological Diversity (CBD). (1998). Decision IV/10: Measures for implementing the Convention on Biological Diversity: C. Impact assessment and minimizing adverse effects: Consideration of measures for the implementation of Article 14.Retrieved December 29, 2011, from http://www.cbd.int/doc/quarterly/qr-04-en.pdf.

Convention on Biological Diversity (CBD). (2000). Decision V/18: Impact assessment, liability and redress: I. Impact assessment. Retrieved October 12, 2011, from http://www.biodiv.org/decisions/default.aspx?dec =V/18.

Convention on Biological Diversity (CBD). (2002) Decision VI/7: Further development of guidelines for incorporating biodiversityrelated issues into environmental-impact-assessment legislation or processes and in strategic impact assessment. Retrieved October 12, 2011, from http://www.biodiv.org/decisions/default. asp?lg = 0&dec = VI/7.

Convention on Biological Diversity (CBD). (2003). Proposals for further development and refi nement of the guidelines for incorporating biodiversity-related issues into environmental impact assessment legislation or procedures and in strategic impact assessment: Report on ongoing work. Retrieved October 12, 2011, from http://www.biodiv.org/doc/meetings/sbstta/sbstta-09/information/sbstta-09-inf-18-en.pdf.

Convention on Biological Diversity (CBD). (2006). Voluntary guidelines on biodiversity-inclusive impact assessment. Retrieved October 12, 2011, from http://www.biodiv.org/doc/meeting.asp?lg = 0&mtg = cop-08.

European Commission (EC). (1996). *Evaluation of the performance of the EIA process*. Brussels, Belgium: European Commission.

Gontier, Michael; Balfors, Birgit; Mortberg, Ulla. (2006).Biodiversity in environmental assessment—Current practice and tools for prediction. *Environmental Impact Assessment Review*, 26 (3), 268–286.

International Association for Impact Assessment. (2005). *Biodiversity in impact assessment* (IAIA Special Publications Series No. 3). Retrieved January 23, 2012, from http://www.iaia.org/publicdocuments/special-publications/SP3.pdf.

Mandelik, Yael; Dayan, Tamar; Feitelson, Eran. (2005). Planning for biodiversity: The role of ecological impact assessment. *Conservation Biology*, 19 (4), 1254–1261.

Mangel, Marc; et al. (1996). Principles for the conservation of wild living resources. *Ecological Applications*, 6, 338–362.

Millennium Ecosystem Assessment. (2000). Homepage. Retrieved October 12, 2011, from http://www.maweb.org.

Noss, Reed F. (1990). Indicators for monitoring biodiversity: A hierarchical approach. *Conservation Biology*, 4, 355–364.

Pritchard, David. (2005). International biodiversity-related treaties and impact assessment: How can they help each other? *Impact Assessment and Project Appraisal*, 23 (1), 7–16.

Slootweg, Roel; Rajvanshi, Asha; Mathur, Vinod B.; Kolhoff, Arend. (2010). *Biodiversity in environmental assessment: Enhancing ecosystem services for human well-being*. Cambridge, UK: Cambridge University Press.

The Economics of Ecosystems and Biodiversity (TEEB). (2010). *Main treaming the economics of nature: A synthesis of the approach, conclusions and recommendations of TEEB.* Retrieved February 14, 2012, from http://www.teebweb.org/LinkClick.aspx?fi leticket=bYhDohL_TuM%3D.

Tinker, Lauren; Cobb, Dick; Bond, Alan; Cashmore, Mat. (2005). Impact mitigation in environmental impact assessment: Paper promises or the basis of consent decisions? *Impact Assessment and Project Appraisal,* 23 (4), 265–280.

Treweek, Jo. (1999). *Ecological impact assessment.* Oxford, UK: Blackwell Science.

Treweek, Joanna R. (1996). Ecology in environmental impact assessment. *Journal of Applied Ecology,* 33, 191–199.

Treweek, Jo; Thompson, Stewart. (1997). A review of ecological mitigation measures in UK environmental statements with respect to sustainable development. *International Journal of Sustainable Development and World Ecology,* 4, 40–50.

US Council on Environmental Quality. (1993). *Incorporating biodiversity considerations into environmental impact analysis under the National Environmental Policy Act.* Washington, DC: Council on Environmental Quality.

Wathern, Peter. (1999). Ecological impact assessment. In Judith Petts (Ed.), *Handbook of environmental impact assessment: Vol. 1. Environmental impact assessment: process, methods and potential.* Oxford, UK: Blackwell Science. 327–346.

The World Bank Environment Department. (1997). Environmental assessment sourcebook update No. 20. Washington, DC: The World Bank.

Ecosystem Health Indicators

生态系统健康指标

改善生态系统的健康是一个全球性的长期目标，这一点的实现很大程度上取决于建立有意义的生态系统健康指标，用这些指标来确定生态退化的关键驱动因素和压力，并通过对这些指标的评估来评估生态系统健康。这些生态系统健康指标及根据这些指标做出的评价可以刺激决策者和社会大众采取必要的行动来恢复世界范围内的生态系统健康。

在过去的半个世纪中，"健康"的概念已经从生命个体（人类及其他物种）延伸到更高水平的生物组织：人口、生态社区、整个生态系统、景观和生物圈。对不同层面进行生态健康评估所需的指标是不同的。例如，人口的健康不仅仅是个体健康状况的总和。新的指标则会特别关注整个人口的状态。虽然关于生态系统健康有各种不同额定义，但它们基本上都包含了这三个基本要素：稳定的结构、活力和自我调节能力。稳定的结构使生态系统的构成完整，物种之间以及系统与整个环境的联络网保持完整。损失生态系统中的关键因素如破坏或移除土壤、珊瑚或河床都有可能削弱维持其生物构成的能力。活力是指整个系统的新陈代谢，也就是说这个系统必须包含充足的能量来维持能量从初级生产者（植物）向一级（食草动物）和（食肉动物）消费者传递，还必须具有维持养分循环的能力。生态系统自我调节能力是指有从洪水、火灾、虫害、干旱等因素引起的扰动中恢复的能力。尽管这类扰动会引起短期群落结构和生态功能中断（例如干旱可能完全消除地上生物群），但健康的生态系统能够从这些自然扰动中恢复。对于一些依靠扰动维持的生态系统，森林火灾或洪水之类的自然扰动是维护生态系统的健康的一个重要组成部分。

用来评价生态系统的健康的指标列表在不断增多，其中的许多指标是适用于全世界范围的。用单一的指标来评估生态系统是否健康是不够的，相反，这类评估需要精心挑选一系列的指标。为了更好地使用这些指标，必须确立每个指标在特定的生态系统健康评价时的正常范围,比如特定区域内草地上初级生产者评价的正常范围、原始温带雨林中鸟类物种多样性评价的正常范围。常见的应用于大范围的生态系统健康评估的指标包括机会主义物种主导进化、外来物种入侵、群落结构变化、下层物种流失、营养循环中断、由人类引起的生态系统服务的进步性流失(Rapport & Whitford 1999, 193—203)。

从指标到指数

在有大量信息来描述整个系统的状况时,人们就希望从所有单个指标中聚合出一个信息指数。当指数拥有能够融合不同数据强调逻辑性和科学依据时,它们就有很大价值。在索引中解释得清楚,这在某些社会引用中非常成功,比如消费者价格指数的广泛应用。我们为各种环境状态都创建了指数(如水质、空气污染),例如森林资本指数的建立(Rapport & Ullsten 2006, 268—290)。这样的指数可能能够给出一个系统健康状况的概述,但它们不能作为交流的工具。如果这些指数结合了与生态系统健康不同方面的许多指标,并且这些指数中指标的加权方式(显式或隐式)也会严重影响指标传达的信息。因此这些指数很难概念化。

指标的发展史

指标发展的根源嵌入在人类文化发展历史的长河中。柏拉图的一句话让几千年前的人们明白了某些农业排水系统的修改会对农产品产量带来不利的影响。在整个历史发展的过程中,敏锐的观察者已经记录下了人类

活动和生态系统转换之间的相关性。17世纪末18世纪初,泰晤士河、莱茵河流域有大量工业废水排出,很容易就能发现水体的恶臭、变色和水中鱼类的死亡。这都是工业活动直接后果。

20世纪,以1940年的艾尔多·里奥坡德(Aldo Leopold)为代表的自然主义者的观察使他们意识到人类行为直接导致了土地功能失调,即里奥坡德所称的"土地病"。里奥坡德在他的家乡威斯康星州观察到的令人担忧的景象有本地物种的消失、生物多样性受损、土壤肥力和作物产量下降,生物生产力下降,物种入侵增加,以及动植物的患病率的增加。几十年后,统计部门开始把环境问题作为他们报告的一部分,并开始寻求一个能够全面将人类活动与环境变化联系起来的框架。加拿大统计局对此进行了模拟并提供了一个合适的模板(Rapport & Friend 1979)。迅速被经济合作与发展组织环境秘书处采用的整个模型如今被称为压力—状态—响应(PSR)模型,即向生态系统施加不同的人为压力,用生态系统健康指标来衡量其状态,做出回应政策。稍作修改后,就是欧洲环境署(the European Environment Agency, EEA)广泛使用的本土环境报告。

PSR模型应用于生态系统健康评估的一个值得注意的例子是由赫尔辛基委员会(Helsinki Commission, HELCOM)执行的波罗的海的回顾性评估(HELCOM 2010a)。《波罗的海生态系统健康评估》这份报告是将一套量化指标实际使用在大规模生态系统上的典范,也是将生态系统健康与一系列人为施加的压力和冲击联系起来的模范。这份评估和

许多类似评估，如健康劳伦大湖（美国/加拿大）、莫顿湾（澳大利亚）、默里-达令流域（澳大利亚）、芬迪湾（加拿大）、中美洲珊瑚礁、佛罗里达大沼泽地等的评估都为减缓环境恶化的公共政策的制定提供了科学依据。

应用规模

生态系统健康的指标可能广泛应用在许多生态系统中，或者受应用与特定生态系统的严格限制。例如，山松甲虫这种特定森林害虫的流行是不列颠哥伦比亚省北部和中部的针叶林健康状况的关键指标，由于持续数年的暖冬，指标物种在加拿大部分森林地区前所未有的爆发导致了灾难性损失。然而这个物种必须生存在一个特定的生态区域（一般是主要生长在美国黑松和扭叶松的森林）。一个更为普通的指标是可以让所有森林患病的物种，而不只是特定的物种患病。进一步规模扩大，就可以看这个指标使整个生态系统的患病率。当指标的应用上升到这种规模时，它就不仅要适用于森林，还要适用于草原、湖泊和湿地等等。

规模对生态系统健康评价来说非常重要。例如在对工业场所进行监测时往往只限制在评价是否存在指标性物种和当地生物体内是否有潜在有毒化合物。当这些信息在一个相对狭隘的区域内时并不能体现出它

们的相关性。但当污染涉及长期存在并可以在食物网中累积的有毒物质时，导致的直接结果就是大面积的生态系统退化。工业污染另一个整个生态系统层面上的影响就是湖泊和溪流的酸化。20世纪70年代，安大略萨德伯里附近的一家冶炼厂排放的二氧化硫让一个原本健康的混合落叶/针叶林变成了月球表面，让约46 000公顷土地上覆盖的森林和大多数植物消失，并导致了超过7 000个湖泊的酸化。

生态系统健康的定量指标

指标不只是有用数据的一个变量。湖泊或沿海地区的大规模赤潮不仅告诉我们水里有很多的藻类，还表明因污水缺乏处理或不恰当农业活动中营养流失导致过多的营养物质进入水体。同样鸟类种群的变化可以转化为森林植物种类的变化；原始森林的衰落和特定栖息地的减少与物种减少直接相关。

我们为什么会想要度量生态系统的健康？健康状态或健康变化的度量或可度量可以评价一种行为对健康状况起积极或消极作用。通过跟踪评估度量健康状况的和人为压力的度量信息，我们可以根据这些信息来决定什么可以做，而什么不可以。例如，维持怎样的捕鱼强度才能维持湖泊或海洋区域的生态健康？什么样的伐木惯

例才能保持森林的生态健康（也就是说，不仅保证木材的供应）？

在传统资源管理中，人们试图通过将每一个可利用的资源作为一个独立的实体进行检查，确定其最大可开采产量来解决这些问题。这种方法已经被证明是不充分的，因为它只关注了资源，忽略了生态系统不同组成之间的相互作用，因此并不能评估生态系统的整体健康。单一物种数量的持续增大对整个生态系统的健康可能是灾难性的。大量捕鱼可能会导致鸟类数量下降；持续伐木可能会导致树木死亡而引起的物种灭绝。

为了覆盖生态系统健康的更多方面，需要一套量化指标。例如赫尔辛基委员会对于波罗的海的回顾评估就定量评估了营养状况、污染程度、鱼类资源和生物多样性。这使得波罗的海，包括子流域和该地区的整个生态系统的健康得到评估。这类评估的价值在于识别需要立即注意威胁生态系统健康（人类福祉的依赖）的问题并使之得到改善。北美的五大湖已经应用了类似的评估方法，并基于各个湖泊流域的一系列生态系统健康指标每年发布评估报告。这些指标和评估都能够为管理和决策提出依据。

生态系统健康的监测

生态系统健康的监测不仅需要仔细选择一套关键指标，也注意收集的高质量、可靠数据及其状态和趋势的实用性，为评估生态系统健康建立有效的基线（或正常的范围）。在有些情况下，这些还是相对比较直接的。例如，从识别海藻、墨角藻的大量出现在波罗的海浅水域及其分布可以说明关于波罗的海生态健康状况的很多信息。这种海藻的生长受制于水的透明度，受光照影响。长时间观察发现这种藻类的深度可以为这个海域的富营养（营养）条件提供有用的信息。富营养化（即从污水和农业径流流入的过剩的营养）是波罗的海的一个主要环境问题。墨角藻监测的第二层意义是：这种海藻为包括许多幼鱼在内的许多物种提供栖息地类。墨角藻数量的增加为鱼类提供大量栖息地，为促进整个生态系统的健康做出很多贡献。当水中出现人工合成污染物如多氯联苯（PCBs）时，可以以零含量为参考，初次之外还要知道负面影响出现的极限值。传统的方法是通过实验确定反应曲线，从曲线上估计"无影响浓度"。这些极限值可以为监测生态系统的健康提供指导，但必须清楚的是这些值通常是在实验室用单一物质测试的结果，而生态系统是多个因素相互作用的结果。因此负面影响出现的极限值水平可能远远低于实验室数据。在某些情况下，不同因素之间可能有拮抗作用，因此出现的极限值水平也可能高于实验室研究。

像物种丰度和粒度分布等变量的基线更加难以确定。在某些情况下可能会得到生态系统未受到重大人工干预，处于原始状态的估计状况。但是除了一些偏远的生态系统之外，这种途径是不切实际的，因为许多生态系统进化与人类的发展都在不断相互影响。因为这些困难，生态系统的健康的评价往往通过更务实的方式。欧盟为不同水体在"良好的生态地位"职责的详细构成发布了水框架指令和海洋战略指令（均为法律文件）。因此确认了与生态状态（从原则上与整个欧洲生态健康息息相关）相关的许多变量和极限值。这些指令的目的是刺激各方采取措施,让所有水体恢复健康状态。

生态监测中的权衡和挑战

生态系统健康指标发展的主要挑战之一是发现一些可以作为生态系统退化"早期预警"信号的指标。现在的指标主要是在破坏形成之后才被发现,依照这些指标再对环境进行修复就为时太晚,或是经济上不能实现。一般来说,只有在回顾的时候才能发现生态系统中一些看似无关紧要的变化可能导致整个生态系统产生重要后果。例如在20世纪50年代,每年春天在伊利湖海岸(美国/加拿大)大量繁殖、数量众多的蜉蝣突然消失了。它们的消失并没有被忽略(它们的大量繁殖总是让当地居民反感,让路面变滑导致驾驶危险性增加),但这对伊利湖生态健康的深远影响并没有被立即发现。现在回想起来,蜉蝣幼虫的消失是伊利湖生态退化的最早迹象之一——这些在伊利湖底部的幼虫消失是因为湖水底层的营养物质不断累积,产生了一个周期性的死亡区域。在其他情况下,例如湖泊酸化,发现敏感物种的行为改变可以作为湖水酸化水平对水体生态健康产生了负面影响的最早指标。然而监控所有个体或群体的行为变化是极其昂贵且不切实际的。

另一个重要的挑战是获得概要数据的成本。随着遥感技术的迅速发展及其越来越多的应用与生态系统评估,这些成本也在迅速下降。遥感特别适用于空间数据的采集,如森林覆盖的范围,林木组成,湿地的范围和位置,包括初级产品代理措施的草原状态,大范围藻华,海岸线退化等类似状况。然而对许多与生态系统健康评价至关重要的变量(如鱼类、水化学、土壤生物群、物种入侵、流行疾病等等)来说,遥感技术并不能提供有效服务。密集和频繁的实地采样仍然需要付出高昂的代价。在这种情况下,预算的安排就要在监测变量的数量、数据收集的频率和抽样设计的强度中进行权衡。这类权衡发生得过于频繁对大规模生态系统的抽样结果来说并不理想。因此,为了开发可靠的指标就需要综合各类不同数据收集的方式。特别要注意那些可能揭示早期生态系统的健康退化的瞬态事件的捕获。

未来几十年的展望

改善和保护生态系统健康的总体目标已被广泛接受。例如,赫尔辛基委员会的第一个波罗的海区域性回顾性评估报告中,生态系统健康是明确的焦点。对于健康生态系统的强调也纳入了国际自然保护联盟的长期规划,欧洲环境署2009年—2013年的决策,以及包括中国内蒙古草原、澳大利亚水域、热带珊瑚礁生态系统及森林生态系统等的许多大范围生态系统的评估。这个目标已经或明显或含蓄地应用于水生或陆生生态系统中，并且也被写入了法律文件。同时，很明显的这也是一个长期的目标。世界上的许多生态系统所显示出的综合性破坏都是几十年甚至几世纪的人为压力累积的结果。当损害造成之后，许多情况下是不可能快速修复的。然而这些困难并不应该阻挡全社会为改善全球生态系统的健康而采取行动。

　　地球上大面积的生态系统都已经退化。研究者认为我们可能已经进入了第六次生命大灭绝。荒漠已经取代曾经多产的草原，世界范围内海洋野生鱼群的大量减少，包括热带珊瑚礁（生物多样性的重点）在内的整个生态系统在这个世纪都陷入了濒危和灭绝的危险。曾经的世界四大湖之一的咸海已经消失，只留下数百万人仍然居住在这个剧毒的环境中。包括五大湖和波罗的海在内的许多生态系统持续处在高度退化的状态下，要使这些生态系统恢复健康则需要几十年的努力。除非人们普遍认识到维持人类和地球上其他生命生存的根基正在迅速侵蚀，否则情况不太可能出现改变。

　　生态系统健康指标能够为我们前进的方向提供一个健康的标杆。这样的指标是了解现状必不可少的部分，因为在没有明确的生态系统实际状态的情况下是不可能采取什么可依赖的行动的。另一个不可缺少的作用是当局和社会会依据这些指标和结果采取行动。生态系统健康指标和基于它们的评估可以帮助政策制定者和公众看到，为了维护和恢复生态系统的健康必须采取行动。

大卫·J. 拉坡特（David J. RAPPORT）
生态健康咨询公司
迈克尔·希尔登（Mikael HILDéN）
芬兰环境研究所

参见：生物指标（若干词条）；计算机建模；生态足迹核算；淡水渔业指标；海洋渔业指标；真实进步指标（GPI）；全球环境展望（GEO）报告；净初级生产力的人类占用（HANPP）；生物完整性指数（IBI）；土地利用和覆盖率的变化；海洋酸化一测量；遥感；系统思考。

拓展阅读

Doren, Robert F.; Trexler, Joel C.; Gottlieb, Andrew D.; Harwell, Matthew C. (2009). Ecological indicators for system-wide assessment of the greater everglades ecosystem restoration program. *Ecological Indicators*, 9 (6, 1), S2–S16.

Helsinki Commission (HELCOM). (2010a). *Ecosystem health of the Baltic Sea*. Retrieved September 26, 2011, from http://www.helcom.fi/stc/files/Publications/Proceedings/bsep122.pdf.

Helsinki Commission (HELCOM). (2010b). Homepage. Retrieved April 30, 2011, from http://www.helcom.fi/.

Herrera-Silveira, Jorge A.; Morales-Ojeda, Sara M. (2009). Evaluation of the health status of a coastal ecosystem in southeast Mexico: Assessment of water quality, phytoplankton and submerged aquatic vegetation. *Marine Pollution Bulletin*, 59 (1–3), 72–86.

Hildén, Mikael; Rosenström, Ulla. (2008). The use of indicators for sustainable development. *Sustainable Development*, 16 (4), 237–240.

Rapport, David J. (2007). Sustainability science: An ecohealth perspective. *Sustainability Science*, 2 (1), 77–84.

Rapport, David J. (2010). How healthy are our ecosystems? In Bruce Mitchell (Ed.), *Resource and environmental management in Canada : Addressing conflict and uncertainty* (4th). Toronto: Oxford University Press. 69–96.

Rapport, David J.; Friend, Anthony. (1979). *Towards a comprehensive framework for environmental statistics: A stress-response approach* (Statistics Canada Catalogue 11–510). Ottawa, Canada: Minister of Supply and Services Canada.

Rapport, David J.; Maffi, Luisa. (2011). Eco-cultural health, global health and sustainability. *Ecological Research*, 26 (6),1039–1049.

Rapport, David J.; Singh, Ashbindu. (2006). An ecohealth based framework for state of environment reporting. *Ecological Indicators*, 6 (2), 409–428.

Rapport, David J.; Ullsten, Ola. (2006). Managing for sustainability: Ecological footprints, ecosystem health and the forest capital index. In Philip Lawn (Ed.), *Sustainable development indicators in ecological economics*. Northampton, MA: Edward Elgar. 268–290.

Rapport, David J.; Whitford, Walter G. (1999). How ecosystems respond to stress. *BioScience*, 49 (3), 193–203.

Rapport, David J.; et al. (Eds.). (2003). *Managing for healthy ecosystems*. Boca Raton, FL: CRC Press.

Wiegand, Jessica; Raffaelli, Dave; Smart, James C. R.; White, Piran C. L. (2010). Assessment of temporal trends in ecosystem health using an holistic indicator. *Journal of Environmental Management*, 91 (7), 1446–1455.

Energy Efficiency Measurement

能效的测定

能源效率很容易定义,但很难测定。能源强度等指标常被用来代表能源效率,但他们的结果可能会误导人。由于存货变成了更高效的产品而引起的效率的提高,是一种正常的经济增长和现代化的副产品。政府政策推动能源效率并没有导致国家减少能源使用,主要是由于回弹效应。

能效在理论上容易定义,但在实践中难以测定。最简单的,它被定义为一台机器的输出能量与输入能量之比。对于锅炉或发动机来说,能源输入(燃料)和输出(产生的热量或电力)可以很容易测出。但对于那些输出不是简单的能量而是某种形式的能源服务的机器(或其他设备),测量效率就比较复杂了。例如一个灯泡,我们感兴趣的是其光输出,而不是热输出。同样对于冰箱、空调、汽车或计算机,我们感兴趣的是机器执行能源服务的能力如冷却、运输或信息处理。能效评估取决于对所需输出的定义:我们真的对哪方面的能源服务感兴趣? 电、速度、可靠性还是经济性?

能源系统越复杂,越难达成一个统一的输出测定方法。你如何测定一家面包店、一间餐馆、酒店、化工厂或者办公室的输出呢? 一种用来表达能源效率的方法是能源强度,即单位某个可测量因素(如物理输出、货币输出、工人数量或占地面积)的能量输入。但用这种方法比较行业、运输系统或国家的能效时,问题就大了。测量能量输入相当容易,国家或部门能源生产部门都有很好的进出口能源统计,但怎样衡量国家或工业部门的输出才合适呢? 是用货币输出呢还是国内生产总值呢? 如果是这样,基于能源强度我们可以得到一些简单的结论:一家投资公司的办公室比钢厂更节能,丹麦的能源利用比美国更高效。一项在国际能源机构国家进行的能源效率政策的综合考察承认:"能源强度趋势通常被用来评估国家的能效改善的程度。然而,这往往是误导,因为这个比例受许多因素影响,如气候、地理、出行距离、家庭规模和制造结构等"（Taylor et al. 2010，6468）。

　　如果我们用每升油耗的行驶公里数来衡量运输效率，那么汽车当然比公交车节能。如果我们考虑乘客的数量，使用一个每升油耗的乘客-公里指标，就会得到一个更好的效率表征，然而，现在效率的测量取决于公共汽车上的乘客数量（乘客数量又取决于每天的时间和路线）和停车频率。同样，要想确定开车或乘飞机哪个更节能，也需要做出许多假设，例如汽车和飞机是否满座、旅行距离甚至人们如何往返机场。总的来说，满座的飞机或火车通常比单用户汽车更节能。

　　想要构建能效指标，面临的挑战是一个复杂的能源系统中有很多无法解释的变量。例如，一个房子可以有一个节能的锅炉，但在提供生活所需的热量上面整体能效却很低。这可能是因为房子绝缘不好，锅炉产生的大部分（有效的）热量会穿过墙壁、屋顶、窗户或者因为很少有温控，空闲的房间也被加热而导致热量流失。同样，一个有着节能设备的工厂，如果是在低能力下运行或者生产劣质商品不能售出，也同样可能被评为整体能效低下。让一个工厂（或国家）高效的并不是拥有节能的机器，而是如何使用这些机器。例如，最节

能的机械出口到发展中国家并不能保证其工业或生产的高效性。

　　通过使用现代节能设备实现的工业化无疑会导致降低能源强度，正如中国现在就是这样。但随着经济的扩张，能耗增加。这只被视为一个问题：能源消费是否会造成严重的环境问题，如当地的烟气或空气污染？改善设备能效可以减少这些地方的问题，如将敞开式的煤炭燃烧更换为燃气集中加热。

技术革新

　　能效的变化是技术创新和制造商渴望通过减少物质和能量输入来降低生产成本不可避免的结果。

　　消费者对用能产品的选择是很少基于能效这样一个属性，相反，它往往是价格、性能和运行成本的折中。产品被称为"节能"，贴上如"绿色"、"强有力"或"迷人"之类的标签都是以比较为基础的广告诉求。现代紧凑型日光灯管（CFL）可能被认为比旧的白炽灯更节能（依据单位的电力输入下的光输出），但它们并不是完全相同的产品，其购买成本和生命周期不同，消费者对光的颜色、固定装置的性能和适用性的

考虑也不同。微型汽车可能比大型豪华轿车更节能(每升油行驶公里数),但它们在大小、功率或特性方面并不是类似的车辆。技术创新可以产生更节能的产品,但消费者只有在期望属性中非常看重能效时才会购买他们。受降低(运行)成本的心理或降低能耗(因国家或全球问题)的需要驱使时,一些消费者确实会重视能效。

环境利益

直到 20 世纪 70 年代中期,能效的概念仅限于企业工程师和工厂经理的范围,并与生产力问题密切相关,然后被新兴的环保运动采用,并由艾莫里·洛温斯(Amory Lovins)在他的书《软能源路径》(1977)中以核能的替代解决方案大力推广(受到英国能源专家 Len Brookes 挑战,参见 Brookes 2000)。洛温斯的论点是,消费者通过使用节能设备可以较少的燃料输入得到同样的能源服务,从而减少国家能源消费(和对新建发电厂的需求)。这个新的或"软"的能源路径,将涉及使用节能灯、冷凝锅炉、A1 评级冰箱和改进了的建筑保温。

这个论点的简单性和伟大的吸引力忽视了一个关键因素:使用节能的商品并不一定意味着较少的能耗。大冰箱或房子可能比小的更节能(按照单位体积的能耗),但它仍然要使用更多的能源;一个新车型可能有一个更高效的发动机,但它自身更重、功率更大、特点更多,因此最终可能会使用相同数量的燃料;新房子的保温可能优于旧房子,但它面积更大、有空调。此外,制造商和公用事业历来都是靠提高能源的使用效率来促进提高消费

的,更多的节能产品和实践并不直接等同于降低(国家)能耗,特别是当经济和人口增长的时候。

然而,环保人士以及许多政府和行业组织极力推销节能产品,以使其作为一个痛苦相对少、合算的方式解决能源供应的问题。而且,引申开来,成了全球变暖问题的理想解决方案。这个论点建立在相信通过消费者采用节能设备,将节约的点滴汇合起来就可以减少全国乃至全球的能源使用的基础上。也就是说,该论点的基础是,微观(地方)层面上节能的,宏观(全国或全球)层面上也一定节能。在微观层面上,能效高确实节约能源(货币储蓄通常用于弥补投资成本),但关键问题是,这些微观层面的储蓄是否可累积呢?还是他们仍然要(再)花费掉而最终消散呢?节省下来的能源是没有用还是不过被转移到他处使用了呢?这就是回弹效应问题。

回弹效应

首先定义回弹效应的是 19 世纪的英国经济学家斯坦利·杰文斯(Stanley Jevons),他认为回弹效应是经济系统中一种正常的现象:由于技术变化,随着效率的提高,产品和服务更便宜,所以我们一般就会购买更多。如果能源服务的成本(如加热)下降,我们使用得更多也同样能支付得起,通常我们就会将房间设定温度升高,或加热较长时间,或加热更多的房间(直接回弹效应)。我们也可能用节省下来的钱购买其他使用能源的商品和服务(即间接回弹效应)。对于生产者来讲,更高效的生产过程(如钢铁行业)会导致生产材料价

格降低（钢铁），用此种材料生产出来的产品（如汽车）价格也会降低。那么就会致使便宜钢铁的销售量更大、生产出的汽车更多更便宜、汽车销售量增大、汽车旅行增多，最终的结果是能耗更大。长期看来，可能超过原来的能量储蓄。

当我们通过提高能效节约能源，但只消耗所节省能源的一部分，这是低于100%的回弹。然而如果提高效率鼓励我们消耗更多的能量，回弹超过100%，其效果就适得其反。回弹效应与重大政策问题紧密相连：如果尽管能效大幅提高而能耗仍然持续增长，那么，提高能效还是减少国家能源使用、减少碳排放的一个可靠政策吗？

政府的政策

政府在提高能效方面应该扮演的角色完全不明确，如果愿望是在短期内减少能源使用，由于某种国家危机（比如日本在2011年3月地震后的电力短缺），可以用规定和社会激励来改变消费者的行为。日本有着悠久的节能（或节俭）历史和文化，采用各种节能措施削减能耗、小心使用能源。这一点在1979年通过关于合理使用能源的法律中更加强化了，该法律鼓励发展更节能的家用电器、工业产品与工业生产过程，整体的目的是使日本成为世界上最节能的国家。

通过设备补贴和建筑法规，许多西方政府都试图引导消费者购买更节能的产品，然而，目前尚不清楚这是否是公共资金的有效使用。如果没有补贴，人们可能会买更节能的设备吗？旧的、保温不好的建筑应该翻新，还是拆除重建新的节能建筑更好呢？

能效政策像所有改变人们选择的政策一样，充满了社会和经济冲突，并可能导致意想不到的后果。其中最主要的是回弹效应：提高效率降低运营成本，并向更多的消费者打开市场。当昂贵的能源供给存在着巨大的未满足需求（如空调、供热、照明），或者技术、产品已经或可能广泛应用于工业或商业（如电脑、电动发动机、水泥或钢等所谓的通用技术）时，尤其如此。

2005年11月中国政府设定目标：2006年到2010年削减20%能源强度（单位GDP消耗的能源），这是一个看似温和的目标，因为从1970年到2001年能源强度每年都已经下降了5%。这个能源强度下降是由于这几十年里快速的经济增长导致能耗大量增加（其副作用是2006年中国超越美国成为世界最大的二氧化碳排放国）。中国提高能效的目标（以能源强度下降来衡量）取决于一系列复杂的财政、价格和影响所有的经济领域的技术措施，其中最重要的是"前1 000名耗能企业计划"

（它们的能耗占全国的三分之一）。

然而，大多数国家能源效率项目的目标并不是减少能源使用或碳排放绝对值，而只是使能耗降至低于预计值，即如果没有该节能项目将达到的能耗值。这就是节能项目所号称的节约能耗。

因此，此类项目是假设性的，即使能耗值（宏观层面）增加了，用某个特选的能效指标（如能源强度）来衡量，可能仍然显示出我们期望值的下降。

能效与节能

代替能效的另一种战略是节能，旨在通过减少能源服务水平来减少能耗，主要是通过改变行为和生活方式，包括诸如降低加热水平、减慢车速、用小电器、减少一般消费等。

这种更少消费的策略被称为"够用就好"，美国称之为"简单生活"、"自愿简单化"，或更普遍的叫作"精简"，通常是通过自愿决定或自愿少赚一些来实现的。那么通过削减能源密集型商品的消费和服务（如冷冻食品或航空旅行）将这种"够用就好"的概念扩大到全国范围可行吗？此外，"够用就好"的广泛接纳会不会影响全球资源或能源的使用呢？回弹效应会再次发挥作用，减少对一种商品（如能源）的需求所产生的广泛影响，会导致其全球价格的降低并允许更多原本处于边际的消费者进行消费。

所以，减少西方消费会不会让其他地方的贫穷消费者享有更好的生活？考虑到发展中国家较低的环境标准，能源需求从富有到贫穷国家的转变可能导致更糟糕的环境污染。如果发达国家少使用一些来自洁净煤发电站的电力，那么中国和印度等正在快速发展的发展中国家会不会将使用更多他们的重污染发电站发出来的电呢？这是一个复杂的辩论，而且，才刚刚开始。

展望

经济增长的条件下，尽管能效大大提高，国家的能源使用量仍然呈一贯增长的趋势。过去通过提高能效而减少国家能耗的尝试已经被证明是徒劳的，甚至有人认为，提高能效（像其他生产要素，如劳动力或资源一样）刺激经济增长，从而也就抬高了能源的用量。而提高能效主要带来的库存周转（新的高效设备替换旧的、低效的设备）有利于经济增长和人们的生活，但它不太可能解决能源短缺和气候变化的问题。然而，通过降低运营成本，高能效将使我们富裕，并允许我们（如果我们选择）将钱投资于新能源或低碳能源。提高能效是世界可持续发展的一种手段，其本身并不是目的。

贺瑞斯·赫林（Horace HERRING）
英国开放大学

参见：绿色建筑评级系统；碳足迹；计算机建模；发展指标；能源标识；净初级生产力的人类占用（HANPP）；$I = P \times A \times T$ 方程；国际标准化组织（ISO）；增长的极限；物质流分析（MFA）；船运和货运指标；社会生命周期评价（S-LCA）；供应链分析。

拓展阅读

Andrews-Speed, Philip. (2009). China's ongoing energy efficiency drive: Origins, progress and prospects. *Energy Policy*, 37 (4), 1331–1344.

Balachandra, P.; Ravindranath, Darshini; & Ravindranath, N. H. (2010). Energy efficiency in India: Assessing the policy regimes and their impacts. *Energy Policy*, 38 (11), 6428–6438.

Brookes, Len. (2000). Energy efficiency fallacies revisited. *Energy Policy*, 28 (6–7), 355–366.

Calwell, Chris. (2010, March 22). Is efficient sufficient? The case for shifting our emphasis in energy specifications to progressive efficiency and sufficiency. Retrieved September 18, 2011, from http://www.eceee.org/sufficiency.

Fouquet, Roger. (2008). *Heat, power and light*. London: Edward Elgar.

Herring, Horace, & Sorrell, Steve (Eds.). (2009). *Energy efficiency and sustainable consumption: The rebound effect*. Basingstoke, UK: Palgrave.

Jaccard, Mark. (2005). *Sustainable fossil fuels*. Cambridge, UK: Cambridge University Press.

Jackson, Tim. (Ed.). (2006). *The Earthscan reader in sustainable consumption*. London: Earthscan.

Jenkins, Jesse; Nordhaus, Ted; Schellenberger, Michael. (2011). *Energy demand: Rebound and backfire as emergent phenomena*. Retrieved September 18, 2011, from http://thebreakthrough.org/blog/2011/02/new_report_how_efficiency_can.shtml.

Lovins, Amory. (1977). *Soft energy paths*. London: Pelican.

Polimeni, John; Mayumi, Kozo; Giampietro, Mario; Alcott, Blake. (2008). *Jevons' paradox and the myth of resource efficiency improvements*. London: Earthscan.

Smil, Vaclav. (2003). *Energy at the crossroads*. Cambridge, MA: MIT Press.

Stewart, Devin; Wilczewski, Warren. (2009). How Japan became an efficiency superpower. Retrieved September 18, 2011, from http://www.policyinnovations.org/ideas/briefings/data/000102.

Taylor, Peter; D'Ortigue, Oliver; Francoeur, Michel; Trudeau, Nathalie. (2010). Final energy use in IEA countries: The role of energy efficiency. *Energy Policy*, 38 (12), 6463–6474.

Weizsacker, Ernst; Hargroves, Karlson; Smith, Michael; Desha, Cheryl. (2009). *Factor five: Transforming the global economy through 80% improvements in resource productivity*. London: Earthscan.

Zhou, Nan; Levine, Mark; Price, Lynn. (2010). Overview of current energy-efficiency policies in China. *Energy Policy*, 38 (11), 6439–6452.

Energy Labeling

能源标识

最近对过程和产品可持续性的认识已经蔓延至作为衡量、评估和比较具节能性能的工具这样广泛的范围。能效标识是一个代表，它为收益模型中持续发展绩效和指南提供了基准中最重要的体系之一。

对环境和社会影响的业务的持续关注已经导致越来越多的注意力转向可持续生产和消费的模型。目前，各种各样可用的工具为可持续发展的产品性能以及消费者指南提供了重要的标准。能源标签是用于工业产品信息标签，通常标明了在消费、效率、成本等方面有关能源性能的数据。因此向消费者提供了必要的资料，以做出更明智的选择。

目前，在大多数国家使用三类能源标识：认可级、比较级以及信息级。认可级标签主要提供一个"批准的印章"，标明产品满足一定的预先设定的标准。他们一般都是基于一个"是/否"的程序，并很少提供附加信息。能源效率认可级标签的一个例子是由美国环境保护署签发的能源之星标签。

比较级标签分为两个子类：一个包括一个分类的排名体系，另一个采用连续刻度或条形图来显示相关的能源利用。分类标签使用一个排名体系，告诉消费者与其他的类型相比的能源效率模型。主要的重点是建立清晰的分类，让消费者通过观察单个标签，可以很容易地了解一个节能产品相比于市场其他产品的情况。欧洲能源标签是标签类的一个实例。（见图1）

比较标签的其他类别——连续刻度标签，提供了资料，可让消费者做出关于产品的比较和明智选择，但并不关心具体的类别。加拿大能源指南是连续刻度标签的一个例子（见图2）。信息只提供标签上标示产品的技术性能数据，并没有提供（如一个排名系统）比较产品之间能源性能的简单方法。因为这些类型的标签一般只包含技术信息，对消费者不够友善。（见图3）

重要的是在产品类型上要保持一个一致

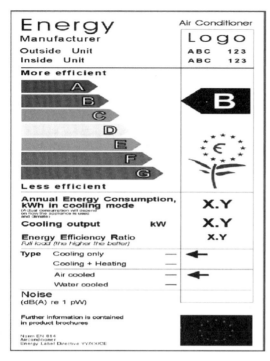

图1 欧盟彩色能效标识

资料来源：ENEA(2004).

此欧盟标签为空调装置的能源效率，评价的能效等级从A到G，A(绿色)最节能，G(红色)效率最低。该标签还为客户选择各种机型时，提供了其他有用的信息。

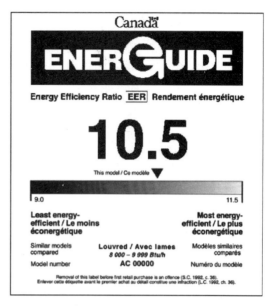

图2 连续刻度标签(加拿大能源标签)

资料来源：加拿大自然资源部(2010).

加拿大的黑白色的EnerGuide标签表明了该设备以千瓦时计平均每年的能源消耗，比较了同类型的设备、能效，对此型号和尺寸的各个类型设备每年的能耗范围、该类型的型号和大小的能源效率以及型号。

的标签风格和格式，使其更容易为消费者了解标签的各自类型，来评估不同的产品。选择一个标签使用并不总是容易的，通常取决于当地消费者的知识和态度。认证级标签至少对关心环境问题的消费者是相当有效的。分类比较标签提供了有关能源使用的详细信息，如果精心设计和实施，还可向购买者提供一个一致的基础，使其挑选时集中评估商品的能源效率。连续刻度标签可以传达更详细的能源利用信息，但有研究表明，这种标签格式对消费者可能难于理解。通常仅有信息的标签对教育程度高、关心经济和环境的消费者更有效。

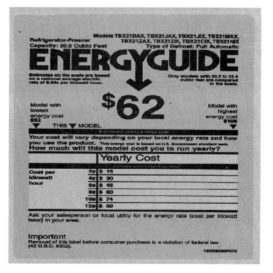

图3 只包含信息的能源标签(美国能源指南)

来源：联邦贸易委员会(2010).

黑白色的美国能源指南显示设备的平均能耗(千瓦时，kWh)；节能设备的能效、相对成本和不同型号设备的能耗变化范围。

能源标识概述

在20世纪70年代实施了国家能源标识计划，目标是控制私营能源品牌"自我认证"的混乱以及帮助消费者的知情选择。这些能效标识计划的第一个国内强制性使用的名单包括冰箱、冰柜和空调，1978年由加拿大的EnerGuide计划确定，该计划是由加拿大政府国家资源局执行。随后在美国实施了一个名为能源指南的类似计划，由美国能源部（the Department of Energy, DOE）和美国环境保护署共同管理。必须注明，欧洲的79/530/CEE指令建立了电器的家庭能源消耗。不幸的是，该指令从来没有变化，因为这个指令在所有欧洲国家一直没有实施。1986年，德国布劳尔恩格尔计划针对锅炉标记，而荷兰的Milieuker项目开始标注灯泡、电脑和电视机。几乎同时，星级评定体系扩展至澳洲大陆，使冰箱有了强制性能效标识，而加拿大的环境选择计划（1988）对国内家电以及办公设备都规划了环境卓越的标签。

在20世纪90年代，继先前的计划取得成功，进一步节能标签计划广泛实施，遍及世界各地。有关强制性能源标签计划的92/75/CEE欧洲联盟（欧盟）指令，提供了能源消费指导意见以及家用电器工作的补充信息。与此同时，美国从以前家庭中家用电器使用的经验来看，最重要的是将一个国际水准的能效标识应用于电脑和电脑显示器（能源之星计划），以及对灯泡使用卓越环保标签（绿色印章）。

能源之星是美国环保署在1992年推出的一个国际自愿性标签机制。环保署的主要目的是促进目前市场上最节能的产品，以促进节约能源以及减少改变气候的温室气体排放。目前能源之星标签国际上应用最广，用于超过40个不同类型的产品，包括家用电器（洗衣机、冰箱和洗碗机），办公设备（传真机、打印机、扫描仪和计算机），照明产品，家用电子设备等。该方案特别值得注意，因为它还能从能源表现的视点对建筑物进行认证（即具有能耗低的建筑物）。20世纪90年代后期，高能效电器组织（the Group for Energy Efficient Appliance, GEEA）—包括丹麦、荷兰和瑞典等不同国家政府机构的论坛—在瑞士创建了GEEA标签。该标签应用于计算机装置、电视机、录像机、DVD播放机、卫星接收机、音响系统以及更多的电器，在高能效电器组织的国家中已经广泛使用。与能源之星标签相比，该能效标准，即设备必须符合的能效更为严格。在瑞典，认证行业内几个有关计算机设备安全的开创性实验随之进行，Tjästemänens中央组织（TCO，或瑞典专业雇员联盟）标签TCO'95对阴极射线管显示器和电脑键盘获得通过。几年后，通过TCO'99标签，项目变得更加广泛，并应用于液晶显示器、打印机和笔记本电脑。符合应用标签的标准包括人体工程学方面、辐射减排、能耗低以及家电生态效益。

与此同时，南美设立了另一类能源标签计划Brasileirode Etiquetagem项目，冰箱和空调制造商可自愿申请。在随之而来的信息和通信技术（ICT）行业发展的同时，亚洲对复印机（1999）、电脑（2000）和打印机（2001）推行了日本的环保卓越标签。美国政府通过了国际能源之星计划，一个最值得注意的竞争策略是将其应用到自身的市场。紧随其后的是其他国家和地区，包括日本（1995）、澳大利亚

（1999）、新西兰（1999）、欧盟（2000）、中国台湾（2000）和加拿大（2001）。他们的选择是基于与这些国家签订双边协议。随后，另一个卓越的环境标签–好的环境选择，用于澳洲电脑部门。

瑞典 Tjästemänens 中央组织曾建议将TCO'03显示器标签专门用于电脑显示器。TCO'03基于比其前身限制更多的环境和能源标准，不仅代表了一种创新的一代标签方案，而且还设想显示器具有卓越的性能品质，如颜色和图像再现，辐射低排放，安全性和能量效率的标签。通过生命周期评价进行评估，这可能会在产品的生命周期上减少对环境的影响。在过去的十年中，美国政府和欧盟之间签署了一项协议，来协调有关办公设备有效利用能源的标签计划，这导致了欧盟在2003年4月8日的指令中明确确立了能源之星计划，迈出了决定性一步，不仅协调所有不同类型的能耗认证计划，而且还要扩展至认证更节能高效的产品。欧盟2010/30/EU 指令的颁布，扩展了能效对以消耗能源为商业和工业用途例如电视机、解码器、配件、冰箱和工业机械产品标识的一个新体系。

因素，该计划才能切实承担在转型过程中对生态可持续性的推动作用。毫无疑问，主要的关键因素是源自市场上能源标识体系的表达范围使消费者迷惘。当消费者并不总是能够充分理解标签上的信息时，常常需要特定技术能力的帮助。另一个重要方面涉及在不同项目所采用的标准，有时过于复杂，有时太模糊。这些因素在一起强烈限制了高效节能产品的推广。此外是价格因素，节能产品价格一般高于同类产品，也是一个障碍。事实上，消费者并不总是愿意支付更高的价格购买高能效产品的。毫无疑问，在全球范围内协调能源标识计划，将有助于其更广泛地传播以及发展。创新的解决方案依赖于消费者的选择，选择的基础仍然是价格，而不是商品对社会环境的优势。向更生态可持续的生活方式和消费模式（本地和全球）的转变，意味着需要在不同层次建立统一的标签，以推广标准程序、能效标识和产品的特定类型，能够正确告知消费者该产品对经济、环境和社会具有优点的所有信息。

欧尼拉·马兰德里诺（Ornella MALANDRINO）
萨莱诺大学

含义

只有排除目前能源标签计划实施的关键

参见：绿色建筑评级系统；生态标签；能效的测定；有机标签和消费者标签。

拓展阅读

Agenzia nazionale per le nuove tecnologie (ENEA) [Italian National Agency for New Technologies]. (2004). *L'etichetta energetica* [The energy label] (Opuscolo no. 24 della Collana Sviluppo Sostenibile).Rome: ENEA.Agenzia nazionale per le nuove tecnologie (ENEA) [Italian National Agency for New Technologies]. (2011). Homepage. Retrieved February 3, 2011, from http://www.enea.it/it.

Energy Star. (2011). Homepage. Retrieved February 3, 2011, from http://www.energystar.gov.

EU Energy Star. (2011). Homepage. Retrieved February 3, 2011, from http://www.eu-energystar.org Europa: Il portale dell'Unione Europea [Gateway to the European Union]. (2011). Homepage. Retrieved February 3, 2011, from http://europa.eu/index_it.htm.

Federal Trade Commission (FTC). (2010). Energy guidance: Appliance shopping with the Energy Guide label. Retrieved June 29, 2011, from http://www.ftc.gov/bcp/edu/pubs/consumer/homes/rea14.shtm.

Harrington, Lloyd; Damnics, Melissa. (2004). Energy labeling and standards programs throughout the world. Canberra, Australia: National Appliance and Equipment Energy Efficiency Committee (NAEEEC).

Mahlia, T. M. Indra. (2004). Methodology for predicting market transformation due to implementation of energy effi ciency standards and labels. *Energy Conversion and Management*, 45 (11), 1785–1793.

Mahlia, T. M. Indra; Saidur, Rahman. (2010). A review on test procedure, energy efficiency standards and energy labels for room air conditioners and refrigerator-freezers. *Renewable and Sustainable Energy Reviews*, 14 (7), 1888–1900.

Natural Resources Canada. (2010). Household appliances. Retrieved June 29, 2011, from http://oee.nrcan.gc.ca/residential/personal/appliances/energuide.cfm?attr = 4#household.

Proto, Maria; Malandrino, Ornella; Supino, Stefania. (2007). Ecolabels: A sustainability performance in benchmarking? *Management of Environmental Quality: An International Journal*, 18 (6), 669–683.

Environmental Justice Indicators

环境公平指标

环境公平是抵制分配性和参与性不公平，这通常发生在有色人种和穷人这种特定的人口群体中，他们没有参与那些对环境、人体和社会产生危害的活动，也没有从中得到很多的利益，但是却要为此背负环境污染后的危害。由于环境公平一直是可持续发展的中心，所以有一个好的监督环境公平的方法对倡导可持续发展很重要。

环境公平这个词将环境、经济和社会这些因素连接起来，从开始出现就成为了可持续发展概念的中心。可持续发展的倡导者试图确保在满足当代人的生活需求的同时也能满足子孙后代的生活需求（也就是说，可持续发展倡导者关心代内公平和代际公平），因此努力监管环境公平对于监测可持续性和可持续发展的进展至关重要。理解环境公平中分配、参与和修复的定义以及它们与可持续之间的关联还有监督环境公平的方法，都能指示环境公平对于可持续精神和未来研究可持续发展进展方向的重要性。

环境公平分类的定义

一些学者，如美国活动家和历史学家罗伯特·戈特利布（Robert Gottlieb）认为，环境公平运动的历史可以追溯到19世纪末期的公共健康措施、始于20世纪60年代农民联合会的工作以及20世纪70年代和80年代（Gottlieb 1993）拉夫运河周边的行动。然而环境公平及其相关的环境种族主义的术语出现在20世纪80年代，罗伯特·布拉德（Robert Bullard）和那些参与种族公平的基督委员会联合教会在内的学者型活动家记录了在靠近有毒有害污染物附近的社会种族和经济特征的变化趋势，得出的结论是：在排放有毒有害污染物的工厂周围，不成比例地生活和工作着各个有色人种。有了这些研究和所有人类都有尊严、价值和满足基本需求的权利的信念，环境公平的研究就诞生了。

环境公平包含了分配的、参与的和恢复的公平，它通常被定义为环境不公平的对立面。首先，在文献里最为强调的是分配的不公平,指的是对于一些特定人群(通常是有色人种和穷人)在不成比例地承受着环境负担的影响。换句话说,他们因其他人类对于环境的活动影响而受到伤害,却没有从这些引起环境危害的活动中获得根本的利益。如果他们能从环境恶化活动中获得一点利益,在一定程度上可以抵消他们所面对的危险:越来越差的健康、受限制的经济机遇、衰退的生态系统以及他们实际经历的越来越差的文化与环境的关系。然而那些真正引起环境破坏或是能从中获得巨大利益的人都能避免因为环境破坏对他们的经济和政治资源产生负面影响。

参与公平是环境公平中排在第二位的要素(和第一个要素同时发生),这一要素被环境公平倡导者长期认可并且在环境公平的学术文献中越来越多地被提到。因为对特定人群明显的偏见和阻碍他们参与的社会体制状况,他们不太有可能参与那些会对他们有影响的决策,这就导致参与不公平的发生。当他们不能正式参与决策,比方不能投票或是政府不考虑他们的需求时,参与不公平性就体现出来了。环境公平的倡导者认为,不公平也发生在当人们似乎能参与但是体制的障碍却有效地限制了他们。例如,如果公众听证会没有告知对此感兴趣的社区,或是公众听证会的广告和听证会讨论时所用的语言不是这个社区沟通时用的语言(例如,在一个讲西班牙语的小区使用英文),或是写给专业人士而不是给外行看的信息,那么即使没有别的阻碍,社区成员能参与决策的能力也会受到阻碍。当社会偏好或是基于几十年或几代人关于社会和生态体系的经验、知识在做实际决策时被无视,参

与的不公平性也会发生。毕竟,当一个群体的知识和观点都被忽略的时候,他们在决策过程中实际起不到作用。分配和参与的不公平常常一起发生,因为这两者都侧重在阐明物理资源和政治权利分配的问题上,而且参与的不公平会导致分配的不平等。

出现的第三种环境公平——修复性公平,主要是关于那些最受危害和从中获得最大利益或是引起负担问题之间的关系。它的目的是在不公平发生前用最小的代价来修复他们之间的关系,即改善这些关系以阻止未来的不公平。修复性公平通常包括各个党派的承诺去阐明和理解危害的大小的规模、补偿影响的社会和个人、他们需要道歉的地方和承诺要去改变的未来行为(并且遵从这些承诺)。修复环境、经济和文化的机会可能也是修复性公平的一部分。但是在生态体系和自然特点慢慢减弱、无法补救的场合下,譬如在一个因为挖矿而被削平的圣山的山顶或者是人们因环境诱发疾病而死亡的时候,可能需要创造性的解决方法。

环境公平和可持续发展

虽然修复性公平的概念和实践还在发展中,分配公平、参与公平和修复性公平这三种环境公平都与可持续和可持续发展有着密切的联系。通过可持续发展定义的研究和发展可持续发展的理论来阐明他们之间的联系,可以看出监测环境公平的方法对于监测可持续发展的重要性。

可持续性和可持续发展的定义本身就涉及规范性承诺,特别是公平的要求。举个例子,人们所熟知影响力最大的可持续发展的定

义，即布伦特兰委员会在1987年所确立的"可持续发展是在满足我们现今的需求的同时不损害后代人满足他们自身需求的能力"（World Commission on Environment and Development 1987）。代际公平指世代之间的公平，是可持续发展定义中重要的组成，可持续发展运动中常常会强调这点。由于这个定义还涉及当代人们满足他们自己需求的能力，这涉及代内分配的公平，这类公平主要集中在环境公平运动中，它要强调的是环境恶化和负担已经造成了不公正和显著受影响的人类。环境公平的学者和活动家通过以下方法来致力于可持续发展的运动，扩大环境问题的司法理论概念、除非是促进公平的活动否则认为是不可持续的、记录以前很多不公平的环境运动。

可持续发展的精神要符合参与性的环境公平，因为发展可持续的精神和指示需要受环境影响的人们的参与。提倡可持续发展精神的社区通常有以下至少4点原因。首先，人权和民主的承诺表明了人们能有权利、公正、公平的参与到影响他们生活的决策中，这是很多可持续发展的倡导者赞同的。其次，不同的人群可能有不同的价值观，因此他们对于可持续发展的展望也有所不同，所以如果他们的展望确实对过程有任何影响，那么他们就很有必要参与到阐明可持续发展的目标和政策的过程中。第三，很多可持续发展的倡导者意识到当地居民对于生态系统、气候模式或社区行为有很深刻的了解，而这对于定义和发展当地的可持续发展很重要。第四，由于人们更愿意遵循新的精神，如果他们支持这个精神他们还会鼓励其他人也这么做。因而，有意义的社区参与到可持续发展精神的创建中就能加强对这种精神的支持，如果设想一个社区参与其中，可持续发展精神就会更成功。因而可持续发展政策的制定和指数发展理论需要与当地的人们和社区的参与、实施很多可持续发展精神的条件还有参与的公平性相联系。

环境修复的公平在可持续发展运动中同样很重要，因为在面对过去大量环境危害和不公平，它能决定如何推动可持续发展精神。然而理论和实践专注于可持续发展的修复公平方面相对来说是比较新的。为了广泛的实施，他们需要长足的发展来解释那些通常是广泛的、无意识的，但已经造成环境损伤并影响到周围人群的行为。这些人从活动的一开始从空间和时间上便被移出了考虑范围。

由于已经意识到环境公平和可持续发展之间可能存在联系，环境公平的监测方法是监测可持续发展的重要方面。

环境公平的监测

20世纪80年代和90年代，人类开始第一次明确地监测环境公平时，面临着许多理论和实践上的挑战：需要确定如何定义环境公平，监测是否有不公平发生，受影响的人群类型和受影响的途径，现有的数据是否能支持这样的研究或者是否需要收集更多的新数据。不出所料，联合基督教会早期关于环境不公平的研究和罗伯特·布拉德的工作在很多年后造就了这个领域。也就是说，在局部区域里研究环境公平或者关于特定环境问题（主要是由于毒素引发的健康风险），不公平的趋势必然已经渗透在早期的环境公平研究里。随着环境不公平的迹象越来越普遍和被接受，环境不公平的研究已经从有毒废物扩展到了众多环境问题领域。

联合基督教会中的种族公平委员会成员和罗伯特·布拉德以及其他人研究了早期文献中关于"环境不公平"或者"环境种族主义"，他们考察了社会人口分布和有毒废弃物位置之间的相关性。他们发现，即使那些离危害物聚集地和处理工厂很近的社区并没有从生产这些有害废物的工业中获取巨额利益，少数族裔和低收入社区仍然比白人和高收入群体居住地的有害废物的浓度高（Bullard 1990, 1994b; Commission for Racial Justice United Church of Christ 1987; Goldman & Fitton 1994）。用环境公平研究的术语来说，由于分配上的不公平，这些社区中负担的有毒废物危

险并不成比例（Figueroa & Mills 2001, 427）。

整个 20 世纪 90 年代，越来越多的人接受环境不公平，这是一个问题，学术界因此探讨了有关评估环境不公平的现状和意义的最好方法。在这个世代大多数研究仍旧关注有害废弃物贮存工厂、有毒废物的排放或者是饱受毒素地区的有毒废物堆场污染清除基金（有毒废物堆场污染清除基金地域是在美国明确确定和要清除的被禁止的有害废物的地域，通过有毒废物堆场污染清除基金项目，于 1980 年建立了一个 CERCLA——环境反应、赔偿和责任综合法案环境项目）。研究人员假设，一个人的家或是工作场所越靠近那些有害物质，就越可能在健康上遭受不良影响。因此他们计算一个社区内或者是一定半径范围内的有毒废物场所的数量，通常使用地理信息系统工具来绘制这些危害场所。研究人员通常不得不根据人口普查区或者是邮政编码来定义住宅区，以此来获得人口数据。当然，随之研究中的限制也出现了，因为有些危害物正好在人口普查区或者是邮政编码区界线之外，但是仍然对界线之内的社区有影响；也可能因为人口社区并不是正好根据邮政编码或者是人口普查区的界线来划分的；也可能因为现有可得到的数据规模不能揭露或者掩盖不

公平；也可能因为用邮政编码或者是人口普查区来定义社区可能不同以至于得到完全不同的结论（Anderton et al. 1995; Bowen 2002; Taquino, Parisi & Gill 2002）。此外，靠近潜在的危害物，引发危害的概率不一定就更高。有些人也质疑种族和有毒废物之间联系的研究结果究竟说明什么。是不是有色人种和穷人的住宅区是有毒废物或是其他环境危害物倾倒的地点？或者是不是那些因环境有害物质存在而伴生的低住房成本吸引了低学历、低收入和低政治阶层的人（Been 1995; Bullard 1994a; Mohai & Bryant 1995）？

这些问题和理论探讨促使学者们去改善环境公平的监测方法，去进行更多的纵向研究来解释其中的原因。全球关于不同社区和环境问题数计百计的研究表明，有色人种和穷人的社区面对的环境有害物质不成比例，当他们面对有害物质时不太能做出反应，甚至有时因为经济或者政治原因被迫进入有危害的地区。然而环境种族主义和不公平不总是有意的，它的影响很显著而且不仅仅局限于有毒废物的暴露。

例如，美国社会学家沙龙·L.哈兰（Sharon L. Harlan）和他的同事认为，凤凰城城市热岛效应就是一个显著的环境不公平问题。拉丁裔社区相对较少的绿化伴随着高密度的建筑物和街道就可能导致温度显著的提高：

在2003年夏季热浪中，在凤凰城城中相距2.5英里（4 km）的一个高收入社区和一个低收入社区平均每天下午5点的气温相差幅度高到13.58 F（7.68℃）。在一个"正常"的夏日，社区之间的下午5点日均气温差距最大的是7.28 F（4.08℃）（Harlan et al. 2008, 187）。

由于高温"比起其他极端综合气候事件在全球引起更多的死亡事件"，有人居住的最热的社区通过空调、后院水池和社区努力来避暑，高温比温度计上指示的有更大的不利影响（Harlan et al. 2008, 177, 191）。

当土著人群和更多新移民关于土地使用有不同观念，环境不公平也会发生，传统居民和巴布亚新几内亚的澳大利亚矿业公司的关系就是个很好的例子，美国原住民反对在神圣的土地上建造道路、贮存核废料或从事军事活动，涉及的环境公平问题包括中心城区孩童哮喘发病率上升，赖以维持生计的渔业水域遭到污染，当地文化和健康受到影响（Corburn 2005）。环境公平的研究也发现社区传统上认为只有环境不公平能带来与环境利益不成比例的后果；在低收入群体和邻近的查塔胡奇国家森林户外休闲场所之间关系的一个研究中研究人员则发现，低收入人群更容易生活在离自己期望较近的地方。

由于环境公平的研究所发现问题的多样化，研究问题也越来越复杂。举个例子，美国研究人员和教授克里丝腾·施拉德-弗雷谢特（Kristen Schrader-Frechette）记载了社区面对环境危害所遭遇的多种道德和文化困境。难道明知可能会对重要的宗教场所造成危害或是对生态系统带来风险，一个人也可以因为新的就业机会或是金钱就有权保留铀矿开采或储存核废料吗？社区中存在这些问题也通常被这些问题所划分，因为无论是现在还是将来，人们都希望对他们家庭和社区最好。

随着环境公平被监测的因素（譬如身体健康风险和经济影响）越来越多，这个领域的研究已经开始意识到社会面临那些困难决定时心理和社会的影响,同样还有环境恶化带来的社会文化问题,这其中包括传统食物来源的缺失、宗教仪式的场地、绿地和参与到这些问题决策的能力的缺乏。然而环境不公平带来的心理和社会影响是难以量化、调查、口述的,其危害程度也很难用其他数据收集方法来慢慢地、逐步地理解。

未来的方向

近年来监测环境公平的方法显著扩大了,但是还有更多的工作需要做。首先,大多数研究还是集中在一些特定的地方的环境公平问题或者几个地方上分配的特定问题。当然这些监测环境公平的方法很重要,因为它们记载了存在的问题、社区的参与能力,并且可以在工业和当地政策的施压下进行改变。它们也帮助推广可持续发展精神,因为这能帮助满足当代人们对环境的需求。另外,由于它们

很特殊,需要进一步的研究来确定如何努力对抗环境不公平,确定国家或民族整体的环境公平目标,以及确定达成这些目标的最有效方法。这项新的研究肯定会用到分配和参与公平性的现有工作,但是如果所涉及的社区希望能避免未来的不公平,那么就需要包括修复的公平性。环境公平奖金和活动能继续帮助推动可持续发展,从经济、社会和环境因素推动代际和代内公平。

撒拉·E.弗雷德里克(Sarah E. FREDERICKS)
北得克萨斯大学

参见:公民科学;社区与利益相关者的投入;发展指标;环境效益指数(EPI);专题小组;全球环境展望(GEO)报告;国民幸福指数;地理信息系统(GIS);人类发展指数(HDI);知识产权;新生态范式(NEP)量表;社会生命周期评价(S-LCA);供应链分析;绿色税收指标。

拓展阅读

Agyeman, Julian; Bullard, Robert D.; Evans, Bob. (Eds.). (2003). *Just sustainabilities: Development in an unequal world.* Cambridge, MA: The MIT Press.

Anderton, Douglas L.; et al. (1995). Studies used to prove charges of environmental racism are flawed. In Jonathan S. Petrikin (Ed.), *Environmental justice: At issue.* San Diego, CA: Greenhaven Press. 24–37.

Arquette, Mary; et al. (2002). Holistic risk-based environmental decision making: A native perspective. *Environmental Health Perspectives*, 110 (增2), 259–264.

Been, Vicki. (1995). Market forces, not racist practices, may affect the siting of locally undesirable land uses. In Jonathan S. Petrikin (Ed.), *Environmental justice: At issue.* San Diego, CA: Greenhaven Press. 38–59.

Bowen, William M. (2002). An analytical review of environmental justice research: What do we really know? *Environmental Management*, 29(1), 3–15.

Bullard, Robert D. (1990). *Dumping in Dixie : Race, class, and environmental quality.* Boulder, CO:

Westview Press.

Bullard, Robert D. (1994a). A new chicken-or-egg debate: Which comes first—The neighborhood, or the toxic dump? *The Workbook*, 19 (2), 60–62.

Bullard, Robert D. (1994b). *Unequal protection: Environmental justice and communities of color.* San Francisco: Sierra Club Books.

Checker, Melissa A. (2002). "It's in the air": Redefining the environment as a new metaphor for old social justice struggles. *Human Organization*, 61(1), 94–105.

Commission for Racial Justice United Church of Christ. (1987). *Toxic wastes and race in the United States : A national report on the racial and socio-economic characteristics of communities with hazardous waste sites.* New York: Commission for Racial Justice United Church of Christ.

Corburn, Jason. (2005). *Street science: Community knowledge and environmental health justice.* Cambridge, MA: MIT Press.

Elling, Bo. (2008). *Rationality and the environment: Decision-making in environmental politics and assessment.* London: Earthscan.

Figueroa, Robert M. (2006). Evaluating environmental justice claims. In Joanne Bauer (Ed.), *Forging environmentalism: Justice, livelihood, and contested environments.* New York: M. E. Sharpe. 360–376.

Figueroa, Robert M.; Mills, Claudia. (2001). *Environmental justice. In Dale Jamieson (Ed.), A companion to environmental philosophy.* New York: Blackwell. 426–438.

Fredericks, Sarah E. (2011). Monitoring environmental justice. *Environmental Justice*, 4 (1), 63–69.

Goldman, Benjamin A.; Fitton, Laura. (1994). *Toxic wastes and race revisited: An update of the 1987 report on the racial and socioeconomic characteristics of communities with hazardous waste sites.* Washington, DC: Center for Policy Alternatives.

Gottlieb, Robert. (1993). *Forcing the spring: The transformation of the American environmental movement.* Washington, DC: Island Press.

Harlan, Sharon L.; et al. (2008). In the shade of affluence: The inequitable distribution of the urban heat island. In Robert C. Wilkinson & William R. Fruedenburg (Eds.), *Equity and the environment: Vol. 15. Research in social problems and public policy.* Amsterdam: Elsevier. 173–202.

Llewellyn, Jennifer J.; Howse, Robert. (1998). *Restorative justice: A conceptual framework.* Ottawa: Law Commission of Canada.

Low, Nicholas; Gleeson, Brendan. (1998). Situating justice in the environment: The case of the BHP at the Ok Tedi copper mine. *Antipode*, 30 (3), 201–226.

Martin, M. C. (2002). Expanding the boundaries of environmental justice: Native Americans and the South Lawrence trafficway. *Policy and Management Review*, 2 (1), 62–85.

Mohai, Paul; Bryant, Bunyan. (1995). Demographic studies reveal a pattern of environmental injustice. In Jonathan S. Petrikin (Ed.), *Environmental justice: At issue*. San Diego, CA: Greenhaven Press. 24–37.

Shrader-Frechette, Kristin S. (2002). *Environmental justice: Creating equality, reclaiming democracy*. New York: Oxford University Press.

Taquino, Michael; Parisi, Domenico; Gill, Duane A. (2002). Units of analysis and the environmental justice hypothesis: The case of industrial hog farms. *Social Science Quarterly*, 83 (1), 298–316.

Tarrant, Michael A.; Cordell, H. Ken. (1999). Environmental justice and the spatial distribution of outdoor recreation sites: An application of geographic information systems. *Journal of Leisure Research*, 31 (1), 18–34.

World Commission on Environment and Development. (1987). *Our common future: Report of the World Commission on Environment and Development*. New York: Oxford University Press.

Environmental Performance Index, EPI

环境绩效指数

环境绩效指数把国家按照与环境公共健康和生态系统活力相关的十大类别25个绩效指标进行排名。环境绩效指数方法帮助国家来对比和分析国际社会是如何建立环境政策目标的。

21世纪的第一个十年,出现了环境可持续性这个词,它是国际争论的政策问题的核心。政府面对着不断上升的压力,通过定量的度量来解释他们在自然控制和自然资源管理挑战方面的绩效。耶鲁大学和哥伦比亚大学的研究者在2006年共同开发了环境绩效指数(EPI),来回应对这种需要更严格的数据驱动的环境绩效评测方法不断上涨的需求。2008年和2010年的EPI版本在方法上更加细致。2012年的EPI版本将是第一个追踪一段时期内绩效变化的稳定指数的版本。

关于指数

2010版环境绩效指数将163个国家按照以下的十大政策类别的25个绩效指标进行了评级:疾病的环境负担、水(对于人类的影响)、空气污染(对于人类的影响)、空气污染(对于生态系统的影响)、水(对于生态系统的影响)、生物多样性和栖息地、林业、渔业、农业和气候变化。这些政策分类可以进一步被归纳进两个更大的政策目标:环境健康(前三条)和生态系统活力(后七条)(见图1)。2010年环境绩效指数的网站(EPI 2010)上描述了这些目标和绩效指标,在那里也有完整的数据库和对于方法的详细描述。

环境绩效指数使用了在环境健康和生态科学方面最触手可得的数据和实践。许多指标直接表示绩效,其他则是提供对于政策进程的粗略测量的代理方法。有些情况下(例如,水质参数指标)可以用多重填补技术来解决数据缺失的问题。每一个指标有一个与之相关的长期的公共健康或生态系统可持续性目标。对于每一个国家和每一个指标,环境绩效指数计算了建立在国家绩效和政策目标的差距基础上的接近目标的值。这些目标由四个

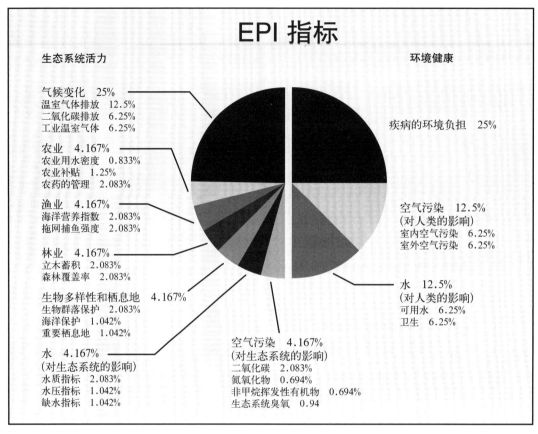

图1 用来计算EPI的指数

来源: EPI 2010.

　　饼图显示了计算EPI所用的各种指数,如农业用水密度、农药的管理、森林覆盖率等。要更全面地了解他们之间的交互关系以及地球上各民族的相对位置,请参见http://www.epi2010.yale.edu/Metrics。

来源所形成:条约或者其他协商一致的国际目标,国际组织所设立的标准,主要的国家监管要求,基于主流科学共识的专家判断。通过反映人们所感知到的最流行两个政策目标中的相关重要性的权重来对接近目标分数进行汇总。在整个环境绩效指数中,分别给予环境健康和生态系统活力目标各50%的权重。

　　环境绩效指数提供了独特和简单的框架来改进对于环境决策的分析精确度。但是,环境绩效指数的发展也揭示了全球数据存在巨大的差距,一些政策区域里方法一致性的缺陷,针对政府所报告的环境数据的认证系统过程的缺失。环境绩效指数数据来源于关注于研究特殊政策问题的国际组织,比如世界健康组织,联合国粮食与农业组织,世界自然协会,国际能源局。这些非正式的数据来源强调全球数据的更好的采集、检验、复核、分析的明确需求,这些需求的目的是要建立起有效的信任,这种信任是全球范围的政策合作所要求的。

2010年环境绩效指数的政策含义

　　对于2010年环境绩效指数和潜在指标

的检查引导了人们对于政策的观察。这里要强调4点。首先，2010年环境绩效指数强调了由于数据来源和方法限制之间的差距所产生的挑战，这些都阻碍了数据驱动决策的进程。比如，环境绩效指数不得不依赖于由有限的数据估算出来的国家小范围的水质测量结果。第二，政策制定者需要推动更好的数据采集、方法一致的报告和独立的数据检验机制，目前国际社会对有效数据采集的所有三个元素的标准仍然缺乏共识。第三，总体上环境绩效指数与财富是相关的，尤其与环境健康的结果相关，尽管仍有在经济发展各个层面绩效的多样性。统计分析也表明，良好的管理是与更好的环境结果相联系的。最后，环境的挑战有几种形式，随着国家财富和国家发展的变化而变化。一些来自工业的资源和工业污染的影响，比如温室气体的排放和上升的废弃物水平，都极大地影响了发展中国家。其他的挑战与在基本的适宜环境中的贫困和不充分投资相关，比如安全的饮用水和基本的环境卫生，这些主要影响着发达国家。

环境绩效指数强调透明度的结果与政策相关，鼓励国家加强数据的监控和报告，防止出现被环境绩效指数打低分或被它排除在外的糟糕情况。比如新加坡因为水质数据不充分而被2008年环境绩效指数排除在外。在2010年环境绩效指数中新加坡弥补了这个结论的数据鸿沟。

关于2010年环境绩效指数完整报告中出现的政策含义的更详细讨论，可在网上找到（EPI 2010）。

未来的工作

未来的EPI版本受限于他们追踪长期的绩效变化的能力。尽管2010年环境绩效指数包括了侧重于旨在减少指标的时间序列数据的试点实验，但它还需要更完整的数据，未来还需要更多的工作。2012年环境绩效指数的计划涵盖了对于环境绩效变化的更大关注，也涵盖了对于形成有助于追踪长期绩效的稳定指标的投入。通过这种方式，将来政策制定者在他们的决策中能依靠环境绩效指数，将其作为衡量他们政策活动成功与否的方法。

约翰·W.埃默森（John W. EMERSON）
丹尼尔·C.埃斯蒂（Daniel C. ESTY）
威廉·E.当波斯（William E. DORNBOS）
耶鲁大学
马克·A.列维（Marc A. LEVY）
哥伦比亚大学

参见：碳足迹；发展指标；战略可持续发展框架（FSSD）；真实发展指标（GPI）；全球环境展望（GEO）报告；全球报告倡议（GRI）；绿色国内生产总值；国民幸福指数；国家环境核算。

拓展阅读

Bandura, Romina. (2005). *Measuring country performance and state behavior: A survey of composite indices.* New York: United Nations Development Programme, Office of Development Studies.

Chess, Caron; Johnson, Branden B.; Gibson, Ginger. (2005). Communicating about environmental indicators. *Journal of Risk Research*, 8 (1), 63−75.

Emerson, John W.; et al. (2010). *2010 Environmental Performance Index*. New Haven, CT: Yale Center for Environmental Law and Policy.

Environmental Performance Index (EPI). (2010). Environmental Performance Index 2010. Retrieved February 1, 2012, from http://www.epi2010.yale.edu/.

Environmental Performance Index (EPI). (2012). Environmental Performance Index. Retrieved February 1, 2012, from http://epi.yale.edu/.

Esty, Daniel C. (2002). Why measurement matters. In Daniel C. Esty & Peter K. Cornelius (Eds.), *Environmental performance measurement: The global 2001−2002 report*. New York: Oxford University Press.

Glasby, Geoffrey P. (2003). Sustainable development: The need for a new paradigm. *Environment, Development and Sustainability*, 4, 333−345.

Holmgren, Peter; Marklund, L.-G. (2007). National forest monitoring systems: Purposes, options and status. In Peter H. Freer-Smith, Mark S. J. Broadmeadow & Jim M. Lynch (Eds.), *Forestry and climate change*. Wallingford, UK: CAB International. 163−173.

Lumley, Sarah; Armstrong, Patrick. (2004). Some of the nineteenth century origins of the sustainability concept. *Environment, Development and Sustainability*, 6 (3), 367−378.

Niemeijer, David. (2002). Developing indicators for environmental policy: Data-driven and theory-driven approaches examined by example. *Environmental Science & Policy*, 5 (2), 91−103.

Polfeldt, Thomas. (2006). Making environment statistics useful: A third world perspective. *Environmetrics*, 17 (3), 219−226.

Wilson, Jeffrey; Tyedmers, Peter; Pelot, Ronald. (2007). Contrasting and comparing sustainable development indicator metrics. *Ecological Indicators*, 7 (2), 299−314.

Externality Valuation

外部评估

外部评估是评价生产或消费活动所需的社会成本的方法。它用于项目和政策评估，也作为将环保资产计入国民财富进行绿色国民经济核算的基石。保护生态系统服务的理念丰富了我们对外部评估的认识，促进了利用货币估值对生态系统可持续发展的实施情况进行的适宜性研究。

外部性是指事态发展的一种状态，其中某人的行动可能影响（正面或负面）另一个人的生产或消费，但是该行动却没有进行相应的经济补偿。对于可持续环境，最广为宣传的感兴趣的外部性具有负面的性质：工厂烟囱冒出的浓烟，令能见度下降，导致心血管疾病。这些以及造成污染、资源枯竭和全球变化的很多其他的外部性，是当今社会普遍且难以控制的现象。通过应用货币价值估算由于自然环境变化所引起的经济收益或损失，可以将外部估值用于环境和可持续发展领域。

由于产生了影响第三方、又未被肇事者

适当关照的负面影响，这种外部性导致社会成本，如上述例子中由于能见度和健康下降造成相关人群的幸福感下降。当生产和消费活动引起多方面的社会成本时，经济不能将资源以最佳优势进行社会分配。随之被社会成本内在化的过程产生了私人成本和社会成本之间的分歧，即增加了社会和私人的成本。外部估值是对社会成本以货币价值的形式进行确认和分配，因此是将货币价值与外部对自然影响相连的过程。

起源

外部估值起源于20世纪初美国工程师学会管理航海项目的成果。在早期阶段，所涉及的行政机关明白，需要寻找对于量化和估价外部性"能够做到的任何人"（1936年的洪水控制行动）。在20世纪50年代，对于非市场外部性的估值开始出现了专门的方法学，探究外部估值的固定的分析结构慢慢出现。美国经济学家哈罗德·霍特林提出了通过广为人知的旅行成本方法，获取美国国家公园的非市场效益。此方法利用到国家公园游客的直接和间接费用，作为公园价值的标志。一般而言，该方法已经催生了明显偏爱此主题的文学，后者主导了对休闲场所非市场价值的估计（Shaw 2005）。

20世纪60年代美国经济学家约翰·克鲁蒂拉（John Krutilla）引入了非使用价值的概念，外部估值获得了方法学的转折。他说："有很多人对部分北美仍存在着荒野这样的信息满意，即使他们对这些荒野正在被开发的前景感到震惊。"（Krutilla 1967, 781）克鲁蒂拉对将目标的经济价值从其应用价值脱离的观点提供了明确的优先选择的方法，如旅行费用，由于其定义中未包括与行为表现有关的估算，因此费用中缺乏其对自然环境的总经济价值的部分。优先选择在70年代已经出现，作为选择包含外部估值一个途径（Smith 2000）。优先选择方法主要包括选择实验（CE）和附随价值评估（CV），利用结构式问卷可以现场调查两种技术，衡量了由于提供环境产品和服务所引起的个人福利的变化（Bateman et al. 2002）。自20世纪50年代后期，营销领域已广泛采用称为联合分析的选择实验方法（Green, Krieger & Wind 2001）。在90年代初期，由于埃克森公司瓦尔迪兹石油泄漏，阿拉斯加州和美国政府控告埃克森公司"不使用损害"，诉讼程序中用到附随价值评估，使附随价值评估法在世界脱颖而出（Carson et al. 2003）。

除了生态系统的损害，另一个已经实行外部估值的领域是能源规划。由于关注发电技术对环境的负面影响，在美国已经加速了一些外部评估的研究（OTA 1994），在电力供应方案中，比较风险评估已取代先前占主导地位的分析方法（Stirling 1997）。在20世纪90年代，美国公用事业委员会针对在电力投资和定价决策中将外部成本内部化，在能源领域外部估值的研究中广泛采用了环保加法（将环境成本值加到能源发电的货币成本）（Harrison & Nichols 1996）。

应用

尽管迄今在美国有几个应用案例，世界范围内的报道也在不断扩大，外部估值对量化地衡量可持续发展努力的影响仍然有限。虽然如此，外部估值已在政策制定的三个不同层面，对量化可持续发展发挥了作用。首先，在个别项目评估时，用于评估全部成本而非投资选择的成本，例如，用于美国能源部门的环境加法器的案例中，或始于2000年在欧盟的水框架指令中所定义的与水有关的项目。但是在美国，对自然资源损害的评估往往很少采用外部估值，而倾向于由于生态系统服务价值的丧失而对其实体（服务到服务）的评价（例如，栖息地等价分析），并且只有在特殊情况下，才对损害进行货币估值（服务到价值）（Jones 2000）。

其次，在政策评估的层面，外部估值已经被用来评估货币成本以及提出环境法律前后的效益。一个突出的例子是美国环境保护署对1970年的清洁空气法案及其修正案所估计的成本和收益（Yang et al. 2004）。挪威环保团体（Tollefsen et al. 2009）和ExternE项目（Bickel & Rainer 2005）已经对欧洲提出了类似的方法。气候经济学中外部估值越来越占主导地位，其中由气候变化引起的全球性外部估值的货币价值日益增长，以佐证所谓的"碳的社会成本"（Tol 2008）。

第三，通过提供国民经济核算与自然资本折旧金额的数据，外部估值已用于评估宏观经济的可持续发展绩效（Nordhaus 2006）。

争议和辩论

外部估值对保守的专家来说既是机遇也是争议所在。在基于市场价格进行外部估值的有限案例中，对其分析很简单。尽管就其本质而言，外部估值是非市场的公共利益现象，但对生态学家和经济学家的评估技能仍有一定的要求。目前主要的辩论是围绕着个人主义的经济理论作为外部估值分析背景的适宜性这一宏观问题，以及对硬性的特定非市场估值方法所采用的具体的技术问题。

有关前者的争论是个人面临着在利用自然环境时的权衡，不做自我为中心追求最大化私人利益的消费者，而是作为具有宽广胸怀、考虑他人的亲社会公民（Sagoff 1988）。即使忽视市民和消费者之间的鸿沟，但由于自然环境的复杂性、对不熟悉的商品和服务进行估值，以及由此产生了不存在事先已做的精心选择，经济外部性估值的有效性仍然受到质疑。在这种情况下，实际发生的事情不是预先存在价值的诱导，而是通过启发机制建立新的人为偏好（Gregory, Lichtenstein & Slovic 1993）。

有关所选择理论的技术问题，从业人员通过问卷调查，强调诸如放弃自然价值（Tversky, Slovic & Kahneman 1990）、认为自然

有价值以及与自然无关（Murphy et al. 2005）等选择，价值评估对价值形式的敏感度（Cameron et al. 2002），以及不使用值的分析力度和政策有效性（Kopp 1992）。

可持续发展成效

可持续性的研究越来越多地基于生态系统服务的概念，即通过功能完善的生态系统，将所得收益有益于人类（MEA 2005）。在保护和可持续发展的辩论中，生态系统服务的思想丰富了我们对外部估值的认识，推动了自然和经济之间相应链接的研究（Kontogianni, Luck & Skourtos 2010）。

目前，在该领域对未来发展的研究正在形成三大领域：第一，个人动机和约束的更实际的表现正在取代经济人的抽象的概念（Shogren & Taylor 2008）。其次，通过地理信息系统的技术，空间现实主义被引入外部性并且影响着公众（Boyd 2008）。第三，作为前两者趋势的直接后果，优化了外部估值的方法，将其从原来的研究层面转移至未来的政策层面（Navrud & Ready 2007）。

阿瑞提·空特吉亚尼（Areti KONTOGIANNI）
爱琴大学

参见：业务报告方法；碳足迹；社区与利益相关者的投入；计算机建模；成本-效益分析；环境公平指标；地理信息系统（GIS）；净初级生产力的人类占用（HANPP）；增长的极限；风险评价；战略环境评估（SEA）；系统思考；跨学科研究；三重底线。

拓展阅读

Bateman, Ian J.; et al. (2002). *Economic valuation with stated preference techniques: Amanual*. Cheltenham, UK: Edward Elgar Publishing.

Bickel, Peter; Rainer, Friedrich. (Eds.). (2005). *ExternE. Externalities of energy. Methodology update*. Luxembourg: European Commission.

Boyd, James. (2008). Location, location, location: The geography of ecosystem services. *Resources*, 170, 11–15.

Cameron, Trudy A.; Poe, Gregory L.; Ethier, Robert G.; Schulze, William D. (2002). Alternative non-market value-elicitation methods: Are the underlying preferences the same? *Journal of Environmental Economics and Management*, 44, 391–425.

Carson, Richard T.; et al. (2003). Contingent valuation and lost passive use: Damages from the Exxon Valdez oil spill. *Environmentaland Resource Economics*, 25, 257–286. Flood Control Act of 1936.33 U.S.C. §701–709 (1936).

Green, Paul E.; Krieger, Abba M.; Wind, Yoram. (2001). Thirty years of conjoint analysis: Reflections and prospects. *Interfaces*, 31, S56–S73.

Gregory, Robin; Lichtenstein, Sarah; Slovic, Paul. (1993). Valuing environmental resources: A constructive approach. *Journal of Risk and Uncertainty*, 7, 177–197.

Hanemann, W. Michael. (2006). The economic conception of water. In Peter P. Rogers, M. Ramon Llamas & Luis Martinez-Cortina (Eds.), *Water crisis: Myth or reality?* London: Taylor & Francis. 61–92.

Harrison, David; Nichols, Albert L.(1996). Environmental adders in the real world. *Resource and Energy Economics*, 18, 491–509.

Jones, Carol A. (2000). Economic valuation of resource injuries in natural resource liability suits. *Journal of Water Resource Planning and Management*, 126, 358–365.

Kontogianni, Areti; Luck, Garry W.; Skourtos, Michalis. (2010). Valuing ecosystem services on the basis of service-providing units: A potential approach to address the "endpoint problem" and improve stated preference methods. *Ecological Economics*, 69, 1479–1487.

Kopp, Raymond J. (1992). Why existence value should be used in costbenefit analysis. *Journal of Policy Analysis and Management*, 11, 123–130.

Krupnick, Alan J.; Burtraw, Dallas. (1996). The social costs of electricity. Do the numbers add up? *Resource and Energy Economics*, 18, 423–466.

Krutilla, John. (1967). Conservation reconsidered. *American Economic Review*, 57, 777–786.

Millennium Ecosystem Assessment(MEA). (2005). *Ecosystems and human well-being: Synthesis*. Washington, DC: Island Press.

Murphy, James J.; Allen, P. Geoffrey; Stevens, Thomas H.; Weatherhead, Darryl. (2005). A meta-analysis of hypothetical bias in stated preference valuation. *Environmental and Resource Economics*, 30, 313–325.

Navrud, Stale; Ready, Richard. (Eds.). (2007). *Environmental value transfer: Issues and methods*. Dordrecht, The Netherlands: Springer.

Nordhaus, William D. (2006). Principles of national accounting for nonmarket accounts. In Dale W. Jorgenson, Dale W.; Landefeld, J. Steven; Nordhaus, William D. (Eds.). *A new architecture for the U.S. national accounts*. Chicago: University of Chicago Press. 143–160.

Office of Technology Assessment(OTA). (1994). *Studies of the environmental costs of electricity*. Washington, DC: US Government Printing Office.

Sagoff, Mark. (1988). *The economy of the Earth: Philosophy, law, and the environment*. Cambridge, UK: Cambridge University Press.

Shaw, W. Douglas. (2005). The road less traveled: Revealed preference and using the travel cost model to value environmental changes. *CHOICES*, 20 (3), 183–188.

Shogren, Jason S.; Taylor, Laura O. (2008). On behavioral-environmental economics. *Review of Environmental Economics and Policy*, 2, 26–44.

Smith, V. Kerry. (2000). JEEM and non-market valuation: 1974–1998. *Journal of Environmental Economics and Management*, 39, 351–374.

Stirling, Andrew. (1997). Limits to the value of external costs. *Energy Policy*, 25 (3), 517–540.

Tol, Richard S. J. (2008). The social cost of carbon: Trends, outliers and catastrophes. *Economics e-journal*, 2, 1–22. Retrieved October 13, 2011, from http://www.economics-ejournal.org/ej-search?SearchableText=tol.

Tollefsen, Petter; Rypdal, Kristin; Torvanger, Asbjфrn; Rive,Nathan. (2009). Air pollution policies in Europe: Efficiency gains from integrating climate effects with damage costs to health and crops. *Environmental Science & Policy*, 12, 870–881.

Tversky, Amos; Slovic, Paul; Kahneman, Daniel. (1990). The causes of preference reversal. *American Economic Review*, 80, 204–217.

Yang, Trend; Matus, Kira; Paltsev, Sergey; Reilly, John. (2004). *Economic benefits of air pollution regulation in the USA: An integrated approach*. Cambridge, MA: MIT Joint Program on the Science and Policy of Global Change.

F

淡水渔业指标

淡水渔业存在于多种多样的生态环境和动物群中，它为社会带来巨大贡献，并受到人类行为的影响。渔业科学家采用多种方式来评估渔业的现况和可持续性，包括丰度和状态指数、种群参数、群落指标、建模和对栖息地及人为影响范围的调查。淡水渔业未来的可持续性并不受方法的限制，却受社会意愿的限制。

淡水渔业给社会提供休闲、食物、审美价值和经济效益。它从规模上看通常会小于海洋渔业，但是两者却通过类似的生态过程起作用，而且它以后有可能成为更大意义的微观渔业。与流域相关的陆地行为和陆地环境对淡水渔业的影响巨大，特别是在水陆交互界面（也就是河岸带）。渔业存在于淡水环境各种类型的生态系统和相应的鱼类区系中，无论是小溪、广阔的湖泊还是这些生态系统里面的鱼类，因此没有最适用于检测淡水渔业的唯一途径、方法、技术或者工具。渔业科学家们经过数十年的努力，开发出一组可以广泛使用的程序来表现淡水渔业生态的现状。

下面是构成渔业的三个主要部分，这三部分相互重叠：① 鱼类或者无脊椎有机体；② 环境或者提供资源的栖息地；③ 相关的人类。因此，渔业评估常常包括多方面渔业组成部分的静态参数或者动态参数。因而，相关的方法、技术和指标可能包含生物学、生态学、生理学、行为学、自然科学和社会经济学方面的知识。全面的渔业评估可能需要一个多学科组成的团队才能完成。

目前对于如何判断淡水渔业的可持续性还没有一个明确的标准。淡水渔业在全世界范围内被各种阶层的人们管理着，通常有政府机构、非政府组织、私人土地拥有者或者财团。科学家们可能认为，即使是最集中管理的渔业（例如通过养鱼、放养、捕鱼或者栖息地的控制），它也只能持续到人为干涉和资源可用为止。然而，一些渔业是自我维持的（例如自由流动的河流，这是很难被人为直接控制的）。渔业管理者们正在寻找在淡水渔业中实现自我可持续发展的原理,但是很多渔业(例如小池塘或者城市社区渔业)的性质使得它们需要不断地加强管理才能满足人们的资源需求。

丰富的历史

很久以前,渔业一直被认为是一种永远不会出现过度开发的丰富无尽的食物资源。随着人口的增长和对现代休闲渔业的兴趣,淡水生态系统的生产能力很明显不能满足公共水域的渔业产品的需求。因此,科学家们为了平衡渔业的供需,花了数十年的时间开发出一套现代渔业的管理办法和评估方法。现代的自然保护方案进一步促进了这个行动的实现。实现供需平衡是一项可持续的挑战,特别是在世界人口稠密的地区和不发达国家,那里的食物资源往往是有限的。

很多用于渔业评估的概念和方法来源于历史上的渔业和早期的管理工作。由于人们希望能够有效地捕捉鱼类为食,捕鱼技术已经发展了好几百年。虽然很多渔业技术在很早之前就存在一个雏形,但是从20世纪上半叶开始,北美和欧洲的渔业科学家们开发出一套渔业技术和分析方法,这段时间被视为渔业管理的现代化时期。

生态系统和动物多样性

淡水系统和它们之中的水生动物是多种多样的。对应的渔业评估方法也是随着生态系统的变化而变化的。淡水生态系统通常从地貌和水文两个方面进行划分。静水水体指的是不流动的或者相对静止的水域,包括湖泊、水库、池塘和湿地。流动水域指的是流动的江、河或小溪。

静水生态系统和流水生态系统之间不同的物理特性、生物特性和动态过程使得在渔业评估的时候要采用不同的概念和实践方法。总体而言,对这两种水体来说,它们的栖息地的空间格局、初级生产(植物光合作用)和二级生产(动物组织的加工)的动力学原理以及相关鱼类种群和群落的调控机制都是相当不一样的。比如说,不管是在静水系统还是流水系统中,密度制约过程都在控制鱼类的数量,但是非密度制约的因素(比如洪水、干旱、温度波动)在动态流水环境中有着更大的影响。各种类型系统之间的生态差异导致出现很多种渔业评估的方法。

不管是在淡水栖息地之内还是不同淡水栖息地之间,为了在特定的水生环境和不断变化的环境中生存并有效地利用资源达到生态平衡,鱼类有其各种各样的形态特征、生活史、行为特征和适应能力。它们具有一系列的对策和饲养、繁殖、逃避天敌、占据栖息地和洄游的模式。形式、功能、生态和行为上的多样性让鱼类和渔业的采样和评估更加的复杂。

物理和生物影响

许多相互作用的自然因素和人为因素都会影响淡水鱼的产量、种群动态和可持续利用率。淡水生态系统的自然背景形成了一个框架,在其中存在生物相互作用并导致形成水生生物群落。纬度、气候、地质、地貌、水量水质以及河岸和流域的属性等因素,在形成渔业生产的水生环境时在多个方面上相互作用。这些因素中的大多数受人类活动的影响,它们可以显著地改变水生环境和生物群落。

一个生态系统的生态完整性是指它的化学、物理和生物环境能够像一个区域的自然栖息地的化学、物理和生物环境一样存在并起作用的能力。一个人类活动影响较小的生态系统有着较高的生态完整性,它只需要很少的直接管理(与保护措施相比),并且一般在渔业上是自我维持的。

人类的全球性影响对水生生物、鱼类和渔业赖以生存的环境的生物多样性和生态系统功能有着渐进的灾难性的影响。因此,水生动物不管是在全球还是一个地区都是以一个很快的速度减少。人类活动对水生生态系统

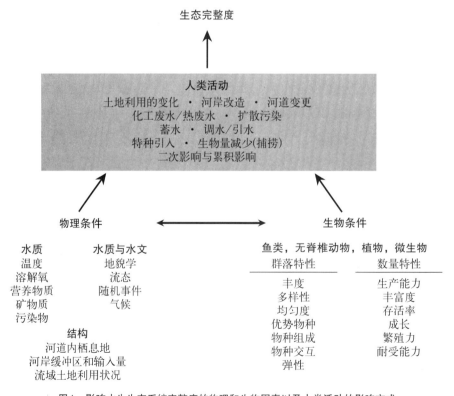

图1　影响水生生态系统完整度的物理和生物因素以及人类活动的影响方式

来源: Hubert & Quist(2010).

的生态完整性的直接影响包括流域的土地利用的改变、河道的修改、点源和面源的化学污染和热污染、蓄水和取水、物种入侵、钓鱼业和景点开发。这些行为从多个方面将水生系统的物理和生物组成部分从原来的状态改变为生物多样性和生态功能简化的形态。

渔业评估和指标

鱼类资源量、年龄和大小组成以及长度和重量的关系都是科学家们用来描述鱼类种群现状的主要参数。除了静态参数（即在单个时间点的）之外，用来量化种群过程的一些动态参数，比如存活率、生长率、繁殖率和死亡率，同样能使我们了解鱼类种群的生态状况。许多管理政策的目标都需要鱼类群聚（或者种群）上的评估，而且描述鱼类种群组成的参数可能涉及很多重要的生态系统属性。这些参数中的大多数如果需要精确测量，都是很困难的、很麻烦的或者完全就是不实际的。因此，渔业科学家们开发出可以通过不完整的数据来估计这些参数的方法，或者研究出描述与真实属性对比的假设属性的参数。了解种群状态或者动力学的另外一个有用的方法是建立定量模型来估计静态参数或者动态参数。物理环境和人类活动极大地影响了鱼类种群的状态。因此，管理者们发现对栖息地和与渔业相关的人文因素进行评估非常有用。

取样考量

许多不同的采样工具（设备和仪器）和技术可以对淡水鱼进行抽样。电渔法、垂钓、网鱼、围网（通过一个垂直悬挂在水中的网捕鱼）和拖网这些捕鱼方法各有千秋，需要根据捕捞的鱼的种类、大小和环境选择。鱼类抽样工具是根据目标种类和大小的鱼对应的环境设计的，而且是在这个环境里最有效的。没有一种单一的抽样技术是可以对一个生态系统所有鱼类群落有效抽样的，多种抽样工具通常配置为一个完整的抽样工具。鱼类种群和群落都随着时间和生态系统中的位置变化而变化。因此，在渔业评估和监测中，抽样环境的空间、时间和组织尺度都是关键的考虑因素。对于鱼类种群抽样没有标准的程序，但是渔业科学家们认识到为了规范抽样结果，有必要将抽样方法和定量程序标准化。由美国渔业协会（Guy & Brown 2007; Bonar, Hubert & Willis 2009）发表的最新的淡水鱼类抽样和分析以及由此产生的数据的标准方法的纲要，代表了淡水渔业的常用方法的重要进展。

丰度和条件指数

鱼类抽样永远不会结束（即管理者无法对现在所有的鱼进行抽样），因此科学家们运用实际渔获量或者渔获指数表示相对的种群规模，从而评估鱼类种群。实际渔获量可能是鱼类种群大小的指示性测量，但是它是多变的，而且随抽样付出的努力波动的。因此，科学家们最常使用每个努力单位下渔获量作为与种群大小成正比的指标。渔获量指的是所捕获的鱼的总重量（生物量）。管理者将努力量化为标准时间、空间或者活动单位，这些都根据工具和鱼类的栖息地来决定。抽样可能采用被动工具（例如陷阱或者缠绕工具）或者主动工具（例如围网或者电渔法）。努力单位可能包括工具布置或者开始捕鱼的时间、直线距离、面积、抽样的水的体积或者一次标准抽样活动,比如围网拖运。管理者还可以通过对垂钓者和商业渔民进行调查以估算其渔获量和花费的努力来计算出单位努力渔获量的数据。科学家们将单个努力单位下的渔获量指数作为真实种群数量的最低估计,或者按照正比对真实种群数量进行预估,但是其作为相对指标用于一段时间内或者各种地域间或者各个种群间的比较更加有用。

渔业科学通常使用鱼类个体的长度和重量之间的关系作为幸福指数来表现鱼类个体的条件(或者饱满度)。鱼在一个种群内的条件可以通过以长度和重量的数据作图并且推导得到的数学公式来估算出来。科学家们发现条件指数更易于解释并且通常采用两种常用的指标。Fulton型条件指数采用的是鱼的重量与它的长度的立方的商的换算值。相对权重采用的是鱼的实际重量与相同长度的鱼的预期的重量的比值。预期重量被称为标准重量,科学家们对于各种大小的鱼开发出一个标准重量公式来表示鱼在良好条件下的条件数(大约在大数据集的第75位百分位)。条件指数随鱼的种类变化而变化,在种群间比较或者在种群内检测与长度有关的或者随时间变化的形态时非常有用。

一个鱼群的大小结构是评估种群状态的一个重要组成部分。长度-频数分布是一种简单但信息量大的鱼类种群动态的描述。它通常显示为关于鱼在鱼群中数量的直方图(柱状图),并且包含关于繁殖、生长和死亡的信息。长度-频数分布的不平衡可以预示着存在与繁殖障碍、早期死亡率、生长缓慢、过度捕捞或自然死亡率相关的问题。鱼群密度指数进一步使用了长度-频数分布,它展示了在

一个鱼群(标准大小)中可渔获的鱼中具有特定的尺寸或长度(例如首选尺寸或者可以获得奖杯的尺寸)的占比。鱼群密度指数与预期范围的偏差可能预示着生育问题、过度捕捞或者其他原因造成的鱼群规模结构的不平衡。相对权重指数和鱼群密度指数的组合能够为开发鱼类种群的评估和管理提供很多信息。

种群参数估计

在某些情况下,管理者可能需要实际种群密度和生物量的估计值来指导管理或决策。这样的过程与单位努力渔获量指数相比,需要额外的花费和努力。科学家们通过标志重捕法、去除取样法或剩余产量法来估计淡水鱼群的实际丰度。标志重捕法涉及多次抽样活动,在抽样时让管理者对抽样的鱼进行标记,然后对其重新抽样来检测被标记的鱼和没被标记的鱼的占比,从而估计出总的鱼群数量。去除取样法采用多次抽样并且抽样并不放回鱼群(暂时或者永久)中的方法来检测抽样的渔获量的减少,从而估计出原来的鱼群数量。科学家们通过剩余产量法来利用渔业随着时间变化产量(即渔获生物量)和捕捞努力的变化来预估种群生物量。

鱼群丰度估计在淡水渔业中非常有用,它可以与渔获率作对比从而预估渔业的持续性。它们同样允许我们对种群率参数进行估计。种群率参数,包括繁殖、存活和生长,在了解鱼类种群动力学方面并且对其有效管理方面起着极其重要的作用。整合这些参数还允许我们估计鱼产量的年增长率或者一年内由种群生产的鱼的总生物量。这个整合参数是评估一个种群是否能持续利用的最终参数。

群落指数

在现代渔业管理中，供人们垂钓的鱼类并没有在他们的环境中与其他鱼类和水生动物隔离开来管理。管理者们在渔业组合评估中对生态系统中所有的鱼群进行抽样和考虑。群落评估可能需要额外的努力，但是群落属性，比如物种丰富度，一般与个体鱼类的丰度估计相比更稳定。因此，群落评估与单一种类的方法相比，通常需要更小的样本量就能获得精确的估计，并且最终能获得更好的成本效益。

生态学家开发了两种主要的方法来量化群落结构并将其应用到鱼群上。它们分别是① 直接建立在野外抽样上的群落结构指数和② 根据指示生物的相对丰度得到的生物指数。这两种方法都适用于描述鱼类群落的特征，并且都可能与环境质量相关，但是生物指数特别适用于量化生态完整性。群落里的物种、其他植物（科学分类）和其他类别属性的相对丰度可能可以结合成一个单独的度量来描述群落的状态。这些度量中最常见的是物种多样性，其中包含了群落中的一个物种的值（物种丰富度），同样也包含了这些物种的相对丰度（均匀度）。科学家们可能通过使用指示物种或者集团（一系列使用相同资源的物种）开发出鱼类生物指数，然后他们可能再将其合并为一个单独的指数。最常见的鱼类生物指数是生物完整性指数，一位美国生态学家詹姆斯·R. 卡尔（James R. Karr）和渔业专家们以及他的同事最初是针对温水水流生态系统开发出来的，但是其他人很大程度上修改了它并把它应用在了其他系统中。科学家们设计鱼类群落指数是为了通过使用物种的相对丰度和个体的条件指数来整合鱼类群落、种群和个体的属性，从而指出水生生态系统的生物完整性。对一个区域内的鱼类开发一个生物完整性的指数需要很大的努力，但是科学家们可以单独或者合并使用指数的个别指标或者相关的群落的结构指标（比如丰富度、多样性、均匀度）作为比较和评估的定量特征。

监控

一个鱼群或者群落的单一静态测量在渔业评估上的价值是有限的，监控其随着时间的推移和空间的改变的趋势能给我们提供更多的信息。因此，最佳的方法是开发一套精心设计的监控方案来充分了解生态系统和渔业中的动态过程和变化。这同样有利于算入不同时间不同地点的标准化取样中，并有利于在解释最终的数据的时候考虑多个量化指标。大多数的渔业资源机构都采用了大规模的方法来告知管理决策和监控程序，其中可能包括对其他动物（比如大型底栖动物）、栖息地条件、垂钓者和非垂钓者的调查。

建模方法

鱼类种群模型通过引入动态过程来估算总的种群特征。这些方法特别适用于确定、预测和了解渔业的开发和持续性，因为它们可能会包括各种生态压力和预测的群体反应。现在存在很多种建模框架，可能包含或不包含野外数据。建模方法的主要优点是，它们可以结合物理、生物、自然和人文上的因素并且整合出它们对一个种群或者群落的综合效应。精确的种群预测并不总是建模评估的目标，相反，科学家们的兴趣主要集中在发展趋势、影响因素的相对灵敏度以及了解渔业生态环境和持续性的动态过程上。

栖息地

鱼类栖息地包含了维持一个种群的水生环境的所有物理、化学、生物属性。自然的和人为的栖息地改变同时也改变了鱼类和其他生物的栖息地的适应性。因此,栖息地监控通过不同时间不同地点的对比能提供给我们很多信息。栖息地监控对于对随时间推移的逐步退化进行量化或者评估修复或其他栖息地管理措施尤为重要。管理者们可以通过相对标准的程序测量各个描述了水质、水流特性或者湖泊属性的参数,同时他们可以计算出并且比较各个指标。栖息地评估程序通常是用来描述江河的河岸、河岸带和流域属性以及湖泊和水库的形态特征、水质、流体动力学和营养状态。地理信息系统和相关的数据集能允许我们在广阔的空间范围内使用栖息地评估方法。科学家们从范围、分类和流域尺度方面描述栖息地,并从现有的数据层中量化河岸带和流域的属性。许多水生栖息地的过程大规模地起作用,可能是由于自然界的累积;因此,对流域或者沿岸土地和相关景观参数进行量化是一个很重要的进步。

人的因素

因为人类利用渔业作为食物或者娱乐方式,所以人类管理渔业。我们不管在水里还是在陆地上的活动都在改变它们的环境。人类利用渔业主要是为了三个基本原因:自给渔民捕鱼给自己做食物;商业渔民出售他们的渔获;娱乐用户将钓鱼视为个人享受。因为

这些群体的目标不同,所以他们的捕鱼技术、习惯和态度也不同。管理者们经常尝试调节或影响人们的行为从而间接管理渔业资源。因此,为了能够更有效地管理从而达到持续的发展,他们需要了解渔业的组成部分的信息。对渔业组成部分、其他淡水系统的人类利益相关者以及他们在做决定时扮演的角色有充分了解是非常必要的,特别是对渔业资源的分配、栖息地管理、政策法规发展以及使利益相关者对渔业和他们的经验感到满意。

保护和管理方面的决定都可能需要社会、经济、法律和政治上的信息。科学家们通过文件审查、个人和小组访谈、邮件、电话、互联网调查和直接观察来收集这些信息。然后,管理者们可以将人为获得的知识通过影响渔业资源的保护和开发方面的决策来实施在管理过程。

相互冲突的目标

水生生态系统的渔业和生态完整性的管理可能在某些系统里有着相同的目标,但是也有可能存在冲突。渔业管理不仅整合了与资源相关的生物学和生态学的信息,还考虑了经济学、美学、人类的态度以及使用者和广大公众的兴趣。然而,渔业的直接使用者的价值观(例如渔获量、收成、鱼的质量)可能与一些间接使用者或者非使用者的价值观(例如美学、存在价值、生态服务)起冲突。因此,渔业管理的目标,比如提高或者最大化鱼类丰度、种群结构、渔获量或者收成,可能会违反保持稳健的种群和自我维持的栖息地的目标。由于渔业管理者们在管理中寻求找到多个利益相关者和用途,他们面临的最主要的挑战是整合

使用者和非使用者的理念和价值观,对消费者和非消费者也一样,同时由于他们管理着鱼类生存的物理环境和生态环境,需要同时考虑生态服务、功能和完整性。

不确定的未来

社会对淡水渔业和生态系统的保护和可持续管理有越来越多的兴趣和关心。渔业部门相应地在很多地区采取行动,但是政治上的因素和其他社会压力可能会限制他们的努力。主张进步的机构正在将广泛的和全面的生态学方法和社会经济学方法纳入管理。这种整合的方法,比如自适应管理和结构化的决策方法,能改进我们的管理流程、结果和公众的支持。管理人员采用渔业评估的方式给保护和管理提供指导,渔业评估所需的科学的工具和方法存在并且被世界范围内的结构广泛使用。淡水渔业和生态系统的未来的持续性是不确定的,它并不受限于可用的方法和科学,只受限于社会的意愿。

托马斯·J.夸克（Thomas J. KWAK）
美国地质调查所

参见: 生物学指标（若干词条）; 生态标识; 生态系统健康指标; 海洋渔业指标; 生物完整性指数（IBI）; 海洋酸化—测量; 有机和消费者标签; 遥感; 物种条码。

拓展阅读

Bonar, Scott A.; Hubert, Wayne A.; Willis, David W. (Eds.). (2009). *Standard methods for sampling North American freshwater fishes*. Bethesda, MD: American Fisheries Society.

Guy, Christopher S.; Brown, Michael L. (Eds.). (2007). *Analysis and interpretation of freshwater fisheries data*. Bethesda, MD: American Fisheries Society.

Hubert, Wayne A.; Quist, Michael C. (Eds.). (2010). *Inland fi sheries management in North America* (3rd ed.). Bethesda, MD: American Fisheries Society.

Karr, James R.; Chu, Ellen W. (1999). *Restoring life in running waters: Better biological monitoring*. Washington, DC: Island Press.

Murphy, Brian R.; Willis, David W. (Eds.). (1996). *Fisheries techniques* (2nd ed.). Bethesda, MD: American Fisheries Society.

海洋渔业指标

现代海洋渔业可持续发展评价指标是基于生物标准假定生活史特征和生态关系可以准确地确定的基础上的。如果存在准确的度量，它们可以用来计算具有商业价值的海洋生物的数量是否可以无限期收获，但最好的措施还是要保持生态系统的可持续发展，而不是仅仅依靠单一物种测量。

海洋渔业可持续发展的最重要的指标，也是对于其他指标的最大贡献，就是最大可持续产量（MSY）。一般概念是每个鱼类不同的种类增长，根据生活史特征，包括死亡率、产卵、亲体量和幼鱼的数量，而且可以优化。从广义上讲，任何生物的小群体数量都会有一个小的繁殖产出，一个很大的接近生物环境的承载能力的群体也将有一个小的繁殖产出。在一个中间点能达到最大的生殖率。如果鱼的数量可以保持在这一点上，那么每年鱼类的增殖数就是可捕获的数量，这样鱼群就可以年复一年地按着最高繁殖率持续发展。在这种情况下，最大的捕获量就是可持续的速度，即术语最大

可持续产量。实践中，生物学家的目标是计算最佳可持续产量（OSY），有时也被称为最大经济产量（MEY）。渔业中，考虑人口的波动和变化，最大经济产量最大化的盈利能力，往往略小于最大可持续产量。自20世纪30年代以来一直使用这种方法。在理论上似乎听起来很靠谱，但实际上它已经导致许多渔业的崩溃。许多研究人员得出的结论是，大多数渔业已经过度开发多年（Jackson et al. 2001）。

过去，由于人口极少，而且使用的技术简单、捕获量低，渔民对目标生物数量的影响相对较小。然而，自20世纪30年代以来，世界各地捕鱼方式的效率已显著改善，捕鱼量大大增加。随着捕捞量的增加，渔民和生物学家认识到鱼类的存量和产出量之间存在着显著的差异，随着时间的推移，出现了渔业管理，发挥了重要的协调作用，确保产量可能持续最大化。历史上，渔民使用的主要指标（目前仍在使用）只是鱼（或龙虾、贻贝等）的平均数量是否足够，但因为捕获量开始下降，渔民开

始要求地方或国家政府干预来减少竞争。最早的政府干预渔业的案例发生在1816年挪威北部的罗浮敦渔业的一项领土使用权立法中（Hannesson, Salvannes & Squires 2010; Jentoft & Kristofferson 1989）。几个世纪以来（Johannes 1978），太平洋地区有许多老惯例（当然这并不是通过正式的法律）来约定监管手工渔业。这些决定，例如哪些人能在一定区域捕鱼而哪些人不能。一般的规则是，一定数量的当地村民可以在该地区捕鱼，而所有其他渔民则被禁止这样做。这些规则或约定是基于一定的观察：渔民数量的增加导致小的区域内可捕捉量在随后的几年锐减。所以减少渔民的数量，希望能使问题得到改善。

对于每年的渔获量是否正在下降的简单观察，是一个简单的可持续性指标，一般来说，它往往比复杂而又耗时的最大可持续产量或最佳可持续产量计算更准确，最佳可持续产量后来已经被反复证明不正确（Larkin 1977; Walters & Maguire 1996）。首先，计算最大可持续产量往往是基于对研究鱼类种群过于简化的假设。雪上加霜的是，大多数研究都是基于一个相对较小的数据量来推断过于复杂的预测，这样的推断往往是错误的。第二，最大可持续产量实质上是一个单一物种的计算模型，它不承认物种之间的相互作用，即使这些交互是至关重要的。理想情况下，对最大可持续产量的任何计算都应包括所有相关的目标物种的生活历史数据。包括测量适当的平均增长率、寿命、每年每个年龄的生存率、产卵繁殖率、每个年龄阶层的成熟雌性数量、甚至生物群结构和交配系统的元素。而实践过程中，由于多数情况下都很难直接观察到，也就很难收集得到这种海洋物种的详细信息。事实上，主要的信息来源通常是已被抓的鱼，这种示例的方式可能不明显，因此很容易做出错误的假设。这个问题的一个例子发生在20世纪70年代末开始的新西兰深水红罗非鱼（大西洋胸棘鲷）的捕鱼业的崩溃。最大可持续产量计算和初始配额是基于"鱼的繁殖快速、生长期短"的假设之上。不幸的是，许多红罗非鱼这样的深水鱼实际上是长寿而且繁殖缓慢的，因此随之而来的捕鱼行为导致渔业资源几乎完全崩溃。许多地方捕获快速下降至不到峰值水平的10%，导致一些渔场现在完全封闭（Francis & Clark 2005）。

另一部分问题是，简单的模型是基于广泛的和可靠的数据，也就能够提供更可靠的估计（Bonfil 2005; Sparre & Hart 2002），而海洋物种的种群动态模型（最大可持续产量和可持续性由此计算而来）通常是复杂的模型而且是基于非常有限的数据。准确数据的缺乏导致了许多破坏性的简化，例如对鱼群的估计没有年龄结构的信息（Collie & Sissenwine 2011）。这些都需要计算鱼群增长率、一些个体的标记测量等，用复杂方程对经济增长模式进行整个物种和捕鱼的规模和分布概括（Cope & Punt 2011）通常被认为代表野生物种的分布和多少，还能显示每年的每个类别的生存年龄（Rudstam, Magnuson & Tonn 2011）。最大可持续产量通常将重要的结论建立于非常小的实例基础之上，而忽略了大部分的最重要数据。由于结论的不正确，最大可持续产量经常导致不可持续。

社会和政治因素可以使问题变得更糟。长久以来，生物学家们意识到，他们的数据可能不准确,从而可能导致错误的最大可持续产量计算,一个合理的保守策略就是使设置配额远低于最大可持续产量计算允许误差,以此来提供缓冲。在实践中,渔民经常游说监管机构说可以提高捕获的最大程度。当配额设置在这个最高级别,任何最大可持续产量的计算失误都可以直接导致严重的生物群体的崩溃。这方面的一个例子是,500 年的大西洋鳕鱼业在纽芬兰的大浅滩衰落了,尽管在随后几年中,渔业生物学家成立了一个大型社区和政府监管机构(Hutchings & Myers 1994)。

渔业的惯例通常会加剧最大可持续产量的计算不准确问题。以大多数渔业为例,正常的过程就是收获更大的个体,使较小的个体成长、繁殖、收获。但就保持可持续性而言,这完全是错误的做法,因为对大多数海洋物种来说,大鱼产卵的数量是小鱼的数倍。例如,一条 61 cm 长雌性红鲷鱼的产卵量和212 条 42 cm 长的雌鱼的产卵量是一样的;换句话说,长度增加 45% 可以增加约 2 000% 产卵量(Birkeland 1997)。也可以说在不减少产卵的总速率情况下,要 233 kg 的较小红鲷鱼才能和 12.5 kg 较大尺寸的有同样的产卵量。然而,也许是因为这个结论似乎有悖常理,捕大鱼的做法仍在继续。

渔业实践管理是基于良好的科学和正确

的生活史的观测,随之而来的最大可持续产量测量和计算配额可以更真实地反映现实,实现真正的可持续发展。例如,美国管理良好的配额和捕获龙虾的举措使得缅因州和乔治海湾银行股票增加。但是另一方面,尽管在新英格兰南部实行同样的举措,但美国龙虾的股票却下降了(Steneck et al. 2011)。这种对比表明,渔场的个体管理要求需要非常具体。欧洲共同渔业政策因为没有考虑个体的渔场这个原因,已经受到了严厉指责(Coffey 2000)。

自 2000 年以来,一些鱼类资源实际上是维持不变或增加的。其中一些是位于太平洋东北部,包括阿拉斯加比目鱼,黄鳍金枪鱼和格陵兰大比目鱼(国家海洋和大气管理局 2011)。这些物种使用正确计算指标而被成功地管理。然而,要注意的是① 这些都是相对年轻的太平洋渔业,因而这些物种没有控制开发的历史;② 生活史特征是由美国国家海洋和大气管理局(the National Oceanic and Atmospheric Administration, NOAA)这样的监管机构独立测量,因此 MSY / OSY 计算更准确;③ 因为东北太平洋渔业发生在加拿大和美国等发达国家,涉及大型渔船,和非国家渔船相比(大西洋渔业历史直到最近被证明不是真的),监管和执法更为有效。

到目前为止,测量和计算讨论单一物种指标时,很少或根本没有考虑对其他物种的影响。学者们和渔业生物学家需要达成共识的是旧的计算标准最大可持续产量（或OSY或MEY）是有根本性的缺陷的，研究人员得出的结论相较于单一物种指标来计算可持续产量，可以更好地利用生态系统指标。例如，由于复杂的因素，加勒比海珊瑚礁生态系统的"相移"彻底改变了许多西印度群岛珊瑚礁鱼类种群，发生了包括过度捕捞、污染、风暴的伤害和至关重要物种海胆的死亡（Bruno et al. 2009; Haley & Clayton 2003; Hughes 1994）等各种问题。在加勒比海许多地区，低多样性水藻为主的生态系统已经取代了高多样性珊瑚为主的系统，因而发现鱼类和其他海洋生物的数量及多样性在这些位置发生了变化（一般来说是减少的）。没有观测量生活史特征或计算单体鱼类的最大可持续产量能够预测这些变化。由于这个原因，任何试图管理鱼类的可持续化管理必须基于整个生态系统的健康。生态系统指标对于理解"食物网中的渔业"的后果也至关重要。如大西洋中那些以前建的渔场，其趋势是进一步沿着食物链切换到较小的物种，收获更大的食肉鱼类已经变得没有经济效益（Pauly & Watson 2005; Pauly et al. 1998）。例如，大浅滩鳕鱼渔业无利可图，就

重点改捕毛鳞鱼，因为毛鳞鱼是鳕鱼的一种很重要的猎物（Bailey et al. 2010）而收获毛鳞鱼可能因此影响鳕鱼渔业的复苏。同样，由于过度捕捞鲸鱼，并且国际协议也禁止捕捞鲸鱼，就建起了磷虾渔业。磷虾是许多须鲸的主要食物来源，然而，尽管有鲸鱼捕捞禁令，但由于猎物的数量鲸鱼大减，鲸鱼仍面临着持续的压力。因此，猎物数量严重限制了其食物链后的食肉动物数量。当然也不都一概如此，例如，即使鳕鱼的食物毛鳞鱼被大量收获，鳕鱼数量一段时间后也恢复到了过度捕捞之前的水平。

相反的，在某些情况下，一个物种的减少可能会导致另一个物种的增加，特别是当那些物种在同一生态系统中处于竞争关系的时候。许多人怀疑，大浅滩美国龙虾股票的增加实际上主要是因为鳕鱼股票的损耗（Boudreau & Worm 2010）。

许多正面和负面的互动效果需要对整个生态系统的情况有更深的了解，才能评估渔业是否处在可持续的水平。一般情况下，生态系统健康的大部分观测是基于对生物多样性的观测。生物多样性指数有很大的不同，从目前的物种数量的简单计数来计算整合各物种的种群大小与物种的数量（分别被称为香农指数、香农–韦弗或香农–维纳指数；Spellerberg & Fedor 2003），或是来测量营养的复杂性（称为海洋物种的海洋营养指数；

Pauly & Watson 2005）。通常其他和生物多样性相关的不同指标也常被使用，例如外来物种的 数 量（European Academy Science Advisory Council 2004）。有经验的生物学家可以将这些指数提供的信息纳入生态健康系统的全面情况。

　　生态指标和单一种类最大可持续产量计算之间的一个重要区别是，生态系统计算的指标相互有联系，而不是独立的测量。不像最大可持续产量的计算，在其计算中产生一个数字，可以是（并且通常是）不参考任何其他计算中使用的生态系统的测量值。生态系统指标可以和前几年或随后几年测量值进行比较，因此能够判断生态系统是否完善、是否稳定或是否有问题。在这个意义上，生态系统指标好像简单的历史手工评估，它对于一段时间内捕鱼量升降的比较，实际上是这种可持续性评估方法的重点。当然它需要更长的时间，以给出更加有用和逼真的信息。广泛采用生态系统的指标将提供更有效的渔业管理，并且使得渔业能可持续发展。

迈克尔·哈雷（Michael HALEY）
生态礁石有限公司
安东尼·M.H.克莱顿（Anthony M. H. CLAYTON）
西印度群岛大学

　　参见：生物指标（若干词条）；可持续性度量面临的挑战；计算机建模；生态环境健康指标；淡水渔业指标；净初级生产力的人类占用（HANPP）；生物完整性指数（IBI）；长期生态研究（LTER）；海洋酸化—测量；人口指标；系统思考。

拓展阅读

Bailey, Kevin M.; et al. (2010). Comparative analysis of marine ecosystems: Workshop on predator-prey interactions. *Biology Letters*, 6, 579–581.

Birkeland, Charles. (1997). Implications for resource management. In Charles Birkeland (Ed.), *Life and death of coral reefs*. New York: Chapman and Hall. 411–435.

Bonfil, Ramón. (2005). Fishery stock assessment models and their applications to sharks. In John A. Musick & Ramón Bonfil (Eds.), *Management techniques for elasmobranch fisheries* (FAO Fisheries Technical Paper 474). Rome: United Nations Food and Agriculture Organization. 154–181.

Boudreau, Stephanie A.; Worm, Boris. (2010). Top-down control of lobster in the Gulf of Maine: Insights from local ecological knowledge and research surveys. *Marine Ecology Progress Series*, 403, 181–191.

Bruno, John F.; Sweatman, Hugh; Precht, William F.; Selig, Elizabeth R.; Schutte, Virginia G. W. (2009). Assessing evidence of phase shifts from coral to macroalgal dominance on coral reefs. *Ecology*, 90, 1478–1484.

Coffey, Clare. (2000). Good governance and the Common Fisheries Policy: An environmental perspective. London: Institute for European Environmental Policy.

Collie, Jeremy S.; Sissenwine, Michael P. (2011). Estimating population size from relative abundance data measured with error. *Canadian Journal of Fisheries and Aquatic Sciences*, 40, 1871−1879.

Cope, Jason M.; Punt, André E. (2011). Admitting ageing error when fitting growth curves: An example using the von Bertalanffy growth function with random effects. *Canadian Journal of Fisheries and Aquatic Sciences*, 64, 205−218.

European Academy Science Advisory Council. (2004). A user's guide to biodiversity indicators. Retrieved November 4, 2011, from www.europarl.europa.eu/comparl/envi/pdf/externalexpertise/easac/biodiversity _ indicators.pdf.

Francis, Chris R. I. C.; Clark, Malcolm R. (2005). Sustainability issues for orange roughy fisheries. *Bulletin of Marine Science*, 76 (2), 337−351.

Haley, Michael; Clayton, Anthony. (2003). The role of NGOs in environmental policy failures in a developing country: The mismanagement of Jamaica's coral reefs. *Environmental Values*, 12, 29−54.

Hannesson, Rögnvaldur.; Salvannes, Kjell G.; Squires, Dale. (2010). Technological change and the tragedy of the commons: The Lofoten fishery over 130 years. *Land Economics*, 86, 746−745.

Hughes, Terence P. (1994). Catastrophes, phase shifts and large-scale degradation of a Caribbean coral reef. *Science*, 265, 1547−1551.

Hutchings, Jeffrey A.; Myers, Ransom A. (1994). What can be learned from the collapse of a renewable resource? Atlantic cod, Gadus morhua, of Newfoundland and Labrador. *Canadian Journal of Fisheries and Aquatic Sciences*, 51, 2126−2146.

Jackson, Jeremy B. C.; et al. (2001). Historical overfishing and the collapse of coastal ecosystems. *Science*, 293, 629−637.

Jentoft, Svein; Kristofferson, Trond. (1989). Fisheries co-management: The case of the Lofoten fishery. *Human Organization*, 48, 355−365.

Johannes, Robert E. (1978). Traditional marine conservation methods in oceania and their demise. *Annual Review of Ecology and Systematics*, 9, 349−364.

Larkin, Peter A. (1977). An epitaph for the concept of maximum sustainable yield. *Transactions of the American Fisheries Society*, 106, 1−11.

Nicol, Stephen; Foster, Jacqueline; Kawaguchi, So. (2011). The fishery for Antarctic krill — Recent developments. *Fish and Fisheries*, 13 (1), 30−40.

National Oceanic and Atmospheric Administration (NOAA). (2011). Preliminary results from 2011 Bering Sea groundfish survey. Retrieved November 4, 2011, from http://alaskafisheries.noaa.gov/newsreleases/2011/beringsurvey092211.pdf.

Pauly, Daniel; Christensen, Villy; Dalsgaard, Johanne; Froese, Rainer; Torres, Francisco, Jr. (1998). Fishing down marine food webs. *Science*, 279, 860–886.

Pauly, Daniel; Watson, Reg. (2005). Background and interpretation of the "Marine Trophic Index" as a measure of biodiversity. *Philosophical Transactions of the Royal Society*, B, 360, 415–423.

Rudstam, Lars G.; Magnuson, John J.; Tonn, William M. (2011). Size selectivity of passive fishing gear: A correction for encounter probability applied to gill nets. *Canadian Journal of Fisheries and Aquatic Sciences*, 41, 1252–1255.

Sparre, Per; Hart, Paul J. B. (2002). Choosing the best model for fisheries assessment. In Paul J. B. Hart; John D. Reynolds (Eds.), *Handbook of fish biology and fisheries*. Oxford, UK: Wiley-Blackwell Publishing. 270–290.

Spellerberg, Ian F.; Fedor, Peter J. (2003). A tribute to Claude Shannon (1916–2001) and a plea for more rigorous use of species richness, species diversity and the "Shannon-Wiener" Index. *Global Ecology and Biogeography*, 12, 177–179.

Steneck, Robert S.; et al. (2011). Creation of a gilded trap by the high economic value of the Maine lobster fishery. *Conservation Biology*, 25, 904–912.

Walters, Carl; Maguire, Jean-Jacques. (1996). Lessons for stock assessment from the northern cod collapse. *Reviews in Fish Biology and Fisheries*, 6, 125–137.

专题小组

专题小组是广为人知的市场研究定性工具，但是它们能够用于可持续研究中，去理解人类的风险认知以及对环境问题的态度，而且能够帮助了解政策的发展，探索人与环境的关系。如果使用得当，这一方法可以在可持续性、增强对社会变革理解维度的问题上，打开进入复杂社会对话的窗户。

作为一种研究方法，专题小组能够为研究者提供与受访者直接联系的机会，而这些受访者主要专注于特定的主题。这种定性方法可以与定量方法相结合（详见表1）。例如，一个研究者将6—12个人集中到一起组成一个专题小组，并举行一个1—2小时的会议，同时在主持人的引导下和舒适的氛围中，通过讨论的方式对特定的主题发表自己的观点（Krueger 1994, 6; Stewart & Shamdasani 1990, 10）。试图学习这种专题小组方法的人们，会从一系列的"怎样"中发现讨论的细节（Krueger 1994; Stewart & Shamdasani 1990; Morgan & Krueger 1997），然后在实施专题小组访谈之前对这种方法和挑战进行研读。

专题小组的特色

专题小组的特点是小组讨论的组织性、小组的规模以及应用于一个项目的小组数量。

集中性讨论

专题小组或多或少都是有组织的，但是这种对话必须专注于某一主题。一般主持人主要是采用预设的开放性问题负责保证讨论不跑题，这些问题似乎是任意的，但其实是在深思熟虑后才谨慎地提出来的，这些被称为提问路线或者访谈大纲的问题是"在一个自然合理的逻辑下安排的"（Krueger 1994, 20）。

为了专注交流，集中讨论一般要建立一些共享基础，刺激材料可以用关于"道德困境"的报道（Markovà et al. 2007, 79）、卡片游戏（Kitzinger 1994, 107）或者视频文件（Wilkinson 1998a, 116）等。例如，卡迪夫大学媒体和通信研究的教授詹妮·基特津格（Jenny Kitzinger）

表 1   利用专题小组补充定量方法

	用 途	描 述
预定量(研究设计阶段)	探索	在感兴趣的人群中寻找对产品、程序或研究开发的新想法;获得背景信息;学习目标受众的语言和概念
	引导测试	检验假设、调查工具(措辞,命令,指令);诊断问题
中期定量(串联)	三角(使用混合的方法给问题一个更详细的描述)	从不同的角度来解决同样的问题,确认或充实发现,并通过反馈回路,加强研究设计
后定量(分析或评价)	后评价	帮助解释(就特定的发现询问小组,得到反馈),以便添加背景或深度研究
	确认	验证结论或用目标群体测试其"日常"有效性

来源: Calder 1977; Krueger 1994; Stewart & Shamdasani 1990.

描述了一个卡片游戏的用途,这个游戏为参与者提供了一盒卡片,卡片上写着一些关键语句,然后按照顺序组成一个小组;这些卡片可以记录观点、对人类的描述、事件故事甚至是图片,卡片中的项目将被分类,分类范围从一致程度或者重要性到认为某一特殊活动会带来的健康风险(Kitzinger 1994, 107)。通过观察这个过程以及关于卡片分类的对话,研究者们能够得到新的见解,主要是关于参与者如何理解和参与手中的课题。

小组规模

　　一个理想的专题小组要小到让所有的小组成员都能够积极地参与谈话,而同时又要足够大以便提供多样化的观点(Kruger 1994)。理想情况下,一个小组的规模由主题的复杂程度决定,主题越复杂,小组就越小,以便为个人提供足够的时间去阐述自己的见解。小组过大会被隔成片段,对于一些可能产生情绪化反应的敏感课题,较小的组能够工作得更好,而较大的组适合于讨论比较中立的话题

(Morgan 1996, 146)。

小组数目

　　专题小组通常是成系列进行的,直到参与者提出的课题达到"饱和"(Morgan 1996, 144; Krueger 1994, 88),此时,大多数问题点已经有重复,而且不大可能再有新的信息。一般说来,推荐4—6个小组,大规模的研究也可以展开多个系列不同类型的参与小组,有时候小组数目能够超过50个(Kitzinger 1994, 104; Padel et al. 2007)。

小组的同质性

　　选择参与者的应该是能够促进分享并使其最大化。参与者对公开交流他们的观点是否感觉舒适,受年龄、性别和社会经济地位等因素的影响(Stewart & Shamdasani 1990)。因此,构建与研究关键特性相关的同质小组至关重要。甚至当小组确实是经过特定的考虑挑选出来的同质小组,也要重点考虑参与者对专题小组任务的解释能够带出他们身份的多样

性，而且他们所处的位置能够反映他们真实的观点，而不是研究者假定适合于他们的观点（Markovà et al. 2007, 104）。例如，一位六十多岁的祖母被纳入专题小组，就会站在她的立场上做出相应的反应。

熟悉程度

过去，专题小组往往由陌生人组成，在没有相互责难的前提下，有利于信息披露，同时也减少小组中人际关系的影响（Krueger 1994, 18; Stewart & Shamdasani 1990, 34; Flick 2006, 198）。由于专题小组的使用已遍布不同领域的调查，渐渐开发出了一种更细腻的方式来解决熟悉程度的问题。以前存在的群体，有时也被称为"天然群体"，已经越来越多地被使用，因为他们可能会进入到集体记忆，让参与者能够详细描述、融入彼此的反应或构建共同的叙述（Kitzinger 1994, 105; Wilkinson 1998b, 191; Flick 2006, 201）。正如在专题小组设计等其他关键决策方面，需要在研究目的的基础上，来决定参与者（甚至与研究员）之间熟悉的问题。

警示

这种方法已经发展成为一种像万金油一样的定性研究，尽管在这一领域有大量编写良好的文献，不过好像研究人员根本都不用熟悉了解最佳方法就可以使用专题小组。如果不正常运行专题小组研究就会面临两个主要风险：首先，在某些情况下是不应该使用专题小组的，明白这一点很重要，明尼苏达大学教授（Richard Krueger 1994, 45）建议，当所面临的环境是情绪激昂的或者是对抗性的，不应使用这种方法，因为此时研究者对研究已经"失控"了，这种情况用统计预测或其他方法更适合，也更经济；第二，在分析和呈现结果时，很重要的一点是要注意专题小组数据的局限性和适用性，否则很容易太笼统地概括这些结果，这可能会导致严重的误解和相关的后果，尤其当该结论要作为政策建议的基础的时候。

专题小组的起源

在专题小组进行集中采访之前，历史上记录的大多数专题小组都是从如何复述故事开始的。1941年，社会学家罗伯特·默顿（Robert Merton）开始与他的同事保罗·拉扎斯菲尔德（Paul Lazarsfeld）一起共事。在哥伦比亚大学办公室的无线电研究中，他们合作设计了新的研究方法，旨在了解为什么观众会对节目内容产生正面或负面的反应（Stewart & Shamdasani 1990, 9; Krueger 1994, 7; Lunt & Livingstone 1996, 5）。1946年，罗伯特·默顿与帕特丽夏·坎多在其经典论文"焦点访谈"中，概述了用于探索个体的"主观经验"的焦点访谈方法，这些个体均暴露于特定的刺激材料中，目的是测试"来源于内容分析和社会心理学理论的假设的有效性"以及"确定意料之外的反应"，它们可以产生"最新假说"（Merton & Kendall 1946, 541）。

虽然人们公认最初的焦点访谈是由默顿及其公司开发出来的，专题小组的起源仍然模糊不清（Reed & Payton 1997）。众所周知，直到20世纪70年代后期，专题小组主要用于市场研究（Wilkinson 1998b, 183）。奇怪的是，正如默顿本人所指出的，虽然大家都认为他是专题小组的创始人,他和他的合作者却"从来没有使用过这个词",直到20世纪80年代,他们才知道这两种方法的合并以及专题小组在市场研究中的广泛应用(Merton 1987, 550, 563)。他总结道:"在焦点访谈和专题小组之间,存在比公认的历史连续性更强的'智力连续性'。"(Merton 1987, 564)

　　两者的差异包括焦点访谈的对象可以是一个人或一个团体,而专题小组始终是针对群体;焦点访谈明确地使用刺激材料,这在专题小组中只属于可选项;焦点访谈主要用于与定量方法配合,而专题小组可单独使用或者与其他定量或定性的过程并用。然而,公平地说,专题小组"是由保罗·拉扎斯菲尔德、罗伯特·默顿以及同事们设计的研究方法演变而来的。"(Kidd & Parshall 2000, 295)

　　忽略它模糊的历史,在20世纪80年代末和90年代,专题小组在一系列领域得到蓬勃发展,包括公共卫生,传播学,教育,政治学,社会学,女性主义研究,人类学,语言学和护理(Morgan 1996, 132; Wilkinson 1998b, 183-184)。

　　尽管该方法的弱点有时会造成滥用,但随着普及度的增长,专题小组已经被用于许多方面。理查德·克鲁格(Richard Krueger)概述了一些优点和局限性:

　　专题小组拥有几个优点,该技术是面向社会的研究方法,在社会环境中捕捉现实数据,具有灵活性,高表面有效性,成本相对较低,可能很快得到结果,并且有能力加大定性研究的规模等。局限性主要包括专题小组能让研究员掌控的比个体访谈少,产生的数据难以进行分析,要求主持人拥有特殊的技能,难以调和的小组组员可能导致群体之间棘手的差异,他们必须处于一个互利的环境之中(Krueger 1994, 37-38)。

可持续性研究中的专题小组

　　在可持续发展研究中开始普及使用专题小组始于20世纪90年代(Liebow, Branch & Orians 1993; Macnaghten et al. 1995; Dahinden & Dürrenberger 1997; Myers 1998)。最常见的是专题小组被用来理解人们对风险的察觉、对各种环境问题(如垃圾焚烧)的态度或者对各种政策的接受程度。专题小组也用于探索环境价值,了解人们如何谈论环境问题、身份和价值观之间的复杂关系、人们如何与某地的环境相关(例如Myers 1998; Burgess, Limb & Harrison 1988; Cameron 2005)。

　　越来越多的方法被用来了解政策的制定,如苏姗娜·帕德尔(Susanne Padel)曾经进行了有机农业价值的研究来检验其对国家差异的假设，用于指导开发有机法规和欧盟标准（Padel et al. 2007; Padel 2008）。专题小组作为一个参与式的政策工具，其使用已经几乎成为一个单独的领域，特别是在综合评估领域（Durrenberger, Kastenholz & Behringer 1999）。"综合评估专题小组"方法的变化现在已经被编入一本手册《可持续发展科学中的公众参与》，这本手册将专题小组与环境建模工具联用，得到公众在可持续发展问题（Kasemir et al. 2003, xx–xxi）上的"心理地图"（对当前问题和价值观的看法）。专题小组也在越来越频繁地用于引导开发可持续性指标或对其排名（如 King et al. 2000; Fraser et al. 2006）。

争议

专题小组已经发展成为一种普遍存在的定性研究方法。无需惊奇，各种各样的应用已经带来了多种多样参与互动的方法，并创造了关于交互作用的辩论，不断拓宽我们对如何、何时使用专题小组的理解范围。参与者的互动被认为是专题小组方法的特点，但许多研究都指出，在大多数专题小组研究中，该方法的定义特征几乎不存在（Wibeck, Dahlgren & Öberg 2007, 250; Webb & Kevern 2008, 7; Markovà et al. 2007, 35; Kitzinger 1994, 104）。我们对这个矛盾进行了综述（Belzile & Öberg 2012），它表明，参与者

在不同类型的研究中扮演不同的角色，缺乏互相作用的数据，反映了专题小组研究者间的一种哲学分歧，这些研究者主要存在两种观点，一种观点认为参与者主要是个人分享所持真理，另一种观点认为他们是社会成员，在专题小组中具有共同建构的意义。我们认为，参与互动应该是一个有意识的设计决策，应该明确地扎根于理论的角度并根据研究目的调整到最佳。

方法的长期实用性

正如本章前面所述，专题小组在探索复杂和有价值的社会层面问题上是很有效的一种方式，这对于大多数环境主题都确实如此（Pielke 2007）。我们期望专题小组逐渐与答疑解惑挂起钩来，尤其在政策和科学有争议的问题上，如生产和使用转基因生物，粮食安全，气候变化适应和减缓措施，环境与健康之间的关系以及涉及土地利用和生物多样性的争议。采用专题小组解决区域和地方性问题的案例也越来越多，如社区规划，包括交通的改善、行为改变策略和活动以及是否存在其他可接受的融资方案（税收，收费，罚款等）。综上所述，由于人们越来越认识到环境问题不能被孤立地理解，但必须根据社会和经济的角度来看待，专题小组的应用将

来很可能会更多。

杰奎琳·A. 贝尔济莱（Jacqueline A. BELZILE）

顾尼拉·欧博格（Gunilla ÖBERG）

英属哥伦比亚大学

参见：可持续性度量面临的挑战；公民科学；社区与利益相关者的投入；新生态范式（NEP）量表；参与式行动研究；定性与定量研究；社会网络分析（SNA）；可持续性科学；系统思考。

拓展阅读

Abrandt Dahlgren, Madeleine; Öberg, Gunilla. (2001). Questioning to learn and learning to question: Structure and function of problem-based learning scenarios in environmental science education. *Higher Education*, 41 (3), 263–282.

Agar, Michael; MacDonald, James. (1995). Focus groups and ethnography. *Human Organization*, 54 (1), 78–86.

Belzile, Jacqueline; Öberg, Gunilla. (2012). Where to begin? Grappling with how to use participant interaction in focus group design. *Qualitative Research*.

Burgess, Jacqueline; Limb, Melanie; Harrison, Carolyn M. (1988). Exploring environmental values through the medium of small groups: 1. Theory and practice. *Environment and Planning A*, 20 (3), 309–326.

Calder, Bobby J. (1977). Focus groups and the nature of qualitative marketing research. *Journal of Marketing Research*, 14 (3), 353–364.

Cameron, Jenny. (2005). Focussing on the focus group. In Iain Hay (Ed.), *Qualitative research methods in human geography* (2nd ed.). Melbourne, Australia: Oxford University Press. 83–102.

Catterall, Miriam; Maclaran, Pauline. (1997). Focus group data and qualitative analysis programs: Coding the moving pictures as well as the snapshots. *Sociological Research Online*. Retrieved June 5, 2011, from http://www.socresonline.org.uk/2/1/6.html.

Dahinden, Urs; Dürrenberger, Gregor. (1997) Public participation in energy policy: Results from focus groups. In O. Renn (Ed.), *Risk perception and communication in Europe*. London: Society for Risk Analysis. 487–514.

Dürrenberger, Gregor; Kastenholz, Hans; Behringer, Jeannette. (1999). Integrated assessment focus groups: Bridging the gap between science and policy? *Science and Public Policy*, 26(5), 341–349.

Fraser, Evan D. G.; Dougill, Andrew J.; Mabee, Warren E.; Reed, Mark; McAlpine, Patrick. (2006). Bottom up and top down: Analysis of participatory processes for sustainability indicator identification as a pathway to community empowerment and sustainable environmental management. *Journal of Environmental Management*, 78, 114–127.

Flick, Uwe. (2006). *An introduction to qualitative research* (3rd ed.). London: Sage Publications.

Hydén, Lars-Christer; Bülow, Pia H. (2003). Who's talking: Drawing conclusions from focus groups — Some methodological considerations. *International Journal of Social Research Methodology*, 6 (4), 305–321.

Kasemir, Bernd; Jäger, Jill; Jäger, Carlo; Gardner, Matthew. (Eds.). (2003). *Public participation in sustainability science: A handbook*. Cambridge, UK: Cambridge University Press.

Kidd, Pamela; Parshall, Mark. (2000). Getting the focus and the group: Enhancing analytical rigor in focus group research. *Qualitative Health Research*, 10 (3), 293–308.

King, C.; Gunton, J.; Freebairn, D.; Coutts, J.; Webb, I. (2000). The sustainability indicator industry: Where to from here? A focus group study to explore the potential of farmer participation in the development of indicators. *Australian Journal of Experimental Agriculture*, 40 (4), 631–642.

Kitzinger, Jenny. (1994). The methodology of focus groups: The importance of interaction between research participants. *Sociology of Health and Illness*, 16 (1), 103–121.

Krueger, Richard A. (1994). *Focus groups: A practical guide for applied research* (2nd ed.). Thousand Oaks, CA: Sage Publications.

Liebow, Edward B.; Branch, Kristi M; Orians, Carlyn E. (1993). Perceptions of hazardous waste incineration risks: Focus group findings. *Sociological Spectrum*, 13 (1), 153–173.

Lunt, Peter; Livingstone, Sonia. (1996). Rethinking the focus group in media and communications research. Retrieved June 5, 2011, from http://eprints.lse.ac.uk/archive/00000409.

Macnaghten, Phil; Grove-White, Robin; Jacobs, Michael; Wynne, Brian (1995). *Public perceptions and sustainability in Lancashire: Indicators, institutions, and participation*. Lancaster, UK: Lancaster University.

Markovà, Ivana; Linell, Per; Grossen, Michèle; Orvig, Anne Salazar. (2007). *Dialogue in focus groups: Exploring socially shared knowledge. Studies in language and communication*. London: Equinox.

McKenzie-Mohr, Douglas. (2009). *Fostering sustainable behavior: Community-based social marketing*. Gabriola Island, Canada: New Society Publishers.

Merton, Robert K. (1987). The focussed interview and focus groups: Continuities and discontinuities. *Public Opinion Quarterly*, 51 (4), 550–566.

Merton, Robert K.; Kendall, Patricia L. (1946). The focused interview. *The American Journal of Sociology*, 51 (6), 541–557.

Morgan, David L. (1996). Focus groups. *Annual Review of Sociology*, 22 (1), 129–152.

Morgan, David L.; Krueger, Richard A. (1997). *The focus group kit*. Thousand Oaks, CA: Sage Publications. Vols. 1–6.

Myers, Greg. (1998). Displaying opinions: Topics and disagreement in focus groups. *Language in Society*, 27 (1), 85–111.

Padel, Susanne. (2005). D21: Research to support revision of the EU regulation on organic agriculture. Aberystwyth, UK: University of Wales.

Padel, Susanne; et al. (2007). Balancing and integrating basic values in the development of organic regulations and standards: Proposal for procedure using case studies of confl icting areas (D2.3). Retrieved June 5, 2011, from http://www.organic-revision.org/pub/D_2_3_Integrating_values_final_2007.

Padel, Susanne. (2008). Values of organic producers converting at different times: Results of a focus group study in five European countries. *International Journal of Agricultural Resources, Governance and Ecology*, 7 (1/2), 63–77.

Pielke, Roger A. (2007). *The honest broker: Making sense of science in policy and politics*. Cambridge, UK: Cambridge University Press.

Reed, Jan, & Payton, Valerie Roskell. (1997). Focus groups: Issues of analysis and interpretation. *Journal of Advanced Nursing* , 26(4), 765–771.

Sandelowski, Margarete. (2000). What ever happened to qualitative description? *Research in Nursing and Health*, 23(4), 334–340.

Smithson, Janet. (2000). Using and analysing focus groups: Limitations and possibilities. *International Journal of Social Research Methodology*, 3(2), 103–119.

Stewart, David W., & Shamdasani, Prem N. (1990). *Focus groups: Theory and practice* (Applied Social Research Methods Series, Vol. 20). Newbury Park, CA: Sage Publications.

Webb, Christine, & Kevern, Jennifer. (2008). Focus groups as a research method: A critique of some aspects of their use in nursing research. *Journal of Advanced Nursing*, 33(6), 798–805.

Wibeck, Victoria; Dahlgren, Madeleine Abrandt; & Öberg, Gunilla. (2007). Learning in focus groups: An analytical dimension for enhancing focus group research. *Qualitative Research*, 7(2), 249–267.

Wilkinson, Sue. (1998a). Focus groups in feminist research: Power, interaction, and the co-construction of meaning. *Women's Studies International Forum*, 21(1), 111–125.

Wilkinson, Sue. (1998b). Focus group methodology: A review. *International Journal of Social Research Methodology*, 1(3), 181–203.

Framework for Strategic Sustainable Development, FSSD

战略可持续发展框架

可持续发展战略的框架是一种方法论，帮助决策者、机构和社会基于整个生物圈的全面可持续发展原则，实现报告中所提出大的长期目标。该框架的独有特质可以让用户管理系统合理权衡各种利弊并计算出可持续的资源潜力。该框架与其他工具相结合可以在世界各地的企业、地方政府和市政应用。

战略规划需要一系列全面和适当的目标。然而，开发这样一套可持续发展的目标一直被挑战。因此，企业、政府及其他组织和社区面临的最紧迫的问题之一是，将广泛的可持续发展概念，如布伦特兰报告中呼吁的可持续发展以及如碳中和这样更具体的目标，转化为有凝聚力的行动和长期战略性的有效可持续计划。

为应对这一挑战，非政府组织"自然脚步"自1989年成立以来，网络了科学家、商界领袖、政府官员和普通公民一起工作，已经科学地开发、应用和评估了可持续性的全面规划框架，该框架被称为战略可持续发展框架（FSSD）。一般情况下，战略可持续发展框架通过从可持续发展的原则倒推的方法，将一个一般的五级计划模型纳入到复杂系统中。

当使用倒推方法时，战略规划者首先定义目标，然后从目标向后推进，以确定当前应该做什么可以最大限度地达到目标。因此，合适的发展目标至关重要。

可持续目标的定义通常应该不会是一个确切的、详细的说明，因为随时间推进不可避免的会有很多不可预见的变化（例如，技术和文化的发展），计划太详细将降低其未来达到最优的机会。下棋中确定一个合适的目标就是一个很好的比喻，对欲置于死地的目标采用一个严格的战略逻辑，一步一步可以抵达，同时保持灵活，对每一步都应该适当。成功的战略需要玩家反复重新评估，但此过程中不改变欲击破的目标。战略可持续发展框架采用类似的方法，通过可持续性原则的发展和应用进行规划。

战略可持续发展框架的设计对任何规划项目来说是一个统一的框架,同时也支持着将可持续发展的工具和概念进行协同整合。自2000年以来,一批可持续发展的研究人员和执行者一直在探索如何更好地整合不同导向的可持续发展方法。已对如ISO14001(一个为管理而设的管理系统)、足迹(连接到特定位置的数据)、因子分析(全程监测材料和能量的降低)以及其他的概念进行了分析,以确定它们覆盖其可持续性方面,并辨识此后还有哪些方面需要通过其他工具来解决。单独的工具和方法与诸如战略可持续发展框架这样的战略可持续发展框架支撑合并后,可以创建一个全面的可持续发展观,其中包括对适当的工具、评估和适应性的选择与整合(Robert et al. 2002)。

可持续发展原则

对战略可持续发展框架的工作表明,为使服务全面起作用,可持续发展的原则必须具有以下特点:

- 对全球可持续发展的必要性(但不必太过,以防不必要的限制并避免混淆那些可开放辩论的元素)。

- 足以避免思想差距(从一个完整的基础能够发展成更高阶的原则)。

- 普遍适用于任何领域、任何规模、由无论任何专业领域团队的任何成员和所有利益相关者利用,并允许跨学科和跨部门合作。

- 具体指导解决和重新设计问题,并有现实规划的具体步骤。

- 无重叠、清晰并便于评估。

考虑到这些要求,研究人员通过强调人类活动对社会和环境造成的负面影响,对战略规划提出了四条可持续发展的原则。几个对生态和社会破坏的重要机制汇总了不计其数的不可持续影响。此后,"不"这个词被纳入到四条可持续发展原则的每条陈述中,而该原则定义为可持续发展规划的目标。

在可持续发展的社会,自然不受以下因素控制:系统性地增加着的① 从地壳中提取的物质总量(如化石碳或金属);② 社会所产生的物质总量(如氮化合物,氯氟烃以及内分泌干扰素);③ 物理减少(如森林的过度砍伐和过度捕捞)。此外,在这样(可持续的)的社会中,人们不受以下这一条件限制:

④ 破坏生存以满足他们的需求(如滥用政治和经济权力)。

五级模型

上述四个可持续发展原则对可持续发展战略并不充分,这些原则必须与组织的更为传统的目标如盈利能力和社会影响进行整合。为了建立这样一个通用的方法,该战略可持续发展框架对任何复杂系统的规划利用了一个五级模型。

（1）系统级。此级别包括被研究系统的信息，特别是如何构成及其主要功能。该系统的描述必须足够详细，以供下面四个层次的模型。比如，如果用五级模型来分析国际象棋游戏，系统级将包含游戏的规则、棋子和棋盘。在可持续发展的情况下，系统级别包括了解一个组织或开发项目在地球生物圈和人类社会的地位及其交互作用，以及重要的材料、流动、生物地球化学循环、生物多样性和恢复力的知识。

（2）成功级。这个级别是由规划者定义规划过程的目标。以国际象棋比喻，目标是在本场比赛的限制范围内（以1级描述）将死对手。规划全球可持续发展时，目标是一个组织、主题、区域或社会未在全球范围内造成侵犯可持续发展的四项原则。

（3）战略级。在此级别，规划师按指南的路线在战略上到达目标。在国际象棋中，良好的移动作为战略步骤将死对方。根据其能力权衡，选择走向成功（2级）的原则作为服务平台，而不是在必有的危害之间作出选择。对于可持续发展而言，这意味着逐步推进，以确保财政、社会和生态资源的全过程可持续。

（4）操作级。策划者采用前三个层次模型的知识，提出组织、主题、区域或社会战略上向其目标可采取的每个行动。在国际象棋中，该级别将包括玩家脑中所有成功的重新评估战略计划和实际行动。可持续发展规划中，也

案例研究：不列颠哥伦比亚省惠斯勒市

2000年，加拿大不列颠哥伦比亚省的惠斯勒市在致力于可持续发展和建立社区伙伴关系方面取得了一些重大进展。尽管如此，它仍在寻找一种更清晰的方式来规划并将这一新的优先事项传达给更广泛的社区，特别是对当地企业。与大多数社区一样，不同利益相关方的许多不同利益集团提出了一项挑战，即开发一种共同的战略可持续性方法。为了应对这一挑战，市政当局与重要的社区利益相关方（称为早期采用者）联合起来，为整个社区建立一个以可持续发展战略框架为基础的可持续发展计划。由此产生的计划，即惠斯勒2020，自2005年完成以来，已经赢得了多项大奖，包括为可持续社区规划设立的加拿大城市国家奖，以及UNEP LivCom奖中的最佳长期规划奖。一个具体的例子说明了战略可持续发展框架如何帮助惠斯勒做出更多的战略可持续性决定：该案例与为2010年冬季奥运会（惠斯勒举办了一些活动）建造的能源系统有关，当地公用事业公司向惠斯勒提供了一条天然气管道，目的是让它有足够的能力维持五十年的时间。为了评估这项提议，市政当局从可持续能源体系的最终目标反向进行了评估。结果，惠斯勒拒绝了这个提议，并提议用一条较小的管道。这一决定减少了二氧化碳的排放量，释放了金融资源以发展能源系统，这与惠斯勒的可持续发展理念（包括可再生燃料、地热和地区供暖）的原则相一致。

包括这样的计划和具体行动及走向可持续发展社会所需要的投资。

（5）工具级。通常需要工具以确保该行动计划者选择（4级）作为战略平台（3级）达到系统（1级）的目标（2级）。可持续发展规划使用的一些工具，是生命周期评价、可持续发展指标、社会和环境管理系统。

组织可以使用五级模型，确定其现状与可持续发展原则的距离，辨识其如何界定自己及其在每个级别的努力重点。该分析重视一个组织的当前环境和可持续发展目标之间的重叠和距离。

ABCD的规划过程

因为可持续性规划需要多个角度和多个利益相关者的参与，组织正在实施的可持续战略框架也需要一套从可持续发展原则出发的倒推的直观方法。为应对这一需求，已经发展了被称为ABCD过程的四步战略规划方法。在第一步（A）期间，参与者在战略可持续发展框架提供的可持续发展原则的背景下，讨论主题或规划实施。在第二个步骤（B）中，参与者列出该组织目前不符合自身成功原则和全球可持续发展的原则方式以及可用于向可持续发展目标的资产。在第三步（C）中，参与者设想未来他们迈向可持续成功的原则，并集体讨论他们可以采取走向这一目标可能采取的行动。

在最后的步骤（D）中，参加者优先实施上一步集体讨论的行动和投入理念。优先投入应满足三个战略方针：① 为未来向可持续性的投入提供一个灵活的平台，并在这样做的过程中，应该关注② 组织走向可持续性方向和速度的平衡以及③ 投入的回报。如果所有三个方针都不满意，组织可能会耗尽资金或其他资源，削弱其竞争地位，或者组织可能会选择轻松地投入，而实际上会导致经济和可持续发展的终结。

未来挑战

如同可持续发展的任何创举一样，战略可持续发展框架在不断应用、被评估和被修订，但是挑战依旧。对于"不可持续"的机构，成功地实施可持续发展的原则似乎极具挑战性。此外，大量新兴的可持续性方法可能经常混淆决策者，甚至出现相互竞争而不是相得益彰。几种方法可以集成的说法可能被夸大了。鉴于这些挑战，战略可持续发展框架的一个重要方面是它的合作伙伴关系和同行评审修订。同时，因为它可用来将结构研究引向全方位可持续发展的阶梯式方式，战略可持续发展框架有益于从机会到系统地审查、测试和开发的原则。尤其在大学与企业和市政当局合作的案例中已经实现。其结果是产生了一种新型的行动研究方式，它是由成功的、全面的定义出发形成的灵活体系，又派生了一系列的方法、工具、概念、建模和仿真（而不是试图通过一个接一个地处理环境影响），在应用、评估和完善框架时，它会变得越来越有效。

卡尔－亨瑞克·罗伯特（Karl-Henrik ROBÈRT）

格兰·布罗曼（Göran BROMAN）

布莱金厄理工学院

乔治·巴西莱（George BASILE）

亚利桑那州立大学

参见：21世纪议程；社区与利益相关者的投入；发展指标；真实发展指数（GPI）；全球报告倡议；绿色国内生产总值；国民幸福指数；人类发展指数（HMI）；$I = P \times A \times T$ 方程；增长的极限；千年发展目标；区域规划；可持续生活分析（SLA）；三重底线。

拓展阅读

Basile, George; Broman, Göran; Robèrt, Karl-Henrik. (2011). A systems-based and strategic approach to sustainable enterprise: Requirements, utility and limits. In Scott McNall, James Hershauer; George Basile (Eds.), *The business of sustainability: Trends, policies, practices, and stories of success.* New York: Praeger Publishers. Vol. 1.

Broman, Göran; Holmberg, John; Robèrt, Karl-Henrik. (2000). Simplicity without reduction: Thinking upstream towards the sustainable society. *Interfaces*, 30 (3),13–25.

Holmberg, John; Robèrt, Karl-Henrik. (2000). Backcasting from non-overlapping sustainability principles: A framework for strategic planning. *International Journal of Sustainable Development and World Ecology*, 7(7), 291–308.

Missimer, Merlina; Robèrt, Karl-Henrik; Broman, Göran; Sverdrup, Harald. (2010). Exploring the possibility of a systematic and generic approach to social sustainability. *Journal of Cleaner Production*, 18(10–11), 1107–1112.

Ny, Henrik; MacDonald, Jamie; Broman, Göran; Yamamoto, Ryoichi; Robèrt, Karl-Henrik. (2006). Sustainability constraints as system boundaries: An approach to making life-cycle management strategic. *Journal of Industrial Ecology*, 10(1–2), 61–77.

Robèrt, Karl-Henrik. (2000). Tools and concepts for sustainable development, how do they relate to a general framework for sustainable development, and to each other? *Journal of Cleaner Production*, 8 (3), 243–254.

Robèrt, Karl-Henrik; et al. (2002). Strategic sustainable development: Selection, design and synergies of applied tools. *Journal of Cleaner Production*, 10 (3), 197–214.

Robèrt, Karl-Henrik; et al. (2010). *Strategic leadership towards sustainability*. Karlskrona, Sweden: Blekinge Institute of Technology.

Whistler 2020. (2007). Whistler 2020 vision document (2nd ed.): Moving toward a sustainable future. Retrieved April 11, 2011, from http://www.whistler2020.ca/whistler/site/gpage.acds?instanceid =1957300&context = 1930607.

G

Genuine Progress Indicator, GPI

真实发展指标

社区福祉的指标在不断进化。第一个发展的指标作为全国经济活动和成长的应对措施，像真实发展指标之类的指标已经涌现出来，使得人们对于社区的福祉有了更广的理解。研究表明，经济发展存在着一种临界值，超过这种临界值的发展实际上会使福祉下降。

对于政策制定者来说，决定增进社区的哪一种福祉是一个重要的任务。做出这样的决定需要考虑到影响福祉的众多问题的指标，这个指标可以包含经济、个人、社会和环境因素。一个国家的标准国家账目，比如国内生产总值或国民总收入（GNI）都长期被用来检测福祉，尽管设计它们的初衷并非如此（Kuznets 1941）。最早在20世纪40年代早期，他们已经被假定了在经济文献和公共数据中的角色（Beckerman 1974; World Bank 2011）。实际上，在这些标准全国账目的构想产生之前，对全国生产力的估计被用作社会福祉的指标（Hicks 1940）。

但是标准全国账目太狭隘，没有考虑到福祉有许多方面，尤其是与经济扩张相联系的环境成本和社会成本。20世纪60年代，作为对这种缺点的回应，人们需要设计一组新的国家账目，这个账目要包括环境变化的成本和收益。美国的经济学教授阿诺德·山姆次（Arnold Sametz）呼吁，任何社会福祉的衡量方法都必须考虑休息时间，新的产品，非劳动力市场的商品，城市化，政府支出。山姆次坚持说"对于经济成长或福祉来说，国民生产总值在很长时间段里的变化不是一个好的测量方法"（Sametz 1968, 77）。认识到国家账目作为福祉指标的缺陷是在20世纪70年代早期，但那段时间围绕着经济增长的有利条件的讨论越来越多（Barkley & Seckler 1972; Meadows et al. 1972）。

通过选择应包括或排除的某些全国账目未能正确表达的模糊数据，美国经济学家威廉·诺德豪斯（William Nordhaus）和詹姆斯·托宾（James Tobin）首先对修订GDP的发展采用了实证研究法（Nordhaus & Tobin 1973）。许多年以后，美国的生态经济学家赫尔曼·戴利（Herman Daly）和卫理公会神学家约翰·考伯（John Cobb）开发了可持续经济福祉指数（ISEW）（Daly & Cobb 1990），可持续经济福祉指数最先被应用于美国，现在已被运用于许多发达国家和发展中国家（Lawn & Clarke 2008）。可持续经济福祉指数方法所隐含的主要问题是，是否有一种经济成长的增长"真正反映了福祉的真实变化"（Brekke 1997, 158）。今天，已经进化的可持续经济福祉指数方法，成为了广为熟知的真实发展指标（GPI），其潜在的目的仍然是用来评估经济增长是否对人口的福祉有好处，以平衡有益的增长与不经济的或对环境不利的成长。

真实发展指标是一个关系国家福祉可选的测量方法，但在众多福祉指标中，人们很少想到它（参考McGillivray 2006; McGillivray & Clarke 2006，此案例被视为非主流调查）。然而，真实发展指标却继续在引起人们的兴趣，仍然被应用到了越来越多的国家。

澳大利亚的研究者菲尔·劳恩（Phil Lawn）和马修·克拉克（Matthew Clarke）教授指出，由于有着可持续经济福祉指数，真实发展指标被设计用来确认经济增长对于可持续的福祉的影响。真实发展指标通常包含了大约20个个体利益和成本项目，它将经济成长的广泛的影响与单一的基于货币的指数结合起来。这样一来，真实发展指标就包括了社会和环境以及标准的经济种类的收益和成本。而真实发展指标包含了许多对于国民生产总值的消耗进行核算所得出的国家核算值，它的核算中的相当一部分通常都未计算在市场估价的收益和成本中（Lawn & Clarke 2008, 2）。他们继续注意到在真实发展指标的变量研究中，调整中经常有变化，用于评估调整的方法也常有变化；这些变化主要和现有数据及与两个国家中直接比较的福祉有关。伦敦政经学院的英国演讲者西蒙·迪茨（Simon Dietz）和埃里克·诺伊迈耶（Eric Neumayer）争辩说，不存在任何一组标准的调整和方法论，真实发展指标的建设就是主观的，是缺少科学精确性的（Dietz & Neumayer 2006）。然而，这种批评也有它的优点，真实发展指标的支持者坚称，灵活性也可以是一个优点，它允许真实发展指标把特定国家的特定情况考虑进去（Clarke 2006）。

以经验为主的真实发展指标中有着许多变量，但是，这些变量对于确认一些标准是有启发性的，这种变量也是真实发展指标中最常见的调整。表1中所列的每个正值因素都提高了总体的福祉，负值则抵消了总体的福祉。

表1　标准GPI调整

项　　目	对福祉的贡献
消耗（个人或公共）支出	+
防御和康复支出	—
耐用消费品支出	—
耐用消费品服务	+
分布指数	+/ —
公开提供基础设施带来的福利	+
无薪家庭劳动力的价值	+
义务劳动的价值	+
失业和就业不足的成本	—
犯罪成本	—
家庭破裂的成本	—

（续表）

项　　目	对福祉的贡献
外国债务状况的变化	+/ —
不可再生资源消耗成本	—
农田的损失成本	—
木材消耗成本	—
空气污染成本	—
废水污染的成本	—
长期环境损害成本	—

来源：作者.

　　一些非标准调整的例子也可能包含在其中，取决于特定国家的特殊环境，如商业性工作成本、腐败成本、城市化成本或通勤成本（Clarke 2006）。

　　基本需求的个人消费如食物、水、住所、衣服等都是真实发展指标的基础。不是所有的个人消费项目都包含在内了，但是，许多消费都是显而易见的浪费或者没有增加福祉（比如，在烟草产品上的花费）。个人消费时，可再生或者防御型支出也被排除了，如花在健康和教育（私立和公立）上的费用，汽车事故和保险服务（私人消费），防御、环境保护、公共秩序和安全（公共消费）。许多个人消费包括了耐用物品上的花费。国内生产总值的计算假设这些交易的总收益在交易的当时就会全部流失，但是，在这个持续时间内这些消费者所提供的收益或服务却可能留存下来（并超出正常单个年份的国内生产总值报告期间的时间限制）。

　　为了适应这种调整，耐用消费品上的花费被排除在真实发展指标的计算之外，但是积累的耐用消费品的服务（通常是最近十年在耐用消费品上面的花费）又被加进来。因此用一个收入分配变化的指数来评估这个调整过的个人消费图表。

　　表1中，接下来的三个调整明确表明了在简单的个人消费之外，福祉可以被人们提高。公共基础设施建设、志愿者服务、免费的家务劳动，所有这一切都提高福祉，因此，被加到了真实发展指标中。和国民核算不同，这些明确的成本都与正在发展的经济有关，所以，它们不能被计入真实发展指标。计算犯罪、失业和不充分就业的成本，还有家庭破碎的成本都被加了又减，因为人们认为扩张的经济会引起社会压力，而这些压力会加剧社会成本。人们认为，外债越少就越能加强国家的总体福祉，因此，外债的变化能折射出真实发展指标的增加或减少。一般认为环境成本包括木材储备、消失的农田、水和空气的污染以及长期的环境毁坏等不可再生资源的消耗。因此，真实发展指标是这些调整的构造指数。

　　真实发展指标也被经验性地应用于大量的发展中国家和发达国家。所有这些研究的共同研究成果表明，当经济增长时，真实发展指标确实也会上升一段时间，但是这个过程中有一个临界点，当经济的额外增量超过这个点时，不仅不能把这些增量转化成福祉，而且实际上会降低福祉。经济增长和福祉的分歧（在发达国家中经常会出现福祉的下降）说明在某个临界点，额外的经济增长降低了福祉。在许多发展中国家这种情况发生在20世纪70年代中期到80年代中期。发展中国家随后就达到了这个临界点，值得注意的是，这是在国家收入的一个比较低的层次。劳恩和克拉克将这种现象称为缔约临界点，同时，他们也建议把它作为结束目前新自由主义市场政策的信号，这种市场的特点是不惜任何代价地去取得经济成就（Lawn & Clarke 2010）。

　　真实发展指标是一个构造数字，该数字取决于对包含和未包含的个人消费的调整。从这种意义上来说，他是一个主观的数字，能够被人为操控，所以人们可能会批评它不客观。但是，我们必须记住一点，即我们设计它的初衷主要是挑战经济增长的国家账目的领导权，该账目是福祉的唯一指数。真实发展指标也许不是一个精确的测量工具，但是对于那些传统的经济智慧的反对者来说，它是挑战当前政策制定者的重要工具。如果国家要维持或促进自己的社会、个人、经济以及环境的福祉，那么，它所采用的指数必须将社会和环境的成本考虑进去，而不是仅仅考虑经济增长。

马修·克拉克（Matthew CLARKE）
迪肯大学

　　参见：可持续性度量面临的挑战；计算机建模；发展指数；战略可持续发展框架；国民生产总值；国民幸福指数；人类发展指数；$I = P \times A \times T$ 方程；国家环境核算；区域规划；社会生命周期评价；可持续生活分析；三重底线。

拓展阅读

Barkley, Paul W.; Seckler, David. (1972). *Economic growth and environmental decay: The solution becomes the problem*. New York: Harcourt Brace Jovanovich.

Beckerman, Wilfred. (1974). *In defence of economic growth*. London: Jonathan Cape.

Brekke, Kjell Arne. (1997). *Economic growth and the environment*. Cheltenham, UK: Edward Elgar.

Clarke, Matthew. (2006). Policy implications of the ISEW: Thailand as a case study. In Philip Lawn (Ed.), *Sustainable development indicators in ecological economics*. Cheltenham, UK: Edward Elgar. 166–185.

Daly, Herman E.; Cobb, John B. Jr. (1990). *For the common good: Redirecting the economy toward community, the environment, and a sustainable future*. Boston: Beacon Press.

Dietz, Simon; Neumayer, Eric. (2006). Some constructive criticisms of the Index of Sustainable Economic Welfare. In Philip Lawn (Ed.), *Sustainable development indicators in ecological economics*. Cheltenham, UK: Edward Elgar. 186–206.

Hicks, John R. (1940). Th evaluation of social income. *Economica*, 7, 104–124.

Kuznets, Simon. (1941). *National income and its composition: 1919–1938*. New York: National Bureau of Economic Research.

Lawn, Philip; Clarke, Matthew. (Eds.). (2008). *Sustainable welfare in the Asia-Pacific: Studies using the genuine progress indicator*. London: Edward Elgar.

Lawn, Philip; Clarke, Matthew. (2010). The end of economic growth? A contracting threshold hypothesis.

Ecological Economics, 69, 2213–2223.

McGillivray, Mark. (Ed.). (2006). *Human well-being: Concept and measurement*. New York: Palgrave-Macmillan.

McGillivray, Mark; Clarke, Matthew. (Eds.). (2006). *Understanding human well-being*. Tokyo: United Nations University Press.

Meadows, Donella H.; Randers, Jørgen; Meadows, Dennis L.; Behens, William W. (1972). *The limits to growth*. New York: Universe Books.

Nordhaus, William D.; Tobin, James. (1973). Is growth obsolete? In Milton Moss (Ed.), *The measurement of economic and social performance*. New York: National Bureau of Economic Research. 509–564.

Sametz, Arnold W. (1968). Production of goods and services: The measurements of economic growth. In Eleanor Harriet Bernert Sheldon & Wilbert Ellis Moore (Eds.), *Indicators of social change: Concepts and measurements*. New York: Russell Sage Foundation. 77–96.

World Bank. (1991). *World development report*. New York: Oxford University Press.

World Bank. (2011). *World development report*. New York: Oxford University Press.

Geographic Information Systems, GIS

地理信息系统

地理信息系统是一种可以实现对地理数据进行收集和处理的计算机技术。作为在计算机中代表地理现实的工具，地理信息系统能帮助我们编译、链接、查询有关环境状况的信息。对地理信息系统所提供信息的访问是可持续发展决策中提供空间意识的关键元素。

地理信息系统（GIS）可以定义为一种用于收集、存储、显示、查询、处理、分析和传输任何携带地球表面或附近具体参考物数据的信息技术（IT）。

21世纪初，地理信息已成为决策过程中一种被广泛使用的资源，尤其在处理与可持续发展相关的环境、经济和社会等本质上跟空间有关的维度能够实现可视化和动态空间类型（如资源的空间分布，或社会和经济过程中的空间动力学）相关联时，将有助于对相关问题的理解。

由来

虽然军用地理信息系统技术早在20世纪50年代就已得到应用，但第一个民用地理信息系统却到了20世纪60年代中期才出现。到20世纪70年代中期，地理信息系统作为支持政府机构处理实际工作的计算工具，在诸如土地或环境资源库存记录、地图的自动化绘制及更新、将人口普查数据与地理参考的连接等领域开始得到应用。第一批专门开发地理信息系统软件的企业，如环境系统研究所（the Environmental System Research Institute, Esri）和鹰图（Intergraph）成立于1969年。20世纪80年代中期以后，随着计算机技术的进步及硬件和软件价格的下降，地理信息系统开始在北美、欧洲、澳大利亚的地方政府事务中得到使用，特别是进入20世纪90年代，在民营企业中得到了更快速的推广。地理信息系统在学术界的应用始于20世纪70年代中期，当时第一批相关技术的书籍陆续出版，地理信息系统作为一种工具开始应用于制图学、地理、测绘、林业、气象、生物学和生态学、城市和区域规划等学科。到20世纪80年代末，人们开始争论地理信息科学（GIScience）是否应该在科学领域内拥有自己的地位，从20世纪90年代末以后，许多大学开始在全球范围内提供现场和在线地理信息系统和地理信息科学（GIScience）课程或全部课程。

地理信息系统的组成

地理信息系统是涉及复杂的社会−组织结构的复杂工程人工产品，他们的基本组成包括空间数据或地理信息（GI），硬件和软件体系结构、规程和用户。

地理数据和空间数据建模

在给定的时间里，描述物体或现象的地理数据在地理空间里可以通过主题或空间分量的测量或确定而观测。地理数据的主题分量代表那些任何待测物或现象特征的测定的属性值，而空间分量代表物体（如一套建筑物或包裹）在地球表面的位置，或给定位置某种现象的测量值（如地面温度或海拔高度）。物体及现象的位置是根据已定义的地理或投影空间参考系统测量而得。

当有可能超过一个单一的方式来表示感兴趣的地理对象或现象时，不同的数据结构和数字格式（包括矢量和栅格格式）可用于编码地理数据。在地理信息系统的应用中，包括地理信息的主题维和空间维的地理数据结构和模型定义，可被认为是用于表示给定类型物体或现象的属性单元。

数据建模过程规定主题和地理测量如何通过一系列的步骤将地理实体的观测及获得选择类型的物体（如建筑）和现象（如温度分布）呈现在数据库中，并记录在数据存储介质中。一旦建立了物体和现象列表，接下来就是对每一类物体或现象的主题（如建筑的高度、年龄、建筑风格）和空间分量进行定义。

通常，物体用矢量格式表示，类似于场的现象用光栅格式表示，如空间范围内地面温度场的变化。最常用的矢量和栅格数据结构都是二维的，所以空间分量通常是用二元坐标（如，根据地理或预设坐标参考系统确定的纬度x、经度y）来记录的。此外，如三角不规则网络（TIN）中的矢量数据结构和如数字高程模型（DEM）中栅格数据结构是用来记录第三个坐标的（如，海拔z）。由此产生的数据结构可称之为2.5维的，代表一个三维空间中的面。三维数据结构也被用来代表空间中的体积，而四维数据结构则包含了时间维度（代表属性随时间的变化值），尽管他们还没有被广泛应用。

在二维矢量格式里，物体会被根据地理原型描述为点，线，或多边形。点原型允许用以记录单个物体位置的坐标，而线和多边形原型记录为直线或多边形的顶点或节点的二元坐标，这样也就用几何学描述了每个对象或物体的位置。在数据建模过程中，一个给定对象或物体的恰当原型的选择往往受到观察和分析尺度的影响。例如，在地图制图学中，一个城市在大陆范围内可以表示为一个点，但在区域范围内则多以一个多边形表示。

栅格数据模型可根据不同的方法，依据空间内一个规则网格单元的分区进行构建。每个单元格的位置以及一个或多个用以描述现象在空间不同程度的连续性属性的值（如，单元中心属性值被视为整个单元的平均值，或遥感数据中的反射辐射）被记录下来。单元的大小决定了数据的规模。

一旦定义了概念数据模型，为了以给定记录的数据结构和文件格式执行概念模型，需要进一步定义逻辑数据模型；然后进行物理数据集的创建和数据的填充。一个空数据集的数量可以借助外部设备和地理信息系统功能以手动或自动的方式完成。

从20世纪90年代开始，一个最受欢迎的地理数据集记录格式（即商用Shapefile文件）由Esri公司成功开发出来。直到现在，Shapefile文件还仍然被认为是地理数据集的一种标准格式，尽管从20世纪90年代末，地理数据已有转向更加高效和强大的关系数据库管理系统（RDBMS）结构的趋势。最受欢迎和广泛使用关系数据库管理系统为空间数据管理和分析提供了具有特殊功能的数据集（如Oracle、MySQL、Postgres等系统）。随着网络技术的发展，地理数据往往是编码在GML（geographic markup language，即地理标记语言，地理空间数据的XML规范）或KML（keyhole markup language，即锁眼标记语言，一种用于谷歌地图/地球的标准XML表示法）以促进地理信息在网络上的交换和开发。

目前，空间数据和元数据（描述地理数据集特性的数据）存在几个全球和区域性标准，包括国际标准化组织的地理信息/测绘学ISO/TC 211标准以及一个成员来自全球商业、研究、政府和非政府组织的非营利组织、自愿达成共识的标准联盟，即开放地理联盟（the Open Geospatial Consortium, OGC）的相关标准和规范。这些标准为地理信息的分享和交流，主流信息通信技术（ICT）领域地理信息资源的开发铺平了道路。

软件

第一个地理信息系统软件是因土地测绘的需求于20世纪60年代末开发成功。当时的地理信息系统软件完全是基于矢量格式或栅格格式编写的。到了20世纪80年代末，由于越来越多个人电脑的使用，地理信息系统软件的开发和使用在那些最先进的国家得到快速发展；当时许多商业公司开始开发能够运行和集成矢量和栅格格式的地理信息软件，所谓的混合地理信息系统。到2012年，大多数商业的（例如Esri的ArcGIS, Intergraph的GeoMedia和MapInfo）和开放源代码的（如，GRASS, gvSIG, 量子GIS, MapWindow）地理信息系统软件都是这种混合型，尽管还有一些人仍在使用其中的一种格式。

为便于空间数据的创建与管理、可视化、处理和分析（利用不同分析工具）以及交流，地理信息系统桌面软件往往使用最常见的数据格式、标准和功能函数。20世纪90年代中期，基于互联网的地理信息系统应用程序的客户端服务器技术成功开发，其中大多数已广泛用于网络互动地图的处理。伴随Web 2.0技术的进步，在21世纪初期，地理信息系统软件模块已经可以通过应用程序编程接口（application programming interfaces, API）在网络上获得。例如广受欢迎的谷歌地图 API，它允许地理空间功能（或服务）在 Web 应用中的无缝集成，进一步促进地理信息在网络中的广泛传播。

硬件

地理信息系统软件可以在多种硬件上运行，包括个人电脑、移动设备、复杂的分布式架构以及最分散的操作系统。地理信息系统硬件包括输入（如键盘、指向和测量设备、网络）和输出（如显示器、打印机、网络）外围设备，处理器和大容量存储器。

基本的硬件元件可以集成在各种简单或复杂的架构里。在桌面应用程序中，数据和软件安装在一个独立的个人电脑中；在企业应用程序中，地理信息系统在内部网的计算机上运行，其中一些可能被用来执行特殊功能，如空间数据创建而其他执行查询或分析；在一个基于系统的网络中，空间数据和处理服务可以在一个分布式的计算机和通过因特网基础设施和技术的网络设备得以操作；以及基于位置服务的移动架构。截至2012年，最近地理信息技术的发展包括了面向服务的体系结构（service-oriented architecture, SOA）的使用和云计算。

程序

地理信息系统允许通过用户友好的图形界面执行各种简单和复杂的处理功能。在地理信息系统中，将那些描述我们感兴趣的对象或现象的数据作为层。通过具有一致空间参考系统的不同层的叠加来表现地理空间，其不仅允许描述物体和现象特性及属性的空间分布，也允许描述它们之间的相互拓扑关系，而后者正是执行许多地理空间功能的一个关键因素。

地学处理功能的主要类型包括数据创建、存储和管理、空间数据查询、可视化和分析。空间分析包括简单的工具（如空间数据查询和分类、叠层绘图、地图代数、地学处理或表面分析）和更高级的功能（如空间统计、时空分析或探索性空间数据分析），它们可以集成在输入/输出链中构成分析模型。大多数专业的地理信息系统软件允许使用包括C++、Python、JAVA、NET等最流行的编程语言配置新的分析工具和新的应用程序的实现。

人员组成

地理信息系统的构成当然也离不开它的使用者，即系统中的人员。在地理信息系统发展的最初几十年，直到20世纪90年代中期，系统的使用者还主要是一些具有相关学术或专业背景，参与数据集或数据库创建与维护、日常程序和应用程序编程、空间分析任务的专家。进入21世纪初的几年，随着 Web 2.0 的地理浏览器（谷歌地图是最受欢迎的软件之一）的出现和易于获取，地理空间数据和应用程序逐渐成了一种大众资源。网络用户，甚至那些还没明白地理信息系统是什么的人，都可以成千兆字节量级地利用由卫星或地面传感器收集的，或者通过移动设备和摄像机与全球定位系统（GPS）连接，由互联网用户收集和共享于网上的各种地理数据和地理多媒体。

地理信息科学

了解地理信息系统的潜力需要深入理解

前面介绍的所有组件。此外，进一步的工作还需要解决地理信息系统存在的局限性问题，如开发可靠的时空数据结构的难度，不确定性的问题，巨量数据的有效管理等。

　　对地理信息系统感兴趣的科学家在全球开展争论，如来自加州大学圣芭芭拉分校的迈克尔·F.古德查尔德（Michael F. Goodchild）（2010）教授提出，是否应该成立一个新的学科，可称为地理信息科学，应该承认其与其他基本学科具有可比地位。这将是一个多学科交叉的领域，涉及地理、信息理论、计算机科学、大地测量学、管理、制图等。在地理信息科学是应该被视为一个基本学科还是工程学中的一个分支的争论还在持续的时候，科学家和研究人员则不断提出解决与所有地理信息系统组件及其相互关系有关的包括捕获和收集的问题，涉及数据结构表示和地理可视化、用户界面、空间分析和统计、模拟以及管理、道德和社会问题等科学基本问题的具有前景的解决方案。

地理信息系统与可持续发展

　　根据联合国环境与发展会议提出的行动计划（第40章 信息决策），即21世纪议程（UNDESA 2009），地理信息是实施可持续发展的一种关键资源。地理信息系统是一个全面的评估和决策支持工具。理解地球环境和自然与人类活动影响之间的关系需要获得最新的资源空间分布、环境动态变化、经济和社会过程等影响可持续发展的相关知识。

　　正如Esri公司的公共安全行业经理鲁丝·约翰逊（Russ Johnson）（2000）所述，在我们面临这个时代最困难的挑战，如发生自然灾害的时候，地理信息的强大功能及其迫切需求被反复证明。通过卫星，不断更新的原位或移动传感器等实时获取地理信息，使我们能够实时监测诸如自然灾害、疾病传播或气候变化等现象，大幅提高我们立即采取响应行动的可能性。为此，全球层面国际地球观测组织（the International Group on Earth Observations, GEO）正在协调"全球对地观测系统"（the Global Earth Observation System of Systems, GEOSS）的创建，以便为社会提供包括灾害应急管理、自然资源和生物多样性保护、人类健康和生活质量改善，以及气候变化监测等领域的各种有用地理信息。

　　作为工具的地理信息系统尽管还只是少数，但自20世纪90年代以来，地理信息和地理信息系统的民主化通过广泛访问数据和减少技术成本，它已被证明是一个支持协作、公众参与、更多的社会包容的决策（可持续性的社会维度）的可靠的工具。

　　在世界范围内，不断有关于建立空间数据基础设施（spatial data infrastructures, SDI）的政策和倡议出台，它们涉及地理信息的技术框架、政策、能够获取的标准、使用和再利用（Masser 2005）。空间数据基础设施正促进空间数据为做出更明智的环境决策提供知识，以及赋予公民获取环境信息的可访问性的提升。欧洲空间信息基础设施（the Infrastructure for Spatial Information in Europe, INSPIRE）就是一个例子（详情请参考其2007/2 / EC指令 EUR-Lex 2007）。成功的空间数据基础设施最佳实践展示了其在经济储蓄管理以及为公众提供更优质服务方面的优越性。更多公众获取地理信息也被视为一个通过支持经济发展对个人开发增值服务的机会。

同时,支持地理信息的网络技术(GI-enabled web technologies)允许公众收集和分享地理坐标信息。这种自愿提供的地理信息(the volunteered geographic information,VGI)被人们用来描述任何感兴趣的复杂现象,从当地天气状况到野火的蔓延,从珍稀动物物种的识别或废弃物的倾倒到犯罪事件的报道或城市公共服务的故障等。

空间数据基础设施和自愿提供的地理信息提供前所未有的(官方、公共部门和普通公众提供的)地理信息资源的可用性,这让我们进一步增加了对影响我们生活质量和环境的现象的实时状态的理解和认识。正如美国副总统戈尔在1998年预期的那样,这是一个社会包容、民主建设的"数字地球"(Gore 1998)。尽管为实现可持续发展目标而必须充分获取信息的数据量管理和计算强度等挑战还依然存在,但目前取得的成果还是令人鼓舞的。

米歇尔·坎帕格纳(Michele CAMPAGNA)
卡利亚里大学

参见:21世纪议程;可持续性度量所面临的挑战;公民科学;计算机模拟;增长的极限;长期生态研究(LTER);定量与定性研究;遥感;风险评估;社会网络分析(SNA);可持续性科学;系统思考;跨学科研究。

拓展阅读

Burrough, Peter A.; McDonnell, Rachael A. (1998). *Principles of geographical information systems* (2nd ed.). Oxford, UK: Oxford University Press Inc.

Campagna, Michele. (2006). GIS for sustainable development. In Michele Campagna (Ed.), *GIS for Sustainable development*. Boca Raton, FL: CRC Press, Taylor and Francis Group. 3–20.

Craglia, Max; et al. (2008). Next-generation digital Earth: A position paper from the Vespucci initiative for the advancement of geographic information science. *International Journal of Spatial Data Infrastructures Research*, 3, 146–167.

Craig, William J.; Harris, Trevor M.; Weiner, Daniel. (Eds.). (2002). *Community participation and geographical information systems*. New York: Taylor and Francis.

de Smith, Michael J.; Goodchild, Michael F.; Longley, Paul A. (2007). *Geospatial analysis: A comprehensive guide to principles, techniques and software tools* (2nd ed.). Leicester, UK: Matador, Troubador Publishing Ltd.

EUR-Lex. (2007). Directive 2007/2/EC of the European Parliament and of the Council of 14 March 2007 establishing an Infrastructure for Spatial Information in the European Community (INSPIRE). Retrieved January 18, 2012, from http://eur-lex.europa.eu/LexUriServ/LexUriServ.do?uri=CELEX: 32007L0002: EN: NOT.

Goodchild, Michael F. (2007). Citizens as voluntary sensors: Spatial data infrastructure in the world of Web 2.0.

International Journal of Spatial Data Infrastructures Research, 2, 24–32.

Goodchild, Michael F. (2010). Twenty years of progress: GIScience in 2010. *Journal of Spatial Information Science*, 1, 3–20.

Gore, Al. (1998). The digital Earth: Understanding our planet in the 21st century. *Open GIS Consortium*. Retrieved September 7, 2011, from http://portal.opengeospatial.org/files/?artifact_id=6210.

Longley, Paul; Goodchild, Michael F.; Maguire, David J.; Rhind, David W. (Eds.). (1999). *Geographical information systems: Principles, techniques, applications and management* (2nd ed.). New York: John Wiley & Sons Inc. Vols.1–2.

Longley, Paul; Goodchild, Michael F.; Maguire, David J.; Rhind, David W. (2010). *Geographic information systems and science* (3rd ed.). New York: John Wiley & Sons Inc.

Maguire, David J.; Goodchild, Michael F.; Batty, Michael. (Eds.). (2006). *GIS, spatial analysis, and modeling*. Redlands, CA: Esri Press.

Malczewski, Jacek. (1999). *GIS and multicriteria decision analysis*. New York: John Wiley & Sons Inc.

Masser, Ian. (2005). *GIS worlds: Creating spatial data infrastructures*. Redlands, CA: Esri Press.

Nyerges, Timothy L.; Jankowski, Piotr. (2010). *Regional and urban GIS: A decision support approach*. New York: The Guilford Press.

Peng, Zhong-Ren; Tsou, Ming-Hsiang. (2003). *Internet GIS: Distributed geographic information services for the Internet and wireless networks*. Hoboken, NJ: John Wiley & Sons Inc.

Pickles, John. (Ed.). (1995). *Ground truth: The social implications of geographic information systems*. New York: The Guilford Press.

Johnson, Russ. (2000). GIS Technology for Disasters and Emergency Management. An Esri White Paper. Environmental Systems Research Institute, Inc. Printed in the United States of America.

Tomlinson, Roger. (2007). *Thinking about GIS: Geographic information system planning for managers*. Redlands, CA: Esri Press.

UN Department of Economic and Social Aff airs (UN DESA). (2009), Division for Sustainable Development. Agenda 21, Section IV, Chapter 40. Information for Decision-Making. Retrieved January 19, 2012, from http://www.un.org/esa/dsd/agenda21/res_agenda21_40.shtml.

Wise, Stephen; Craglia, Max. (Eds.). (2008). *GIS and evidencebased policy making*. Boca Raton, FL: CRC Press, Taylor and Francis Group.

Worboys, Michael; Duckham, Matt. (2004). *GIS: A computing perspective* (2nd ed.). Boca Raton, FL: CRC Press, Taylor and Francis Group.

Yang, Chaowei; et al. (2011). Spatial cloud computing: How can the geospatial sciences use and help shape cloud computing? *International Journal of Digital Earth*, 4(4), 305–329.

Global Environment Outlook Reports

全球环境展望报告

全球环境展望是联合国环境规划署的标志性评估报告,其核心功能之一就是对全球环境进行跟踪评估。全球环境展望的目标是对全球环境状况进行科学可靠的与政策有关的评估,以提高更多相关人员完成综合环境评估的能力。

作为1972年在斯德哥尔摩举行的首次联合国人类环境会议取得的重要结果,联合国环境规划署是专门设置全球环境议程的全球领先环保权威机构。联合国环境规划署的主要职责是对世界环境状况进行持续评估,已经促进环境知识和信息的获取、评估和交换。自1997年以来,由联合国环境规划署发布的全球环境展望(GEO)已经成为具有里程碑意义的环境综合评估报告。第5个全球环境展望报告将于2012年中期在联合国可持续发展大会(里约+20)上发布。

与其他国际组织,如世界气象组织或世界卫生组织不一样的是,联合国环境规划署很少直接进行监测和监察。相反,它主要通过收集、整理、分析和集成来自联合国相关机构、其他组织、各国统计部门的数据形成更广泛的环境评估。它吸引了来自所有地区和行业直接参与生产过程中的各行各业的专家。全球环境展望评估对科学发现的环境变化原因及其后果进行编译和解释,并帮助政府和相关组织为减缓和适应环境变化提供政策选择。

全球环境展望报告和编写的目标就是通过将可信的数据转化为环境决策者关心的信息,从而弥合科学与政策之间的缝隙。全球环境展望报告为全球关注的环境问题在长时间尺度上构建一个连续、一致的数据平台,并已开始识别可能的政策回应。

全球环境展望的由来与发展

1995年,在联合国环境规划署理事会第18次例会上,各国政府要求准备一个能全面反映全球环境状况和趋势的报告。作为回应,联合国环境规划署将全球环境展望作为里约宣言十项实现原则的一部分,以帮助政策决策者获得恰当的环境信息。

　　1997年2月，联合国环境规划署发布了第一个全球环境展望报告。至今，每一期全球环境展望报告都是由来自世界各地、代表多方利益的学者编制的。每一期全球环境展望报告还都包括了其他相关系列报告，如区域、国家和城市尺度全球环境展望评价以及针对特定受众的版本，如为决策者编制的概要和为年轻人编写的报告等。大多数的全球环境展望系列报告可以直接从联合国环境规划署的网站在线查阅（UNEP 2011）。

　　全球环境展望计划在2012年联合国为纪念1992年里约热内卢地球峰会召开20周年的可持续发展大会——里约+20峰会上发布全球环境展望的第5个报告。迄今所有全球环境展望报告都强调了以下三个主题：① 持续的环境问题大大削弱人类福祉；② 环境问题迫切需要采取政策上的行动；③ 只有将环境从决策边缘转移为决策中心，可持续发展才能实现。全球环境展望报告使用了一个被称为驱动—压力—状态—影响—响应（drivers-pressures-state-impacts-responses，DPSIR）的分析框架作为整体方法论工具。全球环境展望4（GEO-4）通过驱动—压力—状态—影响—响应框架重点分析了人类福祉。每个全球环境展望报告编写过程还利用政策基准对国际达成的环境目标作为基准参考点对环境领域取得的进展进行评估。全球环境展望5（GEO-5）使该目标基准更加明确。

　　发布于1997年的第一个全球环境展望报告描述了不同地区的环境现状和发展趋势，并用假设全球商业发展模式一切如旧，全球环境在一个开放式的评估期内会发生什么的情景

预测作为总结。全球环境展望2（GEO-2）则在未来百年时间尺度上对区域和全球尺度上进行了深入分析，其结论是这个星球的少数居民的过度消费和多数人的持久贫穷是导致环境退化的主要原因。

　　全球环境展望3（GEO-3）于2002年在约翰内斯堡的世界可持续发展峰会上发布，它主要概述了从1972年到2002年，也就是联合国环境规划署创建30年以来的环境变化，并且提供了到2032年4个截然不同的情景作为未来人类与环境的展望。这份报告的结论是：继续的过度消费加大了环境压力；环境在社会经济发展中还仍然处于边缘化。全球环境展望4有意安排在首次系统提出了可持续发展概念的1987年布伦特兰报告，也就是《我们共同的未来》发布20周年时出版。全球环境展望4呼应了《我们共同的未来》中的三个主题，即环境，经济与平等，突出强调了人类福祉完全取决于生态系统的健康。

　　与以前各个版本相类似，全球环境展望5主要对全球和区域水平上的水、土地、大气、生物多样性、化学品和废弃物的现状和发展趋势进行了评估。它还就目前的各环境现状是否达到了通过法律或每一个领域的多边环境协议、声明和指导原则商定的国际目标进行了评估。针对政府和相关组织没有达到这些目标，全球环境展望5对导致的原因、对环境和对人类福祉的影响进行剖析。报告对成功的区域环境政策及其加速实现国际商定目标的潜力进行了评估。全球环境展望5在全球环境展望4的基础上，利用情景预测为变革性政策的制定提供一个展望视角。它概述了变革性政策在全球层面可采取的行动，描述了确保这些

政策能成功实施所需的法律、制度和政策框架。全球环境展望 5 和之前各个全球环境展望报告最重要的区别是，全球环境展望 5 从识别全球优先环境问题转移到确定政府可以优先考虑的全球解决方案。

过程：咨询，参与，能力

在诸如全球环境展望这样的综合环境评估中，过程对于评估报告的质量至关重要。报告作者如何评估，哪些人参与，以及在什么条件下开展工作都会显著影响最终的结果。显著性、公信力和合法性是影响科学评估至关重要的因素（Cash et al. 2003）。显著性意味着科学输入及时且集中，以及对政策制定者强调问题在当前的重要性。公信力是指相关科学证据和争论的充分性，参与科学家的信誉状况。合法性要求科学评价过程是无偏见的，考虑了各方相关利益者的诉求，公平对待不同观点。全球环境展望一直在为实现所有这三个方面而努力。

每个全球环境展望编写周期都使用一种不同的方法按照总体上要求更多的协商和参与，以及增加相关组织的数量来处理设计。在早期阶段，全球环境展望的编写过程涉及了一个由 20 个合作中心组成的网络，并通过区域政策协商进行数据收集。每个后续全球环境展望报告的趋势是增加作为作者的有贡献的组织和个人、对方法和过程规划有贡献者和各个草稿审阅人的数量。全球环境展望 4 促使政府参与编写过程达到了一个新的水平。由会员国和专家组成的高层协商小组帮助构建为响应政策需要的报告框架。政府还为报告评审推荐专家名单，为评审会议提供便利。通过积极塑造愿景和完善编制过程，这些政府、会员国和专家从目标受众转变为一个利益相关的功能性群体。

全球环境展望 5 的编写是在全球环境展望 4 编写期所建立的模式基础之上展开的。一个多方利益相关者协商小组在全球环境展望 5 评估的范围、目标和过程中达成了一致。政府提名专家作为作者、评审人和咨询小组成员，由 19 位高层政策专家组成的政府间高层工作小组为全球环境展望 5 愿景的设定提供专业指导。这种方法显著地突出了全球环境展望 5 的特征。

政府的参与通常提高了政策与科学发现的关联性，确保了报告的合法性，促进了决策过程更广泛的使用科学的数据和分析。一些学者注意到，在科学界和公众的眼中，当政府被怀疑干涉科学时，这样的每一次政府的参与就可能导致信息被稀释、政治化，及其合法性受到侵蚀（Mitchell et al. 2006）。要紧的是，全球环境展望渴望政府的投入和公众对政府参与的担忧形成的紧张关系在其他环境影响评价中也存在，特别是政府间气候变化专门委员会实施过程和报告也受此相互冲突的观点所影响（InterAcademy Council 2010）。

全球环境展望 5 组织过程中的另一个创新性设计特征就是由来自一系列机构的研究者和科学家组建的科学与政策咨询委员会，委员会授权专家为报告的每个章节提供指导，以加强报告在科学上的可信度和评价上的显示度。

对全球环境展望报告的评估最终表明，参与和协商过程确保了全球环境展望评估的科学可信度，提高了它们的准确性与合法性，并在更广泛的读者面前具有显示度（UNEP/

IUCN 2009）。

实施与影响

全球环境展望过程最重要的贡献就在于发展能力，提高广泛的全球和国际环境问题的意识，以及促进合作和参与。

发展能力

自成立以来的这么些年，全球环境展望评估过程在对其包含的不同管理尺度的包容、形成能力建设概念的集成（增强一个地区或国家根据长期可持续结果制定和实施项目的能力）、数据的收集与分析、技术的开发和转移等方面都日趋复杂。地区政府论坛和各国家政府也采用了全球环境展望的方法以产生或改善环境状况，或综合环境评估报告。本着全球环境展望方法的精神，作者们倾向于通过促进相关利益方的参与和知识−行动衔接的方法构建这些报告（Pintér, Swanson & Chenje 2007）。

提高意识

全球环境展望报告及其相关推广产品通过精心编撰，为更广泛的受众提供了关于全球环境变化复杂主题的精华版本，特别是为决策者准备的概要成为了向高层决策者提供关键信息的有用工具。对全球环境展望4报告的一个评估显示，这对发展中国家的政策制定者尤其有用。该评估还指出，全球环境展望4的推出还引起了巨大的媒体关注，各种新闻和电视纪录片都抽取了其中的核心内容或以其为基础进行报道。各种学术和研究机构也表达了全球环境展望4对他们的工作十分有价值。

这些利益相关者对全球环境展望4的使用表明其信息正被更广泛的受众所触及。

培养合作和参与

环保主义者呼吁全球环境展望过程由下而上和协商的特质成为一种真正的环保力量（UNEP 2004）。通过集成各种观点、问题的优先性和数据来源等，整个过程所涉及的利益相关者范围的关联性得到了增加。此外，全球环境展望的结构促进了决策者和利益相关者之间的包容性对话，同时也强化了区域评估过程。

挑战与局限

开展全球环境监测与评价是一项复杂的工作，需要使用动态的方法。监测覆盖的广度和范围限制了全球环境展望实施过程及其产品。全球环境展望的出版物根据问题和地理区域提供了它们的总体趋势，但不提供各个国家和地区网络政策有效性实现的对比性反馈。其他组织对评价方法和指标进行了发展，从而填补这个缝隙。例如世界资源研究所的《地球趋势报告》和由耶鲁大学、哥伦比亚大学与世界经济论坛合作的成果《2010年的环境绩效指数》就是很好的例子。

政府能够直接通过比较对一个工具进行评价的另一个证据来自全球对地观测系统。作为政府和政府间组织的合作伙伴，全球对地观测系统早在2005年创立之初就明确了其宗旨是提供"全面的、一致的、持续的地球系统观测"，以及"为良好决策及时提供长期的高质量全球信息"（GEOSS 2005）。虽然全球环境展望旨在成为一个评估过程，而全球对地观测系统成为一个观测系统，但紧随2002年可持续发展世界首脑峰会创建的全球对地观测系统暗示了各国政府已发现联合国环境规划署数据分析和信息功能的局限。

全球环境展望的未来

全球环境展望5被全球接受的程度很可能决定了未来全球环境展望项目的范围及其规划；联合国环境规划署并没有将全球环境展望6（GEO-6）安排在2012年发布。如果以往每五年出一期的话，那么全球环境展望6应该于2017年出版。尽管新一期全球环境展望过程和产品的范围与规划尚未确定，评估景观的当前变化趋势和政府的需求表明，未来的全球评估需要包括可行的解决方案，其中有几个部分在下一期报告中应该涉及。

国家尺度的数据收集与分析对于环境政策的制定仍将至关重要，特别是，全球环境展望报告可以而且应该支持环境评估过程的状态。虽然可替代性的指标可以补充全球环境展望的过程，但这些措施有可能削弱联合国环境规划署作为世界卓越的环境权威的地位。因为全球环境展望的过程有政府官员的积极参与和协商，下一个全球环境展望很可能强调加强与全球对地观测系统或其他这类

性质的团体合作，让全球环境展望过程通过相关努力的补充方式演变。

当今科学与政策关于环境治理的对话都强调必须将社会因素纳入其中。这种整合要求国际环境机构根据社会，即利益相关团体和普通公众的观点开发出新方法，他们必须用一种容易理解和有效的方式向社会传播科学发现，以确保政策的制定不要过于超前。在此背景下，全球环境展望过程培育的能力建设并不局限于环境监测和评估。知识和技能的培养通过包括研究与分析、网站设计、数据处理、有效沟通和利益相关过程的组织等努力来实现。

吸纳来自世界各地的、来自不同组织的专家参与全球环境展望的合作过程对于全球环境展望的产品的内容都是无价的。参与每一期全球环境展望的特约作者和评审专家无论在数量上还是专业领域上一直呈现显著的增加。全球环境展望5的评估过程显示为了便于编写、评审和评估，急需制定一套通用标准。

为满足日益紧迫而复杂的全球环境治理的挑战，当包括国家和地区环境展望、数据集纲要、在线平台等在内的各种全球环境展望产品得到进一步发展的同时，联合国环境署可能不得不对评估过程进行升级，使一个更动态的方法来满足全球环境展望产品的开发成为可能。目前，各章节的作者们基本上都是在一段

长约18个月的时间内独自平行完成,这独立的平行式编写可能会影响到报告内容的深度。如果评估过程得到进一步扩大和递增,那么作者就能更容易实现交叉引用关键概念,可以消除多余的结论和冗余。

单期全球环境展望报告和相关报告评估过程在为政策制定应用的完善性、全面性和实用性方面都远超以往的报告。然而,在提供所谓的科学建议和政策规范之间的联系还很薄弱。随着全球环境展望过程为满足政策制定者和联合国机构对政策方法不断增长的需求而发展,在提供富有远见的政策选择的同时,参与评估的科学家需要进一步保护全球环境展望的信誉和独立性。

马利亚·伊万诺娃(Maria IVANOVA)
波士顿马萨诸塞大学

梅丽莎·古德(Melissa GOODALL)
新英格兰安提阿大学

致谢:感谢撒拉·斯文森(Sara Svensson)在全球环境展望5编写过程以及本章研究中的帮助;感谢慕亚拉兹·陈杰(Munyaradzi Chenje),法托马塔·凯塔·瓦内(Fatoumata Keita-Ouane)和尼亚提·帕特尔(Neeyati Patel)对早期稿件的建设性评论。

参见:21世纪议程;公民科学;社区和利益相关者的投入;计算机建模;环境绩效指数(EPI);外部性评估;真实发展指数(GPI);全球报告倡议(GRI);全球植物保护战略;人类发展指数(HDI);国际标准化组织(ISO);长期生态研究(LTER);千年发展目标;国家环境会计;战略环境评估(SEA);系统思考。

拓展阅读

Carr, Edward R.; et al. (1997). Applying DPSIR to sustainable development . *International Journal of Sustainable Development & World Ecology*, 14, 543−555.

Cash, David W.; et al. (2003). Knowledge systems for sustainable development. *Proceedings of the National Academy of Sciences*, 100 (14), 8086−8091.

Global Earth Observation System of Systems (GEOSS). (2005). *The Global Earth Observation System of Systems (GEOSS) 10-year implementation plan*. Geneva: GEOSS.

InterAcademy Council. (2010). *Climate change assessments: Review of the processes & procedures of the IPCC*. New York: InterAcademy Council. Retrieved December 21, 2011, from http://reviewipcc. interacademycouncil.net/report.html.

Kok, Marcel T. J.; et al. (2009). *Environment for development: Policy lessons from global environmental assessments*. Report for UNEP. The Netherlands Environmental Assessment Agency. Retrieved December 21, 2011, from www.unep.org/dewa/pdf/Environment_for_Development.pdf.

Mitchell, Ronald B.; Clark, William C.; Cash, David W.; Dickinson, Nancy M. (Eds.). (2006). *Global environmental assessments: Information and influence*. Cambridge, MA: MIT Press.

Pintér, László; Swanson, Darren; Chenje, Jacquie. (2007). *GEO resource book: A training manual on integrated environmental assessment and reporting*. Winnipeg, Canada: United Nations Environment Programme (UNEP) & the International Institute for Sustainable Development (IISD).

Potting, José; Bakkes, Jan. (Eds.). (2004). *The GEO-3 Scenarios 2002-2032: Quantifi cation and analysis of environmental impacts*. (UNEP/DEWA/RS.03-4 & RIVM 402001022). New York & Bilthoven, The Netherlands: United Nations Environment Programme (UNEP) & Netherlands National Institute for Public Health and the Environment (RIVM).

United Nations Environment Programme (UNEP). (2004). *Global environment outlook (GEO): SWOT analysis and evaluation of the GEO-3 process from the perspective of GEO collaborating centres*. New York: UNEP.

United Nations Environment Programme (UNEP). (2008). *Synthesis of global environmental assessment: Environment for development: Policy lessons from global environmental assessment*. (UNEP GC.25/INF/11). New York: UNEP.

United Nations Environment Programme (UNEP). (2011). Global environmental outlook. Retrieved December 21, 2011, from http://www.unep.org/geo.

United Nations Environment Programme (UNEP); the International Union for Conservation of Nature (IUCN). (2009a). *Findings of the GEO-4 self assessment survey*. from http://www.unep.org/geo/Docs/Findings_GEO-4_Self_Assessment_Survey_lov.pdf.

United Nations Environment Programme (UNEP); the International Union for Conservation of Nature (IUCN). (2009b). *Review of the initial impact of the GEO-4 report*. Retrieved December 21, 2011, from http://www.unep.org/geo/docs/Review_Initial_Impact_of_the_GEO-4_Report_low.pdf.

Woerden, Van. (Ed.). (1999). *Data issues of global environmental reporting: Experiences from GEO-2000*. (UNEP/DEIA&EW, TR.99-3 and RIVM 402001013). New York, & Bilthoven, The Netherlands: United Nations Environment Programme (UNEP) & Netherlands National Institute for Public Health and the Environment (RIVM).

Global Reporting Initiative, GRI

全球报告倡议

全球报告倡议为可持续性报告专门提供最通用的标准。第一个全球报告倡议指南的版本于2000年出版，全球1 800多家公司使用。指南涉及了经济、环境和社会等方面。因为可以获得相关行业的补充附件，所以该指南可应用于各种不同规模和行业背景和类型的企业。

可持续性报告可以为企业带来诸多益处。它可以更容易跟踪一个设置或发布了特定环境或社会目标的企业取得的进步；同时更容易通过可持续报告的发布增强企业内部和外部的可持续发展意识。此外，提高透明度还为发布报告的公司赢得了信任，同时也就坐收了名利（Kolk 2004）。

然而，一些公司对是否发布可持续发展报告还犹豫不决。这不仅仅因为收集数据困难重重，同时也因为做这样一件事需要耗费大量的时间和财力。对另一些公司而言，首次发布可持续发展报告需要自身的觉醒，还需要提高过去不曾需要的关注（Kolk 2004）。

第一个独立的环境报告发布于20世纪80年代末（Kolk 2004）。1997年，在联合国环境规划署的帮助下，由投资者、劳工、环境和其他公共利益集团组成的环境责任经济联盟（the Coalition for Environmentally Responsible Economies, CERES）以及美国非营利性的研究和政策组织——特勒斯（Tellus）研究所共同成立了全球报告倡议组织。由于各种利益相关者对企业的环境和社会责任日益增长的知情权的需要，许多公司围绕企业活动发布了一些前后矛盾、不完整甚至很仓促的企业报告。为防止利益相关者因企业信息超载而"窒息"，一些国家或行业组织试图对相关的企业报告进行协调。环境责任经济联盟的成员们认为，制定一个国际性的通用标准十分必要。作为回应，他们在2000年出版了全球可持续报告的第一套指南。

作为一个基于网络的组织，全球报告倡议为企业可持续发展报告提供指南，同时，其自身也通过政府、基金会资助，企业赞助和服务条款获得资金支持。与财务报告不一样的是，可持续性报告采取自愿原则，其国际标准作为可持续报告的范例。全球报告倡议指南的目的是为企业提供一个框架，并与财务报告标准的"严谨性、可比性、可审核性和普遍接受性"相匹配（Willis 2003）。全球报告倡议指南是全球可持续发展方面最受欢迎的指南，无论在应用范围还是推广速度方面，任何与之竞争的体系都远远滞后于它。

全球报告倡议指南对于所有类型的企业都具有普遍的适用性，无须考虑企业规模及其行业归属。但这些一般性准则还没有对不同行业特殊的可持续性挑战进行解释。因此，全球报告倡议工作组为能源公用事业、金融服务、食品加工、采矿和金属、和非政府组织等部门创建了部门补充指南。这些部门补充准则只能作为行业特殊性的补充，而不能代替一般性准则。

全球报告倡议指南不设置绩效目标。例如，他们不设置企业必须达到的二氧化碳排放值。既然通常设定的目标不能满足企业使用全球报告倡议准则的多样性需要，全球报告倡议就引导企业对他们正在开展哪些工作进行透明化，由每个企业的决策者来确定自己的可持续发展目标。然而，报告读者可以使用缺少减排目标的信息作为一个公司对可持续性承诺的真正的指标。

全球报告倡议准则支持企业回答两个基本问题：什么内容需要报告以及如何报告。

关于报告什么的问题，可以依据报告标准和部门补充来确定。一份可持续报告应与全球报告倡议指南中所包含的 4 个主要部分一致：企业的可持续发展愿景和战略，公司概况，与可持续发展相关的管理组织机构和管理体系，以及绩效指标。

关于如何报告的问题，公司需要遵循以下基本原则：中立性、可比性、完整性和可审核性。这样，报告本身及企业取得的成效才可以在横向和纵向上进行比较。指南帮助企业确定报告的内容，所提供信息的质量水平（相关成就和缺陷的信息）以及报告的界限。

企业概况有助于读者结合上下文提供的通用信息，如企业规模，产品，市场，运营结构等理解企业及其可持续发展活动。管理的组织机构和体系的描述解释了可持续发展愿景是如何通过决策、控制、审计和责任定位等行为和措施转化为企业的实际可持续发展。最后，通过指标展示出企业的经济、环境和社会绩效。

被称为"第三代"或 G3 的最新版本指南，覆盖 120 多个有关社会、环境和经济方面的指标。这些指标涵盖了从原材料、用水量、排放量、浪费量到新增就业机会、员工平均培训天数，以及根据国家、地区和就业类型（全职和兼职）的劳动力分类。并不是所有的企业都报告相同的内容。报告可以根据他们的应用级别区分收费，这可以由公司自我申明或由全球报告倡议组织确定。根据报告指标数量和披露范围可将应用级别分为A级（最高级）到C级（最低级）。级别后面的加号则表示报告内容已经通过了第三方的确认。

2010年，有超过1 800家符合全球报告倡议指南的企业可持续发展报告出炉。这些报告54%来自欧洲，20%来自亚洲，北美和拉丁美洲各占14%，非洲只有3%。从单一国家发布量看，美国报道占总数的10%，居首位。欧洲的情况是最领先的西班牙占了全欧洲报告数量的19%，其次是瑞典占10%（GRI 2011）。

关于全球报告倡议的批评

全球报告倡议标准也不乏批评者。按照全球报告倡议要求做的大多数公司，将他们的报告从总体经济年度报告分出来。这种年度报告有被第三方机构控制和认证的倾向，而可持续性报告不应如此。相当数量的企业则将他们的可持续性报告整合到他们的年度报告里，以显示他们对可持续发展的忠诚承诺。这样有可能破坏了全球报告倡议指南的透明性原则，而综合报告本身也不能充分遵守全球报告倡议指南。

另一个批评与原则本身有关。在2006年发表的一篇学术文章里，西班牙研究人员琼斯·莫内瓦（Jose Moneva）、帕波罗·阿克尔（Pablo Archel）和卡门·克里亚（Carmen Correa）证实原则本身太过于强调可持续性的社会维度，所有指标中的50%都是社会指标，其次才是环境指标（大约30%）和经济指标（大约10%）。想要真正反映一个公司的可持续发展实践，上述指标应该更加平衡，至少，应该增加更多的环境可持续性指标。

全球报告倡议的未来

未来，企业可持续发展报告的数量可能会增加。与2009年相比，美国的报告经历了稳定增长，而在巴西，则出现了一个超乎寻常的增长，增长率接近50%（GRI 2011）。

全球报告倡议指南自身在不断发展，第四代（G4）定于2013年出版。此外，所谓的国家附件也在出版计划之列。与正被进一步扩展的部门补充一样，国家附件不能替代报告，但可用于包括特定国家或地区性问题，或特定环境。

安娜·布罗贝克（Anna GROBECKER）

朱丽叶·沃尔夫（Julia WOLF）

EBS 商学院

参见：21世纪议程；业务报告方法；可持续性度量面临的挑战；成本—效益分析；人类发展指数；生物多样性和生态系统服务的政府间科学—政策平台；国际标准化组织；千年发展目标；国家环境核算；定量与定性研究；减少因森林砍伐和退化引起的碳排放（REDD）；三重底线。

拓展阅读

Brown, Halina Szejnwald; de Jong, Martin; Lessidrenska, Teodorina. (2007). The rise of the Global Reporting Initiative (GRI) as a case of institutional entrepreneurship (Corporate Social Responsibility Initiative, Working Paper No. 36). Cambridge, MA: John F. Kennedy School of Government, Harvard University. Global Reporting Initiative (GRI). (n.d.). Homepage. Retrieved August 12, 2011, from http://www. globalreporting.org/.

Global Reporting Initiative (GRI). (2007). Sustainability reporting 10 years on. Retrieved September 14, 2011, from http://www.globalreporting.org/NR/rdonlyres/430EBB4E-9AAD-4CA1- 9478-FBE7862F5C23/0/ Sustainability_Reporting_10years.pdf.

Global Reporting Initiative (GRI). (2011). GRI sustainability reporting statistics: Publication year 2010. Retrieved September 14, 2011, from http://www.globalreporting.org/NR/rdonlyres/954C01F1-9439-468F-B8C2-B85F67560FA1/0/GRIReportingStats.pdf.

Hartmann, Lauren; Painter-Morland, Mollie. (2007). Exploring the global reporting initiative guidelines as a model for triple bottomline reporting. *African Journal of Business Ethics*, 2 (1), 45–57.

Kolk, Ans. (2004). A decade of sustainability reporting: Developments and signifi cance. *International Journal Environment and Sustainable Development*, 3 (1), 51–64.

Moneva, José M.; Archel, Pablo; Corea, Carmen. (2006). GRI and the camoufl aging of corporate unsustainability. *Accounting Forum*, 30 (2), 121–137.

Sherman, W. Richard; DiGuilio, Lauren. (2010). The second round of G3 reports: Is triple bottom line reporting becoming more comparable? *Journal of Business and Economics Research*, 8 (9), 59–77.

Willis, Alan. (2003). The role of the Global Reporting Initiative's sustainability reporting guidelines in the social screening of investments. *Journal of Business Ethics*, 43 (3), 233–237.

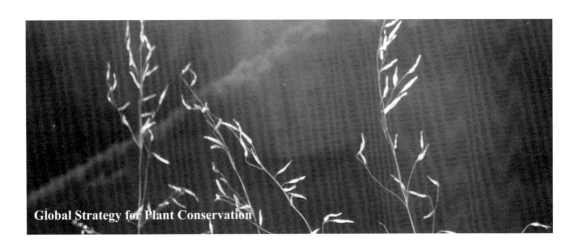

Global Strategy for Plant Conservation

全球植物保护战略

全球植物保护战略的制定标志着全球植物保护又向前迈出了一大步，它于2002年在《生物多样性公约》的框架内获得批准通过。该战略特别强调了植物及其提供的生态系统服务对地球上所有生命的重要性，为各种组织提供了一个包含16个可度量的行动框架，并促进了相关组织间的协作和网络化。

1993年是为维持地球生命多样性而专门制定的《生物多样性公约》正式生效的时间，也被认为是全球自然保护的重要时刻。当时，全球关于生物多样性、地球上重要的生物种类已达成共识，但该公约实施时如何测量？如何让人们知道生物多样性保护是怎么实施的？那样的保护努力是否能维持地球上的生命？在现实中，当时还没有统一的国际措施来确定全球生物多样性保护的有效性。事实上，一些国家随后所使用的指标显示，即便在《生物多样性公约》批准后的很长时间，即使在一些世界上生物多样性最为丰富的地区，生物多样性的减少依旧有增无减。就植物而言，到2000

年，地球已处于全球性危机的边缘（Myers et al. 2000；Pimm & Raven 2000）。

全球战略的起源

作为《生物多样性公约》的承诺的一部分，尽管全球植物战略得到各国政府的赞同，但仍难以成为一个避免全球植物危机的有效机制，也难以监控保护行动的有效性。然而这正是被采纳的路线。全球战略是1999年8月在圣路易斯召开的第十六届国际植物学大会上首次提出的。来自一百多个国家的数千位植物学家通过了一项为保护全球植物的战略决议。2000年4月，一个重点从事全球濒危植物保护的国际组织——国际植物园保护联盟（Botanic Gardens Conservation International，BGCI）组织召开了植物学家和植物保护组织的后续会议，他们发表了具有里程碑意义的大加那利岛宣言（Gran Canaria Declaration），呼吁在《生物多样性公约》的框架内制定一个为解决植物多样性丧失的全新的全球战略

（Wyse-Jackson & Kennedy 2009）。

2002 年，全球植物保护战略（GSPC）由 187 个国家签署获得通过。该战略期望通过 16 个可测量指标的完成来阻止全球植物多样性的继续丧失（CBD 2002），同时也用于人类活动维持植物的多样性及其所支撑文明的繁荣。全球植物保护战略的发展意味各国政府和非政府机构的生物多样性保护第一次具有了有时限且可以测量的通用指标，尽管这只涉及了生物多样性中一个要素：植物。

植物的重要性

专门针对植物制定全球战略的一个关键理由是，人们坚信植物不仅是世界生物多样性中最重要的组成部分，更是人类与地球最重要的资源。人类通过数以千计的栽培植物获得食物、药材、木材、燃料和纤维等。许多野生植物都具有极大的经济和文化重要性，未来可能成为作物、药物、大宗商品，甚至崇拜对象。植物维护了生态系统的完整性，为动物提供栖息地以及提供包括氧气生产、二氧化碳封存、促使土壤形成和对其进行保持、缔造并保护流域、削减洪水、促进水的渗透和净化等在内的生态系统服务。人类对植物的这种依赖会随着人类应对诸如生境变化和气候变化这样新涌现的全球环境变化挑战而变得更加强烈。

战略目标与具体指标

在 2010 版全球植物保护战略的第一主题单元罗列了 5 个主要目标：

● 目标一：很好地理解、记录和认识植物多样性；

● 目标二：紧迫而有效地保护植物多样性；

● 目标三：以可持续且平等的方式利用植物多样性；

● 目标四：促进对植物多样性及其在可持续生计中的作用，及其对地球上所有生命的重要性的教育和认识；

● 目标五：发展实施战略所必需的能力和促进公众参与。

为了指导和衡量一个国家保护濒危物种和生态系统的能力，指导政策制定，设置实施优先权，提供植物的可持续种植利用，围绕上述战略目标，全球植物保护战略又提出了 16 个具体指标。他们被设计成人们最渴望实现的"SMART"目标（SMART 是指 specific，measurable，attainable，relevant，time-bound，即具体的、可衡量的、可实现的、相关的和有时限的）。这些具体指标涵盖了包括保护状态评估、生态网络、培训、教育、原位和非原位保护（如种子银行）等植物保护的方方面面（见表 1）。

表 1　全球植物保护战略目标（2011—2020 年）

目　标	指　标	衡量和进展
I. 更好地理解、记录和认知植物多样性	1. 建成一个涵盖所有已知植物的在线植物志	这是一个明确的指标，尽管雄心勃勃，是一个开放、持续且没有终结的过程（Callmander & Schatz 2005）。对当前全球植物物种数量的定期评估是实现这一目标的关键，也是植物保护的基础。在线工作列表可查询超过 50% 的开花植物（Paton et al. 2008）

（续表）

目　标	指　标	衡量和进展
	2. 对所有已知的植物物种的保护状态尽可能进行评估以指导相关保护行动	根据世界自然保护联盟红色名录的国际公认标准，在全球范围内，有超过 60 000 个物种的保护状态进行过评估，其中，34 000 种被列为全球濒临灭绝物种。一些国家还未使用世界自然保护联盟红色名录的标准，所以很难对国家间的数据进行比较和整理。维管植物受到威胁的模式和程度已较为清楚，是目前实际恢复中数量最多的一类
	3. 开发和分享执行《战略》所需的信息、研究和相关成果及方法	这一目标没有提供定量测量指标来衡量。因此，为实现《战略》，那些正在进行的研究和开发的工具将不得不继续开发并进行共享。进一步的工作急需创建一个可衡量的指标来监控该指标的实现
II. 紧急、有效地保护植物多样性	4. 通过效的管理和/或复原，确保每个生态区域或植被物种中的至少15%的得到保存	在全世界保护区范围，通常森林和山区具有较好的代表性，而天然草地（如草原）、海岸带、湿地和河口生态系统（包括红树林）的代表性相对较差。这一指标侧重于增加保护区不同生态区域的代表性和实现更大保护的有效性
	5. 通过合适地区的植物及其遗传多样性的有效保护，确保至少75%每一个生态区的最重要植物多样性保护区得到保护	可以根据特有种、物种丰富度、栖息地独特性、生态系统残存情况、生态系统服务的价值等标准确定生物多样性最重要的区域。尽管应用统一标准来确定保护区重要性还存在国与国之间的差异，但测量国家内部的这一指标是可以做到的
	6. 与植物多样性保护相一致，确保每个部门至少75%的生产性用地实施可持续管理	这个指标侧重于保护生产系统本身（如作物、牧草或树种）的植物多样性。这也意味着保护在那些受到威胁的且具有独特性的生产用地本土植物的重要性和特定的社会经济价值。最后，管理实践的使用意味着可以避免对周围生态系统的植物多样性的严重负面冲击，例如，避免过度施用农药，防止水土流失对可持续发展的影响。尽管实现这一目标在某些方面已有所限制，但全世界对农业和林业生产方法、植物遗传资源的现场管理表现出更强的兴趣
	7. 对至少75%的已知濒危植物物种实施原地保护	这一指标提供了有效就地保护濒危物种的可测量步骤。这一目标的解释会导致"就地保护"可理解为只保护一个种群而非很多种群，也可以理解为保护一个个体的问题出现。作为选择，它可能意味着物种方面最重要的遗传变异性得到了保护
	8. 最好在原产地国，对至少75%的濒危物种进行转移收集，并将至少20%用于复原和恢复方案	通过全球种子银行网络与在英国的千禧年种子银行的合作，这个明确的目标已经有了显著的进步。这增加了对需要实施非原位管理全球濒危植物物种关注的更大的承诺
	9. 养护70%的农作物及其野生亲系，以及其他具有社会经济价值的植物物种的遗传多样性，同时尊重、保留和维持相关的土著和地方知识	这要求在经济上有价值的植物物种的遗传多样性及其野生近缘种得到完全保护，这就将需要更多的跨部门合作

（续表）

目　标	指　标	衡量和进展
	10. 制定有效的管理计划以防止新的生物入侵和对被入侵的重要植物多样性地区实施管理	这是一个完成情况可以被监控且很好量化的目标。许多威胁野生植物物种和生态系统的外来物种在世界的一些地方已经受到管理。在诸如智利、澳大利亚和新西兰一些国家，类似于杂草控制和生物安全等现有项目的良好进展，在某些情况下还会受到国家战略的约束
III. 以可持续的和公平的方式利用植物多样性	11. 确保所有野生植物不会因国际交易受到威胁	这是一个依据《国际濒危物种贸易公约》（CITES）需要在国际濒危物种贸易和监测植物贸易保持警惕的明确且可衡量的目标
	12. 对所有野外采集的植物产品进行可持续追踪溯源	持续管理对社会和环境方面的考虑进行了整合，如利益的公平与平等分享、土著与地方社区的参与。全球未来市场可能需要更多有关出口生产的证据和认证，这将涉及更严格的自然保护和生态可持续性标准。产业和生产者尚不清楚如何应对涉及农业和林业的这些压力，特别是对于开阔草原牧场。监视和测量这一目标将需要更大的跨部门合作
	13. 酌情维持和加强同植物资源有关的地方知识创新和实践，以支持传统用途、可持续生计、地方食品安全和卫生保健	植物多样性支撑着人类的生计、食品安全、医疗保健。这个目标与普遍被接受的国际发展目标之一，即"确保当前环境资源损失的趋势得以逆转"是一致的。目前对这一目标的全球测量还未进行很好协调
IV. 促进对植物多样性在可持续生计中的作用及其对地球上所有生命重要性的教育和认识	14. 将植物多样性的重要性和对其实施保护的需要纳入宣传、教育和公众意识方案	此目标没有量化，所以对其实现程度进行监测较为困难。通过交流和教育提高公众对植物多样性的重要性的认识可以视为战略目标的实现。作为一个没有量化的目标，这在短期内是可以实现的，但该目标背后的愿望是更加深远的
V. 发展执行《战略》所需的能力和促进公众参与	15. 根据国家需求，确保相关机构配备足够数量的受训人员，以实现《战略》各项指标	这是一个明确的、可衡量的目标。它可以通过国家协调机构，如国家植物保护网络、植物园，以及为制定和实施相关培训和为志愿者和社区开发项目的政府的增长来实现
	16. 对在国家、区域和国际级别建立或加强植物保护机构、网络和伙伴关系，以实现《战略》各项指标	网络能有效促进信息交换，推进公共政策的发展，协调利益相关者之间的努力，以及通过资源有效配置的优化减少重复。国家网络和伙伴关系的建立被认为已经取得了重要进展，在全世界范围内建立了许多国家和区域网络，如澳大利亚和新西兰植物保护网络。加拿大的植物园则于 1995 年共同组建了加拿大植物保护网络（CBCN）。欧洲建立起了覆盖全欧洲的、由独立组织的、非政府组织和政府构成的欧洲植物网旨在共同努力保护欧洲的野生植物和真菌。下一步全球网络的协作需要推动该目标的实现

来源：作者.

全球战略的应用

全球植物保护战略的目标是将注意力集中于阻止全球植物减少的优先保护活动。仅仅因为这一原因，全球植物保护战略被视为全球植物保护的重要一步。目标的存在意味着比他们从来没有被采用来说是取得更大的进步。事实上，全球植物保护战略在促进世界范围新的项目和计划时扮演了重要的催化作用，并取得了许多重大成就。

成就

全球植物保护战略的批准是在《生物多样性公约》框架下针对生物多样性保护第一次就一系列可测量目标经国际商定取得的进展。正因如此，该战略被认为是为《生物多样性公约》目标设定的一个创新的方法，也是一个生物多样性保护其他领域可借鉴的范例。

全球植物保护战略目标已被证明是监测植物保护进步的有用的参考体系，同时对于关于优先保护议题的公众民意的整合也很有帮助。在一个更广泛项目的水平上，介于组织和许多政府保护项目之间的高度通用性使得目标更容易实现。目标还促进了多个部门间的新协同和合作。全球植物保护战略被视为公众植物保护意识运动的基础，同时也被视为赢得植物保护与商业伙伴和同行更大支持的杠杆。通过这种

方式，对这些战略的实施增加了压力，特别是来自非政府组织的压力。全球植物保护战略促进新项目和计划的发展，也促进了实施目标的资源流动。总体而言，全球植物保护战略在特别通过建立国家、地区和全球网络，增加交流与合作，促进植物园和植物保护共同体参与公约方面是成功的，全球植物保护战略的实施已经使16个目标中的8个取得了显著进步（参见表1）。

局限性

全球植物保护战略也有几个局限。例如，到2010年时所有目标并没有完全实现，大多数国家仅仅根据许多目标记录了变量的成功；战略的实现并不是强制性的，并未对没有实现目标进行处罚（全球植物进一步入侵除外）。正因如此，许多国家并没有签署承诺。

政府经常将目标视为一个成功指南，而不是一个意向声明。正因为如此，有些目标政府无法实现。事实上，一些政府因为限制债务而影响了他们现有的项目。这可能取决于以下两个因素：首先，项目的实施需额外的资源；其次，一些国家政府担心对目标承诺的签署会与国内现有承诺发生冲突。

在一些情况下，国内的主导作用并不清楚；而另一些情况是，国家政府机构关注的重点与全球植物保护战

略目标并不一致。直到2004年，作为现实全球植物保护战略目标的协调机制的全球植物保护合作伙伴（GPPC）的出现，全球植物保护战略对于实现目标的协调作用还较为有限。全球植物保护合作伙伴正是一个为推进全球植物保护战略目标的实现成立的国际、地区和国家组织联盟。甚至是在实现目标的责任已经很大程度落实到了各个国家之后，实现目标的角色和职责也不够清晰。例如，即便是为实现更深远目标2（即对所有植物保护状况进行初步评估）的呼吁也从未清楚指定谁应该实现或协调该目标的实现（Callmander, Schatz & Lowry 2005）。

一些目标虽有进展，但实现程度也较为有限，尤其是那些跨部门合作至关重要的，例如目标2（完成初步保护评估）、目标4（生态区保护）、目标6（生产性土地生物多样性的保护）、目标12（植物性产品的可持续利用）和目标15（植物保护能力和培训）（CBD Secretariat & GPPC 2009）。

在战略实施的头几年，关于如何很好地实现战略的报告都很有限。此外，目标的范围、次级目标的发展和为实现每个目标的里程碑都不明确。全球植物保护战略目标的实现最后将依赖于国家目标和区域目标的实现。进一步的问题是在世界的一些地方基础数据十分有限，以及检测达到目标进展的指标也很少，而这两个方面对于一个国家实现目标有效性的监测至关重要。

战略履行的监控

结合研究、信息管理、公众教育和意识培养目标，全球植物保护战略针对完整的（异地和原位）植物多样性保护形成的明确且可实现的目标方面得到发展。战略的履行情况可以通过以下4个主要方法监测：

定期报告

全球植物保护战略履行情况的主要监控机制是通过监控《生物多样性公约》190多个成员发布的专门描述各目标实现程度的定期报告。这些报告发布于《生物多样性公约》网站，并提供每个国家所做工作的总结。这些都是细节被弱化了的高层报告。此外，各个国家报告准确性的评估也没有进行审查。

全球植物保护合作伙伴

另一个主要用于帮助实现全球植物保护战略的机制就是为监督和促进其有效性而设立的全球植物保护合作伙伴。

成立于2004年的全球植物保护合作伙伴一直致力于支持各国实施全球植物保护战略，并为相关国家制定计划和采取行动提供必要的工具和资源，以帮助他们实现目标。作为全球植物保护战略灵活协调机制一部分的《生物多样性公约》下的合作伙伴在监控和促进其实施中起到了重要作用。对于合作成员并没有正式的报告做出具体要求，但是鼓励参与组织定期提供相关信息，尤其是关于全球植物保护战略实施的现有或计划活动方面的信息。

国家和地区战略

包括南非、墨西哥、哥斯达黎加、爱尔兰、马来西亚、英国、塞舌尔、日本等在内的许多国家都公布了自己的国家战略，或对全球植物保护战略做出了积极响应。这些国家战略为自己国家关于全球植物保护战略实施的报告提供了一种机制。例如,爱尔兰一个国家植物保护战略中就包括了目标、行动、阶段以及爱尔兰在全球植物保护战略框架下的履行义务的相关指标(National Botanic Garden of Ireland 2005)。在新西兰,一个基于2003年举办的植物保护研习会讨论结果的行动计划的编写已经完成(NZPCN 2003)。区域上实现全球植物保护战略的方法有由欧洲植物保护秘书处和欧盟议会共同编写的欧洲植物保护战略(Planta Europa Network 2008)。然而,在世界上许多地方还没有就战略进行任何准备,由此也限制了他们报告全球植物保护战略实现的能力。

进展回顾

2009年出版的《植物保护报告》是一份关于全球植物保护战略实施进展的评述报告,它是由《生物多样性公约》秘书处联合全球植物保护合作伙伴共同完成的(CBD Secretariat & GPPC 2009)。部分区域性进展评述报告也已完成,例如,2010年出版《亚洲植物保护进展报告(第一版)》概述了亚洲地区植物保护实施全球植物保护战略目标完成进展(Ma et al. 2010)。部分目标进展的科学性评述也有完成的,例如2008年完成的针对目标1(准备一个所有已知植物的可访问清单)的全球完成情况的评述(Paton et al. 2008)。

全球植物保护战略的未来

全球植物保护战略强调了植物的重要性及其地球上所有生命所提供的生态系统服务,为全球、区域、国家、地方提供了一个行动框架,促进了相互间的协作和网络的形成。它也认识到了有效、持久的保护需要包括政府、研究机构、非政府组织和当地社区在内的广泛合作。

许多国家通过特定的植物保护活动、行动计划、国家战略,以及现有的非正式生物多样性管理项目来实施全球植物保护战略。然而,截至2010年,没有一个政府完成了全球植物保护战略的所有目标。

这就导致了2010年在日本名古屋召开的第十次缔约方会议上,《生物多样性公约》再次修改了战略承诺。或许认识到最初设定的2010年过于冒失,所以完成时间延长到了2020年。有些人对在没有实质性额外资源投入的情况下,修改后的目标是否可以实现仍深表怀疑。目标更新是为了保持前十年已经形成的势头,以及保持全球植物保护计划仍专注于优先目标。

全球植物保护战略为全球植物保护进展的测量提供了一个坚实的基础,自采用以来,它已经通过一个令人印象深刻的组合方式,即地方、国家和国际行动来实现战略目标。战略的实施也说明了《生物多样性公约》背景下的不同网络、合作单位以及跨部门合作所发挥的关键作用的重要性。

约翰·威廉·大卫·索耶（John William David SAWYER）
新西兰资源保护部

参见：生物指标（若干词条）；社区和利益相关者的投入；环境绩效指数（EPI）；真实发展指数（GPI）；全球环境展望（GEO）报告；政府间生物多样性和生态系统服务科学政策平台（IPBES）；减少因森林砍伐和森林退化引起的碳排放（REDD）；物种条码。

拓展阅读

Callmander, Martin W.; Schatz, George E.; Lowry, Porter P. (2005). IUCN Red List assessment and the Global Strategy for Plant Conservation: Taxonomists must act now. *Taxon*, 54 (4), 1047–1050.

CBD Secretariat; the Global Partnership for Plant Conservation (GPPC). (2009). *Plant conservation report: A review of progress in implementing the Global Strategy for Plant Conservation* (GSPC). Montreal: Secretariat of the Convention on Biological Diversity.

Convention on Biological Diversity (CBD). (2002). Global strategy for plant conservation of the Convention on Biological Diversity: Technical review of the targets and analysis of opportunities for their implementation (Paper UNEP/CBD/COP/6/12/Add.4). Retrieved June 28, 2011, from http://www.cbd.int/doc/meetings/cop/cop-06/offi cial/cop-06-12-add4-en.pdf.

Ma Keping; et al. (2010). *The first Asian plant conservation report: A review of progress in implementing the Global Strategy for Plant Conservation*. Beijing: Chinese National Committee for DIVERSITAS.

Myers, Norman; Mittermeier, Russel A.; Mittermeier, Cristina G.; da Fonseca, Gustavo A. B.; Kent, Jennifer. (2000). Biodiversity hotspots for conservation priorities. *Nature*, 403, 853–858.

National Botanic Gardens of Ireland. (2005). *A national plant conservation strategy for Ireland*. Dublin: National Botanic Gardens of Ireland.

New Zealand Plant Conservation Network (NZPCN). (2003). *Global Strategy for Plant Conservation workshops: Summary report*. Wellington: New Zealand Plant Conservation Network.

Paton, Alan J.; et al. (2008). Target 1 of the Global Strategy for Plant Conservation: A working list of all known plant species — progress and prospects. *Taxon*, 57 (2), 602–611.

Pimm, Stuart L.; Raven, Peter. (2000). Biodiversity: Extinction by numbers. *Nature*, 403, 843–845.

Planta Europa Network; Council of Europe. (2008). *A sustainable future for Europe : The European strategy for plant conservation 2008–2014*. Salisbury, UK: Planta Europa.

Wyse-Jackson, Peter; Kennedy, Kathryn. (2009). The Global Strategy for Plant Conservation: A challenge and opportunity for the international community. *Trends in Plant Science*, 14(11), 578–580.

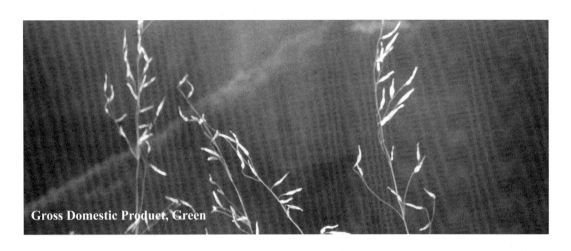

Gross Domestic Produet, Green

绿色国内生产总值

绿色国内生产总值将自然和社会资本的价值融入到一个经济体系规模的计算中。越来越多的指数被开发出来用以衡量绿色生产总值,但在全球背景下还没有一种被普遍接受和长期应用的方法。这些指标中的多数表明经济增长的同时导致了广泛的且显著的环境破坏。

国内生产总值是一个人们熟悉的用来跟踪季度到季度或年度到年度上的经济生产力变化的经济指标,该指标是许多不同部门生产力测定值的综合反映,如自然资源、农业、制造业和金融,以及这些行业在市场上进行交易的所有活动。使用国内生产总值作为经济的健康或经济提供的福利的参数,通常在两个方面存在反对意见而普遍受到质疑(Kulig, Kolfoort & Hoekstra 2010)。第一,类似于国内没有薪水的工作活动,如社区志愿工作,或者其他并未被市场考虑的生产性努力等,即便他们对家庭和社区的生产率提高十分重要也未能涵盖进国内生产总值的考量。第二,即便是

那些已经被包括在国内生产总值核算中的活动,他们都被视为积极的,也就是说,如果他们增加,就意味着国内生产总值也增加了。但在某些领域内,有些活动对生产力起着负面的影响,或者一些活动被社会认为是有害的或不受欢迎的也被作为国内生产总值增量加以统计。例如2010年在墨西哥湾,一个石油钻井平台导致的一次将近500万桶原油的泄露灾难,连同之后处置事故中使用200万加仑(7 600 m³)的化学分散剂(Khan 2010)。

大规模的石油泄漏摧毁成千上万的渔业和旅游业的就业机会,因此减少了部门劳动生产率的提高和导致国内生产总值的下降。然而,漏油事件又因清理工作创造了大量的就业机会,增加国民生产总值。虽然渔业和旅游业损失工作岗位的经济价值可以通过失业率进行衡量,但鱼类数量、洁净的沙滩,和未受污染的地下水是很少会被考虑进入传统市场的。因为没有从国民生产总值减去这些损失的机制,2010年石油泄漏的真实影响在当年的国

内生产总值估算中并没有得到完全的考虑。

为应对国内生产总值不能解释环境破坏对长期经济生产力所带来的影响（如森林的减少、鱼类数量或供未来使用的洁净水等）的问题，环境经济学家们设计了几种不同的"绿色GDP"的测量方法。这些方法可以将那些难以用市场价值衡量的生态系统产品和服务纳入到国内生产总值的核算方法之中。生态系统产品和服务包括了健康生态系统对人类社会提供的有形的产品商品（如食物、纤维和燃料）和无形服务（如对大气圈的保护和对淡水的过滤），需要社会提供健康的生态系统。尽管人们已经开始尝试对自然资本、生态产品和生态服务进行测算（Kareiva et al. 2011），但其中的很多产品及其生态服务还没有进入市场，因此其经济价值也不能包括在资本和生产力的经济评估中。一些社会科学家也开发了一些相应的指标，试图将社会福利问题纳入国内生产总值的测算，尽管诸如幸福、自由、良好的管理、宽容等特征的重要性难以量化（Kulig, Kolfoort & Hoekstra 2010）。

绿色国内生产总值指数

早在20世纪50年代，美国第一个获得诺贝尔奖的经济学家保罗·赛谬森（Paul Samuelson）就努力将环境损害及其因此损失的自然资本率先纳入到经济体系的测算中，之后他与美国经济学家威廉·诺德赫斯（William Nordhaus）合作推进相关方面的研究。他们将环境设施如清洁空气定义为"公共物品"，即那些因价值不能在经济市场中得以体现的、经常被损坏或摧毁没有得到适当补偿的产品（Samuelson & Nordhaus 1995）。诺

德赫斯和美国经济学家詹姆斯·托宾（James Tobin）意识到国内生产总值仅倾向于衡量一个经济体系的大小，并不涉及经济带来的福利，所以他们开发了一个试图考虑福利问题的对国内生产总值进行调整的经济福利测算（measure of economic welfare, MEW）（Nordhaus & Tobin 1973）。

之后，美国生态经济学家赫尔曼·戴利发展了不经济增长的概念，也就是经济活动或生产力导致了福利和生活质量的下降；环境退化和自然资本的减少被认为是当前或未来潜在福利的损失。戴利对通过不断增加国内生产总值来无限扩张的经济系统现实可能性提出了质疑（Daly 2005）。相反，他坚持认为一个有用的国内生产总值指数应该能够测量经济条件的发展或质量改进情况，而不必一定与经济扩张相联系，因为事实上，一些经济扩张甚至可能对经济发展基础产生损害。

为了应对这些问题，各种各样的绿色国内生产总值指数被开发出来（Kulig, Kolfoort & Hoekstra 2010）。这些指标进行了两方面的调整：对自然资本进行价值量化，并将其内化进入核算系统；绿色国内生产总值指数的增长不需要经济系统的扩张。这些指数中或由于开发人员的声望（如可持续的经济福利指数、可持续的国民生产净值），或由于指数对实体经济的易用性（如真实储蓄指数、可持续国民收入、生态足迹指数等），赢得了更多关注。

可持续的经济福利指数/真实发展指数

戴利和考伯（1989）修改了诺德赫斯和托宾提出的经济福利测算，并先将其命名为可持续经济福利指数（Index of Sustainable

Economic Welfare），随后重新命名为真实发展指数（Genuine Progress Indicator）。也就是在这个时期，戴利还提出了一个可持续国民生产净值。所有这些指标都使用了针对收入和劳动分配不平等而调整的个人支出指标；一个富有的人从一个单位消耗中得到的福利要比一个贫穷的人的少，而在相同消费水平下，较低总福利的社会会比一个更加平等的社会带来更大的不公平。防御支出（那些为应对环境破坏采取的必要行动，例如因水源退化采取的额外水过滤）和自然资本损失需要从这些调整后的个人支出中减去。

真实储蓄指数

真实储蓄指数（Genuine Savings Index）是由世界银行根据环境破坏和人类及自然资本折旧对国民净收入进行调整而提出的方法（Hueting & Reijnders 2004）。这个指数明确包括了因二氧化碳排放导致的气候变化带来的损害，但除此之外，它还是紧跟联合国的环境与经济综合核算方法系统，以便允许各国间进行一致的比较。

可持续国民收入

可持续国民收入指数是由荷兰经济学家罗菲·乎亭（Roefie Hueting）领衔、荷兰统计局组成的多学科团队开发和完善的（Hueting & Reijnders 2004）。与这里描述的其他指标不同的是，可持续国民收入使用了一般均衡模型来确定与消费水平相匹配的可得自然资本的收入影响，因此反映了生产上的可持续水平（Gerlagh et al. 2002）。换句话说，经济的最大规模是受环境约束的。

生态足迹指标

生态足迹指数虽然还没有明确地作为一个绿色国内生产总值指数得到发展和推进，但其功能上起的作用是相似的，它可以衡量国内可用自然资本的消耗程度（Rees 1992; Wackernagel et al. 1992）。生态足迹指数由加拿大生态学家威廉·瑞斯和瑞士学者马西斯·威克纳格尔开发并完善，该指数将所有可用资源和消费转化为公顷单位，然后确定一个国家的足迹是比该国的生物承载力更大还是更小，有时也用来确定全球的生态承载力。生态足迹实质上是从自然资本的角度确定经济系统的规模，由世界野生动物组织2010年发布的一份报告的计算表明，按照当前预计的消费速率，到2030年，将需要两个地球才能提供全球生态系统产品和服务的供应（World Wildlife Fund 2010）。

当前的应用情况

尽管其中一些指数是已经由国际或国家组织开发完成的，但这些指数大部分的持续发展、更新和测量工作是由学术和专业人员完成的。在少数情况下，由国家政府主导的绿色国内生产总值分析，往往由于政治压力导致分析工作超过一两年。

美国环境与经济集成分析

为更好地理解采矿业（如矿产开采）对国民经济正面或负面的影响，美国商务部经济分析局（Bureau of Economic Analysis, BEA）于1993年开发了一个称之为"环境与经济集成分析"的环境会计体系（BEA 1994）。当时，有些计划试图努力将相关分析扩大至其他部门（如可再生自然资源）和环境资产领域，但这些努力最终没有实现。相关分析将为美国年度绿色国内生产总值的测算提供重要基础。然而在1994年,美国国会下令商务部经济分析局停止了这个项目,直到其方法通过一个科学家小组的审查(Nordhaus & Kokkelenberg 1999)。尽管专家组认为环境审核实践是一个重要目标,应该是国家最优先考虑的事情,但相关努力并没有重新恢复(Irwin & Bruch 2002)。

欧盟的应用情况

欧盟(EU)出台了多个措施来提高绿色国内生产总值指数(不一定是上面那些描述过的指标)在欧盟及其成员国的使用,这些举措包括国家绿色统计和建模程序(the GREENed National STAtistical and Modeling Procedures, GREENSTAMP)及欧盟统计局(Eurostat Agency)下属的绿色会计研究计划(Lange 2003)。欧盟还开发出一种可持续发展政策的共同战略,用于获得欧盟统计局管理可持续发展指标的相关数据库(Kulig, Kolfoort & Hoekstra 2010)。

荷兰的应用情况

虽然不是正式的政府研究,雷耶·格拉夫(Reyer Gerlagh)和他的学术合作者们运用可持续的国内收入法追溯测算了1990年荷兰经济的可持续性。他们发现,尽管荷兰经济是可持续的(假设所有贸易伙伴与荷兰实施类似的可持续发展政策,当然这是一个较为脆弱的假设),但最昂贵的环境问题与气候变化相关(Gerlagh et al. 2002)。

中国的应用情况

源于中国总理温家宝2004年的一个指令,中国政府开始在传统国内生产总值的基础上计算和报道绿色国内生产总值。第一个核算报告表明,环境破坏所造成的经济损失相当于传统全国国内生产总值的3%(Sun 2007)。在部分省份,来自环境破坏增加的成本使得经济增长被抵消。但因政治压力的影响,中国于2007年停止了绿色国内生产总值核算计划。

国际的一致性

虽然几个国际组织,如欧盟统计局、经济合作与发展组织、世界银行和联合国开发了可以用来连续计算每年和国家间的绿色国内生产总值的数据库和指标集(Kulig, Kolfoort & Hoekstra 2010),但目前还没有相关的国际条约、政策或计划要求对任何一个指数实施计算,因此进行国际间的比较非常困难。此外,根据可持续的不同假设,特别是关于测算福利程度的假设,在充分利用决策和政策惯例时尽量使用多个绿色国内生产总值的方法。尽管有组织反复呼吁应该建立包含计算和使用绿色国内生产总值指数在内的数据收集的更大标准,但这些呼吁并没有被相关国际组织、协议或条约所接受。

奥德丽·L·梅尔(Audrey L. MAYER)
密歇根理工大学

参见:21世纪议程;业务报告方法;生态标签;生态足迹核算;环境绩效指数(EPI);全球环境展望(GEO)报告;全球可持续报告倡议(GRI);国民幸福指数;政府间生物多样性和生态系统服务科学与政策平台(IPBES);国际标准化组织(ISO);千年发展目标;国家环境核算;绿色税收指标;三重底线。

拓展阅读

Bureau of Economic Analysis (BEA). (1994). Integrated economic and environmental satellite accounts. Retrieved July 7, 2011, from http://www.bea.gov/scb/account_articles/national/0494od/maintext.htm.

Daly, Herman E. (1996). *Beyond growth: The economics of sustainable development*. Boston: Beacon Press.

Daly, Herman E. (2005.) Economics in a full world. *Scientific American*, 293(3), 100−107.

Daly, Herman E.; Cobb, J. B. (Eds.). (1989). *For the common good*. Boston: Beacon Press.

Gerlagh, Reyer; Dellink, Rob; Hofkes, Marjan; Verbruggen, Harmen. (2002). A measure of sustainable national income for the Netherlands. *Ecological Economics*, 41, 157−174.

Hueting, Roefie; Reijnders, Lucas. (2004). Broad sustainability contra sustainability: The proper construction of sustainability indicators. *Ecological Economics*, 50, 249−260.

Irwin, Frances; Bruch, Carl. (2002). Public access to information, participation, and justice. In John C. Dernbach (Ed.), *Stumbling toward sustainability*. Washington, DC: Environmental Law Institute. 511−540.

Kareiva, Peter; Tallis, Heather; Ricketts, Taylor H.; Daily, Gretchen C.; Polasky, Stephen (Eds.). (2011). *Natural capital: Theory and practice of mapping ecosystem services*. Oxford, UK: Oxford University Press.

Khan, Amina (2010). Gulf oil spill: Effects of dispersants remain a mystery. Retrieved July 11, 2011, from http://www.latimes.com/news/science/la-sci-dispersants-20100905,0,6506539.story.

Kulig, Anna; Kolfoort, Hans; Hoekstra, Rutger. (2010). The case for the hybrid capital approach for the measurement of the welfare and sustainability. *Ecological Indicators*, 10, 118−128.

Lange, Glenn-Marie. (2003). Policy applications of environmental accounting (Environmental Economics Series, Paper No. 88). Retrieved July 7, 2011, from: http://siteresources.worldbank.org/INTEEI/214574-1115814938538/20486189/PolicyApplicationsofEnvironmentalAccounting2003.pdf.

Nordhaus, William D.; Tobin, James. (1973.) Is growth obsolete? Retrieved July 7, 2011, from http://cowles.econ.yale.edu/P/cp/p03b/p0398ab.pdf.

Nordhaus, William D.; Kokkelenberg, Edward C. (Eds.). (1999). *Nature's numbers: Expanding the national economic accounts to include the environment*. Washington, DC: National Academy Press.

Rees, William E. (1992). Ecological footprints and appropriated carrying capacity: What urban economics leaves out. *Environment and Urbanization*, 4, 121−130.

Samuelson, Paul A.; Nordhaus, William D. (1995). *Economics* (15th ed.). New York: McGraw-Hill.

Sun Xiaohua. (2007). Call for return to green accounting. Retrieved July 7, 2011, from http://www.chinadaily.com.cn/china/2007-04/19/content_853917.htm.

Wackernagel, Mathis, et al. (2002). Tracking the ecological overshoot of the human economy. *Proceedings of the National Academy of Sciences USA*, 99, 9266−9271.

World Wildlife Fund. (2010). *Living planet report 2010: Biodiversity, biocapacity and development*. Retrieved July 11, 2011, from http://www.footprintnetwork.org/press/LPR2010.pdf.

Gross National Happiness

国民幸福指数

位于喜马拉雅山脉南麓的国家不丹,在一种被称之为国民幸福指数的发展模式的制定和促进上具有领先位置。不丹国王关于"国民幸福指数比国民生产总值更重要"的声明源于佛教,它认为物质只能给人带来短暂的满足。这种观点加上积极心理学的发现,正鼓励西方国家建立人类更全面福祉的测量方法。

早在1972年,喜马拉雅国家不丹的第四代国王吉格梅·辛耶·旺楚克(Jigme Singye Wangchuk)宣称,"国民幸福指数比国民生产总值更重要"。这个声明向世界各地盛行的经济发展理论发起了挑战。

当时,不丹这个夹在印度和中国之间的弱小喜马拉雅国家是世界上最不发达的、最孤立的国家,因此,这样的声明不可谓不大胆。根据联合国最不发达国家、内陆发展中国家和小岛屿发展中国家(OHRLLS)高级代表办公室提供的资料,即使在今天,它也是世界上最不发达国家之一(UNDESA & OHRLLS 2011)。长期的自我接受和极端的地形使不丹与世隔绝,大部分游客无法到达喜马拉雅这一地区。直到1974年,一些外国政要因受邀参加国王的加冕典礼仪式才来到不丹。20世纪70年代,超过90%的不丹民众生活在农村地区,不到1 200公里的公路辅助着这个国家艰难发展。村民们在没有电、自来水或机械化耕作的条件下,在陡峭山坡上勉强维持生计。一个急需基础设施和经济发展的国家怎么可能将幸福感这样的决定放在首要位置呢?

国王的声明向世人传递了这样的信号,不丹将根据自己的文化传统,包括其古老的金刚乘佛教的传统发展自己,而不是由外国专家强加的发展模式。这种开发需要支持佛教寻求善待众生而又持久的教化——即在众生个体和集体水平层面寻求平静、慈悲和精神激励的发展。

佛教根源

在阐述国民幸福指数(GHN)时,国王吸

收了不丹基于佛教发展起来的、具有1 200多年历史的对众生慈悲和非暴力的文化精髓。他的声明与之前的政策也都建立在佛教之上。一条1675年的相当于社会契约的佛教教义宣称，一切众生的幸福和佛祖的教诲是相互依存的。1729年，不丹法典中就明确了法律需要促进众生的幸福。

　　佛教的教义是众生需要快乐，但生活却充满了苦难，这种苦难可以通过佛教的引导、实践和关注等教化得以终结，使得教化启蒙得以实现。因缘共生（一个没有独立存在原因、身份和自我的概念）为保护生命创造了动力。因果报应的教义告诉我们，一个总是从某人行动中获得益处或损害的人会为与其他众生慈悲且体谅的相处提供进一步的激励。在金刚乘佛教里，菩萨（达到开悟且仍在凡间帮助其他众生开启启蒙而努力的人）是受人尊敬的，表明文化必须产生无限的慈悲。

国民幸福指数与国民生产总值

　　在20世纪90年代和20世纪80年代，国王进一步阐述了国民幸福指数作为不丹发展指导政策的概念。他批评了标准的社会经济发展指标，认为它们只是一种测算方式，而不是目的；并且指出，幸福是不丹王国发展的目标。国王申明不丹的发展不但意识到个人的物质需求，而且更关注个人的社会、精神和情感需求，而不仅仅是基于经济上的衡量和消费。他重塑了"发展"意味着个体的启蒙通过和谐的心理、社会和经济环境得以创建，从而促进幸福的实现。衡量这个国家商品和服务的消费不能反映其精神

发展的最高目标。

　　国王和他的顾问进一步明确了支撑国民幸福指数的4个"支柱"：可持续且公平的社会经济发展、环境保护、文化保护和促进以及良好的管理，它们指导了20世纪90年代末和21世纪初不丹的社会发展。由此可见，社会经济发展只是提高国民幸福必要条件的四分之一。经济发展只是社会进步测量体系中的一部分，而不是整个体系的中心。

　　在阐述这一愿景时，国王和他的顾问指出：一个国家发展与成功的标准衡量方法是个公认的难题，比如国内生产总值。这一指标反映了一定时期内一个国家所有生产的商品和服务的经济价值，通常被视为生活标准的替代指标，如此，更多的商品和服务消费就意味着更高的物质生活标准。然而，正如不丹人指出的，某些基本的物质需求得到满足之后，再多的物质消费也并不能保证更多的幸福。此外，生态经济学家也指出，当一个国家应对其社会问题的支出加大的时候，国内生产总值和生活水平的相关性就瓦解了（参见，Daly & Cobb 1994; Norgaard 1994; Planning Commission, Royal Government of Bhutan 1999）。在这种情况下，虽然国内生产总值持续上升，而这正好也是更多资源被用于改善各种社会问题，诸如犯罪、自然灾害、化学品泄漏、流行病、毒瘾。国内生产总值测算中也经常忽略了工业生产的外部性，如污染、环境退化、有毒废物等对大区域生态环境健康的负面效应。更准确的生产成本的核算会减去这些社会成本，使国内生产总值更有意义。

　　表1总结了国民幸福指数与其他已建立的发展测量方法的基本概念。

表1 国民幸福指数与传统发展范式的比较

	国民幸福指数	联合国千年发展目标	传统发展范式
最大化的寻求	个人和国家的幸福	社会福利	强大的经济（如国民生产总值和国内生产总值）
需求的满足	物质、精神和情感	通过提供教育、健康和平等初步实现和平与安全、人权、可持续发展	经济
成功的定义	全国范围内的高水平幸福感	消除贫困、普及初等教育、提高健康指数	强大而稳定的经济及其带来的高水平物质福利
形成基础	佛教	人道主义	经济学
关注的社会领域	人类发展、文化及遗产、平衡与公平发展、管理、环境保护	贫穷与饥饿、初等教育普及、性别平等、保健、儿童、穷国与富国的关系	经济、贸易、基础设施、贫穷消除、就业、政府发展扶持、债务、全球政治
重要机构	不丹政府、南亚区域合作联盟成员（SAARC）	联合国发展署、联合国成员国	世界银行、国际货币基金组织（IMF）、世界贸易组织（WTO）、各国政府
范式提出时间	1972年	2000年	1944年

为了提高生产速率，国内生产总值衡量的生产、消费必须不断增加。通过增加生产，一个国家可能会迅速耗尽其自然资源，即使登记账簿中的国内生产总值呈现增加的趋势，这也已经造成了未来可用自然资本的减少。这样就造成了国内生产总值与国民幸福指数成负相关的关系：一个国家的经济地位上升却伴随着环境的恶化。相比之下，国民幸福指数的预有倾向在本质上就是可持续的，因为它认识到物质发展并不是人类进步唯一有效的衡量标准，自然资源的流失并不是国内生产总值的福音。

国民幸福指数与全球政策

随着国民幸福指数的引入全球舞台，1998年在韩国首尔召开的亚洲及太平洋千禧年会议上，这一概念开始获得了国际流通。

1999年，一本讨论国民幸福指数的论文集图书《国民幸福指数》在不丹国王的银禧年之际出版。不丹研究中心于2001年在与不丹有着密切援助关系的荷兰联合举办了一个题为"受到体面社会观念挑战的GNH"的研讨会。2002年，南亚区域合作联盟（the South Asia Association for Regional Cooperation, SAARC）规划和经济部长接受国民幸福指数作为消除亚洲南部地区贫困一个战略。

2004年开始，在不丹举办的一系列会议促进了国民幸福指数意识的传播，同时支持不丹政府创建工具予以实施，并对国民幸福指数进行最终测算。一些经济学、心理学、社会发展政策及其他学科的国际专家受邀参加会议，讨论不丹如何使用其自己开发发展模式指导国际事务以及改善当地人民的物质生活。会议还向来自世界各地的学者和政策专家们介绍了可以在不同规模国家实现的另一种发展模式。国民幸福指数会议已经在加拿大(2005),泰国(2007),不丹(2008)和巴西(2009)等国召开过。2011年8月,不丹组织了一个由不丹首相吉格梅廷莱和哥伦比亚大学地球研究所主任杰弗里·萨克斯教授主持的幸福与经济发展小型国际会议。

在国民幸福指数概念引起了全球兴趣后,不丹官员开始努力把国民幸福指数融入国际规划和政策。2011年7月,经过不丹代表团10个月的游说,联合国大会通过了一项不具约束力的决议,呼吁成员国把幸福融入他们的发展目标。决议鼓励联合国会员国制定自己的幸福指标,并将其融入以千年发展目标位框架的联合国发展议程。作为联合国决议的六十六个共同提案国之一,英国通过国家统计局的启动,成为了尝试衡量幸福和福祉努力的领导者。宣布初步结果预计在2012年7月公布。

幸福感的衡量

不丹人认为他们需要衡量国民幸福指数,以确保它能得以改善。作为智囊团的不丹研究中心设计了九个国民幸福指数系列变量或"域",包括了生态、文化、良好的管理、教育、卫生、社区活力、使用时间、心理健康和生活水平,每一个变量又可进一步分为众多指标,包括从昨晚的睡眠时间到"同情感觉的频率"和"远离歧视的自由"等。指标是在2006年—2007年全国各地漫长的试点调查基础上建立起来的。第二个流线型调查于2007年—2008年完成,950名受访者参与了调查。这个调查的原始数据可以从不丹研究中心的网站上获得(2008)。

凡是涉及变量和指标,所有新项目和政策必须符合由不丹研究中心和国民幸福委员会(以前不丹政府的计划委员会)开发的国民幸福指数的筛查工具。正当不丹推行国民幸福指数之时,其他国家和共同体则为无节制的消费开始了另一种可以替代的愿景。

国民幸福指数哲理的国际采纳

关于国民幸福指数,包括美国在内的世界各国已经开始尝试自己的想法。尽管不丹国民幸福指数源自佛教根源,但它与幸福科学以及最近积极心理学的研究和幸福经济学的关系更加紧密。

西欧国家成为采用国民幸福指数的国际运动领导者。2009年,法国总统尼古拉·萨科齐(Nicolas Sarkozy)宣布了一项计划,让幸福成为经济增长的一个关键指标,并要求获得诺贝尔奖的经济学家约瑟夫·斯蒂格利茨(Joseph Stiglitz)和阿马蒂亚·森制定将幸福融入国家评估的测算方法。英国首相卡梅伦紧随其后,呼吁经济学家和政策制定者通过对200 000人的幸福调查关注"GWB",或"总体幸福"。这项调查的结果将于2012年中发布。

在美洲,加拿大新斯科舍省真实发展指数大西洋组织(GPI Atlantic)自1997年以来一直是识别可持续性、幸福和生活质量等被称为"真实发展指数"测算方法的领导者。真实发展指数是超越国内生产总值的单一测算。创始人兼执行董事罗纳德·科尔曼参与前两届的国民幸福指数会议,并建议不丹王国发展国民幸福指数相关指标。

对国民幸福指数与日剧增的兴趣促使巴

西举办第五届国民幸福指数会议，并于2009年与不丹建立了外交关系。2011年初，巴西政策制定者提出了一个修改巴西宪法的议案，以确保国民追求幸福的权利不被剥夺。

美国佛蒙特州的6名居民因参加了在不丹举办的第四届国民幸福指数会议受到鼓舞，于2009年春天推出美国国民幸福指数（GNHUSA）。小组最初的工作集中在提高国民幸福指数意识、收集信息、联合感兴趣的人们方面。为启动全国运动，美国国民幸福指数在佛蒙特州举行了题为"国民幸福指数2010：从衡量财富到幸福的转变"会议。

国民幸福指数：基于价值观的发展范式

所谓国家进步，整合了伦理功能和为人类生活提供活力和幸福的无形价值的各个方面。国民幸福指数为理解国家进步提供了一种方法，它将目标从现在不断追求更多、更大、更好的意识（这种意识对于周边环境来说通常是不可持续的、甚至是高度破坏性的），转向如何满足人类对意义、关系和价值的渴望。现实生活暗示，幸福比任何产品更重要，国民幸福指数帮助我们思考对我们的生活，我们的家庭和我们的生态系统而言，物质的追求应该有度，充足而不是过于丰富。

当可持续发展受到个人、国家乃至全球前所未有的关注，国民幸福指数提供了国内生产总值作为衡量个人和国家福祉的一个重要的替代指标。随着人们对21世纪头10年末期建立起来的国民幸福指数兴趣的高涨，很有可能会有更多的国家和机构将寻求让幸福的提升和衡量融入他们的福利测算之中。国民幸福指数的测算甚至可能被证明是衡量可持续发展的一个工具，因为它将揭示导致不可持续的欲望和过度消费的社会、心理和情感上的困境。如果这些困境可以被识别和解决，国民幸福指数将能引导全球通向一个更幸福和更可持续的世界。

伊丽莎白·艾丽森（Elizabeth ALLISON）
加州整体研究学院

参见：社会和利益相关者的投入；发展指标；环境公平指标；真实发展指数（GPI）；绿色国内生产总值（GDP）；人类发展指数（HDI）；$I=P×A×T$方程；增长的极限；千年发展目标；国家环境核算；人口指数；社会网络分析（SNA）；绿色税收指数；强弱可持续性争论。

拓展阅读

Acharya, Gopilal. (2004). Operationalising gross national happiness. Retrieved November 12, 2011, from http://www.kuenselonline.com/modules.php?name=News&file=article &sid=3765.

The Earth Institute, Columbia University. (2011). Bhutan conference on gross national happiness, 2011. Retrieved February 13, 2012, from http://www.earth.columbia.edu/bhutan-conference-2011/?id=home.

Centre for Bhutan Studies. (1999). *Gross national happiness*. Thimphu, Bhutan: Centre for Bhutan Studies.

Centre for Bhutan Studies, Gross National Happiness. (2008a). Homepage. Retrieved March 25, 2011, from http://www.grossnationalhappiness.com.

Centre for Bhutan Studies, Gross National Happiness. (2008b). Results of GNH index. Retrieved on July 28, 2011, from http://www.grossnationalhappiness.com/gnhIndex/resultGNHIndex.aspx.

Daly, Herman; Cobb, John. (1994). *For the common good: Redirecting the economy toward community, the environment, and a sustainable future*. Boston: Beacon Press.

Dorji, Tshering. (2011). Global community embraces GNH, officially. Retrieved July 28, 2011, from http://bhutantoday.bt/index.php?option=com_content&view=article&id=616: global-community-embraces-gnh-officially.

Gilbert, Daniel Todd. (2006). *Stumbling on happiness*. New York: Knopf.

Gross National Happiness USA. (2009). About GNHUSA. Retrieved March 25, 2011, from http://www.gnhusa.org/about-gnhusa.

Kahneman, Daniel; Krueger, Alan B.; Schkade, David; Schwarz, Norbert; Stone, Arthur A. (2004). Toward national well-being accounts. *American Economic Review*, 94 (2), 429–434.

Kahneman, Daniel; Krueger, Alan B.; Schkade, David; Schwarz, Norbert; Stone, Arthur A. (2006). Would you be happier if you were richer? A focusing illusion. *Science*, 312 (5782), 1908.

Mancall, Mark. (2004). *Gross national happiness and development* (paper, First International Conference on Gross National Happiness). Thimphu, Bhutan.

Mydans, Seth. (2009). Recalculating happiness in a Himalayan kingdom. Retrieved March 25, 2011, from http://www.nytimes.com/2009/05/07/world/asia /07bhutan.html?pagewanted= 1&_r=1.

Norgaard, Richard. (1994). *Development betrayed: The end of progress and a co-evolutionary revisioning of the future*. Oxford, UK: Routledge.

Planning Commission; Royal Government of Bhutan; Zimba, Lyonpo Yeshey. (1999). *Bhutan 2020: A vision for peace, prosperity and happiness*. Thimphu, Bhutan: Planning Commission Secretariat, Royal Government of Bhutan.

Plett, Barbara. (2011). Bhutan spreads happiness to UN. Retrieved July 28, 2011, from http://www.bbc.co.uk/news/world-14243512.

Rogers, Simon. (2011). So, how do you measure wellbeing and happiness? Retrieved July 28, 2011, from http://www.guardian. co.uk/news/datablog/2011/jul/25/wellbeing-happiness-officenational- statistics.

Sachs, Jeffrey. (2011). The economics of happiness. Retrieved Feb. 13, 2012, from http://www.project-syndicate.org/commentary/ sachs181/English.

Seligman, Martin E. P. (2002). *Authentic happiness: Using the new positive psychology to realize your potential for lasting fulfillment*. New York: Free Press.

Stratton, Allegra. (2010). David Cameron aims to make happiness the new GDP. Retrieved July 28, 2011, from http://www.guardian.co.uk/politics/2010/nov/14/david-cameronwellbeing- inquiry.

Tashi, Khenpo Phuntshok. (2000). The origin of happiness. *Kuensel: Bhutan's National Newspaper.*

Tashi, Khenpo Phuntshok. (2004). The role of Buddhism in achieving gross national happiness (paper, First International Conference on GNH). Thimphu, Bhutan. Retrieved February 13, 2012, from http://www. bhutanstudies.org.bt/pubFiles/Gnh&dev-25.pdf.

Thinley, Lyonpo Jigmi Y. (1998). Values and development: Gross national happiness (keynote address, Millennium Meeting for Asia and the Pacific). Seoul, Republic of Korea. Retrieved April 20, 2011, from http://ndlb.thlib.org/typescripts/0000/0007/1548.pdf.

Thinley, Lyonpo Jigmi Y. (2005). What does gross national happiness (GNH) mean? (keynote address, Second International Conference on GNH). Nova Scotia, Canada. Retrieved April 20, 2011, from http://www. gpiatlantic.org/conference/proceedings/thinley.htm.

United Nations Department of Economic and Social Aff airs (UN DESA) Statistics Division & Office of the High Representative for Least Developed Countries, Landlocked Developing Countries and Small Island Developing States (OHRLLS). (2011). *World statistics pocketbook 2010: Least developed countries.* Retrieved Feb. 13, 2012, from http://www.unohrlls.org/UserFiles/File/LDC%20 Pocketbook2010-%20 fi nal.pdf.

Ura, Karma. (2008). Explanation of the GNH index. Retrieved March 25, 2011, from http://www. grossnationalhappiness.com/ gnhIndex/intruductionGNH.aspx.

Wangchuk, Norbu. (2003). Gross national happiness: Practicing the philosophy. Retrieved November 12, 2011, from http://www.rim.edu.bt/Publication/Archive/rigphel/rigphel2/ gnh.htm.

Zencey, Eric. (2009). G. D. P. R. I. P. New York Times. Retrieved March 25, 2011, from http://www.nytimes. com/2009/08/10/ opinion/10zencey.html?_r=1.

H

Human Appropriation of Net Primary Production, HANPP

净初级生产力的人类占用

农业、林业、居住和其他人类对于土地的使用改变了生物质的流量和库存量。净初级生产力的人类占用是对由土地利用所导致的生态系统中净初级生产力和现存的生物质变化的总体测量。通过净初级生产力的人类占用（HANPP）账目，我们可以了解土地利用强度的指数和在生物圈中人类活动的范围。

土地利用的概念包含了众多的人类活动。从受到影响的地区来说，最重要的土地利用是林业和农业，人们有意识地去改变陆地生态系统，来生产食物，饲料或者纤维。此外，人类也需要土地来承载建筑和基础设施，作为他们的生活空间，比如花园、停车场，这些场所还可以用来处置废弃物或用做许多其他目的。

我们认为，土地利用的变化是全球环境变化的一个普遍的驱动力。土地利用的变化包含了：① 生态系统的转变，比如森林、草地、湿地，都变成了人为管理的森林、居住地和农业生态系统（农田，牧场，草场）；② 土地管理

的变化，对于需要种植和耕作的植物的选择、机器的使用、化肥和杀虫剂的化学组成和用量等等。土地利用的变化改变了生态圈中物质的存储和基本元素的流量，比如说像氮和碳，也改变了生物的多样性以及许多其他的生态系统的属性，包括了他们的稳定性和恢复力。

向着更可持续性的土地利用转变需要相关数据和指标，以告知人们土地利用强度的程度。净初级生产力的人类占用，缩写为**HANPP**，是衡量由土地利用导致的生物质的流动的年变化的总体指标。它提供了人类相对于自然流的活动范围的信息，以及土地利用强度的总体信息。净初级生产力的人类占用和它的组成部分（比如生物质获取）可以被明确的空间方式来评测，也可以进行跨时空的对比。

净初级生产力和土地利用

在光合作用的过程中，植物把来自太阳的辐射能转换成储存在高能物质中的能量，这

就是生物质。因此它们从无机物质，尤其是二氧化碳、水和氮、磷、钾等植物养分转换成有机物质。每年由绿色植物所产生的生物质的量，扣除植物自身的新陈代谢需求，表示为净初级生产力（NPP）。这个过程可以用每年的干燥生物质的流量来测量（单位：千克/年），也可以用碳流量（单位：千克碳/年），或者能量流量（单位：焦耳/年）来测量。

净初级生产力使得有机物质或者由植物来积累，或在土壤（在这种情况下，生态系统中的有机碳的储量增加了，比如生态系统就像碳汇一样运作）中积累，或是进入食物链（比如生物质被动物、微生物或真菌［异养的真菌］当作食物）。因为净初级生产力是生态系统中的终极食物来源，它表明了在生态系统中可以用的营养能源，它与生态系统中许多重要的模式和过程有着紧密的联系。

人类通过两种紧密联系的过程来影响生态系统中可用的净初级生产力的量。首先，通过使用土地，人类使生态系统发生变化，最终会改变生态系统的净初级生产力。比如，如果自然植被被居民区、工业区，或基础设施所取代，如果有净初级生产力的话，密封的表面会有一点，然而，毗连地可能会通常变为净初级生产力高产区（比如花园、公园）。农业生态系统的净初级生产力通常不同于他们所替代的自然生态系统的净初级生产力。人类对于净初级生产力的直接改变的过程表现为由土地转变所导致的生产力的变化，缩写为 ΔNPP_{LC}。

第二，人类为了他们自身的使用，从生态系统中提取生物质，因此表现为不能被野生的生物体所利用。这个过程表现为净初级生产力的收获，缩写为 NPP_h。

净初级生产力的人类占用可以定义为 ΔNPP_{LC} 和 NPP_h 的总和（例如，Haberl et al. 2007a），也就是说，净初级生产力的人类占用等于由于土地转变所导致的生产力的变化加上来自生态系统的人类收获的生物质的量。净初级生产力的人类占用可以用与净初级生产力同样的单位来测量，即干物质生物质，碳或者能量。

净初级生产力的人类占用的基本概念已经被赋予了不同的名称，而且这个概念使用不同的定义来运作。关于全球范围内与人类相关的生物质流到净初级生产力的量的第一个研究，选定 NPP_h 成分（比如人类食物供应）而没有考虑到 ΔNPP_{LC}。在生物科学杂志上发表的一篇关于种子的论文中，美国生态学者皮特·维托塞克（Peter Vitousek）（1986）和他的同事们用三种不同的定义来计算"光合作用产品的人类占用"，这个限制性最强的定义只包括了人类直接"占用"的生物质，限制性较小的定义不仅包括了人类导致的生产力（ΔNPP_{LC}）的变化，还包括了诸如耕地等人类管理的生态系统的总体净初级生产力。全球陆地净初级生产力的人类占用总量几乎达到陆地植被潜在净初级生产力的40%（Vitousek et al. 1986），这个经常被引用的结果是建立在后者的基础上的，多数包括净初级生产力的人类占用的定义。美国生物学家戴维·H.怀特（David H. Wright）在随后的研究提出了一种人类对于自然生态系统中的能量流的影响的另一种测量方式，怀特的定义包括了 ΔNPP_{LC}，但没有包括人类支配的生态系统的全部净初级生产力。NPP_h 概念由怀特提出，包含了从耕地和草地提取的生物质，但是没有包含森林采伐。以上所述的净初级生产力的人类占用定义（HANPP=ΔNPP_{LC}+NPP_h）目前被用在许多研究中，它也成为了最近许多明确空间的全球净初级生产力的人类占用数据的基础（Haberl et al. 2007a），其中，NPP_h被定义为包含所有的由人类或牲畜、植物提取的生物质都在收获和人类引发的火灾中被破坏掉了。

另外，评测净初级生产力的人类占用的补充方法是建立在人类对于以生物质为基础的资源的使用，这种使用替代了土地的利用。这些方法来源于消费数据和生命周期分析的方法所计算的净初级生产力的人类占用的使用因素。第一个基于这种方法的研究，由采用维托塞克和他的同事们（1986）的中间定义的LCA因素所派生出来。后来这种方法，由"呈现HANPP"或"eHANPP"来表示（Erb et al. 2009），同时，使用同样的定义作为以下讨论的全球净初级生产力的人类占用研究。呈现净初级生产力的人类占用可以被用来绘制生产生物质和消耗生物质的两处地点间的远程并置对比（Haberl et al. 2009）的地图，由此来帮助人们更好地理解城市化进程或国际贸易中的生态影响。

定量和绘制全球HANPP地图

维托塞克和他的同事们（1986）对于全球陆地净初级生产力的人类占用的计算得出了三个不同的估计，这些都取决于定义。根据最近的只考虑到食物、饲料、木材的定义，全球的净初级生产力的人类占用只相当于（假定的）净初级生产力未被扰乱的植被（NPP_0）的3%。这个中间的定义排除了ΔNPP_{LC}。但是ΔNPP_{LC}人类控制的生态系统（比如耕地）的

总体的净初级生产力看作是"占用的"。人们得到了一个27%的全球净初级生产力的人类占用的值。根据大多数的包容性定义，另外人们考虑到ΔNPP_{LC}，发现全球陆地净初级生产力的人类占用是39%。这个预测发生在20世纪70年代末期和80年代早期。

澳大利亚人类生态学家赫尔慕特·哈伯（Helmut Haberl）和他的同事们最近所进行的研究，是建立在明确空间据库基础上的，这个数据库是关于土地利用，国家层面的农业和林业统计，以及动态的全球植被模型的。根据这些研究，土地利用已经几乎降低了全球陆地净初级生产力的10%。但是，需要注意的是，ΔNPP_{LC}中仍然有大量的空间多样性存在。灌溉区域的净初级生产力通常实际上超过了它取代的自然植被的净初级生产力。全球净初级生产力的人类占用相对于NPP_0的24%。换句话说，仅仅一个种类（Homo sapiens）就几乎占了每年全部的每年陆地绿色植物为其自身目的而生产的潜在生物质产量的四分之一。

HANPP的使用和解释

净初级生产力的人类占用计算量化了人类引发的初级生产力的变化，是一个重要的全球生态过程，也显示了生态系统中生物质可用性的变化。相对于自然过程而言，净初级生产力的人类占用可以被看作是人类活动规模的指示器。虽然人们已经不再相信净初级生产力的人类占用可以直接测量生态增长的极限，但是净初级生产力的人类占用对过去几百年的发展历程计算的净初级生产力的人类占用说明，净初级生产力的人类占用可以保持稳定，甚至在从农耕社会过渡到工业社会的过程

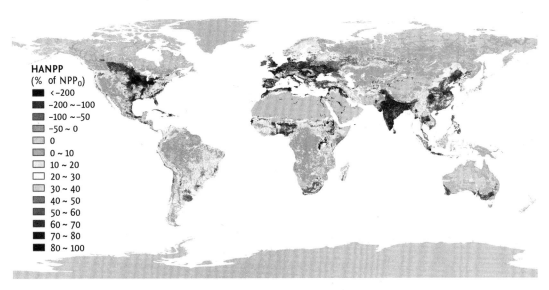

图1　2000年的净初级生产力的人类占用

来源：采用Haberl等（2007a, 12943）中的数据重新绘制.

中会有所下降，之所以会这样是因为人们对于土地利用系统的效率的改善。

　　最近的研究侧重于其他几个净初级生产力的人类占用的应用。首先，它被当作人类对于全球生态系统的支配的指标（Vitousek et al. 1997）。其次，它表明了土地利用的总强度，可以被用来量化明确空间方式中的土地利用，并为其绘制地图（见图1）。第三，作为人类对于生态系统和生物多样性的压力指标，净初级生产力的人类占用是一个可以考虑的选项（Haberl et al. 2007b）。第四，对于全球生物潜能的生态影响和量级的理解，净初级生产力的人类占用至关重要（Haberl et al. 2010），对于人们去理解生物能、食物系统、未来可能出现的气候变化的影响的互动也非常重要（Haberl et al. 2011）。

　　每年绿色植物生产的生物质被称为净初级生产力。人类使用的灰度表示增加强度（就净初级生产力的人类占用而言，低净初级生产力的人类占用为浅灰色、高净初级生产力的人类占用为深灰色）。这些是集约农业和/或人类居住地区：印度、中国东部，欧洲大部分地区、尼日利亚和美国和加拿大以前的高草地。在黑色区域净初级生产力的人类占用是负的。如果通过施肥和灌溉，将净初级生产力提高到自然潜力以上，人类的收获小于净初级生产力的增加，就会发生这种情况。通常发生在灌溉了的干旱地区，如戈壁沙漠，尼罗河河谷西面的沙漠，以及阿拉伯半岛的一部分。

　　随着人类人口数量和人均资源消耗量的上升，人们需要适应一种全新的全球轨迹，向着更加可持续的方向前进。诸如净初级生产力的人类占用的方法能够帮助我们更好地理解综合的社会生态学（或人类环境）系统，由此，帮助我们去创造一个更加可持续性的未来。

赫尔慕特·哈伯（Helmut HABERL）

克拉根福大学 维也纳，格拉茨，维也纳办公室参见：生物学指标（若干词条）；计算机建模；发展指标；地理信息系统；$I = P \times A \times T$ 方程式；土地利用和土地覆盖率变化；长期生态研究；物质流分析；人口指数；减少因森林砍伐及森林退化引起的排放；遥感。

拓展阅读

Erb, Karl-Heinz; Krausmann, Fridolin; Lucht, Wolfgang; Haberl, Helmut. (2009). Embodied HANPP: Mapping the spatial disconnect between global biomass production and consumption. *Ecological Economics*, 69 (2), 328–334.

Haberl, Helmut; et al. (2007a). Quantifying and mapping the human appropriation of net primary production in Earth's terrestrial ecosystems. *Proceedings of the National Academy of Sciences of the United States of America*, 104 (31), 12942–12947.

Haberl, Helmut; Erb, Karl-Heinz; Plutzar, Christoph; Fischer-Kowalski, Marina; Krausmann, Fridolin. (2007b). Human appropriation of net primary production (HANPP) as indicator for pressures on biodiversity. In Tomas Hak, Bedrich Moldan & Arthur Lyon Dahl (Eds.), *Sustainability indicators: A scientific assessment*. Washington, DC: Island Press. 271–288.

Haberl, Helmut; et al. (2009). Using embodied HANPP to analyze teleconnections in the global land system: Conceptual considerations. *Geografisk Tidsskrift [Danish Journal of Geography]*, 109 (1), 119–130.

Haberl, Helmut; Beringer, Tim; Bhattacharya, Sribas C.; Erb, Karl-Heinz; Hoogwijk, Monique. (2010). The global technical potential of bio-energy in 2050 considering sustainability constraints. *Current Opinion in Environmental Sustainability*, 2 (6), 394–403.

Haberl, Helmut; et al. (2011). Global bioenergy potentials from agricultural land in 2050: Sensitivity to climate change, diets and yields. *Biomass and Bioenergy*, 35 (12), 4753–4769.

Imhoff, Marc L.; et al. (2004). Global patterns in human consumption of net primary production. *Nature*, 429 (6994), 870–873.

Vitousek, Peter M.; Ehrlich, Paul R.; Ehrlich, Anne H.; Matson, Pamela A. (1986). Human appropriation of the products of photosynthesis. *BioScience*, 36 (6), 363–373.

Vitousek, Peter M.; Mooney, Harold A.; Lubchenco, Jane; Melillo, Jerry M. (1997). Human domination of Earth's ecosystems. *Science*, 277 (5325), 494–499.

Whittaker, Robert H.; Likens, Gene E. (1973). Primary production: The biosphere and man. *Human Ecology*, 1 (4), 357–369.

Wright, David Hamilton. (1990). Human impacts on the energy flow through natural ecosystems, and implications for species endangerment. *Ambio*, 19 (4), 189–194.

Human Development Index, HDI

人类发展指数

人类发展指数是一个用于测量人类朝着可持续方向发展取得的进展的主要工具，它于1990年第一次联合国人类发展报告中提出。人类发展指数使用一些容易获得的度量来显示国家与国家间广泛的发展比较，虽然它一直愿意接受各种批评，但它的确开创性地将社会因素纳入进了国家发展的衡量中。

纵观历史，为了克服巨大的挑战，人类依靠我们独特的能力进行测量。导航用的罗盘、农业生产中用的日历、经济和贸易的发展都是如何应用指标来塑造我们世界的例子。追求可持续的生活标准的一个重要挑战，就是衡量人类发展的现象。

建立标准

第二次世界大战结束后的一段时期，南方国家（the Global South）中一些欠发达国家经济和社会的发展引起了全球越来越多的兴趣，因为发达国家能够因此更好地参与世界经济的蓬勃发展而受益。在此期间，原则上为欠发达国家贷款的机构，即世界银行和国际货币基金组织得以成立，联合国开发计划署也逐渐形成。这些新机构面临的一个挑战就是建立标准来衡量发展的水平。

如何定义国与国之间的财富变化成了战后早期经济学家们关注的焦点。一种被称为"发展理论"的思想综合了许多不同学科的想法，提出了富国、穷国分类的概念。阿根廷经济学家罗尔·普雷维什（Raul Prebisch）为此引入了诸如"核心"代表发达国家，而"外围"代表贫穷国家的概念。其他术语，诸如南、北方世界，第一、第二、第三世界国家等也进入到关于描述全球发展的语言之中。

二战后的几十年里，人类发展的测算主要基于宏观经济指数，如国民生产总值。这样的测算遭受的批评缘于其存在的许多缺点，特别是将财富积累视为人类可持续发展的唯一道路的假设。因此，不丹王国于1972年制定了国民幸福指数，并基于此指数制定相关政策,受到了世界性的认可。非货币因素的识别标志着人类发展测量成为一个新的转折点。

人类发展指数

1990年,联合国开发计划署发表了第一个人类发展报告。作为巴基斯坦经济学家马克布布·哈克(Mahbubul Haq)和印度社会经济学家、诺贝尔经济学奖得主阿马蒂亚·森心血之作,人类发展报告主要从社会的角度定义了三个人类发展关键性目标:健康长寿、获取知识、获得足够的生活标准所需的资源。没有任何的标准限制实现人类发展的能力。伴随人类发展报告的创建,产生了一套被称为人类发展指数的测量发展标准。

人类发展指数代表了一个国家通过上述提及的教育、寿命预期、国民总收入(GNI),或一个国家扣除了支出的生产资金总量。人类发展指数的开发人员承认,还有许多影响人类发展的其他因素没有被包括在计算中,如经济和社会自由度、暴力防范费用等。然而,为人类发展指数选择的三个与标准相关的指标并不直接包含在测算之中,例如正在经历长期暴力的人群的识字率可能更低。

人类发展指数的构成

用来计算人类发展指数的方法通过考虑以下4个因素对国家层面的发展进行了标准化:出生时的预期寿命,25岁及以上成人接受教育的平均年限,学龄青年的预期年限,以及人均国民总收入。四个因素结合起来创建出三个指数,每个指标的值在0到1之间。

平均寿命指数(LEI)的计算公式如下:

$$LEI = \frac{出生时预期寿命 - 20}{83.2 - 20}$$

这个计算是基于1980年到2010年出生时的生命预期的最大观测(来自日本,83.2岁),并假设所有国家都能实现至少20年的寿命预期。

教育指数(EI)的计算公式如下:

$$EI = \frac{\sqrt{\dfrac{教育平均年限}{13.2} \times \dfrac{预期教育年限}{20.6}}}{0.951}$$

虽然这看起来很复杂,但它实际上遵循平均寿命指数计算的相同原则。受教育程度的这两个指标的几何平均除以这个几何平均数。在1980年至2010年之间,最大平均受教育年限的观察值是13.2年(美国2000),观察到的最大预期教育年限是20.6年(澳大利亚2002),以及最大观测结合教育指数为0.951(新西兰2010)。对这三种情况,最低值均为零。

GNI指数(GI)是用美元来衡量的,计算公式如下:

$$GI = \frac{\lg(GNP) - \lg(163)}{\lg(108\,211) - \lg(163)}$$

这个方程还是类似于平均寿命指数。1980年至2010年间观测到的最大人均国民生产总值为108 211美元(阿拉伯联合酋长国1980),相同时间段内观测到的最低人均国民生产总值是163美元(津巴布韦2008)。使用对数函数是因为各国人均生产总值呈簇状分布在低值和高值两端,取对数使比较高的值得以缩小,从而可以保证GNI指数能更均匀地分布在0和1之间。

人类发展指数的终值就可以按照这三个指标的几何平均值计算:

$$HDI = \sqrt[3]{LEI \cdot EI \cdot GI}$$

联合国开发计划署的全球人类发展报告对区域和国家报告的编制都产生了影响。模型的适应性结合它的简单性使其成为各级决策者的有用工具。在全球层面,人类发展指数能告知国际信贷机构和各国政府应该优先援助哪些国家。在国家层面上,决策者可以使用人类发展报告来识别问题区域和分配资源以增强这些地区的人类发展水平。报告对决策者影响的方面主要包括国家机构的强化、国家经济的修订、为打击侵犯人权和不平等确定和发展方法,以及加强教育等。

对人类发展指数的批评

对人类发展指数的批评已有多年,主要集中在以下几个方面。一些人认为计算中使用的指标不能充分说明发展水平,另一些人则申明人类发展指数已从其目标偏离到将人置身到了发展的最前沿。这些批评缘于人类幸福、环境质量、精神健康、文化保护和社会包容等因素都被排除在计算之外。其他批评者则质疑根据绩效排名的整体理念以及引用的判断绩效好坏的标准都朝西方国家的理想倾斜,因此绩效分数只能衡量一个国家与西方标准的符合程度。任意分配指标权重则受到了技术层面上的批评,批评者也对计算中将三个次级指标采取了相等的效用分配意义提出质疑,

认为并非所有人群都会以同样的方式经历相同的现象。批评人士还指出,人类发展指数对微小的变化非常敏感,这意味着一个国家只要在计算中的一个指标上做微小变化,结果就会导致排名的显著上升或下降。其他人还列举了为任何国家充分升级相关指数采集精确数据的难度,维护基于部分数据的任何方程在本质上就有缺陷,工作上也违背了大多数人真正的兴趣。

应用

尽管遭受一些批评,人类发展指数还是代表了衡量发展的一个合理公正的测量工具。人类发展指数的创建开创了人类发展研究和分析将社会因素纳入国家发展排名的测量。虽然人类发展指数没有涵盖发展的所有重要方面,但它间接地考虑的因素还是很多。测量的简化可能是其最大的资产,它为管理进行的测算和预测变得更加容易。因为今天与1990年一样,与人类发展相关的社会问题是,人类发展指数这样的工具要服务于监控全球可持续发展实现的进程。

朱安·卡洛斯·罗沙(Juan Carlos ROSA)
加娜·阿舍(Jana ASHER)
斯达援助机构

参见:21世纪议程;发展指数;环境绩效指数(EPI);绿色国内生产总值(GDP);国民幸福指数;增长的极限;千年发展目标;区域规划。

拓展阅读

Green, Maria. (2001). What we talk about when we talk about indicators: Current approaches to human rights measurement. *Human Rights Quarterly*, 23 (4), 1062–1097.

Puri, Jyotsna; et al. (2007). *Measuring human development: A primer. Guidelines and tools for statistical research, analysis and advocacy*. Retrieved February 10, 2012, from http://hdr.undp.org/en/media/ Primer_complete.pdf.

Sagar, Ambuj D. (1998). The Human Development Index: A critical review. *Ecological Economics*, 25 (3), 249–264.

Sen, Amartya. (2000). A decade of human development. *Journal of Human Development*, 1 (1), 17–23.

ul Haq, Mahbub. (1999). Reflections on human development. New York: Oxford University Press.

United Nations Development Programme (UNDP). (1990). *Human development report 1990*. Retrieved February 10, 2012, from http://hdr.undp.org/en/reports/global/hdr1990/chapters/.

United Nations Development Programme (UNDP). (2011). *Human development report 2011*. Retrieved February 10, 2012, from http://hdr.undp.org/en/reports/global/hdr2011/download/.

I

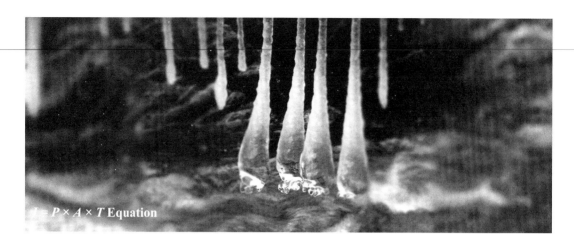

$I = P \times A \times T$ Equation

$I = P \times A \times T$ 方程

方程 $I = P \times A \times T$ 是指环境影响等于人口、财富（人均消费）和技术（单位消费的影响）的乘积。对该方程的修改和扩展得到了ImPACT方程，Kaya等式和STIRPAT模型等。所有这些方程或模型都有助于预测人类活动对自然界的影响。

$I = P \times A \times T$ 方程，也称为IPAT方程，特指一个社会对环境的影响是一个人口（P）、财富（或人均消费，A）和技术（或单位消费的影响，T）的乘积函数。财富可以不同的方式定义，如货币单位、特定商品或服务的消费单位。技术被有效地定义为一个剩余项，可以根据其余因素观测值进行计算：$T = I/(PA)$。

IPAT方程源自20世纪70年代早期著名的生物学家和环保主义者巴里·考莫纳（Barry Commoner）与《人口大爆炸》的作者、生态学家保罗·欧利希（Paul Ehrlich）和物理学家约翰·霍尔德伦（John Holdren）关于产生环境问题原因的争论。欧利希和霍尔德伦是第一个构思IPAT的缩写方程的人，而考莫纳被认为是第一个建立四因素代数公式模型及应用它进行数据分析的人。

考莫纳在他的著作《与地球和平共处》中就1950年至1967年之间美国农药的使用进行的测算，可视为IPAT逻辑上的一个标准应用。他指出，在此期间为了粮食增产266%所使用的杀虫剂（即环境影响，I）到1967年是1950年的3.66倍，而人口（P）增长了30%（即系数增加为1.30倍），人均粮食产量（即财富，A）增加了5%（即系数增加为1.05倍）。这些数据代入IPAT公式用代数方法即可求出技术项（T）：

$$3.66[I] = 1.30[P] \times 1.05[A] \times T$$

由此计算得到 $T = \dfrac{3.66}{1.30 \times 1.05} = 2.68$。

也就是说，在此期间农药使用（T）增加了168%（$2.68 \times 100 - 100$）。通过这样的分析，可以评估各种因素在任何特定环境影响中随着时间的变化。

这个公式也可以类似的方式用于比较国

家(或者其他单位)某因素导致的特定影响,例如,可以比较在美国和中国不同因素对二氧化碳排放的贡献。使用能源信息管理局2006年编制的国际能源年度报告的数据,我们可以看到,中国的二氧化碳排放(I)为6.018万亿千克,人口为13.14亿(P),人均国内生产总值(GDP)(A)为1 607美元。应用IPAT公式,我们可以算出,中国消费的影响强度(T)为2.85 kg二氧化碳/美元GDP:

6 018 000 000 000/(1 314 000 000×1 607)
= 2.85

而美国同时期排放的二氧化碳(I)为$5.903×10^{12}$ kg,人口为2.98亿(P),人均GDP(A)为38 038美元,因此消费的影响强度(T)为0.52 kg二氧化碳/美元GDP:

5 903 000 000 000/(298 000 000×38 038)
= 0.52

基于这样的计算我们可以看到,相对于美国,尽管中国尚处于较低的富裕水平,但其二氧化碳的排放由于其较大的人口数量和更大的消费强度而高于美国。

IPAT方程的一个重要方面是,它隐含了导致环境影响的各种因素并不是孤立起作用的认识。相反,每个因素都通过与其他因素的交互作用对环境产生了影响。例如,人口增长对任何特定影响的绝对大小的效应取决于这些人口的富裕水平(A)以及这些人口的生产方式(T)。因此,适度的人口增长在一个非常贫穷的国家通常对二氧化碳排放的绝对数量不会有太大影响;同样,相当小的财富的变化对一个高人口数量的国家,如中国,则可以

对排放的绝对数量产生很大的影响。由于这种具有乘积性的相互作用是通过组合产生的影响,因此,不能说一个单因素比其他更重要。随着时间的变化,即使某个因素不发生变化,它对总体影响的规模也是有贡献的。与上述农药的示例一样,某个因素对环境影响的相对贡献,并不表明每个因素对环境影响绝对大小的相对重要性。从减少环境影响的实用目的看,尤其重要的是每个因素的潜在可塑性,换句话说,通过政策或其他有意的行动改变每个因素则更为容易。

IPAT公式吸引了大量的环境科学家,因为它包含了对环境影响有贡献的主要变量。然而,该方程也有一些局限性。驱动环境影响因素的确定以及这些因素间的相互作用都是假设的,而不是通过实际调查确定的。由于模型是一个数学形式(会计方程)以及T是基于其他因素获得的,模型本身的有效性是断言先验而不能测试,因为方程可以通过带入计算出I,P和A中的任何值。

由于T的计算需要基于其他因素,它不仅包含了生产技术,还包括了除人口和财富之外的所有其他影响因素,如社会组织和生物物理环境——使得T成了一个环境影响驱动力的虚拟黑箱。由于T变量,方程可以模糊不同影响的定性取舍。例如,如果人口增长对粮食需求增加,作物产量的增加可以通过对现有耕地化肥施用量的增加和/或增加的种植土地面积。如果我们只关注其中的一个影响措施(使用化肥或增加种植面),我们可以得到关于T对环境影响相对贡献的截然不同的估计。在《与地球和平相处》一书中,巴里·考莫纳使用前面的农药示例认为,技术的变化是第二

次世界大战后环境影响增加最主要的促动因素。然而，因为这一个时期作物产量的增加主要是通过使用化学品（杀虫剂和肥料）强化生产实现的，而不是通过增加种植作物土地面积，杀虫剂的使用作为环境影响的测算表明，T 因为农药使用的增长速度远远高于人口和财富的增长而急剧增加；而对生产使用的土地面积的测算表明，T 的影响却降低了，因为，尽管伴随大量的人口和财富的增长，种植农作物的土地面积却并没有大幅增加。对于环境影响因素的定性取舍可以通过使用更包罗广泛的影响因素的测算得到部分的解决，例如生态足迹，就是将各种类型的影响整合到了一个共同指标。

也有人认为，每个因素都可能影响到其他因素，因此，IPAT 方程中的间接影响是无形的。例如，人们普遍认为，伴随生育率的下降，生活将会变得日益富足；由此，财富 A 的增加可能最终抑制人口 P。同样，杰文斯悖论强调了一个普遍的情况：能源效率的提高（即，T 下降）可能导致能源使用量（I）的增加，因为这有助于人均经济（A）增长。根据威廉姆·斯坦利·杰文斯（William Stanley Jevons）命名的杰文斯悖论指出，提高效率的情况下会导致更多的资源消耗。其在 19 世纪观察发现，提高煤炭使用效率导致了煤炭使用量的上升，因为提高效率使燃煤机更合实业家之意。像这种情况，使用"其他所有条件都相同"减少的假设是不合适的，例如，通过提高效率减少 T 就会减少影响（I），因为，如果 T 下降，并不是所有的因素都等量下降。因此，我们谈论任何一个因素的影响时都应当保持谨慎的态度，即便认识到某个因素下降，但通过其对其他因素的影响，最终可能导致其影响是增加的，反之亦然。

IPAT 方程可以通过将 T 因子分解为各个部分得到提炼。例如，类似于 IPAT，ImPACT 模型定义 $I = P \times A \times T$，这里 T 变量从 IPAT 方程中分为 C 和 T 两个因子。在这里，I、P 仍然保留了 IPAT 方程中的意义，C 是单位财富的消费量，T 是单位消费的影响。例如，使用二氧化碳作为环境影响测算，人均国内生产总值作为财富衡量，C 是单位国内生产总值能源消耗（即经济的能源强度），以及 T 作为单位能源消耗的二氧化碳排放量（即能源供应的二氧化碳强度）。政府间气候变化专门委员会参考日本能源经济学家茅阳一（Yoichi Kaya）的 Kaya 等式对未来碳排放源情景进行了预测。

尽管他们对评估环境问题有许多有价值的应用，IPAT 和 ImPACT 方程和 Kaya 等式还是存在一定的局限性。最突出的问题是，这些方程嵌入的关系因子是先验假设，而不允许测试这些假设和进行实证分析。方程不仅是基于因子驱动影响的假设，而且也是驱动因子与影响的关系结构。特别是IPAT方程的假设，例如，人口与影响的比例关系，如果人口成倍增加，在其他条件不变的情况下，那么影响将翻倍。这些局限可以通过对IPAT方程的随机变形方程，即STIRPAT方程(通过人口、财富和技术的回归获得的随机影响)得以克服，其是适合于使用标准统计检验程序的假设，类似普通的最小二乘法回归。STIRPAT相当于一个弹性模型，定义为：

$$I_i = aP_i^b A_i^c T_i^d e_i$$

式中，"a"是一个比例常数；"b"，"c"和"d"分别为P, A, T的指数，可分别估计获得；"e"是随机模型中的误差项，用来说明模型中没有被解释的其他因素的I的方差。下标"i"代表不同观测单位(如，国家、县等等)相应参数的数值(P, I, A, T和e)。在IPAT方程中，$a=b=c=d=e=1$的比例关系已被假定，而在STIRPAT方程中，这些系数是基于数据估算获得。系数可以通过将所有变量转换为对数形式，然后用加和性回归模型估算。因为T并不代表一个直接观测到的单一因素，而是集成了所有非人口和财富因素的环境影响因素，通常纳入误差项e(或在模型中通过添加新变量估算)。修改后产生了下列STIRPAT的基本模型：

$$\lg I = a + b(\lg P) + c(\lg A) + e$$

在此模型中，a和e分别代表了前面方程中a和e的对数值，为简化方程省略了原方程中的下标i。

这样，在使用STIRPAT模型时，独立变量对环境影响(I)的作用效应不是假设的先验，例如，人口对环境影响驱动的假设是一个可证伪的假设。如果人口(或另一个因素)不对环境影响产生效应，估计的系数(如在人口例子中的b)将是0(或在显著性统计意义上接近于0)。该模型还可以像在IPAT方程中假定的那样，对一个因素，例如人口是否存在超比例效应(系数大于1时)、不足比例效应(系数大于0但小于1时)，还是等比例效应(系数等于1时)，甚至是相反的效应(系数小于0时)进行评估。

重要的是，IPAT方程中的T可视为一个开放的黑箱，其他变量因此可以添加到该模型中。例如，像城市化和工业化这样的变量，作为一个国家或其他单位的生产技术指标可以包含在模型中，这样就可以对这些因素是否对环境影响存在显著影响进行评估。由于这些特性，STIRPAT模型克服了IPAT方程许多局限性。STIRPAT规范也可以用作路径模型程序的一部分，因此，也可以对等式右边一个变量对另一个变量的影响进行评估，虽然到目前为止，这种方法还没有被研究者广泛探讨。

理查德·约克(Richard YORK)

俄勒冈大学

参见：碳足迹；可持续性度量面临的挑战；计算机建模；发展指数；净初级生产的人类占用(HANPP)；增长的极限；人口指标；定性与定量研究；可持续性科学；系统思考；绿色税收指标。

拓展阅读

Commoner, Barry. (1971). *The closing circle*. New York: Knopf.

Commoner, Barry. (1972a). The environmental cost of economic growth. In Ronald G. Ridker (Ed), *Population, resources and the environment*. Washington DC: US Government Printing Office. 339–363.

Commoner, Barry. (1972b). A bulletin dialogue on "The closing circle," response. *Bulletin of the Atomic Scientists*, 28 (5), 17, 42–56.

Commoner, Barry. (1992). *Making peace with the planet*. New York: New Press.

Commoner, Barry; Corr, Michael; Stamler, Paul J. (1971). The causes of pollution. *Environment*, 13 (3), 2–19.

Dietz, Thomas; Rosa, Eugene A. (1994). Rethinking the environmental impacts of population, affluence and technology. *Human Ecology Review*, 1, 277–300.

Dietz, Thomas; Rosa, Eugene A. (1997). Effects of population and affluence on CO_2 emissions. *Proceedings of the National Academy of Sciences*, 94 (1), 175–179.

Ehrlich, Paul. (1968.) *The Population Bomb*. New York: Ballantine.

Ehrlich, Paul; Holdren, John. (1970). The people problem. *Saturday Review*, 42–43.

Ehrlich, Paul; Holdren, John. (1971). Impact of population growth. *Science*, 171, 1212–1217.

Ehrlich, Paul; Holdren, John. (1972). A Bulletin dialogue on "the closing circle," Critique: One-dimensional ecology. *Bulletin of the Atomic Scientists*, 28 (5), 16–27.

Jevons, William Stanley. (2001). Of the economy of fuel. *Organization & Environment*, 14 (1), 99–104. (Original work published 1865).

Kaya, Yoichi; Yokobori, Keiichi. (1997). *Environment, energy, and economy: Strategies for sustainability*. New York: United Nations University Press.

Waggoner, Paul E.; Ausubel, Jesse H. (2002). A framework for sustainability science: A renovated IPAT identity. *Proceedings of the National Academy of Sciences*, 99 (12), 7860–7865.

York, Richard; Rosa, Eugene A.; Dietz, Thomas. (2002). Bridging environmental science with environmental policy: Plasticity of population, affluence, and technology. *Social Science Quarterly*, 83 (1), 18–34.

York, Richard; Rosa, Eugene A.; Dietz, Thomas. (2003a). Footprints on the Earth: The environmental consequences of modernity. *American Sociological Review*, 68 (2), 279–300.

York, Richard; Rosa, Eugene A.; Dietz, Thomas. (2003b). STIRPAT, IPAT, and ImPACT: Analytic tools for unpacking the driving forces of environmental impacts. *Ecological Economics*, 46 (3), 351–365.

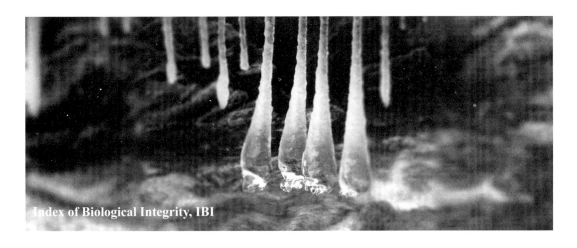

Index of Biological Integrity, IBI

生物完整性指数

生物完整性指数或复合指数包含了很多变量，如物种丰度或物种平均度、相对丰度、迁移、年龄或粒度分布。权值是相对于基准条件的评分，这些评分是标准化的，与多变的原始数值的不同范围都相适应，这些各种各样的得分合计起来，就得出了生物完整性指数得分。生物完整性指数可以追踪导致或降低可持续性的环境改善或退化的总效应的变化。

在过去的100多年中，为了评测水生生态系统的生物状况，科学家采用了耐污性指数、多样性指数、复合分级或生物质指数。因为这些指数是基于仅仅一种或两种生态变量，比如物种的数量或特定指示种(比如鳟鱼)的存在或灭亡，美国的生物学家詹姆斯·卡尔(James Karr)提出生物完整性指数或IBI，一种复合指数(Multi Metric Index, MMI)。生物完整性指数最早是为了要用12个权值测量可涉水的中西部流域的鱼的整体(一个地点的社区中的鱼的成分)情况而开发出来的(见表1)。从那时起，这个概念就扩展到对于更大区域的鱼群的测量了，这些区域包括河流水域、冷水流域和含有少量鱼类种类的河流、湖泊、河口和珊瑚礁、海底大型无脊椎动物(底栖生物无脊椎动物)生活的流域、河流藻类、河边的鸟类、草原植被等。复合指数已经被至少35个国家(包括澳大利亚、巴西、法国和印度)以及除了南极洲之外的所有大陆的科学家应用于测量表面水质量，通过使用主要的经济指数，经济学家用一种同样的方式来测量经济的健康度。为了促进这些应用，卡尔修正了最初的生物完整性指数，使它包括了表1所提到的权值。复合指数已经被用来测量单个河流和河流流域、生态区、多国区域、整个欧盟和与之相连接的美国的状态。

争议和挑战

生物完整性指数(也叫作复合指数)面临着5个主要的争议或挑战：

(1)从自然环境的变量中来预测常见种

表1 原始IBI权值以及4个水中/河岸组合常用MMI权值案例

原始鱼类IBI	鱼类MMI	大型无脊椎动物MMI	藻类MMI	河岸鸟类MMI
#物种	#本地物种	#属或科	#种	#本地种
不相容物种的存在	#不相容物种	多样性	%敏感个体	%不相容物种
#蜗牛鱼种	#底栖物种	%蜉蝣个体	%异养个体	%内部物种
#吸管鱼种	%砾石产卵个体	%石蝇个体	%污水腐生个体	%巢敏感物种
#太阳鱼种	#水柱物种	%毛翅蝇个体	%水柱物种	%清理地面个体
%绿色太阳鱼	%相容个体	%相容个体	%相容个体	%相容个体
%顶级食肉鱼	%食无脊椎动物/食鱼动物个体	%捕食个体	%氯忍耐个体	%清理树叶个体
%食虫小鱼	%食无脊椎动物个体	%捕食个体	%磷忍耐个体	%食虫个体
%杂食鱼	%杂食鱼个体	%喜欢沙的物种	%氮忍耐个体	%杂食/食谷物物种
%混合个体	%外来个体	%非昆虫个体	%沉积物忍耐个体	%巢寄生个体
%患病鱼	%患病个体	%5个主要类群个体	%畸形个体	%清理树皮物种
#个体	单位努力捕获量	个体	%5个主要类群个体	#个体
	%长寿鱼种	%长寿个体	%酸忍耐个体	%颤声种
	%快游鱼种MMI	%快游鱼种	%移动个体	#热带外来物种

来源：作者.

类的清单的模型；

（2）缺乏科学方法的设计或统计方法的设计；

（3）缺乏标准取样方法；

（4）缺乏严格的权值标准定义的校准、选择和评分；

（5）单个盆地、生态区或者国家的生物完整性指数过于丰富通常是因为基于小规模特殊样本。

预测模型

关于通常出现的物种的预测模型，人们把它设计出来是为了把它作为替代生物完整性指数的一个更加客观和稳定的选择，但是典型的情况是，通常出现的鱼类的种类数量对于动态机理模型而言太少了。作为替代，生物完整性指数预测模型被人们设计出来，用来对自然环境成分的标定权值，比如水体规模、年平均空气温度、河道护坡和地质情况。举例来讲，如果在一个越来越大的区域、越来越温暖的水体中发现越来越多的物种和越来越多的食鱼物种，则在坡度较低的地方和富含营养的岩床和土壤中同样会发现。这样一来，权值期望值就会根据这些不同的自然梯度而不同。

研究地点选择

许多年以来，舆论调查是使用问卷调查方法（比如说只采访富有的投票者）来实现的，会得到错误的结果。是在过去的50年中，舆论调查已经能够预测选举结果，其错误率已经降到了2%—3%。同早期的舆论调查相似，大多数的生态调查地点是以一种特殊的方式来选择的，这意味着，这个结果不能等同于严格精确的统计学结果，也不能认为是对更广泛的水体种群的信任极限或错误。这极大地限制了这种调查的有用性，意味着必须花费巨大的代价选取更多的地点作为样本，来向人们提供关于这些大空间范围内的使人信服的和正确的信息。美国环境保护署和其他几个国家的可能性调查技术的发展和应用，改善了这种情况，但要进一步接受这种可能性，采样方法需要增加采样的成本的有效性和推论统计的应用能力，比如巴西和瑞典的科学家已经使用可能性调查设计来选择水库、河流和小溪等地点来取样。

标准方法的缺失

尽管是不特别针对生物完整性指数，标准采样和试样处理方法的缺失阻碍了生物学家所采集的集合信息的使用。欧盟有标准的鱼类采样方法，环境保护局的EMAP/NARS（环境监测与评测计划，全国水生资源调查）也有同样的方法，但是，大多数的生物学调查使用不同的采样方法，这使得它难于确定自然、人类起源的或采样差别造成的地点和国家是否有观测到的差异。

权值选择与评分

卡尔采用生态学理论来选择和评分，这种方法可以用12种权值，与使用1—2种权值来评测生态的评测方法相比，这是一个巨大的进步。他假设环境干扰的程度有所上升，集中权值的值会下降。比如，物种丰富度和不耐药物种的数量会下降，而耐药个体的百分比和患病个体的百分比将会随着环境质量的恶化而上升。但是，一直以来，许多生物完整性指数在没有足够的生态知识和缺乏对于自然变异性的校准或候选权值分数范围、再生性、对于干扰的敏感度、冗余的评价的情况下发展。渐渐地，监测和评测计划和科学学术期刊期待着更加严格的权值选择和评分，但是许多早期的生物完整性指数仍然没有充分测试就被使用。

指数充沛

复合指数的流行和对当地水域动植物区别的认识使得不同的复合指数不断发展，各种类型的权值的使用，使人们相信这对于评测生态非常有帮助。尽管当地的复合指数趋向于对于识别当地的差异更加敏感，但是，他们阻碍了人们通过连续性的指数来对地区、国家和大陆做出评测，因为如果环境的区别或指数的区别所导致的差异是人们无法知晓的。预测建模的方法的使用越来越盛行，全国和大陆得到监测和测量计划的实施也越发流行，这些都可能导致复合指数权值和复合指数难以被应用到更大的区域。

展望

生物完整性指数和相关的复合指数是人们自从1981年开始就一直采用的方法，它们已经进化为许多不同的形式了，被应用到许多不同类型的生态系统和生物学集合体中，也被人们用来调整到所有大陆的淡水使用上，尽管这些地方的分类群有着本质的不同。这种广泛使用和适用性证明了它的活力和潜在的长期有效性。它的长期有效性的进一步证据是它被许多不同的国家和国家机构的监测项目所采用。

气候变化、内分泌紊乱、化学药物、持久的土地利用变化、河流和渠道的根本性改变以及外来物种入侵所导致的生物同质化，这一切都是被经济和人口增长刺激而产生的，它们已经在全球变得越来越普遍。这些变化威胁着许多物种的未来生存，尤其是水生生物，它们需要有能力去追踪微妙的暂时变化和当地高敏感度物种的大规模灭亡。长寿的迁徙物种、需要完整的河流来繁殖和生长的物种、冷水物种、地方种以及那些对于有毒化学物质敏感的物种都尤其危险。生物完整性指数权值追踪高敏感度物种和耐药物种的变化（尤其是繁殖、年龄结构、相对丰度和分布），将会对帮助当事公众做出更能实现可持续的环境、经济和社会的抉择尤其重要。

罗伯特·M·休斯（Robert M. HUGHES）
安妮丝欧佩斯研究所和俄勒冈州立大学

参见：生物学指标（若干词条）；可持续性度量面临的挑战；生态系统健康指数；淡水渔业指标；海洋渔业指标；$I = P \times A \times T$ 方程；国际标准化组织（ISO）；定性与定量研究；战略环境评估（SEA）；系统思考。

拓展阅读

Bonar, Scott A.; Hubert, Wayne A.; Willis, David W. (Eds.). (2009). *Standard methods for sampling North American freshwater fishes*. Bethesda, MD: American Fisheries Society.

Comité Européen de Normalisation [European Committee for Standardization] (CEN). (2003). *Water quality: Sampling of fish with electricity* (European Standard — EN 14011: 2003 E). Brussels, Belgium: CEN.

Dudgeon, David; et al. (2005). Freshwater biodiversity: Importance, threats, status and conservation challenges. *Biological Reviews*, 81, 163–182.

Hering, Daniel; Feld, Christian Karl; Moog, Otto; Ofenböck, Thomas. (2006). Cook book for the development of a multimetric index for biological condition of aquatic ecosystems: Experiences from the European AQEM and STAR projects and related initiatives. *Hydrobiologia*, 566, 311–342.

Hughes, Robert M.; Oberdorff, Thierry. (1999). Applications of IBI concepts and metrics to waters outside the United States and Canada. In Thomas P. Simon (Ed.), *Assessing the sustainability and biological integrity of water resources using fish assemblages*. Boca Raton, FL: Lewis Publisher. 79–93.

Hughes, Robert M.; Peck, David V. (2008). Acquiring data for large aquatic resource surveys: The art of compromise among science, logistics, and reality. *Journal of the North American Benthological Society*, 27 (4), 837–859.

Hughes, Robert M.; Paulsen, Steven G.; Stoddard, John L. (2000). EMAP-surface waters: A national, multiassemblage, probability survey of ecological integrity. *Hydrobiologia*, 422/423, 429–443.

Jelks, Howard L.; et al. (2008). Conservation status of imperiled North American freshwater and diadromous fishes. *Fisheries*, 33 (8), 372–386.

Karr, James R. (1981). Assessment of biotic integrity using fish communities. *Fisheries*, 6 (6), 21–27.

Limburg, Karin E.; Hughes, Robert M.; Jackson, Donald C.; Czech, Brian. (2011). Human population increase, economic growth, and fish conservation: Collision course or savvy stewardship? *Fisheries*, 36 (1), 27–34.

Paulsen, Steven G.; et al. (2008). Condition of stream ecosystems in the US: An overview of the first national assessment. *Journal of the North American Benthological Society*, 27 (4), 812–821.

Pont, Didier; et al. (2006). Assessing river biotic condition at the continental scale: A European approach using functional metrics and fish assemblages. *Journal of Applied Ecology*, 43 (1), 70–80.

Roset, Nicolas; Grenouillet, Gael; Goffaux, Delphine; Pont, Didier; Kestemont, Patrick. (2007). A review of existing fish assemblage indicators and methodologies. *Fisheries Management and Ecology*, 14 (6), 393–405.

Stoddard, John L.; et al. (2008). A process for creating multi-metric indices for large-scale aquatic surveys. *Journal of the North American Benthological Society*, 27 (4), 878–891.

Whittier, Thomas R.; et al. (2007). A structured approach for developing indices of biotic integrity: Three examples from streams and rivers in the western USA. *Transactions of the American Fisheries Society*, 136, 718–735.

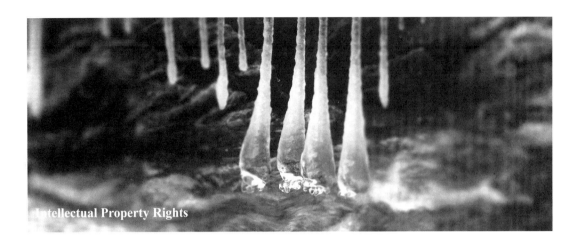

Intellectual Property Rights

知识产权

　　知识产权是与人类创造力相关的合法权利。可持续发展主题集中在发展和利用清洁技术及科学信息，天然产物的贸易和农业。这些权利可以有正负两方面影响，但是这些影响是复杂的，难以预料的。政策制定者应该谨慎地根据客观证据设计这些知识产权的规则。

　　与发明、艺术和文学作品、设计、标志等相关联，符合新颖性、原创性、独特性等规范的企业资产，被称为知识产权。历史最悠久的类别是专利，这包括发明、工业设计及无功能（审美）的设计、用于区分类似商品标志的商标、原产地的称谓及产地标志。地理标志描述了最后两个类型。其他类型的知识产权包括商业秘密以及有关植物品种和集成电路布图设计的专用权。

　　这是一个令人困惑的术语：从法律上讲，知识产权应该参考法律权利本身，而不是发明出来的产品和工艺、设计出来并创立了品牌的产品，或者附加了权利的文学和艺术作品。然而，用流行说法，知识产权通常适用于这些权利的实际表达和商业表达，也就是说，适用于上述的"东西"。在英美国家，它们和业务资产一样，是可以转让的财产，所以权利所有人通常有权出售它们的专利、版权、设计、商标，也可以向愿意卖出的持有人购买知识产权。他们也可以保留自己的权利，但许可第三方使用。雇员则通常必须将他们的权利交给他们的雇主。

　　知识产权具有否定的权利，即排他的权利。例如，涉及一种新药的专利，允许专利持有人防止他人仿制、使用、销售或进口同样的产品。持有人不自动拥有制造该药品并向公众销售的权力，但是，政府分管机构通常要求持有人申请监管部门的批准。这个过程可能需要数年，必须进行广泛的临床试验，证明其安全性和有效性。与知识产权无关的法规，如那些涉及公众健康、安全和环保的法规，可能掌管着市场上开发产品的权利。专利，版权，商标，地理标志和植物新品种的保护是与可持续发展联系最紧密的权利。

为了获得专利，申请人必须向政府或其他机构，如美国专利和商标局或欧洲专利局披露一项发明。该申请的文件包括：本发明的题目、摘要、特别保护的部分以及权利要求。这实际上也向提出申请的机构提交了发明人的名字。通常要求员工发明者向其雇主移交他们的发明产权。

发明必须通过四项测试：首先，它必须是新的；第二，对相关技术领域的普通技术人员来说，该发明的新意必须显而易见；第三，它必须具有实际应用性（美国专利法中为"实用"或欧洲专利法中为"工业应用"），单纯的发现、抽象的理论以及自然规律不能被授予专利；第四，该发明必须被授权，这意味着专利说明书应足够清楚且明白无误地授权给具有相应技能实施本发明的人，基本上定义了其合法垄断的权利，即专利拥有者能够享有与发明有关的使用、许诺销售、销售或进口的权利，以防止他人制造。在世界大部分地区，尽管这种权利通常须定期缴付续期费，但是该专利权从申请日起将持有20年。

版权是防止未经授权的复制艺术或文学作品的权利。其首要标准是独创性。像字母排列姓氏的地址和电话号码的资料汇编，不足以成为一项创新成果，也就不需要保护。而以一种"原创"方式形成或构建的一个数据库可能会形成保护主体。该法对艺术和文学作品的权利具有一个广阔的概念，因而能够适应像计算机程序这样新型的创新成果（顺便说一下，计算机程序可以在美国申请专利，但是其他地方不一定）。著作权不保护思想，而只是作者对这些想法的表达。而艾萨克·牛顿能

获得数学原理的版权保护，他可以声称对其书中披露并描述的万有引力规律具有所有权。在专利进行诸如官方注册这样的程序时，国际法律禁止政府对权利的取得和行使强加附加条件。在作者死亡后权利通常会持续70年。

商标是以图形方式表示的独特标志，可以识别一个生产者有别于他人的商品和服务。文字、图像、图形、声音甚至气味可以形成商标，英国啤酒制造商 Bass 开发了世界上第一个商标：一个红色的三角形，而手写的可口可乐商标和装饮料的玻璃瓶形状是最知名的商标。

商标传达着有关商品或服务的特定信息，例如它的起源和质量可能引起消费者的兴趣。商标只要一直在使用，就可以无限期地持续下去。

世界贸易组织的知识产权协定（TRIPS）这个多边协议，其将公认的地理标志物作为一个知识产权的类别。与贸易有关的知识产权协议将其定义为"识别一种产品来源于某成员国的领土或该领土的某区域或某位置，该商品所具有的特定质量、信誉或其他特性主要归因于其地理起源"（与贸易有关的知识产权协议1994）。

地理来源标志及其指定产品，可能会以各种方式依法受到保护。不同的国家可能会用原产地和特殊地理标志的法律保护他们。或者另外，它们也可以保护其大部分或全部的原产地（如法国葡萄酒）名称（或称号）、商标法或通过反不正当竞争法间接保护。

实际上，出于保护的目的，国家可能将它们纳入法律法规而不是知识产权的领域中，比如有关贸易说明或食品产品标签的消费者保护法、文化遗产法规和政策或农村发展法规和

政策。因此,地理标志不像专利、版权或商标那样,是一种知识产权的权利类型。也许最好将地理标志方便的视为一个包罗万象的集合,其包括现有与地理标志产品相关的各种法律法规,这些产品由于原产地特殊而具有一定的功能或声誉能够被鉴别。

欧洲拥有最先进的地理标志体系。香槟和苏格兰威士忌是其中最著名的标志。生产者团体需要对其产品建立一个标志时,必须提供一个诸如产品材料的来源和制作方法规范这样详细的说明,今后所有使用该标志的生产商必须符合此规范。

在许多国家常见的植物新品种保护,是保护经科学育种改良的植物。政府承担认证测试,以证明该新品种的特异性、其相关特征具有一致性以及多次繁殖后具有遗传稳定性。法律保护的期限通常是20—25年。

可持续

关于知识产权和可持续发展之间关系的讨论需要聚焦于四个方面:① 专利如何影响环境无害的新物品、制造方法以及技术的发展和扩散;② 著作权以及基于商业模式的版权对获得相关科学知识和数据的影响;③ 商标和地理标志用于证明货物的生产符合可持续发展,从而促进其生产和销售的可行性;以及④ 植物新品种保护及其对生物多样性以及私人和公共育种机构育种决策的影响。

专利与环境技术

专利制度是从法律上保护各类发明,包括环境无害的新产品、制造方法和技术。它将清洁和环境友好技术与那些不清洁或环境不友好的技术一视同仁。有关专利制度是否有利于或阻碍技术转移到发展中国家长期存在的争论,也出现在有关绿色产品和技术的争论中。联合国气候变化框架公约工作的某些成员国提出了这样的担忧。一方面,专利可能鼓励在有环境友好产品和技术需求的地方投资于这些产品的开发。在既危险又昂贵的研发领域,专利尤其有价值。另一方面,正如一些成员国指出,专利可能使其他人,尤其是发展中国家更难以使用清洁技术。

大量的经济研究已经指出了专利(和商业秘密)是否鼓励或不鼓励外国直接投资和技术转移,特别是向发展中国家转移的问题。总体而言,结果尚不确定。很少有研究专门考虑了清洁技术。那些试图使用某些关键技术的国家,非常需要研究与全球专利相关的信息,使其可通过专利“丛林”导航路径,并避免那些声称他们的专利被侵犯被迫付出高昂的诉讼费。有很多关于自由操作问题的讨论。操作自由是指远离任何专利范围,进行研究、开发和市场营销"空间"的可用性。在软件生产方面以及生物技术方面（量很少但有增长趋势）的"开放源代码"授权可能与此有关。开放源代码许可证不能取代知识产权，相反，如果有必要，他们可利用知识产权的优点，促进并实施开放式访问和交流。

版权和获取科技信息

大多数出版商依靠著作权赢得利润。然而，由于版权限制人们复制未经许可的作品，特别是发展中国家的许多科学家和规划者，不能获得最新的科学信息。受版权保护的期刊和书籍出版了大量有关可持续发展的信息。这些出版物往往价格昂贵，远远超出了世界上许多大学图书馆的预算。2011年出版商开始将旗下的杂志打包并数字化，这样的订阅费实际上低于分开订阅每本杂志的价格，大学可以向学生和学者提供他们所需的有用的资料。即便如此，价格仍超出了很多机构的承受范围。因此科学信息的鸿沟与全球数字鸿沟总是如影随形。

科学家们对出版商以商业模式锁闭信息途径的不满，导致了对开放期刊和过期开放期刊访问数量的快速增加。英国生物医学中心和美国公共科学图书馆（the US Public Library of Science, PLoS），由于在开放平台上出版科学杂志，跻身于最有名的信息中心行列。作者或其雇主或资助者支付一定的费用在公共科学图书馆期刊上来发布他们的作品。作为回报，知识共享许可协议将保护权利的归属和完整性。

尽管如此，开放获取期刊出版物的商业可行性仍未可知。许多发展中国家的人民仍然不能上网，虽然这种情况在一些国家已经在相当程度上得到了改善。

商标和地理标志

证明以可持续的方式生产天然来源货物的标签和标记被普遍使用，可以在任何好的超市或杂货店里发现。当生产者团体愿意合作分享商标的所有权时，商标与可持续性发展特别相关。代表生产者团体的协会拥有集体商标的所有权。而认证这些商标有些不同，因为它们具有分开的所有权和使用权。每个单独的协会将拥有一个商标，但在生产商遵守条例相关规定的条件下，允许其使用该商标。当然，该认证的特性必须是对消费者有利的那些特性。消费者寻找的产品很可能是具有极高的环境或道德标准，传达这样正面特质的标签和标志可能在引导消费者了解这类商品时非常有效。然而，它们仍非成功的保证，因为已经有过多的标记和标签在使用，它们的存在导致了混乱。此外，不清楚或有误导性的标记和标签也可能会降低消费者信心。

经验表明，地理标志对地方社区以及在

发展中国家的小规模生产者，可以具有促进某些商品产生收入的潜力，同时还有助于保护生物多样性。虽然这种制度可能涉及复杂的管理。出于以下考虑，生产规范至关重要：① 当地生产商需要；② 获取尽可能多的生产链，以最大限度地将价值份额保留在本区域内很重要（要考虑到容量不足的可能性）；以及③ 保持标志完整性所需的活力。

植物多样性保护与农业可持续发展

植物多样性保护在许多国家通常是保护科学育种者改良的植物（"新品种"）。受保护的品种可以是用于人类或动物食用或其他商业用途的大田作物，例如生物燃料的生产。各国还普遍保护的水果、蔬菜和观赏植物。植物新品种保护是一种流行的知识产权制度，商业育种者普遍认为其比专利更合适。最常见的商业化育种一直依赖于育种者共享了大量植物遗传材料。植物新品种保护制度因而倾向于允许相对自由的流通，包括即使是受保护的品种。商业化育种者依赖于其向农民提供所需特色种子的能力。因此，他们必须了解需求的变化。由于研究和开发植物新品种能够真正吸引投资，因此有理由期望的植物新品种的保护将鼓励用于减缓气候变化品种的开发和推广，如对不同的温度和降雨模式影响耐受的品种。

科学家对植物的知识产权的观点很可能带有其印象色彩，例如在有土著品种和农业的传统系统的地方全盘采用现代品种（有时也被称为民间品种）是否完全是好事还是坏事。那些认为从传统到现代的激进转变很可能是破坏社会和损害环境的观点，往往暗指知识产权促进和加速了这一"有害"的趋势。但是因为大多数的第一个现代品种不受法律的保护，实际情况并非如此简单。

那些对"旧"品种具有负面的看法的观点，倾向于赞成知识产权。他们认为，现代品种的更高的生产效率，可以减少扩大种植的压力，以保护像热带雨林的生物多样性以及其他如半干旱地区这样边缘区域脆弱的环境。如果论及利用知识产权保护的事情，在科学养殖的一个世纪期间几乎没有，这就有利于现代品种传播而非大幅提高生产力的其他观点。有些科学家可能会夸大植物品种保护带来的好处或伤害的能力。

未来

在可持续发展的背景下，知识产权可能有正面和负面的影响。鉴于知识产权实施的影响，政策制定者应该在客观证据的基础上，设计其知识产权规则。此外，鉴于问题的复杂性和持续确定性的缺乏，规划者需要更多的研究成果。这样的研究应该有针对性地发现特定领域中知识产权保护的存在，可能会不适当地干扰了环境友好的货物、技术、资源和实践以及最新的科学信息的传播流动。而且，研究人员需要更多的工作，以优化知识产权在增强可持续发展收益中的积极影响。

葛里翰·达特菲尔德（Graham DUTFIELD）

利兹大学

参见：广告；对测量可持续性的挑战；生态标签；能量标签；环境公平指标；环境公平指标；国际标准组织（ISO）；有机和消费标签。

拓展阅读

Agreement on Trade-Related Aspects of Intellectual Property Rights (TRIPS). (1994). Retrieved November 5, 2011 from http://www.wto.org/english/tratop_e/trips_e/t_agm0_e.htm.

Barton, John. (2007). *Intellectual property and access to clean energy technologiesin developing countries: An analysis of solar photovoltaic, biofuel and wind technologies* (ICTSD Issue Paper no. 2). Geneva: nternationalCentre for Trade and Sustainable Development. Retrieved October 25, 2011, from http://ictsd. org/i/publications/3354/.

Dutfield, Graham. (2004). *Intellectual property, biogenetic resources and traditional knowledge*. London: Earthscan.

Dutfield, Graham; Suthersanen, Uma.(2008). *Global intellectual property law*. Cheltenham, UK: Edward Elgar.

Maskus, Keith E.; Reichman, Jerome. (Eds.). (2005). *International public goods and transfer of technology under a globalized intellectual property regime*. Cambridge, UK: Cambridge University Press.

Rimmer, Matthew; McLennan, Alison. (Eds.). (2012). *Intellectual property and emerging technologies: The new biology*. Cheltenham, UK: Edward Elgar.

Spence, Michael. (2007).*Intellectual property*. Oxford, UK: Oxford University Press.

Wong, Tzen; Dutfield, Graham. (Eds.). (2011). *Intellectual property and human development: Current trends and future scenarios*. New York: Cambridge University Press.

Intergovernmental Science-Policy Platform for Biodiversity and Ecosystem Services, IPBES

政府间生物多样性与生态系统服务的科学政策平台

自20世纪90年代以来,研究人员和环保团体就一直呼吁建立一个由联合国发起的解决有关生物多样性科学和政策的专门组织。2010年,联合国大会批准了政府间生物多样性和生态系统服务科学政策平台的创建。该平台将定期评估、促进与可持续发展目标实现有关的科学和传播政策结论及工具的状态。

2010年6月,在《生物多样性公约》第十届缔约方会议前夕,来自世界各国的代表们聚集在韩国釜山,就关于成立一个科学与政策间的对接项目即政府间生物多样性和生态系统服务科学政策平台(IPBES)进行了投票。2010年12月,联合国大会通过了该决议,成立的独立平台将有关生物多样性和生态系统服务方面的科学知识与全球政府的行动形成对接,以支持《生物多样性公约》及其他相关多边环境协议。政府间生物多样性和生态系统服务科学政策平台将优先考虑政策所需的科学信息,对现有生物多样性和生态系统服务的知识进

行评估,传播与政策相关的工具和方法,为政策制定者的能力建设提供支撑(IPBES 2010)。

通向 IPBES 的漫长之路

釜山会议取得的结果是自20世纪90年代初期开始由联合国环境规划署和公民社会对生物多样性知识为制定政策支持《生物多样性公约》评估过程中取得的标志性成果。评估进程的紧迫性促使了一些顶尖的研究机构和非政府组织(Non-Governmental Organization, NGO)于1999年后开发出一个被称之为千年生态系统评估(MA)的全球性生态评估。千年生态系统评估发现,生态系统提供的服务有60%多已发生退化,其中大多数都是在最近的50年内造成的(MA 2005)。紧随千年生态系统评估报告之后,一些顶级的科学家和机构呼吁进一步开展生物多样性和生态系统服务对人类福祉影响因素的研究(Carpenter et al. 2009)。

随后,2005年,一个政府间生物多样性研讨会呼吁由一个国际机构负责收集生物多样

性生态服务的科学证据、确定全球生物多样性保护优先领域，并将相关信息通知《生物多样性公约》组织和其他政府间评估项目（参见Loreau et al. 2006）。作为回应，隶属于《生物多样性公约》组织的科学家和机构发起了一项为期两年的，被称为国际生物多样性科学专家意见机制（IMoSEB）的咨询活动，提出了在全球利益相关者会议上对生物多样性科学和政策开展案例研究。联合国环境规划署在2008年5月召开的第九次《生物多样性公约》缔约方会议（COP）上正式提出了一个永久性的、多方参与的生物多样性平台。

在接下来的两年内，联合国环境规划署的建议在一系列的特别多方参与和政府间会议上接受了政府和社会公民代表们的审查。2010年，联合国大会投票方式决定建立政府间生物多样性和生态系统服务科学政策平台，并在系列会议中最后一次的韩国釜山会议达成共识，将建立政府间生物多样性和生态系统服务科学政策平台写入釜山会议成果，赞同联合国环境规划署世界保护监测中心的六个核心结论（UNEPWCMC 2009）：

（1）虽然已有多个专门的科学-政策对接，但还没有针对生物多样性的相关机制。

（2）这些科学-政策对接可以通过增加其独立性和治理的相关性得以改善。

（3）尽管这些对接已经积累了大量相关知识，但还缺失了一些关键性的要素，包括对生态系统和人类福祉驱动力与

结果之间关系的理解，识别与政策相关研究的战略指导过程，不同类型及学科的知识和跨学科方法的整合，访问数据和有效利用现有数据的准备，以及纵向方面的研究等。

（4）可获取的信息经常不以与政策相关的方式呈现。例如，有时会出现相关发现存在矛盾的、与政策选项没有关联且不来自一个共同的框架或方法，对广受关注的新兴的问题反应迟缓。

（5）现有的协调机构为新的协调部门在更好地整合生物多样性研究和能力建设资源、减少研究中的重复及差距、增强与政策决策方面的关联性等方面提供重要经验。

（6）为在政策决策中有效利用生态系统服务和生物多样性研究成果，加强发展中国家跨学科方法产出的新知识、适当使用知识形成和实施政策的能力建设十分关键。

2011年10月，第一次政府间生物多样性和生态系统服务科学政策平台全体会议在肯尼亚首都内罗毕召开。

IPBES的使命

政府间生物多样性和生态系统服务科学政策平台的使命就是通过将相关科学与政策的结合支持国际多边协议和框架，从而弥补由联合国环境规划署世界保护监测中心（UNEPWCMC）确认的间隙（IUCN 2012）。政府间生物多样性和生态系统服务科学政策平台的长

期支持者将其作用总结为"促进协作,加强现有的科学机制,通过优先识别促进科学与政策的关系"(Larigauderie & Mooney 2010)。正如釜山宣言中批准的那样,政府间生物多样性和生态系统服务科学政策平台的使命是为生物多样性和生态系统服务的保护和可持续利用、长久的人类福祉和可持续发展创建一个科学与政策的对接(IPBES 2010),其主要功能是识别科学与政策间的差距,鼓励和培训相关人员填补这些空白,并将研究结果转化为各个层次的政策制定者可操作的建议。

政府间生物多样性和生态系统服务科学政策平台以一个独立的身份承担对生物多样性和生态系统服务的知识进行公正的评估。它将利用其权威性支持相关填补知识空白的研究议程,并解决新兴问题和政策问题,在联合国有关机构和多方参与机构中发挥积极的协调作用。政府间生物多样性和生态系统服务科学政策平台将为决策者建立跨领域的知识存储库,综合科学证据,描述领域的共识和科学家之间的争议。类似于政府间气候变化专门委员会那样,政府间生物多样性和生态系统服务科学政策平台将依靠相关机制开展主要研究,进行监测和观察,并建立与生物多样性有关的多边政策。

未来：机遇与挑战

釜山会议在其成果中承认,尽管全球生物多样性和生态系统服务对人类福祉和减贫至关重要,但他们正遭受"严重流失"(IPBES 2010)。为应对这些损失,环境保护组织积极以政府间生物多样性和生态系统服务科学政策平台来刺激相关国家,特别是发展中国家为保护生物多样性进行投资和采取行动。原先预设 2012 年作为政府间生物多样性和生态系统服务科学政策平台全面运行的起始年,但此决议至今仍未启动。

围绕政府间生物多样性和生态系统服务科学政策平台和相关多边公约的谈判一直由于对主权、权利和所有权的担忧受到影响。发展中国家呼吁应为生物多样性保护提供更多的财政支持,避免破坏性的活动,并应从遗传资源开发利用中分享应有的利益(Black 2010)。发达国家则敦促在生物多样性公约框架和其他范围内为物种保护制定更严格的标准。与此同时,相关环境保护组织也在持续推动政府间生物多样性和生态系统服务科学政策平台采取有效行动。

相关辩论由于对生态系统是如何运行的,以及生物多样性与人类福祉是如何关联等知识认识的有限性而受到影响。未来的讨论可能会关注与生物多样性与生态系统服务相关的社会经济指标,这在科学文献中已经作为决策的知识差距被集中确定。然而,必要的资源、决心和协调解决这些科学与政策问题将很大程度上取决于政府间生物多样性和生态系统服务科学政策平台的建立及其经过检验的功能、资源配置和组成。

艾米·罗森特尔(Amy ROSENTHAL)
世界野生动物基金会自然资产项目

参见：21 世纪议程；公民科学；社区和利益相关者的投入；成本-效益分析；战略可持续发展框架(FSSD)；全球环境展望(GEO)报告；全球报告倡议(GRI)；千年发展目标；新生态范式(NEP)量表；可持续发展科学；跨学科研究。

拓展阅读

Black, Richard. (2010). Nature panel under threat as nations wrangle. BBC News. Retrieved December 11, 2010, from http://www.bbc.co.uk/news/science-environment-11595848.

Carpenter, Stephen R.; et al. (2009). Science for managing ecosystem services: Beyond the Millennium Ecosystem Assessment. *Proceedings of the National Academy of Sciences*, 106 (5), 1305–1312.

Convention on Wetlands (Ramsar, Iran, 1971), 41st Meeting of the Standing Committee. (2010). Progress and advice on IPBES (Doc. SC41–27). Retrieved from http://www.ramsar.org/pdf/sc/41/sc41_doc27.pdf.

Intergovernmental Science-Policy Platform on Biodiversity and Ecosystem Services (IPBES). (2010). 3rd meeting on IPBES. Retrieved November 12, 2010, from http://ipbes.net/3rd-meetingon-ipbes.html?139181e9463c94a418d97a0a0634b1b9=95c414ef0fb89a13c545fe19e64df7b7.

International Union for Conservation of Nature (IUCN). (2012). Intergovernmental Platform on Biodiversity and Ecosystem Services (IPBES). Retrieved February 22, 2012, from http://www.iucn.org/about/work/programmes/ecosystem_management/ipbes/.

Larigauderie, Anne; Mooney, Harold A. (2010). The Intergovernmental Science-Policy Platform on Biodiversity and Ecosystem Services: Moving a step closer to an IPCC-like mechanism for biodiversity. *Current Opinion in Environmental Sustainability*, 2, 1–6.

Loreau, Michel; et al. (2006). Diversity without representation. *Nature*, 442, 245–246.

Millennium Ecosystem Assessment (MA). (2005). *Ecosystems and human well-being: Synthesis*. Washington, DC: Island Press.

United Nations Environment Programme (UNEP). Homepage. Retrieved February 22, 2012, from http://www.unep.org/.

United Nations Environment Programme World Conservation Monitoring Centre (UNEP-WCMC). (2009). Gap analysis for the purpose of facilitating the discussions on how to improve and strengthen the science-policy interface on biodiversity and ecosystem services (UNEP/IPBES/2/INF/1). Retrieved from http://www.ipbes.net/meetings/Documents/ IPBES_2_1_INF_1%282%29.pdf.

United Nations Environment Programme World Conservation Monitoring Centre (UNEP-WCMC). (2010). Intergovernmental Science-Policy Platform on Biodiversity and Ecosystem Services (IPBES). Retrieved November 7, 2010, from http://www.unep-wcmc.org/conventions/ipbes.aspx.

International Organization for Standardization, ISO

国际标准化组织

ISO是国际标准化组织(the International Organization for Standardization)的缩写。ISO源于希腊词*isos*,意为"平等的"。在任何语言中均可以从这三个相同的字母准确识别的ISO,是为了发展以市场为导向的、自愿的标准或为产品、服务和过程提供通用语言而制定的。从1947年开始,国际标准化组织逐渐从产品标准发展成了过程标准,尤其最近一些年来,更是发展成为了反应全球变化的社会标准。

国际标准化组织(ISO)是一个设立在瑞士洛桑的跨国非营利组织。国际标准化组织的目标是为确保产品和过程的质量水平建立的全球标准。ISO并不是国际标准化组织的英文首字母的缩略词,而是来自希腊语的*isos*,意思是"平等的"。国际标准化组织为世界各地生产高质量的产品、服务和过程创造了平等的使用标准。国际标准化组织是创建国际标准全球最大的组织,从其1947年开始直到2010年底,国际标准化组织已经创造了涵盖各种领域活动的19 000多个标准。在任何给定的领域,专家通过取得共识后设定相关标准。这些专家每五年对相关标准进行审查,以确保它们满足发展的需要和解决实际及相关问题所需。

历史

过去全球有两个国际组织专门从事标准的创建:一个是1926年成立于纽约的国家标准化协会国际联合会(the National Standardizing Association, ISA),另一个是1944年开始运营的联合国标准协调委员会(the UN Standard Coordinating Committee, UNSCC)。1946年10月,在伦敦土木工程学会的会议上,来自25个国家的代表促成了上述两个组织的合并,最终创建了国际标准化组织作为一个新的标准组织协调各种工业标准。

在成立初期,国际标准化组织只是采取建议的形式开展工作。二战后,各国制造商在重建民族工业中开始使用国际标准化组织的相关成果。20世纪70年代早期,国际标准化组织决定,他们应该为解决国际贸易日益增长的需求创建国际标准,以代替以前只是对国家标准进行建议的做法。然而,由于国际标准化组织总部设于欧洲,其大部分的标准仅适用于欧洲,而在世界其他地区则使用他们自己的地方或区域组织的标准。到20世纪80年代早期,国际标准化组织开始关注组织执行标准的实践和贸易,而不是只聚焦于前面的生产环节。随后创建了第一个质量管理标准化体系,即ISO 9000系列标准,为不同活动范围的组织提供经营过程中的质量管理体系。关注管理质量标准增加了ISO组织的影响,使ISO闻名全球。

在1992年巴西里约热内卢联合国环境与发展会议之后,国际标准化组织开始关注寻找全球环境挑战的解决方案。21世纪初,环境管理体系ISO 14000标准已经成为最重要和最广为人知的ISO产品。国际标准化组织还为解决组织的实践和贸易创建了ISO 9001和ISO 14001,使ISO标准成为各部门组织中必不可少的管理体系。到2011年底,国际标准化组织的3 335个技术机构共创建了19 023个标准;仅2011年一年内,国际标准化组织就新编制标准1 208个(ISO 2012)。

作为其新战略重点的逻辑延续,国际标准化组织开始专注于可持续发展。发表于2010年11月的ISO 26000标准就是针对企业社会责任提供指导的专门标准。

成本与收益

ISO标准对人类进化的贡献再怎么强调也不过分。标准用一种通用的语言来描述和确保对象,也就是物理产品和服务应达到的令人满意的特征。例如,ISO / TC 61指定了一个技术委员会对塑料生产领域中的术语、测试方法、适用的材料及产品规范等进行标准化统一,而ISO 9001:2008则对质量管理体系提出了具体要求。在这个过程中,标准通过提供对象可靠的质量信息而减少了交易成本。国际标准化组织负责的大部分标准都让我们在日常生活中受益。当企业应用ISO 14000标准,他们通过调查各领域活动对环境的影响来实施环境管理体系。这个系统可以通过废物管理、能源和材料的消耗、降低分销成本等进行节省,并展示一个更好的企业形象。研究人员在ISO 14001认证中,为企业或组织提供了一个概念性框架来提高环境绩效(Rondinelli & Vastag 2000; Vastag & Melnyk 2002),给出一个说明性的例子,以及通过大规模调查得到的影响结果。一个研究美国在南卡罗来纳州铝业铝锭生产设施的案例揭示:"就如美国铝业Mt. Holly公司做的那样，当企业遵循ISO 14001原则精神，他们就能看到企业生产过程中的态度、管理、操作的变化以及随之而来的好处。ISO 14001标准可以提供良好的常识指导方针，减少工业操作的负面环境影响，减少废物和污染防治费用，实现公司资金的节省，同时促进所在社区的环境质量"（Rondinelli Vastag 2000）。

当前机构

到2012年，国际标准化组织拥有了三类163个成员：会员成员107个，通讯成员45个，用户成员11个。国际标准化组织的会员成员是在国家层面上"其标准化在其国内最有代表性的"。每个国家只能有一个会员成员身份。会员成员有权参与任何国际标准化组织技术委员会和政策委员会并享有完全的投票权。如果一个特定国家的某个组织还不具有充分开发和国家代表性的标准活动，那么它只能作为一个通讯成员加入国际标准化组织。这些成员有权了解他们感兴趣的标准化工作，但在委员会中没有实际的投票权。用户成员可以让经济体量较小的国家减少会员费的支付，但仍有机会正式接触一些ISO标准化工作。

国际标准化组织最权威的是每年召开一次的成员国大会。大会主要官员包括：主席，一个负责政策和一个负责技术管理的两个副主席、财务长和秘书长。代表由各成员机构提名产生。通讯成员和用户成员可能以观察员身份参加。大会的主要议程主要与国际标准化组织年度报告、战略计划以及国际标准化组织中央秘书处会议上的年度财务状况报告等有关。

国际标准化组织的管理规则与法规授权理事会执行国际标准化组织大部分的运行和管理功能。理事会按照会员成员先前约定的政策行使相关职能。理事会每年召开两次，并与各成员国反复磋商以确保所有成员在期间的平等代表性。为跨部门标准开发工作提供战略指导的各个政策发展委员会隶属于理事会，他们包括合格评定委员会（CASCO）、消费政策委员会（COPOLCO）以及发展中国家事务委员会（DEVCO）等。会员成员和通讯成员都可以参加上述政策发展委员会。

大会主要业务工作就是秘书长向理事会报告任务。理事会的任务包括支持各国际标准化组织成员、协调标准的开发、发布已经批准的标准以及支持相关管理机构。

技术工作的全面管理包括创建策略和协调技术咨询小组活动，是根据理事会标准选择组成的技术管理委员会（TMB）的职责。

全球影响

国际标准化组织的最大国际影响是在发展中国家应用各种标准。标准可以为这些国家相关产品、性能、质量、安全、环境问题等提供发展路径。在二战后的重建时期，来自发展中国家的国际标准化组织新会员成员的数量大幅度增加。由于大多数发展中国家缺乏现有的技术基础设施和资金资源，他们尚不能使用ISO标准。为解决这个问题，在1968年在国际标准化组织运行中创建了主要针对发展中国家的通讯成员的类别，降低了会员费。通讯成员类增加使得专门为满足发展中国家的需要设计专门的标准成为可能。为了扩大领域可能的成员，即便是经济体很小的国家，

1992年国际标准化组织引入了用户成员类别，最大限度地降低了成员访问标准的费用。

ISO 9000系列标准的出版对20世纪80年代后期以来的全球化扮演了一个重要的角色。它通过跨国公司将质量管理体系带入欠发达国家，使这些国家的绩效水平得以提高。专注于环境管理的ISO 14000系列标准，是全球为应对诸如过度污染、过度使用资源和增加生产浪费等全球环境的挑战迈出的重要步伐。

ISO 14000系列标准要求所有公司在组织企业活动时要将对环境的影响降到最低。这个系列标准建议公司创建相应的环境政策，规划好可能对环境产生影响的活动，运用并实施环境管理系统，对显著影响环境的行为进行检查和纠正，并对企业环境管理体系的管理进行评审。

新标准的监测与开发

一旦相关方（如工业和工业/贸易协会、科学和学术界、消费者和消费者协会、政府和监管机构，以及通常是由非政府组织代表的社会和其他团体）明确了他们对标准的需要，国际标准化组织就需要开发新的标准。利益相关方可以通过与国际组织的联络，以国家ISO代表的会员身份参与国际标准化组织标准制定的相关技术工作。

创建一个新标准的第一步是说明其必要性。隶属于国际标准化组织国家成员的一个行业或其他利益相关方都可以提出他们对新标准的需要。相关成员将作为新工作项的问题提交给国际标准化组织相关的委员会，如果没有对应的委员会，则提交给一个负责那个领域标准的国际标准化组织技术委员会。相关组织也会联络技术委员会为新标准的开发提出新的工作项。然后，新的工作项需要得到相关技术委员会多数成员的支持，他们会基于特定标准对新工作项进行评估。因为国际标准化组织组织的目标是建立全球标准，所以新工作项必须符合全球相关的标准。这些新项目应该反映国际需要，并能在全球范围内实施。

如果某个特殊领域，而不是一个行业需要实施标准化，政策发展委员会会整合发展中国家（DEVCO）、消费者（COPOLCO）和符合性评估（CASCO）等委员会参与标准编制过程。这些委员会的标准制定过程与技术委员会的相似。

国际标准化组织为特定工业、技术、商业领域成立专门的技术委员会，并为它们分配该领域的专家。政府机构、协会、组织、科学领域的代表参与技术委员会的标准开发过程。如果需要开发新的标准和需要成立一个新的技术委员会，国际标准化组织通常会要求所有国家的会员单位以参

与者或者观察员身份参与到相关过程。那些
由各个国家会员单位的选择技术委员会专家
就作为各个国家的代表团参加开发工作。

标准的开发过程

标准开发过程的第一步就是技术委员会
先创建一个提议。如果委员会的大多数成员
投票赞成新提议和至少五个成员都愿意积极
参与标准的开发，那么新的开发项目就被确
立。然后，一个由专家和相关方组成的工作
小组来创建技术委员会一定会接受的草案。
委员会成员会就草案进行广泛的讨论、辩论，
甚至争论，直到达成共识。随后，讨论稿相关
文档将发送给所有国际标准化组织成员机构
作为一个国际标准草案（DIS）进行投票和评
述。如果投票获得通过，那么包括成员机构所
提修改建议的文档就成为国际标准最终草案
（FDIS），并由国际标准化组织提交给所有国际
标准化组织成员进行投票。如果投票成功，国
际标准最终草案就成为一个新的国际标准由
国际标准化组织发布。每个标准出版三年后，
国际标准化组织会对其进行审核，然后在五年
内确保标准的合适性。如果在技术委员会的
工作期间有实质性的技术进步和争论，委员会
可以提交一个国际标准草案通过"快速通道"
处理，并且不需要国际标准化组织成员再进行
第二次投票。

国际协议

1985 年 5 月，欧盟委员会通过了新方法
指令，通过其开放、自愿的标准化方式使相
关规定产品在欧洲市场得到支持。指令规定
产品在投放欧洲市场之前，必须满足有关健

康、安全和环境方面的"基本要求"。欧洲已
采取自愿执行标准的方式支持这项法令。这
些标准实现了创建一个单一欧洲市场的政
治目标。这项立法推动了欧洲标准化委员会
（the European Committee for Standardization,
CEN）及其程序的增长。因为非欧盟国家发
现很难获得欧洲标准化活动的相关信息，他
们因此依据国际标准化组织行事。在 1989
年的里斯本协议中，国际标准化组织和欧洲
标准化委员会同意全面相互提供和交换信
息。1991 年，国际标准化组织和欧洲标准化
委员会达成了维也纳协议。它在帮助欧洲市
场融入全球市场进程中迈出了第一步，并促
使欧洲和其他国际标准相互兼容，甚至统一。
因为这两个组织流程都需要专家资源的使
用，所以国际标准化组织和欧洲标准化委员
会同意协调双方的活动。

展望

ISO 刚开始是作为一个为支持国际贸易
而创建相关标准的组织，当它分别在 1987 年
和 1996 年发布 ISO 9000 和 ISO 14000 两个
专门处理质量管理和环境管理问题的标准
时，国际标准化组织已经成为世界上最大的
标准开发组织。

国际标准化组织已经将其注意力转向为
解决全球问题创建新标准，2010 年其发布的
关于社会责任的 ISO 26000 系列标准在国际
商务活动中变得越来越重要。另一方面，因为
这个新系列标准不是一个认证标准，因此没有
遵循以往标准的管理体系模式。随着国际标
准化组织成员数量的持续增长和全球化的增
加，国际标准化组织将创建并引入越来越多的

标准。

2012年，也就是联合国在里约热内卢召开第一次环境与发展大会的20年后，国际标准化组织的标准文件已经为解决可持续发展在环境、经济和社会三个维度上提供方法。除了ISO 14001，国际标准化组织已经提供了24个覆盖特定环境挑战（如环境标识、温室气体）的其他标准。实施标准化的经济效益较为显著，其总量可能达到了参与国家的国内生产总值的1%。公众对社会责任新标准的响应，体现了人们对各种组织应以透明和道德的方式承担其行为责任日益增长的期望。

久洛·瓦斯塔格（Gyula VASTAG）
布达佩斯潘农大学&考文纽斯大学
盖尔盖伊·久科迪（Gergely TYUKODI）
阿伦·安特尔（Áron ANTAL）
布达佩斯考文纽斯大学

参见：业务报告方法；生态足迹核算；能源效率测算；能源标签；全球环境展望（GEO）报告；生命周期评价（LCA）；生命周期成本（LCC）；生命周期管理（LCM）；物流分析（MFA）；国家环境核算；三重底线。

拓展阅读

International Institute for Sustainable Development (IISD). (1996). Global green standards: ISO 14000 and sustainable development. Retrieved February 6, 2012, from http://www.iisd.org/pdf/globlgrn.pdf.

International Organization for Standardization (ISO). (2011). *Rio 1 20. Forging action from agreement: How ISO standards translate good intentions about sustainability into concrete results*. Retrieved February 12, 2012, from http://www.iso.org/iso/rio_20_forging_action_with_agreement.pdf.

International Organization for Standardization (ISO). (2012a). About ISO. Retrieved February 17, 2012, from http://www.iso.org/iso/about.htm.

International Organization for Standardization (ISO). (2012b). Discover ISO: What standards do. Retrieved February 17, 2012, from http://www.iso.org/iso/about.htm.

Rondinelli, Dennis A.; Vastag, Gyula. (2000). Panacea, common sense, or just a label? The value of ISO 14001 Environmental Management Systems. *European Management Journal*, 18 (5), 499–510.

Vastag, Gyula; Melnyk, Steven A. (2002). Certifying environmental management systems by the ISO 14001 standards. *International Journal of Production Research*, 40 (18), 4743–4763.

Whitelaw, Ken. (2004). *ISO 14001 environmental systems handbook* (2nd ed.) Burlington, MA: Butterworth-Heinemann.

L

Land-Use and Land-Cover Change

土地利用和覆盖率的变化

土地利用方式和土地覆盖类型的变化大大改变了地球表面。这些变化过程是人活动与环境相互作用的结果,科学理解这些过程对于评价它们对环境和可持续发展的影响极为重要。遥感和经常用于预测与全球变化相关未来发展的数据库构建都是评价土地利用和覆盖变化的测量方法。

由于农业的发展和定居式的生活方式,人类通过不断地改变地球的表面提供食物、能源和生活空间。在18世纪,受工业革命和人口增长的影响,这些变化的程度上升到了前所未有的水平。科学家们在如林业、农业、生态学等具体的学科,研究了土地利用和覆盖率变化几十年内的影响。土地利用的改变是将人类和环境因素整合在一起的科学领域,它的出现仅仅是由于人类扩张时带来的自然生态的急剧破坏,但是它在20世纪90年代才开始被看作是全球性的问题。

对土地利用和覆盖率变化的理解

土地覆盖率这个术语是指地球表面的生物物理特性以及自然或人造的成分。这些特性包括植被、动物、土壤、水体和其他地形特征,如城市和城镇中的街道和建筑物。土地覆被的类型没有标准的分类。全球地图通常采用的分类体系是由国际地圈—生物圈计划(IGBP)建立的,它定义了16种土地覆被类型,其中包括有不同的森林、草原和灌丛类型(Loveland et al. 2000)。联合国粮食和农业组织的土地覆被分类体系(LCCS)更适合研究较小的地理区域(Di Gregorio 2005),它提供了一个能分等级描述土地覆被类型的分类体系,因此能用来以一种详细一致的方式定义区域土地覆被的格局。土地覆盖率的变换以转换或者修改的方式发生(Meyer & Turner 1994)。转换是地球生物物理特性的根本转变,这意味着现有的土地覆被类型被另一种类型替换（如森林转换为农田）。另一方面，土地整改是现有土地覆被类型管理的一种。土地整改中的成功的例子有日志管理计划，它影响了森林中树木的类型和年龄分布。

　　土地利用这个术语是指人类利用土地基础或是现存的土地覆被的方式。土地利用分类的例子有住房、农作物种植、放牧和娱乐。一种特定类型的土地覆被能连接到不同的土地利用类型。例如，森林可以作为树木占主导为特征的土地覆被类型，但是也可以用作木材生产或是娱乐的区域。土地常常有多重用途，即使从该区域外观上很难看出来（Harrington 1996）。出于这个原因，地图上往往将土地利用和土地覆被结合在一起，显示覆被（通常基于卫星图像）使用不明确或是有多种用处。改变土地的利用可能会导致土地覆被的转换或是修改。因此将人类活动与环境联系起来的土地利用定义为土地覆被。

　　用科学的方法来描述这些相互作用，研究人员已经提出了土地制度的概念"人类与环境相结合的系统"（Turner, Lambin & Reenberg 2007）。在此背景下，用一个概念框架来描述和理解土地覆盖率和土地利用的改变，它能区分土地利用变化直接的、根本的或是最终的原因（Meyer & Turner 1994; Geist & Lambin 2001）。最直接的原因是人类活动导致土地利用的改变，其结果是土地覆被的转换和修改，它们更容易被定义为对土地覆被分类体系的直接影响。像由刀耕火种的农业而创造新的农田带来的森林砍伐、肥料在玉米地的应用以及能改善区域交通基础设施的新公路网的发展。与此相反，根本的原因是社会、政治、经济、科技和文化这些变量共同组成的复杂体制，这个体制是引发直接原因的更深层原因。社会变量包括人群人口的发展和个人生活方式的改变，如对食物和能量的人均需求的不断增加。政治变量包括农村城市的发展规划和自然保护区内土地利用限制的实施。经济变量包括当地和全球的经济增长和市场机制。科技发展包括科学的进步。如在农业部门，这可能意味着通过作物新品种的选育和种植方法的改良使得作物的产量增加。最后，文化变量包括公众的态度、价值观和信仰，像对于环境问题以及个人和家庭行为。

　　环境变化会影响一定区域内土地利用变化的类型和程度。如农业需要适宜的土壤和气候条件，居住地的发展可能受到地形或地势的限制。气候的变化和由水土流失引起的土壤肥力下降会对土地利用的决策有直接的影响（例如，作物种类的选择或是肥料施用率）。很显然，一方面根本原因和直接原因之间相互依赖，另一方面环境条件很复杂，因地而异。

测量

　　土地覆盖率的测量基于遥感技术，如航空摄影和卫星图像。卫星传感器能提供高空间分辨率的土地覆盖率数据（大约从 $10\ m \times 10\ m$ 到 $30\ m \times 30\ m$），比较突出的例子有陆地资源卫星（专题制图仪）、SPOT（地面观察的系统）以及印度遥感方案（IRS）。此外，从商业卫星中得到的空间分辨率小于 $5\ m \times 5\ m$ 的数据是可用的，如IKONOS或是QUICKBIRD。中等分辨率的数据用于开发全球统一的土地覆盖率数据集。IGBP—DIS数据集是第一批收集的数据之一（Loveland et al. 2000），它绘制了空间分辨率为1 km×1 km的全球土地覆被。之后的例子是基于MODIS传感器数据的产品（Friedl et al. 2002），其分辨率高达500 m×500 m，属于GLOBCOVER项目（300 m×300 m）。土地覆被数据分析的第二步是分析遥感的原始数据，根据已有的分类系统来定义每个数据点的土地覆被分类。这一步里要用到聚类分析等的统计技术要。然而，两项研究指出用卫星传感和用分析数据方法做出的全球土地覆被图有很大的差异（Hannerz & Lotsch 2006; Giri, Zhu & Reed 2005）。

为了获得有关土地覆盖率变化的信息，有必要在一个特定的时间段监测空间土地覆被分布。使用相对应的遥感数据和分类方法能确保分析的可靠性。其中好的例子有，TREES项目在20世纪90年代期间对热带雨林树木砍伐的监测（Mayaux et al. 2005），使用了陆地资源卫星数据；路斯·德福瑞斯（Ruth DeFries）和她同事（2002）的研究使用了先进超高分辨率辐射计（AVHRR）数据。大陆和全球范围内土地覆被分布和时间序列相对应的数据从大约2000年才有。MODIS提供了全球范围的产品，而CORINE土地覆被（CLC）数据只涵盖了欧盟地区。

土地利用变化的数据常常无法通过卫星或飞机获得，因此需要用普查和调查来收集。这通常是行政单位水平上来完成的，如国家、区和镇或是家庭和农场范围的调查。在全球范围上，粮农组织正在对所有联合国成员国收集土地利用的统计数据，而且主要关注农业和林业部门。粮农组织森林资源评估（FRA）每五年进行数据更新，而农业部门的数据每年都进行采集。在这两种情况下，库存依靠国家报告，因此它们的质量在很大程度上取决于每个国家收集的数据的准确性。此外，在一些国家如美国、巴西、印度、俄罗斯和欧盟，国家级以下的库存可用于土地利用相关的变量，如人口发展、农业生产和森林管理。由于这些存货定期更新而且有历史数据的积累，它们能提供有价值的信息来源。

最近，一些科学家试图开发被称为空间明确的土地利用数据集，它结合了遥感土地覆盖率数据和库存数据。这种方法用于解决各种问题。一个早期的项目将夜间光强度的遥感数据与国内生产总值和人口的普查数据相联系，生成人口密度的地图和国内生产总值空间分布的信息（Doll, Muller & Morley 2006）。其他研究人员通过结合人口普查的数据和土地覆被的遥感数据开发出全球作物分布的地图（Monfreda, Ramankutty & Foley 2008; Ramankutty et al. 2008），乔治·金德曼（Georg Kindermann）和他的同事（2008）已经发表了全球森林资源地图。

另一种方法是绘制全球人类起源生物群落地图，该地图可以描述生态系统结构的变化和人类社会的功能（Ellis & Ramankutty 2008）。虽然这些地图每个都是特定于某个时间点，其他研究人员旨在确定土地覆盖率快速变化的全球热点（Lepers et al. 2005）。这种分析结合了遥感和库存数据来合成20世纪90年代全球土地覆盖率发生变化的地图。以下讨论的主题是"人类对LUCC的影响展望"的一些研究结果。

影响和可持续发展

狭义的土地可持续利用可以被定义为"从长期来看，利用土地资源生产商品和服务的这种方式，自然资源基础不被破坏，而且未来人类的需求也可以得到满足"（Reid et al. 2006）。在此背景下，生态系统服务的概念很重要，它是以科学完善的框架描述了人类社会和环境之间的联系。不同类型的生态系统和相关的土地覆被类型提供不同的商品和社会服务，其中包括物质资源，如食物、能源和居住空间，同时也处理如气候调节和保水性等问题来避免洪水（MEA 2005）。这些自然资源的枯竭可能意味着对人类福利（如森林休闲区的损失、空气污染）、未来的社会和经济发展选择（如植物遗传变异的损失、消耗土壤肥力的水土流失）的负面影响。因此从长远来看，需要权衡实现必要物质资源的提供与其他生态系统服务的稳定与平衡（Foley et al. 2005）。

研究这些权重的重要性可以用农业来说明。在过去的150年里，农业发展可以看出两个趋势：自20世纪70年代以来，农田和草场面积不断扩大，每公顷作物产量也在增加（Klein Goldewijk 2005）。由于科技的进步，作物新品种的选育、矿物肥料的应用、农药和灌溉（通过绿色革命）变为可能。虽然还未在世界各地实现食品安全，但是因为这些发展，食品的总产量（一种重要的生态系统服务）已经有显著的增加。但反过来说，也能看到对其他服务很多的负面影响。例如，耕地的扩张已经被确定是自然生态系统损耗的一个主要因素。特别森林覆盖率的损失的重要推动力是向大气中释放二氧化碳（Achard et al. 2004）、改变全球水通量（Rockström et al. 1999）及由于栖息地破坏和分裂引发的生物多样性的减少（Sala et al. 2000）等。农业管理的集约化也对生态系统和人类产生了不利影响。例如，大型单一种植的农田对生物多样性有负面影响，而化肥的过度施用可能会改变生态系统中的养分循环。此外，对人体健康也可能有负面影响，如农药的不恰当施用。关于全球食品安全问题的首要问题是研究如何为不断增长的世界人口生产足够的粮食，并尽量减少对生态系统功能的负面影响，因为要到2050年后人口才能稳定。科学界正在大力争论这些目标是否最可能通过进一步的农业集约化或是建立更大但是更广泛使用的种植和放牧系统来实现（Green et al. 2005; Power 2010）。可持续发展的另一个非常重要的方面是土地使用权的问题，因为由此人们获得土地和水资源。这些资源的争夺可以从自然保护和农业以及不同人影响的土地使用中看出。其案例有侵占肥沃农田的新定居区和新引进的与粮食作物竞争的能源作物。两种发展都可能对当地人口的食品安全有负面影响，因为之前用于粮食产出的土地转换为其他类型的土地利用。"间接土地用途改变"结果的效果能从巴西生态学家大卫·拉普拉(David Lapola)和他的同事(2010)进行的一项研究中看出。这项研究说明了燃料作物如何取代粮食作物的种植来推动亚马孙地区更多的牧场,从而导致该地区更多的森林砍伐,但是也突显出这些影响可能通过更加有效的牧场管理来克服。

土地利用的改变也会影响水资源的获得和供应。例如,工业、家庭和农业灌溉可能会争夺区域内的有限水资源,并且废水和营养物质的排放可能会对水质产生影响。对这些主题的详细介绍可以在《土地利用和土地覆盖率变化:地方进程和全球影响》中找到,该书由埃瑞克·兰宾(Eric Lambin)和赫尔慕特·盖斯特(Helmut Geist)编辑(2006)。

人类对LUCC的影响:展望

如今超过75%的无冰陆地受人类活动的影响,其中农业(耕地和牧地)占土地面积的40%(Ellis & Ramankutty 2008; Foley et al. 2005)。土地覆盖率快速变化的地图概括了自20世纪80年代以来最重要的发展(Lepers et al. 2005),这些地图区别了森林植被、农业用地、城市化和土地退化的变化。森林砍伐主要在热带地区,特别集中于东南亚和亚马孙。在非洲潮湿的热带雨林,TREES项目(Mayaux et al. 2005)的计算显示,从1990年到1997年这段观察时期中,每年平均毁林面积大约有7 000平方公里,平均每年的毁林增长率为0.36%。世界许多地方农业面积正在扩大,像东南亚、东非和亚马孙盆地;而在一些高度工业化的国家,像美国和那些欧盟国家,可以观察到趋势完全相反,耕地面积在减少。由于不可持续发展的人类活动,如过度放牧、在不适宜区域扩大农田以及不受控制的树木砍伐,土地的进一步退化是一个全球性的现象。尤其在亚洲大陆、东非和地中海这些敏感地区。

未来土地覆被分类体系将由本文之前所介绍的基础的和直接的驱动来决定。主导力量将是至2050年人口将高达90亿,这将导致食品和能源需求的增加,而这对土地资源会有更多的压力。不同的科学家们已经用现有的数据预测了未来的发展途径。约瑟夫·阿尔卡莫(Joseph Alcamo)和他的同事(2006)发现,在未来十年里,现有的城镇化和以牺牲森林这样的自然土地来换取农业区域扩大的趋势很可能会持续下去。阿伯丁大学的皮特·史密斯和他的同事(2010)预测现有土地资源不同的土地利用间的竞争将会日益激烈。基于现有数据的合理分析,在这样的未来,土地资源可持续发展管理策略和政策的结合是社会面临的主要挑战之一。

鲁迪格·斯克尔达克(Rüdiger SCHALDACH)
德国卡塞尔大学

参见:可持续性度量面临的挑战;计算机建模;生态足迹核算;生态影响评价(EcIA);地理信息系统(GIS);$I = P \times A \times T$方程;新生态范式(NEP)量表;减少因森林砍伐和森林退化引起的排放;遥感;战略环境评估(SEA);系统思考;跨学科研究。

拓展阅读

Achard, Frédéric; Eva, Hugh D.; Mayaux, Philippe; Stibig, HansJürgen; Belward, Alan. (2004). Improved estimates of net carbon emissions from land cover change in the tropics for the 1990s. Global Biogeochemical Cycles, 18 (2), Article GB2008. doi: 10.1029/2003GB002142.

Alcamo, Joseph; Kok, Kasper; Busch, Gerald; Priess, Jörg A. (2006). Searching for the future of land: Scenarios from the local to global scale. In Eric F. Lambin & Helmut J. Geist (Eds.), *Land-use and land-cover change: Local processes and global impacts*. New York: Springer. 137–156.

DeFries, Ruth S.; et al. (2002). Carbon emissions from tropical deforestation and regrowth based on satellite observations for the 1980s and 1990s. *Proceedings of the National Academy of Sciences of the United States of America*, 99 (22), 14256–14261.

Di Gregorio, Antonio. (2005). Land cover classification system. Classification concepts and user manual (Version 2) [Software]. Rome: Food and Agricultural Organization of the United Nations (FAO).

Doll, Christopher N. H.; Muller, Jan-Peter; Morley, Jeremy G. (2006). Mapping regional economic activity from night-time light satellite imagery. *Ecological Economics*, 57 (1), 75–92.

Ellis, Erle C.; Ramankutty, Navin. (2008). Putting people on the map: Anthropogenic biomes of the world. *Frontiers in Ecology*, 6 (8), 439–447.

Foley, Jonathan A.; et al. (2005). Global consequences of land use. *Science*, 309 (5734), 570–574.

Friedl, Mark A.; et al. (2002). Global land cover mapping from MODIS: Algorithms and early results. *Remote Sensing of Environment*, 83 (1–2), 287–302.

Geist, Helmut J.; Lambin, Eric F. (2001). *What drives tropical deforestation* (LUCC Report Series No. 4). Louvain-la-Neuve, Belgium: Land-Use and Land-Cover Change (LUCC) International Project Office, University of Louvain.

Giri, Chandra; Zhu, Zhiliang; Reed, Bradley. (2005). A comparative analysis of the global land cover 2000 and MODIS land cover data sets. *Remote Sensing of Environment*, 94 (1), 123–132.

Green, Rhys E.; Cornell, Stephen J.; Scharlemann, Jörn P. W.; Balmford, Andrew. (2005). Farming and the fate of wild nature. *Science*, 307 (5709), 550–555.

Gutman, Garik; et al. (Eds.). (2004). *Land change science: Observing, monitoring, and understanding trajectories of change on the earth's surface*. Dordrecht, The Netherlands: Kluwer.

Hannerz, Fredrik; Lotsch, Alexander. (2006). *Assessment of land use and cropland inventories for Africa* (CEEPA Discussion Paper No. 22). Pretoria, South Africa: Centre for Environmental Economics and Policy in Africa (CEEPA), University of Pretoria.

Harrington, Lisa M. B. (1996). Regarding research as a land use. *Applied Geography*, 16 (4), 265–277.

Kindermann, Georg, E.; McCallum, Ian; Fritz, Steffen; Obersteiner, Michael. (2008). A global forest growing stock, biomass and carbon map based on FAO statistics. *Silva Fennica*, 42 (3), 387–396.

Klein Goldewijk, Kees. (2005). Three centuries of global population growth: A spatial referenced population (density) database for 1700–2000. *Population and Environment*, 26 (4), 343–367.

Lambin, Eric F.; Geist, Helmut J. (Eds.). (2006). *Land-use and landcover change: Local processes and global impacts*. New York: Springer.

Lapola, David M.; et al. (2010). Indirect land-use changes can overcome carbon savings from biofuels in Brazil. *Proceedings of the National Academy of Sciences of the United States of America*, 107 (8), 3388–3393.

Lepers, Erika; et al. (2005). A synthesis of information on rapid landcover change for the period 1981–2000. *BioScience*, 55 (2), 115–124.

Loveland, Thomas R.; et al. (2000). Development of a global land cover characteristics database and IGBP DISCover from 1-km AVHRR data. *International Journal of Remote Sensing*, 21 (6–7), 1303–1330.

Mayaux, Philippe; et al. (2005). Tropical forest cover change in the 1990s and options for future monitoring. *Philosophical Transaction of the Royal Society B: Biological Sciences*, 360 (1454), 373–384.

Meyer, William B.; Turner, Billie L., II. (Eds.). (1994). *Changes in land use and land cover: A global perspective*. Cambridge, UK: Cambridge University Press.

Millennium Ecosystem Assessment (MEA). (2005). *Ecosystems and human well-being: Vol. 2, Scenarios*. Washington, DC: Island Press.

Monfreda, Chad; Ramankutty, Navin; Foley, Jonathan A. (2008). Farming the planet: 2. Geographic distribution of crop areas, yields, physiological types, and net primary production in the year 2000. *Global Biogeochemical Cycles*, 22, Article GB1022. doi: 10.1029/2007GB002947.

Power, Alison G. (2010). Ecosystem services and agriculture: Tradeoffs and synergies. *Philosophical Transactions of the Royal Society B: Biological Sciences*, 365 (1554), 2959–2971.

Ramankutty, Navin; Evan, Amato T.; Monfreda, Chad; Foley, Jonathan A. (2008). Farming the planet: 1. Geographic distribution of global agricultural lands in the year 2000. *Global Biogeochemical Cycles*, 22 (1), Article GB1003. doi: 10.1029/2007GB002952.

Reid, Robin S.; Tomich, Thomas P.; Xu, Jianchu; Geist, Helmut J.; Mather, Alexander S. (2006). Linking land-change science and policy: Current lessons and future integration. In Eric F. Lambin & Helmut J. Geist (Eds.), *Land-use and land-cover change: Local processes and global impacts*. New York: Springer. 157–172.

Rockström, Johan; Gordon, Line; Folke, Carl; Falkenmark, Malin; Engwall, Maria. (1999). Linkages among water vapor flows, food production and terrestrial ecosystem services. *Conservation Ecology*, 3 (2), Article 5. Retrieved September 7, 2011, from http://www.consecol.org/vol3/iss2/art5/.

Sala, Osvaldo E.; et al. (2000). Global biodiversity scenarios for the year 2100. *Science*, 287 (5459), 1770–1774.

Smith, Pete; et al. (2010). Competition for land. *Philosophical Transactions of the Royal Society B: Biological Sciences*, 365 (1554), 2941–2957.

Turner, Billie L.; Lambin, Eric F.; & Reenberg, Anette. (2007). The emergence of land change science for global environmental change and sustainability. *Proceedings of the National Academy of Sciences of the United States of America*, 104 (52), 20666–20671.

Watson, Robert T.; et al. (2000). *Land use, land-use change, and forestry.* Cambridge, UK: Cambridge University Press for the Intergovernmental Panel on Climate Change (IPCC).

Life Cycle Assessment, LCA

生命周期评价

生命周期评价在可持续分析中扮演着环境支柱的角色，它通过分析产品或服务从产生到最终废弃，或"从摇篮到坟墓"的环境影响和社会影响，向人们提供了开发可持续指标的量化方法。生命周期评价分析的价值和有用性在极大程度上依赖于过程中方法的选择。

根据国际标准组织的定义，生命周期评价（LCA）是"对于投入和产出，以及产品系统整个生命周期的潜在环境影响的汇编和评价"。当原材料从自然资源中取得或产生时，这个研究就开始了，到它被最终废弃时，这个研究才结束（ISO 2006a）。通常，生命周期评价通过把产品或服务、生产或废弃从而影响环境的变化联系起来（Wrisberg & Udo de Haes 2002）研究不同的选项，并把注意力投向了产品或系统从原材料提取到它的最终废弃，或"从摇篮到坟墓"的整个自然历史。

生命周期评价起源于对于消费品的环境影响的比较研究，可以追溯到20世纪60年代和70年代。作为几种环境管理技术之一的生命周期评价，它在个人公司或制度层面，在帮助有环境意识的商业决策中，都起着主要作用；在指导欧盟和美国或其他国家的环境政策和自发地协作行为时，它也成为了核心元素（Guinée et al. 2011）。

生命周期评价研究必须根据国际标准组织（ISO 14040和ISO 14044）所设立的技术标准来执行。它有四个基本方面：目标和范围定义，清单分析，影响评估，解释（ISO 2006a; ISO 2006b）。人们在第一阶段就定义了生命周期评价研究的范围，它影响着系统边界和细节水平的定义。我们所研究的产品系统所满足的主要功能也必须是特定的。生命周期清单（LCI）分析阶段包含了对于活动每个阶段的数据的收集，尤其是和环境影响相关的部分。生命周期影响评价（LCIA）阶段在量化的环境影响和它们所导致的各种影响种类间建立联系。最终，生命周期解释阶段总结和讨论了作为总结、推荐和决策的基础的结果。需要注意的是,每个阶段的假定方法严重影响着最终分析和结论的使用和价值,同时也影响着所得到的措施的精准度。通常,生命周期评价使用专用的软件包和数据集来运行,对于它的精心选择是获得有用分析的关键。

准备生命周期清单

清单分析阶段是评测中的依靠经验的部分。由于生命周期评价是一种综合工具,它有着很高的数据需求,单个基础上的特殊数据采集能部分满足这种需求,同时,这种需求也依赖于数据库。当我们为了生命周期清单来收集数据时,在何时何地排放的或提取收集的数据,通常没有任何区别,这样就使得生命周期评价具有地点独立和稳健的特征(Wrisberg & Udo de Haes 2002)。有人已经提出了引进时间维度到生命周期评价建模的几种方法,这使得生命周期评价具有动态性,而非静态性。但是,这些方法是有争议的,有时,其他的争议角度是间接方法,强调了由决定或行动所导致的变化结果。这代表一种构想可以有许多方法选择结果的生命周期评价的方法。

在清单阶段产生了两个问题,这两个问题可对最终的分析产生主要影响,一个是针对有关环境影响对于由同样工艺流程所制造的两个或更多个产品的分配的。国际标准化组织建议我们尽可能避免这种分配,要么把该单位工艺分为若干子过程以收集所需的环境负担数据,要么扩大产品系统定义。如果可以避免分配,那么每个产品的环境负担就能够依据他们潜在的物理关系或其他关系被分摊掉。这种分配过程存在于生命周期评价中最具争议的话题中(Suh et al. 2010; Guinée, Heijungs & Huppes 2004; Weidema 2001; Heijungs & Fischknecht 1998)。

再利用和再回收方案也是悬而未决。对于这些问题,有好几种可用的方法(Fishknecht 2010)。回收物质含量或捷径、方法、环境影响都决定了它们发生的时间,所以材料的第二次使用没有承载任何来自主要材料生产活动的环境负担。产品回收因回收数量、回收途径和生命周期的末端形态而异,产品的回收将来会导致其主要材料的产量减少。减少排放必须归功于废弃产品的回收,从而大幅减少其对环境的影响。

生命周期影响评价

在影响评价阶段,有一些经验主义或标准性的成分。前者包含了几个关于环境影响的科学信息,这些信息将用来定义提供环境影响的定量表示因素,包括了影响着自然环境、人类健康或资源的问题。这个由不同影响类别的社会价值信息所组成的标准化成分,可以创造出一组权重因子。

产品生命周期的任何阶段都可以做影响评估,从第一次环境处置(排放、提取、土地利用)开始,这些影响可以通过造成某种类型的毁坏(比如由于海平面上升而导致的土地的丧失值)的影响指数(比如气候变化)进行量化。在中点阶段或终点阶段也可以进行影响评估。

特定环境影响类别的中点指数和终点指数的主要区别是:终点指数是计算反映产品生命周期终点的各种压力源之间的区别,它可能与社会对于最终效果的理解有关。从另一方面看,中点指数提供了潜在影响而非最终测量的参数。比如全球增温潜势,是在全球变暖的事件中对于人类和生态系统的影响内容的中点测量,而由于臭氧形成而产生的减寿年数(YOLL),就是一个人类健康影响的终点指数的例子。

在生命周期影响评价阶段,通常结果是选择影响类别(分类),然后,它们通过现有的特征因子(特征)转化成种类指数的普通单元。附加的非强制性步骤也许包括了对于涉及参考信息(标准化)的种类指数的量级的计算,加权基于社会价值观的影响种类的合计指数。

影响种类和表征模型依据所选方法而变化。实践者必须选择与他们的特定研究目标相关的方法。这里有好几种充足的基线表征方法的相关类别(Guinée 2002)。

● 非生命资源消耗:受到诸如矿物和土壤燃料的提取的生命周期清单结果的影响,用千克每功能单位(千克/功能单位)来表示。

典型的种类指数是关于年使用的终极储备的消耗,特征因子是非生命资源消耗(ADP),用锑当量每千克萃取物来表示。

● 土地竞争:受到生命周期清单结果影响,如平方米每年(m²/a)的土地利用。典型的类别指数是土地占用。

● 气候变化:受到生命周期清单结果影响,如排放到空气的温室气体量(GHG),其单位是千克每功能单位。典型的类别指数是红外线辐射强迫瓦每立方米(W/m²),例如,这个特征因子是一百年时间地平线(GDP100)的全球增温潜势,用千克二氧化碳当量每千克温室气体量排放表示。

● 平流层臭氧耗竭受到如消耗臭氧气体排放到空气中的生命周期清单结果的影响。典型的类别指数是平流层臭氧崩溃,例如,其特征因子是定态(ODP steady state)的臭氧枯竭潜值,用千克含氯氟烃11当量/千克排放表示。

● 毒性:受到诸如有毒物质排放到空气、水、土壤(用千克来表示)的生命周期清单结果的影响。对于人类毒性,典型的类别指数是可接受的日均摄入/预测的日均摄入比率,其特征因子是人体毒性潜值(HTP),用千克1,4二氯苯当量/千克排放来表示。对于生态毒性(包括淡水水生生态毒性、海洋水生生态毒性、陆地生态毒性),典型的类别指数是预测的环境浓度/预测的无作用浓度比率和特征因子(淡水水生生态毒性潜值或FAETP,海洋水生生态毒性或MAETP,陆地生态毒性或TETP)也总是用千克1,4二氯苯当量/千克排放来表示。

● 光氧化剂形成:受到诸如挥发性有机

化合物和一氧化碳排放到空气的生命周期清单结果的影响，用千克/功能单元表示。典型的类别指数是对流层臭氧形成，特征因子是光化学臭氧的创造潜力，用千克乙烯当量/千克排放来表示。

● 酸化：受到诸如酸化物质排放到空气的生命周期清单结果的影响，用千克/功能单元表示。典型的类别指数是沉积物/酸化临界负荷率，特征因子是酸化潜值（AP），用千克二氧化硫当量/千克排放来表示。

● 富营养化：受到诸如营养素排放到空气、水和土壤中的生命周期清单结果的影响，用千克/功能单元表示。典型的类别指数是沉积物和氮/生物质中的磷的比率，特征因子是富营养化潜值（EP），用千克碳酸盐当量/千克排放来表示。

展望

生命周期评价过程在不断进化。一个具有关联性的影响类别是为了人类毒性和淡水生态毒性模型（Rosenbaum et al. 2008）而注册的。未来，生命周期评价的重点是扩大通过把生命周期成本（LCC）和社会生命周期分析（SLCA）包括进去，从而使生命周期评价成为更为广泛的生命周期可持续性分析（LCSA）。此外，物理约束、种群动态和反弹效应都应该表现出来（Heijungs, Huppes & Guinée 2010）。

埃托雷·塞坦尼（Ettore SETTANNI）
布鲁诺·诺塔尼古拉（Bruno NOTARNICOLA）
杰赛普·塔西利（Giuseppe TASSIELLI）
意大利塔兰托阿尔多莫罗大学

参见：碳足迹；计算机建模；设计质量指数；生态足迹核算；生态影响评估；生命周期成本（LCC）；生命周期管理（LCM）；物质流分析（MFA）；航运和货运指数；供应链分析；三重底线。

拓展阅读

Bare, Jane C.; Hofstetter, Patrick; Pennington, David W.; Udo de Haes, Helias A. (2000). Midpoints versus endpoints: The sacrifices and benefits. *International Journal of Life Cycle Assessment*, 5(6), 319–326.

Dreyer, Louise Camilla; Niemann, Anne Louise; Hauschild Michael Z. (2003). Comparison of three different LCIA methods: EDIP97, CML2001 and Eco-indicator 99. Does it matter which one you choose? *International Journal of Life Cycle Assessment*, 8(4), 191–200.

Fischknecht, Rolf. (2010). LCI modeling approaches applied on recycling of materials in view of environmental sustainability, risk perception and eco-efficiency. *International Journal of Life Cycle Assessment*, 15(7), 666–671.

Guinée, Jeroen B. (Ed.). (2002). *Operational guide to the ISO standards. IIa: Guide*. Dordrecht, The Netherlands: Kluwer.

Guinée, Jeroen B.; et al. (2011). Life cycle assessment: Past, present, and future. *Environmental Science and*

Technology, 45(1), 90–96.

Guinée, Jeroen B.; Heijungs, Reinout; Huppes, Gjalt. (2004). Economic allocation: Examples and derived decision tree. *International Journal of Life Cycle Assessment*, 9(1), 23–33.

Heijungs, Reinout; Fischknecht, Rolf. (1998). A special view on the nature of the allocation problem. *International Journal of Life Cycle Assessment*, 3(5), 321–332.

Heijungs, Reinout; Huppes, Gjalt; Guinée, Jeroen B. (2010). Life cycle assessment and sustainability analysis of products, materials and technologies: Toward a scientific framework for sustainability life cycle analysis. *Polymer Degradation and Stability*, 95(3), 422–428.

International Organization for Standardization (ISO). (2006a). *ISO 14040: 2006: Environmental management — life cycle assessment — Principles and framework*. Geneva: ISO.

International Organization for Standardization (ISO). (2006b). *ISO 14044: 2006: Environmental management—Life cycle assessment—Requirements and guidelines*. Geneva: ISO.

Jolliet, Olivier; et al. (2003). IMPACT 20021: A new life cycle impact assessment methodology. *International Journal of Life Cycle Assessment*, 8(6), 324–330.

Koehler, Annette. (2008). Water use in LCA: Managing the planet's freshwater resources. *International Journal of Life Cycle Assessment*, 13(6), 451–455.

Notarnicola, Bruno; Huppes, Gjalt; van den Berg, Nico W. (1998). Evaluating options in LCA: The emergence of confl icting paradigms for impact assessment and evaluation. *International Journal of Life Cycle Assessment*, 3(5), 289–300.

Reap, John; Roman, Felipe; Duncan, Scott; Bras, Bert. (2008a). A survey of unresolved problems in life cycle assessment. Part 1: Goal and scope and inventory analysis. *International Journal of Life Cycle Assessment*, 13(4), 290–300.

Reap, John; Roman, Felipe; Duncan, Scott; Bras, Bert. (2008b). A survey of unresolved problems in life cycle assessment. Part 2: Impact assessment and interpretation. *International Journal of Life Cycle Assessment*, 13(5), 374–388.

Rosenbaum, Ralph K.; et al. (2008). USEtox — The UNEP-SETAC toxicity model: Recommended characterization factors for human toxicity and freshwater ecotoxicity in life cycle impact assessment. *International Journal of Life Cycle Assessment*, 13(7), 532–546.

Schaltegger, Stefan. (Ed.). (1996). *Life cycle assessment (LCA) — Quovadis?* Basel, Switzerland: Birkhäuser.

Suh, Sangwon; et al. (2004). System boundary selection in life-cycle inventories using hybrid approaches. *Environmental Science and Technology*, 38(3), 657–664.

Suh, Sangwon; Weidema, Bo; Hoejrup Schmidt, Jannick; Heijungs, Reinout. (2010). Generalized make and use framework for allocation in life cycle assessment. *Journal of Industrial Ecology*, 14(2), 335–353.

Weidema, Bo. (2001). Avoiding co-product allocation in life-cycle assessment. *Journal of Industrial Ecology*, 4(3), 11–33.

Wrisberg, Nicoline; Udo De Haes, Helias A. (2002). *Analytical tools for environmental design and management in a systems perspective*. Dordrecht, The Netherlands: Kluwer.

Zamagni, Alessandra; et al. (2008). *Critical review of the current research needs and limitations related to ISO-LCA practice* (CALCAS Project No. 037075 Rep.).

Life Cycle Costing, LCC

生命周期成本

生命周期成本是对于产品从摇篮到坟墓成本的评估，植根于管理核算，兴起于21世纪的环境领域。研究者经常把生命周期成本的结果与生命周期评估的结论结合起来，以获得生态效益方法。但是，与生命周期成本和他在可持续分析中的角色的方法和执行相关的方面仍然存在讨论的空间。

生命周期成本是一种计算许多耐用资产（比如，设备、汽车、建筑）的总成本的传统方法，这些成本由一个或多个参与人来承担，主要是整个资产生命周期内的所有人和生产商。总成本包括了设计、获取、操作、维护、和处置（Dhillon 2010; Fabrycky & Blanchard 1991）。

当决策者学习不同的产品和设计折中时，生命周期成本通常就派上用场了。多数的生命周期成本的应用都是在建筑和结构部分、能源部分、和公共部分，最主要是采购决定（Korpi & Ala-Risku 2008; UNEP-SETAC 2009）。

生命周期成本与环境管理有关，在这个领域研究者把它叫作环境生命周期成本。环境生命周期成本用某些要求的环境考量延伸了生命周期成本的传统概念。它必须包括① 全部的生命周期阶段和参与人（比如供应商、建筑商、客户、最终用户、使用周期结束时的所有参与人）；② 外部效应，即，决策者期望将其内化到与决策相关的未来的第二种或意外结果；③ 补充性的非货币化生命周期评价（Hunkeler, Lichtenvort & Rebitzer 2008; UNEP-SETAC 2009）。

因此，环境生命周期成本提供了一种从生命周期评价获得的环境权值的相对经济对应物。许多研究者详细阐述了环境管理者采纳生命周期成本的原因（Fava & Smith 1998; Steen 2007; Weitz, Smith & Warren 1994）。

尽管环境生命周期成本和生命周期评价是两种并行使用的不同方法，但是研究者把它们理解为各自逻辑相对物的形成过程，它是可持续评估的经济"支柱"和环境"支柱"（Heijungs, Huppes & Guinée 2010; Klöpffer 2008）。两者都把产品的整个生命周期，即从原材料提取到生产再到使用和再回收或废弃处置的全过程，看作是决定各自成本和环境影响的共同基础。

问题

环境生命周期成本以某种方式丰富了生命周期成本的基本概念，但是研究者是如何在实际上实现这一点很大程度上取决于定义。许多研究者批评它作为可持续性支柱的角色（Jørgensen, Hermann & Mortensen 2010）。关于这个问题的最权威的观点是欧洲环境毒物学和化学协会（the Society of Environmental Toxicology and Chemistry, SETAC）内部的生命周期成本工作集团的观点，这个集团大致同意环境生命周期成本应该总结所有成本，理解真正的现金流，联系起产品的生命周期，一个或多个生命周期直接涵盖的参与人的成本。许多环境生命周期成本的定义也包含了与环境外部效应相联系的成本，即由那些遭受与生产相关的环境逆影响的人们所承受的社会成本。对于一家公司，在一个特殊时期，是不负责市场或规则带给公司的这些成本的（White, Savage & Shapiro 1996）。这些成本可以包括人们预期在不远的将来将其内部化（比如，包括通过环境税的方式或其他用在许多专用的环境政策经济方法）的花费。研究者把环境生命周期成本预想为生命周期评价的补充分析，而非是一个孤立的技术。

文献给环境生命周期成本下了很多定义，这些定义经常使用不明不白的术语。研究者看待环境生命周期成本，既不是一种将成本整合进生命周期评价的方法（Ciroth 2009; Norris 2001; Shapiro 2001; White; Savage & Shapiro 1996），也不是通过生命周期评价的帮助而得到产品的全部环境成本的方法（Epstein 1996 & 2008; Schaltegger & Burritt 2000）。研究者已经能在抛开生命周期评价的参考的情况下，作为贯穿产品生命周期的与环境相关的决策而产生的计划的金融结果来理解生命周期成本了（Burritt, Hahn & Schaltegger 2002; Bennett & James 2000; Kreuze & Newell 1994）。这些产品包括了火车车厢、电灯泡、洗衣机、汽车、废物处理（Hunkeler, Lichtenvort & Rebitzer 2008 文中有大量案例）。

包括了环境生命周期成本的与环境相关的成本种类的范围可能在一个或多个参与人所造成的内部成本（经常潜在隐藏）的范围内变动。这些例子有的是防止污染释放，有的是监测和处理污染，有的是偶然产生了这些污染的情况，有的不切实际，有的甚至是属于外部成本的种类（US EPA 1995）。

实践中非常流行的做法是将生命周期成本和生命周期评价结合起来，作为独立但连续的工具，这包括了前者与后者的任何形式的整合。因此，决策者通常将产品替代品用很多独立计算的环境和成本指数进行排序，由此得到的方法符合生态效率的定义。研究者把这个部分看作是由实用目标驱动的核算可持续性的工具（Schaltegger & Burritt 2010）。

为了计算融合在生命周期评价的成本指数，研究者采用生命周期成本的传统概念为现金流分析（Carlsson Reich 2005; Schmidt 2003; White, Savage & Shapiro 1996）。但是，研究者通常都没有透露他们是如何来使用生命周期成本的具体细节（例如，参见 Early et al. 2009; Kicherer et al. 2007; Krozer 2008）。

未来

批评者指责当前的环境生命周期成本实践受到了限制，这些限制削弱它们的潜能，它们可能从支持发表特殊产品的个体公司的角度来做出决定（Settanni 2008）。首先，生命周期成本只是一个支持耐用品的投资决定的工具。因此，它可能不适合耐用资产以外的商品（这些都可以被生命周期评价成功分析）。第二，当提到评估成本时，研究者收集、组织和计算物质流潜在信息的方法可能比用生命周期评价的方法效果更差。他们需要强调成本，即便这些无法轻松量化，它们也包含在生命周期成本中。第三，尽管生命周期评价中设立的物理流清单提供了非常好的基础，能用它来得到与物质和能量（Rebitzer 2002）相关的成本，但是清楚地通过清单来结合的生命周期评价和生命周期成本的例子非常稀少。研究者通过采纳生命周期成本的新观点作为过程导向的成本计算方法，不仅是充分反映操作技术的现金流分析，也提出了以上的概念上的不一致性（Emblemsvåg 2003; Settanni, Tassielli & Notarnicola 2011）。

埃托雷·塞坦尼（Ettore SETTANNI）
布鲁诺·诺塔尼古拉（Bruno NOTARNICOLA）
杰赛普·塔西利（Giuseppe TASSIELLI）
意大利塔兰托阿尔多莫罗大学

参见：业务报告方法；设计质量指数（DQI）；能效的测定；能源标识；国际标准组织（ISO）；生命周期评价（LCA）；生命周期管理（LCM）；物质流分析（MFA）；遵纪守法；社会生命周期评价（S-LCA）；供应链分析。

拓展阅读

Bennett, Martin; James, Peter. (2000). Life-cycle costing and packaging at Xerox. In Martin Bennett & Peter James (Eds.), *The green bottom line*. Sheffield, UK: Greenleaf. 347–361.

Burritt, Roger; Hahn, Tobias; Schaltegger, Stefan. (2002). An integrative framework of environmental management accounting. In Martin Bennett, Jan J. Bouma, & Teun Wolters (Eds.), *Environmental management accounting: Informational and institutional developments*. Dordrecht, The Netherlands: Kluwer Academic Publishers. 21–35.

Carlsson Reich, Marcus. (2005). Economic assessment of municipal waste management systems—Case studies using a combination of life cycle assessment (LCA) and life cycle costing (LCC). *Journal of Cleaner Production*, 13 (3), 253–263.

Ciroth, Andreas. (2009). Cost data quality considerations for ecoefficiency measures. *Ecological Economics*, 68 (6), 1583–1590.

Dhillon, Balbir S. (2010). *Life cycle costing for engineers*. Boca Raton, FL: CRC Press.

Early, Claire; Kidman, Tim; Menvielle, Michell; Geyer, Roland; McMullan, Ryan. (2009). Informing packaging design decisions at Toyota Motor Sales using life cycle assessment and costing. *Journal of Industrial Ecology*, 13 (4), 592–606.

Emblemsvåg, Jan. (2003). *Life cycle costing: Using activity based costing and Monte Carlo methods to manage future costs and risks*. Hoboken, NJ: John Wiley and Sons.

Epstein, Marc J. (1996). Improving environmental management with full environmental cost accounting. *Environmental Quality Management*, 6 (1), 11–22.

Epstein, Marc J. (2008). *Making sustainability work: Best practices in managing and measuring corporate social, environmental and economic impacts*. Sheffield, UK: Greenleaf Publishing.

Fabrycky, Wolter J.; Blanchard, Benjamin S. (1991). *Life cycle costing and economic analysis*. Englewood Cliff s, NJ: Prentice Hall.

Fava, James A.; Smith, Joyce K. (1998). Integrating fi nancial and environmental information for better decision making. *Journal of Industrial Ecology*, 2 (1), 9–11.

Heijungs, Reinout; Huppes, Gjalt; Guinée, Jeroen B. (2010). Life cycle assessment and sustainability analysis of products, materials and technologies: Toward a scientific framework for sustainability life cycle analysis. *Polymer Degradation and Stability*, 95 (3), 422–428.

Hunkeler, David; Lichtenvort, Kerstin; Rebitzer, Gerald. (2008). *Environmental life cycle costing*. Pensacola, FL: Society of Environmental Toxicology and Chemistry (SETAC) and CRC Press.

Jørgensen, Andreas; Hermann, Ivan T.; Mortensen, Jørgen Birk. (2010). Is LCC relevant in a sustainability assessment? *International Journal of Life Cycle Assessment*, 15 (6), 531–532.

Kicherer, Andreas; Schaltegger, Stefan; Tschochohei, Heinrich; Ferreira Pozo, Beatriz. (2007). Eco-efficiency: Combining life cycle assessment and life cycle costs via normalization. *International Journal of Life Cycle Assessment*, 12 (7), 537–543.

Klöpffer, Walter. (2008). Life cycle sustainability assessment of products. *International Journal of Life Cycle Assessment*, 13 (2), 89–95.

Korpi, Eric; Ala-Risku, Timo. (2008). Life cycle costing: A review of published case studies. *Managerial Auditing Journal*, 23 (3), 240–261.

Kreuze, Jerry G.; Newell, Gale E. (1994). ABC and life-cycle costing for environmental expenditures: The combination gives companies a more accurate snapshot. *Management Accounting*, 75 (8), 38–42.

Krozer, Yoram. (2008). Life cycle costing for innovations in product chains. *Journal of Cleaner Production*, 16 (3), 310–321.

Norris, Gregory A. (2001). Integrating life cycle costing analysis and life cycle assessment. *International Journal of Life Cycle Assessment*, 6 (2), 118–120.

Rebitzer, Gerald. (2002). Integrating life cycle costing and life cycle assessment for managing costs and environmental impacts in supply chains. In Stefan Seuring & Maria Goldbach (Eds.), *Cost management in supply chains*. Heidelberg, Germany: Physica-Verlag. 127–142.

Schaltegger, Stefan; Burritt, Roger. (2000). *Contemporary environmental accounting: Issues, concepts and practices*. Sheffield, UK: Greenleaf Publishing.

Schaltegger, Stefan; Burritt, Roger. (2010). Sustainability accounting for companies: Catchphrase or decision support for business leaders? *Journal of World Business*, 45 (4), 375–384.

Schmidt, Wulf-Peter. (2003). Life cycle costing as part of design for the environment: Environmental business cases. *International Journal of Life Cycle Assessment*, 8 (3), 167–174.

Settanni, Ettore. (2008). The need for a computational structure of LCC. *International Journal of Life Cycle Assessment*, 13 (7), 526–531.

Settanni, Ettore; Tassielli, Giuseppe; Notarnicola, Bruno. (2011) An input-output technological model of life cycle costing. In Roger Burritt; et al. (Eds.), *Environmental management accounting and sustainable supply chain management*. Dordrecht, The Netherlands: Springer.

Shapiro, Karen G. (2001). Incorporating costs in LCA. *International Journal of Life Cycle Assessment*, 6 (2), 121–123.

Steen, Bengt. (2007). Environmental costs and benefits in life cycle costing. *Management of Environmental Quality: An International Journal*, 16 (2), 107–118.

United Nations Environment Programme & the Society of Environmental Toxicology and Chemistry (UNEP-SETAC). (2009). *Life cycle management: How business uses it to decrease footprint, create opportunities and make value chains more sustainable*. Retrieved January 30, 2012, from http://www.unep.fr/shared/publications/pdf/DTIx1208xPA-LifeCycleApproach-Howbusinessusesit.pdf.

United States Environmental Protection Agency (US EPA). (1995). *An introduction to environmental accounting as a business management tool: Key concepts and terms*. Washington, DC: United States Environmental Protection Agency.

Weitz, Keith A.; Smith, Joyce K.; Warren, John L. (1994). Developing a decision support tool for life-cycle cost assessment. *Total Quality Environmental Management*, 4 (1), 23–36.

White, Allen L.; Savage, Deborah; Shapiro, Karen. (1996). Lifecycle costing: Concepts and applications. In Mary A. Curran (Ed.), *Environmental life-cycle assessment*. New York: McGraw-Hill. 7.1–7.17.

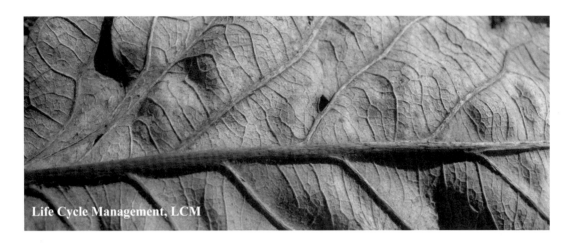

Life Cycle Management, LCM

生命周期管理

　　为了促进可持续消费和生产模式,以便产生创新的环境、社会和经济学范式,人们已经设计了多种多样的国际和国家政策;它们当中,生命周期管理作为商业技术的灵活框架脱颖而出,同时也因为它是被所有类型的组织自愿采纳的工具,人们用它来增加资源的效率,降低对于环境和社会的影响。

　　为了在提高能效、减少污染的同时促进更多的可持续的生产和消费模式(European Commission 2005),世界经济都面临从环境危害中解耦经济增长和社会福利的挑战。由于需要去采纳已经被全球采用的经济、社会和环境问题的整体性观念(Elkington 1997),世界峰会已经发表了一系列计划和行动方案,侧重于创新项目和创造生产和消费活动的新环境范式,促进自愿高能效和生态友好产品。

　　消费者也变得越来越不愿意被动地接受违反人权和与工作相关的健康和安全问题了,

包括环境污染,这一切都与生产链的阶段相联系。事实上,消费者对在他们购买的产品背后发生的事情已经越来越感兴趣了(Porter & Kramer 2006)。

　　商界做出了回应,接受了产品生命周期的概念,他们意识到不仅仅是制造过程,产品本身在他们的分销、使用和废弃过程中能产生出环境和社会影响。通过在供应链上使用"绿色"和"道德"原则,组织潜在地获得了更多诸如竞争优势的经济收益,它们特别关注在产品生命周期中的改进。绿色和道德供应链管理可应用于诸如制造、服务、能源、和政府的多个部门(Walker, De Sisto & McBain 2008; Sarkis, Zhu & Lai 2011)。

　　联合国环境项目和联合国经济和社会事务部(the UN Department of Economic and Social Affair, UN DESA),以及国家政府、发展组织、民间团体,都是马拉喀什进程的领导机构,这是一个支持可持续消费和生产(SCP)10年框架项目(10YEF)的全球多方利益相关者项目，它的主要目标是通过切断经济增长和环境退化之间的关系在地区和当地层面促进社会和经济发展。可持续消费和生产 10 年框架项目是可持续发展第 19 次会议（纽约，2011 年 5 月 12—13 日）所采纳的主题之一，该会议的目的是要增加执行的多重举措、战略和政策（UN DESA 2011）的协同效应。

可持续消费和生产的概念，包含了绿色消费和生产模型及社会问题，在 1992 年里约热内卢举行的联合国环境和发展会议上，它首次被人们看作是紧急问题，两年后在奥斯陆可持续消费和生产讨论会上，挪威环境部将其定义为"使用与基本需求相应的服务和相关产品，在服务或产品的生命周期中，最大限度地减少自然资源和有毒物质以及废物和污染物的排放，这样就不会去危害未来一代人的需求了"（UNEP 2010）。

产品以它们的环境和社会影响以及它们对资源的使用为特征的意识已经广为流传。但是，在从制造到废弃的过程中来量化它们是一个相对新的概念。联合国机构、地区和政府间组织、非政府组织、商业机构都参与进来，要通过采纳生命周期的观点使可持续消费和生产成为现实。这意味着政策开发者、环境管理者、产品设计者要进行地区和全球合作和参与来产生社会环境和经济的优势。

联合国环境项目、环境毒物和化学协会与工业伙伴合作，在 2002 年建立的整个 UNEP/SETAC 生命周期倡议中提出以生产和总体商业战略促进可持续发展实践。这个倡议促进了生命周期思维（LCT），帮助了全世界一千多名专家和不同大陆的四个区域网络的知识交流。随着企业和他们的供应商生产出更加可持续的产品，它促进了创新和全球贸易，也鼓励了身在其中的消费者和价值链伙伴以及进程中的主导单位。

生命周期思维旨在确认产品和服务的潜在改进，这与社会环境影响和降低整个生命周期阶段的资源使用相联系。其核心概念是最大限度地减少生命周期任何一个阶段的影响，在一个特殊的地理地区或特殊的影响种类，避免其他区域的增长。在生命周期思维中，产品生命周期链条上的每个人都有特定的职责，起着一定作用（European Commission 2010a）。

生命周期管理

为了将生命周期思维方法付诸实行，企业必须采纳生命周期管理系统，它将全世界最佳的实践集中起来。生命周期管理是生命周期思维在商业实践上的应用，它包括了企业战略和规划、决策和交流项目上的产品可持续性模型。

生命周期管理还没有一个普遍接受的定义（Saur et al. 2003），它最流行的领域是整个产品生命周期（Seuring 2004）的环境影响。总体来说，生命周期管理展现了商业使用管理工具是如何降低他们的资源消耗，提高他们的环境、社会、和经济绩效，以确保实现更加可持续的价值链的（UNEP, SETAC & Life Cycle Initiative 2009）。生命周期管理综合了概念、技术、工艺来形成一个灵活框架，这个框架的作用就是促使产品或服务和组织在环境和社会方面进一步提高（Hunkeler et al. 2004）。它是生命周期方法在环境、经济、技术、社会方面的系统应用，这种应用不仅涉及产品，还涉及自发采纳它的组织（Remmen, Jensen &

Frydendal 2007）。

　　所有的商业功能，从采购、生产、分销到产品开发，销售和市场营销，从经济和金融到可持续和利益相关者的关系，这一切都包括在生命周期管理的应用中并有助于它的成功。这个过程侧重于通过应用的持续改进，比如戴明循环，一个通过下列四大关键步骤帮助形成愿景的系统方法（Jensen & Remmen 2006）——

　　计划：设定政策和目标，组织承诺和参与，调研未来展望，选择需要加强努力的区域，制定行动计划。

　　行动：改善环境和社会，将计划付诸行动，汇报努力和结果。

　　检查：评估体验、修正政策和必要的组织结构。

　　处理：设立新的行动目标，更具体的研究以及其他必要的一切。

　　企业可以采用不同的方法和工具以在他们的运营中执行生命周期管理。由于生命周期管理灵活的本质，所有类型的组织都可以使用适合他们特点和情况的工具组来改进经济，环境和社会可持续性的绩效（Cohen, de Bruyn & Farole 2009）。

生命周期管理的三大支柱

　　生命周期管理由生命周期评估、环境生命周期成本和社会生命周期评估三大核心实践支撑：

　　（1）生命周期评价是一项既定技术，由国际标准组织通过ISO 14040和ISO 14044标准来规范，用以评估产品、工艺或服务的环境影响（ISO是世界最大的非政府组织，开发了18

500项国际标准，这些标准范围广泛，从传统和创新活动到良好的管理实践）。要执行生命周期评价，企业必须设计出关于能源和物质投入和环境排放的清单，评估与这些投入和产出相关的潜在影响，解释这些结果，以便于为更好地知情决策打好基础。

　　（2）环境生命周期成本（E-LCC）是生命周期成本的变种，这种计算整个生命周期中的产品或服务总成本的传统方法用来对比、优化、决定、设计支撑及其他功能。传统生命周期成本局限于与金融交易相关的成本，而环境生命周期成本融合了可持续性的环境及其他方面，因此，为货币和环境术语的管理决策提供了信息。

　　（3）社会生命周期评价（S-LCA），是最新发展出来的生命周期方法，也是一项评测产品或服务的社会和社会经济学影响的技术，在他们的生命周期中，其潜在的正负两方面影响，包含了原材料的提取和加工处理，制造、分销、使用、再利用、维护保养、回收和最终废弃。

　　现存的其他工具使得价值链更具可持续性。许多是基于国际接受的方法之上的框架，比如，由世界资源学会和世界商业可持续发展理事会开发的温室气体协议（温室气体减排）的核算框架，或者由UNEP/SETAC水评测项目集团为企业和产品价值链中水利用和水质退化而研发的方法。

　　还有其他一些工具，各自展现不同的特征和目标，如基于ISO 14001标准的环境管理系统，该系统指定了组织环境足迹最小化、欧盟生态管理和审计计划（EMAS）的规范标准，他们的作用是评估和汇报。生命周期管理工具包更多的选择包括了绿色采购（公共或私人),生态设计,生态标识,产品导向的环境管理系统,原料和物质流分析,投入产出分析和诸如审计和基准管理的最佳实践。

总结

生命周期管理始于对消极环境和社会影响的定性和定量评估,这些影响发生在产品或服务生命过程的物质或能源的生产和消费过程中。评测在整个产品链中的全球效应和累计效应,有助于制定对民众和环境都更加有效的政策方法,也使经济运作者和政府当局(European Commission 2005)更加成本低廉。

随着越来越多的产品和服务在区域和全球交易,生命周期管理作为一种工具来帮助企业对全球市场所面临的挑战(UNEP, SETAC & Life Cycle Initiative 2009)做出快速反应。比如,在欧盟,人们不断使用越来越多的联合政策和工具,这一点可以用综合产品政策(IPP)来证明,它是一个以一套自发或强制工具为基础的框架,如以市场为基础的工具、技术创新和设计、环境管理系统,以及对有害物质使用的限制。由于商品、工艺和系统更有效地运行在工业、设计、零售和消费者各个部分,使其所产生的危害降至最小。因为在产品所有生命周期中没有勉励所有产品的政策绿色化,人

们需要使用一种工具组合来强化效果。综合产品政策工具箱包括了许多这样的工具和行动计划,比如上述引用的例子,还有欧盟环境技术行动计划和可持续消费、生产和可持续工业政策计划(European Commission 2010b)。在美国,许多基于生命周期管理的举措都开始在私有和公共领域执行,以支持环境决策者。这其中,美国环境保护署推广的部分,也应用到了燃料和燃料添加剂、固体废物、塑料、纳米材料、电动产品和电子产品上。在加拿大,就像在越来越多的国家一样,人们采取了许多措施应用到包装、废弃物回收、有毒物质管理中。在许多发达国家,比如像新西兰、日本、澳大利亚,生命周期管理方法纳入了传统部门(如药物、食物、和能源)和更为创新的部门(比如迁移率、物流、信息技术和通信技术)的例行实践活动。但是,在其他国家,比如在中国、泰国、马来西亚以及拉丁美洲和非洲的发展中国家,生命周期管理仍然是新兴事物(European Commission 2010a)。

信息分享和网络带来的机会,使世界各地都在发生着有趣的进步。企业越来越多地使用生命周期管理来实现可持续发展,公司绩效、企业信誉、透明度、在本地和全球创造共享价值都带来了源源不断的短期成功和长期价值。未来

全球领先的公司将不仅使用前沿技术和生产创新，而且还使用生命周期管理来应对主要的全球挑战。

马利亚·普洛托（Maria PROTO）
萨勒诺大学

参见：广告；社区和利益相关者的投入；成本－效益分析；生态标识；生态影响评估（EcIA）；能源标识；国际标准化组织（ISO）；生命周期评价（LCA）；生命周期成本（LCC）；物质流分析（MFA）；航运和货运指数；社会生命周期评价（S-LCA）；供应链分析；三重底线。

拓展阅读

American Center for Life Cycle Assessment (ACLA). International capability development activities on life cycle topics (presentations, Joint North American Life Cycle Conference). Retrieved December 22, 2010, from http://www.lcacenter.org/LCA9/special/Capability.html.

Cohen, Brett; de Bruyn, Michelle; Farole, Tom. (2009). Mainstreaming sustainable consumption and production and resource efficiency into development planning. Paris: United Nations Environment Programme, Division of Technology, Industry and Economics (UNEP DTIE), Sustainable Consumption and Production Branch.

Elkington, John. (1997). *Cannibals with forks: The triple bottom line of 21st century business*. Oxford, UK: Capstone Publishing.

European Commission. (2005). Thematic strategy on the sustainable use of natural resources. Retrieved December 22, 2010, from http://ec.europa.eu/environment/natres/index.htm.

European Commission. (2010a). *Making sustainable consumption and production a reality: A guide for business and policy makers to life cycle thinking and assessment*. Brussels, Belgium: European Commission Directorate-General for the Environment.

European Commission. (2010b). Integrated product policy toolbox. Retrieved December 22, 2010, from http://ec.europa.eu/environment/ipp/toolbox.htm.

Hunkeler, David; et al. (2004). *Life-cycle management*. Pensacola, FL: Society of Environmental Toxicology and Chemistry (SETAC) Press.

Jensen, Allan Astrup; Remmen, Arne. (Eds.). (2006). Background report for a UNEP guide to life cycle management: A bridge to sustainable products. Paris: United Nations Environment Programme, Division of Technology, Industry and Economics (UNEP DTIE).

Life Cycle Initiative. (2010). Homepage. Retrieved December 22, 2011, from http://lcinitiative.unep.fr.

Porter, Michael E.; Kramer, Mark R. (2006). Strategy and society: The link between competitive advantage and corporate social responsibility. *Harvard Business Review*. Retrieved February 27, 2011, from http://hbr.

org/2006/12/strategy-and-society/ar/1.

Power, Winifred. (Ed.). (2009). *Life cycle management: How business uses it to decrease footprint, create opportunities and make value chains more sustainable.* Paris: United Nations Environment Programme, Society of Environmental Toxicology and Chemistry & Life Cycle Initiative.

Remmen, Arne; Jensen, Allan Astrup; Frydendal, Jeppe. (2007). *Life cycle management: A business guide to sustainability.* Paris: United Nations Environment Programme, Division of Technology, Industry and Economics (UNEP DTIE).

Sarkis, Joseph; Zhu, Quingha; Lai, Kee-hung. (2011). An organizational theoretic review of green supply chain management literature. *International Journal of Production Economics*, 130, 1–15.

Saur, Konrad; et al. (2003). Draft final report of the LCM definition study (Version 3.6). Paris: United Nations Environment Programme, Society of Environmental Toxicology and Chemistry & Life Cycle Initiative.

Seuring, Stefan. (2004). Industrial ecology, life cycles, supply chains: Differences and interrelations. *Business Strategy and the Environment*, 13(5), 306–319.

Society of Environmental Toxicology and Chemistry (SETAC). (2010). Homepage. Retrieved December 22, 2010, from http://www.setac.org.

Testa, Francesco; Iraldo, Fabio. (2010). Shadows and lights of GSCM (green supply chain management): Determinants and effects of these practices based on a multi-national study. *Journal of Cleaner Production*, 18(10–11), 953–962.

United Nations Department of Economic and Social Affairs (UN DESA). (2011). Commission on Sustainable Development. *Elements of 10-Year Framework of Programmes on Sustainable Consumption and Production.* Background Paper No.5. CSD 19/2011/BP5. Retrieved February 17, 2012, from http://www. un.org/esa/dsd/resources/res_pdfs/csd-19/Background-paper-5-SCP-DSD.pdf.

United Nations Environment Programme (UNEP). (2010). *ABC of SCP: Clarifying concepts on sustainable consumption and production. Towards a 10-Year framework of programmes on sustainable consumption and production.* Retrieved April 4, 2011, from http://www.uneptie.org/scp/marrakech/pdf/ABC%20of%20 SCP%20-%20Clarifying%20Concepts%20on%20SCP.pdf.

United Nations Environment Programme, Division of Technology, Industry and Economics (UNEP DTIE). (2010). Homepage. Retrieved December 22, 2010, from http://www.unep.fr/en/.

United Nations Environment Programme, Division of Technology, Industry and Economics (UNEP DTIE), Sustainable Consumption & Production (SCP) Branch. (2010). Life cycle & resource management. Retrieved December 22, 2010, from http://www.unep.fr/scp/lifecycle/.

United Nations Environment Programme, Division of Technology, Industry and Economics (UNEP DTIE), United Nations Department of Economic and Social Affairs (UN DESA). (2010). *Marrakech Process on sustainable consumption and production: Project brief.* Retrieved December 22, 2010, from http://www. unep.fr/scp/marrakech/pdf/MP%20Flyer%2019.02.10%20Final.pdf.

United Nations Environment Programme (UNEP), Society of Environmental Toxicology and Chemistry (SETAC) & Life Cycle Initiative. (2009). *Life cycle management: How business uses it to decrease footprint, create opportunities and make value chains more sustainable.* Retrieved April 4, 2011, from http://www.unep.fr/scp/publications/details.asp?id=DTI/1208/PA.

Walker, Helen; Di Sisto, Lucio; McBain, Darian. (2008, March). Drivers and barriers to environmental supply chain management practices: Lessons from the public and private sectors. *Journal of Purchasing and Supply Management*, 1(13), 69−85.

The Limits to Growth

增长的极限

由一批科学家撰写的最畅销图书《增长的极限》(1972)，基于计算机模拟结果，描述了世界经济和环境的未来。许多模拟情景预测到21世纪，全球的经济、环境和人口都将发生崩溃；同时也模拟了选择可持续发展的情景。尽管该著作受到许多人的讥讽，但这项研究的"标准运行"情景却准确预测了几十年的真实世界的发展趋势。

1972年，麻省理工学院丹尼斯(Dennis)和多尼拉·麦道斯(Donella Meadows)领导的一个美国计算机科学家团队出版了《增长的极限》(有时简称为LTG)一书，这是一本用计算机模型来描述20世纪末期世界的经济、环境和其他许多情景预测结果的简短图书。这项工作是由一群关注全球经济增长影响和环境污染的富有企业家和知识分子组成的罗马俱乐部(以他们初次见面的地名命名)完成的。研究是建立在由计算机科学家杰·W.弗雷斯特(Jay W. Forrester)开创性的"系统动力学"模型的基础上，尽管带有很

强的技术特征，但这本书对模型和情景预测结果都采取了非技术性的表述。《增长的极限》很快就成为畅销书，被翻译成三十多种语言。这本书的关键结论是：如果对基于物质的生活方式毫无约束的增长，依赖技术解决资源枯竭和污染的影响仍将继续，那么到21世纪时，全球经济和人口一定会发生崩溃。另一个结论是，如果要避免这样的崩溃，至少需要提前几十年对现有生活方式和经济体制做出彻底的改变。

和这些可怕的警告相伴随的还有由生物学家和生态学家撰写的早期备受关注、在环境问题方面具有里程碑意义的出版物，包括雷切尔·卡森的《寂静的春天》(1962)，加勒特·哈丁的《公地的悲剧》(1968)和保罗·欧利希的《人口爆炸》(1968)，它们都对环境灾难进行了警告。但与这些图书不同的是，《增长的极限》将计算机建模这种新颖的手段引入了世界经济与环境相互作用的复杂研究之中。《增长的极限》研究从而为可持续

性研究的新兴领域贡献了更多可量化、可重复且更透明的见解。

模拟与结果

专门为《增长的极限》研究开发的被称为World3（按着"World"模型早期版本命名的）的计算机模型，模拟了大量全球经济的关键子系统间的相互作用，包括人口、工业资本、污染、农业系统以及不可再生资源。那个时期的World3必定是粗略的，例如，对全球，而不是一个单独的地区或国家人口总量的预测很难精细化。应用系统动力学的方法，通过数学方法建立全球经济体系各个部门内部或之间两个变量的随机联系，以反映一个变量对另一个变量的影响（不一定以线性方式）。通过这种方式建立正、负反馈环，系统中一部分的结果随后通过影响链反作用于其自身。当正、负反馈环达到平衡，就能获得一个稳态的结果（或者在某个平均值附近振荡）。但是，当其中一个反馈环占主导时，结果就会处于不稳定状态。一个简单例子是当出现一个正反馈占主导时的指数增长。典型的例子是生物种群的加速增长，如细菌，新生率与某个时间点上种群规模成正比。

这些反馈的效果和控制依赖于World系统中从一个部分到另一个部分的信号延迟的出现。例如，持续增加的污染水平对人类预期寿命或者农业生产的影响可能在污染排放了几十年都不容易察觉。认识到这点很重要，因为除非产生的影响是我们所希望的或提前采取行动预防，否则污染物的增加水平很可能会在一定程度上超出环境系统的修复能力。这些就是"过度导致崩溃"的动力学，这个《增长的极限》中反复强调的概念，也是随后在环境和可持续性运动中经常使用的概念。

World3模型对全球不可再生及可再生资源剩余储量进行了模拟。World3模型中可再生资源的功能如农业用地和环境，可以由于经济活动受到削弱，但如果采取有效的应对策略或者有害活动的减少，它们的功能也可以得到恢复。当超过了阈值或限制，相对于退化速率，恢复速率会影响任何潜在崩溃的程度。

当综合的动力学运算在《增长的极限》World3模型中得到定性的解释，为另一个更大的技术报告《有限世界的动力增长》（1974）提供了方程和数据的全部细节。这个报告还记录了大量的替代方案，从而可以对那些难以衡量或量化因素的可能替代价值在模型中的灵敏度进行考察。这个过程证实World3模型产生可靠的结果以及对未知因素不够敏感。然而，作者强调，他们的模拟不是为了做出精确的预测或详细的预报，而是探索如何提高对"人口－资本系统的广泛行为模式"（Meadows et al. 1972）的理解。

为描述这种行为，《增长的极限》提出了十几种情景研究各种技术进步、社会或政策变化对未来的影响。情景系列模拟都以"标准化模式运行"，即在模型中的价值量按不变价预测未来。这个情景的参数趋势是基于历史的数据和行为（通过重现大约从1900年到1970年的增长和动态的观察获得）。该情景显示，全球的人口和经济活动从1970年到21世纪初会进一步增长，但随后，到21世纪中期，人口和经济系统将会因为过于庞大而崩溃。在这种特殊情况下，引起崩溃的原因主要与不可再生资源的耗尽有关。

在其他情景预测中，污染的影响和耕地缺乏的特征更加突出。这本书旨在避免崩溃，探讨了乐观的技术进步、几乎无限的资源、广泛的循环利用、农业产量翻番、土地恢复、完善的避孕和污染控制的未来情景。每种技术的引入，对于全球安全导致崩溃都是一个新的挑战，甚至采取整套的技术防范，崩溃仍将发生，因为世界系统快速扩张的水平已经抑制了技术的优势。出现崩溃是因为增长最终的影响具有滞后性，如人口、环境污染和资源耗竭等，还允许世界系统暂时超越可持续发展的限制，即在崩溃前过度增长。

因此，在最后的情景中，该书探讨了结合一整套的技术发展，怎样的社会变革才能维持世界体系的稳定，避免过度和崩溃。这些社会变革包括人口增长的间接限制，优先发展服务而不是物质消费，资本优先满足食品生产和土地修复以及多余的资金用于消费产品而不是工业再投资。这样的改变将有助于人口增长的减缓，保证人类生活水平在21世纪直至2100年仍维持在较高的水平。

国际反应

第一个版本发布后的数十年里，《增长的极限》引起了世人极大的兴趣和热烈评论。

然而，到20世纪90年代，这种压倒性的热议开始转变成一种嘲讽，其中一个（错误的）宣称，《增长的极限》研究关于资源枯竭和崩溃的正确预测已经发生。结果，很多人产生了一个普遍的错觉，就是《增长的极限》的研究人员和罗马俱乐部已经被历史证明是错误的。意大利物理化学家和限制化石能源"石油峰值概念"评论员尤格·巴底（Ugo Bardi）于2011年出版了《再议增长的极限》，他全面记录了各种诋毁《增长的极限》研究的努力，以记录活动的方式对气候变化与烟草影响健康的科学性进行比较。

最早怀疑《增长的极限》的记录似乎是1972年4月2日由三位经济学家（Peter Passel, Marc Roberts & Leonard Ross）发表在《纽约时报》"周日书评"栏目上的评论。虽然只是没有根据的或错误的申明（例如"基于Meadows的World模型模拟的世界最终必将崩溃"），他们还错误地声称这本书预测大约到1990年许多资源将要耗尽，这可能是为后面的攻击有意埋下的伏笔。类似的，美国著名经济学家威廉·诺德赫斯（William Nordhaus）于1973年也加入批评，以技术错误宣称系统动力学的误导（将焦点放在World3模型中的一个孤立的方程上，而没有考虑剩余模型中的反馈所产生的影响）。同年，一篇由物理学家塞姆·科尔（Sam Cole）及其苏塞克斯大学（University of Sussex）的同事编辑的一篇关于《增长的极限》研究的深度回顾和评论发表，它既包含了对World3模型的技术评论，也将文章集中于对作者个人的意识形态进行攻击。据巴底（2011，52–53）的描述，这个技术评论主要提出World3模型无法从简单线性建模的角度得到验证。评论还指出该模型不能及时进行逆运算，虽然这对模型正向运算是不必要的。针对《增长的极限》研究的批评持续了20多年，包括其他著名的著名经济学家如朱利安·西门（Julian Simon）延续这样的误解和人身攻击。

然而，在20世纪的最后十年，对《增长的极限》的批评主要集中在1972年版预测宣称全球资源枯竭和全球崩溃是错误的。尤格·巴底已经确定了1989年的一篇发表在《福布斯》杂志，由罗纳德·贝利（Ronald Bailey）撰写的题为《世界末日博士》（*Dr. Doom*）的文章开始表达这种观点。自那时起，这一观点被广泛散布，包括通过流行的评论家如丹麦统计分析师巴乔·龙伯格（Bjn Lomborg），甚至教育文本、同行评议的文献和环境组织的报告。

《增长的极限》中另一个被拒绝的模拟和信息主要围绕技术进步的问题。批评者认为这种进步没有充分整合在模型中，且人类的智慧最终能克服任何通过《增长的极限》模拟发现的济经增长约束。然而，最初的《增长的极限》建模明确地在"综合技术"和"稳定世界"情景中融合了行业范围广泛的技术进步，且作者们认为这些进步水平是相当大的，也可能过于乐观。随后，在1974年的技术报告《一个有限世界的动态增长》中，作者们明确地将技术

进步包含在模型之中进行模拟，而不是让研究人员在模型外附加技术进步项。在模型中，技术解决方案自动寻求增长的模型约束，研究人员能够调整科技进步的速度（如每年的速度增长率）以及延迟之前研究与开发实施的解决方案。他们发现，只有在技术创新的极端情况下，也就是当那些快速易得的技术带来的进步率远超过历史进步率许多倍时，才会避免崩溃，产生经济的无限度增长。在除此之外的所有其他实际情况下，结果都必将是夸大事实和崩溃。

情景，现实与未来

在原版出版20年和30年后，《增长的极限》在两次修订中都坚持了批判的接受，总体结论产生了小的变化（Meadows, Meadows & Randers 1992 & 2004）。然而，21世纪之初一些评论家指出，《增长的极限》标准运行情景似乎已经印证了全球关键性变化趋势。更具体地说，基于1970年到2000年的全球数据，澳大利亚物理学家葛里翰·特纳（Graham Turner）（2008）的研究表明，1972年《增长的极限》的原始标准运行对全球人口、资源、工业产出、食品生产和持续的污染等都做到了准确预测。相比之下，综合技术和稳定世界情景则与大多数实际数据有较大出入。

这就表明，如果World3模型动力学继续反映现实，那就意味着全球经济和环境的崩溃正开始向我们逼近。当代石油峰值问题与气候变化紧密相连，石油供应对粮食危机和经济衰退的约束性联系在《增长的极限》的World模型基于资源崩溃的动力学预测中得到反映。同样，由于温室气体排放的增加，越来越多的

潜在危险扰乱了气候系统，这与《增长的极限》情景中通过全球污染导致崩溃的预测相符。进一步，直到2000年，根据检验延迟集体行动影响的其他《增长的极限》情景预测，由于世界系统中固有的落后，崩溃难以避免。如果这最后的情景真实上演，那么自1972年《增长的极限》发出警告以来的几十年都被白白地浪费了。

葛里翰·M. 特纳（Graham M. TURNER）

CSIRO 生态系统科学部

参见：21世纪议程；计算机建模；发展指标；战略可持续发展框架（FSSD）；真实发展指数（GPI）；地理信息系统（GIS）；人类发展指数（HDI）；$I = P \times A \times T$ 方程；千年发展目标；人口指数；遥感；可持续性科学；系统思考。

拓展阅读

Bardi, Ugo. (2011). *The Limits to Growth revisited*. New York: Springer.

Carson, Rachel. (1962). *Silent spring*. New York: Houghton Mifflin.

Cole, H. S. D.; Freeman, Christopher; Jahoda, Marie; & Pavitt, Keith L. R. (Eds.). (1973). *Models of doom: A critique of The Limits to Growth*. New York: Universe Publishing.

Ehrlich, Paul. (1968). *The population bomb*. New York: Ballatine Books.

Hall, Charles A. S.; Day, John W. (2009). Revisiting the limits to growth after peak oil. *American Scientist*, 97 (3), 230–237. doi: 10.1511/2009.78.230.

Hamilton, James D. (2009). Causes and consequences of the oil shock of 2007–08. *Brookings Papers on Economic Activity*, 1, 215–283.

Hardin, Garrett. (1968). The tragedy of the commons. Science, 162 (3859), 1243–1248. doi: 10.1126/science.162.3859.1243.

Hardin, Garrett; Berry, R. Stephen. (1972). Limits to growth: Two views. *Bulletin of the Atomic Scientists*, 28 (9), 22–27.

Lomborg, Bjørn. (2001). *The sceptical environmentalist: Measuring the real state of the world*. Cambridge, UK: Cambridge University Press.

Lomborg, Bjørn; Rubin, Olivier. (2002). The dustbin of history: Limits to growth. *Foreign Policy*, 133, 42–44.

McCutcheon, Robert. (1979). *Limits of a modern world: A study of the limits to growth debate*. London: Butterworths.

Meadows, Dennis L. (2007). *Evaluating past forecasts: Reflections on one critique of The Limits to Growth*. In R. Costanza, L. Grqumlich; W. Steffen (Eds.), *Sustainability or collapse? An integrated history and future of people on earth*. Cambridge, MA: MIT Press. 399–415.

Meadows, Dennis L.; et al. (1974). *Dynamics of growth in a finite world*. Cambridge, MA: Wright-Allen Press.

Meadows, Donella H.; Meadows, Dennis L.; Randers, Jørgen. (1992). *Beyond the limits: Global collapse or a sustainable future*. London: Earthscan Publications Ltd.

Meadows, Donella H.; Meadows, Dennis L.; Randers, Jørgen; Behrens, William W. III. (1972). *The limits to growth: A report for the Club of Rome's project on the predicament of mankind*. New York: Universe Books.

Meadows, Donella H.; Randers, Jorgen; Meadows, Dennis L. (2004). *Limits to Growth: The 30-year update*. White River Junction, VT: Chelsea Green Publishing Co.

Nordhaus, William D. (1992). Lethal model 2: The Limits to Growth revisited. *Brookings Papers on Economic Activity*, 2, 1–59.

Simmons, Matthew R. (2000). *Revisiting the Limits to Growth : Could the Club of Rome have been correct, after all?* An energy white paper. Retrieved November 16, 2011, from http://greatchange.org/ov-simmons,club_of_rome_revisted.pdf.

Turner, Graham M. (2008). A comparison of Th e Limits to Growth with 30 years of reality. *Global Environmental Change*, 18 (3), 397–411. doi: 10.1016/j.gloenvcha.2008.05.001.

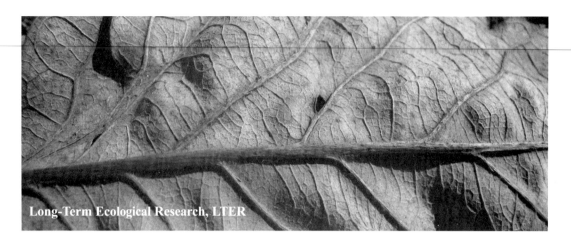

Long-Term Ecological Research, LTER

长期生态研究

长期生态学研究为需要通过长时间监测，尤其是那种需要几十年到上百年的监测才能解决的重要环境问题提供了可能。如果没有建立那些可以在很长时间里持续进行观察和开展实验的网站，就很难确定气候、生物多样性和生态系统过程的长期变化的影响，而这对于生态的可持续性的理解和管理十分关键。

环境变化往往是一个相当缓慢且很难检测到的过程，直到影响的积累达到了很明显的程度才能检测到，而此时要想减缓其影响已经变得十分艰难。即使有些变化迅速，如果没有一个长期的背景变化记录对此变化进行评估，仍然很难理解它对生态可持续性的重要性。

许多实例表明，细微的环境变化需要多年的观察才能被发现。全球气候变化也许是最著名和最普遍的例子：气候变化实际上自18世纪50年代就开始缓慢发生了，但相对于那些短期明显的变化则很难发现，解决方案也因年复一年的为采取行动而变得更加难以达成。其他长期变化的例子也比比皆是：如酸雨，改变草原火灾格局的杂草和害虫入侵，导致特定树木死亡的昆虫入侵，影响淡水湖泊生态质量的贻贝入侵，渔业资源枯竭，传粉昆虫数量下降，湖泊和沿海富营养化等。所有这些都影响到了我们所依赖的生态系统的适居性和可持续性。

环境变化发生在所有生态系统，从热带雨林到苔原，到海洋，跨越所有生态系统水平；从群落和种群到他们所依赖的各种资源，如有机质和养分，各个水平层面的改变可以发生在不同的时间尺度，从持续几十年的缓慢变化到没有丝毫征兆的突变。

如果没有对相关生物和系统进行长时间尺度的观察和实验的机会，生态学家们就无法完全理解在这些系统的复杂动力学。那些持续几十年的缓慢变化过程都隐藏在短期观察和实验的"无形存在"之中（Magnuson 1990）。而另一些变化无常的偶然性变化则可能在短期研究中不发生而未能观测到。在短

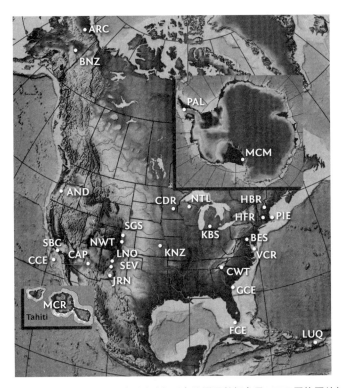

图1　美国26个LTER网点分布（各网点位置及数据参见LTER网络网站）

来源：LTER网络官方提供.

图1显示了分布于北美、南极洲和塔希提岛主要的生态网络研究机构。表1则列出了主要生态系统及其研究单位。

期研究中，生态学家可能面临错失对会发生的变化进行研究的风险，从而也因此错过了很多对理解、预测和管理环境的变化至关重要的因果关系研究的机会。

美国的长期生态研究网络

为解决上述短期观察存在的问题和那些看不见的生态变化带来的问题，美国国家科学基金会于1980年建立了美国长期生态研究（LTER）网络。该网络已经发展到包含26个网点，包括了北美甚至更远地区的许多不同的生物群落区（见图1）。在每个网点上，科学家有机会研究那些只有通过短期研究才能够回答的生态问题。

表1　主要生态系统及研究单位

生物群落区	研究机构简写
南极	PAL, MCM
北极	ARC
北方森林	BNZ
针叶林	AND
东部落叶林	CWT, HBR, HFR, LUQ
热带潮湿森林	LUQ
高山苔原	CWT
沙漠	JRN, SEV
草原	CDR, SGS, KNZ
湖泊	NTL
近岸海洋	PIE, VCR, GCE, FCE, SBC, CCE, MCR
城市	BES, CAP
农业	KBS

在这些网点开展长达数年至数十年、甚至跨越一个世纪或更长时间的长期研究，能让科学家们在更广泛的环境条件背景下提出问题，使他们能够考虑诸如持续几十年的害虫和病原体等疫情发生的情景事件，并能够让他们检测出那些重要但进程缓慢地变化，如土壤碳、气候和土地利用等方面的变化，最终允许生态学家使用最精确的修正和有效的生态系统模型预测生态变化（Hobbie et al. 2003）。

例如在南极，研究问题包括了伴随冰和磷虾的分布变化推动企鹅种群向极地点集中的长期变化；在太平洋西北地区，相关研究试图回答那些原始森林和更年轻的森林是如何存储碳、存储的碳有多少等；在佛罗里达州南部，问题包括大湿地如何将北方农业地区输入的磷和其他营养物质去除掉；在波多黎各，科学家在研究飓风对潮湿热带森林的结构和功能是如何影响的；而明尼苏达州的长期问题包括了植物的生物多样性对维持生态系统功能的作用，如生产力和土壤碳的积累。这样的调查对于每个网点来说都是很寻常的，如所有与初级生产力相关的上述问题，植物、动物、微生物的生物多样性，碳和营养物质的循环，自然和人为干扰等。

网点间的比较和实验研究

因为长期生态研究网点是整个网络的一部分，他们为探究那些普通因子变化在不同生态系统里是如何响应的研究提供了一个强大的背景，如暖冬、越来越多的突发性极端降水、物种入侵、氮沉降、土地利用变化等环境因素可能会在不同的生态系统产生不同的影响。这些网点的地理数组提供了诸如从高到低纬度的温度、从陆地到海洋的生态系统类型、从沙漠到热带雨林的干燥程度，以及从近似于原始的地区到城市的人类活动影响等自然梯度。

在所有的网点，常规生态监测为识别导致网点间引人关注的差异问题提供了一条途径。虽然每个网站开展的监测都是针对其特定研究主题的科学问题的特殊性来确定重点的，但所有网点都会持续实施一组常规性监测，以确保相关对比性问题可以解决。因此，在每一个网点，气候（如定期测量降雨量、温度和降水化学）、植物生产力（如每年草、树和浮游植物生产的生物量）、各网点重要的生物种群（如树木或企鹅或细菌或鱼等的数量和多样性的变化）、土壤和沉积物中的碳和营养库以及主要的扰动，无论是自然的如火灾和虫害爆发，还是人为的如物种的引入或收割。这些常规测量不仅能为特定网点确定变化提供一个长尺度的背景信息记录，同时还为跨梯度变化的对比提供了一种手段。

信息管理与教育

环境变化监测的关键是让监测能永久持续，以及为科学界和其他对相关变化有兴趣的跟踪者开放监测数据。每个长期生态研究网站将数据上传于网络，以便访问数据本身和用来解释数据的元数据。这样，信息管理就成了网络科学中一个重要的优先领域：数据必须经过组织并以能促进其长期的完整性和使用性的方式共享。

教育也是长期生态研究中的一个重要组成部分。从长期监测网点获得的观察和实验数据为中小学生(译注：原文为K-12，即涵盖从幼儿园到高中12年级的学生)、本科生、研究生和公众更好地理解环境变化及其对于它们的群落究竟意味着什么提供了一条途径。长期生态研究发布在网站上的数据可以用于基于探究的科学教学，监测网点也可以作为课堂实验基地。长期生态研究网点对于研究生的培养也尤为重要，这能帮助未来的环境科学家更好地了解长期的生态过程和变化，以便更好地让他们知晓未来的专业活动。

国际长期生态研究

受美国长期生态研究网络建设成功的影响，其他国家也纷纷效仿，类似的网络随之形成并共同构成了国际长期生态研究网络(ILTER)；在他们的网站上(www.ilternet.edu)，各网点的描述和相关监测数据均可查到。国际长期生态研究网络是一个网络的网络，包含超过四十个全球致力于长期研究、帮助了解全球环境变化的网络。与美国长期生态研究努力一样，国际长期生态研究网络的重点同样是长期的实地研究。

未来发展方向

长期生态研究在记录和理解各种生态系统或系统间的生态变化方面已充分展现了其重要价值，例如在新罕布什尔州，通过哈伯德布鲁克长期生态研究网的系统研究，酸雨生态影响在美国最早被确定。几十年的后续研究则进一步揭示了降雨酸度和氮的添加是如何改变森林的生产力、河水的化学组成以及各种陆生、水生群落的。酸雨不过是人类如何影响

生态系统的例子之一罢了，尽管这种影响是无意造成的，甚至生态系统广泛地受到大气二氧化碳施肥和气候变化的影响。为了应对此类影响，长期生态研究正向一种更清晰的包含人类(Robertson et al. 2012)以及借用生态和社会科学来更好地理解并预测环境变化的范式过渡。

社会生态学问题现在已经成为美国和欧洲LTER网络研究的重要组成部分(Collins et al. 2011)。该方法将有助于人类更好地理解和看待自然在多尺度下为人类提供的生态服务，这些看法如何改变我们的行为方式和制度，以及行为和制度变迁的反馈如何改变生态系统的结构和功能，生态系统如何能够继续长期为人类提供生态服务。

那些挑战生态系统的可持续性，也就是我们所赖以生存的生态服务当前及未来的可持续供应能力的环境问题，很少可以通过短期研究就能充分阐述清楚。检测种群和生态系统是缓慢地还是突然的变化，通常需要长期的观察；充分理解变化的原因和后果更是需要长期仔细的实验。长期生态研究正好可以为此提供必要的研究基础。

G.菲立浦·罗伯特森(G. Philip ROBERTSON)

密歇根州立大学

参见：生物指标(及其他相关词条)；可持续性度量所面临的挑战；计算机建模；生态影响评估(EcIA)；生态系统健康指数；地理信息系统(GIS)；土地利用和覆盖率的变化；遥感；战略环境评估(SEA)；可持续性科学；系统思考；跨学科研究。

拓展阅读

Callahan, James T. (1984). Long-term ecological research. *BioScience*, 34, 363–367.

Collins, Scott L.; et al. (2011). An integrated conceptual framework for social-ecological research. *Frontiers in Ecology and the Environment*, 9, 351–357.

Hobbie, John E.; Carpenter, Stephen R.; Grimm, Nancy B.; Gosz, James R.; Seastedt, Timothy R. (2003). The US long term ecological research program. *BioScience*, 53, 21–32.

International Long Term Ecological Research (ILTER). (2011). Homepage. Retrieved December 7, 2011, from http://www.ilternet.edu.

Magnuson, John J. (1990). Long-term ecological research and the invisible present. *BioScience*, 40, 495–500.

Robertson, G. Philip; et al. (2008). Long-term agricultural research: A research education, and extension imperative. *BioScience*, 58, 640–643.

Robertson, G. Philip; et al. (forthcoming.) Long term ecological research in a human dominated world. *BioScience*.

US Long Term Ecological Research Network. (2011). Homepage. Retrieved December 7, 2011, from http://www.lternet.edu.

M

Material Flow Analysis, MFA

物质流分析

物质流分析是一种描述和分析一个公司、地区或国家的材料和能量平衡的方法。物质平衡法则为其基础，分析的执行、描述人类活动的过程以及过程之间的商品/物质/能量流动都限定于一个地理系统边界、一个时间跨度内。

21世纪的整个工业社会的材料吞吐量（即流通过社会的物理材料的总量和生产材料的能源消耗）是不可持续的，不可能在全球层面继续而又不造成对生态系统生命维持功能的严重损害。物质流分析（MFA）是一种方法，它帮助理解物质和能量流动的深层物理过程，为政策制定提供支持以减少关键物质和能量的流动。

历史
物质流分析的起源可以追溯到古希腊，二千年前人们首次讨论到了物质守恒定律（即一个过程的输入等于过程的输出）。18世纪化学工程师安东尼娅·拉瓦锡（Antoine Lavoisier）第一个提供实验证据，证明化学过程的物质守恒。这些知识在以后的20世纪被应用于化学工程。

到了1965年物质流分析才应用于大系统（如城市）。此后兴起了各种规模的物质流分析研究，研究从发达国家人口稠密地区的企业和公司到整个国家。物质流分析也在发展中国家的环境问题分析过程中应用过，以追踪流域内的微量污染物。

方法
物质流分析有两种主要的类型：经济系统的物质流分析（EMFA）和一般物质流分析。经济系统的物质流分析研究一个国家或一个地区内总的材料流。它提供物质的年度输入和输出一个概况，包括国家或地区的环境输入和环境输出，以及进口和出口的实际数量（Eurostat 2009）。核算采用物理单位，通常用吨/年。它包括生物质\化石燃料、建筑材料、工业材料和矿石等"部门"。

采用标准化的方法可以进行历史比较和国际比较。

　　一般物质流分析提供对公司、地区或国家的物质、材料或货物进行更精确的分析。应用于单一材料或物质的分析称为元素流分析（SFA），它使用相同的关键术语和文件组成。因此物质流分析的焦点涉及一个国家、地区或经济部门内的资源优化管理（如木材或铜），也涉及减少那些对环境有潜在危害的物质（如重金属）的流动，然后分析在所选系统内物质的流通路径以及它们的化学、物理和生物转换。在对时空系统边界的定义和遵守质量守恒的原则方面，物质流分析和元素流分析是类似的。

经济系统的物质流分析

　　欧盟统计局提供的标准化方法（2009）详细说明了如何定义系统、如何计算存货量和流动、从存货量和流动可以得到哪些指标。主要变量考虑包括输入、经济因素和输出（参见Eurostat 2001；Eurostat 2009）：

输入

● 进口：进口、交易的商品，包括基本商品和加工产品，以吨计。

● 国内提取（DE）：每年从系统边界内的自然环境中提取的、用作材料因素投入生产的固体、液体和气体原料的量（不包括水和空气）。

● 输入平衡项：水和空气，计算经济材料平衡时必须考虑。

● 净增存货量（NAS）：经济的物理增长。净增存货量包括用于建筑和基础设施的新建

筑材料的量；材料包含在现有的耐用消费品内，如汽车、家用电器、家具以及其他耐用消费品的材料之内。原则上，旧的材料被最终处置，纳入到DPO（即国内加工输出；见下一项），而新材料被消耗并进入股市。另一个因素是停留时间，即材料或产品在系统内保有的时间。

● 国内加工输出（DPO）：沿增值链条（即资源开采、加工、制造使用和废物管理）而产生的废料的总量。国内加工输出包括排放到空气、水和垃圾填埋场的废物。

输出

● 出口：交易和出口的商品，包括基本商品和加工产品，以吨计。

● 输出平衡项：水和CO_2，计算材料平衡时必须考虑。因此可以建立如下的国家物质平衡方程：

DE+进口+输入平衡项目＝出口+DPO+输出平衡项目+NAS

　　从以上衡量变量可以定义一些指标（参见Eurostat 2009）。这里只提几个：

● 国内物料消耗（DMC）：国内物料消耗与一个地区/国家的材料输入和保有有关，直到它们释放到环境中。国内物料消耗："衡量每年国民经济中的原材料提取量，所有实际进口相加减去所有实际出口"（Eurostat 2009）。国内物料消耗与其他关键物理指标，如主要能源供应总量（TPES），定义方式相同。也就是说，国内物料消耗中使用的术语"消费"与"表观消费"而不是"最终消费"有关。

● 物质贸易平衡（PTB）：物质贸易平衡的计算是实际进口减去实际出口。因此，它的定义与货币贸易平衡（出口减去进口）相反，是基于到这样一个事实：经济中资金和商品反向流动。实际贸易顺差表明材料净进口，而实际贸易逆差则表明净出口。

这些指标与其他指标如国内生产总值和土地面积有关。

● 材料密集度：国内物料消耗与国内生产总值的比率。

● 区域密集度：国内提取或国内物料消耗与总土地面积的比例。材料流动和总土地面积之间的比例表示实体经济的规模与自然环境的关系。

● 国内资源依赖性（DE/DMC）：国内提取与国内物质消费的比率，表征实体经济对国内原材料供应的依赖程度的指标（Weisz et al. 2006）。

物质流分析与元素流分析

由于可以用物质流分析和元素流分析回答的问题多种多样，因此并不存在完全标准化的方法。然而，物质流分析的关键术语和定义适用于几乎所有的物质流分析和元素流分析（见表1）。平衡时间通常是一年，而且测量单位采用物理质量单位。

此外，大多数研究者同意皮特·巴西尼（Peter Baccini）和汉斯·皮特·巴德（Hans-Peter Bader）（1996）提出的，物质流分析由以下5个迭代步骤组成：

表1 物质流分析的关键词

关键词	定　义	图　示	数　学　解　释
活动	人类满足他们的需求的活动（如引食、清洁）		MFA系统的功能性子系统
MFA系统	由流程和产品组成的开放系统，物质和能量通过MFA系统流动		一个特别指定的时空单位，用于物质和能量流的测量
系统边界	规定MFA系统的界限		在规定时间、空间内定义MFA系统
过程	货物或零件的运输、转换或沉淀		平衡交易量（一个特定的时间段内达到平衡的空间单位，在此质量守恒适用）
货物/材料流	人类用于评价活动的材料		具体"物质"的载体
元素	化学元素或化合物		零件（即材料的组件）

来源：改编自Baccini & Bader（1996）.

描述物质流分析的关键术语，也适用于元素流分析，注意力集中于单一材料或物质。

（1）系统的定义：在这个步骤中设置系统边界，系统的定义和分析的执行都在此地理空间和时间跨度内进行。然后在这个定义的系统内部描述相关的转换、运输和体制内的沉淀，计算过程之间的流量。建议用图形来表示系统。如果一个跨学科的过程中也包含利益相关者，可以要求他们验证系统的定义。

（2）数据收集或测量：在这个步骤中货物/物质的流量和存货量的变化过程被量化。常见数据是来自政府和多边机构统计数据，或者，可以测量具体货物的流量，如开展家庭消费量调查（Binder et al. 2001）。如果分析中包括环境过程，可能还需要环境测量，如土壤和水中的元素浓度（van der Voet 1997）。

（3）计算材料或物质流：在这个步骤中，根据获得的数据来进行整个物流系统的计算，如果可能的话，还要用二次计算验证临界流量。与经济系统的物质流分析一样，质量平衡原理适用。即：输出等于输入加上存货量的变化。

（4）对于存货量进行动态分析，必须考虑停留时间（Baccini & Bader 1996; Binder et al. 2001, 2004）。

（5）表示和解释：最后一步，结果用物质流图表示，解释分析一开始就预设了的研究问题。图的表示可以使用开放的软件STAN（Tu Wien 2011）。另外也有一些商业软件包，如SIMBOX（EAWAG 200）和GABI（PE International AG）。

物质流分析和生命周期评价

物质流分析和生命周期评价方法是相似的。但物质流分析研究材料在一个公司、地区或国家内的流动，生命周期评价则研究一个特定产品从摇篮到坟墓整个过程的环境影响。他们的目标设定不同、系统边界不同，评估过程也不同（见表2）。

物质流分析与可持续发展

对于向可持续发展过渡，物质流分析可以有不同的应用方式。首先，它可以识别来自人类活动、影响环境问题的关键流。因此解决了一个问题：不同的人类活动如何影响所要解决的环境问题？

表2 物质流分析与生命周期评价的主要不同

	物质流分析	生命周期评价
目标	分析物质和能量在一个公司、地区或国家的流动，可以涵盖多个产品	通过他们的整个生命周期比较不同产品对环境的影响
系统边界	受地理条件限定，因此不考虑生产进口商品所需要的任何材料和商品	通过功能单元被定义为一个产品的生命周期，包括其组件的起源。从摇篮到坟墓
评价	没有具体的评估过程，一些作者倾向于将人为流动比地球成因学的流动，其他人则选择比较材料物质随时间的变化	生命周期评价以一个功能单元的观点评估整个链。这一过程分为没有评估的LCI（生命周期库存）和评估两部分，有数据库支持评估过程（见Ecoinvent 2012）

来源：作者.

对这个问题的答案是向可持续性发展的一个先决条件。如果我们不理解人类活动会对一定的环境问题起什么作用、达到什么程度，我们将无法提出能抓住这一问题核心的良好对策。特别是关于以下方面，物质流分析已被证明提供了重要的信息：

• 消费：研究人员发现，对不同的活动有关的资源消费（比如水、能源和材料）进行分析可以具体了解，针对过度消费问题的可持续措施的重点应该在哪里（Brunner & Baccini 1992; Daxbeck et al. 1997; Binder et al. 2004）；

• 污染：这里的关键问题是通过对整个系统进行分析确定污染源，并追踪污染物的途径，尤其在谈到有关水污染、CO_2 排放和废物生产（如跟踪污染物通过水域或城市地区的路径）。要考虑的另一个方面是家庭和工业污染之间的比例以及区域吸收能力（Ayres et al. 1985; Lohm et al. 1994; van der Voet et al. 1994; Kleijn et al. 1994; Frosch et al. 1997）；

• 工业过程的优化：一些作者发现，通过所有的工业过程，物质流分析有助于识别能源和材料的流动。分析的方法包含资源（如能源、原材料、水）的优化分析，和资源优化与经济优化之间的权衡取舍。也许令人惊讶的是，在大多数情况下他们发现资源和经济的改善已经实现了（Ayres Erkmann 1978, 2003; Henseler et al. 1995; Kytzia et al.）；

• 全球元素流动：我国和国际上最近已经建立了铜和锌流动模式。这为反对资源稀缺的计划提供了依据（Graedel et al. 2002; Gordon et al. 2003; Spartari et al. 2003）。

物质流分析应用于向可持续发展过渡的另一种方式是作为防范工具。也就是说，物质流分析可以用来识别潜在的环境问题，这种环境问题尚未爆发出来，但是如果当前的行为模式继续这样下去就可能出现。物质流分析也可以用于测试潜在的改善措施，因此动态建模方法就让人非常感兴趣。有益于解决以下研究问题：从当前或设想的材料使用模式，会出现什么潜在的环境问题？有什么潜在（技术）的改善措施？

动态模型的应用程序范例包括：光伏市场的发展、建筑管理和使用货物的阶梯式流动。也可以使用数学模型对人－环境系统中的材料或物质流的动态行为进行模拟。这些方法已经在不同领域为许多研究人员所用。克罗地亚·R.宾德（Claudia R. Binder）（1996）的个人研究和她与同事的共同研究（Binder et al. 2001）中都模拟了材料使用的动力学，用于家具消费的不同场景；丹尼尔·比特·穆勒（Daniel Beat Mueller）（1998）分析了瑞士的低地的森林和木材管理动态；马库斯·格尔格·瑞尔（Marcus Georg Real）（1998）开发出一种方法评估大规模引进的可再生能源系统中的代谢过程；C.兹尔特

纳 (C. Zeltner) 和同事 (1999) 模拟了美国铜流动的动力学；瑞恩·克雷金 (Rene Kleijn) 和同事 (2000) 看到 PVC 在耐用品中的滞后反应导致生产废品；而埃斯特·范·德·富特 (Ester van der Voet) 和他的同事们 (2002) 使用这个模型预测了未来的碳排放。

最后，物质流分析可以用来监控系统的进展，这是通过计算年度物质流分析来达到的。要解决以下两部分的研究问题：依据可持续发展的标准系统进展得怎样？它已经提高到了什么程度？

这个问题的答案是经济系统物质流分析 (EMFA) 应用的一个领域。在这种背景下，用经济系统物质流分析方法计算得到的 DMC 被视为一个国家的"物质 GDP"（欧盟统计局 2009 年），用它可以比较各国的材料密集度（直接材料消耗/GDP 之比）。材料密集度降低是非物质化，或从材料密集活动向其他经济体系转型的一个标志，特别是像中国这样快速发展的经济体系。这种方法的另一个重要应用是随着时间的推移，能够跟踪材料在特定的迁移过程中的变化，如从农业社会到工业社会 (Fischer-Kowalski & Haberl 2007)。

物质流分析与其他方法联合

相当多的方法可以与物质流分析联合。其中大部分是源于经济学，因为物质流分析的分析结构和经济方法论（如投入产出分析和一般均衡模型）是相当一致的（参见 Binder 2007a)。

此外，一些将利益相关者/主体行为链接到物质流分析、并就社会系统中如何引导物质流动的问题提供信息的途径已经开发 (Binder 2007b; Lang et al. 2006)，它们被应用于废物管理领域 (Lang et al. 2006; Binder & Mosler 2007)、区域木材流管理 (Binder et al. 2004) 和磷管理 (Lamprecht et al. 2011) 以及其他方面。

物质流分析：君在何处？

在可持续发展研究中，物质流分析是一个很好的工具：它提供了一个系统的物理特性概况。由于该过程与人类活动有关，取得的结果可以与经济学以及行为导向分析相联系。这使得该工具对于联合建模特别有意义，采用联合建模可以分析人类行为的变化对环境的影响，为政策制定者提供最佳的工具，因为它提供了一个设计政策的基础，支持监测过程，比较容易沟通，而且在很大程度上考虑了所要分析的系统的复杂性。

克罗地亚·R. 宾德 (Claudia R. BINDER)
慕尼黑大学

作者衷心感谢克里斯托弗·瓦茨 (Christopher Watts) 为本文所做的评审和修改工作。

参见：21 世纪议程；生物学指标（若干词条）；社区与利益相关者的投入；发展指标；生态系统健康指标；环境效益指数 (EPI)；真实发展指数 (GPI)；全球环境展望 (GEO) 报告；全球报告倡议 (GRI)；净初级生产力的人类占用 (HANPP)；$I = P \times A \times T$ 方程；土地利用和覆盖率的变化；生命周期评价 (LCA)；寿命周期成本 (LCC)；生命周期管理 (LCM)；国家环境核算；区域规划；系统思考。

拓展阅读

Adriaanse, Albert; et al. (1997). *Resource flows: The material basis of industrial economies*. Washington, DC: World Resources Institute.

Ayres, Robert U. (1978). *Resources, environment and economics: Applications of the materials/energy balance principle*. New York: Wiley.

Ayres, Robert U.; Simonis, Udo E. (Eds.). (1992). *Industrial metabolism e restructuring for sustainable development*. Tokyo: The United Nations University.

Baccini, Peter; Bader, Hans-Peter. (1996). *Regionaler Stoff haushalt: Erfassung, Bewertung und Steuerung* [Regional material management: Analysis, evaluation and regulation]. Heidelberg, Germany: Spektrum.

Bergback, Bo; Anderberg, Stefan; Lohm, Ulrik. (1994). Accumulated environmental impact: The case of cadmium in Sweden. *The Science of The Total Environment*, 145 (1–2), 13–28.

Binder, Claudia R. (2007a). From material flow analysis to material flow management part I: Social science approaches coupled to material flow analysis. *Journal of Cleaner Production*, 15 (17), 1596–1604.

Binder, Claudia R. (2007b). From material flow analysis to material flow management part II: The role of structural agent analysis. *Journal of Cleaner Production*, 15 (17), 1605–1617.

Binder, Claudia R.; Bader, Hans-Peter; Scheidegger, Ruth; Baccini, Peter. (2001). Dynamic models for managing durables using a stratified approach: the case of Tunja, Colombia. *Ecological Economics*, 38 (2), 191–207.

Binder, Claudia R.; Hofer, Christoph; Wiek, Arnim; Scholz, Roland W. (2004). Transition towards improved regional wood flow by integrating material flux analysis with agent analysis: The case of Appenzell Ausserrhoden, Switzerland. *Ecological Economics*, 49 (1), 1–17.

Binder, Claudia R.; Mosler, Hans-Joachim. (2007). Recycling flows and behavior of households in analysis for Santiago de Cuba. *Resources, Conservation and Recycling*, 51 (2), 265–283.

Brunner, Paul H.; Baccini, Peter. (1992). Regional material management and environmental protection. *Waste Management & Research*, 10 (2), 203–212.

Brunner, Paul H.; Rechberger, Helmut. (2004). *Practical handbook of material flow analysis*. New York: Lewis.

Daxbeck, Hans; et al. (1997). The anthropogenic metabolism of the city of Vienna. In Stefan Bringezu, Marina Fischer-Kowalski, René Kleijn & Viveka Palm (Eds.), *Proceedings of the ConAccount workshop*. Wuppertal, Germany: Wuppertal Institut für Klima, Umwelt, Energie. 247–252.

EAWAG. (Eidgenössische Anstalt für Wasserversorgung, Abwasserreinigung und Gewässerschutz) [The Swiss Federal Institute of Aquatic Science and Technology]. (2009). Systemanalyse und modellierung SIMBOX [System analysis and modelling SIMBOX]. Retrieved November 10, 2011, from http://www.eawag.ch/forschung/siam/software/simbox/index.

Ecoinvent. (2012). Homepage. Retrieved January 13, 2012, from http://www.ecoinvent.ch/.

Erkman, Suren, & Ramaswamy, Ramesh. (2003). Applied industrial ecology: A new platform for planning sustainable societies. Bangalore, India: Aicra.

Eurostat (Statistical Office of the European Communities). (2001). *Economy-wide material flow accounts and derived indicators. A methodological guide*. Luxembourg: Eurostat. Retrieved January 13, 2012, from http://epp.eurostat.ec.europa.eu/cache/ITY_OFFPUB/KS-34-00-536/ EN/KS-34-00-536-EN.PDF.

Eurostat (Statistical Office of the European Communities). (2009). Economy-wide material flow accounts: Compilation guidelines for reporting to the 2009 Eurostat questionnaire. Luxembourg: Eurostat.

Fischer-Kowalski, Marina; Haberl, Helmut. (Eds.). (2007). *Socioecological transitions and global change: Trajectories of social metabolism and land use*. Bodmin & Cornwall, UK: MPG Books Ltd.

Frosch, Robert A.; et al. (1997). The industrial ecology of metals: A reconnaissance. *Philosophical Transactions of the Royal Society A*, 335 (1728), 1335–1347.

Henseler, Georg; Bader, Hans-Peter; Oehler, Daniel; Scheidegger, Ruth; Baccini, Peter. (1995). Methode und Anwendung der betrieblichen Stoff buchhaltung: Ein Beitrag zur Methodenentwicklung in der ökologischen Beurteilung von Unternehmen [Method and application of substance bookkeeping in firms: A contribution to the development of methods for the ecological assessment of enterprises]. Zürich, Switzerland: vdf Hochschulverlag AG.

Kleijn, René; van der Voet, Ester; Udo de Haes, Helias A. (1994). Controlling substance flows: The case of chlorine. *Environmental Management*, 18 (4), 523–542.

Kleijn, René; Huele, Ruben; van der Voet, Ester. (1999, January 5). Dynamic substance flow analysis: the delaying mechanism of stocks, with the case of PVC in Sweden. *Ecological Economics*, 32 (2), 241–254.

Kytzia, Susanne; Faist, Mireille; Baccini, Peter. (2004). Economically extended MFA: A material flow approach for a better understanding of the food production chain. *Journal of Cleaner Production*, 12(8–10), 877–889.

Lamprecht, Heinz; Lang, Daniel J.; Binder, Claudia R.; Scholz, Roland W. (2011). The trade-off between phosphorus recycling and health protection during the BSE crisis in Switzerland: A "disposal dilemma." *GAIA*, 20 (2), 112–121.

Lang, Daniel J.; Binder, Claudia R.; Scholz, Roland W.; Schleiss, Konrad; Stäubli, Beat. (2006). Impact factors and regulatory mechanisms for material flow management: Integrating stakeholder and scientific perspectives: The case of bio-waste delivery. *Resources, Conservation and Recycling*, 47 (2), 101–132.

Moriguchi, Yuichi. (2002). Material flow analysis and industrial ecology studies in Japan. In Robert U. Ayres; Leslie W. Ayres (Eds.), *Handbook of industrial ecology*. Cheltenham, UK: Edward Elgar. 301–310.

Mueller, Daniel Beat. (2002). *Modellierung, Simulation und Bewertung des regionalen Holzhaushaltes* [Modeling, simulation and evaluation of regional timber management] (PhD dissertation Nr. 12990). Zurich, Switzerland: Swiss Federal Institute of Technology.

Palm, Viveka, & Jonsson, Kristina. (2003). Materials flow accounting in Sweden: Material use for national consumption and for export. *Journal of Industrial Ecology* , 7(1), 81–92.

PE International, GaBi Software. (n.d.) Homepage. Retrieved November 10, 2011, from http://www.gabi-software.com/deutsch/index/.

Real, Markus Georg. (1998). A methodology for evaluating the metabolism in the large scale introduction of renewable energy systems (PhD dissertation Nr. 12937). Zurich, Switzerland: Swiss Federal Institute of Technology.

Scholz, Roland W., & Tietje, Olaf. (2002). *Embedded case study methods: Integrating quantitative and qualitative knowledge*. Thousand Oaks, CA: Sage Publications.

Tu Wien. (2011). *Institut für Wassergüte, Ressourcenmanagement und Abfallwirtschaft*: STAN [Institute for water quality, resource management and waste management: STAN]. Retrieved November 10, 2011, from http://iwr.tuwien.ac.at/ressourcen/downloads/stan.html.

van der Voet, Ester; Kleijn, René; Huele, Ruben; Ishikawa, Masanobu; & Verkuijlen, Evert. (2002, May). Predicting future emissions based on characteristics of stocks. *Ecological Economics* , 41(2), 223–234.

van der Voet, Ester; van Egmond, Lipkjen; Kleijn, Ruth; & Huppes, Gjalt. (1994). Cadmium in the European community: A policyoriented analysis. *Waste Management Resources*, 12(6), 507–526.

Weisz, Helga, et al. (2006). The physical economy of the European Union: Cross-country comparison and determinants of material consumption. *Ecological Economics*, 58(4), 676–698.

Wolman, Abel. (1965, September). The metabolism of cities. *Scientific American*, 213 , 179–190.

Zeltner, C.; Bader Hans-Peter; Scheidegger, Ruth; & Baccini, Peter. (1999). Sustainable metal management exemplified by copper in the USA. *Regional Environmental Change*, 1(1), 31–46.

Millennium Development Goals

千年发展目标

在联合国的赞助下，8个千年发展目标于2000年被确定下来：通过全球合作伙伴的关系共同抗击贫困、不平等和疾病，朝着可持续的方向发展。基于经济安全、强有力的组织和管理、社会正义的原则，千年发展目标可以通过评估根据发展起源、地理位置、性别和其他具体情况定义为民族的特定群体的实现指标加以监控。

2000年9月，世界各国领导人齐集联合国千禧年峰会，协商全球伙伴关系在支持经济增长，减少贫困和实现可持续发展应采取的方式。由于这些努力，189个国家通过了《千禧年宣言》，他们通过声明承诺减轻极端贫困和解决一些贫困。千年发展目标（MDGs）中设置了8个广泛而又可量化的目标（下一节"MDGs及其目标"将就这8个目标进行概述）。这种协调的政治努力源于20世纪90年代关于全球发展关键性辩论的结果，它是建立在这样的理念上的：发展目标应该建立在经济安全、强有力的组织和管理、社会正义三大支柱之上（Hulme & Scott 2010）。

千年发展目标是将公共政策作为实现通用基本权利的手段为核心战略来构思的。千年发展目标是一个关于发展的基准，可以从个人和集体多维的方式加以诠释。目标可以从人类发展的角度来理解，这里的社会进步不是简单的定义为经济增长，而是一个包括了个人的生活质量和有效自由的更广泛的概念。

人类发展的概念与印度经济学家阿马蒂亚·森（Amartya Sen 1985）提出的能力进路（capability approach）有密切的联系，它将人及其选择的生活意义和创造性生活集中概念化为发展（Basu & Lopez-Calva 2011）。在这个概念框架内，能力的确切意思是指有效地自由选择的可能性。能力是一组功能，是由个人通过获得商品和服务转化为"物"和"行"所构成的。功能包括了寿命和健康生活的可能性，或是个人和社会所能实现有价值知识的可能性，但也还有其他更复杂的选项，如个体实现自尊、社会整合以及政治进程的参与等。但只有基本条件达到要求,这些更高的目标才能实现。千年发展目标代表一个建立普遍基本条件的基本政治承诺。

MDGs及其8个目标

8个目标中的每一个指标都可以根据某些特定目标进展,直到2015年的完成情况加以测量和监控。

目标1:消除极端贫困和饥饿

- 目标1A:靠每日不到1美元维生的人口比例减半。
- 目标1B:女性、男性和年轻人实现体面就业。
- 目标1C:挨饿的人口比例减半。

目标2:实现普及初等教育

- 目标2A:到2015年所有的孩子可以接受完整的初等教育。

目标3:促进性别平等并赋予妇女权利

- 目标3A:消除中、小学教育中的性别差距。

目标4:降低儿童死亡率

- 目标4A:从1990年至2015年,5岁以下儿童死亡率减少三分之二。

目标5:改善产妇健康

- 目标5A:在1990年至2015年之间,孕产妇死亡率减少四分之三。
- 目标5B:到2015年,实现普遍享有生殖健康。

目标6:抗击艾滋病毒/艾滋病、疟疾和其他疾病

- 目标6A:到2015年遏制并开始扭转艾滋病毒/艾滋病的传播。
- 目标6B:到2010年向所有需要者普遍提供艾滋病毒/艾滋病治疗。
- 目标6C:在2015年已经停止疟疾和其他疾病的发病率。

目标7:确保环境的可持续性

- 目标7A:将可持续发展原则纳入国家政策。
- 目标7B:到2010年,显著降低生物多样性丧失速率。
- 目标7C:到2015年,将无法持续获得安全饮用水和基本卫生设施的人口比例减半。
- 目标7D:到2020年,使至少1亿贫民窟居民的生活明显改善。

目标8:制定全球发展伙伴关系

- 目标8A:进一步发展开放的、遵循规则的贸易和金融体系。
- 目标8B:解决最不发达国家的特殊需要(LDC)。
- 目标8C:解决内陆和小岛屿发展中国家的特殊需要。
- 目标8D:使债务可以长期持续承受。
- 目标8E:在发展中国家提供负担得起的基本药物。
- 目标8F:提供新技术的好处。

千年发展目标中的每个目标都有一系列指标来评估进展。例如,目标7指标"确保环境的可持续性"的监控包括① 土地的森林覆

盖率；② 人均和每美元国内生产总值的二氧化碳排放量；③ 臭氧耗损物质的消费；④ 生态安全和生物限制下鱼类资源的比例；⑤ 被使用的水资源总量所占比例；⑥ 被保护的海洋和陆地占总面积的比例；⑦ 濒临灭绝物种所占比例等。

政策方面的挑战

自从千年宣言之后，第一个挑战就是如何支持政府努力将目标严格地纳入各个国家的发展战略之中，主要的思路就是使用指标作为相关规划工具。第二个挑战是从国家和国际层面如何调动公民社会，以便非政府参与者能支持相关努力，使目标得以实现。最后，第三个挑战是如何在政府计划中的应用、监控和评估中实现政策与千年发展目标框架上的一致。

在2010年千年发展目标峰会上，相关评估显示，在需要达成的目标中，已取得了一些基础性的进步，尽管关于千年发展目标的实现的滞后受到越来越多的关注。例如，性别差异在高等教育中仍存在，儿童和孕产妇死亡率仍然很高，疟疾导致的死亡以及享有卫生设施等。就国际致力于发展而言，对发展中国家政府的持续捐赠承诺存在较大的差距。

在这种背景下，为激发额外的努力以加强国家层面实施千年发展目标的计划和干预，联合国启动了由联合国开发计划署提出的千年发展目标加速框架（the MDG Acceleration Framework, MAF）。千年发展目标加速框架提供了一个四步实施的方法，具体包括：① 定义一套有可能加速进展的针对性目标实施战略，这将有助于利益相关者依靠管理挑战、政治承诺、国家能力和资金支持等确定最佳的解决方案；② 识别影响更快地推进目标的瓶颈；③ 推荐优先领域的综合行动方案；④ 实施目标战略并监控进展情况（联合国 2011）。这个框架专注于开发那些风险逆转以及能产生正面溢出效应的目标，以便推动其他整体发展目标和分目标的实现。

千年发展目标加速框架（MAF）方法基于这样一种观念：努力实现千年发展目标必须克服当地具体困难和每个国家机构能力的约束，因此，只能识别可能结合的有兴趣的群体与社区。这种方法本质上是多学科、多部门和多方利益相关者参与的方法。

同样重要的是，提及具体强调要"超越平均水平"，这意味着实现程度应该根据民族起源、地理位置、性别和其他具体情况而特定定义的群体来分解指标，以及不能采用一些通用的中间标准。

发展的多维度测算

测量实现人类发展的进步需要一个多维的方法。这个多维方法与阿马蒂亚·森（Amartya Sen 1985）提出的功能、能力框架密切相关，在这篇文章中，森用非专业术语建议，个人福利的评估就是要分析一个人的能力，包括他可以达到的所有潜能（Kuklys 2005），并且要考虑一定的个人、社会和环境因素。从这个意义上说，能力集代表个人的有效选择集，考虑到非市场的商品、服务和非货币性的约束。能力集将成为有效自由度的一个度量——整个个体选项集成为有效的选择。

在千年发展目标集中，基本维度与功能失败相关联，或者缩小可用选项的范围。政策必须全面考虑维度之间的互补性。阿马蒂亚·森（2004）提出的所谓3R分析，即范围（Reach），幅度（Range）和原因（Reason）的分析方法，可应用于像联合国开发计划署的政策设计（2010）。简而言之，这种分析首先意味着公共行为应该按照预定设计（范围）到人及他们的家庭和社区，其次，这些措施应该是全面而有效的。换句话说，他们应该解决所有的确认绑定约束（幅度）。最后，这些行动应该是一致的，应该影响受益人的愿望、目标和自治，从而鼓励他们成为发展政策的积极主体，而不是被动接受者（原因）。只有这样的方法才能产生可持续的发展政策。

尽管其概念是有价值的，但将能力方法转化成一个经验设置并不是一个简单的任务。一个试图系统在聚合、国家层面捕捉多重空间的著名例子就是自1990年以来由联合国开发计划署发布的传统的人类发展指数。这个指数本身就是一个反映经济收入、教育和健康的集成指数。在家庭层面应用人类发展指数也是可能的，全球人类发展报告也为国际比较引入了一个不平等—灵敏的人类发展指数。

通过多维贫困指数形式化，使多维度代入政策讨论的尝试也得到了增强。为实现千年发展目标，更好的社会政策设计需要建立一个全面的贫困辨视图，基于一个可靠的方法来识别那些真正的穷人，设立严格评估政策干预的方法，以评价反馈的方式包含进政策设计之中。一个最近提出的创新措施以一个公理化

的方式解决了识别和聚合，这就是阿尔凯尔和福斯特多维贫困指数（Alkire & Foster 2009）。据联合国开发计划署最近的人类发展报告，该指数已在一百多个国家得到应用（2010）。

许多国家已经开始将多维度方法应用于测量和政策设计，以提高他们在一个集成框架内实现千年发展目标的能力。这种衡量社会全面进步的方法类型最有可能出现在千年宣言规定的最后期限，即2015年以后的未来议程。

丽贝卡·格林斯潘（Rebeca GRYNSPAN）
联合国开发计划署
路易斯·F·罗佩兹－卡尔瓦
（Luis F. LOPEZ–CALVA）
世界银行

免责声明：本卷作者联合声明，本册仅代表个人观点，相关内容并不反映机构所附属的官方立场。

参见：21世纪议程；发展指标；环境公平指数；环境绩效指数（EPI）；战略可持续发展框架（FSSD）；真实发展指数（GPI）；全球环境展望（GEO）报告；全球报告倡议（GRI）；绿色国内生产总值（GDP）；人类发展指数（HDI）；环境影响 $I=P \times A \times T$ 方程；增长的极限；人口指标；社会生命周期评价（S-LCA）；绿色税收指标。

拓展阅读

Alkire, Sabina; Foster, James. (2009). Counting and multidimensional poverty measurement (OPHI working paper 32). Oxford, UK: University of Oxford.

Basu, Kaushik; Lopez-Calva, Luis F. (2011). Functionings and capabilities. In Kenneth J. Arrow, Amartya K. Sen & Kotaro Suzumura (Eds.), *Handbook of social choice and welfare*. London: Elsevier Science-North Holland Publishers. Vol.2, 153−187.

Foster, James E.; Greer, Joel; Thorbecke, Erik. (1984). A class of decomposable poverty measures. *Econometrica*, 52(3), 761−766.

Grynspan, Rebeca; Lopez-Calva, Luis F. (2010). Multidimensional poverty: Measurement and policy. In Jose Antonio Ocampo & Jaime Ros (Eds.). *Handbook of Latin American economies*. Oxford, UK: Oxford University Press.

Hulme, David; Scott, James. (2010). The political economy of the MDGs: Retrospect and prospect from the world's biggest promise. *New Political Economy*, 15(2), 293−306.

Kuklys, Wiebke. (2005). *Amartya Sen's capability approach: Theoretical insights and empirical applications, series: Studies in choice and welfare*. Berlin: Springer Verlag.

Sen, Amartya K. (1985). *Commodities and capabilities*. Amsterdam: North-Holland.

Sen, Amartya K. (2004). The three R's of reform. *Economic and Political Weekly*, 40(19), 7−13.

United Nations (UN). (2011). *MDG acceleration framework*. New York: United Nations.

United Nations Development Programme (UNDP). (2010). *Regional human development report for Latin America and the Caribbean 2010. Acting on the future: Intergenerational transmission of inequality*. San José, Costa Rica: Editorama.

National Environmental Accounting

国家环境核算

国家环境核算是在国家层面对经济与环境的物理量和货币量之间的相互关系的描述。环境账户是标准国民经济核算的一个扩展，它们为监测绿色经济，或绿色增长，或者更广泛地说，为可持续发展提供了广泛的指标。

国家环境核算（或称环境经济核算，有时也称绿色核算）是指国家统计部门所开展的在国家层面上的经济与环境之间相互关系的统计活动。每项经济都依赖于环境中自然资源的输入，同时也依赖作为生产和消费产生污染和浪费出口的吸纳储库。环境也会产生各种类型的生态系统服务，如为休闲提供令人愉快的环境。

人们之所以会对描述一个国家经济活动的标准国家核算产生担忧，是因为它没有恰当的考虑经济对自然的依赖（UNECE 2009）。例如，如果一个国家在一年之内砍伐整个热带森林收获木材，因为没有将耗尽自然资本的成本考虑进去，该国的国内生产总值将大幅度增长。但从可持续发展的角度来看，这样的增长是没有意义的，因为通过耗尽一个国家来于生存的自然资本的发展，将使其未来的生产陷入绝境。

环境核算是基于一套称为"环境—经济核算体系（SEEA）"的准则。环境—经济核算体系是国民经济核算的扩展，设计成可以派生出各种指标的多功能测算框架，与绿色经济、绿色增长，或更广泛地说与可持续性的监测紧密联系。关键性的例子有资源生产率指标，财富、环境税和补贴的分离及延伸测算等。

历史

环境核算最早可以追溯到20世纪70年代，当时几个欧洲国家的工作还是相互独立的（Hecht 2005）。1978年，出于对水电密集开发、渔业资源过度捕捞、大量石油和天然气田发现可能对环境带来影响的担忧，挪威环境部委托挪威统计局开发了自然资源账户（NRAs）作为监测工具，以便更好地管理自然资源和环境（Alfsen 1996）。20世纪80年代，法国开发了一个包括定量和定性评估其自然遗产状态和演变的核算体系（Vanoli 2005）。在荷兰，经济学家柔菲·休伊亭（Roefie Hueting）雄心勃勃的努力极富影响，他提出将资源的枯竭和环境的恶化考虑进可持续的国民收入之中，这就使得物质流账户或包括了环境账户的国家核算矩阵（NAMEA）的物理信息和经济信息可以相互比较（deHaan Keunig 1996, 1）。另一个有影响力的研究是由世界资源研究所所承担的（Repetto et al. 1989），印尼自然资源估计折旧成本显示，这将会导致其增长率出现显著的下行调整。

1992年在里约热内卢举行的地球峰会对环境核算产生了重大促进，因为这次峰会上通过的《21世纪议程》呼吁"所有成员国尽早结合主要目标建立全面的环境与经济核算体系。在核算框架内整合环境和社会维度扩大现有国民经济核算体系"（UN DESA 1992, 8.41–8.42）。

几乎同一时期，分别由联合国环境规划署和世界银行，以及其他一些结构组织了一些国际会议和研讨会。结果到1993年，联合国发布了《国家核算手册：环境与经济综合核算》（UNSD 1993）。正如其序言称述的那样，手册是一项正在进行中的工作，还有一个明确的需要继续进行概念的讨论。为此，统计部门组建了一个专门为环境核算从业者搭建的论坛——伦敦环境核算团体，论坛专家来自越来越多的国家，包括已经开始实施环境核算的发达国家和发展中国家。这使得2003年修订的《国家核算手册：环境与经济综合核算（2003）》（SEEA–2003）得以出版（UN et al. 2003）。这是一次很大的前进，但修订版仍低于统计标准的要求。2011年环境—经济核算体系再次修订完成，预计在2012年被联合国统计委员会采纳为统计标准（UN DESA 2011）。

环境核算的实践

在实际应用中，一个环境会计师的工作包括了将能源、水、土地、生态系统统计数据融入经济统计之中。在大多数国家，环境核算尽管会偶尔开展独立调查，但总体还是使用现有的数据。融合意味着与国家核算相关概念、定义和分类相匹配的数据进行调整。例如，当一个能源平衡提供了一个发生在某国家地理边界的能源使用和转换的技术概述时，能源账户就要提供该国家居民能源使用的经济替代信息。

公司或家庭的居住是基于它最紧密连接的领土的，因此国民经济核算关注居民的活动,无论这些活动是发生在一个国家的边界之内还是之外。由于对国际旅游和运输存在不同的处理,所以一个能源账户的汇编可能因此导致大量的调整。同样,尽管国际航空的温室气体排放被排除在《京都议定书》规定的国家温室气体排放清单总量之外,但这些排放在将航空公司视为一个国家的居民的情况下,可以将其排放包含进空气排放账户中。

能源核算对工业活动中能源产品的使用进行细化,从而允许它能直接与一个行业的生产、附加值或就业进行比较。例如,对不同行业间的能源效率进行比较。

环境核算的附加值来自精确的核算体系,从而提高估算的可靠性。这样的核算也确保了相关指标的一致性。然而,批评人士指出,如将能量平衡和能源核算的环境核算统计数据分开,会让用户感到困惑。

环境—经济核算体系与可持续发展指标

环境—经济核算体系包含几种类型的账户。第一类环境一经济核算体系账户是实物流量账户,依据自然资源的浪费和排放的输入和输出来衡量环境的使用情况。实物流量账户可以表示为不同的单位,如能源账户用焦耳,水账户用立方米,空气排放账户使用二氧化碳当量,而材料账户使用吨为单位等。由于它们与货币存在一对一的数量关系,因此实物流量账户可以转化为资源生产率和效率的指标。实物流量账户可以用来分析经济增长在多大程度上已经与资源投入和污染排放脱钩了。以荷兰为例,尽管在1990年至2009年之间经济上取得了强劲的增长,达53%,细粉尘的排放水平却下降了近51%(见图1)。这是一个绝对脱钩的例子。相反,在此期间,能源消耗净值是增加的,虽然增速慢

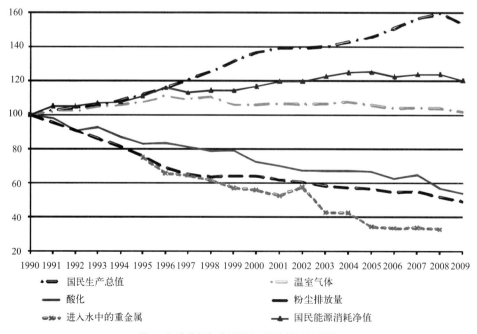

图1 经济增长与资源投入/污染排放的脱钩

来源:荷兰统计局(2010).

于经济增长,这是一个相对脱钩的例子。这一领域大多数研究者认为,一个国家要实现可持续发展,环境压力与经济增长绝对脱钩被认为是必要条件。

第二类环境一经济核算体系账户是跟踪与环境相关的活动以及政策工具的货币账户。环境保护支出账户显示一个国家花了多少钱在保护或恢复环境。它们还显示了一个国家针对环境目的的投资(所谓的绿色投资)比例。环保商品和服务账户测量与环境有关的活动的范围和允许获得相关指标,例如绿色工作。环境税账户可以用来监控一个国家的税基是否正变得更加绿色。排放权账户允许对不同行业所面临的减少温室气体排放进行激励分析。

第三类环境一经济核算体系账户是自然资源账户,它是描述一个国家在实物量和货币量上的自然资本(包括可再生和不可再生的能源)。例如,通过对木材存量的时间序列分析,就可以评估一个国家的自然资本基础是否保持在一个可持续的方式。在货币方面,自然资源账户可以获得扩展的财富测算,如世界银行(2011)所编制的那样;自然资源账户也可以对损耗的各种类型的自然资本的价值进行估算。通过对自然资本消耗或退化的修正,使生产、收入和储蓄等常见测算更

能体现可持续测量的要求,从而使测算"绿色GDP"类型的计算成为可能。

国家影响

环境核算的发展通常是由特定国家环境所指导。对于资源丰富的国家,自然资源账户可能有更高的优先级;而在高污染的国家,水或空气排放账户可能与更多的政策有关。

一些国家专注于实物账户,而其他国家为估计综合财富或一种绿色国内生产总值测算,则可能将兴趣集中在货币数据上。

目前,还没有一个国家完成所有环境类型的账户编制,尽管有如挪威这样的一些国家接近于完成。因为环境政策不断发展,对环境核算新的可能性和要求会不断提出。例如,碳排放权的账户正被添加到环境核算的工具盒中。

世界所有地区都已建立了环境核算项目。在欧洲,大约有10个国家长期运行主要关注物质流账户和经济账户的核算项目。2011年,欧盟委员会正式通过了环境核算的法律基础,这使得所有欧盟国家到2013年都必须强制实施大气排放、物流和环境税等账户的编制。额外的模块会在未来添加进去。

在欧洲之外,自20世纪90年代初以来,

澳大利亚和加拿大已经有了自己的综合项目。然而,美国的环境核算活动曾遭到政治反对派的反对而停止,但不久之后,他们的第一个项目还是于1994年第一次出版。一个审查小组被委托来完成相关工作,他们最后得出的结论是:"将包括与自然资源和环境关系密切的资产和生产活动扩展纳入美国国民收入与生产核算(NIPA)是一个重要的目标"(Nordhaus & Kokkelenberg 1999)。然而,这份报告并没有改变美国的局面。

亚洲的情况时,韩国对财富的核算关注很强,而日本传统性地对物流核算有很大兴趣。

一些发展中国家如哥伦比亚、墨西哥和南非,自20世纪90年代以来就已经建立起了一直在运行的项目。其他很多国家也都对环境核算表现出了极大的兴趣,尽管他们有些项目因为能力限制而难以持续实施。

绿色国内生产总值一开始就引来争议。例如,2006年,中国发布了其基于2004年的绿色国内生产总值数据,估计环境与生态方面的损失约占国内生产总值的3%(Wang Jinnan et al. 2006)。由于这些估算低于预期,由此产生了激烈的争论。因此,中国似乎已经将环境核算活动转向了个人账户的编制。几个欧洲国家,由于各种各样的原因,如德国和瑞典反对估算绿色国内生产总值是因为用户缺乏兴趣以及方法本身的问题。相比之下,墨西哥在绿色国内生产总值指标(或*PINE*,西班牙语缩写)的编制上有很好的经验,按照法律规定,他们的相关指标必须每年出版。2009年印度宣布,到2015年,他们将把绿色国内生产总值作为目标选择(Mukherjee 2009)。

展望

环境核算作为派生指标框架的重要性似乎受到越来越多的国际认可,例如,经济学家约瑟夫·斯蒂格利茨、阿马蒂亚·森和珍-保罗·菲托西(Jean-Paul Fitoussi)(2009, 66)所表述的用来衡量社会进步的指数,用来衡量可持续发展指标(UNECE 2009, 69)及用来评估绿色增长的指数(OECD 2011, 13)等。

在基于消费的指数中还有一个日益增长的兴趣,比如显示碳足迹、虚拟水或间接资源的使用。因为这些指数的计算需要环境数据与经济统计数据的集成,因此对环境核算数据的需求就日益增多。

到目前为止,使用如遥感数据这样的空间明确的数据在环境核算中是有限的,这可能使土地和生态系统核算成为环境核算的一个新兴领域。测量几种生态系统服务类型价值的挑战依然存在,尤其是当试图用货币进行核算时,一些国家也因此已经开始试点专注于实物描述的项目。

布拉姆·埃登斯(Bram EDENS)
荷兰统计局

参见:绿色建筑评级体系;业务报告方法;碳足迹;成本效益分析;发展指标;生态足迹核算;环境绩效指数;真实发展指数(GPI);全球报告倡议(GRI);绿色国内生产总值;可持续性科学;系统思考;绿色税收指标。

拓展阅读

Alfsen, Knut H. (1996). *Why natural resource accounting?* Oslo, Norway: Statistics Norway, Research Department.

de Haan, Mark; Keuning, Steven J. (1996). Taking the environment into account: The NAMEA approach. *The Review of Income and Wealth Series*, 42 (2), 131−148. doi: 10.1111/j.1475-4991.1996. tb00162.x.

Hecht, Joy E. (2005). *National environmental accounting: Bridging the gap between ecology and economy.* Washington, DC: Resources for the Future Press.

Mukherjee, Krittivas. (2009). India says aims for green GDP alternative by 2015. Reuters India. Retrieved March 29, 2010, from http://in.reuters.com/article/topNews/idINIndia- 43127920091013.

Nordhaus, William D.; Kokkelenberg, Edward C. (Eds.). (1999). *Nature's numbers: Expanding the national economic accounts to include the environment.* Washington, DC: National Academy Press.

Organisation for Economic Co-operation and Development (OECD). (2011). *Towards green growth: Monitoring progress; OECD Indicators.* Paris: OECD.

Repetto, Robert.; Magrath, William W.; Wells, Michael M.; Beer, Christine C.; Rossini, Fabrizio F. (1989). *Wasting assets: Natural resources in the national income and product accounts.* Washington, DC: World Resource Institute.

Statistics Netherlands. (2010). *Environmental accounts of the Netherlands 2009.* The Hague, Netherlands: Statistics Netherlands.

Stiglitz, Joseph E.; Sen, Amartya; Fitoussi, Jean-Paul. (2009). *Report by the commission on the measurement of economic performance and social progress.* Paris: Commission on the Measurement of Economic Performance and Social Progress.

United Nations, European Commission, International Monetary Fund, Organisation for Economic Co-operation and Development; World Bank. (2009). *System of national accounts 2008.* New York: United Nations.

United Nations Department of Economic and Social Affairs (UN DESA), Division for Sustainable Development. (1992). *Agenda 21.* Retrieved October 18, 2011, from http://www.un.org/esa/dsd/ agenda21/ index.shtml.

United Nations Department of Economic and Social Affairs (UNDESA). (2011). *SEEA revision. Draft chapters of the revised SEEA revision for global consultation.* Retrieved September 1, 2011, from http://unstats. un.org/unsd/envaccounting/seearev/.

United Nations Economic Commission for Europe (UNECE). (2009). *Measuring sustainable development: Report of the Joint UNECE/OECD/Eurostat Working Group on Statistics for Sustainable Development.* New York: United Nations.

United Nations Statistical Division (UNSD). (1993). *Handbook of national accounting: Integrated environmental and economic accounting* (Series F, no. 61). New York: United Nations.

United Nations, European Commission, International Monetary Fund, Organisation for Economic Co-operation and Development & World Bank. (2003). *Handbook of national accounting: Integrated environmental and economic accounting 2003* (Series F, no. 61, rev. 1). New York: United Nations.

Vanoli, André. (2005). *A history of national accounting*. Washington, DC: IOS Press.

Wang Jinnan et al. (2006). A study report on China environmental and economic accounting in 2004. Retrieved October 18, 2011, from http://www.caep.org.cn/english/paper/China-Environmentand-Economic-Accounting-Study-Report-2004.pdf.

World Bank. (2011). *The changing wealth of nations: Measuring sustainable development in the new millennium*. Washington, DC: World Bank.

New Ecological Paradigm Scale

新生态范式量表

新生态范式量表是一个认可"原生态"世界观的方法。它广泛用于环境教育、户外娱乐和其他领域中，人们认为这些领域的行为差异和态度差异可以用根本的价值、世界观或范式来解释。这个量表是由个人对15个衡量赞同或反对的声明构成的。

新生态范式（NEP）量表有时候是指修订的新生态范式，它是基于调研的度量标准，由美国环境社会学家赖利·邓拉普（Riley Dunlap）和同事们设计出来的。它设计出来是为了测量人群对于环境的关切程度，其方法是使用由15个状态说明组成的测量工具。受访者被要求表达他们对于每一种状态说明的同意和反对的强度。然后人们把对于这些15个状态说明的不同反馈来生成各种各样的环境关切的统计方法。新生态范式量表被人们看成是环境世界观或范式（思维框架）的评测方法。

新生态范式的历史

新生态范式起源于20世纪60年代和70年代的美国环境运动，该运动由蕾切尔·卡森的《寂静的春天》的出版所引发。社会心理学家猜测人类的主流世界观，即主流社会范式（DSP）正在改变，反映了更大的环境关切。开发对于环境世界观有效和可靠的测试方法可以帮助学者更好地理解美国人中这些变化的轨迹和他们的人口统计学、经济和行为变化的轨迹。

在这些测量和变化的各种努力中，蕾切尔·卡森和她华盛顿州立大学的同事们开发了一种他们称之为新环境范式（有时也叫作原生新生态范式）的工具，他们在1978年发布了这个工具。他们的想法是这个工具可以测量从主流社会范式转变到更加关心环境的新世界观，一种新生态范式量表开发者认为很可能发生的变化。原生新生态范式有12个项目（表述），每个项目都代表一个单一的尺度，人们以那种方式来对它们做出反馈。

原生的新生态范式因为存在几个缺陷而受到人们的批评，这些缺陷包括个体反馈缺少内部一致性,在量表和行为之间关联性很差,在工具的表述中使用了"过时的"语言。邓拉普和同事们随后开发了新生态范式来回应对于原生新生态范式的批评。这有时被当作修订的新生态范式量表来使它区别于新环境范式量表。

修订的新生态范式有15个陈述,人们称之为项目(见表1)。其中的8个项目如果受访者同意,即意味着对于新范式的支持,而对于其他7个项目的认可代表着对于主流社会范式的认同。在使用Likert量表(一个很常用的利用率量表)时,受访者被要求去指出他们对于每一个陈述同意的强度(强烈同意,同意,不确定,不同意,强烈反对)。

作者确认修订的新生态范式有几个优势,使它成为一个测量人们环境世界观的可靠而有效的工具。尤其据说新量表是内部连续的(回答某个模式中的某些选项的人用一种一致的方式来回答其他选项),代表了一个单一量表的测量(它具有单向度)。

使用和评论

修订的新生态范式在美国和许多其他国家被广泛使用。它用在对于环境世界观的与公共政策的态度的关系、娱乐参与模式和亲环境行为跨区域的评测上。它也用在对许多干预或行为的鲜明对比的研究上,比如关于环境世界观的教育项目的影响等。它很可能是世界上对于环境价值或态度应用最广泛的测量方法。

修订的新生态范式量表也有它自身的缺陷。主要有三大类批评:第一种就是人们断

表1　修订后的新生态范式陈述

1. 我们正在接近地球可以支持的人数的限制。
2. 人类有权改造自然环境以满足他们的需求。
3. 当人类干扰自然时常常会产生灾难性的后果。
4. 人类的智慧将确保我们不让地球无法生存。
5. 人类正在严重滥用环境。
6. 如果我们懂得学习如何开发,地球有很多自然资源。
7. 植物与动物和人类一样有生存权。
8. 大自然的平衡足以应付现代工业国家的影响。
9. 尽管我们的能力特殊,人类仍然受到自然法则的制约。
10. 人类面临的所谓"生态危机"已被严重夸大。
11. 地球就像一艘宇宙飞船,空间和资源非常有限。
12. 人类就得统治自然界其他部分。
13. 大自然的平衡非常脆弱,容易受扰。
14. 人类最终将足够了解自然的工作方式从而控制它。
15. 如果继续照着目前的进程,我们很快就会经历重大的生态灾难。

来源:Dunlap et al.(2000).

如果受访者同意7个偶数项,即意味着该陈述得到主流社会范式(DSP)的支持;如果受访者同意8个奇数项,则表示对新生态范式的认同。

言修订的新生态范式量表遗漏了原生态世界观的某些元素，因此它是不完整的。尤其是有人认为它遗漏了生物中心或生态中心世界观的表达，这些世界观来自20世纪晚期的环境伦理学著作。

第二种批评侧重于量表的有效性。典型的此类批评来自试着去记录新生态范式量表结果和亲环境行为之间的联系的研究者。当新生态范式量表结果和行为间的联系减弱，许多研究者确信这个量表无法精确测量人们看待世界的观点。作为一个环境行为的预报器，新生态范式量表的测试是广泛的社会心理学研究的一部分，人们以此来解释环境行为的根本原因。

最后，关于修订的新生态范式量表，人们有着激烈的争论。邓拉普和同事们争辩说新生态范式的迭代次数测量了单一的维度，支持通过汇总反馈就可以被简易测量的世界观。无数的研究使用了叫作原则成分分析的统计学技术来测试这一点。这些研究得出了不同的结论，表明新生态范式没有捕捉到一个维度，但是它经常得到三个或更多的维度。这个可变性导致了新生态范式的有效性（它是否测量了它打算测量的现象）和可靠性（在不同的人口或不同的时间，它测量这些现象是否用了同样的方法）等新问题。

新生态范式量表的未来

考虑到它在许多场景中的广泛使用，新生态范式量表将继续被广泛使用。因为没有其他工具被人们如此广泛接受，并把它作为测量环境世界观的方法，如果不是其他原因，它将继续发挥其价值，它给予了研究者跨越研究类型、人口类型和时间的对比。不断扩大的研究对象将创造额外的机会来测试新生态范式的可靠性和有效性。

更重要的一点是，它明确了潜在的价值将会在围绕可持续性的争论上产生显著效果。对于那些承认修订的新生态范式有用的人们，他们相信其在可持续性上所取得的进步将会使新生态范式量表在普通人的打分中体现出来，这些人可能支持主流社会范式，也可能支持新生态范式。就其本身而言，修订的新生态范式量表将是在可持续性方面的进步的基本度量标准。同样地，如果他们进行同样的转变，公共信息或可持续性教育运动将注定成功。对于有效服务于这个功能的新生态范式量表，将需要对它作为可持续性价值的度量标准的有效性和可靠性有更大的接受度。

马克·W. 安德森（Mark W. ANDERSON）
美国缅因大学奥罗诺分校

参见：可持续性度量所面临的挑战；公民科学；社区和利益相关者的投入；环境公正指数；专题小组；参与式行动研究；定量与定性研究；可持续性科学；跨学科研究；强弱可持续性辩论。

拓展阅读

Dunlap, Riley E. (2008). The new environmental paradigm scale: From marginality to worldwide use. *Journal of Environmental Education*, 40(1), 3–18.

Dunlap, Riley E.; Van Liere, Kent D.; Mertig, Angela G.; Jones, Robert Emmet. (2000). Measuring endorsement of the new ecological paradigm: A revised NEP scale. *Journal of Social Issues*, 56(3), 425–442.

Hunter, Lori M.; Rinner, Lesley. (2004). The association between environmental perspective and knowledge and concern with species diversity. *Society and Natural Resources*, 17, 517–532.

Kotchen, Matthew; Reiling, Stephen D. (2000). Environmental attitudes, motivations, and contingent valuation of nonuse values: A case study involving endangered species. *Ecological Economics*, 31(1), 93–107.

LaLonde, Roxanne; Jackson, Edgar L. (2002). The new environmental paradigm scale: Has it outlived its usefulness? *Journal of Environmental Education*, 33(4), 28–36.

Hawcroft, Lucy J.; Milfont, Taciano L. (2010). The use (and abuse) of the new environmental paradigm scale over the last 20 years: A meta-analysis. *Journal of Environmental Psychology*, 30, 143–158.

Lundmark, Cartina. (2007). The new ecological paradigm revisited: Anchoring the NEP scale in environmental ethics. *Environmental Education Research*, 13(3), 329–347.

Shepard, Kerry; Mann, Samuel; Smith, Nell; Deaker, Lynley. (2009). Benchmarking the environmental values and attitudes of students in New Zealand's post-compulsory education. *Environmental Education Research*, 15(5), 571–587.

Stern, Paul C.; Dietz, Thomas; Guagnano, Gregory. A. (1995). The new ecological paradigm in social-psychological context. *Environment and Behavior*, 27(6), 723–743.

Teisl, Mario; et al. (2011). Are environmental professors unbalanced? Evidence from the field. *Journal of Environmental Education*, 42(2), 67–83.

Thapa, Brijesh. (2010). The mediation effect of outdoor recreation participation on environmental attitude-behavior correspondence. *The Journal of Environmental Education*, 14(3), 133–150.

海洋酸化——测量

由于对二氧化碳排放的摄取，海洋化学过程一直在变化，海洋学家自从20世纪80年代就直接观测到了这个过程。二氧化碳摄取量的上升导致的结果是对无数的海洋生物产生深远的影响。时间序列的测量方法已经证实，全球都正在发生着海水的化学过程的变化，当今海洋酸化对于无数脆弱的海洋生态系统的影响就是证据。

地球表面面积70%的海洋和环境是相互联系的，这个现象导致了这两者间的气体交换。自从工业革命在18世纪中叶的开始，人类活动，燃烧矿物燃料和对于森林的滥砍滥伐，就已经造成了大气中二氧化碳（CO_2）浓度的上升。物理和化学过程驱动着表面海水联系着大气，通过吸收这些人为（人类造成的）的二氧化碳来保持平衡（Sabine et al. 2004; Le Quéré et al. 2009）。二氧化碳的摄取已经改变了海洋的化学过程，这个现象叫作"海洋酸化"。

海洋是碳的巨大蓄水池，它比地球表面多容纳了五倍的二氧化碳（Sabine 2006）。在气候变化研究的早期，科学家相信海洋能够很好地缓冲这一个现状，不会受到二氧化碳排放的强烈影响。但是随着人们对于碳化学了解的深入，海洋学家发现人为造成的二氧化碳在海洋表面增加，实际上，正在改变海水的化学过程（Feely et al. 2004; Orr et al. 2005）。海洋现在每年都吸收了大约22亿吨人为产生的碳，从大约一万年以前的冰川季末期到工业革命开始的期间，出入海洋的二氧化碳量大致相等（Sabine et al. 2004; Le Quéré et al. 2009），而现在海洋吸收的碳有了净增长。其结果就是，现代海洋表面经历着不断变化的酸碱化学过程，处理溶入的碳酸根离子的能力下降。

海洋酸化有可能直接影响对于海水化学过程敏感的海洋生物。钙化生物体（比如那些用溶解性钙离子和碳酸根离子来建造外部骨骼和贝壳的生物体）受到海洋酸化的攻击可能最大。牡蛎、蛤蜊、海胆、热带浅水珊瑚、深海珊瑚和钙质浮游生物就是可能因为海洋酸化而导致的海洋钙化的例子。对于那些关键生物体的影响会反过来影响它们自己生活的海洋生态系统。随着海洋酸化的进程，人们也很关心海洋碳化学过程的变化会改变诸如碳和营养周期及微量金属、营养素和有毒成分的化学形态（Hutchins, Mulholland & Fu 2009）。

化学反应

当大气中的二氧化碳气体溶解到海洋中，

方程式1：CO_2（大气）$\rightleftharpoons CO_2$（海水）

它与水（H_2O）反应生成碳酸（H_2CO_3）

方程式2：CO_2（海水）$+ H_2O \rightleftharpoons H_2CO_3$

碳酸迅速溶解，释放氢气（H^+）和碳酸氢盐离子（HCO_3^-）

方程式3：$H_2CO_3 \rightleftharpoons H^+ + HCO_3^-$

这个反应的一个产物是H^+。溶解的H^+的不断上升降低了pH值，导致了更多的酸性溶液。这是海洋酸化的化学过程的一个成分。溶液的pH值是用来描述酸性的计量单位，它的幅度范围是从0到14（低于7的pH值为酸性，高于7的pH值为碱性）。尽管海洋总体的pH值是碱性的，酸化意味着pH值向着离碱性更远的方向降低，变得更酸。自从工业革命以来，平均的海洋pH值已经从8.2下降到8.1了（Feely, Doney & Cooley 2009）。就像测量地球震级的里氏震级一样，pH值是一个对数曲线，因此，pH值下降0.1意味着海洋酸度上升26%。目前，海洋表面的平均pH值比起大约2000万年（Pelejero, Calvo

& Hoegh-Guldberg 2010）前低了很多。按照目前一切照旧的二氧化碳排放速度，政府间气候变化专门委员会预计到21世纪末海洋pH值预计将降低0.3个单位（Orr et al. 2005; Caldeira & Wickett 2005），这意味着海洋酸度将上升大约150%。

方程式3中释放出来的许多氢离子随后与碳酸离子（CO_3^{2-}）反应，产生了额外的碳酸氢盐。

方程式4：$H^+ + CO_3^{2-} \rightleftharpoons HCO_3^-$

这是海洋酸化化学过程的有一个重要成分。钙化海洋生物体需要海水中自由的碳酸根离子来生成他们的碳酸钙矿物质骨骼和贝壳。这个反应消耗这些自由的碳酸根离子，使得钙化生物体极难获得自由碳酸根离子。吸收人为的二氧化碳的结果是，海洋表面的碳酸根离子平均浓度相比工业化前的时期（Feely et al. 2009）下降了大约16%。

海洋科学家在研究海洋酸化时计算时使用的另一个参数是碳酸钙矿物质的饱和状态。饱和状态是描述海水中碳酸钙矿物质的量的方式，它基于海水的物理特征和特殊碳酸钙矿物质（比如霰石和方解石，这两个是海洋钙化物质所产生的碳酸钙矿物质的主要形式）的可溶性。

方程式5：$\Omega = [Ca^{2+}][CO_3^{2-}]/K'_{sp}$

在这个方程式中，Ω是饱和度，$[Ca^{2+}]$是钙离子的浓度，$[CO_3^{2-}]$是碳酸离子的浓度，K'_{sp}是叫作表观溶度积常数。

当方程式5中的Ω等于1时，钙和碳酸离子的浓度等于表观溶度积常数，海水是平衡的。当 Ω 大于1时，海水中的碳酸钙矿物质达到了饱和了，这意味着没有足够的化学物质来给成群的生物体建造和维持他们的贝壳和骨骼了。当 Ω 小于1时，生物体通常要消耗更多的能量来从海水中提取这些化学结构物质，有些情况下，生物体的碳酸钙矿物质结构可能会开始溶解。尽管 Ω 是一个有用的指数，但不是所有的生物体对于变化着的饱和度有着同样的反应。许多生物体要求远远超过饱和状态的环境，4级到5级（比如，赤道地区的珊瑚），许多生物体可以在未达到饱和点的水中维持他们的结构，但以失去活力为代价。

总体而言，21世纪早期，海水表面达到了霰石和方解石的饱和状态。季节性的霰石欠饱和已经被记录在案了，这些现象发生在涌升流地区（Feely et al. 2008）和寒冷的高纬度地区（Bates, Mathis & Cooper 2009; Mathis, Cross & Bates 2011）的海洋表面的许多区域，这一切都归因于对人为二氧化碳的摄取。自从霰石和方解石最后和大气接触后，在深海水域的生成的呼吸作用形成了一种产物，由于这个原因，这一区域自然没有达到霰石和方解石的饱和。结果，深海水域二氧化碳自然很高，酸碱度和饱和度很低。饱和表明水和欠饱和深水相遇的海洋深度称为饱和地平线。由于海洋对于人为二氧化碳的吸收

（Feely et al. 2004; Orr et al. 2005），霰石饱和地平线已经向水面靠近了40—200米了。

监测化学过程的变化

超过30年的观测证实了海洋酸化确实在发生。1960年，海洋学界意识到有必要更好地理解海洋碳，以便提出气候变化的全球性问题。那时，科学家确实没有国际协作的海洋观测项目或标准的分析技术来测量海洋碳参数。海洋学家知道海洋摄取着来自大气的二氧化碳，但是他们不清楚它吸收了多少，又是怎样吸收的。协作研究的努力和优先级的国际努力，以及标准分析方法都始于20世纪60年代。到了20世纪90年代，强健的全球海洋碳调查对于每一个海洋盆地的水面到深水的溶解性无机碳（DIC）和总碱度（TA）做出了高度精准的测量。技术的显著进步使得人们可以自主观测各种化学、生物和物理参数，包括诸如 pCO_2（CO_2 的分压）和pH值的碳系统测量。今天，通过反复使用水道测量研究巡航和浮标、滑翔机、考察船和商业船只的自主工具，科学家每年都收集到超过一百万个海洋碳的测量值（见图1）。结果，对于海洋碳系统的化学特性和对于它是如何在长期内发生改变的认识得到了极大的提高。

图1

来源：Adrienne J. Sutton.

这张照片显示了美国西海岸一个研究船离开港口远征去进行高品质的海洋碳测量。最右边的设备被称为莲座丛，是由众多Niskin（即采样）瓶组成的，用以采集不同深度的海水水样。

海洋pH值时间序列

最长的连续海洋碳时间序列之一在夏威夷的太平洋中心地带。海洋学家已经观测到自从1988年以来（Dore et al. 2009）海洋表面的二氧化碳和pH值的变化。图2显示了表层水的pCO_2与大气中的二氧化碳以大致同样的比例上升，从观测伊始，海洋的pH值就出现平稳的下降。表层海洋pCO_2和pH值的这种长期的趋势类似于其他公海地点的时间序列观测，比如百慕大大西洋的时间序列研究和亚热带北大西洋的加那利群岛的欧洲时间序列。这类时间序列是我们理解海洋化学过程长期变化的关键，研究在公海的其他区域不断被复制进行，在动态和多产的海岸海域和珊瑚生态系统也进行着同样的活动。

全球模式

显然，海洋酸化在全球不是以一种统一的方式来进行的。物理、化学、生物的因素都影响着海洋从大气摄取二氧化碳。比如，二氧化碳在冷的海水中溶解度更高，因此，海洋酸化将在更冷的表层海洋的区域加速进行。海水的物理混合、海洋环流和水-气界面的风速，都影响着海洋对于二氧化碳的吸收。最

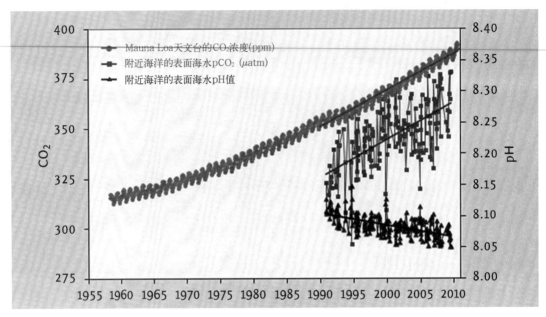

图2　海洋水面pH值和CO_2分压测量

来源：根据Feely, Doney & Cooley（2009）修改.
数据来自国家海洋和大气管理局的地球系统研究实验室和夏威夷海洋时间序列项目。

Mauna Loa天文台大气中的二氧化碳浓度和在美国夏威夷观察到的附近瓦胡岛北部的地表水中正在改变的海水二氧化碳分压和pH值。单位：大气二氧化碳：ppm；海水中的二氧化碳分压：matm（毫大气压）。

后，生物生长和呼吸作用对于海洋碳化学过程也有着巨大的影响。在海洋生物生产区域，比如像海岸海洋，河口和浅水珊瑚礁，表层水的碳的日常循环是与生物活性的日常循环息息相关的。大量的浮游植物增殖也可以造成表层海洋和海岸水域的二氧化碳的巨大的连续下降。在这些因素的巨大合力作用下，任何原因都比不过海洋酸化，能使海洋生态系统不堪一击。

高纬度海洋

海洋酸化在高纬度海洋发生的速度更快，这是因为各种各样的物理和化学因素的作用（Fabry et al. 2009）。高纬度海洋的表层水比其他地区吸收了更多的二氧化碳，因为低温表层海洋水面二氧化碳的溶解度更大。温暖的气候加快了淡水冰川的融化，更加恶化了海洋酸化的化学过程变化。此外，极地附近连续不断的风进一步加快了南部海洋的海洋和大气的二氧化碳交换。基于政府间气候变化专门委员会习以为常的二氧化碳排放场景，模型预测认为，2050年整个北冰洋将会在霰石方面欠饱和，而南极地区将在21世纪末出现这个现象（Feely, Doney & Cooley 2009）。

沿海上涌系统

上涌是一种自然过程，表层水被盛行风推向岸边，然后被天然富含二氧化碳、低pH值和低饱和度的深水所取代。沿海上涌系统的这个自然情况由于水面吸收人为二氧化碳而更加恶化。比如有证据表明，加利福尼亚洋流生态系统的沿海上涌水霰石饱和地平线现在正在以每年1—2米的速度向水面迁移，这使得欠饱和水将在上涌的过程中达到表层海洋（Feely et al. 2008）。

浅水珊瑚礁

多元压力源的存在可以影响海洋酸化对于海洋生态系统所产生的影响。浅水珊瑚礁生活在地球上一个狭窄的地带里，那里水质清澈，温度、营养和霰石的状况都非常适合他们的生长。预测表明到2030年，世界上只有不到一半的珊瑚礁仍将生存在霰石环境理想的地区，到2050年这个数字将减少到15%（Burke et al. 2011）。海洋酸化的压力是与影响珊瑚礁的其他压力源共存的，这些压力包括海水变暖，过度捕鱼，毁灭性捕鱼，沿海发展，污染。这些压力源混合在一起，对于珊瑚礁和大约一百万种生物体造成了巨大的威胁，而那些生物体生活在珊瑚礁生态系统中，占了世界种类的25%。

生物学启示

人们正在认识到海洋酸化，这种化学变化会影响21世纪早期快速发展起来的海洋生命，海洋酸化将成为科学研究中迅速增长的领域。科学家对于搞明白哪一种生物体会受到影响非常有兴趣，结果，许多对于海洋酸化影响的研究都聚焦于短期单一的物种实验室试验。总体而言，这些研究表明了诸如珊瑚和贝类动物钙化生物体的钙化率（或贝壳的生长）在富含二氧化碳的海水中出现下降。幼虫阶段尤其易受影响，这一类的试验中，许多案例都出现了很低的生长率和存活率。海洋酸化对于包括海洋生物体的潜在直接影响包括浮游植物、藻类植物、海草的光合作用的增多，改变调节内部pH值的能力，降低鱼类的嗅觉（或感觉线索），降低海水的吸音属性来破坏声学性能（Fabry et al. 2008）。

人们也在我们自然海洋生态系统做了一个实验，在脆弱的生态系统中的海洋生物将会成为真实世界受到海洋酸化影响的指示器。许多生物体可能已经显示出危险的信号了，对于大堡礁的69个珊瑚群落的研究表明，珊瑚钙化在1990年至2005年间已经下降了14%，这一现象很可能是由于温暖的海洋水和海洋酸性的综合作用造成的（De'ath, Lough & Fabricius 2009）。其他的预测表明，到21世纪中期，珊瑚的侵蚀可能比许多赤道岛礁要严重，尽管这个临界时间可能因为受到前述的情况（Silverman et al. 2009）等其他因素而改变。

在南方海域，有沉积核心的证据，浮游性有

孔虫的贝壳重量和大气二氧化碳浓度呈现反相关,现代的一种有孔虫的贝壳重量比全新纪时期时轻了30%—35%(Moy et al. 2009)。这些钙化浮游生物对于海洋碳循环非常重要,它们的大量减少对于碳到深海的运输有着重要影响。另一个高纬度海洋的关键生态指标是翼足类动物,它们是北极和南极食物网的主要成分。因为翼足类动物可以达到每平方米上千个个体的密度,它们是小到磷虾大到鲸鱼等生物体的食物,所以它可以成为北太平洋幼年鲑鱼的主要食物来源(Armstrong et al. 2005)。在实验室的试验里,当暴露在霰石欠饱和的海水中时,某种翼足类动物的薄贝壳溶解了,到2050年整个北冰洋都将是那种状况(Fabry et al. 2009)。由于它们在这些生态系统中的重要性和北极和南极海域食物网的相对短缺,任何对于翼足类动物族群的影响都可以威胁高纬度海洋的其他海洋生物的富足和健康。

海洋酸化影响的另一个早期指数是在美国的太平洋西北部,在那里,贝壳类动物孵卵处的幼虫产量在21世纪的第一个十年中有好几年出现了骤然下跌。在许多诊断这个问题和恢复产量的努力都失败之后,贝类产业与当地科学家一起合作来尝试用孵卵处摄取水来提高牡蛎幼虫的产量。他们发现,通常水中二氧化碳含量高的动物孵卵场所中幼虫的存活率较低。而在这样的贝类孵化场对摄入水进行监控发现,为了适应不断变化的沿海海洋化学环境,贝类的行为已经发生了改变,幼虫的存活率有所回升。贝类和他们的捕食者(如蟹类)是美国(Cooley & Doney 2009)和国际(Cooley, Kite-Powell & Doney 2009)渔业的重头戏。贝类收成下降可能是海洋酸化对人类直接影响的第一反应。

使用高质量的测量,海洋酸化现象被屡屡记载,已经为人们所熟知。随着大气中二氧化碳不断增加,海洋化学将继续以一种可预见的方式发生改变。生物对海洋酸化的影响可能开始显现在我们的海洋生态系统中。如果二氧化碳排放继续有增无减,这些影响可能变得越来越普遍。

艾德丽安·J.萨顿(Adrienne J. SUTTON)
NOAA 太平洋海洋环境实验室

参见:空气污染指标与其监测;生物学指数(若干词条);碳足迹;计算机建模;生态系统健康指标;淡水渔业指标;海洋渔业指标;长期生态研究(LTER);减少因森林砍伐和森林退化引起的排放(REDD);遥感。

拓展阅读

Armstrong, Janet L.; et al. (2005). Distribution, size, and interannual, seasonal and diel food habits of northern Gulf of Alaska juvenile pink salmon, Oncorhynchus gorbuscha. *Deep Sea Research Part II: Topical Studies in Oceanography*, 52, 247−265.

Bates, Nicholas R.; Mathis, Jeremy T.; Cooper, Lee W. (2009). Ocean acidification and biologically induced seasonality of carbonate mineral saturation states in the western Arctic Ocean. *Journal of Geophysical Research*, 114, C11007.

Burke, Lauretta; Reytar, Kathleen; Spalding, Mark; Perry, Allison. (2011). *Reefs at risk revisited.* Washington, DC: World Resources Institute.

Caldeira, Ken; Wickett, Michael E. (2005). Ocean model predictions of chemistry changes from carbon dioxide emissions to the atmosphere and ocean. *Journal of Geophysical Research*, 110, C09S04.

Cooley, Sarah R.; Doney, Scott C. (2009). Anticipating ocean acidification's economic consequences for commercial fisheries. *Environmental Research Letters*, 4, 024007.

Cooley, Sarah R.; Kite-Powell, Hauke L.; Doney, Scott C. (2009). Ocean acidification's potential to alter global marine ecosystem services. *Oceanography*, 22(4), 172–181.

De'ath, Glenn; Lough, Janice M.; Fabricius, Katharina E. (2009). Declining coral calcification on the Great Barrier Reef. *Science*, 323, 166–119.

Doney, Scott C.; Fabry, Victoria J.; Feely, Richard A.; Kleypas, Joan A. (2009). Ocean acidification: The other CO_2 problem. *Annual Review of Marine Science*, 1, 169–192.

Dore, John E.; Lukas, Roger; Sadler, Daniel W.; Church, Matthew J.; Karl, David M. (2009). Physical and biogeochemical modulation of ocean acidification in the central North Pacific. *Proceedings of the National Academy of Sciences*, 106, 12235–12240.

Fabry, Victoria J.; McClintock, James B.; Mathis, Jeremy T.; Grebmeier, Jacqueline M. (2009). Ocean acidification at high latitudes: The bellwether. *Oceanography*, 22(4), 160–171.

Fabry, Victoria J.; Seibel, Brad A.; Feely, Richard A.; Orr, James C. (2008). Impacts of ocean acidification on marine fauna and ecosystem processes. *International Council for the Exploration of the Sea (ICES) Journal of Marine Science*, 65, 414–432.

Feely, Richard A.; Doney, Scott C.; Cooley, Sarah R. (2009). Ocean acidification: Present conditions and future changes in a high-CO_2 world. *Oceanography*, 22(4), 36–47.

Feely, Richard A.; Sabine, Christopher L.; Hernandez-Avon, J. Martin; Ianson, Debby; Hales, Burke. (2008). Evidence for upwelling of corrosive "acidified" water onto the continental shelf. *Science*, 320, 1490–1492.

Feely, Richard A.; et al. (2004). Impact of anthropogenic CO_2 on the $CaCO_3$ system in the oceans. *Science*, 305, 362–366.

Feely, Richard A.; et al. (2009). Present and future changes in seawater chemistry due to ocean acidification. In Brian J. McPherson; Eric T. Sundquist (Eds.), *Carbon sequestration and its role in the global carbon cycle.* Washington, DC: AGU Monograph. 175–188.

Hutchins, David A.; Mulholland, Margaret R.; Fu, Feixue. (2009). Nutrient cycles and marine microbes in a

CO_2-enriched ocean. *Oceanography*, 22(4), 128–145.

Le Quéré, Corinne; et al. (2009). Trends in the sources and sinks of carbon dioxide. *Nature Geoscience*, 2, 831–836.

Mathis, Jeremy T.; Cross, Jessica N.; Bates, Nicholas R. (2011). Coupling primary production and terrestrial runoff to ocean acidification and carbonate mineral suppression in the eastern Bering Sea. *Journal of Geophysical Research*, 116, C02030.

Moy, Andrew D.; Howard, William R.; Bray, Stephen G.; Trull, Thomas W. (2009). Reduced calcification in modern Southern Ocean planktonic foraminifera. *Nature Geoscience*, 2, 276–280.

Orr, James C.; et al. (2005). Anthropogenic ocean acidification over the twenty-first century and its impact on calcifying organisms. *Nature*, 437, 681–686.

Pelejero, Carles; Calvo, Eva; Hoegh-Guldberg, Ove. (2010). Paleoperspectives on ocean acidification. *Trends in Ecology and Evolution*, 25, 332–344.

Sabine, Christopher L. (2006). Global carbon cycle. *In Encyclopedia of life sciences*. Chichester, UK: John Wiley & Sons, Ltd. doi: 10.1038/npg.els.0003489.

Sabine, Christopher L.; et al. (2004). The oceanic sink for anthropogenic CO_2. *Science*, 305, 367–371.

Silverman, Jacob; Lazar, Boaz; Cao, Long; Caldeira, Ken; Erez, Jonathan. (2009). Coral reefs may start dissolving when atmospheric CO_2 doubles. *Geophysical Research Letters*, 36, L05606.

Organic and Consumer Labels

有机和消费者标签

消费者或产品标签是自愿努力的结果,公司努力使自己的产品和生产流程更具有可持续性,并且希望通过他们所销售的产品提供的信息告诉公众他们所做的努力,自愿开展产品标识。产品标识通常是由独立的第三方认证机构进行的一个彻底的认证过程,这种审查过程使产品标签的可靠性提高到公司设计指标之上。产品标签从而成为促进可持续发展的一个重要工具。

五百多年前,德国颁布啤酒纯度法律(Reinheitsgebot),精确定义用于啤酒生产的三个成分:水、大麦和啤酒花。当时,政府的意图在于通过"啤酒生产中不许用小麦"这一规定来确保面包的生产,从而减少面包店对谷物的竞争。制定该法律的目的是为了保证资源的长期保存,将德国啤酒置于国际竞争之外,并且向消费者提供关于啤酒成分的可靠信息。即使在今天,啤酒生产商也都是通过提供相应的信息印在他们的产品上来宣称他们对纯度法律的尊重。这就是现代营销专家所称的

"产品标签"。

产品标签上的一个关键目标是通过促进可持续发展使自己的产品有别于别人的产品,产品标签是公司提出的公告,告知客户产品的某些特征。正如阿姆斯特丹大学环境研究所研究员乔普·德·波尔(Joop de Boer)所说,在可持续发展的情况下,产品标签担当着确定所要达到的"理想"可持续发展目标,或分辨所要躲开的相关"弊病"的责任,比方说,由可再生资源替代不可再生资源(de Boer 2003)。产品标签可能是"通用"的,识别产品或服务性能的级别(例如"公平贸易"的标签保证其收入在所有参与产品生产和运输的各方之间公平分配,标签可以应用于从食物到汽车等复杂商品的任何类型产品)。产品标签也可能是"具体"的,识别某类产品的特定特征(如能耗标签仅适用于家用电器和其他电子产品)。德·波尔使用两条推理路线提出产品标签上的分类,如表1所示。

某些产品标签针对一个对可持续性敏感

表 1　产品标签分类

	标签作为实现理想的基准	标签作为避免问题的底线
一般标签	欧盟生态标签	橙色标签,公平贸易标签
部门专用标签	能耗标签(家用)	"无汗"标签(服装),表明没有用血汗劳动力

来源: de Boer(2003).

的特定目标消费市场。虽然啤酒纯度法律只规定了啤酒的具体成分,今天的产品标签提供的信息却包含了原料、生产、存储和运输全过程。

举例来讲,有机标签是为了让消费者相信,原料和种植过程中没有使用合成和化学材料;公平贸易标签是为了促进收入在整个供应链上有更好的分配,特别是当有来自发展中国家的供应商参与其中的时候;能源效率标签告知消费者冰箱或洗衣机等家用电器预期的能耗。产品标签上提供关于可持续性标准的具体信息,其目的是影响消费者的购买决定。

产品标签与一个关键的可持续性策略有关,即产品管理或生命周期分析可以为制造公司所用。产品管理需要对资源、零部件、产品组件、制造和运输这种产品的整个生产过程做一个全面的环境和社会分析,它还涉及思考产品生命周期结束后对其回收、再利用的可能性。然而,产品管理是有代价的,例如,用一种常用的资源代替一种稀缺资源可能会导致生产过程和技术的变化。当一个公司明确表述产品合乎心意的特点时,产品标签也能向消费者传达他们所做出的努力。传达这些努力旨在确保公司为提高其可持续所投入的都转化为经济效益。

认证和标识

一些公司设计自己的产品标签,标榜其坚持自己规定的可持续性标准。尽管这样的标签可能有一些营销的好处,它们是以非可比和不透明的数据为基础的,可能会导致混乱和不信任。这样的标签还继续存在,但自20世纪80年代初以来,人们一直在努力创建标识的标准,使产品标签更有效、更具可比性。

最好的标签意味着标准已经被多个独立实体认可,与公认的标准相符,并已经由一个独立的实体验证,而且这个验证其合规与否的实体是被权威机构或认证机构正式承认的。

标准化的产品标签明确反映产品生产、储存和运输的条件和过程应该如何。一个授权机构将决定一个公司是否符合标准。在大多数情况下,这样的决定包括现场参观公司的生产站点。如果考察过程是正面的,认可机构授予申请公司使用产品标签的权利。通常情况下,这个许可会限制到一个特定的时间但可以定期更新。

通常消费者标签会结合图片与文本信息(即标识,logo)。例如,美国农业部(the United States Department of Agriculture, USDA)签发的有机标签就是一个一半白、一半绿的圆与文字"美国农业部有机食品"。欧盟则使用一个绿色矩形标签,其中用星星围成一片树叶的形状,来标识有机食品。

欧盟有机农业的标识配置过程说明了认证过程。1991年,欧盟采用欧盟生态法规来规定应该如何种植农产品才能配得上"生态处理"这个称号。对本条例的细化和补充致使有机农业标签的和对应的标准得到很大的发展,这些标准现在仍在使用。为了能够应用这个标签,该条例详述了需要遵循的规则是:产品必须包含至少95%的有机农业成分,没有转基因生物。

要使用这个标签的公司首先经过一个为期至少两年的转换期,来调整其生产流程和实施监管的规则。然后受到授权机构检验,以确保他们遵守规定。经过转换期和的成功实施监管之后,企业获得欧盟有机认证标签,允许他们的产品带"有机"标志,并允许在他们的产品上打印欧盟有机农业标志。有机产品标志向消费者保证"至少95%的农产品是有机产品,产品符合官方检查制度的规定,该密封包装的产品直接来自生产者或制作人,产品带有生产者、制作人或贩卖商的名称和检察机关的名称或代码"（European Commission 2011）。

成本和收益

定义通用标准和发放第三方认证证书的关键好处是提高产品标签上的可信性和可比性。事实上,如果确认一个他们已经熟悉的产品的可持续性标签,大多数客户都会感到放心。

对于这样的产品标签并非没有批评的声音。首先,标签确保产品是经过认证的,但他们通常不显示认证过程的结果。因此,一个公司提供的产品是否或在何种程度上超过了最低期望值,消费者接收不到任何信息。又因为缺少作为基准数据的额外信息或清楚、可比较的数据或指标,消费者也就无法了解贴上标签的产品在何种程度上程度对可持续发展做出了贡献。

第二,定义标签标准的许多机构只提供肤浅的信息。欧盟发布了有机产品的基本标准,但不提供如何获取该标准的完整文档,例如遵循的流程、采取的措施或观察的指标。这是因为竞争,产品标签是一桩生意:公司花钱购买认证服务和标签使用权。如果认证细节信息是公开的,这一过程可以很容易被复制。这种做法似乎培养缺乏透明度,并且与产品标签的理想背道而驰。

第三,产品标签需要额外的成本,大多数情况下会导致产品价格上涨。价格高可能阻碍可持续发展在更广泛的范围内扩散,因为并不是所有的消费者都愿意为可持续产品多花钱。事实上,产品标签针对的是一个非常具体的消费层。问题是这个消费层是否有经济能力和意愿为各种各样的产品多花钱。可持续性的花费也许只有非常小的一部分高收入消费者能够负担得起。这将抑制可持续性问题的解决方案在全球范围内推广,因为欠发达经济体中的消费者将没有财力负担可持续产品。在全球范围内,高收入消费者的比例远低于收入较低的消费者。因此,产品标签上的总体积极影响仍然有争议。

第四个主要批评是把消费者弄糊涂的风险,因为可用的产品标签各种各样。除了证明公平贸易、有机农业、节约能源的标签,还有很多标签针对可持续性的不同方面,而不是可持续发展的整体。节能标签解释能源消费情况。有机标签告诉人们食品的天然来源和饮料的成分。公平贸易标签则与工资和供应链上所有经济实体内的收入分配有关。但是没有一个标签能够将所有这些和其他有关可持续性的元素集成到一个单独的证书里面。消费者并不总是意识到这些差异，可能都难以评估不同标签所代表持续性指标的影响。此外，消费者并不总是能够充分理解标签提供的信息。

最后，标签标准成就了那些只能达到最低标准的产品。一旦达标，公司就很少有动力继续努力来超过这些最低阈值。如果认证机构有办法确保公司持续改进以实现可持续发展目标，那他们就能更好地促进可持续发展。

趋势和未来的发展方向

产品标签会随着关键技术的发展而改变。微电子设备、遗传标记、条形码，如手机能读取的射频信息标签（RFID），会改变产品标签的性质。传统的产品标签向消费者提供二元信息：产品有/没有一定的认证，而这些新技术可以提供单个产品的来源信息。

射频信息标签通过阅读器和产品上贴的标签之间无线电波传递信息。过去，射频信息标签用于库存和运输管理，在产品沿供应链移动时追踪和跟踪信息。第一代射频信息标签很厚，使用起来价格昂贵。因此，它们的使用仅限于几个业务功能和几个项目。今天，射频信息标签体积小、便宜、使用灵活。标签可以直接存储数据，标签在整个供应链移动时信息可以更新。标签还可以提供唯一标识符信息，可以与数据链接存储在互联网上。射频信息标签还可以与可读取射频信息标签信息、联系网络信息的手机连用，使消费者一旦需要就能得到某个特定产品的任何信息。

第二个重大挑战将使产品标签更加统一。今天产品标签带有不同的可持续发展目标，协调产品标签将是一个挑战，但为了增加透明度和所提供信息的可靠性，这项工作非常重要。

朱丽叶·沃尔夫（Julia WOLF）

EBS 商学院

参见：广告；可持续性度量面临的挑战；设计质量指标（DQI）；生态标签；能效的测定；能源标识；国际标准化组织（ISO）；船运和货运指标。

拓展阅读

de Boer, Joop. (2003). Sustainability labeling schemes: The logic of their claims and their functions for stakeholders. *Business Strategy & the Environment*, 12 (4), 254−264.

European Commission. (2011). Consumer confidence. Retrieved June 27, 2011, from http://ec.europa.eu/agriculture/organic/home_en.

Fooducate. (2011). 1862−2011: A brief history of food and nutrition labeling. Retrieved June 27, 2011, from http://www.fooducate.com/blog/2008/10/25/1862-2008-a-brief- history-offood-and-nutrition-labeling/.

Hart, Stuart. (1995). A natural resource-based view of the firm. *Academy of Management Review*, 20 (4),

986–1014.

Klimoski, Richard; Palmer, Susan. (1993). The ADA and the hiring process in organizations. *Consulting Psychology Journal: Practice and Research*, 45 (2), 10–36.

Koos, Sebastian. (2011). Varieties of environmental labeling, market structures, and sustainable consumption across Europe: A comparative analysis of organizational and market supply determinants of environmental-labeled goods. *Journal of Consumer Policy*, 34 (1), 127–151.

Mackey, Mary A.; Metz, Marylin. (2009). Ease of reading of mandatory information on Canadian food product labels. *International Journal of Consumer Studies*, 33 (4), 369–381.

Mihaela-Roxana, Ifrim; Cho, Yoon C. (2010). Analyzing the effects of product label messages on consumers' attitudes and intentions. *Journal of Business & Economics Research*, 8 (11), 125–136.

van der Merwe, Daleen; Kempen, Elizabeth; Breedt, Sofia; de Beer, Hanli. (2010). Food choice: Student consumers' decision-making process regarding food products with limited label information. *International Journal of Consumer Studies*, 34 (1), 11–18.

P

Participatory Action Research

参与式行动研究

参与式行动研究是一种涉及研究者和参与者之间的密切合作的实验方法，其目标是在某一社区内建立一个长期的可持续的社会关系。PAR方法广泛，参与者有着不同程度的参与水平，但几乎所有人都共享同一个规划、研究、行动和思考模式。

20世纪的领导风格——命令—控制式的法规，告知-评论式的立法程序以及分层的领导——已不再适合当今国际社会面临的挑战。气候变化、人口过多、缺水、食物短缺和枯竭的自然资源都要求更加重要、有效的策略。参与式行动研究（PAR）旨在使社区共同努力、共同支持可持续发展的决策。

参与式行动研究最基本的定义标准可以通过简要阐述它的名称的基本要素来描述。"参与式"表明研究人员（有时称为协调人）和主体（通常称为参与者）在平等的地位上协作，来收集信息。"行动"意味着这项研究的目的是提供可以采取行动并改变现实世界的知识。参与式行动研究被称为"一种活跃的调查实践，目标是以各种各样的方式将实践和思想联系在一起，为人类的繁荣服务"（Reason & Bradbury 2008, 1）。参与式行动研究不同于其他类型的研究，它重新建立问题的构架，包括研究怎样进行、由谁来进行、又为谁进行。

方法

参与式行动研究的方法很广泛，参与者参与的程度不同，但几乎所有人都共享同一个规划、研究、行动和思考模式。从业人员在这一领域为这些步骤创造了许多名称。欧内斯特·斯特林格（Ernest Stringer 1999）称之为"看、想、行动"；吉尔·格兰特（Jill Grant）、杰夫·尼尔森（Geoff Nelson）和特利·米切尔（Terry Mitchell 2008）称其为"研究、学习和行动的迭代循环"；大卫·科格伦（David Coghlan）和特蕾沙·布兰尼克（Teresa Brannick 2005）则描述为"经历、反思、参与行动的循环"；而斯蒂芬·凯米斯（Stephen Kemmis）

（Herr & Anderson 2005）则提议为"计划、行动、观察和反思的重复模式"他称之为"行动的螺旋上升"。

参与者的参与

参与式行动研究是一种定性研究，参与者可能参与研究的设计，甚至控制研究（Herr & Anderson 2005; Minkler 2004）。参与式行动研究更注重过程而不是结果，而研究者的角色往往只是催化剂、协调者和参与者（Cornwall & Jewkes 1995）。也就是说，参与式行动研究不是研究者站在距离"主体"一箭之地保持"客观"这种类型的研究。恰恰相反，参与式行动研究鼓励研究人员与参与者一同参与研究。

参与式行动研究也具有一个高度民主进程的特点，所有参与者都有话语权，目的是加强社会性（Stringer 1999）。这样，参与式行动研究不仅像传统的研究一样关注生成学术知识，也关注收集可以为参与者所用并带来社会变革的信息（Herr & Anderson 2005）。

专家对社会知识

参与式研究可以部分区别于传统研究之处在于不寻常的权力联盟（Cornwall & Jewkes 1995）。由于行动研究建立在社会行动上，它有时会挑战专家的知识和力量。传统研究使用科学术语、学术头衔和机构的权力，可以使某些团体的信息和知识显得比别人的知识更加有效（Gaventa Cornwal 2008, 174）。偏爱专家声音的倾向把社会的声音置于劣势，也可能限制了公众参与和本土知识。参与式行动研究则为公众提供机会与"专家"一起研究和讨论问题。因为社会成员帮助生成了知识，他们可以决定未来应该采取什么行动。

扩大参与知识创造的人数可能为社会决策带来更多样的声音。那些从来没有话语权，但是有知识可以分享（甚至自己都不知道）的人可以贡献有价值的、甚至至关重要的信息。例如，孩子可以被带入一个适合他们年龄、兴趣的参与式行动研究项目。给孩子们一个机会来创建一个议案，提出问题和自己的观点，让当局回应，这样可以使项目的结果更有效，因为它使权利均衡（Hart 1997）。

参与式行动研究历来与弱势社会一同被用作社会变革的催化剂（Grant, Nelson & Mitchell 2008）。就其本身而言，参与式行动研究项目可以扰动权力平衡、动摇社会现状、威胁那些有权人和无权人。为此，学术机构经常不愿意以自己改变社会的工作效率为代价，以研究的形式赋予人们权利、解决社区问题。然而积极参与允许社会产生一种主人翁的感觉，带来了发生社会变革所需的力量。

伦理学

跟传统研究一样，"不伤害"元素、知情同意和维权（如隐私权）对于参与式行动研究都起作用。此外，参与式行动研究的独特性质需要超越传统的道德元素。

一个既符合道德规范又保证参与式行动研究质量的要素是理解项目的"可持续性和长期后果"（Coghlan Brannick 2005, 78）。对于参与式行动研究的协调人，"不伤害"公理必须包括一条维持变革的途径，该变革是项目能够带给社会的。这可能包括适当的、长期的资金投入和/或实现长期可持续性所需要的社会资本。

参与式行动研究人员需要记住几点。首先，要研究的问题必须是社会所关切的，优先于外部的公司、机构或其他将从中获利的利益团体。第二，研究人员/协调员需要广泛倾听、不加控制、敏感于自己的偏见和社会内外明显的或隐含的偏见。因为许多参与式行动研究项目关注赋权，他们经常涉及处在偏见接收端的团体，比如少数民族和残疾人（Minkler 2004）。

1999年，得州农工大学住房和城市发展中心的科洛涅阿斯计划与环境和农村卫生中心合作，旨在减少得州卡梅伦县人体接触杀虫剂的机会，这是一个偏远的、社会和地理上孤立的区域，缺水，也没有污水处理服务，99%的人口为西班牙裔，近58%的人生活在贫困线以下，近1/3不是美国公民，另外1/3为非法入境人员。环境监测项目表明，由企业赞助的农业为该地区主要行业，农业生产中杀虫剂的集中使用影响了土地、室内和室外的空气质量，也破坏了地下水和饮用水，加之高度贫困和低水平的教育，社区在这些环境问题上没有正式的权利或声音。

玛丽琳·梅（Marilyn May）和她的研究小组选择了参与式行动研究方法应对卡梅隆公园的人们所面临的挑战，研究人员明白，要获得当地居民的信任——参与对话、计划和项目实施——他们就要与当地组织合作。

Promotoras（在服务提供者和居民之间充当联络人的翻译）就环境健康问题对社区成员开展了教育。在社区成员努力下建立的参与式行动研究方法促进了和谐关系和对话，解决了沟通问题、建立了彼此的信任，并提供了一种以"最小的失真和/或最少的重建"集成本地专家和获得本地知识的途径（May et al. 2003, 1573）。

与一个合作调查人员和科洛涅阿斯计划的两个本地员工开展的"培训训练员"研讨会，在审查协议问题和评论相关性两件事上都有Promotoras的参与。Promotoras也在面试技巧、采样和形成研究策略方面受到了训练，并因此成为项目中的全面合作人。而学术研究人员在项目中仅充当"训练员、知心朋友、项目经理和共鸣板"（May et al. 2003, 1574）。

有效性和数据收集

参与式行动研究需要自己的质量标准，而不应该用实证科学的标准来判断。所谓实证科学是假设研究人员是受过训练的、很客观的专家，使用一套严格的科学研究方法，又删除所有个别的、特殊的数据，文字和分析。而决定参与式行动研究项目是否有效，需要评估研究人员和社区成员之间的合作、迭代反射、知识创造、社区优先顺序、项目如何提高从业者的生活以及项目的可持续成果（Reason & Bradbury 2008; Stringer 1999）。

为了确保有效性，参与式行动研究需要使用数据流，如观察、访谈以及报纸杂志所收录的自传信息。记录人际关系和组织过程的日志是参与式行动研究项目的一个重要组成部分（Herr & Anderson 2005），也是参与者培养反思能力的好方法。在一些人看来，"行动研究是混乱的、有些不可预测的过程，调查的关键部分是在面对这个混乱的过程中对决策过程的记录"（Coghlan Brannick 2005, 78）。

环境可持续性项目

参与式行动研究天生就适合于环境可持续性问题和项目。它如何被用于环境领域的几个范例可以帮助我们清楚了解参与式行动研究方法。

天线的角度

20世纪90年代中期，卡雷·默多克（Kalay Mordock）和玛利安·克拉斯尼（Marianne Krasny）（2001）运用参与式行动研究作为一个称为"天线的角度"的环境科学教育计划的理论框架。受训的教育者在纽约罗卡维与中学生合作，比较历史和当前的航拍照片、地形图、历史文献来辨认环境变化，例如以前是空地，如今却饱受乱丢垃圾和非法倾倒困扰的场所。

教育者与学生和成人参与者合作开发了一个地方栏目，包括观察、开放式访谈对"天线的角度"所产生的评论文件。默多克和克拉斯尼跟踪的四个案例研究有相似的参与式行动研究元素：没有正式的学术研究人员；教师和非正式教育者协助大家使用航拍照片和地图；年轻人积极参与现场检查、收集补充信息、与市政府官员交谈。调查结果以视频、信或一整天的社区发布会口头报告的形式提交给社区，这些成果后来被用于改变社区，包括把空地变成社区花园。

以社区为基础的牧场管理

亚利桑那州南部的托赫诺奥哈姆（Tohono O'odham）民族有公共土地利用和决策的文化传统。像其他印第安部落一样，它在所有政策和程序上寻求自决。今天这个民族以牛肉为主要食品，有他们自己的货币，依然保留有送礼等文化习俗。

除了狩猎和采集，传统的托赫诺·奥哈姆还在春季洪水后仍保持潮湿的沙漠河床上开展一些季节性农业来辅助生存。迁移是很常见的，主要由水源、植物和动物来决定，财产边界并不存在。家庭单位随着季节性的食物和社交聚会周期聚集、分散,食物和社交聚会是强化社区关系的纽带。

"1916 年,美国印第安事务办公室将奥哈姆(O'odham)民族的土地分为 11 个围栏牧区,期待建立家畜放牧的许可证制度"(Arnold & Fernandez-Gimenez 2007, 484)。这一政策证明了在完全不了解政策所带来的影响的前提下,政府机构怎样经常对人民指手画脚。正如所料,这一行动带来愤怒和不信任,极其负面地影响了该地区的习惯和先前的合作,那也是奥哈姆民族文化的一部分。这些牧区并没有按预期被启用,但其留下的怨恨却久久挥之不去。

詹妮弗·阿诺德(Jennifer Arnold)和马利亚·费尔南德斯-吉梅内斯(Maria Fernandez-Gimenez)在与托赫诺·奥哈姆工作时利用参与式行动研究项目策略来创建和实现草原生态及管理课程体系。由自然资源代表和托赫诺·奥哈姆(Tohono O'odham)的畜牧业协会组成了顾问委员会,设计和试点了一个进行为期 8 天的、适合当地环境和文化的课程,并帮助收集数据、解释和宣传。研究人员"与 7 个核心参与者进行了深入的半结构化访谈",包括来自咨询委员会的奥哈姆族和非奥哈姆族个人(Arnold & Fernandez-Gimenez 2006, 485)。他们问了许多关于相关性、

福利和课程局限性的问题,进行了讨论和调查,还就项目的成功和局限性询问了这个试点研讨会的领导人。

对这个项目的分析包括会议、研讨会、观察和访谈记录的编码记录,以便识别新兴的主题和模式。参与式行动研究课程项目将社区成员、政治代表、自然资源管理人以及研究人员在一种尊重所有知识持有者的氛围下聚集在一起。通过这个课程,新的农业和自然资源项目出现了,托赫诺·奥哈姆社区大学也成立了。

尽管有这些结果,作者承认他们的研究还是受到了工人阶层参与少而其他团体参与多的影响,例如,自然资源专业人士在工作日也可以出席;只有三分之一的参与者是女性,在研究的提案阶段就需要想办法避免这种不平衡。作者说,"参与式研究的质量与参与者本身、他们怎样贡献以及他们参与的持久影响密切相联"(Arnold & Fernandez-Gimenez 2006, 492),还说作为协调人,他们为扩大参与的范围作了很大努力。"如果我们想改变谈话",玛格丽特·惠特雷(Margaret Wheatley)(2002, 55)回应,"我们必须改变谈话的人"。

识别英国环境的不平等

研究和政治利益与环境质量和社会平等之间的联系激发了英国有关环境正义的行动呼吁。英国研究人员海

伦·查尔默斯（Helen Chalmers）和约翰·科尔文（John Colvin）采用了一种方法，可以"针对环境不平等，通过积极塑造环境公平与不同研究用户以及与政策共同体之间的对话，制定切实可行的解决方案"（Chalmers & Colvin 2005, 340）。他们的调查包括：① 界定问题；② 联合证据；③ 搞清叙述的意思；④ 寻求政策承诺；⑤ 评估和界定新问题。本研究包括利益相关者的讨论和与机构人员进行的为期一天的研讨会（行动研究模式的一部分）。

水的意识

参与式行动研究的另一个例子是不同学科的组合，即艺术、水科学和社区建筑成为一个统一的整体。吉尔·雅各比（Jill Jacoby）（2009）聚集了17个艺术家参与一个参与式行动研究项目，有4个研究小组会议集中在与水相关的问题上，包括苏必利尔湖的水质、水在发展中国家的私有化、瓶装水工业、其他民族文化中水的精神文明。

对话产生了丰富多彩的思想和想法，集中于艺术家的意识方面——学习怎样为每个参与者接受消化、过程如何导致一些艺术家合作以及艺术家如何架构或重新架构与他们有关的水问题——也了解他们的艺术。每个艺术家创建了至少一件作品，在明尼苏达州德卢斯举行苏必利尔湖日活动上被公开展出。例如，由于对一个能源公司将污染物排放到明尼苏达一个叫作卡尼斯蒂奥（Canisteo）的矿坑湖（铁矿石开采后留下的一个露天坑，常常充满地下水）的担忧，激发艺术家创作了一个纤维艺术"地图"，它展示了卡尼斯蒂奥湖和周围的社区之间的水文学联系，以及对水生动物和人类健康的潜在危害。

雅各比的研究是建立于在一般人群中提高水文化的迫切需要，以及艺术家能够独特地表达社会和环境问题的想法之上。在任何参与式行动研究项目中，都是参与者决定议程，在本案例中，研究小组被用来作为关于社区水问题的对话途径。

社区伙伴关系和可持续性

许多参与式行动研究的属性与环境可持续性和领导能力相连。玛嘉·莉萨·斯万茨（Marja Liisa Swantz）对此的描述是"行动研究者对与普通民众肩并肩行走，而不是领先一步"（Swantz 2008, 31），用社会赋权的属性解释为什么这种方法能够很好地处理环境问题。大卫·瑞森（David Reason）和黑拉里·布拉布里（Hilary Bradbury）（2008, 8）则直接探讨研究和行动中的社区伙伴关系。

求真的态度也包括理解我们只是人类社会和生态秩序的一部分，并与所有其他生物完全互联。我们不是孤立地经历世界的受限个人。我们已经是参与者，是局部而不是分离体。

参与式行动研究方法打破了瑞森和布拉布里所描述的孤立状态，并帮助利用集体智慧解决社会和环境问题。据说，环境危机源于人类的孤立，不仅是不与我们的邻居联络，甚至也同生活网络本身脱节。如果危机要得到解决，人类需要认识到，他们不过是一个非常复杂的行星网络中的一根线。参与式行动研究提供了一种连接的途径。

吉尔·B.雅各比（Jill B. JACOBY）

威斯康星大学

参见：公民科学；社区与利益相关者的投入； 网络分析（SNA）；跨学科研究。

环境公平指标；专题小组；定性与定量研究；社会

拓展阅读

Arnold, Jennifer S.; Fernandez-Gimenez, Maria. (2007). Building social capital through participatory research: An analysis of collaboration on Tohono O'odham tribal rangelands in Arizona. *Society and Natural Resources*, 20 (6), 481–495.

Chalmers, H.; Colvin, J. (2005). Addressing environmental inequalities in UK policy: An action research perspective. *Local Environment*, 10 (4), 333–360.

Coghlan, David; Brannick, Teresa. (2005). *Doing action research in your own organization* (2nd ed.). Thousand Oaks, CA: Sage Publications.

Cornwall, Andrea; Jewkes, Rachel. (1995). What is participatory research? *Social Science Medicine*, 41 (12), 1667–1676.

Gaventa, John; Cornwall, Andrea. (2008). Power and knowledge. In Peter Reason & Hilary Bradbury (Eds.), *The Sage handbook of action research: Participative inquiry and practice*. Los Angeles: Sage Publications. 172–189.

Grant, Jill; Nelson, Geoff; Mitchell, Terry. (2008). Negotiating the challenges of participatory action research: Relationships, power, participation, change and credibility. In Peter Reason & Hilary Bradbury (Eds.), *The Sage handbook of action research: Participative inquiry and practice*. Los Angeles: Sage Publications. 589–601.

Hart, Roger. (1997). *Children's participation: The theory and practice of involving young citizens in community development and environmental care*. London: Earthscan Publications.

Herr, Kathryn; Anderson, Gary L. (2005). *The action research dissertation: A guide for students and faculty*. Thousand Oaks, CA: Sage Publications.

Jacoby, Jill B. (2009). Art, water, and circles: In what ways do study circles empower artists to become community leaders around water issues (Doctoral dissertation, Antioch University, 2009). Retrieved October 4, 2010, from http://rave.ohiolink.edu/etdc/view.cgi?acc_num= antioch1263579870.

May, Marilyn L.; et al. (2003, October). Embracing the local: Enriching scientific research, education and outreach on the Texas-Mexico border through a participatory action research partnership. *Environmental Health Perspectives*, 111 (13), 1571–1576.

Minkler, Meredith. (2004). Ethical challenges for the "outside" researcher in community-based participatory research. *Health Education and Behavior*, 31 (6), 684–697.

Mordock, Kalay; Krasny, Marianne. (2001). Participatory action research: A theoretical and practical framework for environmental education. *The Journal of Environmental Education*, 32 (3), 15–20.

Reason, Peter; Bradbury, Hilary. (Eds.). (2008). *The Sage handbook of action research: Participative inquiry and practice*. Los Angeles: Sage Publications.

Stringer, Ernest T. (1999). *Action research* (2nd ed.). Thousand Oaks, CA: Sage Publications.

Swantz, Marja Liisa. (2008). Participatory action research as practice. In Peter Reason & Hilary Bradbury (Eds.), *The Sage handbook of action research: Participative inquiry and practice*. Los Angeles: Sage Publications. 31–48.

Wheatley, Margaret J. (2002). *Turning to one another: Simple conversations to restore hope to the future*. San Francisco: Berrett-Koehler Publishers.

人口指标

近70亿人生活在地球上,是我们掌握多元化环境的一个空前成功的指标。但持续的人口增长也是环境变化的推动力,并且可能危害到未来的福祉。因为人口是一个具有争议性的话题,并且其环境作用很难从其他因素中分离出来,将其作为可持续发展的一个指标仍然不准确而且有争议。

从科学角度看,人口是指生物占据一个特定地点、区域或栖息地的数量。虽然在一般演讲中人口一词通常指人类这一个特殊群体,本文限制这个术语的科学定义,主要指地球上的人类数量。各种与人口相关的动力学——其大小的改变、年龄结构和地理分布——能被视为与环境可持续发展相关的指标。然而,在大多数人口与可持续发展的讨论中,人口增长是讨论的主要指标,在本文中也是。

历史问题

人口现状作为对自然和人类福祉的潜在威胁,有关人口的讨论可以出乎意料的追溯到人类思想的历史记载。来自公元1 600年前的泥土片记载了神灵对成倍增长的人类声音的不悦,暗示着"土地像公牛似地吼叫"(Cohen 1995, 5)。希伯来人的上帝耶和华进行了两次人口普查,记录在圣经《民数记》一卷中。《创世记》的圣经故事中说,在后来被称为马尔萨斯人口观点的第一句话中(Thomas Robert Malthus, 见下文),亚伯拉罕和罗得的随从们相互交战,因为"那地容不下他们,因为他们的财物甚多,使他们不能同住。"(《创世记》13,6)。出于生态和治理的理由,柏拉图和亚里士多德主张人口宜少,柏拉图谴责古希腊的森林砍伐和土壤退化,亚里士多德则认为人口少更容易管理。大约公元前300年,印度圣人考底利耶和中国的法学家韩非子都谴责不断增加的人口对社会和环境的影响。但从中世纪晚期到文艺复兴时期,评论家对人口众多是福还是祸的争论一直不断,例如笔名为费内隆(Fénelon)的法国作家就认为"地球是取之不尽,用之不竭的,并且随着耕耘它的居民人口的增加按比例增加"（Hutchinson 1967, 30）。

现代人口学（从希腊字的"人学"一词派生而来）可以说是由约翰·格朗特（John Graunt）开创的，他是17世纪时来自伦敦的低级别官僚，并以当时所谓的"政治算术"为副业。格朗特比较了伦敦洗礼和葬礼的记录，量化了城市人口的自然增长并为生命统计表奠定了基础。这些不同年龄段人口的表格形成了如今人口预测的基础。更著名的是托马斯·罗伯特·马尔萨斯（Thomas Robert Malthus）在1798年带来了颇具争议的新兴科学，他认为人口数量的"几何"增长（或指数增长）将不可避免地超过食物生产的"算术"增长（或增量增长），由此会带来饥荒、战争和疾病，然后导致人口衰减［类似的理论对所有生物都适用，这一原则启发了查尔斯·达尔文（Charles Darwin）对自然选择的想法，并最终被称为进化论的理论］。

马尔萨斯人口论的特点是人口和自然资源间的基本张力，而其相反的观点认为，当现有资源缺乏时，人类就会想方设法地开发新资源，这两种观点持续主导着关于人口增长风险和利益的讨论。尽管历史学家倾向于接受用马尔萨斯人口动力学来准确描述工业革命前的时期，但是由于化石燃料的使用管理、农业的稳步发展以及卫生和人类健康的改善，当时的经济学家都庆幸摆脱了马尔萨斯人口衰减理论的预测。事实上，在马尔萨斯警告世界人口最终会由于粮食短缺衰减后，世界人口增长了超过7倍，从1800年不到10亿人到预计在2011年底攀升到大约70亿。虽然马尔萨斯可能已经准确地分析了人口与农业和自然资源之间的历史关系，但是他未能预见到19世纪

欧洲殖民地上粮食生产的扩张和20世纪农业产量的神奇增长。这个预见的失败证明了他对于增长和有限的物理世界之间的冲突是错误的，但是对当前大多数评论家来说，这样的冲突并不明显。

人口数

由于人口普查，我们自信知道从马尔萨斯时期以来人类人口发生了什么，人口普查现在的形式从1703年冰岛开始传播到瑞典（1749）、西班牙（1787）以及新独立的美国（1790）。普查的目的是记录生活在一个特定国家或其他地区人类的确切人数。在过去的一个世纪或两个世纪中，大多数国家已经经历了几次人口普查，大约每隔十年便会有一次。一些国家在现代没有进行过人口普查，如索马里，还有一些制表技术不够先进的国家还存在如何提高精确性的问题。然而大多数人口学家认为，通过多种估算人口数量的方法（包括当代利用夜间灯光的遥感和太空的人力基础设施），其误差幅度对于全国和全球人口数量来说是微不足道的。实际上，到2011年会有大约70亿人居住在地球上这个估计值并不被人口学家和其他专家所质疑。

相比之下，常见的断言说人口学家预计世界人口在21世纪中叶将会稳定在90亿，实际上是不准确的。人口统计学家并不能像他们预测的那样能预测那么久远的人口趋势，因为他们的预测是有条件的，需要特定的假设。这些所谓的主导当前中心预测的假设，也因为未来增长的高低预测而产生，到21世纪中叶，生育率会继续下降到大部分国家用"替代"生育的地步（平均每名妇女生育超过两个孩子，

如没有净移民,最终导致一个稳态人口)。但是现在还不确定政府和其他组织是否会加大对避孕和计划生育服务来满足育龄人口的增长(这个数据预计在全世界将从2010年的35亿到2050年升到超过40亿)。事实上,发达国家对发展中国家(所有分组人口都在增长)在计划生育方面的资助自2000年来一直呈下降趋势。此外,从20世纪的趋势来看,人类整体寿命会延长的预期并无确据,特别是在未来十年里,可以预计气候变化会带来影响和其他生态破坏。总之,监测人口数量和探讨出生或死亡率对未来人口数的变化是否有影响,对可持续发展有意义且息息相关。

众多的人口统计指标可能涉及可持续发展问题。传统上,人口密度——生活在一个特定的区域里每平方英里或公里内的人口数量——经常被提到并且在不同地点和时间之间进行比较。然而近年来,注意力已经转移到人类对他们所依赖的自然资源的比值上。科学期刊甚至是新闻媒体也越来越多地提供有关人均可再生淡水资源流量、人均可用耕地或人均温室气体排放量的详细信息。这样的测量必然将人口数据和其他与自然资源生产、消费和处置相关的数据相结合。

增长和自然资源

人口对特定自然资源比的趋势通常对环境可持续发展有直接联系,例如,由于人口的增长淡水和耕地对每个人来说都变得更稀缺。在20世纪90年代初,瑞典水文学家马林·法尔肯马克(Malin Falkenmark)建立了淡水匮乏的一个指标,主要用流经一个国家领土的河流来衡量,认为当国家每人每年可再生的淡水

低于$1\,000\ m^3$,对他们来说几乎不可能通过发展重点转移来提高该指标。法尔肯马克的稀缺性指标,转化为多少人居住或是预计用多少淡水来生活,对围绕淡水供应的分析和协商中已经获得了广泛的关注和使用。

人口指标受到自然资源匮乏的影响显示,人口分布在环境可持续发展讨论中也起着重要的连接作用。根据联合国人口司的计算,2007年的某段时间,世界人口在历史上第一次有一半居住在城市,也就是说居住在大城市的人多于农村地区的人。这引发了大量关于城市居民是否比农村居民有更小的环境"足迹"的讨论,特别是关于气候变化还有水、森林和生物多样性的影响。最近,世界人口中很大的比例居住在靠近海岸已经引发了类似的争论,特别是已经有科学论据证明,海平面和暴风雨强度的显著增加是气候变化带来的影响。

气候变化本身提高了人口作为可持续发展指标的相关度。政府间气候变化专业委员会曾指出,人口增长是温室气体排放量增加的四个驱动力之一(其他三个是经济增长、转变经济体能源强度的改变,以及能源碳强度的改变;这种关系被称为kaya等式,是用日本能源经济学家洋一卡亚的名字命名的)。气候学家们开始根据以不同人口发展的预测作为独立变量来精确预测未来的排放量。然而,人口不仅仅和排放量相关。许多欠发达国家的政府已经在联合国气候适应规划报告中指出,人口增长、密度或压力限制了他们适应气候变化所带来的影响的能力。

使用人口动力学作为可持续的指标是很复杂的,因为他们在世界各地有巨大差异,并

且对于如何准确将人口数量联系到可持续发展的问题还有争议。人口增长率的范围从一些在撒哈拉以南的非洲国家和西亚的3%以上到日本、德国和几个东欧国家的小于零，也就是说每年适度的减少。一般来说，较高的人口增长率与较低的人均收入呈正相关。这种关系有助于论证在可持续发展方面物质消耗比人口关系更紧密，富裕国家的人民比贫穷国家的人民有更大的环境影响力，因为他们消耗更多的人均资源。然而，中国、印度和美国的例子表明，人口和消费增长可以不同步，但是随着时间的推移仍能有力地结合起来影响环境。以美国为例，人口增长主要在19世纪，其每年的增长速率相当于现今许多发展中国家人口发展的速率。美国化石燃料的消耗在这一个世纪之久的井喷式增长中是最小的，而当美国人口增长速度显著下降时，这在20世纪成了一个全球性的重要问题。一个世纪后，随着中国式消费的迅速增长，人口的快速增长也类似地进行着。大多数国家人口更加迅速地增长，即使收入和消费都很低（例如整个19世纪美国人口以每年3%的速度增长），但是结果在不断增长的人口背景下，人均消费水平被显著提高。

年龄结构也进入到人口和可持续发展的讨论中。人群中年轻人和老年人的比例变化显著，迅速增长的人口一般更年轻，而人口不断下降或缓慢增长的社会则普遍年龄偏大。

老年人无论消费或是影响环境的其他方式都不同于年轻人，但是如果只是这样，影响的程度还不明确。因此，人口年龄结构对可持续发展的影响尚不清楚。

政府间气候变化专业委员会的作者们和科学家们普遍认为，世界人口的规模和增长是少数维持文明稳定的重要因素之一。在1993年的联合声明中，58个国家科学院的代表强调人口与环境关系的复杂性，但仍然得出结论，"随着人口数量进一步增加，更深远的不可逆（环境）变化的可能性也随之增加……根据我们的判断，人类对社会、经济和环境问题成功处理的能力将需要在我们孩子的生命周期内实现人口零增长"（"Science summit" 1994，234–235）。2005年联合国千年生态系统评估确定，随着经济增长和技术发展，人口增长是环境变化的主要间接驱动力。

一些评论家对此不同意，他们认为其他因素如消费和特定的政策或技术的使用，会降低人口数量的重要性。事实上，学者们往往发现从所有对可持续发展有影响的因素中分离出独立的影响是很难的，这也使得这个任务不值得去研究。由于没有具体的环境问题与绝对人口数量有直接紧密的相关关系，一些评论家认为人口完全不是一个真正的可持续发展指标。其他人则认为人口数量和增长率是最重要的可持续发展指标之一，因为基本上所有的环境问题都用人口的重要性作为一个比例因子。

含义

尽管有争议，但几乎没有专家认为人口动力学与环境可持续发展无关。大多数人认为，人类的生活规模是唯一影响整个环境范围变化和挑战人类与自然福祉劣化的类型因素。有人认为，人口与人均消费水平相互协调，会越来越多地影响改善环境、改变技术，包括从内燃机到底拖网捕鱼设备的各种技术。在这种观点中，这些因素更多的是彼此相乘的作用，而不是互相比较的独立作用。

事实上，人们常用一个方程来描述人口因素对环境作用的方式，I 代表环境的影响，P 代表人口，A 代表财力（或是消费），T 代表技术。方程简化了这些因素和环境之间的关系，它表达了它们之间的相互影响而不是单独作用。

$$I = P \times A \times T \ (\text{或者} I = PAT)$$

为了了解人口如何破坏或支持可持续发展，需要监控多个因素：人口数量和增长、地域和年龄结构、农村和城市地区之间和跨国际边界的迁移率，还有出生率和死亡率。特别令人感兴趣的是——妇女一生中生育新生儿的平均数量——因为这对当代人口增长的影响最大（虽然每年会有数以百万计的人并非寿终正寝，我们人类的预期寿命还是前所未有的高，人类整体的寿命高达68岁）。人口指标必须仔细地与不同类型的消费、温室气体排放、能源和物质流、土地使用以及动植物物种数的数据相结合，以此来建立可用的可持续人口动力学方法。

因为对可能或者应该对人口动力学的影响全球政策和社会都不确定，控制人口发展的措施一直以来并不受欢迎，特别是减缓人口数量增长的措施。对很多专家和民众来说，"人口控制"理念会带来强制使用避孕和堕胎的措施来降低出生率的影响。由于这个原因（或许还有其他原因），更中立的人口政策方案几乎没有吸引力。很少有公众意识到，世界各地大部分的计划生育都是基于个人对自己健康、福祉和生活的选择，而不是由政府强制的生育计划。自1970年以来生育率减少了一半，这很大程度上是由于廉价和安全的避孕药在全球传播，现在大多数育龄夫妇都使用它以避免意外怀孕。然而，意外怀孕在大多数国家仍然很常见，无论是发达国家还是发展中国家。大约40%的怀孕和至少21%的怀孕生育结果不是妇女和她们的伴侣所寻求或想要的。

这些数字表明，制定安全有效的避孕措施将会显著减缓全球人口的增长。大量的人体研究表明，对人口可持续发展的正面影响可以进一步加强，这需要通过提高女孩和妇女的教育水平，使女人和男人在健康、经济和政治参与上达到平等来实现。

罗伯特·英格尔曼（Robert ENGELMAN）
世界观察研究所

参见：21世纪议程；发展指标；战略可持续发展框架（FSSD）；人类发展指数（HDI）；$I = P \times A \times T$ 方程；土地利用和覆盖率的变化；增长极限；千年发展目标；区域规划；强弱可持续性辩论。

拓展阅读

Cohen, Joel E. (1995). *How many people can the Earth support?* New York: Norton.

Ehrlich, Paul R.; Holdren, John P. (1971). Impact of population growth. *Science*, 171, 1212–1217.

Engelman, Robert. (2008). *More: Population, nature, and what women want.* Washington, DC: Island Press.

Engelman, Robert. (2009a). Population and sustainability: Can we avoid limiting the number of people? *Scientific American Earth 3.0*, 19 (2), 22–29.

Engelman, Robert. (2009b). *State of world population 2009: Facing a changing world: Women, population and climate.* New York: United Nations Population Fund.

Engelman, Robert. (2011). An end to population growth: Why family planning is key to sustainability. *Solutions*, 2 (3). Retrieved December 7, 2011, from http://www.thesolutionsjournal.com/node/919.

Falkenmark, Malin; Widstrand, Carl. (1992). *Population and water resources: A delicate balance.* Washington, DC: Population Reference Bureau.

Hutchinson, Edward P. (1967). *The population debate: The development of confl icting theories up to 1900.* Boston: Houghton Mifflin.

Malthus, T. Robert. (1926). *First essay on population* (Rev. ed.). London: Macmillan. (Original work was published in 1798)

O'Neill, Brian C.; et al. (2010). Global demographic trends and future carbon emissions. *Proceedings of the National Academy of Sciences*, 107 (41), 17521–17526.

Pearce, Fred. (2010). *The coming population crash and our planet's surprising future.* Boston: Beacon Press. Reid, Walter V. R.; et al. (2005). Millennium Ecosystem Assessment: Ecosystems and human well-being — Synthesis. Washington, DC: Island Press.

Rockström, Johan; et al. (2009). A safe operating space for humanity. *Nature*, 461, 472–475.

Rogner, Hans-Holger; et al. (2007). *Climate change 2007: Mitigation of climate change. Contribution of Working Group III to the Fourth Assessment Report of the Intergovernmental Panel on Climate Change.* Cambridge, UK: Cambridge University Press.

Satterthwaite, David; Dodman, David. (2009). The role of cities in climate change. In Robert Engelman, Michael Renner & Janet Sawin (Eds.), *State of the world 2009: Into a warming world.* New York: Norton.

"Science Summit" on world population: A joint statement by 58 of the world's scientific academies. (1994). *Population and Development Review*, 20 (1), 233–238.

United Nations Department of Economic and Social Affairs (UN DESA), Population Division. (2009). World population prospects: The 2008 revision population database. Retrieved March 4, 2011, from http://esa. un.org/unpp.

Quantitative vs. Qualitative Studies

定性与定量研究

总体而言，定量研究方法涉及测量，而定性方法强调如何和为什么的问题。这两种方法各有优势和劣势，而且不同的学科选择的方法不同。由于在可持续发展的研究中严谨的混合方法研究变得越来越有价值，但这种研究往往是真相不确定、价值有争议、风险很高且决策紧迫的，学者必须经过培训，培养对定性和定量方法可行性和局限性敏锐的意识。

定量和定性这两个词在不同学科有不同的含义，这使跨学科的合作复杂化。一般来说，定性研究旨在回答诸如"如何"和"为什么"，并处理或无法量化的问题或没有量化意义的问题。例如，"为什么很多人都喜欢开车而非骑自行车，即使在后者更快、更便宜、更健康的情况下？"定性方法常用于可持续性研究，涉及诸如哲学、社会学、有机分析化学、政治学、分类学、生态学和历史等多学科。定量研究侧重于事物的衡量，旨在回答如"多少"，"多快"和"多长时间"等问题。例如，"即使

在骑车会更快，更便宜，更健康，有多大百分比的人口会在短程骑自行车？"在可持续性研究中，定量方法通常于诸如涉及经济学、水文、化学、物理学、社会学、生物地球化学，地理和政治学的相关学科研究中。

对于可持续性研究感兴趣的学生普遍提出要参与同时使用定量和定性方法的研究项目。不幸的是，只有很少的教授能够提供这样的严格指导，因为对这两种方法的培训很少。这可能随着新一代学者的进入而改变，但在2012年大多数学术课程仍由那些具有强大定量或定性研究背景的教授讲课。更多的情况是，混合定量/定性方法的研究或者将其定量的元素有定性的问题，或者定性的元素不严谨。例如：不善于或缺乏定性培训的学者，即使对定性方法的了解不深入，他们仍然在进行定性方面指导学生、访谈或调查，而不善于或缺乏定量培训的学者，即使对统计知识的了解不深入，他们仍然在进行需要统计分析的定量研究。

严格的定量研究

当定量研究的质量较差时，往往是不理解什么样的统计资料可以用或不可以用这样一个问题。一个常见的错误认为：先进的统计方法可以掩盖不好的研究设计是不可能的。在规划一个研究时，关键是要仔细考虑数据收集并预测所需的统计资料的类型。统计教科书往往显得过于复杂，很多书不是致力于大多数可持续性研究通常所需的统计类型（很简单）。然而，仍有几个简单且用户友好的出版物可用，包括环境统计学者丹尼斯·赫塞尔（Dennis Helsel）和罗伯特·赫希（Robert Hirsh）的著作《水资源的统计方法》（2002）。如果样本中某种"东西"增加了或减少了，在确定欲采样本的大小和时间尺度以及取样规定时，这样的书籍通常会明智地建议去咨询一个统计学家（例如，菲律宾的蚌中汞，加拿大驾车行驶的人数，巴西用于种植生物燃料的面积，还是在中国的人均家庭用水量等问题）。然而，在提出统计问题之前，学生研究者需要确定研究的问题，注意这些问题绝不相同。例如，研究问题可能是"人群所吃的贻贝体内汞的浓度是否接近有害的水平？"有人可能会以统计资料来回答（以通俗语言）："在给定的时间段，这些贻贝体内汞浓度增加的可能原因是什么？"这个问题。然而，一个人不可能使用给定的数据进行统计分析，找出什么是"有害的水平"。为做出此判断，需要借鉴其他如（生态）毒理学和流行病学学科的信息。

严格地定性社会科学和人文学科研究

处理人文或社会问题的定性研究质量较差时，往往是一个对基本方法论无知的问题：

有相当数量在工程、自然科学、医学方面训练有素的研究人员在进行访谈、调查和文件研究，但是他们甚至都没有读过一本有关问题设计程序的书。根据良好的学术工作的基本标准进行审查，没有适当的方法所进行的工作通常会发现结果有问题。其实有许多不错的介绍定性方法的教科书，例如，由内布拉斯加大学林肯分校（Nebraska-Lincoln University）的约翰·W.克雷斯韦尔（John W. Creswell）和维姬·L.普拉诺·卡拉克（Vicki L. Plano Clark）教授撰写的设计和管理混合方法的研究（2011）。

重大的跨学科研究必须严谨，且基于可靠的方法学。想要结合定性和定量方法，学生需要具有很强的方法论意识。人文和许多社会科学的教育一般强调需要获得这种意识，以培养思考背景的细微之处如何影响研究结果的能力。处理事实往往不确定、价值观有争议、代价高且决策紧迫的可持续发展问题时，对知识产生过程的深刻理解将防止研究人员成为未发现问题另一面的倡导者。小罗杰·皮尔克（Roger Pielke Jr.）的著作《诚实的经纪人》，是一本易于阅读的书，介绍了对可持续发展领域中有关知识产生的挑战。

定性社会科学研究方法的教科书一般都会解释定性方法的优缺点，而面向自然科学研究的教材一般集中在技术细节上，很少触及一般方法的优缺点。其结果是，许多自然科学的学生（和学者）对知识生产过程及其背景仅有一个相当基本的了解。很多在社会科学和人文科学方法的文献中讨论的问题具有普遍性，而且讨论的很多问题与所有类型的学生和研究人员高度相关。下列几个简单的例子说明,研究课题的选择取决于政治、文化和历史背景——海水淡化主要在如沙特阿拉伯、以色列、新加坡和澳大利亚这样的干旱和沿海国家进行研究;1973 年石油危机后,替代能源的研究急剧增加;直到大约 30 年前,针灸还被认为是一种伪科学;而种族生物学直到 20 世纪 50 年代中期才是一个被高度关注的学科。

指出数据仅适用于已被研究领域似乎又是重复,但这一事实进一步说明了知识依赖于背景的微妙之处:可用的数据让我们能够得出一些确定的结论,而缺乏其他数据使我们无法得到其他结论。例如,由于在欧洲气象和气候网络比世界上其他任何地方更密集,导致了 18 世纪小冰期是一个全球现象的假设。2009 年时由于涉及 2012 年京都议定书后的讨论以及对气候科学界诚信的质疑,围绕这一论断含义的争论引起了全球性的政治和科学后果。

关键是要明白,在处理可持续性问题时,"客观和无价数据"不存在。如果不说明前因后果,即使是最精确的、绝对正确的发现,在一个复杂的领域也是无意义的。

总结

通常提高对方法论的认识对于无论进行定性、定量或混合方法的研究都是有益的。下列问题可以作为一个指南或检查表,供给各个学科的学生和经验丰富的研究人员:

目标是定性的还是定量的研究,还是两者都包括?开始收集数据之前,是否已经通盘思考设计或与管理者认真讨论?管理者对所提出的方法是否充分熟悉,还是需要咨询其他专家?对欲进行研究的研究人员而言,对该方法一般和特别的优缺点的熟悉程度如何?如果研究包括定量要素,是否有统计学家提供咨询和沟通,并且已经将研究问题和统计问题联系锁定?如果这项研究包含定性因素,研究员对所用的方法是否有足够的训练?如果没有,是否有其他人做,而且愿意帮助进行研究的设计和解释?定量和定性的研究有不同的优缺点。如果我们要走向一个可持续发展的社会,我们需要学者具有更深的方法论意识,以及利用定性和定量两种方法的长处进行严格的混合研究方法设计的能力。当然,这样的学者也一定要谨慎了解这两种方法的弱点。

古尼拉·欧贝格(Gunilla ÖBERG)
英属哥伦比亚大学

参见:可持续性度量所面临的挑战;公民科学;专题小组;参与式行动研究;可持续性科学;系统思考;跨学科研究。

拓展阅读

Creswell, John W.; Plano Clark, Vicki L. (2011). *Designing and conducting mixed methods research*. Thousand Oaks, CA: SAGE.

Fleck, Ludwik. (1981). *Genesis and development of a scientific fact*. Chicago: University of Chicago Press. (Originally published in German in 1935).

Haraway, Donna. (2007). *When species meet*. Minneapolis: University of Minnesota Press.

Helsel, Dennis R.; Hirsch, Robert M. (2002). Statistical methods in water resources. In United States Geological Survey, *Techniques of water resources investigations. Book 4, Chapter A3*. Reston, VA: USGS.Retrieved December 27, 2011, from http://www.practicalstats.com/aes/aesbook/fi les/HelselHirsch.PDF.

Kuhn, Thomas. (1996). *The structure of scientific revolutions*. Chicago: University of Chicago Press.

Latour, Bruno. (1988). Science in action: How to follow scientists and engineers through society. Cambridge, MA: Harvard University Press.

Öberg, Gunilla. (2010). *Interdisciplinary environmental studies: A primer*. Hoboken, NJ: Wiley and Blackwell.

Pielke, Roger A., Jr. (2007). *The honest broker: Making sense of science in policy and politics*. Cambridge, UK: Cambridge University Press.

Reducing Emissions from Deforestation and Forest Degradation, REDD

减少因森林砍伐和森林退化而引起的排放

减少因森林砍伐和森林退化而引起的排放是使用一系列财政刺激措施以减少来自发展中国家砍伐森林和森林退化造成的温室气体排放的集合条款。"REDD 1"是指诸如生物多样性保护提供额外收益的REDD项目。直到2012年，挑战成功实现REDD计划所面临的方法和法律仍未完全解决。

减少因森林砍伐和森林退化而引起的排放（REDD）是一种促使发展中国家能够更好地保护、管理和可持续利用森林资源的机制。减少因森林砍伐和森林退化而引起的排放计划为发展中国家创造财政激励，通过对树木储存碳的经济价值的确认，让他们将森林保存下来而不是砍伐殆尽。在减少因森林砍伐和森林退化而引起的排放计划实施的初期阶段，项目经理们对森林碳进行评估和量化，然后，发达国家为发展中国家尚保存的森林支付"碳汇"资金。作为回报，发达国家获得"碳信用额度"。减少因森林砍伐和森林退化而引起

的排放计划产生碳信用额度后，被发达国家用来满足他们所商定的减排目标。碳信用额度也可能在碳市场进行交易。REDD+项目（这些减少因森林砍伐和森林退化而引起的排放计划提供额外的收益，如生物多样性保护）能增强人们的森林价值观，并促进环境得到更好的保护。减少因森林砍伐和森林退化而引起的排放也因此有可能超出诸如保护森林生物多样性、增强森林碳储藏等减缓气候变化的预期而涉及了森林的各种商品和服务。然而，基于减少因森林砍伐和森林退化而引起的排放计划的方法可能会显著增加交易成本。

减少因森林砍伐和森林退化而引起的排放计划的一个重要应用是在非洲中部拥有世界上第二大热带雨林的刚果民主共和国所取得的进步。森林之所以特别容易受到砍伐是由以下几个综合因素导致的：国家的严重贫困以及虚弱的法治导致了很多人从林地获取高商业价值的木材。2011年3月，作为国家战略，刚果民主共和国推出了国家计划。2011

年11月，刚果民主共和国因为这个计划获得世界银行的援助，试点项目已经开始在几个地区实施。

REDD与气候变化谈判

　　减少因森林砍伐和森林退化而引起的排放计划在国际气候变化谈判中是一个很重要的问题，因为覆盖大约三分之一陆地表面的森林生态系统，是碳最重要的储库之一。砍伐森林和森林退化导致森林的碳储存能力减少，导致温室气体排放到大气中。全球每年大约有20%的人为碳排放是由毁林和森林退化造成的（UN REDD 2011）。热带雨林国家的森林砍伐现在被认为是全球气候变化的重要因素，需要引起学者更广泛的关注。目前，森林转变为非林业用地对每年温室气体排放的贡献大约在12% —17%；甚至在一些国家，森林砍伐导致了高达85%的人为温室气体排放（UN REDD 2011）。当前，国际关注的重点是为热带雨林国家提供激励措施，通过促进其他可持续发展实践的REDD+来减少毁林和森林退化所致的排放量。REDD+项目通过建立碳交易项目寻求减少温室气体排放，同时也获得如生物多样性保护的其他好处。

　　这就引发了几个关键法律问题，例如，那些建立了碳排放交易计划或提议建立的行政辖区就必须确定，是否允许其承担实体依靠林业抵消他们具有法律约束力的碳减排义务。自2007年联合国气候变化框架公约（the UN Frame Work Convention on Climate Change, UNFCCC）由缔约方会议采用巴厘岛行动计划，国际条约的缔约方承认REDD+对于减少全球温室气体排放可以发挥至关重要的作用。因此，现在REDD+成为许多国际条约秘书处的首要议程。

国际REDD方案

　　目前，国际上有几个REDD+方案。2008年由联合国发起的减少因森林砍伐和森林退化而引起的排放计划是全球规模最大的REDD计划。结合联合国粮食及农业组织、联合国开发计划署和联合国环境规划署的技术专长，联合国减少因森林砍伐和森林退化而引起的排放计划旨在帮助各国准备和实施国家REDD+战略。如2012年，其在非洲、亚太地区、拉丁美洲对35个合作伙伴国家的REDD+机制的设计活动提供支持。其他国际REDD+方案还包括世界银行主办的森林碳伙伴基金（the Forest Carbon Partheriship Facility, FCPF）和森林投资计划（the Forest Investment Program, FIP）。联合国减少因森林砍伐和森林退化而引起的排放计划与森林碳伙伴基金和森林投资计划在一些发展中国家对其国家REDD+方案提供统一支持。其他联合国减少因森林砍伐和森林退化而引起的排放计划合作伙伴还有联合国森林论坛(the UN Forum of Forest, UNFF)、全球环境基金(the Global Environmental Facility, GEF)、联合国气候变化框架公约以及国际热带木材组织(the International tropical Timber Organization, ITTO)。

联合国减少因森林砍伐和森林退化而引起的排放计划一个由来自联合国粮农组织、联合国开发计划署、联合国环境规划署、合作伙伴国家、多边信托基金的捐助者、社会公民成员(非政府和企业代笔)以及原住民代表组成的政策委员会管理,总部设在日内瓦的秘书处负责协调政策委员会的工作。国际层面上,联合国减少因森林砍伐和森林退化而引起的排放计划旨在建立有关REDD+计划的共识和知识,促进政府、技术专家和公民社会之间的对话,以确保REDD+计划实施的基础是科学的,为各级参与者(如政府、科学家、森林居民)提供参与机会,确保森林能够继续提供多重收益。联合国减少因森林砍伐和森林退化而引起的排放计划寻求开发通用的方法、分析、方法学、工具、数据和指导方针,以促进REDD+的实施。相关工作包含了以下7个领域:测量、报告和核查;多重收益;知识管理;协调和沟通;国家REDD+治理;公平利益共享系统;行业转型。

REDD的实施

全面实施REDD+需要三个阶段。首先,需要制定一个减少因森林砍伐和森林退化而引起的排放战略,这经常需要得到外部融资机构的支持;第二,REDD+战略的实现,这一战略将包括能力建设措施;第三,初步实现REDD+后,REDD+战略需要在整体经济的低碳发展、验证减排和转移提供持续支付上进行细化。这些支付可能为土地利用变化或更好的森林管理和促进低碳经济的发展提供激励。

具有成本效益好、功能强大、兼容性好的测量、报告和验证(MRV)系统的开发对于REDD+计划的有效性是十分重要的。这些系统使用现场库存数据,结合卫星系统和其他技术获取的数据设计而成,形成温室气体库存,建立参考放排水平。为发展国家的测量、报告、验证系统,大多数国际REDD+计划都会为伙伴国家提供援助以加强他们的技术和相关机构的能力。

良好治理和法治是REDD+项目取得成功的重要先决条件。这是因为REDD+的有效实施在测量、报告、验证系统及相应的支付分配需要透明和问责。例如,如果分配利益不可预测或者测量、报告、验证执行标准不统一,利益相关者就不太可能完全参与REDD+。同样,如果经营环境不够安全,规范不统一,投资者也就不太可能投资能产生低碳经济的新项目或技术。

由减少因森林砍伐和森林退化而引起的排放计划的国家实施的任何国际协议和国内法律的执行,将依赖于发展中国家依据这些法律对森林砍伐率监控的能力。无论是由一个国家政府还是一个项目所制定的碳减排额度,其合法性和商业可行性都将依赖于基线和参考背景下对森林砍伐率的适当监控,没有这个基础,信用额度不太可能满足任何由联合国气候变化框架公约缔约方制定的规则与方式。

方法学的挑战

尽管减少因森林砍伐和森林退化而引起的排放的国家现在正在建立国家温室气体清单,但只有不到20%的国家充分完善了自己清单,50%左右的国家清单完成量还不到50% (UN REDD 2011)。因此,绝大多数国家实施的REDD+项目操作还不能就温室气体排放和森林的损失提供一个完整而准确的估算,而报告土壤碳的国家就更少了(虽然源于砍伐或退化泥炭土地的排放所占比例很大)。这就证明,将土壤碳汇涵盖在一个因林地碳排放的减少获得减少因森林砍伐和森林退化而引起的排放信用额度的国家战略是有问题的。

即使方法学上的缺陷可以纠正,减少因森林砍伐和森林退化而引起的排放计划面临的最大挑战之一就是如何确定公正、公平的利益分配方式。与此相关涉及三个方面的问题,首先,原住民和依赖森林的社区参与减少因森林砍伐和森林退化而引起的排放活动的设计、实施和监控是很重要的。第二,尽管减少因森林砍伐和森林退化而引起的排放计划实施点可以保护森林,但有一个风险就是砍伐森林可以迁移到没有实施减少因森林砍伐和森林退化而引起的排放的地区,所以战略上预防"碳泄漏"(即温室气体排放从一个点转移到另一个点)是很重要的。第三,诸如多样性保护、生态系统服务和社会福利带来的多重利益的自然增长,使减少因森林砍伐和森林退化而引起的排放项目更加复杂,管理更加困难。所以,必须注意确保项目仍集中在初始目标上。

因为减少因森林砍伐和森林退化而引起的排放计划仍处于一个相对早期的发展阶段,许多问题还没有完全被解决。最大的挑战之一是,关于森林退化的定义并没有取得共识,所以不同的减少因森林砍伐和森林退化而引起的排放组织可能使用不同的基准,这可能会导致项目的设计、实施和最后的结果存在不一致,并且还不清楚REDD项目将依赖于当前还是历史时期的排放水平和森林砍伐率。另一个挑战是来自企业的风险,即发达国家可能仅仅依靠从发展中国家提供商那里购买减少因森林砍伐和森林退化而引起的排放信用额度,而不是去减少自己的温室气体排放。将减少因森林砍伐和森林退化而引起的排放计划与一个更广泛的碳交易体系相联系可以允许发达国家设定自己的排放,并实现减排目标。然而,包括巴西和中国在内的一些发展中国家则认为,发达国家必须致力独立于任何抵消机制的真正减排。

设计REDD+战略中的一个重要问题是需要理解REDD+在地方和国家层面的成本。一个重要的成本是砍伐森林的经济权衡,例如,通过保护森林,森林所有者放弃森林可以换取更有利可图的收益。

减少因森林砍伐和森林退化而引起的排放可能是稳定大气温室气体排放浓度最具成本效益的方法之一,减少因森林砍伐和森林退化而引起的排放是气候变化解决方案的一个重要方面,但减少因森林砍伐和森林退化而引起的排放计划和REDD+的实现仍不足以缓解气候变化,还需要包括在发达国家和发展中国家显著减少排放等一系列的其他策略。

凯瑟琳·P.麦肯齐(Catherine P. MacKENZIE)
剑桥大学

参见：21世纪议程；生态系统健康指数；土地　利用和土地覆盖率的变化；千年发展目标。

拓展阅读

Freestone, David; Streck, Charlotte. (2005). *Legal aspects of implementing the Kyoto Protocol mechanisms: Making Kyoto work*. New York: Oxford University Press.

Freestone, David; Streck, Charlotte. (2009). *Legal aspects of trading carbon: Kyoto, Copenhagen and beyond*. New York: Oxford University Press.

Global Canopy Programme. (2008). *The little REDD+ book*. Oxford, UK: Global Canopy Programme.

Helm, Dieter; Hepburn, Cameron. (2009). *The economics and politics of climate change*. New York: Oxford University Press.

Her Majesty's Stationery Office (HMSO). (2008). Climate change: Financing global forests: The Eliasch Review. London: HMSO.

Lyster, Rosemary. (2011). REDD+, transparency, participation and resource rights: The role of law. *Environmental Science & Policy*, 14 (2), 118−126.

Lyster, Rosemary. (2010). Reducing emissions from deforestation and degradation: The road to Copenhagen. In Rosemary Lyster (Ed.), *In the wilds of climate law*. Bowen Hills, Australia: Australian Academic Press. 91−142.

Lyster, Rosemary. (2009). The new frontier of climate law: Reducing emissions from deforestation (and degradation. *Environmental and Planning Law Journal*, 26 (6), 417−456.

Meridian Institute. (2009). *Reducing emissions from deforestation and forest degradation: An options assessment report*. Dillon, CO: Meridian Institute.

Porter, Gareth; Bird, Neil; Kaur, Nanki; Peskett, Leo. (2008). *New finance for climate change and the environment*. London: ODI.

United Nations Collaborative Programme on Reducing Emissions from Deforestation and Forest Degradation in DevelopingCountries (UN REDD). (2011). *UN REDD Programme Strategy 2011−2015*. Washington, DC: FAO, UNDP, and UNEP.

United Nations Collaborative Programme on Reducing Emissions from Deforestation and Forest Degradation in Developing Countries (UN REDD). (2012). Homepage. Retrieved February 21, 2012, from http://www.un-redd.org/Home/tabid/565/Default. Aspx.

World Bank Institute. (2010). *Estimating the opportunity costs of REDD+*. Washington, DC: World Bank Institute.

Regional Planning

区域规划

    区域规划是为了一个特定地区的利益开发而进行的协调思想、规划、政策、项目和其他相关方面的活动。这是一个"政治项目",因为它传递了很多关于未来该地区应该如何发展的预期形象。可持续性的概念被融入许多规划思想和策略之中。

    区域规划是为了创建政策和政策工具来指导特定区域的发展。地区环境的特点,即其环境、社会、经济背景,包括它与其他地区的联系,共同形成了需要做出反应的条件。大量基本原理、法律、行政法规、程序、思想和预期形象都影响区域计划。

任务和范围

    区域规划涉及未来的一个特定的空间实体或"地区",该地区可能是城市、地区甚至(跨)国家。世界上最具影响力的规划学者之一帕齐·希利(Patsy Healey)对此使用的术语是"空间规划",她指的是"一个城市、城市地区或更广泛领土的自我意识集中力量,转化为

重点区域投资、保护、措施、战略基础设施投资和土地使用监管原则"(Healey 2004, 46)。

    空间或区域规划协调缓和个人、公共和私人组织的不同利益。它针对特定的行业问题,比如交通空间、娱乐、服务和住房。规划者将计划行为的潜在影响和土地利用变化告知公民并与其沟通,而任务通常由公共规划机构来执行(参见瑞典斯德哥尔摩的区域规划)。

    区域规划整合来自各级政府的目标和基本原则,包括国家级的政策。规划者的主要工具是区域计划。

主要进展阶段

    城市、地区或其他空间规划在欧洲和北美一般分为三个阶段。英国学者尼格尔·泰勒(Nigel Taylor)如此总结:第一阶段来自策划者,是创意设计师;第二阶段面向策划者,是科学分析师和理性的决策者;第三阶段也面向策划者,是计划经理和沟通者。第一阶段始于欧洲文艺复兴时期,并持续到20世纪

瑞典斯德哥尔摩的区域规划

瑞典有三层行政系统,国家级、地区(郡、县)级、和市级。市级行政系统在区域规划中发挥最强的作用。并没有所谓的国家级空间规划,但中央政府在提供基础设施(公路、铁路、大学设施等)和为空间规划设置如法律框架(例如1987年的规划和建设法,1999年的环境代码)方面扮演着重要的角色。也没有国家级的正式规划,这是由每一个郡(县)决定的。最强大的区域规划体系是在斯德哥尔摩郡议会。

20世纪50年代早期斯德哥尔摩郡实现了区域规划制度化。这个规划全面、明确的战略特点在瑞典是一个例外,其主要手段即区域发展计划(Utvecklings区域计划),旨在指导市政规划。区域发展规划面向过程允许非正式的协调和交流。斯德哥尔摩有26个自治市,这些自治市被要求结合区域发展计划来制订长期市政综合计划(Oversikts计划)。他们不具有法律约束力,但在土地和水的使用上确实成了决策的基础。在制订详细的发展计划和建筑规范时也被用作指南,这个指南是具有法律约束力的(Detajl plan)。土地利用的任何改变必须基于一个市政计划,除了少数例外,国家不能决定改变土地使用的策略。

经过几个阶段的谈判以及所有直辖市和其他利益相关方参与,区域规划办公室制定了不具约束力的区域计划。从这个意义上说,斯德哥尔摩郡议会是一个指定的区域规划机构,其操作机关是区域规划办公室。区域发展规划必须与郡(县)行政委员会合作一同制定,郡(县)行政委员会是一个国家机构,它审查城市规划决策中的建筑许可,保留某些干预的权利,保证国家利益和法律得到充分的考虑。区域发展计划要生效,还必须经郡议会、民主制衡县行政委员会同意。

2010年批准的现有计划确定了几个2030年长期目标,如一般土地利用结构、基础设施、能源供应、经济发展和环境保护。这是斯德哥尔摩郡的一个跨部门综合发展项目。

几十年来,扩大住房、劳动力市场和区域交通系统之间的相互作用已经变成了区域规划的核心问题。在这方面,2010年斯德哥尔摩地区规划突显了先驱方法,即2001年开始的区域发展计划,第一次在城市区域级别引入了多中心的概念,该地区结构由8个离中央核心(即斯德哥尔摩市中心和一些邻近中央城区)15—40公里的"城市核心区域"构成。

该规划的基本原理是中央核心必须从强大的发展压力之下释放出来,城市核心区域应当建立一个健壮的多中心结构,由相应的运输服务来支撑。通过增加节能定居点的密度和完整度、改善城市环境和建立竞争环境,最后提供各个核心不同的城市功能(如通过文化和餐饮供给建立更多元化的工作场所、高等教育和卫生保健设施和更好的城区风格），特别的交通系统投资将促进选定的区域城市核心的发展（Office of Regional Planning 2009 & 2010）。换句话说，这样的"核心"作为"领土锚"来集中土地开发以及适应不同城市功能，以便使单中心城市配置按照预期逐渐转变成一个多中心城市。这样一个计划的概念是否将遏制城市扩张，是否对气候变化有积极的影响，还有待观察。

利益相关者的冲突以及潜在的冲突将通过有意的干预措施，如计划、策略或项目得以调整，将确保计划过程更加顺畅、协作、透明、两相情愿而且民主（Forester 1999; Innes & Booher 2010）。

60年代，它根植于建筑学。空间规划特别是城市规划，被视为应用艺术或创造性活动（Taylor 1999, 330–331）。

第二阶段的特点是现代主义的时代精神，特别是从20世纪50年代到70年代，完全背离了主流的模式。城市或地区是社会经济系统，而计划本身是一个理性的决策过程，这种转变强调控制社会和经济活动及它们的空间关系，而不再像第一阶段一样关注静态和基于设计之上的建筑环境（Taylor 1999, 332）。

第三阶段开始于20世纪70年代末或80年代初，并持续到现在，策划者已经从一个专门的技术专家变成了过程主持人或经理。许多不同的策略、目标和利益，争夺着规划师的注意力。由于对城市或地区的影响不同，规划特别关注不同地区之间的调节和斡旋。

空间范围

"区域规划"在空间方面是一个多用术语，在很大程度上是被任意使用的。跨国地区诸如欧洲、北美、亚洲通常在不同的上下文中被称为"地区"，但地区层面通常是区域规划的重点。一个区域覆盖的面积通常大于地方政府的管辖面积；它可能延伸到整个城市甚至城市的界限以外。洛杉矶县就是区域规划的一个例子，又如德国的萨克森州包括莱比锡和一些邻近的县，日本的近畿地区也是这样，包括大阪市、神户市、京都市。

正如以上例子所表明的，在一个国家内规划区域是在一个特定的行政层面上，包括许多市、郡（县）或地区。许多情况下，定义这些规划区域的边界可以是核心挑战之一。边界不一定代表这个区域的功能空间形象（所谓功能空间可以是劳动力市场或通勤区域）。然而，政治利益相关的人是在有限的特定地区内的，如直辖市、省、县、区及其固有的制度限制的行政边界。这一点在区域规划整合各种利益时有时会有冲突和困难。区域界限总是妥协并因此引起争议，因为它们不可避免地建立在各种各样的观点之上，譬如该地区是什么样的地区，最好的地理划分和区域规划是什么等。

过程与工具

区域规划议程由一个公共规划机构来执行，它是利益相关者之间的关系和组织网络的中央节点。因为不同国家和地区有不同的行政管理系统、文化、和实践，从一个国际视角来看，区域规划系统迥异。即使在一个国家内部，它也有着很大的差别，比方在德国和美国。

计划过程的服务功能是将其发展潜力和目标告知公众（如关于基础设施建设、住房和工业的新空间、自然保护等信息），就任何影响、限制或规划决策可能对有关的人或组织产生的其他影响与公众交流，最后调动他们积极参与。这是政治决策过程的一部分。

区域规划是中心指导原则，它大约每十年更新一次，该规划以对城市扩张、二氧化碳减排、区域经济重组和风力涡轮机的可能位置等问题上的分析和专业知识为基础。它通常是根据以前的规划而制定，使用各种方法和数据收集工具，包括民意调查、卫星图像或航空摄影、实地调查、人口普查数据、环境影响评估、实际规划建议以及地理信息系统等，旨在捕获、分析、管理和显示空间坐标所引用的数据。

基于过去的规划、新数据和与区域/地方/市政政治机构协商的结果，区域规划机构制定建议草案。通常情况下，一个地区规划识别和描述了土地使用和相关活动，包括解决地区和开放空间、具有特定社会经济功能的地点（如商务中心或工业场所）、水资源保护领域或特定的自然资源的利用率。此外，它可能表明交通基础设施的位置和布局、能源供应单位、废物处理等系统。

准备好计划草案，通常还要准备几个备选项，然后，公众通过听证会、展览和/或基于网络的调查参与进来，将评论和批评集中起来，形成一个修改后的计划（通常还是包括几个选项），经过政治主体的讨论，最终经过第二轮公众参与。然后，由适合的政府机构批准区域计划。区域计划的应用是规划过程的中心，其次是评价，如果有必要的话，计划要再更新甚至重新制定。区域计划往往要以进一步描述当前和未来区域发展目标的政策文件为辅助，如对以后30年的空间设想，包括大规模的旗舰项目、区域零售概念或特定的自然保护计划。重要的是再次强调这样一个事实：区域规划在不同的影响力、法律的严格程度或实现等方面不同国家和地区会有相当大的不同。

区域规划与可持续发展

可持续发展是一个关键的规范性概念，在今天的西方世界，几乎在任何国家、地区或城市空间计划都能看到。特别是区域规划者正在处理可持续发展的各个方面问题时，首先要提到的是区域规划的相对长期平台，因为理想的规划应该作为区域在以后的十年左右的发展路线图。区域规划议程常常有着较好的社会凝聚力，如减少社会隔离或支持社会贫困社区的要求。通过提出同源规划的概念，如"紧凑型城市"（建议在城市住房中开发一个更好的混合功能来使距离、服务等的距离更短）或者"跨方向发展"（旨在建立一个更好的、高密度、高质量的公共交通网）来争取更多的资源节约型城市形式的例子也很多。

在收缩的地区也可以是一种城市形态的"贯穿"。这些空间态往往不是规划的结果，而是多个决策者在疲软的规划背景下工作的结果。

尽管如此，土地利用的分裂状态挑战区域规划的不同方面，而政治远见会特别致力于更多的可持续发展。城市地区在减缓气候变化的策略中起着关键的作用，城市形态对可持续发展的影响将是规划者需要面对的一个核心问题。

展望

在欧洲和北美，单中心的模型，即中心城市的位置被认为是所有类型的社会和经济活动唯一的功能焦点的模式，已经不再是空间模式的典范，亚洲也越来越多地趋向于多中心模式。城市、甚至邻近的城市群，正在将越来越多的地区集合成多中心功能区。一系列广泛的经济功能会导致多个新的中心、外围、中间地带。重组过程不一定是一个扩展的城市网，

皮特·施密特（Peter SCHMITT）
北欧空间发展中心（Nordregio）

参见：21世纪议程；绿色建筑评级体系；公民科学；社区与利益相关者的投入；设计质量指标（DQI）；专题小组；地理信息系统（GIS）；人类发展指数（HDI）；土地利用和覆盖率的变化；增长的极限；参与式行动研究；社会网络分析（SNA）；可持续生活分析（SLA）。

拓展阅读

American Planning Association (APA). (2011). About APA. Retrieved October 18, 2011, from http://www.planning.org/aboutapa/.

Birch, Eugéne L. (Ed.). (2009). *The urban and regional planning reader*. London: Routledge.

Forester, John. (1999). *The deliberative practitioner: Encouraging participatory planning processes*. Cambridge, MA: MIT Press.

Hall, Peter; Tewdwr-Jones, Mark. (2010) *Urban and regional planning* (5th ed.) London: Routledge.

Healey, Patsy. (2004). The treatment of space and place in the new strategic spatial planning in Europe. *International Journal of Urban and Regional Research*, 28, 45–67.

Healey, Patsy. (2007). *Urban complexity and spatial strategies: Towards a relational planning for our times*. London: Routledge.

Innes, Judith E.; Booher, David E. (2010). *Planning with complexity: An introduction to collaborative rationality for public policy*. London: Routledge.

METREX—The Network of European Metropolitan Regions and Areas. (2011). Homepage. Retrieved October 18, 2011, from http://www.eurometrex.org/.

Office of Regional Planning and Urban Transportation, Stockholm County Council (RTK). (2009). *Regionala stadskärnor* (Rapport 1: 2009). Stockholm: Office of Regional Planning, Stockholm County Council.

Office of Regional Planning [Regionplanekontoret]. (2010). *RUFS 2010 — Regional Utvecklings-plan för Stockholmsregionen 2010* [Regional development plan for the Stockholm region] (Rapport 1: 2010). Stockholm: Office of Regional Planning, Stockholm County Council.

Sustainable Urban Metabolism for Europe (SUME). Welcome to the SUME project! Retrieved October 18, 2011, from http://www.sume.at.

The Regional Plan Association (RPA). (2011). Homepage. Retrieved October 18, 2011, from http://www.rpa.org/.

Taylor, Nigel. (1999). Anglo-American town planning theory since 1945: Three signifi cant developments but no paradigm shifts. *Planning Perspectives*, 14, 327–345.

Regulatory Compliance

遵纪守法

遵守承诺涉及遵守可用的法律和法规。承诺行动的范围包括从安装和维护污染控制设备到汇编数据且向联邦、州和地方管理机构提交报告。每个工厂对自身的承诺负责，而违规往往源于缺乏监管或缺乏资金。提高工作人员恪守环保法规的意识，往往可以增强其践行承诺。

遵纪守法是指在适用的法律和法规范围内，公司所从事的活动受到监管。联邦、州和地方管理机构实施并执行环境监管方案。在某些情况下，多个机构管理同一活动的不同方面，例如，一个机构可能有权颁发许可证，而另一个具有巡查和执法的权威性。

在美国，以敌对的而不是合作的方式来监管和执法是一种常态。美国的监管也经常强调使用被认可的废物处理和污染控制技术，而不是基于强调减少实际环境影响的后果。在其他文化和其他监管执法机构和产业互动的模式中，遵纪守法可以具有动态变化，而不变的是为保护人类和环境健康需要确定一个

有效的解决方案，并创造一个可持续发展的未来。在所有情况下，需要了解所关注的广阔的背景，即影响遵纪守法和其中复杂的相互作用。

环保法律及法规监管的机构从事着对人体健康和环境质量正在或潜在风险进行各种管理的行动，包括公共和私营部门的活动，如制造业、采矿、伐木、农业、渔业、建筑业、发电，以及医院、监狱、污水处理厂、水坝和高尔夫球场的运行。甚至公立学校产生危险废物的化学实验室也会带来风险。

我们无法用文字描述所有类型管理活动，在这里重点指生产设施，但对各类被管理的设施和活动而言，都有规可循，并且它们的影响因素都大致类似。

在美国，遵守环境法规需要在几部法律框架下进行，这些法律如清洁空气法案（CAA）、清洁水法案（CWA）、资源保护和回收法（RCRA）、应急规划和社区知情权法（EPCRA）和马格努森渔业保护法（MFCA）。像安装和维护污染

控制设备，达到法规和许可排放的限值，监测过程和废物，提交报告给监管机构，对设备和容器贴上标签并培训员工等活动，都可以是遵纪守法的主题。不同的法律和法规强调不同类型的遵纪守法活动，例如清洁水法案强调污染控制技术，而紧急事件防治法案的重点是企业的记录保存及事故报告，渔业保护法对可捕捞的海洋资源的通道和总量优先进行限制。

有些环境法规活动，如按资源保护和回收法的要求对危险废物进行适当管理，由于直接影响到人类和环境健康的保护，已经写入法律，通常被称为实质性的遵纪守法。而对人类和环境健康无直接影响的遵纪守法活动，如标签和报告制度，是程序性遵纪守法的形式。

违规原因

尽管存在着法规管理，违规仍可能存在。对设施而言，遵纪守法的水平范围可以从一个不仅满足而且超过了监管要求的"远超规定"高水平，到全面违规的低水平。违规可能是偶然的，也可能是蓄意的，违规可导致不良的效果。违规的常见形式包括：当一个设备排出超过法规或许可的废物进入环境时的"超标"；由于设计、安装、维护或操作的问题，污染控制设备出现故障；向监管机构提交不完整或不准确的报告以及没有按照规定保存记录等等。通常，是行业本身而非监管机构、法律法规本身的规定或签约服务商在控制着这些法规的实际履行，而且在某些情况下，这些当事人之间的关系对法规的履行也有影响。

违规中动机是一个关键因素。表格填写工作偶然推迟和故意向地表水排放大量的有害废物是两种形式的违规，但二者的动机和影响大大不同。故意违规与法律法规的原则背道而驰。正如渔民相信限制捕捞的唯一的东西应该是运气和能力或者设施经理认为的应该允许对一条无环境影响的生产线进行技改，而无须为这样一个小改动等待数周或数月只为了等待监管机构根据清洁空气法案第 V 条生产设施工作许可证的允许。真实的或者所感知的程序上的不公正（一般发生在机构执行法律法规不一致的时候）也可以导致故意违规，因为当人们认为自己受到不公平对待的时候，他们不太可能遵纪守法。

内部原因

设施经理如何全心全意服从法规往往是遵纪守法与否的根源。工厂经理对人类和环境健康的委身程度显著不同，当然这也与他们平时是否一贯遵纪守法、他们的法律法规知识、他们的诚实度、对法律法规主动或被动的程度有关。经理的态度反过来又会影响员工开发操作程序、参加培训以及做事守时的可能性。未能遵循适当的操作程序、未进行常规的场地和设备检查或维护记录更有可能因为设备人员缺乏专业知识、经验，对所适用的法律法规的认识不够，由于语言障碍或缺乏技术知识而不了解监管政策或者仅仅是缺乏必要的资源。

工厂规模也有助于遵纪守法。不合规的工厂通常有相当比例是以小工厂为代表，它们往往缺乏要遵守的法规资源，或当他们出现解决技术问题时甚至缺少适度复杂的监管框架。相比之下，那些合规的通常是大工厂，它们有更多必须遵守的法规资源，而且往往处在多重环境法律法规的准绳之下。

外部原因

外部贡献者的违规行为包括：监管机构的监管和执行能力不充分，监管机构腐败，来自设备供应商、废物运输商和其他签约服务商的不当行为以及公众对于设备设施操作产生的健康和环境风险的感知和关注程度。

来自监管机构所产生的问题包括：复杂的、模糊的或者相互矛盾的法律法规解释和执行；缺乏明确的技术指导文件和提供设备雇员培训的机会；沟通不畅以及缺乏提供技术援助。这些问题很可能导致某些设施违规，这些设施没有获得来自像行业协会和环境顾问等第三方信息提供者的帮助。

有些监管团体有足够的政治影响力来影响政策的形成、实施和执行。有些人甚至会影响机构的资金。资金减少可能会造成或加剧机构人员不足，从而降低该机构各个方面的能力，包括提供信息以调节各方能力发挥作用。行业努力削弱拟议的法规也可能导致政策语言的含糊，使守法更加困难。

在司法权薄弱或容易发生执法者腐败的地区，往往缺乏遵纪守法。在这种情况下，增加机构的透明度并减少检查和行政机关的裁量权是适当的。此外，政府能力薄弱或缺乏，自上而下的监管模式很容易出现故障。在这种情况下，基于社区的资源管理或当地社区对公开获得的业绩进行监督的方案可能更有效。

理想情况下，监管框架的设计是以守法而不是违规这样一种理性选择的方式来实现。

当违规行为既不可能被检测到并获高利，或当违规处罚太低时，可出现法律的威慑力失灵。更重要的是，尽管所有其他因素都具备，但当没有可靠的处罚威胁时，监管是无效的。

遵纪守法的改善

可以通过查找源头来改善遵纪守法的状况，其中最重要的是来自违规工厂的工作人员。监管机构、行业贸易团体和供应商以及当地公民团体所采取的各种行动也可能有效。

设备举措

通过对环境质量的影响进行清晰明确的承诺，工厂在设施方面能够改善遵纪守法状况。这一行动可能包括员工培训、开发或添加内部检查清单这样的配套资源以及进行自我审核，以确定违规事件的直接原因和根本原因。参加一些志愿项目，如ISO14000和自然脚步（Natural Step），可提高守法意识。这些项目要求工厂的工作人员提高对所管理的设施有关环境影响的各个方面的全面了解，教育员工们不仅要进行传统意义上的守法,还要不断提高工厂的环保能力。这样的行动从深度和广度上提高了工厂达标的能力。

监管部门举措

监管部门的举措也能改善守法状况,这些举措包括:合并重叠的监管要求,加强联邦、州和地方机构之间的协调,以及加强监管机构和工厂工作人员的沟通,特别是在法律法规不明确或不一致时,用通俗易懂的语言解释法律法规的指南也备受工厂员工的重视。为改善遵纪守法状况,对高标准达标工厂的奖励也可以作为强有力的激励措施,如加快许可证的办理程序、减少巡查次数、减免处罚以及公开表扬等。提供的信息一旦出现问题,再回到达标状态往往取决于技术专家及相关法律对工厂能力的评价,这可能要依靠工厂现有的部分员工,或者也可以通过聘用顾问、设备供应商和行业贸易团体来实现。小型工厂或那些财力有限的工厂可能没有或者支付不起所需的技术和法律支持,由于没有低成本的技术援助,他们回归到守法状态将变得更加困难和耗时。

对于提供这种技术信息的责任在谁这个问题常常有争议。监管机构的工作人员往往声称,因为需要提倡守法,监管机构就应该提供信息。其他人则认为与守法有关的成本并不是开展业务的合理成本,也不能证明是纳税人资助的政府援助。他们声称,如果公司不能遵守适用的法律和法规,那么就不能开展业务。

公民行动

从历史上看,当地社区监督团体在减少违规行为方面一直卓有成效,尤其是对有长期问题工厂的监督。除其他事项外,这样的团体有能力监测和记录各种如非法进行空气和水的排放和废物处理的活动。他们也具有能够在故意违规行为多发的夜间、周末和风暴中监视,本地团体也可以通过示范、社区会议以及多种形式的社会、公共和私营媒体,提高公众的压力以影响工厂。此外,如果监管机构的执法缺失或无效,几乎所有美国环保法规中的公民诉讼条款都能保证当地的团体和个人能够直接寻求法律的补救办法。

迪·埃格斯(Dee EGGERS)
北卡罗来纳大学阿什维尔分校

参见:21世纪议程;绿色建筑评级系统;业务报告方法;公民科学;社区和利益相关者的投入;外部评估;减少因森林砍伐和森林退化引起的排放(REDD);运输和货运指标;社会生命周期评价(S-LCA);供应链分析;绿色税收指标;三重底线。

拓展阅读

Andrews, Richard N. L. (2006). *Managing the environment, managing ourselves: A history of American environmental policy*. New Haven, CT: Yale University Press.

Ayres, Ian; Braithwaite, John. (1992). *Responsive regulation: Transcending the deregulation debate*. New York:

Oxford University Press.

Bardach, Eugene; Kagan, Robert.(1982). *Going by the book: The problem of regulatory unreasonableness.* Philadelphia: Temple University Press.

Burby, Raymond J.; May, Peter J.; Paterson, Robert G. (1998). Improving compliance with regulations: Choices and outcomes for local government. *Journal of the American Planning Association*, 64 (3), 324–334.

Fiorino, Daniel. (2006). *The new environmental regulation.* Cambridge, MA: MIT Press.

Durant, Robert F.; Fiorino, Daniel J.; O'Leary, Rosemary. (Eds.). (2004). *Environmental governance reconsidered: Challenges, choices, and opportunities.* Cambridge, MA: MIT Press.

Kagan, Robert A. (2000). Introduction: Comparing national styles of regulation in Japan and the United States. *Law and Policy*, 22 (3 & 4), 225–244.

Kagan, Robert; Axelrod, Lee. (Eds.). (2000). *Regulatory encounters: Multinational corporations and American adversarial legalism.* Berkeley: University of California Press.

Kagan, Robert A.; Scholz, John T. (1984). The criminology of the corporation and regulatory enforcement strategies. In Keith Hawkins & John M. Thomas (Eds.), *Enforcing regulation.* Boston: Kluwer-Nijhoff. 67–95.

Kenny, Charles; Soreide, Tina. (2008). Grand corruption in utilities (Policy Research Working Paper 4805). The World Bank. Retrieved July 17, 2011, from http://www-wds.worldbank.org/external/default/WDSContentServer/IW3P/IB/2008/12/30/000158349_20081230224204/Rendered/PDF/WPS4805.pdf.

May, Peter J.; Winter, Søren. (1999). Regulatory enforcement and compliance: Examining Danish agro-environmental policy. *Journal of Policy Analysis and Management*, 18 (4), 625–651.

May, Peter J.; Wood, Robert S. (2003). At the regulatory front lines: Inspectors' enforcement styles and regulatory compliance. *Journal of Public Administration Research and Theory*, 13 (2), 117–139.

Scholz, John. (1984). Voluntary compliance and regulatory enforcement. *Law and Policy*, 6, 385–405.

Scholz, John. (1991). Cooperative regulatory enforcement and the politics of administrative effectiveness. *American Political Science Review*, 85, 115–136.

United States Environmental Protection Agency. (1999). *EPA/CMA root cause analysis pilot project* (EPA-305-R-99-001). Washington, DC: US Government Printing Office.

Vig, Norman J.; Kraft, Michael E. (Eds.). (2009). *Environmental policy: New directions for the twenty-first century* (7th ed.). Washington, DC: CQ Press.

Zaelke, Durwood; Kaniaru, Donald; Kružíková, Eva. (Eds.). (2005). Making law work: Vols. I & II. *Environmental compliance & sustainable development.* London: Cameron May.

Remote Sensing

遥　感

遥感通常指的是从卫星收集关于地球的信息。自20世纪70年代以来，遥感提供了许多大尺度的关于我们这个星球的视图。由于其一致性、独特性和所提供图像的可重复性，加上不断增加的空间、光谱、时间分辨率，遥感监测为监测外界变化（这些变化揭示了转向或远离可持续发展的趋势）提供了非常有价值的贡献。

遥感是一种研究手段，通过这个手段，地球表面（或在大气层中）的一个人们感兴趣的目标可以用一个位于较远距离的设备来研究。因为从地理空间获取的信息对于更稳健的可持续决策和健康环境都大有裨益，遥感也就成为研究地球环境的一个越来越重要的方法。经过对数据的仔细处理，遥感提供连续的环境记录，比有限的野外观察通过内插分析得到的数据更具连贯性，也更精确。遥感的基础是光，电磁辐射的天然媒介，它所携带的环境信息被遥感设备收集、解释，就可以为评估提供信息的可持续性。

电磁辐射

电磁辐射（EMR）可以被认为是随时间而变化的、相互正交的电场和磁场，以波的形式和光的速度（2.998×10^8 m/s）穿越空间和媒体。这些电波的长度可长可短，分别有其对应的波高或低能量。用电磁频谱来描述的这些属性，为了方便通常分为几个区：主要区段或波段，是可见光区（0.4到0.7 μm的短波）；近红外区（NIR; 0.7—1.50 μm）；中红外区（MIR; 1.5—5.0 μm）；热红外区（TIR; 5.0—15 μm）和微波区（3—300 cm的长波）。电磁波的长度以及能量，原则上决定了放射线怎样与环境目标相互作用，从而使我们能够区别我们的环境不仅随地理还随时间的变化而变化的各种属性。

一切温度高于绝对零度（-273°C、0 K）的物体都发出电磁辐射。在遥感测量中，太阳是最明显的天然电磁辐射来源（太阳辐射）。一般说来，太阳发出的电磁辐射用于遥感测量可见光区段至中红外区的波长，而地球发出的电磁辐射用于遥测电磁波谱中红外区中部以外的波长。一旦传感器布置好，这种遥感所利用的自然现象（称为被动遥感）就是单位面积成本最低的环境测量和监控方法。

主动式遥感

来自太阳和地球的电磁辐射能量很低，遥感中用这些波长可能有问题。因此，在许多情况下，使用主动遥感更为有效。所谓主动遥感，是指电磁辐射是由传感器人工制造的，而不是通过天然来源。两个常见的方法就是使用无线电探测定位（雷达）、光探测定位（激光雷达）。几乎所有的条件下微波都能够穿透大气，因此被用于大气阴云密布、下小雨或烟雾弥漫的场合。地球表面的目标回波强度决定于两种雷达系统的特点（即波长、偏振和几何特征）和地球目标的特征（即地形的几何形状、表面粗糙度和表面的复介电常数）。

激光雷达系统的原理与雷达系统相似。使用激光进行遥感的技术发展非常快速，特别是安装在直升机或飞机上的小光斑激光雷达系统，其他系统已用于地面和卫星安装。使用一个惯性测量单元（IMU）和全球定位系统，沿着路径飞行的传感器的旋转和位置就不断被记录下来。

将所有这些措施集中起来，就可以建一个三维点云的作为地理坐标，通过它可以构建地理空间产品，如数字地形模型（DTM）、植被环境中的数字表面模型（DSM）、树冠高度模型（CHM）和城区建筑物高度模型。

从太空了解地球

一旦从辐射源发出，辐射线就可以以多种方式与物质发生相互作用，取决于其波长和物质的属性。可以用遥感测量光谱波段的各个主要区段进而确定各种环境属性（见表1）。测量了这些属性，科学家可以间接推断相关属性，并随时随地警惕留心我们的环境。通过遥感不可见光（即超出了可见光谱），卫星已经向我们提供了第一份大范围的地图，包括植被健康、大气污染物、天气模式、岩石类型、土壤水分、海洋温度、浮冰等。

表1　由遥感测量的坏境因素的属性

电磁频谱波段					
环境因素	可见光 （0.4—0.7 μm）	近红外光 （0.7—1.50 μm）	中红外光 （1.5—5.0 μm）	热红外光 （5.0—15 μm）	微波 （3—300 cm）
岩石与土壤	含铁矿物质 结构/结构 土壤水分 有机物质	含铁矿物质 结构/结构 土壤水分 有机物质	结构/结构 土壤水分 有机物质 碳酸盐 硫酸盐	温度	表层土壤水分 结构/结构
植被	叶绿素 温度树冠结构 和粗糙度	生理结构 蛋白质 木质素 石油	水分 氮 木质素 糖 纤维素	温度	树冠结构和粗糙度

（续表）

电磁频谱波段

积雪与冰	积雪厚度 雪晶粒尺寸	雪水 雪晶粒尺寸	水/冰变化 云/冰变化	温度	积雪厚度
水	有机物 悬浮沉积物 叶绿素			表面温度	表面粗糙度
大气	气溶胶特性 云层厚度 气溶胶光学厚度	水蒸气 云顶高度 气溶胶光学厚度 可降落的水	云粒子半径 气溶胶光学厚度	云的温度	

资料来源：P. J. Curran.（1994），光谱法成像，自然地理学进展，18，247—266.

　　遥感提供的关于可持续性的信息可以用来向政策制定者传递信息，也可以协助政策的实施。眼见为实，一幅遥感图像确实胜过长篇的文字，用一系列遥感图像描述一个随时间的变化过程能够帮助人们深刻理解本地、该区域、甚至全球的环境是如何改变的。其中一个例子就是关于冰盖物质平衡和动力学。只有通过遥感观察员才能够追踪到南极拉森冰架上的解体过程。由于其频繁的观察，地球观测系统（EOS）中等分辨率成像光谱仪（MODIS）卫星传感系统能捕捉到超过 2 000 平方公里的面积内冰的减少（见图 1）。了解冰架融化这样的事件对于未来海平面上升的预测非常重要，因为海平面上升严重影响了目前住在低洼地区约占全球人口 10% 的人们。21 世纪开始以来，已经有丰富的遥感研究提供了冰盖厚度等数据，这些数据都是进行未来规划时可能会需要的。

　　遥感曾协助完成联合国协作项目"减少因森林砍伐和森林退化引起的排放"，这一项目弥补了国家碳减排。储存在森林里的碳的经济价值的计算要求提供准确、迅速、系统的

森林数据，遥感正好能做到这一点。卫星遥感还提供了包括变绿或落叶的日期在内的其他森林信息；建立了卫星传感器数据的多个瞬时记录（物候资料），提取了与气候变化有关的关键物候事件信息。

　　遥感在可持续性研究领域的其他用途包括所谓的城市热岛效应的测量，证明了城市化对空气温度以至气象事件的影响，如降水增加、能源需求、环境质量和当地环境的长期可持续性。

多样的系统

　　目前可以从大量的传感系统获得研究地球环境的遥感记录，这些传感系统在大小、传感能力、平台类型和成本方面都在不断发展。20 世纪 70 年代早期美国第一个推出陆地卫星、天文台卫星和传感器后，又继续为其他系统设置标准。此后的 40 年里，许多其他遥感系统陆续出现。至 2011 年，全球已经有超过 150 个这样的系统在运行，包括欧洲航天局（European Space Agency, ESA）环境卫星和美国国家航空

2002年1月31日

2002年2月17日

2002年2月23日

2002年3月5日

图1 EOS–MODIS图像捕捉到的随时间推移南极洲拉森冰架的解体过程

来源：J. Dozier.（2009）；冰冻圈的遥感（Warner, Nellis & Foody 2009, 397–408）；照片的使用已经获SAGE许可；EOS MODIS图像显示的2002年初在南极洲为期5周的拉森冰架解体过程.

航天局（NASA）地球观测系统平台，两个系统都携带一套为地球综合观测设计的传感器。截至2011年，传感系统在朝着更小、更便宜的国家卫星方向发展，超过20个国家目前正在开发或运行遥感卫星。

各种遥感系统有不同的特点。他们测量辐射的像素（空间分辨率）不同，波段（光谱分辨率）不同，频率和时间（时间分辨率）也不同。许多遥感使用卫星平台上的传感器，能提供一个对环境的全球视角（如陆地卫星携带增强型专题成像仪传感器）。其他平台包括飞机、直升机、无人机（UAV），都可以用来获取某个特定位置非常详细的视图。这些平台上部署的不同的遥感设备确保我们要调查的环境现象在适当的规模上可以被测量。

随着技术的不断改进，研究人员将设计遥感设备，可以提供更加准确、精确的环境信息，随之制定更好的决策。考虑到全球各国都承诺将发展遥感项目，未来有望在这个方向继续进步。

数据的使用

遥感机构通过生产高阶地理空间数据集，使他们的数据使用起来越来越便利，这样可以更容易地将遥感测量的结果整合到对我们未来的可持续发展决策中。因此，现在遥感可以常态化地制作大范围的环境地理空间产品，人们可以用它们来回答可持续性问题。

多琳·S.波德（Doreen S. BOYD）
诺丁汉大学

参见：可持续性度量面临的挑战；计算机建模；生态系统健康指标；地理信息系统（GIS）；土地利用和覆盖率的变化；长期生态研究（LTER）；千年发展目标；海洋酸化—测量；减少因森林砍伐和森林退化引起的排放（REDD）；区域规划；系统思考。

拓展阅读

European Space Agency (ESA). (2011). Homepage. Retrieved October 26, 2011, from http://www.esa.int/esaEO/index.html.

Faculty of Geo-Information Science and Earth Observation (ITC) of the University of Twente. (2011). ITC's database of satellites and sensors. Retrieved October 26, 2011, from http://www.itc.nl/research/products/sensordb/searchsat.aspx.

Gibson, Paul J.; Power, Clare H. (2000). *Introductory remote sensing: Digital image processing and applications*. London: Routledge.

Jensen, John J. (2007). *Remote sensing of the environment: An Earth resource perspective* (2nd ed.). Upper Saddle River, NJ: Prentice-Hall.

Lillesand, Thomas; Kiefer, Ralph W.; Chipman, Jonathan. (2009). Remote sensing and image interpretation (第6版). New York: John Wiley and Sons.

Liverman, Diana; Moran, Emilio F.; Rindfuss, Ronald R.; Stern, Paul C. (Eds.). (1998). *People and pixels*. Washington, DC: National Academy Press.

National Aeronautics and Space Administration (NASA). (2011). Earth: Your future, our mission. Retrieved October 26, 2011, from http://www.nasa.gov/topics/earth/index.html.

Tatem, A. J.; Goetz, S. J.; Hay, S. I. (2008). Fifty years of Earthobservation satellites. *American Scientist*, 96, 390–398.

Warner, Timothy A.; Nellis, M. Duane; Foody, Giles M. (2009). *The SAGE handbook of remote sensing*. London: SAGE.

Risk Assessment

风险评估

风险评估是一个分析数据的过程,以确定环境危害是否会对所暴露的人群或生态系统造成危害。它往往是公共和私人风险分析的第一步,它在美国环境法规中起到中心作用。该过程正在世界范围内普及。

风险评估有许多种,由许多不同的决策者进行。民营企业、学者甚至个人对每件事都可以进行从金融风险到人类健康风险和生态风险的非正式风险评估。然而,在具有公共政策背景的使用中,风险评估已经发展成为一个技术性很强的过程,可以用于分析和定量由于暴露于环境危害所造成损害的类型、规模和可能性。自20世纪80年代起,这种定量风险评估在美国环境法规中起到了重要作用,并在世界范围内日益普及。

定量风险评估的发展

目前使用的定量风险评估起源于美国在20世纪80年代的几个事件。第一个是美国最

高法院对产业工会诉美国石油协会 AFL-CIO 案件(俗称"苯案")的裁定,法院推翻了由职业安全健康局制定的条例,因为苯是一种已知的致癌物,而条例未指出职业性接触苯对人群健康存在着的显著风险。这一裁定当时震惊了许多监管机构,使他们争先恐后地寻找新的方法来确保他们的法规是基于可验证"显著"风险的。

大约在同一时间,出现了有关美国环境保护署被认为日益政治化的重大争议,在里根任命的主任安妮·戈萨奇(Anne Gorsuch)领导下实施了一系列政策,缩小了该机构的规模并对企业减轻了环境负担。这些政策是非常有争议的,戈萨奇于1983年在一次国会质询时,因蔑视国会而被迫辞职。

曾于1970年任环保署创始董事的威廉·拉克尔肖斯(William Ruckelshaus)被要求在戈萨奇辞职后接任。拉克尔肖斯看到了定量风险评估是在反对戈萨奇领导的情况下所发生的监管过程明显政治化的一个工具。因此,

他主张对科学的风险评估过程与有关风险管理的决策中固有的更政治的决策之间要有显明的区别。

为了满足区分风险评估和管理的需要，1983年国家科学院研制了《联邦政府的风险评估：管理过程》，因原来书皮的颜色，通常称为红皮书。该文件成为定量风险评估的基本依据书籍，尽管2008年底又发行了被称为银皮书的国家资源委员会的科学决策《风险评估先行》，红皮书仍然是广泛依据的基础。

定量风险评估的方法论

红皮书的最初版本特别注重致癌物质的人体健康风险，因此采用了一系列借鉴毒理学，即毒药研究的方法。虽然多年来该方法学已经有所修改，以适用于其他类型的健康风险以及对环境和人类风险，但是此方法仍然继续为美国联邦环境监管提供着依据。美国环保署目前应用两个相关但不同的方法进行定量风险评估：一种对人类健康风险评估，另一种对生态风险评估。

人类健康风险评估

人群健康的风险评估着眼于人群暴露于危险化学品的环境压力下所引起的不良健康影响的概率和程度。红皮书认为有必要对定量风险评估进行4个不同的过程，即危害识别、剂量反应评估、暴露评估和风险特征。

危害识别

危害识别是评估某一环境刺激对人体健康的危害是否有潜在危害，特别注意其毒效学（该物质对人体的影响）和毒代动力学（身体如何吸收，分布，代谢和消除有毒物质）。尽管对人的统计控制临床研究一直被认为是连接压力源与不利健康影响的黄金标准，但由于对人体测试危险压力（如毒药）的关注，这些研究往往不可用。因此，环境风险评估必须经常从两种次好的数据来进行判断：一是流行病学研究，这是对人群的统计评估，看看暴露于刺激和不利健康影响之间是否有明显的关联；另一个是动物实验，用来测试环境刺激物对动物健康的影响。

剂量—反应评估

剂量—反应评估也称为危害特征描述，旨在建立一个导致人体健康可测量危害的刺激"剂量"以及剂量变化影响危害的可能性或大小的方式。对大多数（但不是全部）刺激而言，对刺激的不利影响随剂量的增加而增加。评估人员可据此绘制剂量—反应曲线来表示不利影响如何迅速恶化。

对于评价毒性影响随剂量变化的风险如何，剂量反应评估分析需要临床、流行病学和毒理学研究的详细知识。作为危害识别，也存在涉及流行病学和动物实验推断的不确定性。由于人与人之间对人体内对毒素的反应存在着显著性差异的可能性，只能加剧这些不确定性。

对于剂量反应评估另一个持续的争议是：由于剂量往往非常小，所得信息有限，对剂量反应曲线评估者应承担什么责任。对许多物质而言，现有的科学水平无法以现在的暴露水平来发现任何负面影响。评估者应该承认那些物质在那些水平真的没有负面影响吗？他们应该外推剂量/响应曲线吗？如果可以，那么曲线是什么形状的？由于某些物质（如维生素）表现出"毒物兴奋"类型的剂量一反应曲线，就是说即使它们在较高浓度有毒，但在低浓度水平具有正面作用，上述事项使这项调查更加复杂。

暴露评估

暴露评估是确定人类暴露于环境刺激的幅度、频率和持续时间的过程。因为暴露于刺激物往往覆盖人群的差别很大，确定将被测量的人群是暴露评估的挑战之一。通常情况下，评估者将描述暴露于刺激物人群的规模、性质和类型，以及人群不同的暴露途径（获得从源到该人群被暴露的刺激物过程）和通过人群可能的暴露确定暴露路径（进入体内的方式）。评估人员尝试使用三种不同的方法来量化风险：点接触式测量、情景评估和重建。评估人员也会对不同个体调整不同的暴露。

对人类健康进行环境风险评估的最后一步是整合前面的三个步骤。在这一点上，评估人员应该已经知道了该物质潜在的健康影响（从危害识别中得到），这些影响的风险如何随

剂量变化（从剂量－反应评估得到），以及有多少目标人群可能暴露于该物质，暴露如何发生的（从暴露评估得到）。为了表征风险，评估者通过目标人群对危害的研究确定产生危害的剂量及可用的剂量一反应数据。这种表征通常包括对危险物性质、其严重性及可能是怎样发生的进行详细解释。

生态风险评估

生态风险评价是对暴露于包括有害物质，外来物种入侵，土地变化以及气候变化这样的环境压力所导致的负面生态效应，估算其概率和程度的过程。像人类健康的风险评估一样，生态风险评价的目的旨在风险特征描述，以告知决策。对于生态风险评估而言，风险特征描述通常先进行两个信息收集步骤：问题界定和分析。

问题界定

在问题界定中，评估者收集信息以确定哪些植物和动物可能处于危险之中。界定的一个主要起始部分是确定哪些生态实体应该受到保护以及在哪一级保护。例如，一个方案可能会选择把重点放在一个特定的物种，一个种群，一个特定的湖泊、河流或其他生态系统；或将保护一类生态系统。一旦评估者已确定了有关实体，下一步就是确定需要保护的实体的特性。该实体的选择和要保护的对象两个方面综合起来，有时被称为"评估终点"。评估切入点可能是一个濒临灭绝的物种、一个商业上重要的渔业、国家公园中怡人的空气质量，或像营养循环这样一般生态系统的功能。对一个评估者而言，拥有选择评估终点的绝对

裁量权,并且切入点的选择常常被视为一个政治的而不是科学的决定。

一旦一个评估者选择了评估终点,相关的生态实体和环境压力之间假设的关系所能发现的信息就会与评估者连在一起,并且评估者会尝试建立某种模型来表示这些关系。该信息通常包括有关刺激源、刺激本身、潜在风险以及对生态实体预测效果的数据。

问题分析

在生态风险评价的分析部分,评估者确定哪些植物和动物将被暴露及其程度,以及暴露的程度是否可能造成伤害。这个阶段的目标是创建一个模型,用于预测或确定相关压力的生态响应。该模型的细节根据评估终点有很大的变化。通常包括了提供风险量化测量的危险商数和一些参数,这些参数用于确定在该评估切入点暴露于刺激物的水平。该目标对终点如何受暴露的影响具有一个可定量的测定。

生态风险的风险特征

在一个生态风险评估中,风险特征描述提供了生态实体风险的估计。其特性通常分为两个部分:风险估计和风险描述。风险估计是对影响和暴露可能幅度的综合量度。风险描述确定有害影响很可能出现的水平。

风险评估的用处及应用

对于环境风险而言,风险评估的目的通常是将有关危险化学品和其他环境压力的科学数据整合到风险特征中,以表现出压力对人类健康和环境风险的性质和程度。然后,这些风险特征用于风险沟通(风险分析师如何向利益相关者传达他们的评估)和提供风险管理(决策者如何选择如何管理风险)所需信息。

在公共决策领域,风险评估仍然是美国处理风险政策不可或缺的方法,与世界上大多数国家的环境监管方式相比,其量化度高。在美国,联邦环保局执行各种各样的环境风险评估工作,分析人类和生态风险。许多其他部门的监管者,包括美国食品和药物管理局(the Food and Drug Administration, FDA)和美国农业部,也进行环境风险评估,许多州立环保部门也把风险评估纳入其监管过程。事实上,根据最高法院的苯案例,通常认为量化风险评估须事先监管。欧洲对环境风险的管理自 20 世纪 90 年代以来已经变得越来越量化,并且由于欧洲国家努力协调了其环保法律，集中式环境风险评估可以证明是一个充满希望的起点。

争议与挑战

虽然风险评估可能强调对额外的科学研究的需要，但这是有限的，因为它并没有产生任何新的信息：它完全依赖于现有的研究。在某种程度上，现有的对有毒物质影响的知识是不完整的甚至是错误的，在风险评估过程中无法提供任何解决方案。

的确，由于风险评估需要评估者依据现有的数据外推判断，它被批评为有加剧现有的不确定性的潜在可能性。甚至在所收集的背景资料范围内，研究相对准确或完整，风险评估的目的是帮助决策者由最初研究所观察到的现象出发进行推断。然而，判断中真正的挑战可能是实施研究的条件几乎肯定不同于实际暴露在环境应激中的人、动物和生态系统的条件。当暴露于一个压力源、间歇或暴露于与其他压力结合的压力源时，当在不同亚群的敏感度方面可能存在很大的变异性时，以及当在人类和非人类动物的响应方式方面可能存在差异时，这种挑战特别真实。

定量风险评估最后的一个缺点是，对环境风险严重性的评估掩盖了其主观决策的本质，丢弃了其客观性的外衣。根据定量风险评估，公众经常关注似乎不严重的风险，如来自有毒废弃物堆放场和核电站的风险，而且可能以一个民主社会应该尊重公众的借口进行优先排序，即使定量分析不支持此排序。

对于这些批评，风险评估社区提出将发展更为综合的方法来进行风险评估。在这个方向，最明显的、也是最有潜在影响力的转变出自美国国家资源委员会的银皮书，其对红皮书多处评估过程进行了明确的批评，尤其因为红皮书试图将风险评估的定量决策与在风险管理中固有的更多政治色彩的决策区分开来。

因此，风险评估在环境政策中的位置尚不稳定。它原本被认为是对环境监管的一个非政治化决策工具，它允许明显的和潜在的政治判断的不确定性，而且它传统上假定风险的严重性可以量化，与公共偏好无关。尽管如此，它仍然被用作一个通知监管决策风险的重要工具。

阿登·罗威尔（Arden ROWELL）
伊利诺伊大学法学院

参见：公民科学；对测量可持续性的挑战；社区与利益相关者投入；成本一效益分析；生态影响评价（EcIA）；外部评估；定性和定量研究；遵纪守法；可持续性科学。

拓展阅读

Breyer, Stephen. (1993). *Breaking the vicious circle: Toward effective risk regulation*. Cambridge, MA: Harvard University Press.

Mazurek, Janice V. (1996). *The role of health risk assessment and costbenefit analysis in environmental decision making in selected countries: An initial survey*. Washington, DC: Resources for the Future.

National Research Council. (1983). *Risk assessment in the federal government: Managing the process.* Washington, DC: National Academy Press.

National Research Council. (1994). *Science and judgment in risk assessment.*Washington, DC: National Academy Press.

National Research Council. (1996). *Understanding risk: Informing decisions in a democratic society.* Washington, DC: National Academy Press.

National Research Council of the National Academies. (2008). *Science and decisions: Advancing risk assessment.* Washington, DC: National Academies Press.

Paustenbach, D. J. (Ed.). (2002). *Human and ecological risk assessment: Theory and practice.* New York: John Wiley & Sons.

Rodricks, Joseph. (2007). *Calculated risks: The toxicity and human health risks of chemicals in our environment.* (2nd ed.). Cambridge, UK: Cambridge University Press.

Rosenthal, Alon; Gray, George; Graham, John. (1992). Legislating acceptable cancer risk from exposure to toxic chemicals. *Ecology Law Quarterly*, 19, 269–362.

Sunstein, Cass. (2004). *Risk and reason: Safety, law and the environment.* Cambridge, UK: Cambridge University Press.

Ruckelshaus, William D. (1984). Risk in a free society. *Risk Analysis*, 4 (3), 157–162. doi: 10.1111/j.1539-6924.1984.tb00135.x.

US Environmental Protection Agency (EPA). (2000). *Science Policy Council handbook: Risk characterization.* Retrieved April 13, 2011, from http://www.epa.gov/spc/pdfs/rchandbk.pdf.

US Environmental Protection Agency (EPA). (2010a). Planning an ecological risk assessment. Retrieved February 15, 2012, from http://www.epa.gov/risk_assessment/planning-ecorisk.htm.

US Environmental Protection Agency (EPA). (2010b). Planning a human health risk assessment. Retrieved February 15, 2012, from http://www.epa.gov/risk_assessment/planning-hhra.htm.

US Environmental Protection Agency (EPA). (2010c). Risk assessment. Retrieved February 15, 2012, from http://www.epa.gov/ ncea/risk/index.htm.

US Environmental Protection Agency (EPA), Office of the Science Advisor. (2004). Risk management: Principles & practices. Retrieved February 15, 2012, from http://www.epa.gov/osa/pdfs/ ratf-final.pdf.

Industrial Union Department v. American Petroleum Institute, 448 US 607 (1980).

S

航运与货运指标

海上运输常常出现在生态系统脆弱地带,环境性能指标衡量航运对生物圈、大气圈、水圈的影响。可是,随着世界交通的发展,指标必须考虑世界范围内的交通服务,通过系统结合和航运交通、集合技术与政策创新使得航运的可持续资产成为它的竞争优势。

海洋商业的不断发展是世界贸易的主要现象。海上贸易超过30万亿吨·英里(1英里=1.61公里),占据世界贸易的90%,以航运为基础的日常海上交通操作对生态系统有显著的影响。航运货物指标指的是衡量航运业的环境管理有效性的一系列方法。

航运带来的环境问题

关于海上运输的主要问题涉及水质、大气质量、垃圾管理。航运的一系列活动都可以影响水质,比如:压载水的处理和船只的废水。所有的船只都需要压载水,为了船员、货物和器皿的安全压载水要抽到船上以保证船在海上的稳定性。压载水可用于控制船只的稳定性、漂浮及为了应对货物的搬运和重量分布的变化而调节重心。在某一地区所取的压载水可能包含水物种,当将这些水排掉时,这些水生物可能在新的环境中大量频繁而破坏自然海洋的生态系统。

所有船只产生的垃圾水来自于帆船、淋雨、厨房、医疗机构、动物垃圾处理,来自机械的舱底水和盥洗系统。生物或化学有效的垃圾水的排放可能破坏海洋生命。一般250 000吨位的散货船需要携带75 000吨—100 000吨压载水。30个船员将产生10 000升废水。海上贸易的平均距离不断在增加,这反映了拉丁美洲和西非与东亚贸易的扩大。商品的长途贸易增加了海上交通量,并使大吨位舰船变得急需。排放量的增加对大气产生不利影响,舰船可能会排放来自燃料燃烧、集装箱、货物冷冻、管道的绝缘、空调及焚化炉的有毒污染物。还有一些活动会产生阻碍电磁波离开地球的气体以促进全球变暖。货船影响气候的方式主要是通过它排放的碳化物、氢化物、硫化物及颗粒。

其他形式的污染物也会随着海上贸易的增加而出现。一只船每天在海洋或在港口的活动可能排放有机物和含有高浓度细菌的塑料材料，这些细菌可能对人类和海洋生态系统构成危害，从而引起或加剧环境问题。

环境是一个竞争因素

环境问题影响航线的收入，同时也阻碍他们从增加海上交通中获利。例如发生在20世纪六七十年代的游船事件导致了大部分的原油泄漏事件，使得舰船不得不改变航线，降低了生产力和灵活性。地球表面温度的上升使得极地的雪不断减少，融化的雪水会抬高海平面，增大海洋热量，这些都会影响航运线路。同时，雾会影响可见度，降低船上的生活质量；冰山、塑料漂浮物、金属、木质废物都会影响船只航行和停泊。2011年，雅典的集装箱船雷娜号碰撞了一处礁石并倾倒了危险材料后，主航线就主要位于南太平洋了。

由于环境问题影响船只安全，对盈利认识也不断加深，人们制订了以责任和补偿为主要形式的国际条例。这些条例旨在针对由于货船操作或意外事故造成的污染的环保标准的重大突破，主要的依据是船只污染防护国际条例（MARPOL 条例）。

国际海洋组织是负责管理和执行有关货船技术的首要机构。从1958年起，国际海洋组织颁布了40个条例、800多项规则、法典和涉及海上安全、海上污染防治等的建议。国际质量标准的执行促使航运者们重新设计他们的舰船和航运网络以便促进环境创新及采取

一系列衡量有关舰船移动、引擎运行、装货和卸货的环境性能的标准。2010年，世界主流的航运商—马士基打造了20多艘称之为EEE（环保、经济、效率）的集装箱货船。这些舰船主要关注油料燃烧的效率、每个集装箱的燃油节省、碳化物的降低、低蒸汽舰船的设计及油料节省和环境影响。

度量货运的可持续性

用于度量航运可持续性的方法很多，这取决于该航线环境问题的本质。例如水质的测量包括盐度、温度、固体悬浮物及含氧量。空气质量的评估需根据碳化物含量、氢含量、氮化物含量、硫化物含量、粉尘。垃圾管理包括不可再生海洋垃圾量。另外，栖息地及生态系统可依据生物多样性的范围来衡量。水、用电、石油、化学物质消耗的降低是性能指标的直接反应。网格系统是评估环境责任和建立涉及货船或和货船有关问题的环境性能的基准的通用方法，该方法已应用于加拿大、美国、澳大利亚及欧盟。每个级别的适用标准都针对特定的环境问题。表1总结了用于绿色海洋项目的5级网格系统，该项目最初用于美国和加拿大地区有关航运的问题。这套系统在

表1 航运企业的行为和绩效指标

级 别	标 准
1	遵守环境立法
2	系统使用一个明确的最佳实践
3	公司战略整合的最佳实践
4	引进新技术
5	卓越和领导

来源：《绿色的海洋》(2010).

下一等级更新之前必须履行先前的级别，促使航运公司不断更新他们的环境性能。相比于其工业评估，这套评估系统使取得的成绩更直观更容易衡量。

关注改变

加强航运环境管理系统面临三个问题。首先，有关满足环境要求的努力结果的数据不全；其次，监测的主题是国家法律制度；再次，国际惯例对加强环境立法提供的机制很少。

货运行业的环境监测项目包括由沿海国、船只的船旗国及港口政府提出的自我惯例和控制。譬如英国的劳氏船级社和法国的国际检验局等组织提供了风险评估和管理等服务，目的是为了提高环境质量标准。海岸线上的国家有权采取法律手段来保护他们的水域和生态环境，加入国际环境保护条例的国家被迫加强本国船只的控制，签署多项国际条例的国家的港口政府有权对驶入港口的任何船只进行环境检查。这些措施证实了为加强国际环境条例而做的工作。并且，这些措施可通过法律强制和罚金得到提高，他们是限制海上交通操作和加强地区、国家及国际管理的最有效方法。

各种情况

航运业大力推行的环境政策由三个主要元素和模型构成。首先，航运公司暴露于不同的环境压力下，所采取的行动也会有所区别，例如，和加勒比海不同，北极的船只要面临地理和天气问题。其次，全球化使得利益相关者们的利益关系变得复杂，船只是一个受世界贸易变化影响的开放系统。货物的实际操作联系着海洋运输、港口及内陆运输单位，因此，由运输链中的任何一项提出的任何倡议都会互相影响。最后，金融市场已将环境质量和航运产业资产的评估集成到一起，银行依据舰船绿色证书将执行信贷项目，该项目依据环境质量与保险公司固定补偿收取利率，劳埃德船级社—海洋保险公司，对拥有环境管理证书的船只提供最低补偿。在租船市场，控制较好的船只很容易停放而且可运输价值较高的货物。挪威的 Leif Höegh 公司和瑞典的华轮线使用了有机硅类涂料，这些涂料相比其他防污涂料贵得多，但是可以保证船壳无有机物，也可降低原油的消耗，从而降低空气污染物的排放。

争议和挑战

海洋交通对环境有一定的影响，其结果就使得用于提高导航的科技投入不断加大。工程的影响像堤坝、疏浚、防波堤及海堤是不可恢复的，一些较脆弱的生态系统已遭到改造和破坏，然而，也出现了一些人工作品，一些作品到了难以分辨出真伪的程度。在日本，沿着内海、东京、伊势和大阪海湾，通过复垦技术建造了 9 000 公里人工海岸线。位于中国四川省的三峡大坝工程造田 1 000 平方公里，使得长江上游水平面提高 200 米，建造了一个长 700 公里的内湖。这使得 10 000 总载重吨位船只可到达距离海洋 2 500 公里的重庆。

海岸线上的所有地区都面临一个窘境：要么海洋为他们提供可供发掘以解决全球水、能源及渔业需求的潜在无穷资源，要么充当一个气候调节器以保持地球和需求保护的平衡。该问题的解决就是在科学地计划与海洋生态系统兼容的实践时，以及在政治上寻求保护和计划的平衡时，必须永远铭记那是意味着改变生态次序的举动。最好的实践是污染地区的恢复和新生态系统的重建。来自中国香港的 Gammon 建筑公司承担了位于香港青衣岛北部的船厂重建，该项目已被允许抽取其中的重金属及降低水泥成本的 30%。蒙特利尔的港口政府以提高了位于圣劳伦斯河上所选岛生态潜力。目的是为了将这些地区的进步用作未来发展的补偿。

扩大的影响

航运业所采用的环境管理方法引导着新指标、新型船体设计及复杂环境适应原理的创新性发展。像宜家、沃尔玛、耐克以及家得宝这样的国际性制造商和零售商正要求航线将产品运输的环境性能包含到企业轨迹中。在股票市场资本化上采用环境可持续政策是一大优势，在这个过程中，利益相关者们都寻求那些和环境更好兼容地实现经济的航线。此外，舰船的寿命也提出了船只循环利用的问题。船壳可能含有像石棉、重金属、碳氢化合物及减少氧化层的产品等有害物质，需要对问题船只所带来的风险及船只所有者法律责任的重要性进行评估。最好的实践是关注船只质量指数的建立、停靠港船只数目的检测及建造质量较好的船只促进安全和环境友好地循环。遵守船只循环利用标准的公司可从 IMO 获得绿色通行证（绿色通行证主要涉及 IMO 关于船只循环的指导思想，它是一个列举了造船过程中所使用的所有有害物质的文件，会随着任何物质或设备的改变而升级，在船只和修理厂之间传递）。

在全球市场上，船的质量是其最重要的竞争因素，引导着新指标、政策及有关海岸线腐蚀、噪声、抗污涂料和捕捞的项目的发展。大气和海洋无排放船只项目已经展开各式各样的造船厂就是很好的证明。这些船厂的新设计囊括了装有硅质太阳能电池板的无压载船，在这样的船内，恒流海水水流通过管道从船头流向水线，能源来自于太阳、风和波浪。科技创新者们正在寻求重量轻且可重复利用的复合材料以对应磨损和撕裂的挑战，达到降低成本、提高船的效率、保护最优环境目标。根据政策标准和实践，货船指标的结果允许两个主要趋势的主要评估：采用与环境兼容的海洋技术及人工修改不同海洋植物的基因以提高它们对环境不断变化的抵抗力。

展望

随着贸易改革不断增长，海洋交通系统很快实现社会化。全球化的过程中要面对环境问题，那些具有环境问题的地区不再具有竞争力。船只和港口的运行日益受到那些为环境目的而执行查分奈电系统的影响，这些目的包括：拥堵费、罚金及污染费，水源管理，能源效率，所有的这些都将算到船的成本中。此外，为了让可持续资产成为其竞争优势，船只要保持它的生态性，不断地将技术和政策创新纳入它的蓝图。

克劳德·孔图瓦（Claude COMTOIS）
蒙特利尔大学

参见：空气污染指标及其监测；碳足迹；能效的测定；生命周期评价（LCA）；生命周期成本（LCC）；社会生命周期评价（S-LCA）；供应链分析；三重底线。

拓展阅读

Comtois, Claude; Slack, Brian. (2007). Sustainable development and corporate strategies of the maritime industry. In James Wang, Daniel Olivier, Theo Notteboom & Brian Slack (Eds.), *Ports, cities, and global supply chains*. Aldershot, UK: Ashgate. 233–245.

Corbett, James J.; Fischbeck, Paul S. (2000). Emissions from waterborne commerce vessels in United States continental and inland waterways. *Environmental Science and Technology*, 34 (15), 3254–3260.

Freimann, Juergen; Walther, Michael. (2001). The impacts of corporate environmental management systems: A comparison of EMAS and ISO 14001. *Greener Management International*, 36, 91–103.

Green Marine. (2010). *Self-evaluation guide: Green marine environmental program: Shipowners*. Quebec City, Canada: Société de développement économique du Saint-Laurent (SODES).

Harrison, David, Jr.; Radov, Daniel; Patchett, James. (2004). *Evaluation of the feasibility of alternative market-based mechanisms to promote low-emission shipping in the European Union sea areas: A report for the European Commission, Directorate-General Environment*. London: NERA Economic Consulting.

Kageson, Per. (1999). *Economic instruments for reducing emissions from sea transport* (Air Pollution and Climate Series No. 11, T&E report 99/7). Solna, Sweden: The Swedish NGO Secretariat on Acid Rain, the European Federation for Transport and Environment (T&E), and the European Environmental Bureau (EEB).

Kolb, Alexander; Wacker, Manfred. (1995). Calculation of energy consumption and pollutant emissions on freight transport routes. *Science of the Total Environment*, 169 (1–3), 283–288.

Ringbom, Henrik. (1999). Prevent ing pollution from ships: Reflections on the "adequacy" of existing rules. *Review of European Community and International Environmental Law*, 8 (1), 21–28.

Wooldridge, Christopher F.; McMullen, Christopher; Howe, Vicki. (1999). Environmental management of ports and harbours: Implementation of policy through scientific monitoring. *Marine Policy*, 23 (4–5), 413–425.

Social Life Cycle Assessment, S-LCA

社会生命周期评价

社会生命周期评价是评价从原材料提取到加工的整个产品生命周期中产品的社会经济方面情况的评测技术，整个周期贯穿制造、分销、使用、再利用、维护和再回收，直到最终废弃。但是，因为这个技术仍旧处于发展初期，所以还需要改进它的方法和操作。

由于生态平衡的恶化，全球各地广泛存在的社会不平等现象以及颇有争议的关于生产和消费模式的影响等，全球的经济的情境已经处于不断变化的阶段。

可持续发展的指导原则已经从关注环境转换到更加宽广和复杂的维度了。可持续发展被人们认为是满足社会和环境需求的目标的载体，比如不断升高的真实人均收入，进行更为公平的收入分配，使人们能有更加广泛的渠道来获得资源，维持和提高环境质量，促进公共健康和教育，确保基本自由，建立社会公正和凝聚力。

从工商业界的角度看，可持续性意味着以不懈的努力来加强企业社会责任意识，将环境和社会问题融合到企业的长远战略中去。

进入21世纪，利润动机不足以成为一个目标，经济系统应该以具有社会责任心的企业为基础，他们制定的战略和运营都是朝着可持续方向发展的支柱，他们也充分考虑到了三重底线：经济、社会和环境。

这种情况下，对于产品和工艺进行评测的生命周期方法在生命周期管理应用的所有维度可持续性方面的实现起着关键作用，这个综合的概念管理着产品和消费的整个生命周期，使其朝着更加可持续的生产和消费模式前进。将生命周期管理整合到商业管理中去的基本工具就是环境生命周期评价，我们通常把它叫作生命周期评价。这个标准化的方法评估产品在其整个生命周期中的环境影响，这个周期从原材料获取或自然资源生产一直到产品最终的废弃。因此，相对于权衡环境保护与经济和社会关切的利弊（Dreyer, Hauschild & Schierbeck 2006），传统生命周期评价所规定的标准只考虑了产品生命周期的环境方面。

与生命周期评价在经济上对应的方法是环境生命周期成本,是一种评估产品的生产到使用、维护、废弃的整个生命周期的所有内部外部成本的新工具。它表明了产品的经济影响,其环境绩效是使用生命周期评价来分析的。

社会生命周期评价是最新开发的生命周期方法,它是评估产品和它们可能的积极和消极影响的测量工具,其包括了原材料的提取和加工、制造、分销、使用、再利用、维护、再回收和最终废弃(UNEP/SETAC 2010)。

社会生命周期评估用社会和社会经济特征填补了环境生命周期评价和生命周期成本的不足。他们的集成通过产品生命周期影响的不同视角提供了产品可持续性的全面轮廓,以此为生命周期管理方法提供了系统方向的工具箱。

社会生命周期评价框架

研究者和政策制定者进行了社会生命周期评价发展的研究,为的是在考虑到社会标准的前提下探讨和定义评估产品系统的方法(Fava et al. 1993; Klöpffer 2003; Dreyer, Hauschild & Schierbeck 2006; Griesshammer et al. 2006; Hunkeler 2006; Jorgensen et al. 2008; Klöpffer 2008)。

2009年,随着联合国环境计划、环境毒物和化学协会(the Society of Environment Toxicology and Chemistry, SETAC)及生命周期行动《社会生命周期评价指南》的出版,人们向着方法发展和标准化迈出了重要的一步。该指南提供的方法框架严格遵循了生命周期

评价方法,国际标准组织在它的ISO 14040标准(ISO 2006)中如此描述道:生命周期评价和社会生命周期评价有相同的地方,但是也有着巨大的区别。他们有着同样的研究目标,即产品生命周期,但是生命周期评价关注于对环境影响的评估,而社会生命周期评价则评测社会和社会经济影响。

另一个重要的区别是在影响的类型方面:环境影响多为否定的,而社会方面的影响可以既非肯定也非否定。就应用而言,生命周期评价和社会生命周期评价都可以被用于产品设计、产品对比、市场营销和报告、采购决策和供应商评估。

社会生命周期评价的核心是描述产品生命周期、相关工艺的信息,焦点在于利益相关者的参与。后者在社会生命周期评价框架中扮演着核心角色,可分成5个主要类别:

(1)员工/雇员;

(2)当地社区;

(3)社会(全国和全球);

(4)消费者(涵盖了终端消费者和供应链中每一部分链条上的消费者);

(5)价值链参与者。

指南中设想了和推荐了利益相关者(比如非政府组织、公共机构和未来的一代)的额外类别和次级分类的更多清单。

社会生命周期评价流程制定了生命周期评价使用的4个主要阶段:

(1)目标和范围的定义;

(2)生命周期清单分析;

(3)影响评估(IA);

(4)解释。

第一阶段用对于所追求的目标和范围、

系统界限、功能单元、参考流程下定义来描述研究。

在生命周期清单分析中，人们收集数据，对于热点做出评估。后者提供了关于那些最具相关性的潜在社会影响的信息，这些影响是用危险或机会来表示的，他们在产品生命周期中可能出现。生命周期清单是社会生命周期评价最苛刻的方面之一，它尤其与热点筛选的数据库的缺乏有关。

在影响评估阶段，清单信息被翻译成用四步方法来表示影响类别：分类、描述、标准化和评估。许多方法论的途径对于影响评估是有用的，这一点以他们的设计和随后的结果的巨大差异为特征(Hunkeler 2006; Weidema 2006; UNEP/SETAC 2010)。相应地，这些方法代表了对清单信息和影响评估的未来研究的一种开放的领域。

最后，翻译阶段总结和讨论了作为总结、推荐以及关于研究目标和范围决策的基础结果。

作为证据，社会生命周期评价方法潜在地反映了生命周期评价框架，原则上接受了以下方面：地理坐标和特殊地点信息的相关使用非常重要；管理行为评估的融合，主观数据的应用更为突出；定性和半定量(这通常比定量更有意义)指数及方法(Benoît & Vickery-Niederman 2010)。

展望和启示

因为社会生命周期评价仍然还不完善，它需要在方法上进一步完善。尽管UNEP/SETAC/生命周期行动指南提供了表述清晰的程序框架和对社会生命周期评价所有步骤的实用指南，但是为了发展更系统和标准化的方法，人们仍然需要进行大量的研究。

结果，为了让社会生命周期评价用于促进深度的知识、知情决策和改善产品生命周期的社会环境，必须化解批评，解决包含评估技术的问题。许多这样的问题仍然对于主流的生命周期评价有着负面的影响，后者是生命周期方法论中的唯一一个ISO标准化工具。

人们需要遵循这样的潜在路线图，若要促进社会生命周期评价的广泛使用，就要明确使用指标的定义，改进计分计重体系，提升整合现有数据库。此外，还要加强实证案例研究中的实践应用。

斯蒂凡尼亚·苏皮诺(Stefania SUPINO)
萨勒诺大学

参见：业务报告方法；设计质量指数(DQI)；国际标准化组织(ISO)；生命周期评价(LCA)；生命周期成本(LCC)；生命周期管理(LCM)；物质流分析(MFA)；社会网络分析(SNA)；供应链分析；绿色税收指标；三重底线。

拓展阅读

Bauer, Ramond A. (Ed.). (1966). *Social indicators*. Cambridge, MA: MIT Press.

Benoît, Catherine; et al. (2010). The guideline for social life cycle assessment of products: Just in time! *International Journal of Life Cycle Assessment*, 15 (2), 156–163.

Benoît, Catherine; Vickery-Niederman, Gina. (2010). *Social sustainability assessment literature review* (White Paper No. 102). Retrieved December 7, 2011, from http://www.sustainabilityconsortium.org/wp-content/ themes/sustainability/assets/pdf/whitepapers/Social_Sustainability_Assessment.pdf.

Benoît, Catherine; Mazijn, Bernard. (Eds.). (2009). *Guidelines for social life cycle assessment of products*. Nairobi, Kenya: United Nations Environment Programme/Society for Environmental Toxicology and Chemistry.

Dreyer, Louise Camilla; Hauschild, Michael Z.; Schierbeck, Jens. (2006). A framework for social life cycle impact assessment. *International Journal of Life Cycle Assessment*, 11 (2), 88–97.

Fava, James; et al. (1993). A conceptual framework for life-cycle impact assessment (Workshop Report). Pensacola, FL: Society for Environmental Toxicology and Chemistry (SETAC).

Griesshammer, Rainer; et al. (2006). *Feasibility study: Integration of social aspects into LCA*. Freiburg, Germany: Öko-Institut.

Hunkeler, David. (2006). Societal LCA methodology and case study. *International Journal of Life Cycle Assessment*, 11 (6), 371–382.

International Organization for Standardization (ISO) 14040. (2006). *Environmental management — Life cycle assessment — Principles and framework*. Geneva: International Organization for Standardization.

Jorgensen, Andreas; Le Bocq, Agathe; Nazarkina, Liudmila; Hauschild, Michael Z. (2008). Methodologies for social life cycle assessment. *International Journal of Life Cycle Assessment*, 13 (2), 96–103.

Klöpffer, Walter. (2003). Life-cycle based methods for sustainable product development. *International Journal of Life Cycle Assessment*, 8 (3), 157–159.

Klöpffer, Walter. (2008). Life-cycle sustainability assessment of products. *International Journal of Life Cycle Assessment*, 13 (2), 89–94.

Swarr, Thomas E. (2009). Societal life cycle assessment—Could you repeat the question? *International Journal of Life Cycle Assessment*, 14 (4), 285–289.

United Nations Environment Programme (UNEP), Society for Environmental Toxicology and Chemistry (SETAC) & Life Cycle Initiative. (2009). *Guidelines for Social Life Cycle Assessment of Products*. Retrieved December 7, 2011, from http://www.unep.fr/shared/publications/pdf/DTIx1164xPA-guidelines_ sLCA.pdf.

United Nations Environment Programme/Society for Environmental Toxicology and Chemistry (UNEP/ SETAC). (2010). Methodological sheets for 31 sub-categories of impact: For consultation. Retrieved December 8, 2011, from http://lcinitiative.unep.fr/default.asp?site=lcinit&page_id=A8992620-AAAD-4B81-9BACA72AEA281CB9.

Weidema, Bo P. (2006). The integration of economic and social aspects in life cycle impact assessment. *International Journal of Life Cycle Assessment*, 11 (Special issue 1), 89–96.

Social Network Analysis, SNA

社会网络分析

社会网络分析研究人、组织或其他社会群体之间的关系，描绘、测量其形象，目的是更好地理解人类行为。社会网络分析已越来越多地被应用于在参与管理如渔业、自然保护区、城市公园等生态系统的组织之间了解知识怎样得以共享。对于实践人，社会网络分析帮助识别知识渊博的人，以便将他们纳入资源管理讨论。

人们在团体、社区和国家的定位方式影响他们可持续地利用自然和环境的能力。社会网络分析（SNA）提供了一个工具，能够度量人和组织之间与自然资源（无论是鱼、作物还是一个城市公园）相连的关系网络。通过分析网络，不仅可以识别一个组织如何有助于资源的管理，也开始了解特定的社区可以采取何种行动保护自然、并且更加可持续地利用资源。传统的资源理论把人当作独立经济主体来处理，在他们的社会背景之外分析其规律，而社会网络分析的主要贡献在于描述和分析复杂的社会关系以及有关的自然资源。社会

网络分析主要是研究的工具，但目前人们正在努力将它适用于保护和资源管理的实践中。

历史背景

由于互联网、Twitter、Facebook的兴起，社交网络和网络设计迅速普及。正式的社交网络的研究可以追溯到1932年，然而，当时是美国社会心理学家雅各布·莫雷诺（Jacob Moreno）和他的同事海伦·詹宁斯（Helen Jennings）为了研究从纽约北部的女子学校逃跑的学生而进行的。他们得出的结论是，她们的行为与她们的友谊之间的关系，远远强于女孩子的个人属性、个性关系。她们是谁的朋友、不是谁的朋友，都决定了她们在社交网络中的位置，同时也"提供了了解社会影响和女孩们的想法的渠道，甚至连女孩自己可能都没有意识到"（Borgatti et al. 2009, 892）。

环境管理中的应用

在每一个社会网络分析研究中有三个

必要的关键假设：主体(或节点)是什么、联系(或链接)是什么、系统(网络)的边界是什么。例如，莫雷诺在学校周围画了一个边界，将女生与父母和校外朋友的关系以及与在学校工作的成人关系排除在外。在环境研究中，研究人员通常列出与自然资源有联系的所有主体，例如在一定区域捕鱼的渔民。然后补充相关系列，这样可以显示每个主体与列表上的所有其他人的关系。收集这些数据，可以创建一个矩阵，描述所有被研究人之间的关系(如图1左边所示)。再加上描述性数据(称为属性)，如性别或捕鱼年数。下面选择的研究描述了研究人员如何处理这些假设分析各级网络。这个例子也展示了社会网络分析在海洋、陆地、城市资源系统、在不同的大洲和各种气候条件下的普遍适用性。

自然资源管理的一个长期存在的问题是如何避免资源攫取远超补充的悲剧发生(Ostrom 1990)，社会网络分析可以带来新鲜的视角，来了解为什么会发生这种情况。瑞典系统生态学家比阿特丽斯·克罗娜(Beatrice Crona)和欧詹·波丁(Örjan Bodin)使用社会网络分析研究非洲肯尼亚沿海村庄鱼类资源枯竭的案例，他们访问了所有206个家庭中的80%后，用一个村庄地图协助数据生成，测量了关于海洋和鱼类资源的信息共享网络。结果表明，那些使用相同捕鱼方法的人之间有更多互相交流(形成有凝聚力的子组)，也共享类似的知识资源(Crona & Bodin 2006)。因此，虽然按照旧的资源理论描述，社区是均匀分布的，这项研究证明了与共同的资源相互作用的用户网络的复杂性。进一步使用社会网络分析，他们认为迁移深海的渔民群体被大多数集中在网络的中心。克罗娜和波丁指出，尽

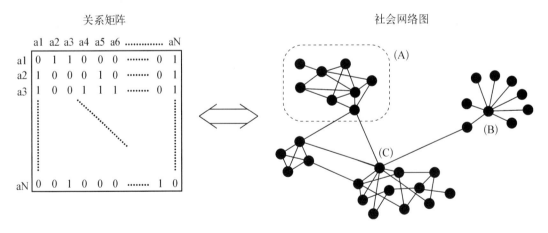

图1   社会网络分析

来源：本文作者.

社会网络分析常用于人和组织之间关系的可视化和分析。关系的系统记录通常来自访谈或档案数据，将其组成一个矩阵，如图1左边所示。根据数学图论，软件度量属性合成网络模式，如图1右边所示。那些主体或节点与更多的相互关系组成了，(A)紧密连接的子组，表明他们对世界有一个共同的理解。那些有着许多关系的"香饽饽"有着(B)高度的中心性，对他人的影响能力较大。那些位于很多其他人中间的网络路径上的主体，有着(C)高度的中介中心性，控制网络中的信息流的潜力较大，超出他们周围的社会。在社会网络分析中使用的度量方法有许多，各不相同，这里只是很少的几个。

管大多数群体认识到资源枯竭，他们却无法采取行动，部分原因是网络上最具影响力的集团的社区意识最低，他们所拥有的工具和方法使他们较少依赖当地资源。社会网络分析允许研究人员系统地观察和理解群落结构，并且由此提出干预措施。

许多城市的城市公园和林地资源是至关重要的资源，因为他们带来休闲空间、改善空气质量、并为动物提供栖息地。然而，随着房屋开发、道路和购物中心建设带来的压力，为维护城市公共资源—公园—的斗争就始终没有停止过。瑞典城市社会生态学家亨里克·恩斯特松（Henrik Ernstson）、斯维克·索林（Sverker Sorlin）和托马斯·埃尔姆奎斯特（Thomas Elmqvist）采用社会网络分析来研究民间组织如何集中力量来保护斯德哥尔摩的一个大型城市公园。他们调查了47个民间组织之间的合作关系，该组织曾经成功地保护一个巨大的国家公园，生成了相关数据。从这种关系模式，他们推断该网络组成为6个小的核心组织，加上处于边缘位置的41个用户群互相松散联系，后者包括划船俱乐部、马术俱乐部、社区园丁（Ernstson, Sörlin & Elmqvist 2008）。社会网络分析揭示，集体力量驻留在网络本身，因为网络结构能够帮助公民群体协调有效地分配任务。已经研究了城市规划的复杂细节的核心小组能阻止大开发计划，而外围的用户组几乎每天花时间在公园里，他们可以察觉到较小开发的威胁，如建设停车场。社会网络分析证明，拥有保护公园的能力的不是哪个单一的组织或领导，而是这个网络如何"连线"。重要的是，正如任何一个网络结构都不是由一个人设计的，而是通过大量的相互关系连接而成，随着时间的推移就产生了网络层面的作用机制。

上述两个例子证明了社会网络分析可以成为学者们的工具。美国和欧洲社会学家克里斯蒂娜·佩雷尔（Christina Prell）、马克·瑞德（Mark Reed）和克拉斯·胡巴切克（Klaus Hubacek）已经提出了社会网络分析作为一个从业者的工具来识别知识资源用户，以便将所谓的利益相关者纳入对话。为了度量英国峰区国家公园周围的通信网络，他们从60个人中确定了最有助于对话的8个人。这是基于两方面标准，而这两方面标准对社会网络分析都是至关重要的：一方面，这8个人提高了用户的多样性，可以使"如何以大多数用户同意的方式使用峰区"这一讨论更丰富；另一方面，这些人在不同组织之间往往有一个网络位置，从而将最有效地传播他们在整个网络里对话的经验。佩雷尔、胡巴切克和瑞德（2009）认为，这就是社会网络分析的实用价值：它有助于选择人丰富的对话、并在一个大用户群内传播经验。这提高了对资源条件的了解，比个人参与对话更有效，进而可以促进资源系统的相互理解、缓解冲突、达成对不同用户更有利的资源使用方式。

社会网络分析扩展到环境保护科学的一个重要工作是社会生态网络分析（SENA），社会生态网络分析可以将人类和生态实体都作为一个网络的一部分来加以分析（Cumming et al. 2010）。它最初的努力就是在公民如何保护某一个城市公园，或渔民如何选择某个钓鱼场所的问题上尝试分析其中的关系。

经验性的社会网络分析研究越来越多，其中有几个集中在社交网络、自然资源管理领域（Bodin & Prell 2011）和免费在线杂志《生态和社会》的特刊里（Crona & Hubacek 2010, 2）。研究包括墨西哥洛雷托（Loreto）海湾海洋社交网络、美国切萨皮克（Chesapeake）海湾、智利沿海、加纳耕地咨询网络、坦桑尼亚流域治理网络、瑞典北部内陆渔业网络、加拿大不列颠哥伦比亚的森林管理网络和美国伊利诺伊州芝加哥城市公民网络。另外还有一些资源是在线电子社区 NASEBERRY。

有效性、争论和变迁

很多真实情况可以编码成主体、关系和网络，因此很重要的一点是保持谨慎。首先，分析师认为主体或节点需要稳定，例如一个短暂的组织不能成为稳定关系的收集器，不能作为一个单元进行分析。第二，当谈到链接的关系，值得记住的是为什么研究人员认为网络很重要，莫雷诺提出，影响是通过网络的连接来传递的。在环境管理的早期研究中，政治学教授马克·施耐德（Mark Schneider）和他的同事们辩称，因为网络跨越组织边界，它们提供的细节在有的组织中起作用，在有的组织中则不起作用（Schneider et al. 2003）。因此，相比于没有网络的人，那些参与网络的人可能了解和商议出更有效的方法来协调组织开展联合行动。重要的是，网络的影响要依靠一个假设：网络是重复的参与者之间的互相作用的结果。并且，网络矩阵中任何记录为连接的关系都不应是瞬态或短暂的，而是应该足够持久能够携带信息使连接的双方都能理解，通过它双方可以了解对方，一起创造共同的行为。对于实证研究者以及冒险使用社会网络分析体系的实践者，这形成了一个提高其有效性方法的经验法则：关系应该留下的痕迹，无论是在历史档案（合作项目的文档，出席会议的列表，报告的合作作者等）中还是在人的记忆里。

影响和长期发展

两个发展很可能会增加社会网络分析在环境管理研究上的使用：人类对地球生态系统（从当地渔业到全球二氧化碳排放）越来越大的压力和生态学家的认识：生态系统不像静态机器，而是复杂的、相互关联的、不断变化的。这就增加了人类对于协作和更多地了解自然世界的需要。环境管理不再只由分层的国家机构来执行，相反，需要更多参与性的、便于学习的安排。社会网络分析可以用来准备和分析这样的尝试，同时协助干预措施，例如识别有见地的用户。网络分析是在从社会学、生物学到计算机建模和物理学的各个领域内进一步追求的目标（Borgatti et al. 2009），社会网络分析的工具和方法一定会在领域间被互相借用。对于可持续性科学，三个发展似乎至关重要：研究网络结构随时间怎样变化（Frank 2011）；了解如何安排管理更大的地理实体（Ernstson et al. 2010; Newig, Günther & Pahl-Wostl 2010）；以及通过分析同一网络内的社会和生态节点，开发社会生态网络分析的方法，这对于澄清人类和生态系统如何相互交织似乎特别有益。

亨里克·恩斯特松（Henrik ERNSTSON）
开普敦大学、斯德哥尔摩大学

参见：公民科学；社区与利益相关者的投入；

计算机建模；生态系统健康指标；淡水渔业指标；海洋渔业指标；专题小组；地理信息系统（GIS）；长期生态研究（LTER）；可持续性科学；系统思考；跨学科研究。

拓展阅读

Belaire, J. Amy; Dribin, Andrew K.; Johnston, Douglas P.; Lynch, Douglas J.; Minor, Emily S. (2011). Mapping stewardship networks in urban ecosystems. *Conservation Letters*, 4 (6), 464–473. doi: 10.1111/j.1755-263X.2011.00200.x/full.

Bodin, Örjan; Crona, Beatrice. (2009). The role of social networks in natural resource governance: What relational patterns make a difference? *Global Environmental Change*, 19, 366–374.

Bodin, Örjan; Norberg, Jon. (2005). Information network topologies for enhanced local adaptive management. *Environmental Management*, 35 (2), 175–193.

Bodin, Örjan; Prell, Christina. (Eds.). (2011). *Social networks and natural resource management: Uncovering the social fabric of environmental governance*. Cambridge, UK: Cambridge University Press.

Borgatti, Stephen P.; Mehra, Ajay; Brass, Daniel J.; Labianca, Giuseppe. (2009). Network analysis in the social sciences. *Science*, 323 (5916), 892–895.

Crona, Beatrice; Bodin, Örjan. (2006). WHAT you know is WHO you know? Communication patterns among resource users as a prerequisite for co-management. *Ecology and Society*, 11 (2), 7.

Crona, Beatrice; Hubacek, Klaus. (2010). The right connections: How do social networks lubricate the machinery of natural resource governance? *Ecology and Society*, 15 (4), 18. Retrieved January 4, 2012, from http://www.ecologyandsociety.org/vol15/iss4/art18/.

Cumming, Graeme S.; Bodin, Örjan; Ernstson, Henrik; Elmqvist, Thomas. (2010). Network analysis in conservation biogeography: Challenges and opportunities. *Diversity and Distributions*, 16, 414–425.

Emirbayer, Mustafa; Goodwin, Jeff. (1994). Network analysis, culture and the problem of agency. *American Journal of Sociology*, 99, 1411–1454.

Ernstson, Henrik; Barthel, Stephan; Andersson, Erik; Borgström, Sara T. (2010). Scale-crossing brokers and network governance of urban ecosystem services: The case of Stockholm. *Ecology and Society*, 15 (4), 28. Retrieved January 4, 2012, from http://www.ecologyandsociety. org/vol15/iss4/art28/.

Ernstson, Henrik; Sörlin, Sverker. (2009). Weaving protective stories: Connective practices to articulate holistic values in Stockholm National Urban Park. *Environment and Planning* A, 41 (6), 1460–1479.

Ernstson, Henrik; Sörlin, Sverker; Elmqvist, Thomas. (2008). Social movements and ecosystem services: The role of social network structure in protecting and managing urban green areas in Stockholm. *Ecology and Society*, 13 (2), 39. Retrieved January 4, 2012, from http://www.ecologyandsociety.org/vol13/iss2/art39/.

Frank, Ken. (2011). Social network models for natural resource use and extraction. In Örjan Bodin & Christina Prell (Eds.), *Social networks and natural resource management: Uncovering the social fabric of environmental governance*. Cambridge, UK: Cambridge University Press. 180–205.

Hanneman, Robert A.; Riddle, Mark. (2005). *Introduction to social network methods*. Riverside, CA: University of California. Retrieved January 4, 2012, from http://faculty.ucr.edu/~hanneman/.

Maiolo, John R.; Johnson, Jeffrey; Griffith, David. (1992). Applications of social science theory to fisheries management: Three examples. *Society & Natural Resources*, 5 (4), 391–407.

Marín, Andrés; Berkes, Fikret. (2010). Network approach for understanding small-scale fisheries governance: The case of the Chilean coastal co-management. *Marin Policy*, 34 (5), 851–858.

Mendeley. NASEBERRY — Network analysis in social-ecological studies. Retrieved February 15, 2012, from http://www.mendeley.com/groups/1306083/naseberry-network-analysis-in-socialecological-studies/papers/.

NASEBERRY: A community for "Network Analysis in Social-Ecological Studies." Homepage. Retrieved February 10, 2012, from http://www.naseberry.org.

Newig, Jens; Günther, Dirk; Pahl-Wostl, Claudia. (2010). Neurons in the network: Learning in governance networks in the context of environmental management. *Ecology and Society*, 15 (4), 24. Retrieved January 4, 2012, from http://www.ecologyandsociety.org/vol15/iss4/art24/.

Ostrom, Elinor. (1990). *Governing the commons: The evolution of institutions for collective action*. Cambridge, UK: Cambridge University Press.

Prell, Christina; Hubacek, Klaus; Reed, Mark. (2009). Stakeholder analysis and social network analysis in natural resource management. *Society & Natural Resources*, 22 (6), 501–518.

Schneider, Mark; Scholz, John; Lubell, Mark; Mindruta, Denisa; Edwardsen, Matthew. (2003). Building consensual institutions: Networks and the National Estuary Program. *American Journal of Political Science*, 47 (1), 143–158.

Scott, John. (2012). *Social network analysis. A handbook* (3rd ed.). London: Sage Publications.

Snijders, Tom A. B. (2001). The statistical evaluation of social network dynamics. *Sociological Methodology*, 31 (1), 361–395.

Stein, Christian; Ernstson, Henrik; Barron, Jennie. (2011). A social network approach to analyzing water governance: The case of the Mkindo catchment, Tanzania. *Physics and Chemistry of the Earth*, 36, 1085–1092.

Wasserman, Stanley; Faust, Katherine. (1994). *Social network analysis: Methods and applications*. Cambridge, UK: Cambridge University Press.

Species Barcoding

物种条码

自从科学家们开始测DNA，DNA就被用于鉴别物种、博物馆标本和其他类型的生物组织。最近，使用标准化的短DNA序列增加了这种方法的有效性，但是标准化的遗传标记，如DNA条形码，是否有实际意义，要取决于参考序列库的存在。

地球上已命名的物种，从植物、动物到真菌和原生动物，估计超过170万种（IUCN 2011）。然而，物种的实际数量可能多达300万到1亿种（Gaston & Simon 2007）。

我们快速、准确地识别、衡量和监测物种数量和多样性的能力面临4大挑战：

（1）物种的实际数量还不知道，甚至其数量级都不很清楚（Gaston & Levin 2007）。

（2）除了前5大灭绝事件，现在的物种灭绝率高于以前的任何时间（Barnosky et al. 2011）。

（3）因人介入而引起的物种易位将在全球范围内更频繁地发生（Lockwood, Cassey & Blackburn 2005）。

（4）分类学家（描述物种多样性的生物学家）的训练和替换速度跟不上他们的退休速度，这就导致了一个全球性的现象，称为"分类障碍"。这个词已经不仅被用于描述分类知识的短缺（有关全球多样性中性质未被描述或无法识别的那一部分的知识），也用于分类学家和用于分类的资金的短缺（House of Lords 2008）。

应对这4个挑战需要传统和现代物种鉴定手段的结合。使用DNA作为物种和标本鉴定的工具是这种现代工具的一个重要组成部分。

DNA条形码

DNA条形码是一个简短的、标准化的DNA序列，用于标本和物种的鉴定以及发现先前未被识别的、形态上常常很神秘的临时物种的工具（Floyd et al. 2002; Hebert et al. 2003）。只要有传统分类学知识存在的地方，DNA条形码就可以与他们连用（尽管这不是一个替代系统），而在缺乏其他认知来源的领域，DNA条形码也可以作为系统或分类单元的一个透明的初步调查(Smith et al. 2009)。

与字符或距离一样,DNA条形码信息可以帮助鉴别已知物种,或用微量的细胞组织,或用分类学上一个不稳定的生命阶段;同样,它可以是一套字符的一部分,用来发现和描述新物种、标记其他神秘物种多样性。

条形码差距

物种鉴定过程中成功建立一个标准化标记的关键是选择一个显示种内低变异而种间高变异的基因或基因区域。有些人称这两种变异之间的区别为"条形码差异"。计算种内变异需要在整个物种范围内收集分析一个物种的多个标本。未能考虑这种潜在的种内变异的地理构造(系统地理学)会导致错误识别人为的大条码差距。

动物DNA条形码

动物的标准化条形码区域为细胞色素C氧化酶1(CO1)线粒体基因的一部分。这种基因的功效测试最初用于各种节肢动物群(Hebert et al. 2003)。CO1条码区域满足了两侧相对保守区、中间包含足够的可变区的要求。用保守区基因可以设计聚合酶链反应物,适合于跨较宽分类宽度的场合,而可变区的基因可以用来辨别物种,甚至包括最近进化的物种。从其他13个蛋白编码线粒体基因中选择CO1至少是部分可行的,因为很多其他的标记物都是这样选出来的。然而,当时(2002—2003年)基因库中有比任何其他13个蛋白编码线粒体基因都多的节肢动物CO1序列(要更多了解关于基因库的知识,可参见下面的"库创建和分析")。

早期思想认为这种节肢动物CO1的储备将加速完成后牛动物最多样化的基因库之一。但很快人们就意识到,通过条码社区获得一致数据的标准很高,足以将大部分的早期数据包排除在外。

用线粒体DNA(mtDNA)作为DNA条形码已经遭到一些批评,这些批评是基于继承模式的。线粒体DNA是母体遗传来的,因此如果物种有杂交,或经历了渐渗现象或不完整的谱系分类,mtDNA条形码就将产生一个错误回应——前一种情况下,母亲的物种会出现错误,而在后一种情况下,就出现一个替代祖先物种的物种。

用途

动物DNA条形码有一些实际的应用:

● 它可以防止消费者市场欺诈行为,这在产品的标签出错时常有发生,因为消费者会被收取高价。如果产品是生物,DNA条形码可以用来监测和测试鉴别;举例来说,超过30%的鱼类样本的标签ID与DNA条码技术所鉴别的相矛盾,不仅导致经济问题,健康问题也随之而来(Lowenstein, Amato & Kolokotronis 2009)。

● 可以监控濒危物种的商业贸易,特别是当产品被处理加工的时候(Eaton et al. 2010)。

● 它确保我们以一个实际的和可重复的方式了解谁吃谁,从而可以朝着轻松确定食物网络单元的方向行进(Smith et al. 2011)。

植物DNA条形码

对植物来说,寻找一个标准化区域花了更长的时间才完成。选出的植物mtDNA标记，CO1并不拥有足够的核苷酸变异来识别大多数物种。因此植物学家寻找另一个标记物，即能同样精确、准确地鉴定物种和标本的一个标准化系统。植物群落聚焦于一个基于可恢复性序列质量和物种辨认能力的双基因解决方案(Hollingsworth et al. 2009)。像动物标记物一样，rbcL +matK的双基因是无核的——所以就会一样有继承问题的考虑，一个物种和单个基因未必经历过相同类型的选择，也不一定揭示同样的答案。

库的创建与分析

为了便于创建、管理和分析各种DNA条码技术位点，条码社区使用两种条形码，一种是生命数据系统(barcode of life datasystem，BOLD)条形码(Ratnasingham & Hebert 2007)，另一种是更为普遍的公共基因储存库GenBank。生命数据系统是一个DNA—条码—特异性数据库，是一个DNA条码的在线工作平台，旨在帮助收集、管理、分析和利用DNA条形码和相关的元数据(如照片、GPS)。截至2011年，生命数据系统已包含超过130万个标本，代表近110 000个物种。由于全球多样性可能超过这个总数一个或两个数量级，这一重要参考库的创建不是快要结束，而也许只是刚刚开始。

基因库创建了一个限制关键字——条形码——当序列满足DNA条码技术相关倡议(如国际生命条码计划iBOL 2011)所要求的最低数据标准时，就可用条形码来描述基因。这些标准由生命条码联合会(Consortium for the Barcode of Life, CBOL 2011)和国家生物技术信息中心(National Center for Biotechnology Information, NCBI 2011)建立，对序列的要求

是：从群落共同的基因位点开始(如真核动物的CO1或植物 rbcL 和 matK)、能够追溯到文件和样本采集地点、最小长度为500个碱基对、质量足够好(模糊碱基少于2%)。

批评

21世纪初第一个DNA条码技术论文出版以来，就一直有人批评这种方法的效率。利用DNA条形码的研究人员被警告说不要象征地使用标准序列，从而作为综合分类的一部分。对于动物和植物条形码的无核基础问题也受到关注——如果把那些有很深种内变异的物种当作新创物种来错误分类，将会怎样地误导物种的发现。

此外，对于杂交及基因渗入线粒体和质体条码区域影响的担忧也越来越多。杂交物种和那些拥有渗入DNA核的物种对于用细胞核或线粒体DNA来进行鉴定的系统也是一个挑战——为了抓住什么是"物种"的哲学"模糊性"，确实必须要有一种综合的方法(即非亚里士多德定义)。还有人问，当我们期待全基因组测序成本继续大幅下降的时候，既然知道DNA条形码技术明显过于简单化(使用一个单基因或少量的基因)，为什么在相当一段时间内还要努力追求DNA条形码技术呢？

展望

尽管DNA测序的成本将下降，我们仍然很可能要使用一个或少量的条形码序列来识别物种(如果需要的话)，然后从中选择来测定整个基因组的序列。这种做法还将保持为标准做法，因为小片段的测序成本仍将保持相对便宜的价格。原来的关键元素仍然至关重

要，即：位点选择的标准化以及物种鉴定参考库的存在。

M. 亚历山大·史密斯（M. Alexander SMITH）

圭尔夫大学

参见：生物学指标（若干词条）；生态系统健康指标；淡水渔业指标；海洋渔业指标；全球植物保护战略；生物完整性指数（IBI）；政府间生物多样性和生态系统服务科学政策平台（IPBES）；土地利用和覆盖率的变化。

拓展阅读

Barnosky, Anthony D.; et al. (2011). Has the Earth's sixth mass extinction already arrived? *Nature*, 471 (7336), 51–57.

Consortium for the Barcode of Life (CBOL). (2011). What is CBOL? Retrieved August 28, 2011, from http://www.barcodeofl ife.org/content/about/what-cbol.

Eaton, Mitchell J.; et al. (2010). Barcoding bushmeat: Molecular identification of central African and South American harvested vertebrates. *Conservation Genetics*, 11 (4), 1389–1404.

Floyd, Robin; Abebe, Eyualem; Papert, Artemis; Blaxter, Mark. (2002). Molecular barcodes for soil nematode identification. *Molecular Ecology*, 11 (4), 839–850.

Gaston, Kevin J.; Levin, Simon Asher. (2007). Global species richness. In Simon Asher Levin (Ed.), *Encyclopedia of biodiversity*. New York: Elsevier. 1–7.

Hebert, Paul D. N.; Cywinska, Alina; Ball, Shelley L.; deWaard, Jeremy R. (2003). Biological identif ications through DNA barcodes. *Proceedings of the Royal Society — Biological Sciences*, 270 (1512), 313–321.

Hollingsworth, Peter M.; et al. (2009). A DNA barcode for land plants. *Proceedings of the National Academy of Sciences of the United States of America*, 106 (31), 12794–12797.

House of Lords. (2008). Systematics and taxonomy: Follow-up (HL Paper 162). Science and Technology Committee, 5th Report of Session 2007–08. London: The Stationery Office Limited.

International Barcode of Life (iBOL). (2011). What is iBOL? Retrieved August 28, 2011, from http://ibol.org/about-us/what-is-ibol/.

International Union for Conservation of Nature and Natural Resources (IUCN). (2011). The IUCN red list of threatened species (Version 2011.1). Retrieved August 4, 2011, from http://www.iucnredlist.org.

Lockwood, Julie L.; Cassey, Phillip; Blackburn, Tim. (2005). The role of propagule pressure in explaining species invasions. *Trends in Ecology & Evolution*, 20 (5), 223–228.

Lowenstein, Jacob H.; Amato, George; Kolokotronis, Sergios-Orestis. (2009). The real maccoyii: Identifying tuna sushi with DNA barcodes — Contrasting characteristic attributes and genetic distances. *PLoS ONE*, 4 (11), Article e7866. Retrieved August 4, 2011, from http://www.plosone.org/article/info:

doi%2F10.1371%2Fjournal.pone.0007866.

National Center for Biotechnology Information (NCBI). (2011). About NCBI. Retrieved August 28, 2011, from http://www.ncbi.nlm.nih.gov/About/index.html.

Ratnasingham, Sujeevan; Hebert, Paul D. N. (2007). BOLD: The barcode of life data system (www. barcodinglife.org). *Molecular Ecology Notes*, 7 (3), 355−364.

Smith, M. Alex; et al. (2011). Barcoding a quantified food web: Crypsis, concepts, ecology and hypotheses. *PLoS ONE*, 6 (7), Article e14424. Retrieved August 4, 2011, from http://www.plosone.org/article / info%3Adoi%2F10.1371%2Fjournal. pone.0014424.

Smith, M. Alex; Fernandez-Triana, Jose; Roughley, Rob; Hebert, Paul D. N. (2009). DNA barcode accumulation curves for understudied taxa and areas. *Molecular Ecology Resources*, 9 (s1), 208−216.

Strategic Environmental Assessment, SEA

战略环境评估

战略环境评估是为了减少重大计划带来的负面影响，识别国家政策和重大计划对环境的影响。战略环境评估已经促使许多计划进行了改进，但其局限性在于以下事实：它们只是为决策提供信息的工具，而非决策工具；它们通常只检验计划是否尽量合理，而非计划是否真的具有可持续性。

战略环境评估提出通过相关政策和计划环境影响的识别和负面影响的减小，制定更为"绿色"的政策和计划。战略环境评估与环境影响评价有些相似，但其主要应用于政策和规划，而不是大型开发项目。

政策和计划

政府机构制定的政策和规划也可以叫作"计划"，"战略"等。例如，国家在未来将如何生产和使用能源的国家能源政策；政府打算建造道路的区域运输规划；涉及住房、就业和基础设施发展的当地发展规划。所有这些规划都会对环境产生影响。国家能源政策如果

鼓励建设风电场则可能生产噪声和视觉上的影响，如果鼓励建造燃煤电厂则会引起大气污染；道路建设项目可能会增加大气污染和噪声，影响动物及其栖息地等。这类来自战略环境评估的信息可以帮助规划者在面对建设更多的风电场还是燃煤电厂的选择时，考虑是否有更清洁的替代能源，也可以让规划者考虑将风电场调整出特定的自然风景区。表1总结了战略环境评估和环境影响评价之间的差异，战略政策和规划性质之间的差异和更详细的项目性质。

实践

战略环境评估于20世纪70年代在美国最先实施，20世纪90年代得到了更广泛的应用，进入21世纪出现了跳跃式发展，2001版的欧洲战略环境评估指令被采用，联合国经济委员会也采纳了2003版的欧洲战略环境评估草案，这些指令或草案都在多个国家得到运用。包括中国、加拿大和其他国家在内正式对战略

表1　战略环境评估与环境影响评价的比较

	战略环境评估	环境影响评价
决策层	政策－计划－项目	工程
活动特性	战略性、预测性、概念性	直接性、可操作性
结果	总体的	细节的
影响范围	宏观、长期累积的	微观、局部的
时间尺度	中－长期	中－短期
数据类型	定性为主	定量为主
替代性选择	全区域、政策、规则、技术、财政和经济	具体位置、设计、建设和操作
分析的严谨性	更多不确定性	更精确

来源：Fischer（2007）.

环境评估进行了立法的国家，都已有了自己的战略环境评估指南。

一个典型战略环境评估涉及以下工作：① 报告的准备；② 针对战略环境评估报告和草案计划对环保机构与公众进行咨询；③ 决策者在制定计划决策时应将战略环境评估报告和咨询结果考虑进去；④ 对计划的实际环境影响进行监测。

接下来，一个典型的战略环境评估报告应包括以下的描述：

● 新的规划以及它如何影响其他规划、项目和环境目标，或被其他规划和项目影响；

● 如果没有该规划（即"一切依旧"），当前的环境、现有的环境问题的环境形势在未来会发展怎样的变化；

● 新兴规划的可替代选择；

● 几轮的评估，例如，确定规划的目标、规划的替代方案、规划草案和最终方案的环境影响；

● 每一轮的评估，对计划/替代计划的

负面影响的最小化及其积极影响的强化方法识别；

● 关于评估是如何进行的和任何所面对的问题的描述。

战略环境评估目的是在决策者们准备规划时告知他们，而不是充当事后的"环境检查"。战略环境评估由准备规划的政府机构或对这些规划者的咨询者们完成。

优势与劣势

战略环境评估经常引发对规划的修改，使规划更加环保。相关例子如下：

● 取消环境影响上不可接受的规划项目（如在敏感水体附近修建垃圾堆肥设施）；

● 为新项目建立规则（如对新房设定能效目标）；

● 增加的基础设施减少对环境的影响（如新建废水处理站）；

● 要求下一级的规划或项目开展额外的环境影响研究。

在某些情况下，一个战略环境评估可能

导致一个完全不同方法制定规划。例如,它可能强调减少旅行的需求,而不是提供更多的交通基础设施。

战略环境评估是处理战略层次的问题,而不是针对项目层次的环境影响评价,例如气候变化、不同社会群体间的安宁与平等。它们可以在规划层面解决相关问题,以帮助缩小项目层次环境影响评价的焦点范围。战略环境评估的公众咨询要求增加规划制定和规划者问责的透明度。对规划者的调查,如特里维尔(Therivel)和沃尔希(Walsh)2006年做的调查表明,战略环境评估有助于规划者们更好地理解他们的规划和可持续发展的原则。

也就是说,由战略环境评估引起的规划改变还是比较小的:通常只是个别语言表述的修改,而不是广泛政策方向的改变。因为战略环境评估通常是由规划者或其顾问完成的,他们可能不是完全独立的和决定性的。战略环境评估总体上是最有效的,但如果它与规划制定过程是同时进行而不是充当事后"环境检查",这就很难看出它是如何改进的。

战略环境评估往往是冗长和昂贵的。一个典型的战略环境评估可能需要40到80个工作日,耗资约100 000美元(European Commission 2009)。对战略环境评估有效性及效率(European Commission 2009; Smith,

Richardson & McNab 2010)的研究表明,目前实施的战略环境评估从钱的角度看不会提供太多的价值。大多数战略环境评估也不检验规划在环境的限制下是否真正是可持续的,而是仅仅检验其自身是否可持续。2008年对说英语的规划者的采访(Therivel et al. 2009)表明,即使是进行了战略环境评估,大多数规划仍然是以损害环境来促进社会和经济目标的。

尽管如此,战略环境评估过程还是有助于规划更加平衡和可持续。

尽管存在上述局限,战略环境评估使规划师们能更仔细地考虑他们的规划对环境的影响,普遍提高了规划的环境效益,并向公众提供了如何规划决策的信息。

未来

如果战略环境评估能紧跟环境影响评价的模式,它将先通过试点运用,然后通过立法而被越来越多的国家所运用。未来的战略环境评估可能将更集中于重要的关键问题("范围界定scoping"),与可替代规划方案的联系更紧密的、能提供环境条件数据并包含规划者如何正式声明他们已经将战略环境评估的结果考虑在内。

利凯·特里维尔(Riki THERIVEL)
英国Levett–Therivel可持续发展顾问

参见：21世纪议程；绿色建筑评级体系；成本－效益分析；设计质量指数（DQI）；生态影响评估（EcIA）；战略可持续发展框架（FSSD）；国际标准化组织（ISO）；区域规划；风险评估。

拓展阅读

European Commission. (2001). Directive 2001/42/EC of the European Parliament and of the Council of 27 June 2001 on the assessment of the effects of certain plans and programmes on the environment, Brussels. Retrieved July 13, 2011, from http://eur-lex.europa.eu/LexUriServ/LexUriServ.do?uri=CELEX: 32001L0042: EN: NOT.

European Commission. (2009). Study concerning the report on the application and effectiveness of the SEA Directive (2001/42/EC): Final report. Retrieved July 15, 2011, from http://ec.europa.eu/environment/eia/ pdf/study0309.pdf.

Fischer, Thomas. (2007). *Theory and practice of strategic environmental assessment*. London: Earthscan.

Sadler, Barry; et al. (Eds.). (2011). *Handbook of strategic environmental assessment*. London: Earthscan.

Smith, Steven; Richardson, Jeremy; McNab, Andrew. (2010). Towards a more efficient and effective use of strategic environmental and sustainability appraisal in spatial planning: Final report. Retrieved July 13, 2011, from http://www.communities.gov.uk/documents/planningandbuilding/pdf/1513010.pdf.

Therivel, Riki. (2010). *Strategic environmental assessment in action* (2nd ed.). London: Earthscan.

Therivel, Riki; Walsh, Fiona. (2006). The strategic environmental assessment directive in the UK: 1 year onwards. *Environmental Impact Assessment Review*, 26 (7), 663–675.

Therivel, Riki; et al. (2009). Sustainability-focused impact assessment: English experiences. *Impact Assessment and Project Appraisal*, 27 (2), 155–168.

Supply Chain Analysis

供应链分析

供应链分析是定量模型的研究,有助于减少浪费、优化供应链的性能,增加环境披露和社会效益指标。全球报告倡议以及对供应链更深入的理解能够使这种分析更有活力。这些措施减少了许多消费产品的风险和相关的环境影响。今天的公司最注重利益相关者价值和客户价值,为此他们会尽可能地加快信息传递速度、减少系统浪费、减少响应时间。

供应链分析也称为供应链优化,涉及多个企业或公司为消除浪费和缩短供应链中发送商品和服务消费者的时间所做的管理工作。一直以来,供应链分析都忽略了系统思考的机会,它没有能力为公司和他们的供应链提供前瞻性策略,而这策略是保持可持续性的主要元素。在这个意义上,可持续性意味着社会、环境和经济资源的伦理管理,以便公司更好地衡量和管理这"三重底线"(Savitz & Weber 2006)。

供应链是一个公司与客户的关系、订单执行和与供应商的关系的总和。它还包括服务、材料、信息供应以及客户之间的相互联系。供应链经理是在各个层次上负责组织管理内外需求和供给的人们。这些专业人士需要测量工具和模型来理解业务的当前状态,并做出决定。测量工具帮助他们预测因考量新产品性能指标、可持续性报告和透明度而带来的战略机遇。生命周期评价可以促进考量的执行、提高产品可见性并缩短供应链。

供应链内的可持续性叠加分析适用于新兴的测量工具和定量模型,这些工具、模型能够显示供应链中各种经济交易的关系。供应链分析在减少废弃物的理论和实际应用方面迈出了重大步伐。将可持续性的概念应用到分析中,有助于形成一个前所未有的、规范的、描述性的预测模型,有助于形成全球报告倡议,进行生命周期评价,提高对运行、产品和供应链的环境成本进行量化的能力。

生命周期评价

生命周期评价考察、跟踪产品的资源从摇篮到坟墓全过程的使用和影响，即从原料提取到最终废弃的全过程。这个工具至关重要，它可以衡量可持续性管理的风险、减少废物、发现机会创造环境价值和社会价值。成熟的宏观层面分析必须包括系统思考方法，这种整体分析方法着重于系统组成部分的关联、系统如何长期在更大环境中工作（Meadows 2008）。进行生命周期评价是理解相互联系的产品和服务供应链系统的方法之一。

20世纪70年代在美国和欧洲公司都进行过生命周期库存分析。库存分析是一个客观的、基于数据的量化过程，是对发生在产品制造、加工或活动的整个生命周期中的能源、原材料需求、大气排放、废水、固体废物和其他环境释放物进行量化的过程。公开的政府文件或技术文件会提供许多数据，但特定的工业数据目前还无法获得。美国实行的资源和环境概貌分析，在欧洲叫作生态衡算，量化计算资源利用和环境释放。20世纪70年代，俄罗斯裔美国经济学家华西里·列昂惕夫（Wassily Leontief）提出了经济投入产出生命周期评价（EIO–LCA）方法，其主要目标是为这种研究开发一个程序或标准研究方法。

生命周期清单分析一直持续到20世纪80年代，研究集中在寻求能源改进的方法。因这是所有影响资源和环境成长领域内共同关心

的，研究人员进一步细化其研究方法并将其扩充至生命周期库存以外。生命周期评价的一个阶段是影响评估，即产品及其在整个生命循环过程中的环境影响评估（如气候变化和毒性评估）。

20世纪90年代，虚假的环境产品属性以及来自环保组织要求生命周期评价方法标准化的压力催生了国际标准化组织（ISO）14000系列中的生命周期评价标准。卡内基梅隆大学绿色设计研究所研究人员借助其强大的计算能力，在90年代中期开始使用列昂惕夫的经济投入产出生命周期评价法。这个模型如今在网上仍能找到（Carnegie Mellon 2011）。经理可以获取经济投入产出生命周期评价方法，并将其转换为一个可以快速评估某种商品或服务以及其供应链的工具。

世纪之交之后，联合国环境规划署联手社会与环境毒理学和化学学会结成国际合作伙伴关系，启动了生命周期计划。该计划程序将生命周期思想付诸实践，通过更好的数据和指标改进了支持工具。通过有效管理、并为专家小组建设网络信息系统提供便利条件，生命周期清单计划使全球都能够得到透明的、高质量的生命周期数据。同时，通过促进交换意见的专家达成一套被广泛接受的建议（Scientific Applications International Corporation 2006），生命周期影响评价项目也提高了生命周期指标的质量和全球影响力。几个专有软件解决方案使生命周

期评价变成了现实。

集成化供应链管理

尽管人们在努力分析供应链，企业所需的数据有效分析和对可持续性的问题和机会的理解还是拖了许多个人和团队的后腿。供应链分析优化给企业带来竞争优势，供应链和可持续性专业人士现在能懂得利用许多新兴的研究方法和工具。成功的供应链管理分析需要沟通和信任，因为信息交流对于供应链成员相互的理解、分享共同的目标、做出互利的决定至关重要。美国科学家、组织学习协会的创始主席迈克尔·圣吉（Michael Senge）和他的同事们发现，应对可持续性越来越大的挑战不仅需要完整的供应链，而且需要跨部门合作，后者到目前为止还没有真正的先例（Senge 2007）。

成功的分析需要供应链可见度、需要与供应链成员共享利用信息系统和数据。经理们需要看到供应链的任何一部分并得到数据，如库存水平、发货状态等。这种供应链可见性日益膨胀，因此要求更高的社会和环境指标。在某些公司，这些指标被视为供应商评价、审计公司效益的一部分（Wal-Mart）。

性能指标是任何分析的一个重要组成部分，有了它们才能确认供应链是否按计划发挥作用，才能看到改进的机会。传统方法里面，经理常常使用可靠性、资产利用率、成本、质量、和灵活性的指标，而性能指标则比以往任何时候都更加突出可持续性，这是因为利益相关人以及供应链客户要求披露社会、治理和环境信息。测量和公开的压力为新的创新方法提供了一个分析公司性能或供应链可持续发展维度的试验场。

测量工具和研究方法

衡量公司是否遵守职业安全与环保法，环境健康和安全（EH&S）功能是重要的环境性能指标。随着时间的推移，环境、健康和安全功能现在已经可以为质量管理、全面质量环境管理计划以及环境管理系统的监督提供支持。在许多情况下，环境、健康和安全人员已过渡到新的功能角色，即可持续性协调和可持续性专业人士。他们以这个角色与供应链经理和设计师这样的跨职能工作团队一起，利用生命周期评价、供应链分析等工具为新兴的可持续发展寻找解决办法。

生命周期评价将环境影响产品生命周期的每一步量化，它可持续地设计产品和供应链以使他们对环境和社会的影响降到最低（Ehrenfeld 2008）。生命周期管理将生命周期思想应用到现代商业实践，旨在管理企业的产品和服务的整个生命周期，使其走向更可持续的消费和生产（Jensen & Remmen 2006）。生命周期管理是概念和技术的一个集成框架，用以来处理产品、服务、和企业在环境、经济、技术以及社会方面的问题。

为了支持生命周期管理，环境管理体系和国际标准化组织（ISO 14001）为这些体系制定了标准，并提供研究显示其对设计、减排、回收的积极影响（Sroufe 2003）。这些系统所带来的益处包括前瞻性的环境管理、资源和成本效率、提高的声誉和改善的交流（Curkovic & Sroufe 2011）。针对生命周期评价的特定标准，为ISO14040–14040描述生命周期评价的主要原则和框架，包括以下几点：

（1）定义目标和评估范围；

（2）生命周期清单分析阶段；

（3）生命周期影响评价阶段；

（4）生命周期解释阶段，评估的汇报和评审、限制四个主要评估阶段之间的关系。

经济投入产出生命周期评价使用部门或行业的总的数据集合来量化每个产业直接的经济环境影响有多少、每个行业从其他行业购买多少来生产它的产品。经济投入产出生命周期评价分析追踪各种经济交易、资源需求和某种特定产品或服务所需的环境排放量。使用经济投入产出生命周期评价结果对整个供应链中不同类型的产品、材料、服务以及行业对资源利用和排放的相对影响提供指导（Cicas et al. 2007）。

生命周期评价的影响

生命周期评价允许决策者研究整个产品系统和供应链，以避免因研究只关注一个过程而导致的局部最优化。比方说，伊莱克斯想提高其产品的环保性能，他们就检查了他们的洗衣机的整个生命周期（即制造、运输直至废弃处理），了解其产品在哪里有最大的影响。根据生命周期评价，他们发现，和其他电子消费产品一样，他们的洗衣机最大的影响是在产品的使用上，洗衣负载的年数短，洗衣机要使用超过151升的水，而且经常是能源密集型的热水。这一分析催生了前置式洗衣机的开发，这种洗衣机的用水量只是传统洗衣机的一小部分。新的设计更节能，而且延长了洗衣寿命。这项创新使伊莱克斯很早就进入了蓬勃发展的中国市场，并保持其环保产品的形象。关于生命周期评价的应用和影响，还有很多例子：

- 石田农场在新罕布什尔州进行了酸奶产品运送系统的生命周期评价，比较酸奶的运送容器。他们发现容器的大小和至零售商的距离对环境有重要的影响。如果他们用32盎司（0.95 L）的容器出售所有的酸奶，他们每年可以节省相当于11 250桶原油的能量。运输到零售商的耗能占他们产品总能耗的大约三分之一（Branchfeld et al. 2001）。

- 天伯伦公司进行了皮靴的生命周期评价，计算价值链上所有阶段的排放量，包括供应皮革的养牛业。令人惊讶的是，皮革的使用占了温室气体排放的大部分，约为靴子温室气体总量的80%。天伯伦现在知道减少每双靴子的皮革使用量将大幅缩减其对气候变化的影响，甚至远远超过在装配工厂或配送中心减少能源使用所带来的影响缩减量。

- 初考斯特（Trucost）等公司的数据使企业能够识别、测量和管理与业务相关的环境风险、供应链和投资。量化环境风险和该风险的代价是他们的解决问题的关键。初考斯特提供了一个系统方法，通过其数据量化供应商的环境成本，包括碳、水、浪费和空气污染，来管理供应链环境影响（Trucost 2011）。

供应链和采购经理可以向厂家请求生命周期评价数据，一些公司已经公开发布了环境产品。鉴于建立评估目的和范围的复杂性，重要的是要知道如何将这个数据密集型的工具运用在供应链的分析上。管理人员可以进行一个简化的生命周期评价，只关注关键"热点"，或者他们可以收集碳、水浪费和其他利益相关者的影响的主要数据，进行更复杂的、数据密集型生命周期评价。

问题与挑战

卡内基梅隆绿色设计研究所的研究人员

利用一个EIO–LCA模型估计包括供应链的温室气体排放（Matthews, Weber & Hendrickson 2008），他们结合现有信息与特定的行业数据获得直接和间接碳排放的估计值。结果表明，一个组织的直接排放平均只占总供应链温室气体排放的14%，直接使用电器的平均排放量只占总数的26%。使用限定的生命周期评价范围和目标来评估其影响的公司在成本效益的可持续发展和供应链战略方面可能做出短视的决策。管理者使用任何分析工具总是需要可靠一致的数据来源、明确的目标和分析范围。

执行生命周期评价可以集中资源和时间。生命周期评价研究开发出来的信息应该被用来作为更全面的决策过程的一个组件。例如，管理者需要评估、权衡对生命周期进行管理和对供应链进行分析的成本和效益。

机遇

在3M公司，新产品开发的协议现在包括从供应商到3M再到顾客的评估环境、健康以及安全问题，这种了解其产品整个系统影响的方法带给3M公司一个利用其生态优势决定其策略的基础。杜邦、拜耳材料科学和美国铝业等公司正在采取类似的举措。生命周期评价专家团队与跨职能团队联合致力于设计和供应链管理。资源效率和生命周期评价已经成为用于减少污染和废物最少化的工具，它允许管理者更好地理解他们在哪里最能影响设计、加工和供应链。

有远见的管理者仔细查看他们的外部环境。他们沿着价值链、上下游看产品的生态后效。当被放在良好的数据基础上，加上精心规划和环境管理的体系，这些供应链分析工具和结合可持续性的方法是最有效的。现在公司管理可持续性的全球数据库性能指标建立了关键指标、跟踪能源使用、水和空气污染和废物产生的结果，有助于决策者衡量效益，优化供应链，设定目标，并监控其进展。

指数级增长的可持续性报告和财务与可持续性报告的整合将会加快指定产品供应商及所有组件和部件位置的信息材料数据库的发展。增加供应链的透明度已经使得资源公开（对所有人免费）并形成在线生命周期评价协作平台，比如Sourcemap.org。任何人都可以清楚地看到一个产品从哪里来，从材料制成、运输至零售地点，再到运送至你家的整个过程都有些什么样的环境影响。

罗伯特·P.斯劳夫（Robert P. SROUFE）
杜肯大学

参见：国际标准化组织(ISO)；生命周期评价(LCA)；生命周期成本(LCC)；生命周期管理(LCM)；物质流分析(MFA)；有机和消费者标签；船运和货运指标；社会生命周期评价(S-LCA)；三重底线。

拓展阅读

Branchfeld, Dov; et al. (2001). *Life cycle assessment of the Stonyfield product delivery system*. Ann Arbor: University of Michigan, Center for Sustainable Systems.

Carnegie Mellon. (2011). EIO–LCA: Fast, free, easy life cycle assessment. Retrieved November 13, 2011, from http://www.eiolca.net/.

Cicas, Gyorgyi; Hendrickson, Chris T.; Horvath, Arpad; Matthews, H. Scott. (2007). Development of a regional economic and environmental input-output model of the US economy. *International Journal of Life Cycle Assessment*. Retrieved April 12, 2011, from http://dx.doi.org/10.1065/lca2007.04.318.

Curkovic, Sime; Sroufe, Robert P. (2011). Using ISO 14001 to promote a sustainable supply chain strategy. *Business Strategy and the Environment*, 93, 71–93.

Ehrenfeld, John. (2008). *Sustainability by design*. New Haven, CT: Yale University Press.

Electrolux. Environmental product declarations for products. Retrieved April 12, 2011, from http://www. laundrysystems.electroluxusa.com/Files/pdf/Environmental%20decl_eng_low. pdf.

International Organization for Standardization (ISO). (2009). Environmental management: The ISO 14000 family of international standards. Retrieved April 12, 2011, from http://www.iso.org/iso/theiso14000family_2009.pdf.

Jensen, Allan Astrup; Remmen, Arne. (Eds.). (2006). *Background report for a UNEP guide to life cycle management: A bridge to sustainable products*. Retrieved April 12, 2011, from http://lcinitiative.unep.fr/ includes/file.asp?site=lcinit&file=86E47576-EC54-4440-99B6-D6829EAF3622.

Matthews, H. Scott; Weber, Christopher; Hendrickson, Chris T. (2008). The importance of carbon footprint estimation boundaries. *Environmental Science & Technology*, 42, 5839–5842.

Meadows, Donella H. (2008). *Thinking in systems: A primer.* White River Junction, VT: Chelsea Green Publishing.

Savitz, Andrew, with Weber, Karl, (2006). *The triple bottom line*. San Francisco: Jossey-Bass.

Scientifi c Applications International Corporation (SAIC). (2006). Life cycle assessment: Principles and practice. Retrieved May 13, 2011, from http://www.epa.gov/nrmrl/lcaccess/pdfs/ 600r06060.pdf.

Senge, Peter M.; Lichtenstein, Benyamin B.; Kaeufer, Katrin; Bradbury, Hilary; Carroll, John S. (2007). Collaborating for systemic change. *MIT Sloan Management Review*, 48 (2), 43–53.

Sourcemap. (2011). Homepage. Retrieved April 12, 2011, from http://www.sourcemap.org/.

Sroufe, Robert P. (2003). Effects of environmental management systems on environmental management practices and operations. *Production and Operations Management*, 12 (3), 416–432.

Trucost. (2011). Homepage. Retrieved April 12, 2011, from http://www.trucost.org/.

US Environmental Protection Agency (EPA). Life cycle assessment. Retrieved November 14, 2011, from http:// www.epa.gov/nrmrl/std/sab/lca/.

US Environmental Protection Agency (EPA). LCA 101. Retrieved April 12, 2011, from http://www.epa.gov/ nrmrl/lcaccess/lca101.html.

Wal-Mart. Sustainability supplier assessment. Retrieved April 12, 2011, from http://walmartstores.com/ sustainability/9292.aspx.

Sustainability Science

可持续发展科学

可持续发展科学是一个新的研究领域，关注于促进社会和环境的关系以及适用技术的了解，以推动朝向可持续发展的转变。它涉及社会科学、物理科学以及工程和技术领域的研究，往往具有学科交叉性和跨学科的背景。可持续发展科学在科学著作中有明确提及且在全球发展显著。

可持续发展的科学指正在普遍追求的、与可持续发展有关的知识，或者注重使社会变得更可持续的条件。像可持续发展概念（或简称"可持续性"）一样，可持续发展的科学认可各个感兴趣的领域，包括环境可持续性、经济发展、人类发展和文化的可持续性。虽然从广义上讲，传统科学避免利用价值判断，但可持续发展科学明确地认识到，可持续发展涉及了人们可以从更好或更坏结果的判断中选择，也认识到我们的选择判断是基于人类（和环境）的福祉。正如哈佛大学国际科学、公共政策和人类发展的教授威廉·C.克拉克（William C. Clark）（2007）所指出"可持续性科学是一个问题定义的领域，而不是应用定律的学科"。

概念发展

可持续性科学的名词是由美国地理学家罗伯特·凯茨（Robert Kates）等人于2001年在《科学》杂志上提出的（这个建议的早期版本出现哈佛大学肯尼迪国务学院/贝尔弗科学和国际事物中心2000年的报告）。该提法来自《我们共同的旅程》这本著作（National Research Council 1999），该书是美国国家科学院基于联合国的报告《我们共同的未来》（也称世界环境与发展委员会的"布伦特兰报告"，1987）撰写的，而该报告是可持续发展这个名词被经常广泛引用的源报告。我们共同的旅程的副标题是"一个向可持续发展的转型"，体现了注重创造更加可持续的社会和环境条件的过程。这种观点还认为，可持续增长的条件是一个持续的过程，而不是产生一个明确的最终产品或达到一个状态。我们共同的旅程还包括对可持续性科学的初步建议（1999 NRC, 10–11）。

在呼吁发展"可持续发展科学"时，凯茨及其合作者（2001, 641）写到，作为科学，"要探索了解自然和社会之间相互作用的基本特征。这种理解必须包括特定地区和区域生态及社会特征的全球互动过程"。国家研究委员会报告和科学文章的作者不谋而合。作者的主要动机似乎是要发展研究或科学的一个分支，其重点是有关可持续发展的关键问题，并整合了具有可持续发展的公认标准目标的基础和应用科学。

通过很多现代西方科学的历史可知，西方的标准一直是完全的客观性，即不要价值判断。在最近十年中，科学已经认识到，决策可以或多或少地修正以指导科学的努力方向。一些科学分支明确以追求我们所见的美好或者利益为导向，例如，医学研究的追求是基于不仅要了解疾病，而且减少痛苦。同样，标示为"应用"的任何科学都承担着在人们已经判定为重要的一些领域帮助创造更好的条件或者至少提供有助于创造更好条件的知识。基础科学以提高认识为目的（且可能会或也可能不会有任何明显的应用）。

基础学科科学家们希望构建的学科，也可能涉及科学上已经成熟的学科。威廉·克拉克（William Clark）认为，可持续性科学的新领域既不是纯基础科学（特别专注于构建基本知识），也不是纯应用科学（重点放在应用知识时所提出的问题），它拥有的领域关系到基础问题和应用问题两方面（Clark 2007）。

追求可持续性或可持续发展意味着人们必须选择要持续什么，它要求"标准化"的决策（Clark, Crutzen & Schellnhuber 2004; Kemp & Martens 2007; Parris & Kates 2003a）。标准化的决策是基于决策者所见所闻是好还是坏，或是可取还是不可取的。虽然普遍认同可持续发展的理念是环境、社会和经济发展的需要，但是在"什么要持续"和"什么要发展"的问题上看法各异（Kates, Parris & Leiserowitz 2005; NRC 1999）。

学术出版的趋势表明，可持续发展科学是一个发展很快的研究领域，伴随着在各种新杂志的标题或副标题出现"可持续"，"可持续性"，"可持续发展"或"可持续性科学"的一些变化，特别是名为《可持续性科学》的期刊于2006年创立。正如上述可持续性定义词条所预料，这份杂志的内容高度国际化，例如，经常发表在非洲和亚洲的某些国家以及在世界更大区域有关可持续发展情况和变化的研究。同年，美国科学院的周刊杂志《美国国家科学院院刊》（*the Proceedings of the National Academy of Sciences*）增加了一个题目为"可持续性科学"的专栏。《美国国家科学院院刊》的大部分专栏都是以学科划分的,但在与《美国国家科学院院刊》长期的传统不同,可持续发展的科学可能被认为是跨学科的。可持续发展科学的标题下发表的论文专注于范围很广的专题或学科领域的研究,其主要组成部分是对有关可持续性的基础和/或应用科学主题及方法的贡献。《美国国家科学院院刊》的可持续性科学栏目已成为研究人员关注可持续发展的重要平台。它包括了就所关注的特定主题所组织精选的论文,包括气候变化和北美西南部的水资源、减缓气候变化和热带地区的粮食生产、生态系统服务、地球系统的临界元素和其他(例如,参见 Daily & Matson 2008; DeFries & Rosenzweig 2010; MacDonald 2010; Schellnhuber 2009)。文章集中于特定的广泛主题,世界特定的地区或较小的区域。

问题和方法

可持续发展科学过去和现在都被设想为专注于理解"自然与社会之间动态的相互作用"(Kates et al. 2000; Kates et al. 2001)。提议将可持续发展科学作为一个新领域的小组还确定了四个研究策略,即:跨越不同现象之间的空间范围、考虑到时态的惯性和紧迫性、处理功能的复杂性以及要用广阔的视野认识有关使知识实用的问题(Kates et al. 2001)。凯茨和他的合作者还推荐了一些应该首先关注的可持续发展科学的核心问题。简言之,它们包括以下内容(Kates et al. 2000; Kates et al. 2001):

(1)怎样才能以模型和概念整合地球系统、人类发展和可持续发展,更好地表现自然-社会的相互作用?

(2)如何以可持续的方式长期重塑自然-社会的相互作用?

(3)在特定类型和特别关注的地方,是什么决定了自然-社会系统的脆弱性或适应能力?

(4)对人类环境系统(超出其存在的严重退化的风险),可以识别科学上有意义的局限性吗?

(5)什么系统的激励结构可以引导自然-社会互动朝着更可持续的轨迹?

(6)为了对可持续发展提供更多有益的指导,如何建立环境和社会的监测和报告体系?

(7)如何将规划、监测、评估和决策支持研究更好地纳入合适的管理和社会学习体系?

总之,通过上述推荐的研究策略和核心问题,提议创新可持续发展科学,并建议其初步的发展是将部分社会和科学研究转向更可持续的社会转型。

可持续发展科学就人与环境系统的连接以及基础和应用科学重叠提出的学科广度的问题,这是由于其多学科(涉及多个学科或专业)甚至跨学科(超越传统学科专业之间的区分,将理念和应用组合一起)的性质。诚然,许多在可持续发展科学标题下继续进行以及发表的研究项目,采取单一学科的方法对可持续发展科学的核心问题进行研究,也对可持续发展和可持续发展科学的目标做出了贡献。可持续发展科学涉及社会科学、物理和自然科学、工程和技术的方法。

度量

有关可持续发展科学的测量被广泛关切并且有各种力量投入进来。从本质上讲,评估或测量地球上有关人类与环境系统的运行或状态任何方面（社会的和/或环境的）的任何行动，以及在更大范围的可持续发展进程中发挥潜在作用的任何行动，都与可持续发展科学相关。核心问题的广度以及对可持续性科学的关注点和方法学的描述说明了这一点。有人可能会引用一些来自发明可持续性科学理念的研究人员所做的工作，暗示在快速增长的这个领域中需要更广泛概念的衡量标准和指标。对可能意味着向更大范围的可持续性或可持续发展转变的趋势和状况进行评估被特别关注（Kates & Parris 2003; Parris & Kates 2003a & 2003b），在不同尺度评估状态的能力亦是可取的（例如，参见 Graymore, Sipe & Rickson 2008）。

展望

可持续发展科学包括有关可持续性增长的跟踪或可持续性转型的研究，这些研究至少是最有意义的研究。对研究可持续发展问题的科学家，特别是对那些整合基础和应用科学的科学家（Clark 2007）以及将多学科的知识和方法组合起来开发方法学的研究者而言，可持续发展科学已成为一个有组织的关键领域，加速着可持续发展转变。虽然这些平台能够共享起源于新千年的可持续发展科学，但仍需对可持续发展科学进行明确的确认，《美国国家科学院院刊》期刊刊物以及同名专栏，将有助于加强该领域并增强其重要性。

莉萨·M.巴特勒·哈林顿（Lisa M. Butler HARRINGTON）
堪萨斯州立大学

参见：可持续性度量所面临的挑战；公民科学；社区与利益相关者的投入；专题小组；增长的极限；参与式行动研究；社会网络分析（SNA）；系统思考；强弱可持续性辩论。

拓展阅读

Clark, William C. (2007). Sustainability science: A room of its own. *Proceedings of the National Academy of Sciences of the United States of America*, 104 (6), 1737–1738.

Clark, William C.; Crutzen, Paul J.; Schellnhuber, Hans Joachim. (2004). Science for global sustainability: Toward a new paradigm. In Hans Joachim Schellnhuber, Paul J. Crutzen, William C. Clark, Martin Claussen & Hermann Held (Eds.), *Earth system analysis for sustainability*. Cambridge, MA: MIT Press.

Daily, Gretchen C.; Matson, Pamela A. (2008). Ecosystem services: From theory to implementation. *Proceedings of the National Academy of Sciences of the United States of America*, 105 (28), 9455–9456.

DeFries, Ruth; Rosenzweig, Cynthia. (2010). Toward a wholelandscape approach for sustainable land use in the tropics. *Proceedings of the National Academy of Sciences of the United States of America*, 107 (46), 19627–19632.

Graymore, Michelle L. M.; Sipe, Neil G.; Rickson, Roy E. (2008). Regional sustainability: How useful are current tools of sustainability assessment at the regional scale? *Ecological Economics*, 67 (3), 362–372.

Kates, Robert W.; Parris, Thomas M. (2003). Long-term trends and a sustainability transition. *Proceedings of the National Academy of Sciences of the United States of America*, 100 (14), 8062–8067.

Kates, Robert W.; Parris, Thomas M.; Leiserowitz, Anthony A.(2005). What is sustainable development? Goals, indicators, values and practice. *Environment: Science and Policy for Sustainable Development*, 47 (3), 8–21.

Kates, Robert W.; et al. (2000). Sustainability science: Research and assessment systems for sustainability (Program Discussion Paper 2000–33, Belfer Center for Science & International Affairs and John F. Kennedy School of Government, Harvard University). Retrieved July 23, 2011, from http://ksgnotes1.harvard.edu/BCSIA/sust.nsf/pubs/pub7/$File/2000-33.pdf.

Kates, Robert W.; et al. (2001). Sustainability science. *Science*, 292 (5517), 641–642.

Kemp, René; Martens, Pim. (2007). Sustainable development: How to manage something that is subjective and never can be achieved? *Sustainability: Science, Practice, and Policy*, 3 (2), 5–14.

MacDonald, Glen M. (2010). Water, climate change, and sustainability in the Southwest. *Proceedings of the National Academy of Sciences of the United States of America*, 107 (50), 21256–21262.

National Research Council (NRC), Board on Sustainable Development. (1999). *Our common journey: A transition toward sustainability*. Washington, DC: National Academy Press.

Parris, Thomas M.; Kates, Robert W. (2003a). Characterizing and measuring sustainable development. *Annual Review of Environment and Resources*, 28, 559–586.

Parris, Thomas M.; Kates, Robert W. (2003b). Characterizing a sustainability transition: Goals, targets, trends, and driving forces. *Proceedings of the National Academy of Sciences of the United States of America*, 100 (14), 8068–8073.

Schellnhuber, Hans Joachim. (2009). Tipping elements in the Earth system. *Proceedings of the National Academy of Sciences of the United States of America*, 106 (49), 20561–20563.

World Commission on Environment and Development (WCED). (1987). *Our common future*. Oxford, UK: Oxford University Press.

Sustainable Livelihood Analysis, SLA

可持续生活分析

可持续生活分析（SLA）是一种理解家庭参与可持续活动的方法。该方法适用于农村或城市的任何情况，它建立在对可用资本（资源）以及对它们的漏洞和制度背景理解的基础上。可持续生活分析特别为那些对改善人们的生活有兴趣的研究人员和政策制定者所使用。

生活这个词是古英语中一个常用词。《牛津英语词典》（*the Oxford English Dictionary*）将它定义为"一种保护生命必需品的手段"。它来源于一个古老的英语单词 līflād，即"生活方式"，后缀"hood"的意思是"人、条件、质量"。从这个意义上说，无论住在哪里，所有人都有自己的生活，即生活方式和生活条件。虽然在不同的地方生活的形式可能非常不同，或者即使在同一个地方，随着时间的推移生活方式也会不同。另一方面，生活不仅仅是活着。《牛津词典》将生活描述为"一个人活着的状态；所有人存在的特点就是体验和活动"。显然，要活着，人们必须有足够的食物

和水等等，而要生活，就不仅仅是消费生活必需品，还必须有体验和活动。可持续生活分析探讨了人类活动的复杂性，并且以提高其质量和生存能力为目标。

理解生活

理解生活在任何一个特定的地点和时间都是巨大的挑战。该领域发展的早期英国生态学家罗伯特·钱伯斯（Robert Chambers）和高登·R.康威（Gordon R. Conway）曾经试图提出一个能捕捉其复杂概念的定义。他们认为，一个人的生活由能力、资产和谋生活动组成，若能够摆脱压力，维持自身，并为后代提供机会，他的生活就是可持续的。

生活包括能力、资产（存储、资源、债权和使用权）和生活所需的活动。可持续的生活能够应对压力和冲击并从中恢复过来，可以维持或增进其功能和资产，并为下一代提供可持续的生活机会。这无论在当地还是全球水平上，也无论短期或长期，都有益于其他人的生

活（Chambers & Conway 1992, 7）。

黛安娜·卡内（Diana Carney）当时是伦敦海外发展研究所的研究员，他提出了进一步细化的可持续生活分析定义，包括声明"可以应对压力和冲击并从中恢复过来，现在或将来都可以维持或提高其能力和资产，而不是破坏自然资源基础的生活就是可持续生活"（Carney 1998, 4）。

根据这些定义，生活必须能够维持其功能、为适应未来增强其功能、并能够从压力和冲击中恢复过来。人们通常假定应对压力和冲击的韧性的中心因素，就是组成生活的多元化，也就是说，涵盖各种各样的活动。一般认为建立在单一活动之上的生活如农业，比那些包含农业与一系列非农活动的生活如裁剪、木工、交易、甚至就业，更容易受到冲击（如干旱、洪水、和害虫袭击）。

评价生活

经济发展学家和政策制定者常常用可持续生活分析来作为基础的干预措施改善人们的生活。当然不管它是一项政策或一个特定的真实项目，开发任何干预都是合乎逻辑的。通过检查他们的生活方式，干预意味着对目前的谋生有帮助。然而，公开关注人们做些什么经常会忽略了人们生活组成的丰富度。例如，休闲显然对人很重要，但很少作为干预开发的前奏出现在任何分析里。一些研究人员指出，这种结构性经济方法忽视了这样一个事实：家庭生活是身份和社会关系的来源，它不仅仅是住、吃和工作。

用结构—功能和经济方法理解家庭的主要缺点是忽视意识形态的作用。近似"家庭"的

社会特定单元是最好的分类，它们不仅是以各种方式组织的任务型活动的执行群体，也不仅仅是住、吃、工作、繁衍后代的地方，而且是身份和社会标记的来源。他们都位于文化意义和权力差别的结构中（Guyer & Peters 1987, 209）。

不幸的是，像身份、社会结构和文化意义这样的重要思想常常是主观的，所以政策制定者关注那些可以看到、测量的实实在在的任务型活动也许并不合理，甚至这种看待家庭的一维方式也可以阐明人们要做什么和为什么要这样做，并为可能改善问题的干预活动提供更深刻的理解。

英国国际发展部（the Department for International Development, DFID）开发了一个可持续生活分析框架（见图1）。

英国国际发展部分析的中心是一个社会单位（如家庭）所拥有或可用的资本或资产。有5种类型的资本（Carney 1998）：

（1）自然资产，包括自然资源存储（土壤、水、空气、基因资源等）以及他们所提供的环境服务；

（2）人力资本，包括技能、知识和劳动以及良好的健康和体能；

（3）经济资本，包括现金、信贷和债务、储蓄和其他经济资产；

（4）物理资本，包括人造基础设施（建筑物、道路）、生产设备和技术；

（5）社会资本，包括社交网络、社会主张、社会关系、亲属和各种关系。

信息被认为是第六种形式的可用资本（Odero 2006）。根据他们对生活的贡献（或可能做出的贡献）来识别和评估某一特定家庭的资产，可持续生活分析应考虑系统的脆

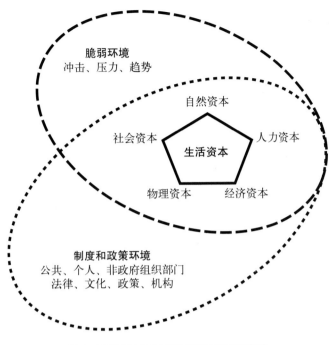

图1　DFID农村可持续生活框架的组成部分

来源：Carney（1998）.

　　图1显示英国国际发展部的农村可持续生活框架。英国国际发展部分析的中心是一个社会单位（如家庭）所拥有或可用的资本或资产。资本的五种类型包括自然资本（自然资源存储）、人力资本（技能、知识和劳动）、经济资本（现金、信贷和债务、储蓄和其他经济资产）、社会资本（社交网络等）和实物资本（人造基础设施）。生活资本所在的政策与制度环境也必须纳入考虑范围。

弱性：有什么冲击和压力可能会影响这些资本？这可以通过探索历史趋势、考察在这样的压力（例如干旱）下人们如何回应（也许通过迁移或基础设施投资）来进行部分评估。

　　冲击和压力对不同类型的资本可能有不同的影响。例如，短期内由于气候变化所导致的高频率干旱或洪水将冲击土地和植被等自然资本（包括作物），但可能很少或根本没有影响公路和铁路等物质资本。然而，从长远来看，强烈的干旱和洪水（压力）的连续循环则可能严重影响许多资本，包括社会资本。在生活资本范围内对这种压力的长期影响做出可靠的预测并不容易。

　　生活资本所在的政策与制度环境也必须

纳入考虑范围。有关部门可以采取行动限制某些短期冲击造成的损害。例如，政府机构可能采取行动来减少洪水对自然和经济资本的影响。同样，公共资金资助的信息服务可以提供信息和建议。非政府组织（例如慈善机构）甚至私人机构（例如银行和保险公司）还可能为生活提供支持。所有这些组织运作和限制其可用资源的宏观法律框架也影响家庭压力和冲击的方式。所有这些因素在策略开发时都必须考虑，也许可以让它应对冲击和压力更具弹性。

对可持续生活分析的批评

　　国际发展部门的可持续生活分析吸引了

一些批评,更凸显了进一步研究的机会。下面几段文字概述其中的一部分。

可持续生活分析可能变成对资本运动(相对简单直接的任务)的一个相当机械和定量的记录,越是定性的方面(如漏洞和制度环境)强调得越少。实际上,家庭的复杂性被减少到几个表和图表,甚至人本身也看不见了。在思考社会政策时,量化当然要与数字和统计同步(Neylan 2008),但将人民生活方式(更不要说他们的生活)的复杂性减少到一组数字,可能面临过于简单化的危险。

要观察所有组成生活方式的相关资本是很困难的。例如在农村,评估土地这样的自然资本对于农业家庭似乎是合理的,但是一个家庭可能拥有许多不规则地块的土地,也可能远离居住的地方。对所有的地块及其质量进行调查记录实在是一件耗时的事情。

如果土地只是季节性租用而不是拥有,那么这个资本就可能随时间的改变而发生显著的变化。可持续生活分析依赖那些被评估家庭的合作,但出于各种原因,宣布资产的所有权可能是极为敏感的事情。例如在访问中,一个家庭可能会选择少报拥有的土地量或其他实物资产,以避免资产文件记录和纳税。这样,家庭资本就可能被严重低估了。

评估漏洞是另一个难题,因为这个过程既复杂而又不可靠。如果有可用数据,研究人员要依靠历史趋势和计算机建模。但模型本身依赖于高质量的数据,它们通常用于大范围和较大时间跨度,而不是可持续生活分析所关注的小面积村庄和农场。当然肯定会出现意想不到的冲击和压力,比如由于政变或内乱而导致的政府重组。银行业危机在 21 世纪头 10

年是另一个这样的冲击,它遍布城乡各地,对许多人的生活产生重大影响。同样在这十年,另一个不可预知的冲击是所谓的阿拉伯之春,即从 2010 年底开始在北非和中东发生的一波又一波惊人的政治动荡。

因为这些因素很大程度上造成的不确定,重要的是要认识到对于生活的任何评估都是一项复杂的任务,时间上的任何一个简单印象都可能会误导人。

挑战:可持续生活分析的将来

由于它所面对的所有批评,可持续生活分析表征了向前迈出的重要一步。它考虑多个因素,这有助于避免任何狭窄的单扇区角度来看问题。它将多种因素纳入观点的交互和权衡,这正是可持续发展的核心内容。也许通过降低冲击的脆弱性来增强某个资本,对其他资本也有正面和负面的影响。例如,预防腐蚀的投资可以显著降低经济和人力资源,使其可用于其他创收活动。改变会有花费,而且也确实常常产生花费。最后,可持续生活分析强调生活是动态的而不是静态的。不仅资本会随着时间的推移而改变(部分原因是压力在起作用),而且其所处的制度和政策环境也会改变。

可持续生活分析的未来会怎样?虽然许多科学家正在研究这个话题,但大部分的研究以案例研究的形式进行的,其地点和时间都是特定的,并且这些研究分布在工作论文和项目报告中。将来,政策制定者和经济学家将必须开发定性评价生活的方法,而不只是用纯粹的功利主义的想法专注于思考生活资本。英国地理学家安东尼·贝宾顿(Anthony

Bebbington）指出："人的资产并不只是他们谋生的方式，这资产也向人的世界赋予其特有的意义"（Bebbington 1999）。

社会资本在这方面尤为重要。与其他人的交互不仅仅是创造收入的一种手段，而且也是人们影响其他社区、机构和政治家的一种手段。在快速的全球通信时代，社会资本为人们提供了一种与世界建立联系（或感知世界）的方式，即使这对他们的生活没有明显或直接的影响。在对于可持续生活分析的基本理解和如何开发更有效的方法来改善人们的生活方面，人们还有大片的改善和扩大空间。

斯蒂芬·莫尔斯（Stephen MORSE）
萨里大学

参见：21世纪议程；社区和利益相关者的投入；发展指标；环境公平指标；真实发展指数（GPI）；全球环境展望（GEO）报告；全球报告倡议（GRI）；国民幸福指数；$I = P \times A \times T$ 方程；增长的极限；人口指标；区域规划；社会网络分析（SNA）；可持续性科学；绿色税收指标。

拓展阅读

Bebbington, Anthony. (1999). Capitals and capabilities: A framework for analyzing peasant viability, rural livelihoods and poverty. *World Development*, 27 (12), 2021–2044.

Carney, Diana. (Ed.). (1998). *Sustainable rural livelihoods: What contribution can we make?* London: Department for International Development.

Chambers, Robert; Conway, Gordon R. (1992). *Sustainable rural livelihoods: Practical concepts for the 21st century* (IDS Discussion Paper No. 296.) Brighton, UK: Institute of Development Studies.

Guyer, Jane I.; Peters, Pauline Elaine. (1987). Introduction: Conceptualizing the household: Issues of theory and policy in Africa. *Development and Change Special Issue*, 18 (2), 197–214.

Neylan, Julian. (2008). Social policy and the authority of evidence. *The Australian Journal of Public Administration*, 67 (1), 12–19.

Odero, Kenneth K. (2006). Information capital: 6th asset of sustainable livelihood framework. *Discovery and Innovation*, 18 (2), 83–91

系统思考

以系统思维的观点,实体主要被看作相连和互相作用的部分形成的一些更大的整体,如一个生态系统、一种经济或一个组织。系统方法补充了简化论者的方法,通常单独地分析实体和问题。系统思考可以支持更好的决策,并减少意外后果的风险,因此与生物圈的维持有关。

系统思维和简化法经常互为矛盾,但它们实际上是互补的,并且通常需要使用这两种方法来理解复杂的、动态的现象。现有70亿人口的各种影响包括生物多样性丧失,地球自然资源的枯竭,水、空气和土地的污染。一种管理和减少这些影响的方法是来分析每个主题,然后尝试发现单独解决每一个问题的方案。这种简单化的方法有很多实例,并且以这种方式发展增强可持续性,可能是最有用的方法。但同样清楚的是,对生态系统、物理系统和人类系统的压力格局是密切联系的,而且如果我们孤立地对待每一个问题,将可能无法理解或解决一些我们这个时代的重大问题。例如,如果我们试图通过把粮食作物转化为乙醇来解决我们的能源问题,这可能有助于缓解对油品的需求,但我们立刻就会陷入粮食短缺的境地,由于农田扩展到未开垦的土地,紧接着是促进了生物多样性的丧失。在这种情况下,必须同时设法解决多个问题,使我们能够真正减少其影响,而不是仅仅转移其影响。

简化论

简化论试图以较小的或简单的成分互相作用的方式解释较大、较复杂系统的行为和性能。这种简单化的方法已经非常成功,通过进行实验测试,可以产生清晰的预测。例如,为了解物体相互产生的重力影响,牛顿万有引力定律认为,我们只需知道其质量即可,而其组成、形状和外观的细节并不重要。在这个意义上,我们可以简化至物体质量这样一组信息,却没有丢失显著相关的其他信息。牛顿定律不但非常精确地解释了一个苹果如何落到地上,并且使我们能够预测行星的轨道。

简化论的成功导致一些人认为简化论与科学同义，而我们将（最终）能够以较低级别水平解释较高级别的现象。目前尚不清楚这是否是真实的原则，但能肯定的情况是，许多大型复杂系统表现出的行为，不容易通过分解后的系统和对其各部分的单独分析来再现。在这种情况下，通常可以用更好的科学预测在一个更高层次的组织下来描述各部分，有时依据行为描述可能不明显，甚至存在于一个较低的水平。例如，不能从单独一只鸟（或构成鸟的细胞，或组成细胞的分子）的研究预测鸟群的行为，因为鸟群在天空盘旋的方式要求每只鸟与其他鸟类保持有一定的距离和并互相支持。

整个组织的重要性在生命系统中特别清楚，反映在从原子、化学品、分子、细胞、器官、生物体、社会团体以及物种的组织结构和控制流程的层次。没有参考更高的层面组织的功能，就不能很容易解释下一级的行为。例如，虽然根据物理和化学定律有机碱基可以兼容很多种排列，但是只有在DNA中的精确排列对生物才是至关重要的。因此，单单是一个简化的方法将不能满足对生物现象的充分认识。

系统的前景

对于系统的前景和简化，热力学提供了一个互补性特质的例子。首先通过整个物理系统的宏观分析提出了热力学定律，并且后来的证明只是从基于单个粒子这样较低级别的力学公式推导出来。但是，证据的科学方法和定义与应用于从物理光谱到经济行为不能一致。复杂性增加时，情况似乎变得更加多变、不可控且难以预料。例如，在经济系统个体操作人员的反应，比在化学反应中给定分子的反应更难以预料。一个现实的问题是，社会事件不能完全相同地复制，确实有看似重复出现事件的例子，但对于这样的说法需要有一定程度的判断标准，即什么程度的重叠才能算真正的重复出现标准。

不确定性的程度已导致一些人认为整体论与简化论一定不兼容，但是这也不正确。世界巨大且复杂，人类处理信息的能力有限。世界上所有的模型都被简化了，为了获得简单明了的模型，必须接受在简化过程中信息的损失。总之，我们需要的是一个智能和经得起检验的简化过程。

通常，系统理论是为响应这种需求而开发的。它提供了贯穿自然界各个层次结构的统一分析和解释框架。该框架将不同观点和学科的贡献整合成一个连贯的分析。一个系统方法通常涉及援引有关系统的一般原理，并对正在研究的特定系统之间可能和实际的关系进行推理。一个系统是由一组彼此交互的要素构成，因此改变一个要素可诱导另一个要素的变化。其中一些相互作用因果关系相对简单且定向，但是，特别是在一个较大的系统中，许多这样的交互作用可与复杂的因果关系链连接在一起。有时，一个给定的要素既可管理控制功能（引起其他要素变化），又能管理从属功能（被其他要素改变），所以因果关系链可能交叉。在实践中，一个要素可以启动并最终循环返回一个序列的原因和影响，使得循环中的每个要素间接地影响自身，这就是所谓的反馈循环，而当输入使原来要素不太可能引发另一个事件序列时，被称为一个负反馈。

一个系统可以包含一个以上的反馈回

路,并且其中的某些循环也有可能相互交叉。然后某个要素的行为可能是包括积极和消极的多个因素相互竞争的结果。许多系统的一个重要特征是它们表现出非线性行为。一般情况下,我们预计输入的微小变化会导致输出的微小变化。然而,这并非总是如此。有时,当该系统极大地改变其行为时,输入的微小变化可以引发相变。例如,橡皮筋的延伸在达到其临界点前与拉力呈比例。而临界点上,增加微小的张力将导致橡皮筋折断。当输入同时发生微小变化的时候,可能引发的巨大后果,远大于每个输入单独改变的后果,这是系统出现非线性行为的一个例子。例如,珊瑚礁的复合生态可以通过过度捕捞、污染、海水浑浊和温度变化、风暴或疾病而受到影响。通常珊瑚礁能够在同一时间处理其中的一个或两个因素,但他们没有能力同时处理多个因素。因此,当珊瑚礁已经处于压力之下时,只要对一个因素增加貌似无关紧要的压力,就可能产生比在此礁无压力时更为严重的后果。在某些情况下,非线性的一个后果是,即使对一个已经充分了解了的系统,可能也难以预测其行为。这可能是该系统的初始状况,也可能是多个输入组合的结果,抑或者是由于还不知道相变的精确位置。临界阈值附近一个微小的变化对附近一个系统的影响都可以导致显著不同的行为(如生或死)。

开放与封闭系统

为了将生命和生态系统的复杂系统概念化,必须了解开放和封闭系统之间的区别。这种区别取决于热力学第二定律,即没有一些能源的输入,所有的系统往往从有序下降到无序状态。例如,对一棵树或一台计算机组件而言,在其所有可能的安排方式中,只有很少的配置能产生运行系统;大多数可能的安排将只是零件的混乱堆积。因为只有少数配置可用,任何随机的变化比其之前更可能给系统留下更少、而不是更多的有序。这就是事物瓦解、腐烂和死亡的原因。一个系统中无序的量可以被测量并被称为系统的熵。

封闭系统的成分不会变化,最终会到达平衡状态,而且往往走向更高的熵(无序)状态。这意味着一个封闭系统通常到达一个点,在该点系统没有进一步变化的可能性。

开放系统可与环境交换流量。这些流量可以是材料、能源或信息。开放系统可以达到稳定状态,这取决于与其环境保持持续的交换。这种连续输入允许一些开放系统来建立和维持一个低熵状态,并保持其系统的完整性。

所有的生命系统是开放系统。生命本身就是一个熵减少的过程。生命系统建立、复制和创造秩序。因为地球不断地从太阳接收能量，所以地球上的生命具有开放系统的功能。这种太阳能的重要输入，允许地球上的熵下降而不是上升，让花生长，让人们制造计算机，并使无序变成有序。

当然，生命系统所居住的环境本身从来没有完全稳定过，所以生命系统需要从外源获得相当稳定的流量，该外源可以随着时间变化或者能够适应确实发生了的变化。那种环境变化需要生命系统具有有效的通信和控制流程，使他们能够监控、响应和抵御现实生活环境中的变化。这并不一定是一个自觉的过程。达尔文进化论是一个例子，盲目的、无意识的系统响应使生物体随着时间的推移，能够适应其所在的环境。

系统思考的运用

对生命本质以及能源和其他资源的投入的了解是至关重要的，支撑着系统地看待可持续发展的观点。其中的一个核心任务是确保人类的社会、经济和政治制度尽可能有效地分配能源和其他资源。但是，不同于其他物种，人类可以分析和改进他们的解决方案，从而尽量保证可无限期地保有必要的资源。

地球是一个开放系统，沐浴在以阳光形式的能量连续流动中。尽管其热动力丰富，然而目前大部分能源还是来自化石烃类，该能源是一个具有广泛的、潜在的严重环境后果的有限源，其环境后果包括气候变化，海平面上升和天气形态的变化。这可能意味着沿海区域的沉降和基础设施的损失、许多地区农业减

产、生物多样性丧失以及虫媒疾病的传播，其次是大规模迁徙，即人们从受灾最严重的区域搬迁。

这突出表明，在大多数现行的政治和经济决策中有两个严重缺陷：

第一，通常假设是受影响的系统将以线性而不是非线性的方式做出反应。

对长期渐进变化影响的认识往往是不完善的，而且系统要素常常被分离，代替作为系统的组成。然而，这可能是严重的误导。当处理非线性系统时，由于起动条件或多个输入相互作用的模式中，即使微小的变化也可导致显著不同的结果。系统方法通常会集中于这些非线性问题。

第二，政治和经济决策的制定缺乏对不同的目标可能会发生冲突的了解。系统思考的一个重要基础是一般原则，即每一个决定意味着取舍（在上面的例子中，这个取舍就意味着今天的廉价能源要以21世纪后期失去沿海城市为代价）。如果在决策过程中清楚地考虑权衡了这些后果，那么会更好地制定决策。相对目前的许多做法，这将是一个明显进步的象征，往往会减少成本效益方程中资金的输入和输出不相称的问题。

系统方法包括先思考可能的联系和影响，然后寻找最佳的多维解决方案，它通常涉及试图同时解决几个问题。例如，这种方法可能会建议寻找没有直接与食物生产和保护生物多样性竞争的第三代或第四代生物燃料。

因此，系统思考的最重要的作用是帮助人们做出更好的决策，提高长期成功的机会，并减少意想不到后果的风险，所有这些在关乎

人类未来的那些关键领域,都意义重大。

安东尼·M.H.克莱顿

（Anthony M. H. CLAYTON）

西印度群岛大学

尼克拉斯·雷德克里夫（Nicholas RADCLIFFE）

随机解决方案有限公司＆爱丁堡大学

C.安德烈·布鲁斯（C. Andrea BRUCE）

西印度群岛大学

参见：可持续性度量面临的挑战；知识产权；新生态范式（NEP）量表；定性与定量研究；社会网络分析（SNA）；可持续发展科学；跨学科研究；强弱可持续性辩论。

拓展阅读

Ackoff, Russell L. (1970). *Redesigning the future: A systems approach to societal problems*. New York: Wiley.

Checkland, Peter. (1981). *Systems thinking, systems practice*. New York: Wiley.

Clayton, Anthony; Radcliffe, Nicholas J. (1998). *Sustainability: A systems approach* (2nd ed.). London: Earthscan.

Costanza, Robert; Wainger, Lisa. (Eds.). (1991). *Ecological economics: The science and management of sustainability*. New York: Columbia University Press.

Daellenbach, Hans G. (1994). *Systems and decision making: A management science approach*. Chichester, UK: Wiley.

Gell-Mann, Murray. (1994). *Part IV of the quark and the jaguar: Adventures in the simple and the complex*. New York: Henry Holt.

Gharajedaghi, Jamshid. (1999). *Systems thinking: Managing chaos and complexity. A platform for designing business architecture* (2nd ed.).Woburn, MA: Butterworth-Heinemann.

Lewin, Roger. (1993). *Complexity: Life at the edge of chaos*. London: JM Dent.

Meadows, Donella; Meadows, Dennis; & Randers, Jorgen. (1992). *Beyond the limits*. London: Earthscan.

Pratt, Julian; Gordon, Pat; Plamping, Diane. (1999). *Working whole systems: Putting theory into practice in organizations*. London: Kings Fund.

Senge, Peter. (1990). *The fifth discipline: The art and practice of the learning organization*. London: Century Business.

Sigmund, Karl. (1993). *Games of life: Explorations in ecology, evolution and behaviour*. New York: Penguin.

Waldrop, Mitchell. (1993). *Complexity: The emerging science at the edge of order and chaos*. New York: Simon & Schuster.

T

Taxation Indicators, Green

绿色税收指标

各国政府能通过绿色税收来实现环境的可持续发展，因而绿色税收变得越来越重要。其指标并不能衡量环境问题，但是它本身是评估政策的工具。他们注重于政府使用税收措施的程度和这些措施的效果。

虽然税收制度主要是为政府收取资金，但它们也可以和推动可持续发展的规定相结合。例如，税收制度可以包含环境税收，如燃料中碳含量的税收，以此鼓励节约能源或是使用可再生能源。税收制度也可以为参与环境友好活动的人们提供特别的税收优惠，譬如利用太阳能提供电力或是保护重要的野生动物栖息地。这些税收优惠通常被叫作环境"税收支出"，因为他们是通过免税而不是政府直接支出来提供等值的资金。本文使用的术语绿色税收措施，是指环境税收和环境税收支出。

绿色税收措施的指标可以用在不同的项目上，在哪里使用、如何使用以及频率如何；

它们的财政影响也反映了使用的程度；还有它们的环保效益。本文综述不同的绿色税收指标并介绍一些可用的数据库。

使用的指标

衡量绿色税收措施的一种方法是看它们使用的频率、在哪些国家以及在哪级政府使用。有关的使用信息显示了国家通过税收代码来实现可持续发展的程度，以及它们所选择的税收工具的类型。

早期编制绿色税收措施信息的组织是经济合作与发展和欧洲环境署。他们目前建立了一个非常有用的电子信息库，其中包含在欧盟、经合组织国家以及其他选定的国家（OECD & EEA 2012）所使用的环境税收、费用、补贴（包括税收支出）还有其他基于市场的工具。人们可以通过该网站来搜索特定国家、环境问题和措施类型的数据库。该数据库包含措施的简要介绍、政府的等级和其他可能的信息，如实施日期。个别国家也在一些具体问题上建立数据库。例如，美国联邦政府为使用可再生能源来节能的州建立网页数据库提供资金，这个数据库提供了有关州税收奖励和其他州政府提供的其他类型的奖励信息。

税收影响的指标

绿色税收措施也能用收入来评估，如果是环保税，就用他们的环保税收入评估，如果是环保税支出，则用他们的收入损失来评估。因为绿色税收措施是收税制度的一部分，它们对于流入政府财政的资金有直接的影响。财政影响提供了一种政府能鼓励环境可持续发展的价格信号和税收制度有效程度的指标。

上文所述的经合组织/欧洲经济区的数据和图形显示了经合组织和欧洲国家自1994年来从环境相关的税收中获得的税收百分比。例如，2009年34个国家的加权平均值是5.66%，其中最低的是墨西哥1.4%，最高的是土耳其14.22%（OECD & EEA 2012）。百分比越高，该国就越是依赖环境相关的税务来获得税收。数据库的历史图形可以追踪过去一段时间里的趋势。

经合组织/欧洲经济区的数据库也能评估每个国家国内生产总值中税收所占的百分比，这是由欧洲委员会统计局办公室来完成的。就如欧盟统计局所解释的，环境税务中

的税收所占国内生产总值的百分比能预测环境有害产品和活动所带来的税收负担。欧盟统计局的报告称，2009年欧洲国家从环境税务中获得的税收值有2 870亿欧元，相当于国内生产总值的2.43%。丹麦环境税收超过国内生产总值的4.79%，这是在欧盟27个成员国中所占比例最高的国家（Eurostat 2012）。经合组织/欧洲经济区的数据库表明2009年它所覆盖的34个国家的平均百分比为1.66，并且它所能提供的数据可以追溯到1994年。

税收或是国内生产总值中所占的比例越高就意味着这个国家使用了越多的绿色税收，将绿色税收运用到能提供宽泛计税基数的经济活动中（如化石燃料的使用），或是使用更高的税率（比如更高的汽油税）。因此，参考已经使用的绿色税收（"使用指标"）的数据可以帮助我们更清楚地了解不同类型税务中起到产生收入作用的程度。经合组织/欧洲经济区的数据库和欧盟统计局提供了一些有用的可以互相参考的分析。经合组织/欧洲经济区的数据库显示了在能源税、车辆税和其他类型环境相关的税中税收是如何分配的。欧盟统计局提供了从不同类型的环境税和不同部门包括制造、运输和家

用中所获得的税收金额的统计数据。

使用环境税收支出的政府能够根据过去的税收计算出税收措施的成本。在免税、扣税、税收抵免或者是降低税率来提供税收优惠,这意味着政府的税收会减少。计算以前的收入可以帮助了解一个纳税人报税后得到的税收优惠程度(事后),或在报税前预计他们将要得到的税收优惠程度(事前)。因此,这种措施对衡量政府在具体环境问题上的投资水平和反应程度很有帮助。例如,美国联邦国会工作人员每年要准备一份税收支出的预算,这个预算要规划未来五年里税收对所有联邦税收支出包括环境税收支出的影响。其2012年的报告中预计,纳税人将索要68亿美元的税收来抵免2011年—2015年之间风力发电场所发的电(Staff of the Joint Committee on Taxation 2012)分析并不能显示获益的纳税人数量,但是总体数据很好地显示了政府通过免税代码所提供支持的水平。

环境影响的指标

从环境的角度来看,最理想的是制定一个国际或是国家统一的制度来定期衡量每种绿色税收措施的实际环境影响,如碳税和对风力发电的税收抵免能减少二氧化碳的排放。然而,税收措施的环境影响的衡量工作通常是很难的,因为他们的方法以市场为基础,人们在私企决策会受到绿色税收措施价格信号和其他一些因素的影响。理想情况下,税务的影响应该和这些因素分离开。另外,不像环境法规所要求的所有涉及的都有一定的标准,在绿色税收面前每个人都会做出的反应都不一样。因此,(事前)预期的或是(事后)实际的环境影响能够决定从税收措施中产生的环境利益的程度,会有多少人改变他们的行为,会产生多大的环境利益。数据和经济假设会根据税收措施和国家的不同而变化。

这些计算的复杂性意味着,目前还没有一个系统的、国际化的评估来衡量绿色税收措施的环境影响以得到综合的数据。有关环境影响的信息往往是零散的,并且依赖于政府、非政府组织或是重点对具体税收措施进行评估的学术组织。例如,一些使用了复杂经济模型的有价值的研究提供环境税影响的评估,如欧洲能源税改革对化石燃料消耗的影响(例如,Andersen & Ekins 2009)。美国正在评估联邦税法对温室气体排放的影响,并且预计美国国家科学院的报告将在2012年底得出结果。

对环境影响的简化评估就可以对环境影响的范围提供一个简略报告。有时候组织收集的数据就可以作为一个粗略的指标,例如通过自愿捐赠所保护的土地面积,或者能够获得税收的土地信托的保护限制。虽然所保护的土地面积不能准确表示哪个决定与税收相关,但是它提供了活动相对影响程度的大概估计。

效益评估也可以考虑成本效益。例如,美国国会工作人员已经对取代化石燃料的税收成本下的一些环境税收抵免做了评估。即使这种方法不能确定税收支出的准确行为影响,但它能有效预测不同措施在税收和环境影响因素下的相关价值。该研究表明,若每百万英热单位燃烧的化石燃料用风力发电产物代替后的税收抵免价值2.25美分,然而每百万英热单位燃烧的化石燃料用乙醇燃料代替后的税收抵免价值5.92美分(Staff of the Joint Committee on Taxation 2011)。

有时颁布环境税法主要是为了获取资金来解决环境问题。税率不够高不足以满足解决环境问题的行动,但是税收收入可以指定用于相关的环境问题。例如,美国联邦政府增加了一个小的燃油税,以此来为清理泄漏的汽油提供资金。在这种情况下,环境影响更多的来自资金的使用而不仅仅是税务本身的存在。因此,要在使用资金的环境利益情况下来测定它的有效性,譬如2010年使用资金来帮助应对墨西哥海湾的英国石油公司(BP)石油泄漏事件。

环境危害税收措施的指标

上述讨论的几种都在环境友好的收税措施上,但是税收制度通常还包含损害环境而带来利益的活动,如化石燃料燃烧后的产物会产生对气候变化带来影响的二氧化碳。政府逐渐意识到对这些税收优惠评估的必要性。2009的20国集团谈判达成了协议,要逐步淘汰低效率的化石燃料补贴,因其"破坏应对气候变化威胁的努力"(Pittsburgh Summit 2009)。越来越多的研究在评估政府用于补贴上的花费,其中包括对几种类型的化石燃料的税收优惠。它们也显示了关于在可再生能源上花费的环境危害补贴金额。例如,国际能源机构的一项全球调查中估计,2010年对化石燃料的补贴

总额为4 090亿美元,相比之下可再生能源只有660亿美元。据预测,到2020年将逐步取消化石燃料补贴,而在2035年将减少近6%的二氧化碳排放量(IEA 2011年)。另一项研究预计,在2002年—2008年间美国联邦政府在化石燃料的补贴上花费了720亿美元,而同时期的可再生燃料只有290亿美元(Environmental Law Institute 2009)。这些研究可以作为政府投资破坏环境活动和政府对环境可持续发展精神相关承诺的一个重要指标。国际能源署、石油输出国组织、经合组织和世界银行在2010年联合发布的报告中描述了范围广泛的破坏绿色和环境能源补贴的数据收集状况。

前进的道路

如前文所述,来评估绿色税收措施的方法有很多种,每种都向政府展示了用税收抵免来推动可持续发展的不同前景。一种措施的存在表明了选择哪种税收制度来实现环境保护的政策。税收影响表明了该政策下政府的财政利益或成本,以及通过免税代码调整后的价格信号。环境影响表明了措施对环境改善的程度。还可以开发其他指标,譬如那些显示何时以及如何将绿色税收和其他政策办法联系起来的指标,包括法规、支出计划以及其他市场手段。

上述指标在某些方面可能和其他政策下的可持续发展指标不同。首先,因为绿色

税收措施是在税法里的，它们和政府预算之间的联系比其他政策更加明显。因此税收影响变成了一个鲜明的特点和指标。这种强烈的联系能为绿色税收措施提供机会：新税收的需求会让政府考虑绿色税收或是废除对环境有害的补贴。它也可能造成障碍：在财政赤字的时候政府可能没有能力承担绿色税收支出。

其次，不像指挥和控制的法规，绿色税收措施不需要一定程度的遵守，所以评估它们有难度。人们不能测量明确的监管标准的有效性或违规的数量。反之，它们的有效性是很多私企决策的结果并且取决于那些分散决策的聚合效果。例如，人们可能测量减少排放的温室气体，但是测量的方法完全不同。

未来继续建立这些和其他可能的指标的数据库和方法将很重要。更多的信息能使政策制定者和其他感兴趣的个体对政府所使用的税收措施和政府等级有更好的理解。它能提供其他国家可能考虑采用的技术先例。它能提供那些能推动可持续发展措施的评估。

然而要开发组织这些信息将需要政府部门、机构和学术界的承诺。欧洲环境署、经合组织和国际能源机构这些机构努力收集的数据就对更好理解全球和特定国家的环境税收的作用起了很大推动作用。单个国家层面的提倡能更进一步提高单个国家对国际评估的理解和贡献。可持续发展的人才和资源承诺随着时间的推移对构建完善使用的指标和税收的影响将会非常重要。

此外，确定不同绿色税收措施的实际环境影响将需要更明确的承诺。需要使用复杂的经济模型来完成这个任务、还要在每个税收措施以及运作过程中设置其独特的特点，这些研究耗时、复杂，还要针对具体的税收。尽管如此，继续完善事前和事后研究的行为，运用尽可能多的税收措施来确定实际的环境影响都很重要。从可持续发展角度看，环境影响的指标能体现出对收税措施是否环保的最终考验。再次，政府和其他机构将需要发挥很重要的作用，要对这个投资做担保从而使系统分析绿色税收措施的成效成为可能。

珍尼特・E. 米尔恩（Janet E. MILNE）
佛蒙特法学院

参见：绿色建筑评级系统；业务报告方法；绿色国内生产总值；国家环境核算；遵纪守法；三重底线。

拓展阅读

Andersen, Mikael Skou; Ekins, Paul. (Eds.). (2009). *Carbon energy taxation*. Oxford, UK: Oxford University Press.

Database of State Incentives for Renewables & Efficiency (DSIRE). (2012). Homepage. Retrieved January 24, 2012, from http://www.dsireusa.org/.

Environmental Law Institute. (2009). Estimating US government subsidies to energy sources: 2002−2008. Washington, DC: Environmental Law Institute.

Eurostat. (2012). Total environmental tax revenues as a share of total revenues from taxes and social contributions. Retrieved January 24, 2012, from http://epp.eurostat.ec.europa.eu/portal/ page/portal/product_details/dataset?p_product_code 5 TEN00064.

Eurostat, Energy. (2011). *Transport and environment indicators* (2011 ed., Chap. 4.6). Luxembourg: Publications Office of the European Union.

International Energy Agency (IEA). (2011). *World energy outlook 2011* (Chap. 14). Paris: IEA.

International Energy Agency (IEA), Organization of the Petroleum Exporting Countries (OPEC), Organisation for EconomicCooperation and Development (OECD) & the World Bank. (2010). Joint report: Analysis of the scope of energy subsidies and suggestions for the G-20 initiative. Paris; Vienna, Austria; Washington, DC: IEA, OPEC, OECD & the World Bank.

Milne, Janet; Andersen, Mikael Skou. (Eds.). (2012). *Handbook of research on environmental taxation.* Cheltenham, UK: Edward Elgar.

Organisation for Economic-Cooperation and Development (OECD). (2012). Inventory of estimated budgetary support and tax expenditures for fossil fuels. Paris: OECD.

Organisation for Economic-Cooperation and Development (OECD) & European Environment Agency (EEA). (2012). OECD/EEA database on instruments used for environmental policy and natural resources management. Retrieved January 24, 2012, from http://www2.oecd.org/ecoinst /queries/index.htm.

Pittsburgh Summit. (2009). Leaders' statement: The Pittsburgh Summit. Retrieved January 24, 2012, from http://ec.europa.eu/commission_2010-2014/president/pdf/ statement_20090826_en_2.pdf.

Staffof the Joint Committee on Taxation. (2011). Present law and analysis of energy-related tax expenditures and description of the revenue provisions contained in H.R. 1380, the New Alternative Transportation to Give Americans Solutions Act of 2011. Washington, DC: Joint Committee on Taxation.

Staff of the Joint Committee on Taxation. (2012). Estimates of federal tax expenditures for fiscal years 2011–2015. Washington, DC: US Government Printing Office.

Transdisciplinary Research

跨学科研究

凡是利益相关者与研究人员合作解决社会问题的时候，就可以产生高质量、可实现的解决方案。跨学科的研究允许研究人员、专家、决策者和公民共同为研究解决方案群策群力。这种研究特别适合接受复杂的、影响公众的且需要集体努力的可持续发展的挑战。跨学科研究被广泛接受取决于获取资源难易、有无专业知识和制度支持程度。跨学科的研究是一个特定模式的研究，其中研究人员、专家、决策者、商界领袖和公民共同合作应对复杂的社会问题，如为可持续性提出解决方案。

定义

纽约大学社会和文化分析教授安德鲁·罗斯（Andrew Ross）在他2011年的著作《着火的鸟》中提出"世界最可持续城市的教训"，他指的是亚利桑那州凤凰城。罗斯的观点概述了这座在过去20年环境不断恶化的著名城市面临的挑战：从过度使用水资源和能源密集型城市发展（扩张）到经济差距（贫困）、公共健康问题（肥胖）和社会张力问题（移民）。这些挑战不属于一个特定的社会部门，而是关于整个社会的，因此需要一个新的、协作性的解决问题方式，其中一个可能的方式就是跨学科研究。

罗斯提供了一个协作的例子，如以社区为基础的水资源管理和本地食品计划，凤凰城的管理最近形成了一个提案（书中未提及）。由于上述挑战受到了越来越多的关注，2009年凤凰城计划部门联手亚利桑那州立大学可持续发展学院，其目的简单明了：城市的挑战需要创新的解决方案和结构变化。要寻找新的见解和想法，有哪个地方会比专门从事可持续性研究的大学更适合呢？经过几个月的深思熟虑和与扩大利益相关者群体谈判，这几个组织建立了伙伴关系，促成了一系列合作研究项目，为了创建科学可信的、适用的城市解决方案策略。这个特殊的研究实践被称为跨学科研究。这种模式的研究超越了那些起源和应用都主要局限于学术界内部的学科研究和学科间研究（因此加上前缀"跨"）。

学科研究指的是单个学科,多学科研究是沿用将不同学科或方法组合在一起的概念而来的;学科间研究指的是一个不同学科高度综合的概念和方法。重要的是要注意,"跨学科研究"这个术语并不总是我们现在的这种用法。它也用来表示跨学科研究的一种高级形式,那种形式具有完全不同的意义(这些定义的更多细节,请参阅Pohl & Hirsch Hadorn 2007; Scholz 2011)。

在介绍跨学科研究的详细特性之前,首先来探讨什么是跨学科研究可能很有益。它不是一个新的研究范式,也不是特定领域唯一的应用程序,也不是一个单一的研究方法。

首先,跨学科研究作为一个现象没有明确的起源,不像这个术语,不同的研究人员在20世纪70年代就创造出来并广泛介绍了(Thompson Klein 2004)。事实上,它源于各种支链的研究,包括寻求发展中国家解决社会问题的研究,也包括扩大了的一般(科学)知识库的研究。在这方面,跨学科的研究不同于应用科学,主要专注于实际应用。

第二,有几个研究领域以不同实践形式采用了跨学科研究,包括可持续性科学、环境科学、农业科学、健康科学、社会工作研究、城市规划和设计研究。简而言之,就是一些要解决更广泛的社会挑战的领域会广泛使用跨学科研究。

第三,跨学科研究与参与性研究(Blackstock, Kelly & Horsey 2007)、社区研究(Savan & Sider 2003)、边界研究(Clark et al. 2011)、交互研究(Talwar, Wiek & Robinson 2011)以及其他合作研究方法(Lang et al. 2012)享有共同的原则。以上这些研究都可为专家、决策者和公民提供模板,以便他们参与那些针对问题和面向解决方案的研究并做出贡献。因此,跨学科研究可以涵盖所有这些研究。这种务实的描述并非对各特定研究特征方法不公平,但是,加强关注相似之处有助于那些基本原则得到更广泛的理解和接受。

第四,没有一个或一组特定的研究方法适合跨学科研究。专家认为,跨学科研究是可以应用多种方法的一整套研究。例如,情景分析的方法本身不是一个跨学科的方法,但事实上,场景分析广泛地应用于纯学科、多学科和跨学科的机构(使用一个或多个学科研究者的专业知识)。研究人员只有在一个特定的方式下才会在跨学科机构中应用场景分析,主要是让不同利益相关者(学术和非学术利益相关者,如政府代表或公民)共同参与、针对问题讨论解决方案——即导向研究过程。跨学科研究是通过原则或准则来定义的一套方法(或框架),它要求研究与其特定性质相符,这样才能更好地适应跨学科研究。

特征

跨学科研究应用有三个关键特征(Bergmann et al. 2005; Blackstock, Kelly & Horsey 2007; Lang et al. 2012; Pohl & Hirsch Hadorn 2007; Scholz 2011; Scholz et al. 2006)。首先,它是由问题驱动的,不管是讨论社会问题还是科学问题,研究方都能互利互惠。其次,它是合作研究。专家越过不同的学科和持合法股权的不同利益相关者集团共同来进行研究。这项研究包括相互学习、联合学习和能力建设。第三,它是面向解决方案的。研究的成果是提供既适合问题背景又能概括为科学知识体系的问题解决方法。这些特征有助于研究者区分跨学科研究与相似的研究类型，如行动研究，它界定社会问题但常常科学性较差；又如传统社会科学研究，它需要在一定程度上与个人或团体密切接触，但却很抽象；又如决策科学研究（决策支持系统），它通常提供科学可靠的解决方案，但却未能考虑实用性、可行性和效率（Talwar, Wiek & Robinson 2011）。

跨学科的研究特别适合用于应对可持续发展的挑战，这是研究人员在可持续性科学发展早期就已经认识到（Kasemir et al. 2003; Kates et al. 2001; Thompson Klein et al. 2001; van Kerkhoff & Lebel 2006）、此后又一再重申的（参见 Lang et al. 2012 年的总结）。

系统性故障往往导致可持续发展问题，这些问题影响范围大、高度复杂，又非常紧迫，因为它们正在接近临界点（Jerneck et al. 2011）。可持续性问题超过传统的认知、情感和组织能力，它们需要各种资源，也需要利益相关者组织通过集中的、建设性的、协调的投入来构建一种新的、加强的社会智慧与情感构架。当我们从理解可持续发展问题过渡到提出实际解决方案时，这个框架就更贴切了（Pohl & Hirsch 2007; Wiek 2007）。解决可持续发展问题的需求是令人望而生畏的：研究可持续性的解决方案需要将分析、规范、教育等诸多复杂知识混合起来，最终为复杂的过渡和干预策略提供以证据为基础的指导（Pohl & Hirsch 2007; Wiek 2007）。最后，在关系到可持续性的问题和提供解决方案时，主导权、承诺和问责制尤其重要，因为路径依赖问题、惯性问题和阻力会继续阻碍通向可持续的道路。

有了上面列出的几点主要特征，跨学科研究可以为满足上述需求做出积极的贡献。

实践

跨学科（可持续性）研究的实践可以按照实际的研究过程来描述，它强调应用设计原则（详情见 Lang et al. 2012，基于以下资料：Bergmann et al. 2005; Blackstock, Kelly & Horsey 2007; Pohl & Hirsch Hadorn 2007; Stauffacher et al. 2008; Talwar, Wiek & Robinson 2011）。跨学科研究的过程使社会问题解决的过程和科学调查成为一体，可分为下面的三个阶段：

第一阶段，研究人员和利益相关者建立合作研究团队，共同协作来确定（识别、构建）他们想解决的可持续性问题，并为协作知识的成果和集成设计一个方法论体系。他们将问题定义为一个"边界对象"，既反映社会需求又反映科学兴趣，从而允许将实践操作和科学可信的知识结合在一起（Clark et al. 2011）。

第二阶段是核心研究阶段，在这一阶段中，研究人员和利益相关者合作通过应用、调整综合研究方法和跨学科体系提出解决方案。

第三阶段，研究人员和利益相关者应用所创造出来的知识（选择解决方案并加以实施），通过比较、传递、归纳，使其重新融入科学知识体系，从而扩大科学知识体系。第三阶段还包括科学和社会影响的评价（从短期到长期）（Walter et al. 2007）。

跨学科研究遇到各种挑战，需要特定的专业知识和经验，以帮助研究人员顺利克服领域中潜在的缺陷（Bergmann et al. 2005; Lang et al. 2012; Wiek 2007）。研究人员面临普遍的挑战，他们不能通过简单的遵循一个通用配方来进行跨学科研究，而是需要深入了解其背景、利益相关者的问题特性、认知、兴趣、能力、偏好和可用的资源。具体的缺陷在三个阶段扮演不同的角色。第一个缺陷，关注利益相关者的选择。研究人员经常过度依赖"通常的嫌疑人"，也就是提名自己以及参与许多不同公众问题的利益相关者。同时，研究人员通常不知道合法的利益相关者是谁。最后，至少有一些关键的利益相关者往往缺乏兴趣、能力或资源而不参与。第二个缺陷，研究人员因感受到成功的压力、团队或外部压力（如截止日期），退回到预设的技术解决方案而不再追求深入合作的知识成果。研究人员还经常因为要将研究结果发表（为了学术界的奖励），不断推迟真正的解决方案（知识——第一陷阱）的生成。第三个缺陷涉及对科学和社会影响的跟踪。与传统研究相比，"符合实际的结果"往往不仅更难出版，而且也更难以追踪，因为社会影响的显现滞后，并且要通过很难被经验证据支持的间接因果关系才能显现出来（Walter et al. 2007）。

展望

尽管存在这些挑战，跨学科研究已经成为可持续性研究和实践的一个好方法。工作简介、任职和晋升政策、同行评审指南等等都越来越多地要求这种类型的研究。跨学科研究现在被广泛认为是一个重要的、学科融合或学科间研究的实践，它在解决21世纪可持续性的挑战中可能起到至关重要的作用。

跨学科研究的更广泛成功取决于社会构建和形成更广泛的金融资源基础的意愿，因为跨学科的研究需要额外的初期投资，跨学科研究也需要专业人员的深层协作，这就要求有专门的教育项目（Wiek Withycombe & Redman 2011）。最后，跨学科的研究人员需要机构的制度支持，换句话说，需要反映跨学科研究的特定功能和目标的激励和奖励系统以及扩大的社会影响（Talwar, Wiek & Robinson 2011; Walter et al. 2007）。当这些条件得到满足，跨学科研究就将成为解决可持续问题的一个重要工具。

阿尼姆·维克（Arnim WIEK）
美国亚利桑那州立大学
丹尼尔·J.郎（Daniel J. LANG）
德国卢纳堡大学

参见：可持续性度量面临的挑战；公民科学；社区与利益相关者的投入；成本效益分析；知识产权；参与式行动研究；定性与定量研究；社会网络分析（SNA）；可持续性科学；系统思考；强弱可持续性辩论。

阅读材料

Bergmann, Matthias, et al. (2005). *Quality criteria of transdisciplinary research: A guide for the formative evaluation of research projects* (ISOE-Studientexte, No. 13). Frankfurt am Main, Germany: Institute for Applied Ecology.

Blackstock, K. L.; Kelly, Gail J.; Horsey, B. L. (2007). Developing and applying a framework to evaluate participatory research for sustainability. *Ecological Economics*, 60 (4), 726–742.

Clark, William C.; Dickson, Nancy M. (2003). Sustainability science: The emerging research program. *Proceedings of the National Academy of Sciences USA*, 100 (14), 8059–8061.

Clark, William C.; et al. (2011). Boundary work for sustainable development: Natural resource management at the Consultative Group on International Agricultural Research (CGIAR). *Proceedings of the National Academy of Sciences USA, Early Edition*, 8. doi: 10.1073/pnas. 0900231108.

Jerneck, Anne; et al. (2011) Structuring sustainability science. *Sustainability Science*, 6 (1), 69–82.

Kasemir, Bernd; Jäger, Jill; Jaeger, Carlo C.; Gardner, Matthew T. (Eds.). (2003). *Public participation in sustainability science: A handbook*. Cambridge, UK: Cambridge University Press.

Kates, Robert W.; et al. (2001). Sustainability science. *Science*, 292 (5517), 641–642.

Lang, Daniel J.; et al. (2012). Transdisciplinary research in sustainability science: Practice, principles and challenges. *Sustainability Science*, 7 (Suppl), 25–44.

Pohl, Christian; Hirsch Hadorn, Gertrude. (2007). *Principles for designing transdisciplinary research: Proposed by the Swiss Academies of Arts and Sciences*. Munich, Germany: Oekom Verlag.

Ross, Andrew. (2011). *Bird on fire: Lessons from the world's least sustainable city*. New York: Oxford University Press.

Savan, Beth; Sider, David. (2003). Contrasting approaches to community-based research and a case study of community sustainability in Toronto, Canada. *Local Environment*, 8(3), 303–316.

Scholz, Ronald W.; Lang, Daniel J.; Wiek, Arnim; Walter, Alexander I.; Stauffacher, Michael. (2006). Transdisciplinary case studies as a means of sustainability learning: Historical framework and theory. *International Journal of Sustainability in Higher Education*, 7 (3), 226–251.

Scholz, Roland W. (2011). *Environmental literacy in science and society: From knowledge to decisions*. Cambridge, UK: Cambridge University Press.

Stauffacher, Michael; Flüeler, Thomas; Krütli, Pius; Scholz, Roland W. (2008) Analytic and dynamic approach to collaborative landscape planning: A transdisciplinary case study in a Swiss pre-alpine region. *Systemic Practice and Action Research*, 21 (6), 409–422.

Talwar, Sonia; Wiek, Arnim; & Robinson, John. (2011). User engagement in sustainability research. *Science and Public Policy*, 38 (5), 379–390.

Thompson Klein, Julie. (2004). Prospects for transdisciplinarity. *Futures*, 36 (4), 515–526.

Thompson Klein, Julie; et al. (Eds.). (2001). *Transdisciplinarity: Joint problem solving among science, technology, and society; An effective way for managing complexity*. Berlin: Birkhäuser.

van Kerkhoff, Lorrae; Lebel, Louis. (2006). Linking knowledge and action for sustainable development. *Annual*

Review of Environment and Resources, 31, 445–477.

Walter, Alexander I.; Helgenberger, Sebastian; Wiek, Arnim; Scholz, Roland W. (2007). Measuring societal effects of transdisciplinary research projects: Design and application of an evaluation method. *Evaluation and Program Planning*, 30 (4), 325–338.

Wiek, Arnim. (2007). Challenges of transdisciplinary research as interactive knowledge generation: Experiences from transdisciplinary case study research. *GAIA—Ecological Perspectives for Science and Society*, 16 (1), 52–57.

Wiek, Arnim; Ness, B.; Brand, F. S.; Schweizer-Ries, P.; Farioli, F. (2012). From complex system analysis thinking to transformational change: A comparative appraisal of sustainability science projects. *Sustainability Science*, 7 (Suppl), 5–24.

Wiek, Arnim; Withycombe, Lauren; Redman, Charles L. (2011). Key competencies in sustainability: A reference framework for academic program development. *Sustainability Science*, 6 (2), 203–218.

Tree Rings as Environmental Indicators

作为环境指标的树轮

树轮是在树干横截面上可见的同心圆,它记录了诸如火灾、虫害爆发、伐木等事件。我们研究和追溯它们(这个过程叫作树轮年代学)是为了理解过去生态过程如何起作用、未来又将如何发展。随着世界各地越来越多树轮研究的兴起,我们将更好地回答关于影响我们所有人的可持续性问题。

树木和树木的成长可以成为显示发生在自然环境中的过程和事件的有效指标。这对不同季节的气候来说,尤其如此。树轮每年的成长,可以在树干横截面上看到,这使其容易与其他树木区别开来。(见图1)随着树木的成长,它每年都形成一层新的木材组织。这种成长发生在细胞的薄膜层,叫作血管形成层,就位于树皮里面。在温带地区,大多数树木从冬眠中苏醒过来,用前几年存储的营养物质来生成细胞。在针叶树中,春季形成的细胞比较稀疏薄壁,形成了称为春材的浅色区域。到了成长季节的晚期,较小较薄壁的细胞形成在称为夏材的深色区域。春材区域和夏材区域合在

一起,就被人们认为是每年生长的树轮。研究树轮进而学习环境变化的科学叫作树轮年代学,它是被用来分析自然、物理和文化科学的进程和事件的模式。由于树木的成长率对于自然和人为的事件很敏感,特定年份的情况对于树木生长或有利,或不利,这导致了年复一

图1 道格拉斯冷杉树(*Pseudotsuga menziesii*)的年轮
来源:作者.

如照片中的道格拉斯冷杉树年轮所示,树木的增长速率对自然和人为事件都很敏感,从而使树木生长速度发生变化,也就导致一棵树在其整个生命周期中每年的树环宽度都有不同。这种宽窄树环模式可以作为一个指标来监控世界大部分地区的环境过程。

年的整个树木生命中的树轮宽度的变化。这种宽窄年轮的模式是一个监测世界大部分地区的环境历程的指标。

树轮年代学的起源

一位被后世叫作达芬奇的古希腊人，发现了树木每年都长成一个新的年轮，树轮年代学的现代发展归功于安德鲁·E.道格拉斯（Andrew E. Douglass）。20世纪早期，作为亚利桑那大学的天文学家，道格拉斯对于研究太阳黑子运动和地球气候的关系产生了兴趣。因为他知道植物生长受到气候变化的影响，认为树木年轮的大小会受到随着气候环境影响的太阳黑子活动的周期而改变。不久之后，他向世人展现了树轮宽度和气候的联系，然后，他开发了一项技术来匹配树木间和同一地理区域中地点宽窄的年轮模式。这个叫作交叉断代的技术是树轮年代学的最基本原则，也几乎是每一个科学应用的关键。

树轮年代学的应用

树轮年代学的科学主要应用于温带和副极地带，在那里随着环境等许多方面的气候变化，大部分的树木每年只长一圈年轮。由于它的发展，树轮年代学已经成为在广泛的环境规则下架设桥梁的有用工具，这包括生物地理学（研究动植物的地理分布）、气候学（研究气候）、水文地理学（研究水），地貌学（研究陆地构造）和生态学（研究生物体和他们的环境之间的关系）。例如，气候学和水文地理学使用树轮年代学技术来检测过去的环境状况，以便帮助人们来评估环境的不同方面的未来可持续性。科学家开始建模来描述特定时间段（比如20世纪）的某种环境变量的模型（如冰雹、气温、干旱、二氧化碳、和其他气候因素）。树轮宽度（或其他物理和化学属性）的信息被加入到了模型上，这样一来，其他变量可以及时重建来得到树轮记录的长度了。比如，生长在分水岭的对于冰雹敏感的树木的信息可以与河流位标站的信息作对比，用来模拟以前在还没有流速流水计量的年代里的溪流流速和流量信息。这些流速流量的长期观察可以用来对比20世纪和21世纪的水位，帮助人们制定水流管理政策来提高这些还没有被消耗掉的资源的可持续性。

树轮也可以用来观测不同时间和不同区域中的生态进程改变，以便研究者可以分析生态系统是否可持续。自然干扰和人为干扰（比如火灾、热带气旋、虫害爆发、致病菌、砍伐树木和地震）以及可能影响一个森林社区的植物生活的合成、结构和变化的生态进程都被生长着的树轮记录下来了。理解这个干扰的影响和理解生态进程过去如何起作用能帮助科学家预测森林将如何变化、它们未来的生态系统是否具有可持续性。在气候变化的时代，这种洞察尤其重要。

树轮年代学的局限性

树轮作为环境事件的档案和可持续性的指标是非常珍贵的，但是，它们所能告诉我们的信息也很有限。比起树轮记录的信息来，冰心（冰川的冰的样本），海洋岩心样本（来自海床的样本）、洞穴堆积物（洞穴特征，比如洞穴自身所形成的钟乳石）和湖泊沉积都可以比树轮提供更多过去环境的详细记录。但另一方面，与这些其他指标所提供的信息相比，树木提供更多详细的信息。面对这种权衡，科学家们需要分析的时间段越长，就越必须牺牲细节。

最近，树轮年代学家和其他领域的科学家已经评测了树轮是否可以用来作为气候可变性的有效指标。但是，需要首先解决的关键问题是相关的分歧。自从20世纪中叶全球气温不断上升，而树木的生长却出现下降，尤其在高纬度地区，这种模式与往常大相径庭，因为历史上的高气温使树轮变宽。因此，在尝试使用年轮数据作为气候变量前，树轮年代学家必须先确保以前关于气候与树木生长关系的观点是可靠的。

树轮年代学的未来

研究者发现树轮可以用来测试可持续理论的新方法后，树轮年代学的新领域也随之出现了。热带地区是地理前沿，以前认为对树轮年代学应用无用的树种上发现了每年出现的年轮。此外，树轮年代学在继续学习新方法，树轮中所蕴含的氧、碳、氢可以提供关于发生

在大气、陆地、海洋的进程间联系的信息，提取固定在树轮中的自然生成和人工化合物的新方法也在不断发展。新技术帮助研究者寻找元素和化学物层面的变化，这些变化可能是由于污染而产生的，并可能对自然资源的可持续性有害。最后，树轮研究的数量在世界范围内不断激增，所以，我们建设树轮数据网络的能力也要加强。这些数据网络可用来回答关于影响地球上每一个人的自然资源可持续性问题。

格兰特·L.哈利（Grant L. HARLEY）

亨利·D.格里斯诺－梅尔（Henri D. GRISSINO–MAYER）

田纳西大学

参见：空气污染指标及其监测；生物学指标（若干词条）；可持续性度量所面临的挑战；生态系统健康指标；全球植物保护战略；土地利用和土地覆盖率的变化；长期生态研究（LTER）；减少因森林砍伐和森林退化引起的排放（REDD）；遥感。

拓展阅读

Cook, Edward R.; Kairiukstis, Leonardas A. (Eds.). (1990). *Methods of dendrochronology: Applications in the environmental sciences*. Dordrecht, The Netherlands: Kluwer Academic Publishers.

Fritts, Harold C. (1971). Dendroclimatology and dendroecology. *Quaternary Research*, 1, 419–449.

Fritts, Harold C. (1976). *Tree rings and climate*. London: Academic Press.

Fritts, Harold C.; Swetnam, Thomas W. (1989). Dendroecology: A tool for evaluating variations in past and present forest environments. *Advances in Ecological Research*, 19, 111–188.

Mann, Michael E.; Bradley, Raymond S.; Hughes, Malcolm K. (1999). Northern Hemisphere temperatures during the past millennium: Inferences, uncertainties, and limitations. *Geophysical Research Letters*, 26, 759–762.

Rice, Jennifer L.; Woodhouse, Connie A.; Lukas, Jeffrey J. (2009). Science and decision making: Water management and tree-ring data in the western United States. *Journal of the American Water Resources Association*, 45, 1248–1259.

Schweingruber, Fritz H. (1987). *Tree rings: Basics and applications of dendrochronology*. Dordrecht, The Netherlands: Kluwer Academic Publishers.

Speer, James H. (2010). *Fundamentals of tree-ring research*. Tucson: University of Arizona Press.

Stoffel, Markus; Bollschweiler, Michelle; Butler, David R.; Luckman, Brian H. (Eds.). (2010). *Tree rings and natural hazards: A state-of-the-art*. Berlin: Springer.

Stokes, Marvin A.; Smiley, Terah L. (1968). *An introduction to tree ring dating*. Chicago: University of Chicago Press.

Swetnam, Thomas W.; Allen, Craig D.; Betancourt, Julio L. (1999). Applied historical ecology: Using the past to manage for the future. *Ecological Applications*, 9, 1189–1206.

Triple Bottom Line

三重底线

三重底线（TBL）是一个概念框架和分析框架，它对企业的业绩，包括经济成就方面的和对环境、社会影响方面的业绩进行审计和报告。其他组织，甚至政府也可以产生TBL报告。对一个组织的业绩在测量、核算及报告方面的挑战，将在技术和可行性方面持续辩论。

三重底线（TBL或3BL）是一个可持续发展的概念框架和分析框架。其中，包括环境和社会核算在内形成了三个底线，而不是传统的单一（金融）底线。尽管该框架主要用于企业的业绩，强调组织对可持续性的变化，但也可以用来分析整个世界、一个国家、一个社区或一个非商业组织的三重底线业绩（Henriques & Richardson 2004; Foran, Lenzen & Dey 2005）。

通过在企业中标准的财务底线上增加两个额外的底线的构想，三重底线框架在20世纪90年代成为对传统的公司管理理念的一个挑战。后来，其发展成为既考虑组织对可持续发展更广泛的责任，又考虑对组织绩效核算

和报告具体框架的通用方法。这个想法已经被应用到至少四个相关领域：可持续发展，可持续性核算，可持续性报告和企业社会责任（CSR）。该框架在很大程度上被咨询公司或通过坊间传闻、八卦消息来实施。而对此话题（Norman & MacDonald 2004; Pava 2007）的学术研究相对较少。

英国企业社会责任的先驱约翰·埃尔金顿（John Elkington）（1997, 2004）提出了一个三重底线的第一种定义，即企业和组织应实现社会公平、环境保护和经济繁荣三大目标。另一种更流行的定义采用了人、地球和利润这种醒目的广告语言形式。这种方便的短语有助于广泛地传达三重底线的目的，但它在组织层面进行测量以使概念具有可操作性方面却没有什么价值。埃尔金顿提出，可以了解一个公司三重底线业绩的唯一方法是通过影响评价、审计和生命周期评价作为指导进行可持续性的审计。

对三重底线的兴趣始于1989年，由埃克

森瓦尔迪兹公司在阿拉斯加威廉王子湾的石油泄漏事故引发。这场灾难导致环境责任经济联盟的建立,并且接着制定了企业环境行为的十条原则,这些原则既作为一个企业的环境使命陈述又作为企业伦理得到了企业的赞同(CERES 2012)。行为守则包括定期提交环境管理报告。由于对绩效报告缺乏标准一致的度量,致使环境责任经济联盟于1997年推出了全球报告倡议。

此后,全球报告倡议成为一个国际项目,对真实明晰地报告组织的经济、环境和社会影响的绩效提供三重底线报告指南。除了提供更好的报告,报告的目标鼓励实际的利益相关者与社区、员工、客户、供应商和非政府组织建立联系,并且实施更好的投资决策(GRI 2012)。全球报告倡议正在对可持续发展绩效报告进行实验,由于追求更全面的三重底线报告,一度所报道的指标随着时间的推移急剧增加,最近指标数量在减少,并且将行业报告发展作为报告生产者与其目标受众联系的一种手段。环境指标的例子包括测量能源利用、温室气体排放、其他污染物以及各类别、各目的地的废物总量。社会指标的组成包括对劳动行为表现和体面工作、人权、社会和产品责任实施量度。把重点放在产生费用的过程,即业绩的真实测量上,这导致了对有关公司报喜

不报忧、并且忽视了工艺和产品责任等问题的批评。在三重底线框架不排除自我加压。

三重底线的讨论也发生在企业社会责任的背景下,很多企业都采用三重底线框架撰写企业社会责任报告。已经可以看到三重底线成功地影响了各大企业、大部分的大型会计师事务所、投资行业、政府和非营利组织(Norman & MacDonald 2004)。但是,按照这种观点,三重底线是修辞术语,不能对社会或环境底线提供一个有意义的指标。由于没有计算社会和环境底线的数值度量,这意味着三重底线无非是老式的财务底线加上对社会和环境问题的模糊承诺。

商业伦理学家摩西·帕瓦(Moses Pava)提供了一个颇为不同的看法。他认为:迄今为止,商业道德活动的主要限制之一是已经无力以一种有意义的、一致的和可比较的方法来衡量和跟踪社会和环境绩效。但就此不足而指责三重底线报告的提倡者,是指责者已经注意到了这个问题,并试图解决它的唯一群体。与其批评三重底线报告的错误,不如表现出一个具有职业道德的形象,学者们应该了解三重底线报告的真正重要性并尝试改善它(Pava 2007, 108)。

然而,对三重底线的测量是一项艰巨的和持续的挑战,李晨·詹妮弗(Li-Chin Jennifer Ho)和马丁·泰勒(Martin Taylor)报道了公司

撰写三重底线报告时更直接的问题。他们调查了50家美国和日本最大的公司中20个三重底线披露项目后发现，"报告程度显著较高的企业是那些具有规模大、盈利能力较低、流动性较低的企业，以及制造业会员的企业"（Ho & Taylor 2007, 123）。他们的分析表明，所有三重底线信息披露主要由非经济信息所驱动。因此，即使三重底线报告中有重要的测量问题，撰写三重底线报告的公司至少正在披露与其环境和社会绩效有关的信息，而这以前通常不报道。

展望

虽然在三重底线中继续有商业利益，这个概念是在理论化的框架下。埃尔金顿（Elkington）的兴趣中心是其在一个资本主义体系中的应用。在应对"资本主义是可持续的吗？"这个问题时，埃尔金顿（1997）指出，我们距离可持续发展还有一段很长的路要走，因为所需要的改变涉及一个完整的经济社会生态系统，不能对单独的一个公司定义。根据美国的环保主义者保罗·豪肯（Paul Hawken）有关商业的生态（1993）中的观点，如果资本主义的创新特质能够导致商业与生产更多的生态可持续和修复系统，那么资本主义可能是可持续的。三重底线在这方面尚未有任何深度的探索，相反，重点仅在于全球报告倡议组织所发布的指导性文件中的发展指标。将管理业绩增加到全球报告倡议报告的要求，也将框架变为四个底线，这使三重底线听起来更像是一个象征，而不是一个做法。在这方面，伦理学家诺曼·韦恩和克里斯·麦克唐纳在2004年的评论里提出了许多虽然并不奇怪但迫切的、具有挑战意义的问题。如何使三重底线作为有效的测量工具，仍然需要一个更强有力的分析论述。同时需要继续进行理论主题的对话，该主题是：一个可持续的经济体系的特点，足够不同于目前不太可能可持续的资本主义形式（Gray & Milne 2004）。

罗伯特·盖尔（Robert GALE）
新南威尔士大学

参见：业务报告方法；生态足迹核算；环境公正指标；战略可持续发展框架（FSSD）；全球报告倡议（GRI）；人类发展指数；国际标准化组织（ISO）；国家环境账户；遵纪守法；供应链分析；绿色税收指标；大学指标。

拓展阅读

Ceres. (2012). History and impact. Retrieved January 21, 2012, from http://www.ceres.org/about-us/our-history.

Elkington, John. (1997). *Cannibals with forks: The triple bottom line of 21st century business.* Oxford, UK: Capstone Publishing Limited.

Elkington, John. (2004). Enter the triple bottom line. In Adrian Henriques & Julie Richardson (Eds.), *The triple bottom line, does it all add up? Assessing the sustainability of business and CSR.* London: Earthscan. 1–16.

Foran, Barney; Lenzen, Manfred; Dey, Christopher. (2005). *Balancing act: A triple-bottom-line analysis of the Australian economy* (CSIRO Technical Report). Canberra, Australia: Commonwealth Scientific and Industrial Research Organisation (CSIRO).

Global Reporting Initiative (GRI). (2012). What is GRI? Retrieved January 21, 2012, from https://www.globalreporting.org/information/about-gri/what-is-GRI/Pages/default.aspx.

Gray, Rob; Milne, Markus. (2004). Towards reporting on the triple bottom line: Mirage, methods and myths. In Adrian Henriques & Julie Richardson (Eds.), *The triple bottom line, does it all add up? Assessing the sustainability of business and CSR*. London: Earthscan. 70–80.

Hawken, Paul. (1993). *The ecology of commerce: A declaration of sustainability*. New York: Harper Collins

Henriques, Adrian; Richardson, Julie. (Eds.). (2004). *The triple bottom line, does it all add up? Assessing the sustainability of business and CSR*. London: Earthscan.

Ho, Li-Chin Jennifer; Taylor, Martin. (2007) An empirical analysis of triple bottom-line reporting and its determinants: Evidence from the United States and Japan. *Journal of International Financial Management and Accounting*, 18 (2), 123–150.

Norman, Wayne; MacDonald, Chris. (2004). Getting to the bottom of "triple bottom line." *Business Ethics Quarterly*, 14 (2), 243–262.

Pava, Moses. (2007). A response to "Getting to the bottom of 'triple bottom line.' *Business Ethics Quarterly*, 17 (1), 105–110.

U

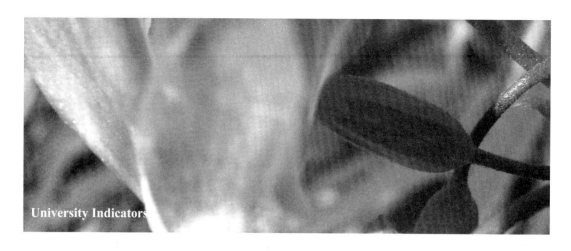

大学指标

大学不同于其他的组织，有它自己独特的权利机构和教育使命。多个组织都在开发评估大学质量的工具，用来衡量大学是否有行使环境责任。如果评估与校园策略和评估指标一致的话，这将会影响校园的利益相关者，促进创造一个更加可持续发展的环境组织。

大学是一个具有双重权利机构的环境组织，双重权利来自于教学和管理。学生们也可以通过参加俱乐部、多元化课程以及分散决策来实现部分权利。这种独特性使得评估不同于其他类型的组织。对环境的可持续性也不例外。

可持续发展作为校园的一个重要的功能，课程和研究都相对较新。一些组织已经注意到要度量校园内与环境相关的活动，尤其是与校园运转相关的活动。然而，大部分度量都是注重降低能量成本或是比较哪所大学是最绿色、最环保。

协议与组织

很多大学已经尝试签订一个统一的可持续性协议。例如第一个这样尝试的是塔乐礼宣言，这是一个将可持续性和环境要素融入大学的教学、研究、运转和推广的十个要点计划。这是在1990年法国塔乐礼国际会议上350多位大学校长和40多位国家总理共同签署的宣言。

1993年，一个叫作"第二自然"的非营利性组织在马萨诸塞州的波士顿成立，高等教育的领导者将可持续发展与高校内学生课程和教师实践融合。它是"美国学院与大学校长气候承诺"（ACUPCC）的主要支持者。"美国学院与大学校长气候承诺"提供了一个框架来支持美国大学内全面贯彻追求气候稳定的计划。该组织于2007年6月份正式公布，目前有683个签署组织承诺声明。它的主要作用是创建一个大学宣布减少他们的碳排放的公共论坛。

第二自然的合作伙伴是成立于2006年的高等教育可持续发展协会（the Association for the Advancement of Sustainability in Higher Education, AASHE），是第一个专业的高等教育可持续发展的校园协会。高等教育可持续发展协会在校园的治理、教育和研究方面适合所有部门的可持续整合，也有助于大学实施追求气候稳定的全面计划。

其他试图帮助大学实现环境可持续发展使命的都是世界资源研究所与绿色商业学院有关的项目，环境经济的学习与领导力加强、在医药学方面的环境教育以及大学领导者协会对可持续发展的追求这些尝试都使得大学更加的环保。

可持续性度量方法

尽管有了这些尝试，大多数大学的可持续发展还是处在早期。例如，许多重要大学的承诺只是在21世纪的第一个十年，其他的组织也是。因此，判断可持续发展的方法还没有完全开发出来。

下面讨论几个方法，说明在大学从事可持续行为、创造更多的环保和社会责任组织等方面的各种度量方法及程度。收集这些数据的主要动机是帮助大学决定在哪里投资资源来实现这些目标，并管理他们对抗一流竞争对手的能力。校园对可持续发展的兴趣越来越大（Elder 2011），因此需要的有效措施也不断增加。

可持续性的跟踪、评估和评级系统

"可持续性的跟踪、评估和评级系统（STARS）"在美国的使用相对比较广泛，它被高等教育可持续发展协会所支持。可持续性的跟踪、评估和评级系统是一个自我报告的工具，需要大学收集标准形式的信息提交给高等教育可持续发展协会，然后决定大学的质量评级可持续性的跟踪、评估和评级系统目前有超过250所大学和学院在使用。

可持续性的跟踪、评估和评级系统有4个分析类：教育与研究、规划、管理和应用、创新。评定的结果也是从高到低（铂、金、银、铜），还包括一些可持续性的跟踪、评估和评级系统报告者愿意披露的信息，但是不追求评级的结果。在建筑物方面的评级是模仿"能源和环境设计领导力（LEED）"的分类，这是一个评价建筑施工和改造的标准环境敏感法。

可持续性的跟踪、评估和评级系统的好处之一是它允许大学之间相互比较，通过这种比较，大学们就会发现在可持续性的跟踪、评估和评级系统成员中最具有实践性的学校。然而，可持续性的跟踪、评估和评级系统也有自身的一些局限，主要是其自我报告的格式和对特定的组织缺乏适应性。例如，大型学校和小型学校都是同样的方法，这就可能使得一个较小的组织处于明显的劣势，因为较小的学校缺少具有广度和深度的组织。同时，小型学校的环境足迹可能比大型学校更有利。

2008年，国家野生动物联盟（the National Wildlife Federation, NWF）发表了一份几乎包括美国所有学院和大学校园环境的状态报告。报告的目标是"与时俱进，推进环境管理知识、可持续活动以及相关高等教育课程"（NWF 2008, 1）。

调查包括三大评估，总分为管理、学术和运转，然后细分为子目录。这份报告提供了足够的信息，表明了大学与其他的一些机构相比更具有形成可持续性发展的最佳实践性。因此，这份报告并不是针对某一个学校特定的，它为所有学校如何提高可持续性提供了一些建议。

学院可持续性报告卡

学院可持续性报告卡自称是唯一在美国和加拿大独立评估学院和大学校园内可持续活动的标准。通过对学术研究和教学方面的可持续性比较，报告卡片从持续性方面检查了学院、大学和机构。GreenReportCard.org网站和学院可持续性报告卡都是可持续捐赠基金机构的计划，这是一个在校园运转和捐赠实践中研究可持续性发展的非营利性组织。

可持续性评估问卷

可持续性评估问卷（SAQ）是被"可持续未来大学领导人"（ULSF）所支持的。就像是可持续性的跟踪、评估和评级系统，是使用自我评估的过程，允许大学自己评价自己。可持续评估问卷的目标是双重的：第一，他评估一所大学在特定的时间里的可持续性；第二，可持续评估问卷旨在鼓励大学生讨论可持续性以及提高机构整体可持续发展的进一步措施。可持续评估问卷分为七大类，分别包括课程、研究与奖学金、运转、教职员工发展与奖励、推广与服务、学生机会、机构生物使命、结构和计划。可持续评估问卷不是一个定量的可持续评估方法，他不指导大学改善的方法，而是着重在大学社区内酝酿讨论。

HEFCE的环境报告和工作簿

1998年，英格兰的高等教育拨款委员会（the Higher Education Funding Council for England, HEFCE）调查了在英国的6所大学。这份报告对现有的最佳实践提供基准是特别有用的，这份报告也详细制定了实现学校可持续发展的活动。这种方法尤其有利于指导大学决策。

另外一方面，还有一些重要的评估问题没有强调。例如，我们讨论了几所大学，但是并没有其他明显的方法来评估自己。另外，这个过程对大学采取的下一个步骤提供了一点指导。

环境管理系统自我评估

全球环境管理提案（GEMI）开发了环境管理系统自我评估工具，用以管理各种各样的组织，包括产业里面的组织。评估工具尽量与由国际标准化组织起草的环境管理体系国际标准草案一致。国际标准化组织是世界上最大的国际标准开发商和出版商。它由162个国家的国家标准研究员组成，每一个国家都是一个标准组织的成员，中央秘书处位于瑞士的日内瓦。国际标准化组织是一个非政府组织，他在公共和私营之间形成了一座桥梁。一方面，他的很多成员机构都是由一部分国家或是政府授权。另一方面，其他成员就是来自私营部门、由国家合作的行业协会设定。

EMS在每个子类上都有从0到2的不同级别，并且也都说明了是如何获得这些级别的。国际标准化组织一共分为5大类：承诺和政策、规划、实施和运转、检查和改正、管理评审。为了满足一定标准，国际标准化组织还提供了一些很实用的建议。虽然这种评估工具很实用并且有全球化的观点，但是在大学里并不是很适合，因为没有考虑到一些重要的因素如专注于可持续发展的课程和研究。

有效的评估

所有的这些程序和方法都在注重如何提高校园环境的可持续性。然而，在测量变得有效可靠之前仍然需要大量的研究方法。例如,不同的评估工具使用的是不同的指标,而且,他们有时候做的并不像他们说的那样,也就是说,他们在方法开发和使用过程中是不透明的。

有效的测量系统具有某些特定的特征,这些特征可以提高方法的实用性和他们的成熟水平。例如,收集到的信息包括主题和指标,反映了组织的重要经济情况、社会和环境,实质上是从各种不同的角度来评估组织的实践材料。好的质量评估可以识别组织的利益相关者并且在报告中解释组织如何应对他们的合理预期和利益。这些评估需要创建一个有效表示可持续发展状态的组织。

质量报告不能脱离组织的总体策略和运转边界,全球评级因缺乏对大学使命的敏感度而蒙受损失。例如,一些社区学院不要求评估,但是像可持续性的跟踪、评估和评级系统这样的评级系统要求把这个项目作为研究,因其与组织策略有关,这个组成部分正是许多现行评估所缺乏的。清晰、及时性、平衡(积极和消极的评论),质量和可靠性是评估的重要因素。(GRI;Shriberg 2002,256–257)

总之,这些方法在精确测量校园环境可持续性发展前还需要更加严格的分析和发展。同时,当前大部分的评估工具都是对大学或者学院的战略方向不敏感。

一流的大学

某些大学的环境可持续性计划和实践可以指导其他大学如何实现可持续性的方法和测量。亚利桑那州立大学(AUS)在物理设施方面做了大量工作,研究议程和课程。亚利桑那州立大学的全球可持续性研究所是大学可持续性倡议的中心,它为这个城市化的世界提供研究、教育和商业实践;首次提到美国学校的可持续性;提出了转换学科学位项目;专注于找到对环境、经济和社会难题具有切实可行的解决方案。英属哥伦比亚大学也是这一领域的佼佼者。这所大学的管理理念就是"用可持续发展的英属哥伦比亚大学定义大学,通过我们在教育、研究、伙伴关系和运转上的努力,我们在校园内外推进可持续性"(UBC n.d.)。斯德哥尔摩大学的弹性中心是一个国际中心,为社会生态系统的治理提供了转化学科的研究,尤其是强调了应对变化的恢复性能力和未来发展。这个中心是由斯德哥尔摩大学、斯德哥尔摩环境研究所、瑞士皇家研究学院的国际生态经济学研究所联合倡议的。斯德哥摩尔大学和波罗的海巢穴研究所的跨学科环境研究中心也是斯德哥尔摩恢复中心的一部分。这些组织之间的相互联系可以促进大学的活跃度,使得大学在可持续研究方面拥有一个功能齐全的核心部门。

教育者和榜样

大学因为其特别的权利影响了我们世界的可持续性。作为教育者,他们可以影响我们未来的领导者和劳动者以及形成的新的知识,并且作为一个有影响力和受人尊敬的组织,可以为他们居住的社区带来模范和促进作用。他们可能会采取一些可以影响到其他组织行为的行动,而且,随着可持续性评估的改善,也为其他类型的组织起到了示范作用。

丹尼尔・S.弗格尔(Daniel S. FOGEL)
维克森林大学商学院能源、环境与可持续性中心

艾米丽・杨德尔・罗斯提马(Emily Yandle
ROSSSSTTMA)
NNMc圭尔伍兹律师事务所

参见：可持续性度量所面临的挑战；公民科学；国际标准化组织；定性与定量研究；全学科研究。

拓展阅读

Aspen Institute Business and Society Program. (2003). Where will they lead? 2003 MBA student attitudes about business and society. Retrieved December 15, 2011, from http://www.aspeninstitute.org/publications/where-will -they-lead-mba-student-attitudes-aboutbusiness-society-2003.

Association for the Advancement of Sustainability in Higher Education (AASHE). (2010). Sustainability Tracking & Rating System (STARS). Retrieved March 20, 2011, from https://stars.aashe.org/.

Association for the Advancement of Sustainability in Higher Education (AASHE). (2011). STARS Sustainability Tracking Assessment & Rating System: Version 1.1 technical manual. Retrieved March 20, 2011, from http://www.aashe.org/files/documents/STARS/stars_1.1_technical_manual_final.pdf.

Devuyst, Dimitri. (2001). Introduction to sustainabilit y assessment at the local level. In Dimitri Devuyst (Ed.), *How green is the city? Sustainability assessment and the management of urban environments.* New York: Columbia University Press.

Elder, James L. (2011). Higher education. In Chris Laszlo, Karen Christensen, Daniel S. Fogel, Gernot Wagner & Peter Whitehouse (Eds.), *Encyclopedia of sustainability: Volume 2. The business of sustainability.* Great Barrington, MA: Berkshire Publishers. 137-140.

Fogel, Daniel S. (2012). *Baseline assessment of environmental sustainability.* Winston-Salem, NC: Wake Forest University.

Global Environmental Management Initiative (GEMI). (2000). ISO 14001 environmental management system self-assessment checklist. Retrieved March 21, 2011, from http://www.gemi.org/resources/ISO_111.pdf.

Global Reporting Initiative (GRI). Homepage. Retrieved February 17, 2012, from https://www.globalreporting.org/Pages/default.aspx.

Higher Education Funding Council for England (HEFCE). (1998). Report 98/61: Environmental report.

Retrieved March 21, 2011, from http://www.hefce.ac.uk/pubs/hefce/1998/98_61.htm.

Johnston, Paul; Everard, Mark; Santillo, David; Robèrt, KarlHenrik. (2007). Reclaiming the definition of sustainability. *Environmental Science Pollution Resources International*, 14 (1), 60–66.

National Wildlife Federation (NWF). (2008). Campus environment 2008: A national report card on sustainability in higher education. *Campus Ecology*. Retrieved March 20, 2011, from http://www.nwf.org/campusEcology/docs/CampusReportFinal.pdf.

New Jersey Higher Education Partnership for Sustainability (NJHEPS). Campus sustainability snapshot. Retrieved March 21, 2011, from http://www.njheps.org/assessment.htm.

Net Impact. (2011). Homepage. Retrieved December 12, 2011, from http://netimpact.org/.

Sadowski, Michael (2011). *Rate the rates: Phase four*. Washington, DC: SustainAbility.

Shriberg, Michael. (2002). Institutional assessment tools for sustainability in higher education: Strengths, weakness, and implications for practice and theory. *International Journal of Sustainability in Higher Education*, 3 (3), 254–270.

University Leaders for a Sustainable Future (ULSF). (2008). Sustainability assessment questionnaire. Retrieved March 20, 2011, from http://www.ulsf.org/programs_saq.html.

University of British Columbia (UBC). Our story. Retrieved February 18, 2012, from http://cirs.ubc.ca/about/our-story.

Weak vs. Strong Sustainability Debate

强弱可持续性辩论

可持续发展作为一个概念可以以许多不同的方式定义和讨论，但它一般分为两类：弱与强。弱可持续性认为，经济和社会问题必须纳入可持续发展的讨论，并允许一种形式的资本（人类，自然，社会，构建，文化的）来代替另一种。强可持续发展理论则声称，对自然资本存量而言不存在替代。

各个学科的学者以不同的方式解释可持续发展的概念。在我们对经济、公共财政的优先分配以及环境影响和资源资产的管理制定法规时，由于不同的解释可以导致政策含义的混乱。这些不同的概念解释，以我们眼中的"可持续发展是什么"的学术辩论为基础，可分为两大类。

一类关注于承载力、生物多样性和恢复力的生态规则，因为对可持续的人类社会和地球上的生命而言，它们都是相关的、必要的自然资本资产。该类概念称为强可持续性。强可持续理论的关键特征是自然资产缺少替

代品。像构建鱼类孵卵地或者构建湿地以补偿自然资本衰退这样的缓解措施与强可持续不一致。强可持续发展实施指标将人类活动和影响转换成消费或者资源消耗总计的物理"足迹"方式，可用于比较地球自然资本资产的生物物理资源流动情况。

另一个可持续发展理论的关注更广阔，关注于自然、人类、建造的资本资产、社会资本资产和文化资本资产的总体价值，因此允许一种资产形式替代另一种。该理念是可持续发展不可忽视的满足人类基本需求的经济和社会问题。此类概念被称为弱可持续性。由此观点出发，可能产生争论，维持自然资本的努力必须与强调经济和社会规则相整合。身处激烈冲突、极端贫困和腐败国家的居民不太可能为子孙后代维持自然资本资产，除非解决了其经济、社会和政治问题。与强可持续相反，弱可持续性采取像构建孵卵地和湿地这样的调节措施以及对经济和社会发展限定资源资产的政策。弱可持续发展指标通

常将这些自然资本资产的服务，以及人类对这些资产有害或有益的影响转换为货币总计的价值。

弱可持续和强可持续理论各有其自己的倡导者，或许思考两者互补性比理论上的竞争更有用。随着这些理论的发展，两者已经受到经济概念的深刻影响，因此都包括了世界经济观点的因素。弱可持续性吸取了主流经济思想，而强可持续引入了生态经济学这一新型交叉学科领域的思想。强可持续性告诉我们，我们必须保护生命承载力和生态系统的服务功能，它们是生命的基本要素，如缺少任何实际替代品的自然资本的基本要素是什么？为保护它们必要的做法是什么？弱可持续理论告诉我们，除保护自然资本外，我们必须重视人的经济和社会需求。这些基本的经济和社会需求是什么？如何将它们与保护自然资本的功能完整性进行适当地平衡？

弱可持续性

弱可持续性的概念起源于20世纪70年代初麻省理工学院的诺贝尔经济学奖得主罗伯特·索洛及其同事的著作。他们的研究兴趣是了解在一个自然资源有限的世界中，经济持续增长所需的条件。从人类中心主义这个视野，他认为，国民经济可持续发展的路径是能够让每一个下一代的机会像其前辈一样的富裕。

剑桥大学的发展经济学家帕萨·达斯古普塔爵士（Sir Partha Dasgupta）阐明，弱可持续性是围绕着财富的概念而建立，它可以被看作是生产性资本存量（人力、建造、自然等等）的价值。因此，财富的总存量将代表一切

形式生产资本存量价值的总和。其基本思想是，所有人均财富不会随着时间而减少时，发生弱可持续性。通过投资，发展扩大了一种形式资本的活动（例如构建资本），但耗尽另一种形式的资本（例如自然资本）只能满足弱可持续性（如果整体财富不降低）。因此，弱可持续性理论的一个核心元素是假定构建资本可以有效地替代自然资本和生态系统提供的服务。

皇后大学的经济学家约翰·哈特维克（John Hartwick）开发了一个简单的弱可持续性规则，它将自然资本的股票损耗与人力资本或建造资本的投资联系起来。按照哈特维克规则，随着时间的推移，为了维持恒定的消费水平，当今社会中，不可再生自然资源的消耗必须再投资于人力资本、建造资本或其他形式的资本。这样，只要增加人力资本或建造资本可以补偿自然资本的价值损失，以人力资本或建造资本来代替自然资本的价值就是合理的。因此，商品总消费量和在各资本股票间流动的服务可以维持不至降低。

强可持续性

从生态学的角度看，自然资本存量的下降以及用创建的替代品取代这些存量，不符合可持续发展的要求。值得忧虑的是，以创建资本替代枯竭的自然资本越容易，关注环境对持续发展的基础承载能力人就越少。强可持续性理论已经从生态科学发展起来，它强调维持承载能力、生物多样性和恢复力的生态必要性。在全球范围内，地球生物圈的再生生命保障系统是自然资本的最终形式，它显然没有任何替代品。构建小规模人工生

态系统(如 2 亿美元建设生物圈 2)的尝试已经证明其困难且非常昂贵。因此,强可持续性提出限制人类活动对自然资本消耗累计的不良影响。

在 20 世纪 90 年代初,伦敦大学环境经济学家大卫·皮尔斯(David Pearce)和他的同事指出,支持强可持续发展理论的论据包括不确定性、不可逆性和不连续性,这或许会渐渐击破弱可持续性理论。不确定性的论据是,从复杂生态系统的功能完整性和生产力来说,由于自然资本对后代的价值,消耗自然资本的后果是不确定的。因为这种不确定性,不可能如弱可持续性所要求的那样,知道增加多少以人力或创建资本以弥补自然资本下降是必要的。第二个论点是,某些形式的自然资本消耗,如物种灭绝或全球气候变化,是不可逆的且无法挽回,增加了与不确定性相关问题的重要性。第三个论据是,弱可持续性模型通常要假设平滑和连续的因果关系和权重,而自然生态系统往往具有不连续性和阈值的影响,例如气温上升超冰点可以引发破坏性的洪水泛滥,并且野生动物的数量减少可以达到一个临界值,超过这个值种群将崩溃灭绝。言下之意,如果今天选择了基于不能用准确知识指导实施的弱可持续发展政策,意想不到的后果将使这些政策无效。

总之,强可持续发展理论的重点是与自然资本相关的关键且不可替代的生命支持系统,而弱可持续发展理论的重点是各种形式的有价资本的总库存。强可持续性认为自然资本以及来自自然资本的流动资源和服务不能被创建的替代物代替。弱可持续性正相反,允许资本以一种形式来代替另一种。另一个区别是弱可持续性理论是建立在平滑和连续的因果关系的经济概念基础上的,而强可持续发展理论是基于一个生态系统的方法,以不连续、离散性和临界值的因果关系为前提。强可持续性提供了保护自然资本存量的论点,而弱可持续性以缓解、效益/成本分析以及可持续发展进程为基础。

应用及未来发展方向

环保法律,如加利福尼亚州的环境质量法,需要环境研究(如环境影响报告书)以确定来自拟议项目的显著环境影响,并在其显著性超过临界值时,要指定调节的措施。而弱可持续性需要完全的调节,在实践中,这些调节可以完全或部分消除影响。已经关注的例子包括人工湿地和鱼类孵化场。其他例子包括公园、小溪的恢复或环境教育项目。在更广的范围内,将人均国内生产总值作为幸福的衡量很不恰当,对此的担忧使人们致力于开发弱可持续性的指标。已开发出的一些测量指标试图量化和估算人类、自然、社会资本的价值,并降低其单独作为幸福汇总的指标。这些指标包括绿色国内生产总值、真实储蓄和真正进步指标以及对收益和成本政策分析的量化。政策制定者和利益攸关方对更好信息日益增长的需求正在推动生态经济学这个新领域的研究人员对自然资本的估价方法进行完善,并将这些估值与传统的经济测量整合。因此,基于弱可持续发展原则的政策将增强复杂性和影响力。

具有强可持续发展理论色彩的政策要求运用《最低安全标准》,如美国濒危物种法案寻求确保受威胁或濒危的植物和动物物种的种群要足以防止灭绝。《预防原则》的相关概念要求投资于自然的资本（例如，减少温室气体排放）被视为"保险津贴"，与防止不可逆和潜在的灾难性的危害相连。生态足迹也许是最知名的强可持续性的指标，通过对支持现有的人力消耗及吸收许多人类产生废物所需的人均生态生产力土地面积和用水量，可以大致估算出生态足迹，是一个非常有用的评估人类社会承载力的工具。最近如碳足迹和水足迹这样的新兴概念，已经将强可持续性足迹指标扩展到受关注的新领域，呈现出科学家和生态经济学家之间有更多合作的趋势。这将导致越来越精确的强可持续发展指标作为教育工具、宣传工具和决策者的指南。

斯蒂文・C.哈克特（Steven C. HACKETT）
洪堡州立大学

参见：可持续性度量面临的挑战；发展指标；国民幸福指数；知识产权；增长的极限；新生态范式（NEP）量表；可持续性科学；可持续生活分析；系统思考。

拓展阅读

Brundtland, Gro. (Ed.). (1987). *Our common future: The World Commission on Environment and Development*. Oxford, UK: Oxford University Press.

Daly, Herman; Farley, Joshua. (2004). *Ecological economics: Principles and applications*. Washington, DC: Island Press.

Dasgupta, Partha. (2010). Nature's role in sustaining economic development. *Philosophical Transactions of the Royal Society*, 365 (1537), 5–11.

Gutes, Maite. (1996). Commentary: The concept of weak sustainability. *Ecological Economics*, 17 (3), 147–156.

Hackett, Steven. (2011). *Environmental and natural resources economics: Theory, policy, and the sustainable society* (4th ed.). New York: M. E. Sharpe.

Hartwick, John. (1977). Intergenerational equity and the investing of rents from exhaustible resources. *American Economic Review*, 67(5), 972–974.

Hoekstra, Arjen. (2009). Human appropriation of natural capital: A comparison of ecological footprint and water footprint analysis. *Ecological Economics*, 68 (7), 1963–1974.

Pearce, David; Atkinson, Giles. (1993). Capital theory and the measurement of sustainable development: An indicator of weak sustainability. *Ecological Economics*, 8 (2), 103–108.

Pearce, David; Markandya, Anil; Barbier, Edward. (1989). *Blueprint for a green economy*. London: Earthscan.

Pearce, David; Warford, Jeremy. (1993). *World without end: Economics, environment, and sustainable development*. Oxford, UK: Oxford University Press.

Rees, William; Wackernagel, Mathis. (1996). Ecological footprints and appropriated carrying capacity: Measuring the natural capital requirements of the human economy. In Ann Marie Jansson, Carl Folke, Monica Hammer & Robert Costanza (Eds.), *Investing in natural capital: The ecological economics approach to sustainability*. Washington, DC: Island Press. 362–390.

Solow, Robert. (1974). Intergenerational equity and exhaustible resources. *Review of Economic Studies*, 41 (Symposium on the Economics of Exhaustible Resources), 29–45.

Wackernagel, Mathis; White, Sahm; Moran, Dan.(2004). Using ecological footprint accounts: From analysis to applications. *International Journal of Environment and Sustainable Development*, 3(3), 293–315.

索 引 （黑体字表示本卷的篇章条目）